动物疾病诊治
彩色图谱经典

磨砺出精品，积淀铸经典

# 猪病 诊治彩色图谱

## 第三版

潘耀谦 刘兴友 潘 博 主编

中国农业出版社

图书在版编目（CIP）数据

猪病诊治彩色图谱/潘耀谦，刘兴友，潘博主编.
—3版. —北京：中国农业出版社，2016.10（2021.2重印）
（动物疾病诊治彩色图谱经典）
ISBN 978-7-109-21782-9

Ⅰ. ①猪…　Ⅱ. ①潘…②刘…　Ⅲ. ①猪病－防治－
图谱　Ⅳ. ① S858.28-64

中国版本图书馆CIP数据核字（2016）第137258号

中国农业出版社出版
（北京市朝阳区农展馆北路2号）
（邮政编码 100125）
责任编辑　黄向阳
────────────

北京中科印刷有限公司印刷　新华书店北京发行所发行
2017年1月第3版　2021年2月第3版北京第4次印刷

开本：787mm×1092mm 1/16　印张：26.25
字数：590千字
定价：168.00元
（凡本版图书出现印刷、装订错误，请向出版社发行部调换）

# 作者简介

潘耀谦博士，现为河南科技学院特聘教授、博士生导师，中国兽医病理学会副理事长。四十年来一直工作在教学和科研的第一线，硕果累累，桃李遍天下。在科研方面，先后主持军队、省市和国家自然科学基金课题16项，发表科研论文200余篇。主持的"骆驼脓疱病的防治研究"和"兔脑炎原虫的生物学特性及该病的诊断研究"等先后获军队和省部级科技进步二等奖3项；主持和参加的"猪流行性腹泻与猪传染性胃肠炎比较病理学研究""猪流行性腹泻肠上皮的超微病理学研究""猪传染性萎缩性鼻炎的病理学研究"和"猪旋毛虫在肉中冷冻前后的形态变化研究"等先后获军队和省部级科技进步三等奖7项。在教学方面，他先后承担了从博士、硕士、病理师资班到本科的多层次家畜病理学和动物卫生病理学的教学任务，培养博士与硕士研究生40余名；主编《家畜病理学》《动物卫生病理学》《畜禽病理学》《器官病变诊断病理学》《猪病诊治彩色图谱》和《奶牛疾病诊治彩色图谱》等教材、参考书和专著20余本。其中主编的《动物卫生病理学》曾获北方十省市优秀科技图书二等奖和山西省优秀科技图书二等奖，作为第一副主编的《兽医病理学原色图谱》荣获第二届中国出版政府奖图书奖提名奖。主编的《动物卫生病理学配套多媒体教学》获吉林省优秀电教教材一等奖。于1997.5~1998.11在日本岩手大学兽医畜产学部病理学教研室进行牛白血病发病机制的免疫病理学研究，发现牛白血病的肿瘤细胞主要来源于B1a细胞。于2001.1~2002.6在日本北里大学进行犬瘟热病脑组织损伤发病机理的免疫及分子病理学研究，发现犬瘟热病毒引起的脑组织损伤及神经纤维的髓鞘脱失既与少突胶质细胞凋亡有关，也与脑组织血液循环障碍和血栓形成有关。他的这些研究成果得到日本同行专家的充分肯定并受到好评。2009.11~2010.10年在美国田纳西大学医学部生理学系攻读博士后，发现血管平滑肌中的Dicer缺失时，可以导致miRNA生成障碍，引起小鼠的胚胎死亡，研究论文"Conditional deletion of Dicer in vascular smooth muscle cells leads to the developmental delay and embryonic mortality"发表在美国的*Biochemical and Biophysical Research Communications* (2011,408(3)：369—374)，引起同行的关注。近几年来，先后发表SCI论文15篇，获得发明专利2项。目前，他除继续进行混合性猪病的诊断病理学研究之外，还主持河南省重点攻关课题《PVC载体快速Dot-Elisa对兔豆状囊尾蚴病的诊断研究（132102110118）》和国家自然科学基金面上课题《兔脑炎原虫致脑肉芽肿形成的基因调控与信号传导通路（31372407）》，进行人畜共患病和动物疫病的免疫及分子病理学方面的研究。

# 第三版编写人员

主　编　潘耀谦　刘兴友　潘　博

副主编　王丽荣　银　梅　王继红　冯春华

编　者　李瑞珍　孔令芸　董永军　韩庆功　张中华

　　　　葛亚明　唐海蓉　宁红梅　齐永华　陈仕军

　　　　于　娟　岳　峰　李　鹏　张弥申　卢兆彩

　　　　周诗其　程国富　胡薛英　吴　斌　刘思当

　　　　王选年　王丽荣　冯春华　银　梅　王继红

　　　　潘　博　刘兴友　潘耀谦

## 第二版编写人员

主　编　潘耀谦　刘兴友

副主编　潘　博　张海棠　王选年

编　者　（按姓氏笔画排序）

马金友　王　婷　王天奇　王文强　王自良　王选年

方满新　龙　塔　白冬英　朱广蕊　朱文文　刘兴友

刘恩当　许益民　杨雪峰　吴　斌　谷长勤　陈怀涛

陈金山　张弥申　张海棠　周诗其　胡薛英　赵　坤

赵振升　赵树科　徐之勇　唐海蓉　黄小东　银　梅

董发明　程国富　程相朝　潘　博　潘耀谦


## 第一版编写人员

主　编　潘耀谦　张春杰　刘思当

副主编　龙　塔　赵智杰　潘　博

编　者　（按姓氏笔画排序）

王红宝　王选年　成　军　张柳平

段　艳　夏志平　程相朝　董发明

# 本书有关用药的声明

随着兽医科学研究的发展、临床经验的积累及知识的不断更新，治疗方法及用药也必须或有必要做相应的调整。建议读者在使用每一种药物之前，参阅厂家提供的产品说明书以确认推荐的药物用量、用药方法、所需用药的时间及禁忌等，并遵守用药安全注意事项。执业兽医有责任根据经验和对患病动物的了解决定用药量及选择最佳治疗方案。出版社和作者对动物治疗中所发生的损失或损害，不承担任何责任。

中国农业出版社

# 第 三 版 前 言

　　《猪病诊治彩色图谱》自2002年初版以来，得到了广大基层兽医人员、养猪业相关人员、大专院校学生和科研人员的肯定和厚爱，不断有人来信来函探讨猪病诊治及预防的经验和体会。根据经年的积累，作者对初版进行了修订，于2010年出版了第二版。目前，我国猪病的主要特点是混合性感染，而且与以往人们所说的继发性混合感染有所不同，给猪病的诊断和治疗带来很大的困惑。例如，猪瘟是对养猪业危害最大的疾病，过去人们根据猪瘟的病理发生将之分为三型：即单纯性猪瘟、胸型猪瘟和肠型猪瘟。其中，单纯性猪瘟是原发性疾病，以皮肤、黏膜、淋巴结和实质器官出血、间或伴发梗死为特点，因为猪瘟病毒可引起血管内皮损伤、血小板严重减少、纤维蛋白原合成减少或导致微血栓形成所致。而胸型猪瘟和肠型猪瘟则是继发性疾病，分别继发于巴氏杆菌感染和沙门氏菌感染，以发生纤维素性肺胸膜炎和纤维素性肠炎为特点，为猪瘟病毒导致白细胞减少、B细胞丧失和淋巴组织破坏所致。由此可见，以往猪病的混合感染常有较典型的症状与病变，有些继发性感染还有助于人们对原发性疾病的确诊。例如，在剖检病猪时一旦发现"扣状肿"，人们首先想到的就是猪瘟。而目前发生的混合性感染与以往大不相同，一是感染的病原复杂化，即病毒、细菌、支原体和寄生虫等均可混合感染；二是多重感染，即一种病可由数种病原先后感染而引起，如病毒、细菌加支原体感染，或病毒加细菌感染等；三是临床症状与病理变化的非典型化，难以找出示病性症状和病变。但辩证唯物主义告诉我们，疾病的发生是以代谢、机能和结构变化为基础的，而致死性疾病的发生必然伴随组织结构的明显变化。作者认为，仔细的临床症状和病理变化观察，详细的病变过程分析将有助于人们对混合性猪病的确诊。有鉴于此，作者对《猪病诊断彩色图谱》第二版进行了修订。

　　本次修订有以下四个特点：一是保持原书的基本框架，强调理论与实践相结合，突出实用性。将作者近年来的临床实践、科研活动和教学过程中获得的新资料、新技术和新方法补充到书中，加强了对临床症状、病理变化、鉴别诊断和治疗方法的修订，以便于基础兽医工作者和养猪人员及时对混合性猪病进行诊断和治疗，减少经济损失。二是对图片进行了删补。删除了原书中质量不佳或代表性不强的20余幅图片；新增补了150余幅质量好、代表性强的图片，重点增补了原书图片较少的一些特殊疾病，如猪肾虫病、猪球虫病、猪小袋虫病和猪支原体性关节炎等，使全书的图片达到1 020幅。三是增加了猪的普通病一章，重点介绍了对仔猪、育肥猪和母猪影响较大的常见病。另外，根据当前猪病诊断、治疗和预防的特点，对附录进行了较大的修改，并新增了猪场常用的免疫程序。

　　本书的修订得到河南科技学院校领导和动物科技学院领导的关怀和支持；在出版的过程中又得到中国农业出版社编辑的具体指导和帮助，作者在此表示衷心的感谢。虽然作者对本书的修订倾注了全部心血，但由于水平有限，经验不足，书中的缺点、错误和疏漏之处在所难免，在作者不断努力的同时，还诚恳欢迎广大读者批评指正， 以便使本书日臻完善。

主　编

2016年8月

# 第 一 版 前 言

在世界上，中国是养猪最多的国家，也是消费猪肉量最大的国家（据报道，猪肉占我国公民肉食消费的90%）。我国政府对养猪事业一直是十分重视的。随着改革开放的不断深化，我国城乡人民生活水平不断得到提高，对外贸易不断扩大和持续增长，猪肉产品的需求量与日俱增。因此，对养猪业的发展也提出了更高的要求。目前，我国长期以来所形成的以千家万户分散饲养为主的模式，正被不断发展的养猪专业户的形成所占据主导；为了充分利用现代科技的高新成果，发挥规模养猪经济效益高的优势，近年来，养猪业又趋向于集约化饲养和工厂化大规模经营，已建立了不少成千上万头的大型猪场。这种养猪模式的适时改变，更有利于我国养猪事业的发展，同时，也有利于与国际养猪业的接轨，增强我国养猪业在国际领域中的竞争力。但是，随着猪群的扩大，饲养密度的提高，也为疫病的传播提供了有利的条件。一旦猪病流行，常造成巨大的经济损失，严重挫伤养猪的积极性和影响养猪事业的发展。因此，加强猪病防治，是发展养猪事业的重要措施和根本保证。

目前，国内有关猪病防治的专著和科普读物比较多，对于普及和提高猪病防治技术及水平起到了良好的作用；但猪病"诊断难，辨病难"的问题还没有很好地解决。因为用抽象的理论来解决实际困难还有一个较长时间的实践或经验、教训的积累问题。为了能行之有效地解决猪病防治的实际问题，广大基层兽医工作者、养猪专业户和大专院校兽医专业的学员们都迫切希望有一本图文并茂、理论与实践兼顾而以解决实际问题为主的专著。因此，我们在总结20余年教学、科研和临床实践的基础上，查阅了大量国内外文献，编写了这本《猪病诊治彩色图谱》。本书从对养猪危害最大的传染性疾病入手，科学准确、通俗易懂地从病原特性、流行特点、临床症状、病理特征、诊断要点、类症鉴别、治疗方法和预防措施等八个方面深入浅出地介绍了防治猪病的理论；全书配有600余幅原色图片，从病原的特点、病猪的临床症状、死后病理剖检的宏观病损和微观病变、病原学和细胞学的快速诊断等方面，形象生动地将猪在患各种疾病后，在不同的发展阶段所出现的变化和诊断的方法提供给读者，以便帮助读者能在最短的时间内对猪病做出诊断，并采取相应的防治措施进行处置。本书是一本理论与实践兼顾、普及与提高并重的科技工具书，既可供基层兽医工作者、广大科学养猪人员、大专院校的学员使用；也可给有关的教学、科研和管理人员提供参考之用。

在本书的编写过程中得到河南科技大学夏林书记和王清义副校长等校领导和机关领导的关怀和支持。在此，表示衷心的感谢。本书编写时间仓促，作者的水平有限，经验不足，书中的缺点、错误和疏漏之处在所难免，诚恳欢迎广大读者批评指正。

编　者

# 第 二 版 前 言

　　《猪病诊治彩色图谱》自2004年出版以来，得到广大读者的欢迎和厚爱，已数次印刷，对我国养猪业的发展起到了积极的作用。近年来，随着养猪业的蓬勃发展和猪病诊治研究的不断深入，对一些猪病有了新的见解，诊治技术有了改进，再加之作者的科研和教学实践活动的加强，积累了许多新资料。为了将新知识和新技术及时介绍给读者，故对本书进行了全面的修订。

　　本次修订有以下四个特点：一是在保持原书基本框架的基础上，着重对近年来研究较深的理论和技术等内容如病原特性、临床症状、病理特征、防治措施进行了较大范围改动，增加了新理论和新技术。二是将作者的科研成果和实践积累的新资料、新图片增补入书，删除了原书中质量欠佳的30余幅图片，新增作者第一手资料的清晰图片280余幅，使全书的图片由过去的600余幅增加到860余幅。三是增加了猪的中毒病一章，增加了近年来猪常见的圆环病毒感染和高致病性蓝耳病的内容，并根据近年来研究的新理论，将猪附红细胞体病由寄生虫病归类到猪支原体病。四是给每一幅图片增加了图题，使图题与图注分开；并对图注进行了修改，尽量言简意赅，使读者能迅速了解图片内容，正确辨认图片中病变，有利于读者在实践中及时做出正确的诊断。

本书的修订得到河南科技学院的领导和各职能机关的关怀和支持；在出版的过程中又得到中国农业出版社的领导及编辑的具体指导和帮助，作者在此表示衷心的感谢。虽然作者对本书的修订倾注了全部心血，但由于水平有限，经验不足，书中的缺点、错误和疏漏之处在所难免，诚恳欢迎广大读者批评指正，以便使本书日臻完善。

主　编

2010年5月

# 目　　录

# 第一章

# 猪 的 病 毒 病

## 一、猪瘟（Classical swine fever）

猪瘟在我国俗称"烂肠瘟"，早年在美国被称为猪霍乱（Hog cholera, HC），而在欧洲，为了与非洲猪瘟相互区别，将之称为古典猪瘟（Classical swine fever, CSF）。为了避免与C型肝炎病毒（Hepatitis C virus）的英文缩写HCV相混淆，世界动物卫生组织（OIE）规定猪瘟全称为古典猪瘟，英文缩写为"CSF"。CSF是一种急性、热性和高度接触传染的病毒性疾病。临床特征为发病急，持续高烧，精神高度沉郁，粪便干燥，有化脓性结膜炎，全身皮肤有许多小出血点，发病率和病死率极高。CSF流行最广，几乎世界各国均有发生，在我国也极为普遍，造成的经济损失极大。因此，OIE（2002）已将本病列为A类传染病，并为国际重要检疫对象；在我国的《家畜家禽防疫条例实施细则》中也将猪瘟列为一类传染病。

〔病原特性〕本病的主要病原体是黄病毒科瘟病毒属的猪瘟病毒（Classical swine fever virus, CSFV），若病程较长，在病的后期常有猪沙门氏菌或猪巴氏杆菌等继发感染，使病症和病理变化复杂化。CSFV含有单股RNA，病毒粒子多为圆形，直径40～50nm，内有20面体对称的核衣壳，外有脂蛋白囊膜包裹，囊膜表面有6～8nm的囊膜糖蛋白纤突（图1-1-1）。CSFV有4种结构蛋白，其中3种是糖蛋白，一种是核蛋白。由N端到C端依次排列为P14/E0/E1/E2。P14为非糖基化的核衣壳蛋白，后3种为组成病毒囊膜结构的特异性糖蛋白。CSFV可在感染细胞的胞浆中复制，通过芽生的方式成熟而释出。

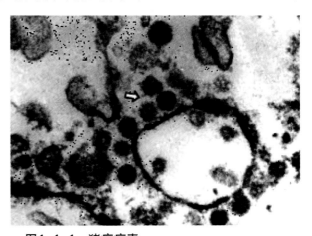

**图1-1-1 猪瘟病毒**

猪瘟病毒多呈圆形，有囊膜和囊膜糖蛋白纤突。

过去一直认为，CSFV虽然有不少的变异性毒株，但只有1个血清型。近年来，有人根据CSFV的毒力、抗原性、致病性及血清学特性的差异，将CSFV分为2个血清型（群），其中第一群包括许多CSFV强毒株和绝大多数用作疫苗的弱毒株；第二群包括引起慢性CSF的低毒力或中等毒力的毒株。不同毒株的CSFV除了抗原性和血清学特性的区别外，其毒力也有较大的差异。其中野毒株的毒力差异很大，所致的病变和症状有明显的不同。强毒株可引起典型的CSF病变，发病率与死亡率高；中毒株一般可引起亚急性或慢性感染；而弱毒株只引起轻微的症状和病变，或不出现症状，给临床诊断造成一定的困难。应该强调指出，CSFV有的毒力性状是不稳定的，通过猪体一代或多代后可使毒力增强。据认为，CSFV

与同属的牛病毒性腹泻病毒之间，在基因组序列方面有高度的同源性，抗原关系密切，既有血清学交叉反应，又有交叉保护作用。有报道称，猪若感染牛病毒性腹泻病毒后可出现非典型猪瘟的症状。

CSFV对外环境的抵抗力随其所处的环境不同而有较大的差异。CSFV在没有污染的或加0.5%石炭酸防腐的血液中，于室温下可生存1个月以上；在普通冰箱放10个月仍有毒力；在冻肉中可生存几个月，甚至数年，并能抵抗盐渍和烟熏；在猪肉和猪肉制品中生存几个月后仍然有传染性。CSFV在pH 5～10的范围内比较稳定，pH过高或过低均可使病毒的感染性迅速丧失。CSFV对干燥、脂溶剂和常用防腐消毒药的抵抗力不强，在粪便中于20℃可存活6周左右，4℃可存活6周以上；在乙醚、氯仿和去氧胆酸盐等脂溶剂中很快灭活；在2%氢氧化钠和3%来苏儿等溶液中也能迅速灭活。

〔流行特点〕 猪是本病唯一的自然宿主，不同年龄和品种的猪（包括野猪）均可感染发病，而其他动物则有较强的抵抗力。目前，在我国猪瘟疫苗长期免疫注射的猪群中，仔猪更易感染。病猪、带毒种猪或后备猪，先天性感染的带毒仔猪和无临床症状的持续性感染猪为本病最主要的传染源。本病虽可通过口腔、鼻腔、眼结膜、生殖道黏膜和皮肤损伤等多途径水平传播，但易感猪与病猪的直接接触是病毒传播的主要方式。病毒可存在于病猪的各组织器官。感染猪在出现症状前，即可从唾液、鼻液、泪液、尿和粪中排毒，并延续整个病程。当易感猪采食了被病毒污染的饲料和饮水等，或吸入含病毒的飞沫和尘埃时，均可感染发病，所以病猪尸体处理不当，肉品卫生检查不彻底，运输、管理用具消毒不严格，执行防疫措施不认真，都是传播本病的因素。另外耐过猪和潜伏期猪也带毒排毒，应注意隔离防范，但康复猪若有大量特异抗体存在则排毒停止。

一般而言，本病的发生无明显的季节性，但以春秋季较为严重，并有高度的传染性，而猪群中引进外表健康的感染猪是本病暴发的最常见的原因。一般是先有一至数头猪发病，经1周左右，大批量猪跟着发病。在新疫区常呈流行性发生，发病率和病死率极高，各种抗菌药物治疗无效。多数猪呈急性经过而死亡，3周后病情趋于稳定，病猪多呈亚急性或慢性，如无继发感染，少数慢性病猪在1个月左右恢复或死亡，流行终止。

但近年来的研究表明，CSF的流行及发病特点在世界范围内均发生了很大变化。其流行的特点已由频繁发生的大流行转为周期性、波浪式和地区性散发性流行，疫点明显减少，流行多局限于某些地区或某些猪场，流行速度变慢，但周期性明显，反复发生，通常3～4年为一个周期。发病的特点是出现了所谓的非典型猪瘟、温和型猪瘟、无名高热性猪瘟或隐性猪瘟等。此时，猪群中的发病率不高，疫情较缓和，潜伏期及病程较长，多呈散发。病猪的临床症状轻微或不明显，死亡率低（但育肥猪及哺乳仔猪的死亡率较高），病理变化不典型，必须依赖实验室诊断才能确诊。这种情况易引起CSFV的持续性感染（隐性感染）、胎盘感染、初生仔猪先天性震颤（抖抖病）和妊娠母猪带毒综合征（母猪繁殖障碍）等。

〔临床症状〕 本病的潜伏期约5～7d，短的2d，长者可达21d。根据病程长短、临床症状和特征的不同，常将本病分为最急性、急性、亚急性和慢性型等四型，但近年来又有温和型及迟发型猪瘟的报道。

1. 最急性型 多见于本病的流行初期或首次发生的猪场，潜伏期很短，一般为2～3d。猪群突然发病，病猪高热稽留，体温升高2℃以上，全身痉挛，四肢抽搐，其末梢及耳尖和黏膜发绀，全身多处有出血点或出血斑（图1-1-2）。有的病猪可因皮肤大面积出血、血管痉挛或弥漫性血管内凝血的发生，导致表皮营养不良、坏死和大面积脱落（图1-1-3）。病情严重时，病猪很快发生败血症，全身皮肤弥漫性出血，呈紫红色，肌肉抽搐或麻痹，不能起立，很快死亡

（图1-1-4）。在发生最急性型猪瘟的猪群中，可见病猪全身出血，呈紫红色，有的病猪腹泻，有的肌肉抽搐，有的后躯麻痹不能运动，有的则突然倒地死亡（图1-1-5）。本型病猪多经1～5d死亡，死亡率为90%～100%。

2.**急性型** 此型最为常见，潜伏期一般为3～5d，病程为9～19d。病猪突然体温持续升高至41℃左右。减食或停食，精神高度沉郁，常挤卧在一起，或钻入草堆，恶寒怕冷。行动缓慢无力，背腰拱起，摇摆不稳或发抖。眼结膜潮红，眼角有多量黏性或脓性分泌物，清晨可见两眼睑粘封，不能睁开。耳、四肢、腹下、会阴等处的皮肤有许多出血斑点（图1-1-6）。公猪包皮内积有尿液，用手挤压时，流出混浊、恶臭白色液体（图1-1-7）。病猪常于体温升高时发生便秘，粪便干硬，呈小球状，带有灰白色黏液或因带血而呈深褐色；后期则腹泻，排出灰黑色、灰白色或黄绿色带有恶臭的稀便（图1-1-8）。仔猪和断奶后的育肥猪，可出现磨牙、运动障碍、痉挛和后躯麻痹等神经症状。本型后期常并发肺炎或坏死性肠炎。本型的死亡率多在50%～60%之间。

3.**亚急性型** 本型多见于CSF的常发地区和猪场，或流行的中后期，病程一般为3～4周，症状与急性型相似，但较缓和。病猪的主要表现为：体温先高后低，以后又升高，反复发生，直至死亡。口腔黏膜发炎，扁桃体肿胀常伴发溃疡，后者也见于舌、唇和齿龈，除耳部、四肢、腹下、会阴等处有出血点外，有些病例的皮肤上还常出现坏死和痘样疹。病猪往往先便秘（图1-1-9），后腹泻，逐渐消瘦衰弱，并常伴发纤维素性肺炎和肠炎而终归死亡。本型的死亡率一般为30%～40%，未死者多转为慢性型。

4.**慢性型** 本型多见于常年具有CSF流行的猪场，或卫生防疫条件差的猪场，病程常为1个月以上。病猪的主要表现为消瘦，贫血，全身衰弱，喜卧地，行走缓慢无力，轻度发烧，便秘和腹泻交替出现。部分病猪在耳尖、尾尖、臀部皮肤和四肢末梢有紫斑或坏死痂（图1-1-10）。耐过本病的猪，生长发育明显减缓，一般变成僵猪（图1-1-11）。本型的死亡率较低，一般为10%～30%。

5.**温和型** 又称非典型猪瘟，近年常有报道，系由低毒力的毒株所引起。本型的特点是：症状较轻，病情缓和，病理变化不典型，体温一般在40～41℃。皮肤很少有出血点，但有的病猪耳、尾、四肢末端的皮肤有坏死（图1-1-12）。病猪后期行走不稳，后肢瘫痪，部分关节肿大。本病的发病率和病死率均较低，对幼猪可致死，大猪一般可以耐过。

6.**迟发型** 亦可称为持续感染型，多见于有CSF流行病史且未净化过的猪场，是当前引起CSF流行的最危险的传染源。一般认为，本型是先天性CSFV感染的结果。当母猪在妊娠期感染中毒株或弱毒株CSFV时，多能引起垂直传播，既可导致流产、早产、产出木乃胎、畸形胎、死产、弱仔和颤抖的仔猪；又可产出外表貌似正常而含有高水平病毒血症的仔猪。所有这些胎儿和仔猪都带毒，成为新的传染源。存活的仔猪虽然在出生后表现正常，但随后则相继发病，有的一周内发病，也有的则于20日龄后发病。病猪的主要表现与急性型或慢性型的相似，常见食欲不振、精神沉郁、结膜炎、皮炎、下痢和运动障碍等。病猪的体温正常或稍高，大多数能存活6个月以上，死亡率为50%左右。未死的仔猪则终生带毒，不定期排毒，并能使同居的易感猪感染。

此外，临床实践表明，我国目前CSF发病的特点是由单一的CSFV引起的CSF明显减少，而与猪繁殖与呼吸障碍综合征、猪伪狂犬病和猪细小病毒病等多种疾病混合的CSF感染型或继发CSF感染型明显增多，成为临床诊疗的主型，有人将之称为复杂感染型。其临床的主要表现是既有CSF的症状，又有其他疾病的症状，各种症状均不典型，但多数病猪的颈部、四肢、腹下、耳尖、臀部及外阴等部位皮肤均有出血点或出血斑，有的则形成局灶性坏死或结痂。

〔病理特征〕CSF的病理变化特点是最急性型和急性型多呈败血症变化；而亚急性型和慢性型则引起纤维素性肺炎和纤维素性肠炎的发生。病理剖检时，一般根据病变的特点不同而将之分为败血型、胸型、肠型和混合型CSF四种。对CSF具有诊断意义的病变特征是全身性出血（图1-1-13）、纤维素性肺炎和纤维素性坏死性肠炎的形成。

CSF病毒主要损伤小血管内皮细胞，故引起各组织器官的出血。剖检时在皮肤、浆膜、黏膜、淋巴结、肾、脾脏、膀胱和胆囊等处常见程度不同的出血变化。出血一般呈斑点状，有的点少而散在，有的则弥漫性发生，其中以皮肤、肾脏、淋巴结和脾脏的出血最为常见且具有诊断意义。

皮肤的出血多见于颈部、腹部、腹股沟部和四肢的内侧。出血最初是以局部充血和多量鲜红色点状出血开始（图1-1-14）；继之，该区域的红色加深，出血点相互融合形成斑状或片状出血（图1-1-15）。若病程经过较长，则出血斑点可互相融合成暗紫红色出血斑；有时在出血的基础上继发坏死，形成黑褐色干涸的小痂（图1-1-16）。

全身性出血性淋巴结炎的变化表现得非常突出。尤以颌下、腮、咽后、支气管、纵隔、胃门、肾门和肠系膜淋巴结（图1-1-17）的病变不仅出现得早，而且明显。眼观，淋巴结的体积肿大，呈暗红色，切面湿润多汁，隆突，边缘的髓质呈鲜红色或暗红色，围绕淋巴结中央的皮质并向皮质内伸展，以至出血的髓质与未出血的皮质镶嵌，形成大理石样花纹（图1-1-18）。严重的出血，整个淋巴结犹如血肿，切面见淋巴组织几乎全被血液取代（图1-1-19）。此种变化对CSF的诊断具有一定的意义。镜检的主要病变是淋巴窦出血和淋巴小结萎缩及有不同程度的坏死（图1-1-20）。

肾脏稍肿大，色泽变淡，表面散布数量不等的点状出血，少者仅有2～3个，多则密布肾表面，形似麻雀蛋外观（图1-1-21），故有"雀蛋肾"之称。切面不论皮质或髓质都可以见到针尖大至粟粒大的出血点。肾锥体和肾盂黏膜也常散布多量出血点（图1-1-22）。镜检，主要病变是肾小管上皮变性、坏死，小管间有大量红细胞，呈局灶性出血性变化（图1-1-23）；肾小球毛细血管的通透性增大，大量浆液和纤维蛋白及少量红细胞外渗充满肾小囊，引起渗出性急性肾小球肾炎变化（图1-1-24）；或肾小球的毛细血管极度瘀血、肿大，充满肾小囊，大量红细胞和纤维蛋白渗入肾小囊，形成急性出血性肾小体肾炎（免疫复合物沉积在毛细血管基膜而引起）变化（图1-1-25）。

脾脏通常不肿大或轻度肿胀，有35%～40%病例在脾脏的边缘见有数量不等、粟粒大至黄豆或蚕豆大暗红色不正圆形的出血性梗死灶（图1-1-26），这是CSF的特征性病变。镜检，梗死灶的发生是由于脾小动脉变性、坏死，使管腔内血栓形成而导致闭锁所致。梗死的脾组织坏死，固有结构破坏，渗出的纤维蛋白、红细胞与坏死的组织混杂在一起，形成梗死灶（图1-1-27）。

此外，各黏膜、浆膜和器官的出血也很明显，包括消化道、呼吸道及泌尿生殖系统的黏膜和心包膜、胸膜和腹膜等（图1-1-28）。尤为膀胱（图1-1-29）、输尿管及肾盂等黏膜和喉头部（图1-1-30）的出血性病变，在其他传染性疾病所致的败血症过程中是比较少见的。消化道除常见点状或弥漫性出血外，还常见局灶性溃疡、坏死或卡他性炎症等病变。肝脏瘀血、出血和变性，胆囊膨大，充满大量黄红色的胆汁，黏膜肿胀，大量上皮细胞坏死，大片脱落而形成溃疡（图1-1-31）。中枢神经系统也有出血变化，主要在软脑膜下，有时也见于脑实质。在多数情况下，大脑的眼观变化虽然不太明显，但是显微镜检查时竟有75%～84%的病例呈现弥漫性非化脓性脑炎变化（图1-1-32）。

纤维素性肺炎是胸型猪瘟的病变特点，多半是由败血症发展而来，是机体抵抗力减弱继发呼吸道内的猪巴氏杆菌大量繁殖所致。因此，本型猪瘟除具有败血型的病变特点之外，还有典型的出血性纤维素性肺胸膜肺炎（图1-1-33）及纤维素性心包炎等巴氏杆菌病病变。

纤维素性坏死性肠炎是肠型猪瘟的病变特点，多见于慢性猪瘟，是继发沙门氏菌感染的结果。其病变特点是在回肠末端及盲肠，特别是回盲口可见到一个一个的轮层状病灶（图1-1-34），俗称"扣状肿"。病变的大小不等，自黄豆大到鸽卵大或更大，呈褐色或污绿色，一般为圆形或椭圆形。坏死脱落后可形成溃疡（图1-1-35）。病情好转时溃疡可被机化而变为疤痕组织；反之，当病情恶化时，炎性坏死不仅向周围迅速扩散形成弥漫性纤维素性坏死性肠炎的变化，而且还向深部发展，累及肌层直达浆膜下层，引起局部性腹膜炎。

〔诊断要点〕CSF是一种毁灭性的疾病，要求迅速确诊，以减少经济损失。一般而言，对典型的急性、亚急性和慢性猪瘟，根据临床症状、病理变化和流行情况即可以确诊。但是，对温和型和迟发型猪瘟，因其临床症状温和，呈间歇性，或感染数月而不被发现，故作出临床诊断实际上是不可能的，常须进行实验室检查。另外，目前临床上发生的CSF，常与猪繁殖与呼吸障碍综合征、猪伪狂犬病、猪细小病毒感染、猪弓形虫病、猪圆环病毒病、猪流行性乙型脑炎、猪传染性胸膜肺炎等多种疾病混合感染，因此，实验室检测确认CSF是必不可少的。送检的方法是：病猪死后，立即采取扁桃体、脾脏和淋巴结等组织，分别装入青霉素瓶，放入装有冰块的保温瓶，迅速送实验室做CSF荧光抗体检查，或做免疫酶标试验等，以求最后确诊。其中活体采取扁桃体，再用荧光抗体检查病原是临床上常用的一种诊断方法。此时，可在扁桃体的上皮细胞和腺管上皮中发现大量阳性反应物（图1-1-36）。对临床症状不典型的病例，剖检时可采取淋巴结、脾脏和肾脏等组织进行免疫荧光抗体等检测（图1-1-37），如果为阳性结果，一般即可确诊。

〔类症鉴别〕在临床上，急性猪瘟与急性猪丹毒、最急性猪肺疫、急性副伤寒、弓形虫病有许多类似之处，其鉴别要点如下：

1.急性猪丹毒　多发生于夏天，病程短，发病率和病死率比CSF低。病猪的体温虽然很高，但仍有一定食欲。皮肤上的红斑，指压退色，病程较长时，皮肤上有紫红色疹块。死后剖检，胃和小肠有严重出血；脾肿大，呈樱桃红色，多无梗死变化；淋巴结和肾瘀血肿大。青霉素等抗生素治疗有显著疗效。

2.最急性猪肺疫　夏天或气候和饲养条件剧变时多发，发病率和病死率比CSF低，咽喉部急性肿胀，呼吸困难，口鼻流泡沫，有咳嗽，皮肤发红，或有少数出血点。剖检时，咽喉部皮下有明显的出血性浆液浸润；肺脏呈现出典型的纤维素性肺胸膜炎变化；颌下淋巴结出血，切面呈红色，而其他淋巴结多呈急性浆液性淋巴结炎的变化。用抗菌药治疗时有较好的疗效。

3.急性猪副伤寒　多见于2～4个月的猪，是一种幼畜病，在阴雨连绵季节多发，一般呈散发。先便秘后下痢，有时粪便带血，有结膜炎，胸腹部皮肤呈蓝紫色。剖检，肠系膜淋巴结显著肿大，呈浆液性淋巴结炎变化；肝脏肿大，表面常见散在的灰黄色坏死灶；大肠有局灶性溃疡；脾脏肿大，无出血性梗死灶。

4.慢性猪副伤寒　两者也容易混淆，其区别是：慢性副伤寒呈顽固性下痢，体温不高，皮肤无出血点，有时咳嗽。剖检的特点是大肠黏膜的纤维素性坏死性炎表现为弥漫性溃烂或局灶性浅平溃疡；脾脏增生肿大，质地坚实，切面平滑、干燥；肠系膜淋巴结呈髓样肿大，有灰黄色坏死灶或灰白色结节；有时伴发卡他性肺炎的变化。

5.弓形虫病　弓形虫病也有持续高热，皮肤有紫斑和出血点，粪便干燥等症状，容易同CSF相混。但弓形虫病呼吸高度困难，磺胺类药治疗有效。剖检时，肺发生间质性肺炎或水肿，有时为纤维素性肺炎；肝脏散布淡黄色或灰白色局灶性坏死；全身淋巴结，尤其是内脏淋巴结肿大并伴发灶状坏死。采取肝、肺和淋巴结等病料做涂片，用瑞氏染液等染色观察，常可检出弓形虫。

〔治疗方法〕目前尚无有效的治疗药物，对一些经济价值较高的种猪，可用高免血清治疗，如抗猪瘟高免血清1mL/kg（体重），或苗源抗猪瘟血清2～3mL/kg（体重），肌内注射或静脉注射，有很好的治疗效果。但因高免血清价格高，很不经济，因此，不能在临床上全面使用。目前，临床上多采用对症治疗和控制继发性感染，抗生素、磺胺药和解热药联合使用，如青霉素80万单位，复方氨基比林10mL，肌内注射，每天2次，连用3d；或用磺胺嘧啶钠10mL，肌内注射，每天2次，连用3d。最近有人报道，根瘟灵注射液对早、中期和慢性猪瘟有效，剂量依猪体重而定。但使用该药时，禁用安乃近和地塞米松等肾上腺皮质激素类药物。

据报道，用中西药结合的方法或用中成药加减的方法，治疗不同时期、不同病症的病猪，可取得较好的疗效，兹介绍如下：

1. **大承气汤加味疗法** 主要用于恶寒发热，大便干燥、秘结的病猪。处方：大黄15g、厚朴20g、枳实15g、芒硝25g、玄参10g、麦冬15g、金银花15g、连翘20g、石膏50g，水煎去渣，早、晚各灌服一剂。此药量为10kg体重猪所用药量，大小不同的猪可酌情增减。

2. **加减黄连解毒汤疗法** 多用于粪便稀软或出现明显腹泻症状的病猪。处方：黄连5g、黄柏10g、黄芩15g、金银花15g、连翘15g、白扁豆15g、木香10g，水煎去渣，早、晚各灌服一剂。以上药量为10kg体重猪所用药量，大小不同的猪可酌情增减。

3. **仙人掌疗法** 此方为民间对猪瘟有明显效果的疗法。调配方法为：取仙人掌5片，去皮，捣成泥状备用；挖取蚯蚓20～30条，放入盛有白砂糖200g的容器中；然后倒入仙人掌泥拌和，再拌入麸皮或糠料少许。每天早、晚各喂一次，2～3d则有明显好转或治愈。

〔预防措施〕目前主要采取以预防接种为主的综合性防疫措施来控制CSF。

1. **常规预防** 平时的预防措施必须从传染源、传播媒介、易感动物和生态环境等多环节入手，着重于提高猪群的免疫水平。把好引种关，防止引入病猪或隐性感染猪；建立健康不带毒的繁育种猪群，切断传播途径；制定科学和确实有效的免疫接种计划，提高猪群的抵抗力；实行科学的饲养管理（如实行自繁自养制和全进全出制等），建立良好的生态环境，从而控制和消灭猪瘟。

免疫接种是当前我国和世界上许多国家防制CSF的主要手段。我国研制生产的猪瘟兔化弱毒苗是世界上公认的安全有效、没有残余毒力的疫苗。疫苗接种应制定出行之有效的免疫程序，先检测后接种，即在猪群免疫之前，应对猪群进行抗体水平检测。据研究，母源抗体的滴度为1：32～1：64，此时攻毒可获得100%的保护；当抗体滴度下降到1：16～1：32时，尚能获得80%的保护；当滴度下降到1：8时，则完全不能保护。此时，应给仔猪进行免疫接种。实践证明，对仔猪一般于出生后的20日龄和60日龄各接种一次疫苗，种猪在每次配种前免疫一次，具有良好的免疫效果。免疫接种可抵抗自然感染，72h后可产生坚强的免疫力，对断乳仔猪的免疫期可达1.5年，免疫力为100%。

据最近的资料报道，在常发生仔猪猪瘟的地区或猪场，采用超前免疫法可使仔猪获得很高的保护率。其方法是：初生仔猪在哺乳之前（哺乳后则免疫无效），按常规猪瘟弱毒疫苗剂量（1～2头份），颈部肌内注射。2h后再让仔猪自由哺乳，免疫期可达6个月以上。另外，超前免疫法还可应用于生后20～25日龄的仔猪，注射猪瘟疫苗1次（2～3头份），60日龄再注射3～4头份。实践证明，此法可有效地提高仔猪体内的抗体水平，可控制仔猪猪瘟的发生。注意：采用超前免疫方法时，个别仔猪会有过敏反应（全身青紫，呼吸急促，呕吐，站立不稳，甚至倒地昏迷），此时，可耳后注射地塞米松0.5mg/头或肾上腺素、苯海拉明进行抢救。

需要指出的是：CSF疫苗对先天感染的带毒仔猪和持续感染的带毒猪无明显保护作用；高浓度的母源抗体存在也严重干扰疫苗的免疫效果。

2.紧急预防 这是突发性CSF流行时的防制措施，实施步骤如下：

（1）封锁疫点 在封锁地点内停止生猪集市买卖和外运，停止猪产品的买卖和外运，猪群不准放牧。最后1头病猪死亡后或处理后3周，经彻底消毒，可以解除封锁。

（2）处理病猪 对所有猪进行测温和临床检查，病猪以急宰为宜，急宰病猪的血液、内脏和污物等应就地深理，肉经煮熟后可以食用。污染的场地、用具和工作人员都应严格消毒，防止病毒扩散。可疑病猪予以隔离。

（3）紧急接种 对疫区内的假定健康猪和受威胁区的猪，立即注射CSF兔化弱毒疫苗，剂量可加大1～3倍，但注射针头应一猪一消毒，以防人为传播。

（4）彻底消毒 对病猪圈、垫草、粪水、吃剩的饲料和用具均应彻底消毒，最好将病猪圈的表面土铲出，换上一层新土。在CSF流行期间，对饲养用具应每隔2～3d消毒1次，碱性消毒药均有良好的消毒效果。

图1-1-2 最急性型猪瘟
病猪高热、精神极度沉郁，全身皮肤弥漫性出血。

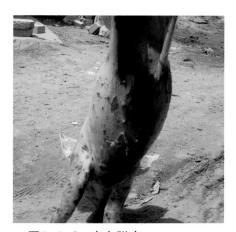

图1-1-3 出血脱皮
病猪全身有大面积出血，胸、腹部和耳部表皮坏死脱落。

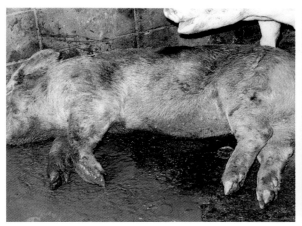

图1-1-4 败血型猪瘟
病猪全身瘀血、出血，皮肤呈紫红色，肌肉痉挛四肢抽搐。

图1-1-5 败血型猪群
病猪全身出血，下痢，运动困难，后躯麻痹，突然倒地死亡。

**图1-1-6　皮肤出血**

全身皮肤有大小不一的出血斑块，尤以腹下、四肢内侧和会阴部明显。

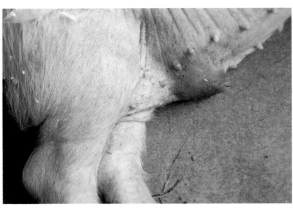

**图1-1-7　阴鞘积尿**

病猪阴鞘红肿，蓄积多量污秽不洁的尿液，有恶臭的气味。

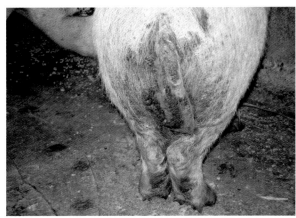

**图1-1-8　腹泻**

臀部及会阴部皮肤出血，排出的黄绿色稀便污染会阴、尾巴及后肢。

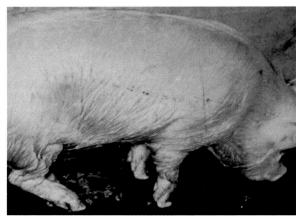

**图1-1-9　便秘**

病猪的皮肤及耳朵有出血斑点，排粪困难，发生便秘。

**图1-1-10　坏死痂形成**

病猪的四肢及耳部出血的皮肤坏死，并形成结痂。

**图1-1-11　僵猪**

耐过猪瘟，病猪发育缓慢，伴发皮炎而变为僵猪。

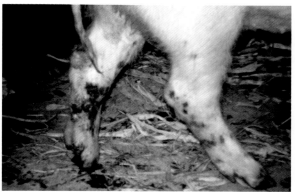

**图1-1-12　温和型猪瘟**

全身皮肤的出血较轻，四肢和尾部多见出血斑块及结痂。

**图1-1-13　全身性出血**

死于急性败血型猪瘟，全身多发弥漫性出血，呈紫红色。

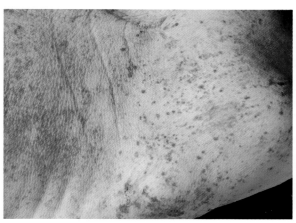

**图1-1-14　点状出血**

病猪前肢内侧的皮肤充血，呈现弥漫性点状出血。

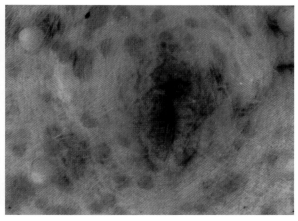

**图1-1-15　斑点状出血**

腹部皮肤可见到由点状出血融合而形成的鲜红色出血斑。

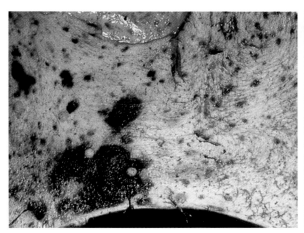

**图1-1-16　陈旧性出血**

腹部皮肤的陈旧性出血，呈黑褐色片状或斑点状，并有结痂形成。

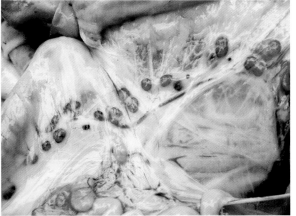

**图1-1-17　淋巴结出血**

肠系膜淋巴结出血、肿大，呈鲜红色，串珠样排列。

**图1-1-18　大理石样花纹**

淋巴结髓质明显出血，与黄白色皮质相嵌呈大理石样外观。

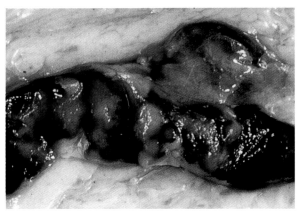

**图1-1-19　血肿样淋巴结**

肠系膜淋巴结的严重出血，淋巴组织全被血液取代，形如血肿。

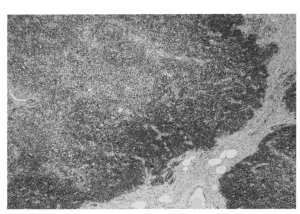

**图1-1-20　出血性淋巴结炎**

淋巴结边缘淋巴窦及附近区域明显出血，淋巴组织难以辨认。HE×100

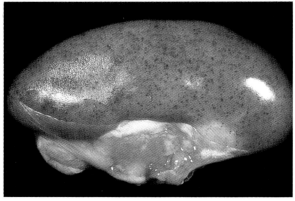

**图1-1-21　麻雀蛋肾**

肾表面布满大小不等的出血点，形成"麻雀蛋肾"。

**图1-1-22　肾出血**

肾皮质部出血变性呈红黄色，髓质部及肾盂黏膜也有弥漫性出血。

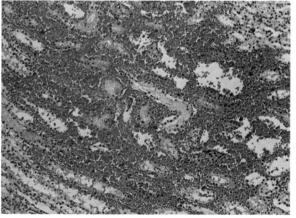

**图1-1-23　出血性肾炎**

肾小管上皮变性坏死，小管间弥散大量红细胞。HE×100

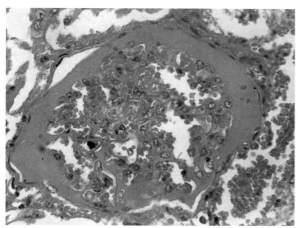

**图1-1-24 渗出性肾小体肾炎**

肾小球的通透性增大，肾小囊内充满浆液和纤维蛋白。HE×400

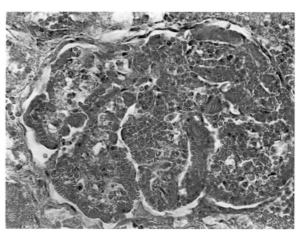

**图1-1-25 出血性肾小体肾炎**

肾小球毛细血管出血，肾小囊内有大量红细胞和纤维蛋白。HE×400

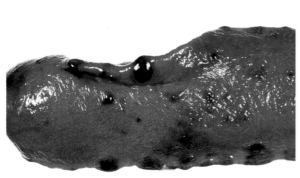

**图1-1-26 出血性梗死**

脾被膜下有大小不一、呈黑红色的出血性梗死结节。

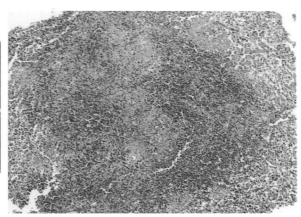

**图1-1-27 梗死的脾组织**

脾组织坏死，与渗出的纤维蛋白和红细胞一起形成梗死灶。HE×60

**图1-1-28 内脏出血**

败血性猪瘟病例，从皮肤到内脏各器官都发生严重的出血。

**图1-1-29 膀胱出血**

膀胱黏膜见有新鲜的弥漫性点状出血，呈鲜红色。

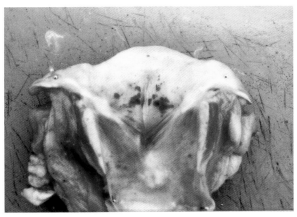

**图1-1-30　喉头出血**

急性猪瘟的喉部黏膜肿胀，黏膜面上常有新鲜的出血斑点。

**图1-1-31　胆囊黏膜坏死**

肝脏瘀血，胆囊黏膜肿胀、坏死和脱落，形成大片溃疡。

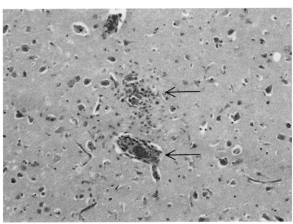

**图1-1-32　非化脓性脑炎**

非化脓性脑炎的特征性病变：血管套和胶质结节（↑）。HE×100

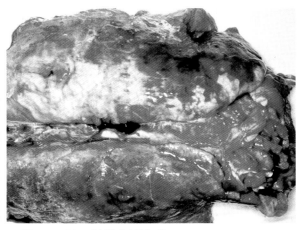

**图1-1-33　纤维素性肺炎**

肺瘀血、出血、水肿和纤维蛋白渗出，外观呈大理石样花纹。

**图1-1-34　扣状肿**

大肠黏膜上布满近似圆形的轮层状溃疡，俗称"扣状肿"。

**图1-1-35　溃疡形成**

大肠黏膜的扣状肿和融合性扣状肿，其黏膜坏死脱落，形成溃疡。

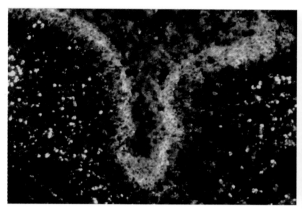

**图1-1-36　扁桃体抗病毒阳性**

扁桃体的荧光抗体检查，隐窝上皮细胞呈强阳性反应。　免疫荧光×400

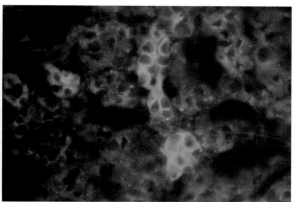

**图1-1-37　肾脏抗病毒阳性**

肾近曲小管上皮呈现抗猪瘟病毒免疫荧光染色阳性反应。　免疫荧光×400

## 二、非洲猪瘟（African swine fever，ASF）

非洲猪瘟又称为东非猪瘟或疣猪病，是由非洲猪瘟病毒引起猪的一种急性热性高度接触性传染病。本病仅感染猪，临床症状与病理变化与猪瘟很相似，主要表现为发热，皮肤发绀和淋巴结、肾脏、胃肠道黏膜出血等。本病的死亡率很高，在流行期间可高达100%，对养猪业的危害很大，是各国严防的重要传染病之一，世界动物卫生组织将之列为A类疫病，我国则定为一类疫病。目前，非洲猪瘟已在30多个国家发生流行，并有继续扩大蔓延的趋势。我国目前尚无本病。

〔病原特性〕非洲猪瘟病毒（African swine fever virus，ASFV）是虹彩病毒科非洲猪瘟病毒属的一种二十面体对称的双股DNA病毒。病毒粒子直径为172～220nm，似六角形，成熟的颗粒具有两层衣壳和在发芽装配时通过细胞膜所获得的外层囊膜（图1-2-1）。病毒的基因组为双股线状DNA，大小为170～190kb，末端有颠倒重复。ASFV基因组编码5个基因，包括假定膜蛋白、分泌性蛋白、参与核苷酸和核酸代谢（包括DNA修复）的酶类以及蛋白修饰酶。ASFV可分为红细胞吸附性病毒（HV）和非红细胞吸附性病毒（NHV）两种。前者可指新分离的具有吸附红细胞特性的病毒；后者则为经培养后丧失这种特性的病毒。本病毒的结构很复杂，结构蛋白有28种，在感染的细胞内可检测到100种以上的病毒诱导蛋白。本病毒主要感染猪的单核细胞和巨噬细胞，也能在内皮细胞、肝细胞、肾小管上皮细胞和中性粒细胞中增殖。体外培养时，ASFV可以在猪的单核细胞、骨髓细胞和白细胞中复制，还可适应猪肾细胞、BHK细胞、MS细胞、CV细胞及Vero细胞。病毒感染细胞后6～7h开始合成病毒DNA，10～12h可检出完整的病毒粒子。在感染病毒8～12h出现红细胞吸附反应，此后24h培养细胞出现CPF变化。此时在培养细胞的胞浆中可检出嗜酸性包含体。ASFV可通过细胞传代减弱毒力或发生变异。

本病毒对腐败、热力、干燥和常用消毒剂具有较强抵抗力。例如，在室温中保存了18个月的血液或血清中仍能分离出病毒；在病猪肉制作的火腿中病毒仍能存活5～6个月；室温干燥或冰冻数年不死；在60℃经30min才可灭活病毒；常用消毒剂的常用浓度很难将病毒杀死。但许多脂溶剂却能将之杀灭；0.25%甲醛溶液以48h、2%苛性钠溶液经24h可使之灭活。

〔流行特点〕猪是本病唯一自然感染的家畜。在非洲，本病往往是由隐性感染的野猪传染给家猪而引起暴发性流行。据报道，在非洲和西班牙半岛有隐嘴蜱和钝喙蜱等几种软蜱能贮藏和传播本病毒；这些蜱与一些野猪之间形成循环感染，成为家猪感染的最重要的传染来源。本病主要经消化道感染，即猪采食了污染的饲料和饮水或接触到被污染的用具等而感染；另外，呼吸道也有可能成为本病感染的另一条途径。在实验室中通过皮下、肌肉、腹腔、静脉和鼻内接种含毒病料，均可使猪人工发病。据称，本病一旦在家猪中建立感染，感染猪就是病毒进一步传播的最主要来源；而且大多数康复的猪都是带毒者。据报道，ASFV一般不感染小鼠、豚鼠、猫、犬、绵羊、牛、马和鸽子等动物，但可感染兔子和山羊，并能在其体内复制。

一般认为，本病在国与国之间的传播，主要与来自国际机场和港口的未经煮熟的感染猪肉的制品有关；在无病地区的暴发与病猪及其制品传入或野猪的侵入有关。

〔临床症状〕本病的潜伏期差异很大，短者仅4～6d发病，长者可达15～19d。其临床表现与猪瘟很相似，有急性、亚急性和慢性之分。急性病例主要发生于感染的初期或新发生本病的地区，即新疫区，以高热达40～41℃，呈稽留热型，精神高度沉郁，食欲废绝，心跳加速，呼吸急促，白细胞减少，皮肤出血和死亡率极高为特点。亚急性和慢性病例多见于流行地区的猪，多呈散发性病例。病猪有呼吸困难，流鼻液，咳嗽等呼吸道症状；皮肤瘀血，有陈旧性的出血灶及结痂；部分病猪喜卧地，后肢无力，运动困难，并排出混有血液的稀便（图1-2-2）。慢性病例的皮肤除上述变化外还常见有风疹样结节（图1-2-3），但死亡率较低。怀孕母猪可发生流产。

〔病理特征〕病毒侵入机体后，首先在扁桃体中增殖，感染后48h病毒即进入血液，引起病毒血症，然后在血管内皮细胞或巨噬细胞系统中复制。由于毛细血管、静脉、动脉和淋巴管的内皮细胞以及网状内皮细胞遭受病毒侵袭，从而使组织、器官发生出血、浆液渗出、血栓形成以至梗死等病变。淋巴细胞往往大量破坏或明显坏死，故发热第4天，外周血液中的白细胞总数可下降至正常的40%～50%，其中淋巴细胞明显减少，这是非洲猪瘟的特征性表现。

剖检时，急性病例的特征性病理变化是全身各脏器有严重的出血，特别是淋巴结出血最为明显。眼观，结膜充血、发绀，并有少数小出血点。耳、鼻盘、四肢末端、会阴、胸腹侧及腋窝的皮肤出现紫斑，该部皮肤水肿而失去弹性。皮肤见小出血点，出血点中央暗红，边缘色淡，尤以腿腹部更为明显。皮下组织血管充血，肩前、腹股沟浅淋巴结中度肿大，轻度出血。胸腔和腹腔积有多量的清亮液体，有时也混有血液。内脏淋巴结肿大，部分或全部出血（图1-2-4）。脾脏瘀血、出血，极度肿大，呈黑褐色（图1-2-5）；切面见有大量血粥样物质流出，脾脏的固有结构破坏。心肌柔软，心内、外膜下散在小出血点，有时见广泛出血（图1-2-6）。心肌常见充血、出血似桑葚状。肾脂肪囊及肾表面有点状出血，严重时肾脏表面布满出血斑点，犹如猪瘟时的雀蛋肾（图1-2-7）。极少数病例肾乳头弥漫性出血，肾盂充满血液。膀胱有时见黏膜呈弥漫性潮红及数量不等的小出血点。肺脏充血、出血，膨胀、水肿（图1-2-8）；有时出现肺叶间水肿，肺叶间结缔组织充满淋巴液。肝脏肿大、瘀血，表面常见大量出血点，实质变性。肝门淋巴结多严重出血，常呈血肿样。胆囊充盈胆汁，其浆膜与黏膜出血，胆囊壁水肿，呈胶冻样增厚（图1-2-9）。

慢性病例极度消瘦，较明显的主要病变是浆液性纤维素性心外膜炎。心包膜增厚，与心外膜及邻近肺脏粘连。心包腔内积有污灰色液体，其中混有纤维素团块。胸腔有大量黄褐色液体。肺脏一般为支气管肺炎，病灶常限于尖叶及心叶（图1-2-10）。

本病的病理组织学特点是：血液中的白细胞总数减少，中性粒细胞比例增加，淋巴细胞显著减少。皮肤和内脏的小血管和毛细血管血液淤滞，血管内皮细胞肿胀、变性，血管壁玻璃样变及血栓形成，血管周围有少量嗜酸性粒细胞浸润。冰冻切片作荧光抗体染色，在真皮的巨噬细胞内见有荧光。另见肝脏呈局灶性或弥漫性坏死，汇管区和小叶间质有多量淋巴细胞、嗜酸性粒细胞、少量浆细胞与巨噬细胞浸润；肾脏皮质与髓质出血，皮质部间质的毛细血管内有血栓形成；淋巴结有明显的出血和坏死，胃肠黏膜上皮细胞呈不同程度的变性、坏死与脱落，固有层和黏膜下层的小血管与毛细血管有血栓形成，伴有出血和水肿；脾脏的白髓坏死，体积减小，红髓聚集大量红细胞，脾静脉窦常见血栓形成等病变；脑软膜充血，血管周围出血，并有淋巴细胞浸润和核碎裂。

〔诊断要点〕由于本病的临床症状与病理变化与猪瘟有诸多相似之处，故对其诊断主要依靠实验室检查。目前最常用、最方便和最可靠的诊断方法是：直接免疫荧光试验、血细胞吸附试验和猪接种实验。其中，直接免疫荧光试验对急性病例具有快速、准确和经济的特点而被经常采用（图1-2-11），但对亚急性和慢性病例的检出率较低；虽然血细胞吸附试验是检测本病最敏感的方法，但有一小部分野毒株不被诊出；用猪接种实验，既可分离血清检查抗体，又能与直接免疫荧光试验和血细胞吸附试验结合在一起进行综合诊断。

在没有ASF的国家和地区当怀疑有ASF发生时，应将病猪的病料如抗凝血、脾脏、扁桃体、肾脏、淋巴结等含病毒量多的组织低温保存并送到相应的实验室进行检测。此时的确诊应进行ASFV的分离、病毒抗原和基因组DNA检测等。

〔类症鉴别〕由于本病的症状及肉眼病变颇似猪瘟，故病理组织学检查对本病的确诊具有重要意义，如发现淋巴组织坏死、淋巴细胞性脑膜脑炎、局灶性肝坏死和间质性淋巴细胞—嗜酸性粒细胞性肝炎以及全身小血管壁玻璃样变或纤维素样坏死并伴有血栓形成，则可确诊为非洲猪瘟。目前本病与猪瘟唯一有效的鉴别方法，是用可疑病料对经过猪瘟高度免疫的家猪进行接种试验，如仍然出现与猪瘟相似的症状，则为非洲猪瘟。

〔治疗方法〕本病目前尚无有效的治疗药物，故只能采取对症疗法。

〔预防措施〕ASFV是一种独特的病毒，大多数毒株的毒力很强，但免疫原性却非常低。虽然猪在感染后7～21d可产生补体结合抗体、沉淀抗体和血凝抑制抗体，但无论自然感染猪或人工感染猪均未检出中和抗体。因此，迄今为止，本病还无有效的预防疫苗，故预防本病的主要措施是防止疾病的传播。在无本病的国家和地区，应对国际机场和港口从飞机和船舶带来的肉制品及食物废料等进行焚毁；对进口的牲猪、猪肉及其产品必须严格进行检疫和检验，严防可疑病猪带毒食品的混入；不得从有本病发生的国家和地区引进种猪；事先建立诊断本病的方法，并在临床实践中注意本病的新动向，以便及时发现；当猪群中发现可疑病猪时，应及时报告、立即封锁、迅速确诊，并严格按照《中华人民共和国动物防疫法》的有关规定全部扑杀处理，彻底消灭病原体，防止疾病的蔓延。

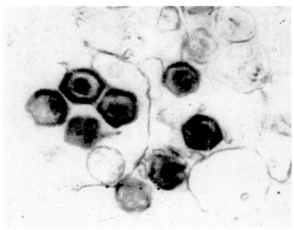

**图1-2-1　病毒粒子**

非洲猪瘟的病毒粒子为二十面体DNA病毒，似六角形，外有囊膜。

**图1-2-2　出血性腹泻**

病猪运动困难，皮肤瘀血和出血，发生出血性腹泻。

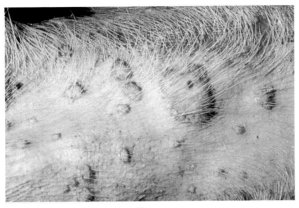

**图1-2-3　风疹样结节**

慢性病例的皮肤上常出现许多大小不一的风疹样结节。

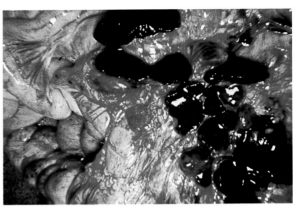

**图1-2-4　出血性淋巴结炎**

肠系膜淋巴结几乎被血液取代，整个淋巴结变成了血肿。

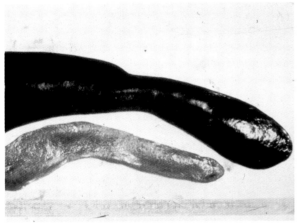

**图1-2-5　急性炎性脾肿**

脾脏极度肿大，呈黑褐色（下为正常脾脏），脾脏固有结构破坏。

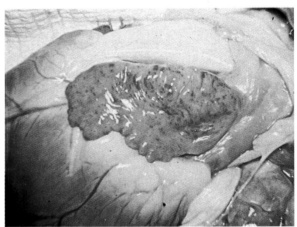

**图1-2-6　心耳出血**

心肌充血呈鲜红色，心耳布满点状出血，似桑葚样。

**图1-2-7　肾出血**

肾脏肿大，表面布满出血点，犹如猪瘟时的"麻雀蛋肾"。

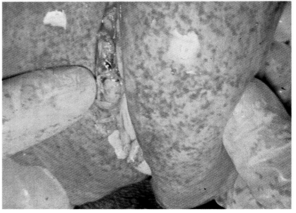

**图1-2-8　肺出血**

肺脏膨大，出血和水肿，纵隔淋巴结也肿大和出血（左手指尖）。

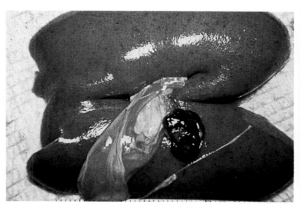

**图1-2-9　肝出血**

肝脏肿大，表面有点状出血，肝门淋巴结出血，呈黑褐色。

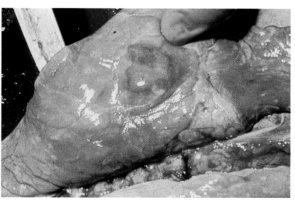

**图1-2-10　支气管肺炎**

肺间质增宽，见支气管肺炎病灶和结节形成。

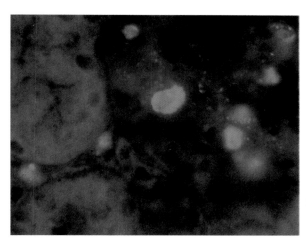

**图1-2-11　免疫荧光阳性**

用抗非洲猪瘟免疫荧光抗体在肾脏检出的阳性反应。免疫荧光×400

## 三、口蹄疫（Food and mouth disease，FMD）

口蹄疫是猪、牛、羊等偶蹄动物的一种急性、热性和接触传染性疾病，人也可感染，所以又是一种人畜共患病。它在临床上以口腔黏膜、蹄部及乳房皮肤发生水疱和烂斑为特征。本病在世界各地均有发生，且目前仍在非洲、亚洲和南美洲很多国家流行。由于本病有强烈的传染性，一旦发生，其传播的速度很快，常常形成大流行，不易控制和消灭，造成巨大的经济损失，所以世界动物卫生组织（OIE）2002年将本病列为A类动物疫病。

〔病原特性〕口蹄疫的病原体是小核糖核酸病毒科的口蹄疫病毒（Food and mouth disease virus，FMDV）。该病毒的粒子呈圆形或六角形，由60个结构单位构成二十面体，直径为23～25nm，病毒由中央的RNA核芯和周围的蛋白壳体所组成，无囊膜。成熟的病毒粒子约含30% RNA，其余70%为蛋白质。据认为，病毒的RNA决定其的感染和遗传性；而蛋白质则主导其抗原性、免疫性和血清学反应的特点。新近的研究表明，病毒基因组由一个开放性阅读框架（ORF）和5′、3′端非编码区（NCR）组成。ORF编码4种结构蛋白（VP1、VP2、VP3和VP4）、RNA聚合酶、蛋白酶和其他非结构蛋白。在结构蛋白中VP1最重要。它不仅是主要的型特异性抗原，具有抗原性和免疫原性，能刺激机体产生中和抗体，而且是病毒受体的结合区，决定病毒与细胞间的吸附作用，直接影响病毒的感染力。FMDV的毒力与抗原性都易发生变异，其中VP1基因的变异性最高。VP1基因存在两个明显的可变区，即42～60和134～158号氨基酸序列。研究证明：同型不同亚型的毒株，仅134～158这一个可变区氨基酸残基存在着差异，表现出亚型的特异性；若42～60和134～158号两个可变区发生变化，则出现型的差异。不同类型口蹄疫病毒的VP1基因G−H环中的RGD基序具有遗传稳定性。

FMDV具有多型性，易变异的特点。根据其血清学特性，可将之分为7个主型，即甲型、乙型、丙型、南非1型、南非2型、南非3型和亚洲1型，其中以甲型和乙型分布最广，危害最大，单纯性猪口蹄疫是由乙型病毒所引起。每一型内又有亚型，亚型内又有众多抗原差异显著的毒株。1977年世界口蹄疫中心公布有7个型和65个亚型，每年还会有新的亚型出现。各型之间在临床表现方面没有什么不同，但彼此均无交叉免疫反应。在同型中，各亚型之间交叉免疫程度变化幅度也较大，亚型内各毒株之间也有明显的抗原差异。病毒的这种特性，给本病的检疫和防疫带来很大的困难。

FMDV对外界环境的抵抗力很强，不怕干燥，在自然条件下，含病毒的组织与污染的饲料、饲草、皮毛及土壤等均可保持传染性达数周至数月之久。粪便中的病毒，在温暖的季节可存活29～33d，在冻结条件下可以越冬，但高温和直射阳光对病毒有杀灭作用。病毒对酸碱十分敏感，易被酸性和碱性消毒药杀死。因此，2%～4%氢氧化钠、3%～5%甲醛溶液、0.2%～0.5%过氧乙酸、5%次氯酸钠和5%氨水等均为FMDV良好的消毒剂。食盐对病毒无杀灭作用。在肉品中于10～12℃经24h，或在4～8℃经24～48h，由于产生乳酸使pH下降到5.3～5.7时，则杀灭其中的病毒，但骨髓和淋巴结不易产酸，故位于其内的病毒常不被杀灭，成为废弃物中很危险的传染来源。鲜牛奶中的病毒在37℃时可存活12h，但在酸奶中的病毒则迅速杀灭。

〔流行特点〕FMDV可侵害多种动物，但主要是偶蹄兽。家畜中以牛最易感，其次是猪和羊。各种年龄的猪均有易感性，但对仔猪的危害最大，常常引起死亡。病畜是最危险的传染源。由于本病对牛的敏感性最高，可在绵羊群中长期存在，而猪的排毒量远远大于牛和绵羊，故有牛是本病的"指示器"，绵羊为"贮存器"，猪为"放大器"之说。病猪在发热期，其粪尿、奶、眼泪、唾液和呼出气体均含病毒，以后病毒主要存在水疱皮和水疱液中，通过直接接触和间接接触，病毒进入易感猪的呼吸道、消化道和损伤的皮肤黏膜，均可感染发病。最危险的传播媒介是病猪肉及其制品，还有泔水，其次是被病毒污染的饲养管理用具和运输工具。近年来证明，空气也是口蹄疫的重要传播媒介。病毒能随风传播到10～60km以外的地方，如大气稳定，气温低，湿度高，病毒毒力强时，本病常可发生远距离气源性传播。FMD的传播与流行也呈跳跃式发生，即在远离发病点的地区也能暴发，或通过输入带毒猪及其产品，疫病从一个地区、一个国家传到另一个地区或国家。

病愈动物的带毒期长短不一，一般不超过2～3个月。据报道，猪不能长期带毒，隐性带毒者主要为牛、羊及野生动物。FMD流行猛烈，在较短时间内，可使全群猪发病，继而扩散到周围地区，发病率很高，但病死率不到5%。若由一般口蹄疫病毒引起的猪口蹄疫，往往牛先发病，而后才有羊、猪感染发病。

本病的发生虽无严格的季节性，但其流行却有明显的季节规律。一般多流行于冬季和春季，至夏季往往自然平息。但在大群饲养的猪舍，本病并无明显的季节性。近年的调查研究证明，FMD的流行与暴发具有周期性，一般每隔3～5年发生一次。

〔临床症状〕本病的潜伏期为1～2d或3～5d。病猪以蹄部水疱为主要特征者，称为良性口蹄疫，主要发生于成年猪。病初，体温升高至40～41℃，精神不振，食欲减退或不食，蹄冠（图1−3−1）、趾间、蹄踵发红、微热、对外界刺激敏感等症状，不久蹄冠部出现小水疱、出血和龟裂（图1-3-2）或形成黄豆大、蚕豆大的水疱（图1-3-3），水疱破裂后形成出血性糜烂和溃疡（图1-3-4）。有的病猪不仅蹄部有水疱，而且掌部或跖部也可见到相同的水疱、溃疡和烂斑（图1-3-5）。蹄部发生水疱时，病猪常因疼痛而运动困难或卧地不起，强迫运动时出现明显的跛行，或则跪行或爬行，站立时病肢屈曲减负体重（图1-3-6）。病情严重时，病猪不仅蹄部有水疱，疼痛不能站立，卧地不起，而且口唇也有水疱，常见病猪的舌头外伸，口流白色泡沫样唾液（图1-3-7）。如果没有继发感染，良性病例一般经十余天即可痊愈，若有细菌感染，则局部化脓坏死，可引起蹄壳脱落（图1-3-8），患肢不能着地，常卧地不起。部分病猪包括舌、唇、齿龈、咽、腭在内的口腔黏膜（图1-3-9）和鼻盘也常见到水疱和烂斑。鼻盘部的水疱，初期一般为浆液性水疱（图1-3-10），浆液性水疱破溃后常形成浅表性溃疡（图1-3-11），继发化脓菌后则形成化脓性水疱（图1-3-12）。此种水疱呈乳白色或污秽色，内含大量脓液，破溃后常形成化脓性结痂。哺乳母猪发病后，其乳房和乳头上常见多量大小不一的水疱，严重时乳头的表皮可皲裂（图1-3-13），当乳猪吮吸时，常将乳头部的表皮破坏，露出鲜红的真皮（图1-3-14）。此时，母猪多疼痛难忍而拒绝乳猪吃奶。病程长时，病猪蹄冠的病变可逐渐恢复，该部多缺少被毛和色素（图1-3-15）。

病猪的口蹄部水疱不明显而以心肌炎突然死亡者，称为恶性口蹄疫，常见于乳猪或体弱的仔猪。如吃奶仔猪患口蹄疫时，一般很少见到水疱和烂斑，通常由急性胃肠炎和心肌炎而导致突然死亡，病死率可高达60%~80%。病程较长者，亦可在口腔及鼻面上见到小水疱和糜烂。

〔病理特征〕猪的FMD根据病变的特点不同而有良性与恶性之分。

1. 良性口蹄疫 本型的特点是病猪的死亡率低，在皮肤型黏膜和皮肤上发生水疱、烂斑等口蹄疫病变，败血病变化不明显。猪的水疱多发生于蹄部，如蹄冠、蹄踵和蹄叉等处；其次是口鼻端，如唇内面、齿龈、颊部、舌面（图1-3-16）、硬腭（图1-3-17）、鼻腔外口和鼻盘等部。无毛部的皮肤以乳腺部多见。

猪的水疱通常较小，一般为米粒大到蚕豆大。水疱内的液体开始时呈淡黄色透明；如混有红细胞则呈红色；若水疱液内含有白细胞则变为混浊而呈灰白色。水疱破裂后，通常形成鲜红色或暗红色的烂斑；有的烂斑被覆一层淡黄色渗出物，渗出物干燥后形成黄褐色痂皮；当水疱破溃后如果继发细菌感染，则病变向深层组织发展，便形成溃疡；特别是蹄部发生细菌感染后，可使邻近组织发生化脓性炎或腐败性炎，严重者导致蹄壳脱落和变形（图1-3-18）。

2. 恶性口蹄疫 本型的特点是主要发生于乳猪，死亡率高，可达75%~100%；在败血症的基础上，心肌呈中毒性营养不良和坏死。剖检见心包内含有较多透明或稍混浊的心包液。心脏外形正常，但质地柔软，色彩变淡，心内、外膜上有出血点。心肌纤维在病毒的作用下发生局灶性脂肪变性、蜡样坏死和间质的炎性反应，所以在心室中隔及心壁上散在有灰白色（图1-3-19）和黄白色（图1-3-20）的斑点或条纹病灶，因其色彩似虎皮样斑纹，故有"虎斑心"之称。病程较长的病例，心肌变硬，表面有凹陷斑块或条纹。这是由于上述变性和坏死的肌纤维被增生的结缔组织取代而形成硬结之故。镜检，病初见心肌纤维变性、坏死，其间有成纤维细胞增生和大量淋巴细胞和单核细胞浸润（图1-3-21）；后期则是大量结缔组织弥漫性增生，压迫心肌纤维，使之发生萎缩，从而导致心肌硬变。

〔诊断要点〕本病有较为特征的临床症状，结合病情的急性经过，呈流行性或跳跃式传播，主要侵害偶蹄动物和一般为良性转归等特点，通常可以明确诊断。但口蹄疫病毒具有多型性，而其流行特点和临床症状相同，其病毒属于哪一型，需经实验室检查才能确定。另外，猪口蹄疫与猪水疱病的临床症状几乎无差别，也有赖于实验室检查予以鉴别。送检的主要方法是：首先将病猪蹄部用清水洗净，用干净剪子剪取水疱皮，装入青霉素（或链霉素）空瓶，最好采2~

5头病猪的水疱痂皮，冷藏保管，一并迅速送到有关检验部门检查。

常用的检查方法是补体结合反应，近来也有用反向间接血凝试验来鉴定口蹄疫病的类型和猪水疱病的报道。此外，应用酶联免疫吸附试验、间接酶联免疫吸附试验以及免疫荧光抗体技术诊断均有很好的效果；RT-PCR可用于动物产品的检疫；核酸探针检测FMDV和单克隆抗体技术等可用于实验室研究。

〔类症鉴别〕猪口蹄疫主要应与猪传染性水疱性口炎、猪传染性水疱病等水疱性疾病相互区别。

1.猪传染性水疱性口炎　其特点流行范围小，发病率低，死亡则更少见，且马、骡、驴等单蹄动物也能感染。必要时可依赖动物接种来进一步确诊。

2.猪传染性水疱病　又称猪水疱病，本病仅感染猪，牛、羊等动物则不感染。剖检时，猪水疱病无"虎斑心"的心肌炎病变，而口蹄疫特别是仔猪发病时大多具有这种典型的心脏病变。

〔治疗方法〕本病在我国列为一类传染病。一旦发现病例，应及时向当地动物防疫监督机构报告。

〔预防措施〕采取综合性防制措施是有效控制本病的常用手段，包括检疫、禁止从疫源地引进种猪或育肥猪，扑杀病猪，尸体及污染物的正确处理，病猪的圈舍、场地和用具彻底消毒和及时的免疫接种等。

1.常规预防　目前多采用以检疫诊断为中心的综合防制措施。一般采取以下步骤：

（1）加强检疫和普查　将经常检疫和定期普查相结合，分工协作；一定要做好猪产地检疫、屠宰检疫、农贸市场检疫和运输检疫等工作；同时每年冬季应进行一次重点普查，以便了解和发现疫情，及时采取相应措施。

（2）及时接种疫苗　容易传播口蹄疫的地区，如国境边界地区、城市郊区等，要注射口蹄疫疫苗，具体用量和用法按使用说明书执行。值得注意的是，所用疫苗的病毒类型必须与该地区流行的口蹄疫病毒类型相一致，否则不能预防和控制本地区口蹄疫的发生和流行。

（3）加强防疫措施　严禁从疫区（场）买猪及其肉制品，不得用未经煮开的洗肉水、泔水喂猪。

此外，预防人的口蹄疫，主要依靠个人的自身防护和饮食卫生，如不喝生奶，接触病猪后应立即洗手并消毒；防止病猪的分泌物和排泄物等落入口鼻和眼黏膜；被污染的衣物等应及时洗涤和消毒等。

2.紧急预防　当检出口蹄疫后，应立即报告疫情，并迅速划定疫点、疫区，按照"早、快、严、小"的原则，及时严格地封锁和紧急预防。具体操作如下：

（1）急宰　对病猪及同群饲养的猪，应隔离急宰，内脏及污染物（指不易消毒的物品）深埋或者烧掉，肉煮熟后就地销售食用，不得运输到外地销售。

（2）消毒　对病猪舍及污染的场所和用具等用2%烧碱溶液、10%石灰乳、0.2%～0.5%过氧乙酸或1%强力消毒灵等进行彻底消毒，在口蹄疫流行期间，每隔2～3d消毒1次。此外，病猪的粪便应堆积发酵处理或用5%的氨水消毒；毛、皮张可用环氧乙烷或甲醛气体消毒。

（3）接种　对疫点周围及疫点内尚未感染的猪立即进行紧急预防接种。接种的一般原则是：先注射疫区外围的猪，后注射疫区内的猪。接种的疫苗应选用与当地流行的相同病毒型、亚型的弱毒疫苗或灭活疫苗进行免疫接种。但由于弱毒苗的毒力与免疫力之间难以平衡，不太安全，所以通常用猪口蹄疫灭活苗预防本病可收到较好效果。

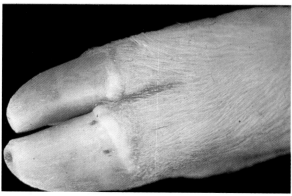

**图1-3-1 蹄冠部皮肤水肿**

病初，蹄冠部皮肤充血、水肿，对刺激敏感，表面偶见小水疱。

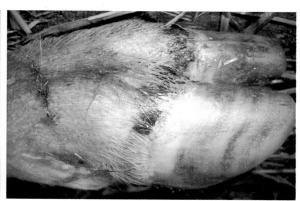

**图1-3-2 龟裂和出血**

随着疾病的发展，蹄冠部常出现明显的龟裂和出血。

**图1-3-3 蹄部水疱**

蹄部先形成浆液性水疱，水疱破裂后液体流出。

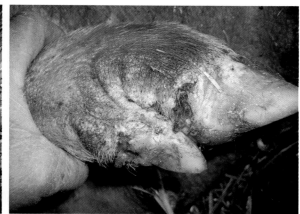

**图1-3-4 溃疡形成**

蹄部水疱破裂，表皮脱落，形成溃疡。

**图1-3-5 跖部溃疡**

病猪跖部的水疱破裂后，形成大面积溃疡和烂斑。

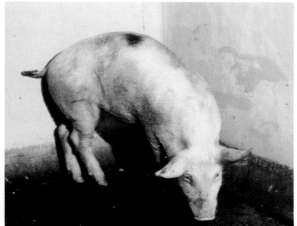

**图1-3-6 跛行**

病猪后蹄部有水疱和溃疡，站立时后肢屈曲，出现跛行。

**图1-3-7　运动障碍**

口与蹄同时发病，病猪舌头外伸，口吐白沫，蹄部疼痛而卧地不起。

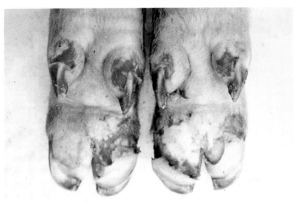

**图1-3-8　蹄匣脱落**

蹄底、副趾的水疱破裂，形成大面积溃烂，部分蹄匣坏死脱落。

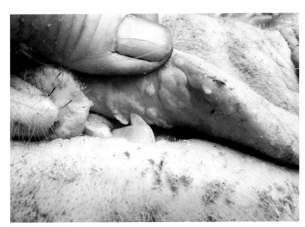

**图1-3-9　口唇水疱**

口唇部可见有数个大小不一的灰白色水疱。

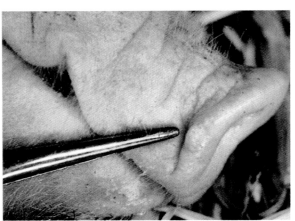

**图1-3-10　浆液性水疱**

病猪的鼻缘部有一灰白色浆液体水疱。

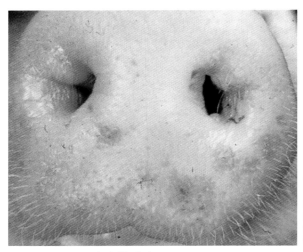

**图1-3-11　浅表性溃疡**

鼻孔周围浆液性水疱破溃后，形成浅表性溃疡。

**图1-3-12　化脓性水疱**

鼻盘上的水疱感染化脓菌后，形成化脓性水疱。

**图1-3-13　乳房水疱**

病猪的乳房部及乳头上有许多小水疱，乳头皮肤破溃。

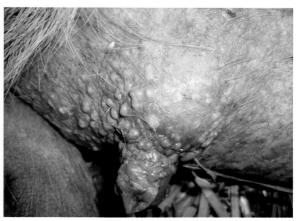

**图1-3-14　水疱皮脱落**

乳头部发生水疱后，乳猪吮乳时将表皮破坏。

**图1-3-15　痊愈后的蹄部**

蹄冠部病变逐渐恢复，痊愈后的皮肤缺少被毛和色素。

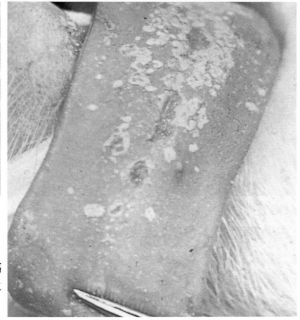

**图1-3-16　舌面的溃疡**

病猪的舌面有大量大小不一的水疱和溃疡，表面还见假膜形成。

**图1-3-17　口腔的水疱**

病猪的硬腭、上唇和颊部均见有水疱与溃疡。

**图1-3-18　蹄匣坏死脱落**

严重的蹄部病变并继发感染，致蹄匣坏死脱落，蹄部变形。

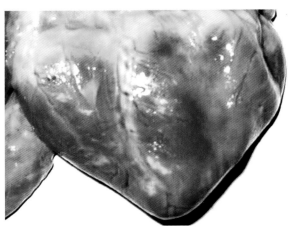

**图1-3-19 灰白色病灶**
心肌充血,心室壁上有较多灰白色病灶,形成虎斑样花纹。

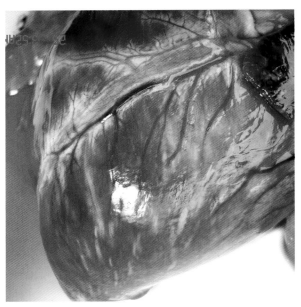

**图1-3-20 黄白色条纹**
在充血的心室壁上有多量黄白色条纹,形成"虎斑心"。

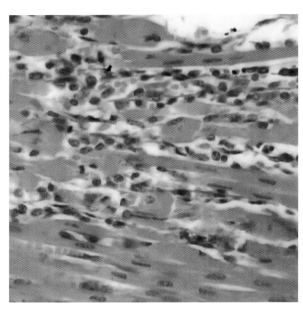

**图1-3-21 实质性心肌炎**
心肌纤维变性、坏死,有不同程度的淋巴细胞和单核细胞浸润。 HE×400

## 四、水疱性口炎 (Vesicular stomatitis)

水疱性口炎是由水疱性口炎病毒所引起的一种人畜共患的急性、热性传染病。病的特征是在猪等家畜和某些野生动物的口腔黏膜(舌、齿龈、唇),间或在蹄冠和趾间皮肤上发生水疱,口腔流泡沫样口涎。人偶有感染,且有短期的发热症状。世界动物卫生组织(OIE)2003年将本病列为A类动物疫病。

〔病原特性〕 本病的病原体为弹状病毒科、水疱性口炎病毒属的水疱性口炎病毒(Vesicular stomatitis virus,VSV)。病毒粒子呈子弹或圆柱状,有囊膜,是一种RNA病毒(图1-4-1)。表面囊膜有均匀密布的短突起,其中含有病毒型的特异性抗原成分。病毒粒子内部为密集盘卷的螺旋状结构。细胞培养时，病毒在细胞浆中生长良好，在超薄切片中常见大量呈弹头状或短柱状病毒，当病毒被横切时，则呈现圆形（图1-4-2）。

新近的研究表明，本病毒含有5种结构蛋白，即糖蛋白（G）、基质蛋白（M）、核蛋白（N）、磷酸蛋白（NS）和RNA聚合酶大蛋白（L）。G蛋白具有型的特异性，可刺激机体产生中和抗体和血凝抑制抗体；N蛋白和M蛋白具有不同血清型交叉反应的特性，可用免疫琼脂凝胶扩散试验进行检测。应用中和试验和补体结合试验，可将本病毒分为两个血清型。其代表株分别为印第安那（Indiana）株和新泽西（New Jersey）株。印第安那株又分3个亚型：印第安那1为典型株；印第安那2包括可卡株和阿根廷株；印第安那3为巴西株。两型不能交叉免疫，其下又可分为若干亚型。

本病毒几乎可以在所有常用的培养细胞中生长，如牛、猪和豚鼠的原代肾细胞、鸡胚上皮细胞、羔羊睾丸细胞以及Vero等传代细胞。本病毒有致细胞病变作用，并能在肾单层细胞上形成蚀斑。另外，本病毒还能在7～13日龄鸡胚的绒毛尿囊膜上和绒毛尿囊腔中增殖，于接种后24～48h后可致鸡胚死亡。

本病毒对脂溶剂敏感，对外界环境的抵抗力不强，在日光下迅速死亡；2%氢氧化钠溶液或1%福尔马林能迅速杀死病毒；在37℃下能存活4d；在4～6℃下于含50%甘油的磷酸缓冲液中（pH 7.5）可存活4～6个月；在-20℃可生存数月至1年。

〔流行特点〕各种年龄的猪均可感染本病，但幼猪比成年猪易感，随年龄增长，其易感性逐渐降低。除猪外，马、牛和人均易感。病畜及患病的野生动物是本病的传染源。病毒从病畜的水疱液和唾液排出，在水疱形成前96h就可以从唾液排出病毒，散播传染。病毒主要通过损伤的皮肤和黏膜而感染；也可通过污染的饲料和饮水经消化道感染；还可通过双翅目的昆虫为媒介由叮咬而感染。有人认为白蛉、蚊等昆虫的叮咬是传播的主要途径。也有人认为食入含病毒的节肢动物或污染的牧草通过唇和口腔黏膜的小伤口也可发生感染。

实验证明，易感宿主可因病毒型不同而有所差异，猪、马、牛是新泽西型病毒的主要自然宿主；印第安那型病毒可引起牛和马的水疱性口炎，但却不引起猪的疾病。病毒还能在实验感染的伊蚊和库蚊体内增殖。本病多呈散发，在一些疫区内可连年发生，但传染力不强。本病有明显的季节性，多发于夏季和初秋，秋末趋于平息；可呈地方性流行，有些疫区可连年发生，但传染性不强。

〔临床症状〕本病的潜伏期一般为3～5d，病猪体温升高，经1～2d后，口腔和蹄部出现水疱，但在临床上最常见的水疱主要发生于舌（图1-4-3）、鼻盘（图1-4-4）和蹄冠。水疱破裂后形成痂皮。病猪口流清涎，食欲较好，但采食困难。蹄部病变严重时，蹄冠部常见大面积溃疡，严重时，蹄壳脱落，露出鲜红出血面（图1-4-5）。有的病例，病变还可累及四肢部的皮肤，在皮肤上形成水疱和溃疡（图1-4-6）。本病的病程约为2周，体表的病灶康复后多不遗留疤痕，转归良好。

〔病变特征〕病毒可能有两种方式侵入细胞。一种是病毒以子弹形粒子的平端吸附于细胞表面，病毒囊膜与细胞膜融合，释出核蛋白（核衣壳）于细胞浆内；另一种是细胞表面膜凹入，将整个病毒粒子包围吞入于胞浆内形成吞饮泡。吞饮泡内的病毒粒子在细胞酶的作用下裂解释出核酸于胞浆内。病毒在表皮的棘细胞中复制，于细胞膜上出芽（也可能在胞浆内空泡膜上出芽），进入到扩张的细胞间隙，感染相毗连细胞。病毒可引起细胞膜损害，使其渗透性改变而导致皮肤层松解，形成水疱病变。

水疱性口炎的水疱常见于口腔黏膜、舌、颊、硬腭、唇、鼻，也见于皮肤、乳头和蹄部。病变开始时出现小的发红斑点或呈扁平的苍白丘疹，后者迅速变成粉红色的丘疹，经1～2d形成直径2～3cm的水疱，水疱内充满清亮或微黄色的浆液。相邻水疱相互融合；或者在原水疱周围形成新水疱，再相互融合则变成大区域感染。水疱在短时间内破裂，变成糜烂，舌面鲜红，其周边残留的黏膜坏死，呈不规则的黄白色（图1-4-7）。上皮组织很快再生，小溃疡灶和糜烂性缺损，经1～2周可完全痊愈；如果继发细菌感染，水疱可变成脓疱，进而形成化脓性炎症；当较大的溃疡愈合时，其周边的结缔组织增生，使溃疡面逐渐缩小（图1-4-8），最后形成疤痕。

组织学检查，病变始于表皮的棘细胞层，细胞间桥伸长和细胞间隙扩张形成海绵样腔，使细胞变小并彼此分离，腔内充满液体，随着腔的融合而形成水疱。在水疱中有胞浆破碎的感染细胞、外渗的红细胞和以中性粒细胞为主的炎症细胞。病变可累及到基底细胞层与真皮上部，呈现水肿和炎性变化。水疱破裂后，存留的基底细胞层再生出上皮并向中心生长，最后修复。

〔诊断要点〕根据发病的季节性、发病率和病死率均很低，以及典型的水疱病变，可以做出初步诊断。但应与猪口蹄疫、猪水疱性疹及猪水疱病鉴别。必要时可进行人工接种试验、病毒分离和血清学试验。

〔治疗方法〕本病目前尚无特异性治疗方法。由于本病损害轻，多取良性经过，如注意护理，可自行康复。但为了促使本病早日痊愈，缩短病程，特别是为了防止继发感染，应在严格隔离的条件下对局部病变进行对症治疗。

口腔黏膜有糜烂或溃疡时，可用清水、食醋或0.1%高锰酸钾进行洗涤，糜烂面上撒布冰硼酸、冰硼散（冰片1.5g、硼砂150g和芒硝18g，共研磨成粉），或涂擦碘甘油、1%～2%的明矾；蹄部可用3%的臭药水或来苏儿清洗，然后涂布松馏油或鱼石脂软膏；蹄部水疱破裂后，应立即用碘酊或龙胆紫消毒，防止继发感染而导致蹄匣脱落；乳房可用2%～3%硼酸水清洗，然后涂布青霉素软膏或其他防腐软膏。

〔预防措施〕本病发生后，应封锁疫点，隔离病畜，对污染用具和场所进行严格消毒，以防扩大疫情。对猪舍、场地和用具等可用2%～4%氢氧化钠溶液、10%石灰乳、0.2%～0.5%过氧乙酸或1%强力消毒灵喷洒消毒：粪便应堆积发酵，或用5%氨水消毒。人与病畜接触时应注意个人保护。

本病目前尚无有效的预防疫苗，但有人认为用病猪的组织脏器和血毒制备的结晶紫甘油疫苗或鸡胚结晶紫甘油疫苗进行接种，具有较好的预防作用。

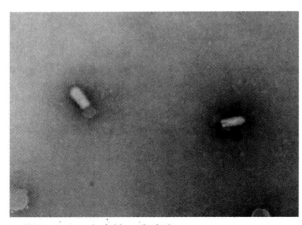

**图1-4-1　水疱性口炎病毒**

水疱性口炎病毒属弹状科，呈子弹状或圆柱状。电镜负染色×200nm

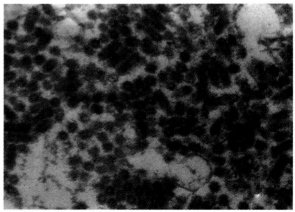

**图1-4-2　增殖型病毒**

培养细胞中增殖的水疱性口炎病毒（圆形为横切面）。电镜正染色×200nm

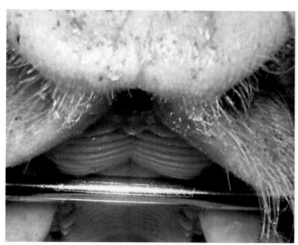

**图1-4-3 舌面溃疡**
病猪的舌面有新破裂的水疱，形成鲜红色的溃疡。

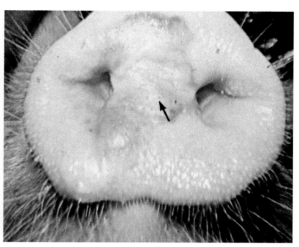

**图1-4-4 鼻盘部水疱**
鼻盘部有由几个小水疱融合而成的大水疱（↑）。

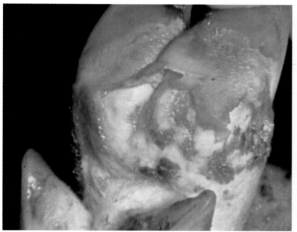

**图1-4-5 蹄部水疱**
蹄部的水疱破裂后，形成大面积的溃疡和部分蹄匣脱落。

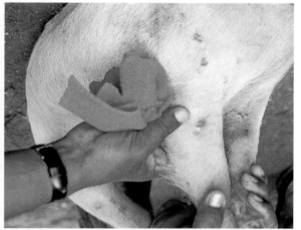

**图1-4-6 皮肤溃疡**
病猪右前肢的皮肤上有几个鲜红色的溃疡灶。

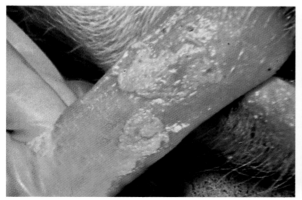

**图1-4-7 舌黏膜坏死**
舌面上的水疱破裂后形成糜烂，残留的舌黏膜坏死呈黄白色。

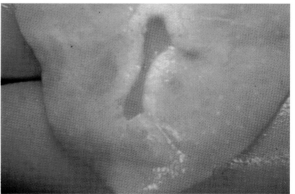

**图1-4-8 溃疡愈合**
溃疡周边的上皮细胞与结缔组织增生，溃疡逐渐痊愈。

## 五、猪水疱病 (Swine vesicular disease，SVD)

猪水疱病是由一种肠道病毒所致的急性传染病。其流行快，发病率高，临床上以蹄部、口部、鼻端和腹部、乳头周围皮肤和黏膜发生水疱为特征。本病在症状上与口蹄疫极为相似，但牛、羊等家畜不发病；与水疱性口炎也相似，但马却不发病；与猪的水疱疹也极易混淆，但牛、羊等家畜不发病。本病传播迅速，流行广泛，曾给养猪业带来严重损失。世界动物卫生组织(OIE)将本病列为A类法定传染病；我国的《家畜家禽防疫条例实施细则》中也将之列为一类传染病。

本病自20世纪70年代后，由于各国采取有效的防疫措施，使之得到有效控制。目前，本病仍在部分国家和地区零星发生，但均未造成大流行。本病除可引起初生仔猪死亡外，通常在无继发感染的情况下死亡率很低。

〔病原特性〕本病的病原体是小核糖核酸病毒科、肠道病毒属的猪水疱病病毒(Swine vesicular disease virus，SVDV)。本病毒与人的肠道病毒柯萨奇$B_5$有抗原相关性。成熟的病毒粒子呈球形，在超薄切片上的直径为22～23nm；而用磷钨酸负染时其直径较大，为28～30nm(图1-5-1)。病毒由裸露的20面体对称的衣壳和含有单股RNA的核心组成。未成熟的病毒粒子在细胞浆内呈晶格状排列(图1-5-2)，而在有病的细胞浆中则呈环形或串珠状排列。SVDV粒子的衣壳由4种结构蛋白构成，即1A(VP4)、1B(VP2)、1C(VP3)、1D(VP1)。其中，1A为紧靠病毒核酸的内壳蛋白；1B、1C、1D为外壳蛋白。SVDV可在仔猪肾、睾丸、仓鼠肾等原代细胞和IBRS-2系、PK15和人羊膜传代细胞FL细胞株等细胞上生长，接种24h后可使细胞出现变圆、丛集、脱落和崩解等病变，进而形成蚀斑。

实验证明，SVDV可被人的肠道柯萨奇$B_5$型病毒血清所中和，应用人肠道柯萨奇$B_5$病毒与SVD病猪康复血清做中和试验时，也出现明显的交叉中和现象。感染人肠道柯萨奇$B_5$型病毒的猪不出现临床症状，但可产生高效价的中和抗体。这说明该病毒在猪体内是可以复制的。人与SVD病猪接触或从事此项工作的人，虽然未见感染的报道，但可检出高效价的SVDV抗体。据此，有人推测SVDV可能来源于人。

该病毒对环境和消毒药有较强的抵抗力，在50℃ 30min仍不失活，在低温中可长期保存。病毒在粪便和污染的猪舍内可存活8周以上；将病猪的肉、皮肤和肾脏等组织保存于-20℃条件下，过11个月后病毒的滴度仍未见显著下降；将病猪的肉腌制3个月后仍能检出病毒。用3%NaOH溶液在33℃经24h才能杀死病毒；1%过氧乙酸60min方可杀死病毒。据报道，5%氨水和3%福尔马林对本病毒具有较好的杀灭效果。

〔流行特点〕在自然环境下，本病只发生于猪，不同品种、年龄的猪均可感染发病，而其他动物不感染。人类有一定的易感性，但不产生水疱，而出现与人的$B_5$型柯萨奇病毒感染相似的症状。病猪、潜伏期的猪和病愈后的带毒猪是本病的主要传染来源。病猪的粪尿、鼻液、口腔分泌物、水疱皮、水疱液中含均有大量病毒，通过病猪与易感猪接触，病毒即可经损伤的皮肤、消化道等传入体内。另外，由于饲喂未经煮沸消毒的泔水和屠宰下水也是传播本病的重要方式；污染的车船、运动场、垫草、用具和饲养人员等也常常能传播本病。

该病一年四季均可发生，但多见于春、冬两季。在猪群高度集中，调运频繁的单位如猪收购场和猪集散地的棚圈和猪场，传播较快，发病率很高，可达70%～80%(首次发生本病时，发病率高达100%)，而病死率很低。在分散饲养的情况下，很少引起流行。本病在农村的流行，主要是由于饲喂城市的泔水，特别是洗猪头和猪蹄的污水而感染。

〔临床症状〕本病的潜伏期为2～4d，有时为7～8d，最长可达28d。病初体温升高至40～42℃，病猪精神沉郁，食欲减退或停食，育肥猪显著掉膘。本病的特征性临床症状是：病初，病猪的蹄冠部皮肤瘀血、水肿、增厚，呈暗红色（图1-5-3）；继之，趾间、蹄踵、蹄冠部皮肤粗糙、龟裂，出现1个或几个黄豆至蚕豆大的水疱（图1-5-4）；继而水疱融合扩大，1～2d后水疱破裂形成溃疡，露出鲜红的溃疡面，常围绕蹄冠皮肤和蹄壳之间裂开（图1-5-5）。病猪常因剧烈疼痛而出现明显的跛行，常弓背行走，多数病猪卧地不起或呈现出犬坐姿势（图1-5-6）。严重病例，由于继发细菌感染，局部化脓或发生坏疽，造成蹄壳破坏（图1-5-7）或脱落，导致病猪卧地不起，失去运动能力。在蹄部发生水疱的同时，有的病猪在鼻盘、口腔黏膜（图1-5-8）和哺乳母猪的乳头周围也出现水疱。仔猪多数病例在鼻盘部发生水疱、溃疡和结痂（图1-5-9）。

病猪在出现水疱后，精神沉郁，食欲大减或废绝，迅速消瘦，在一般情况下，如无并发其他疾病，通常不引起死亡，但初生猪则可造成死亡。另外，有的病猪偶尔出现中枢神经紊乱症状（约占2%）。其表现为病猪无目的地向前冲撞，转圈运动，用鼻摩擦，咬食猪舍用具，眼球转动，有时还出现强直和痉挛。

〔病理特征〕本病的特征性病变主要在蹄部，有时也在鼻端、口唇（图1-5-10）、舌面（图1-5-11）和乳头部出现水疱和溃疡，个别严重病猪的淋巴结出血或心内膜有条纹状出血带，其他器官无明显变化。组织学检查，蹄部皮肤的表皮鳞状上皮发生空泡变性、坏死和形成小水疱（图1-5-12）；真皮的乳头层小血管扩张、充血、出血和水肿，血管周围有炎性细胞浸润。除皮肤病变外，病毒也可侵害肾盂、膀胱黏膜和胆囊黏膜等组织，使其上皮变性坏死，组织发生炎性反应。

另外，弥漫性非化脓性脑膜脑炎和脊髓炎的发生是本病的又一特征。脑的病变以间脑、中脑、延脑和小脑的检出率最高且最严重。镜检见脑血管周围有单核细胞和淋巴细胞呈围管性浸润，形成血管套。在血管套的细胞内和变性坏死的神经细胞内有时可检出兼嗜性核内包含体。神经胶质细胞呈局灶性或弥漫性增生。脑膜也有淋巴细胞浸润，血管内皮肿胀，出血不明显。脑灰质和白质可发现软化灶。脊髓的病变多呈散在性，实质也有类似脑组织的变化。

〔诊断要点〕依据临床症状和流行特点，可做出初步诊断。但临床症状无助于区别猪水疱病、口蹄疫、猪水疱疹和猪水疱性口炎，因此必须依靠实验室诊断来加以区别。一般来说，本病与口蹄疫的区别十分重要，所以，常用的实验室方法多是确定病性，并与口蹄疫鉴别。目前，常用的实验室方法有病毒分离和鉴定、生物学诊断、反向间接血凝试验、补体结合试验和荧光抗体试验等。

〔类症鉴别〕本病的临床症状与口蹄疫、水疱性口炎很相似，应注意予以鉴别。

1. 口蹄疫　一般性口蹄疫呈流行性或大流行性发生，牛、羊、猪先后或同时发病，而猪水疱病呈地方流行性，只见猪发病，牛羊不感染，较易区别。发生单纯性猪口蹄疫时，吃奶仔猪的病死率较高，可达60%，个别牛羊也可发病，用水疱皮或水疱液制成悬浮液，给9日龄以下乳鼠皮下注射，全部死亡；而猪水疱病对仔猪的致死率较低，牛羊不感染，2%的病猪出现中枢神经紊乱症状，病理组织学检查，常见轻度或中等程度的非化脓性脑炎变化，用水疱皮或水疱液制成悬浮液，给7～9日龄和2日龄乳鼠皮下注射，仅2日龄乳鼠死亡，7～9日龄乳鼠不死。

2. 水疱性口炎　由水疱性口炎病毒所引起，在马、牛、猪和某些野生动物的口腔黏膜，间或也在蹄冠和趾间的皮肤上发生水疱，常在一定地区散发，发病率和病死率都很低，多见于夏季和秋初，取水疱皮制成悬浮液，接种于马、牛、猪、绵羊、兔、豚鼠的舌面，均发生水疱，注射各种年龄的小鼠,均可致死。

〔治疗方法〕本病无特效的治疗药物,按口蹄疫治疗方法处置,可促进恢复,缩短病程。另外,用猪水疱病高免血清和康复猪的血清进行被动免疫具有良好的效果。因此,在商品猪中大量应用被动免疫,对于控制疫病扩散,减少发病率,提高治愈率具有良好的作用。

〔预防措施〕

1. 防止本病传入 不从疫区购买或调入猪只和猪肉制品,屠宰下脚料和泔水要经过煮沸方可喂猪。

2. 定期预防注射 对疫区和受威胁区要定期预防注射。通常应用乳鼠化弱毒疫苗和细胞培养弱毒苗,接种后4～8d即可产生免疫力,保护率可达80%,免疫期6个月以上。用猪水疱皮和仓鼠传代毒制成的灭活苗,也有良好免疫效果,保护率为75%～100%。猪水疱病高免血清预防接种,每千克体重注射0.1～0.3mL,保护率90%以上,免疫期为1个月。

3. 加强检疫 收购和调运生猪时应逐头检疫,做到两看(看食欲和跛行)、三查(查蹄、口、体温),发现病猪,就地处理,不准调出。对与其同群饲养的猪,应注射血清,观察7d未再发现病猪方能调出。病猪圈要经常消毒,保持干燥,促进病猪恢复,封锁期限一般以最后1头病猪治愈和处理后14d才能解除。

4. 加强管理 病猪肉及其头、蹄不准新鲜上市,应作无害化处理,方可销售。无症状的同群猪,如不隔离观察10d以上,其产品也应同样处理。病猪恢复21d以后,其产品可上市销售。

5. 严格消毒 对猪水疱病比较可靠的消毒药品有5%氨水、10%漂白粉溶液、3%福尔马林溶液等。氨水有较好的消毒作用,同时不损害器具和车船油漆,是常用的器具消毒液。国外应用0.1%高锰酸钾与0.05%硫酸合剂消毒,认为可收到满意的效果。

此外,SVDV与人的柯萨奇$B_5$病毒有密切关系,兽医或饲养人员常因防护不当而感染本病,其症状与柯萨奇$B_5$病毒感染相似。近年来的一些研究指出,人感染本病后可出现不同程度的神经症状。因此,加强人的自身防护是非常重要的。

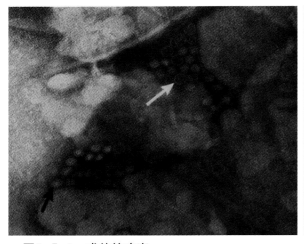

**图1-5-1 成熟的病毒**
成熟的病毒粒子近球形(↑),大小相当,无囊膜。电镜正染色×100nm。

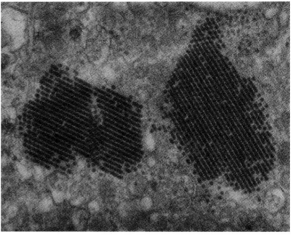

**图1-5-2 装配中的病毒**
未成熟正在装配的病毒在细胞质中呈晶格样排列。电镜负染色×200nm。

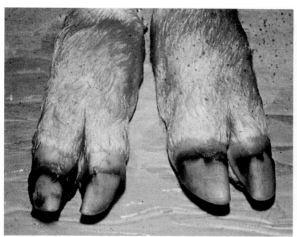

**图 1-5-3 蹄冠瘀血水肿**
病猪的蹄冠部瘀血、水肿，蹄匣交界处呈暗褐色。

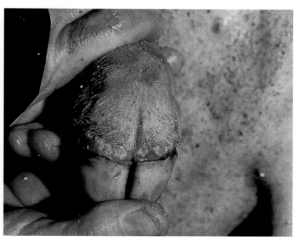

**图 1-5-4 浅表性溃疡**
蹄冠部皮肤粗糙，出现小水疱和浅表性溃疡。

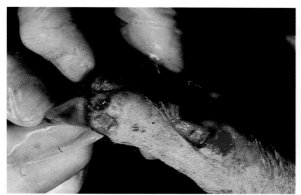

**图 1-5-5 皮肤的烂斑**
趾间、蹄冠和副趾处的皮肤龟裂，出现水疱和烂斑。

**图 1-5-6 常见症状**
病猪因蹄部有水疱疼痛而不能站立，运动困难。

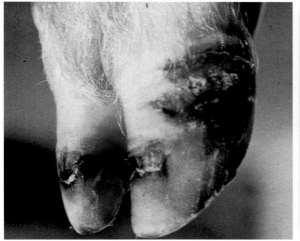

**图 1-5-7 蹄匣皲裂**
继发感染后蹄匣皲裂破坏，呈黑褐色。

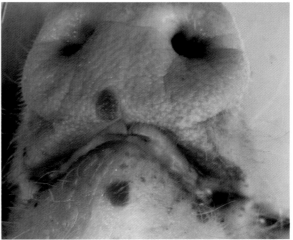

**图 1-5-8 口唇部水疱形成**
病猪的口唇周围、唇和齿龈黏膜有大量新形成的小水疱。

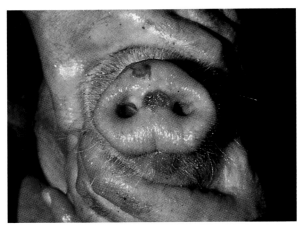

**图1-5-9　溃疡和结痂**

仔猪的鼻盘部及唇部常见有水疱、溃疡和结痂。

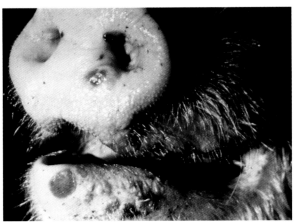

**图1-5-10　鼻唇部的水疱**

病猪的下鼻唇部有大小不一的淡红黄色的水疱和溃疡。

**图1-5-11　舌面的溃疡**

病猪舌面上有较多水疱，破裂后形成大小不一的溃疡。

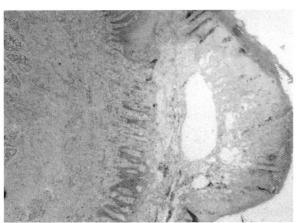

**图1-5-12　水疱形成**

组织学检查，鼻盘部皮肤的棘细胞层中有大小不等的水疱形成。HE×40

## 六、猪流行性腹泻（Porcine epidemic diarrhea，PED）

猪流行性腹泻又称流行性病毒性腹泻（EVD），俗称冬季拉稀病，是由病毒引起的一种胃肠道传染病。临床上以水样腹泻、呕吐和脱水为特征，各种年龄的猪均能感染。本病20世纪70年代初期在比利时和英格兰的一些猪群中发现本病，随后在捷克、德国、匈牙利、加拿大和日本等国相继报道。我国也有本病流行，主要发生于冬季，大小猪均能感染，仔猪的死亡率可达50%。

本病与猪的传染性胃肠炎非常相似。

〔病原特性〕本病的病原体是冠状病毒科、冠状病毒属的猪流行性腹泻病毒（Porcine epidemic diarrhea virus，PEDV）；主要存在于小肠上皮细胞及粪便中，为RNA型病毒。粪便中病毒粒子是多形的，但趋于圆形。其大小（包括纤突）平均直径130nm，变动范围95～190nm，内含一个直径40～70nm的核心；外有囊膜，囊膜表面有放射状棒状突起（图1-6-1），长

18 ～ 23nm。

本病毒主要在患猪小肠绒毛上皮细胞内增殖，以出芽方式通过胞浆内膜（内质网等）完成装配。据报道，猪流行性腹泻病毒如果不做特殊处理，只能在病猪小肠绒毛上皮细胞内复制；若在CV-1、Vero绿猴肾传代细胞内培养，必须在无血清营养液中添加10 μg/mL胰蛋白酶。PEDV经过若干代培养后，可使传代细胞发生病变，即细胞变圆，有的融合形成合胞体，有的则空泡化或脱落。

本病只有一个血清型。各种血清学检测证明，本病毒与已知的畜禽的其他冠状病毒没有共同的抗原特性。

本病毒的抵抗力不强，对乙醚、氯仿敏感，一般碱性消毒药可以杀灭。

〔流行特点〕不同年龄、品种和性别的猪都能感染发病，哺乳猪、断乳仔猪和育肥猪的发病率通常为100%，母猪为15% ～ 19%。病猪和病愈猪是主要传染来源，其粪便含有大量病毒，污染饲料、饮水和用具等，然后主要经消化道摄入后传染。有人报道，本病还可经呼吸道传播，并可经呼吸道分泌物排出病毒。从粪便中排出病毒的时间可持续54 ～ 74d，但有不定的间歇期。

本病一年四季均可发生，但多发生于冬季，特别是12月份至翌年2月份的寒冷季节最多发生。本病的传播较迅速，数日之内可波及全群；一般流行过程延续4 ～ 5周，有一定的自限性，约经1个月左右可自然平息。

〔临床症状〕经口人工感染的潜伏期，新生乳猪为15 ～ 30h，育肥猪约2d；自然感染的潜伏期可能要稍长些。病初，病猪的体温稍升高或正常，精神沉郁，食欲减退；继而排水样便，呈灰黄色或灰色（图1-6-2），吃食或吮乳后部分仔猪发生呕吐。日龄越小，症状越重，一周以内的仔猪常于腹泻后2 ～ 4d，因脱水和酸中毒而死亡，病死率约为50%；若猪生后立即感染本病时，则病死率更高，有时可高达90%。日龄较大的仔猪约1周后可康复，而部分康复猪会出现发育受阻而变成僵猪。断奶猪、育肥猪及母猪持续腹泻4 ～ 7d，稀便污秽不洁（图1-6-4），此后逐渐恢复正常，育肥猪的死亡率仅为1% ～ 3%；成年猪被感染后仅仅发生呕吐和厌食。

〔病理特征〕病毒经口腔、鼻腔等途径进入消化道，直接侵入小肠绒毛上皮细胞内复制，首先造成细胞器的损伤，影响细胞的营养吸收机能；又因病毒复制增多，上皮细胞变性、坏死、脱落，肠黏膜的肌层收缩使绒毛变短，减少了肠黏膜的吸收面积，加重了营养吸收机能障碍，从而导致病猪严重腹泻、呕吐和脱水。机体离子平衡失调，呈现代谢性酸中毒，最后死于实质器官功能衰竭。

剖检，乳猪极度消瘦，肛周及四肢均被稀便污染而呈不洁的淡黄色（图1-6-5）。胃内积有黄白色凝乳块，小肠扩张、肠内充满黄色液体、肠壁菲薄呈透明状（图1-6-6）。有的小肠极度扩张，充满气体而不见食糜（图1-6-7）。切开胃，胃壁暗红色，附有较多乳凝块（图1-6-8）。肠系膜充血，肠系膜淋巴结肿胀，呈浆液性淋巴结炎变化。组织学检查，在接种病毒后18 ～ 24h，可见肠绒毛上皮细胞的胞浆内有空泡形成并散在脱落。继之，肠绒毛开始短缩、融合，上皮细胞变性、坏死。小肠绒毛短缩，其绒毛长与肠腺的比率从正常的7 : 1下降到约3 : 1。在短缩的肠绒毛表面被覆一层扁平上皮细胞，其纹状缘发育不全，部分绒毛端上皮细胞脱落，基底膜裸露，固有层水肿。组织化学研究证明，小肠黏膜上皮细胞的碱性磷酸酶和琥珀酸脱氢酶等酶活性大幅度降低，证明肠上皮的消化吸收功能发生障碍。

〔诊断要点〕依据流行特点和临床症状可以做出初步诊断，但要将本病与猪传染性胃肠炎做出区别时，须进一步做实验室检查。其方法是：采取病猪一段小肠和其中的一部分内容物，分别装入青霉素瓶，冷冻保存，立即送实验室进行荧光抗体试验和酶联免疫吸附试验，以期最后确诊。如果流行期已过，则可采取病愈猪的血清，检查猪流行性腹泻抗体。临床病理学检查时可制作石蜡或冰冻切片，用免疫酶（图1-6-9）或免疫荧光抗体染色，当在小肠上皮中检出大量阳性细胞时即可确诊。

〔类症鉴别〕 本病极易与猪传染性胃肠炎相混淆,在确诊时须注意鉴别。一般而言,本病的死亡率比猪传染性胃肠炎稍低,传播速度稍慢,不同年龄的猪均有易感性。病理组织学检查,本病与猪传染性胃肠炎主要区别有四点:一是本病毒可感染少量结肠黏膜上皮细胞;二是病毒对小肠黏膜上皮细胞的感染率高,并对小肠隐窝上皮细胞感染呈区域性分布,对其再生力影响较轻;三是病毒感染小肠黏膜上皮细胞后的发展速度慢;四是病毒仅在肠道黏膜上皮细胞复制。

除了猪传染性胃肠炎外,本病还应与猪轮状病毒病、仔猪白痢、仔猪黄痢、仔猪红痢、猪痢疾等疾病相区别。

〔治疗方法〕 目前尚无特效治疗药物和有效的治疗方法,唯一的防治方法就是对症治疗,防止并发感染,促进猪只康复。由于病猪腹泻明显,为了防止其脱水和电解质平衡破坏,每天需给予足量的含电解质和某些营养成分的清洁饮水(常用处方为:氯化钠3.5g,氯化钾1.5g,碳酸氢钠2.5g,葡萄糖20.0g,自来水1 000mL)。由于乳猪发病后机体的抵抗力明显降低,病猪恶寒怕冷,所以应保持猪舍温暖(25 ~ 30℃)和干燥。为了防止细菌感染可用抗生素进行注射,对有食欲的仔猪可拌在饲料中喂服。

有人在临床实践中发现用喹乙醇治疗本病有较高的疗效。治疗方法为:将100g喹乙醇混入50kg饲料中,拌匀,每天喂3次,连续用药7d;同时每天给病猪饮用0.5%的盐水2次,连用3 ~ 5d,病猪的腹泻即可停止。用药时须注意,一定要将药物与饲料混合均匀,其方法是:先将药用少量饲料拌匀,并逐渐增加饲料,最后将全部饲料加入拌匀。

〔预防措施〕 本病无有效的预防疫苗,只有采取综合性措施进行预防。

1.常规预防 平时要加强防疫工作,加强饲养管理,搞好环境卫生。在本病多发的寒冷季节,要做好防寒保温工作,提高仔猪的抵抗力。不从疫区购买种猪,防止本病的传入;引进种猪时应经血清学检验为阴性的猪,在隔离检疫4 ~ 6周后,再经病原学检验为阴性的猪才可引进。对运输饲料的车辆、从疫区归来的人员等,应及时消毒,防止带入本病。对于呈地方流行性发生的猪场,可通过改善管理方式打破感染的恶性循环,如实行自繁自养,调整引进品种,调整母猪的配种时间和改用分离易消毒的产房等。免疫接种既可用于妊娠母猪,借以被动地保护仔猪,也可用于不同年龄的仔猪,引起主动免疫的保护作用。免疫接种的主要疫苗为猪流行性腹泻氢氧化铝灭活苗和猪传染性胃肠炎与猪流行性腹泻二联灭活疫苗,接种的部位多为后海穴。常用的免疫方法为:猪流行性腹泻氢氧化铝灭活苗,被动免疫可于妊娠母猪产前20 ~ 30d注射3mL;主动免疫仔猪0.5mL,10 ~ 25kg猪1mL,25 ~ 50kg猪2mL,50kg以上猪3mL。用猪传染性胃肠炎与流行性腹泻二联灭活苗被动免疫,可于妊娠母猪产前20 ~ 30d接种4mL;主动免疫,25kg以下仔猪1mL,25 ~ 50kg猪2mL,50kg以上育肥猪4mL。

2.紧急预防 一旦发生本病,应立即封锁猪场,防止猪群之间的相互接触;严格对猪舍、周围环境、用具和车辆等进行彻底消毒;将未感染的预产期20d以内的怀孕母猪和哺乳母猪连同乳猪隔离到安全地区饲养。

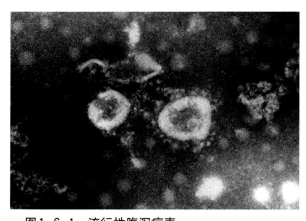

图1-6-1 流行性腹泻病毒

病毒粒子外有囊膜,周围有放射状棒状突起,属一种冠状病毒。

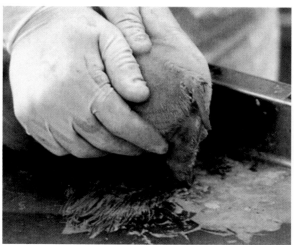

**图1-6-2　水样腹泻**

病猪排出水样淡黄色稀便，尾巴、肛门周周和后肢常被严重污染。

**图1-6-3　病猪极度脱水**

剧烈腹泻导致病猪极度脱水和酸中毒而死亡。

**图1-6-4　持续腹泻**

断奶后仔猪持续腹泻，稀便污秽不洁。

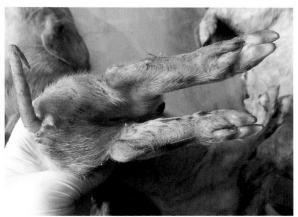

**图1-6-5　肛周及后肢污染**

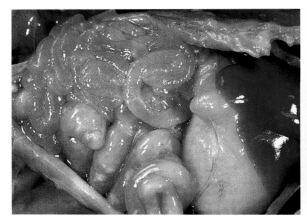

**图1-6-6　卡他性肠炎**

小肠壁菲薄，内含大量淡黄色浆液和凝乳块。

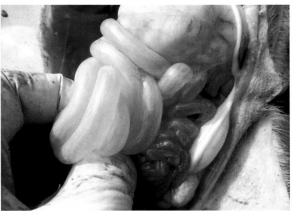

**图1-6-7　肠管积气**

肠管膨胀，内含大量气体，肠壁菲薄。

**图1-6-8 卡他性胃肠炎**

胃黏膜（↑）瘀血，呈暗红色，胃内含较多的白色乳凝块；小肠瘀血，其内充满肠液和淡黄色乳凝块。

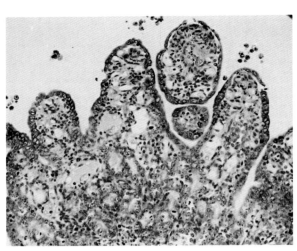

**图1-6-9 免疫染色阳性**

用免疫酶染色法在黏膜上皮细胞中检出大量抗原阳性细胞。免疫酶×400

## 七、猪传染性胃肠炎 （Transmissible gastroenteritis， TGE）

猪传染性胃肠炎是猪的一种急性高度接触性肠道传染病。临床特征为腹泻、呕吐和脱水。本病可发生于各种年龄的猪，10日龄以内的仔猪病死率很高，可高达100%；5周龄以上的猪病死率很低，较大的或成年猪几乎没有死亡，但病猪掉膘明显，饲料报酬降低。因此，本病发生后常引起严重的经济损失，是危害养猪业较严重传染病之一。

〔病原特性〕 本病的病原体为冠状病毒科、冠状病毒属的猪传染性胃肠炎病毒（Transmissible gastroenteritis virus，TGEV）。该病毒的粒子呈球形、椭圆形或多边形，直径为80～120nm，核芯含单股RNA，有囊膜，表面有一层长12～28nm的棒状纤突。用磷钨酸负染扫描电镜观察时，可在病毒粒子的周围见有花冠样突起；透射电镜观察时，病毒多呈圆形而位于内质网腔内（图1-7-1）。病毒主要存在于病猪的十二指肠、空肠及回肠的黏膜，肠内容物及肠系膜淋巴结中；在鼻腔、气管、肺脏、脾脏、肝脏、血液和肠系膜淋巴结等组织中，也能查出病毒，但含病毒量较低。据报道，本病毒也可能是猪慢性肺炎的一种病原体，在流行间歇期，隐藏在大猪的肺脏而成为仔猪的传染来源。

TGEV可在猪原代和继代肾细胞、猪唾液腺原代细胞、猪甲状腺原代细胞、猪睾丸细胞系（ST）、猪肾传代细胞系上生长，其中以ST细胞最敏感。初次分离的野毒株可能没有明显的细胞病变（CPE），但连续培养后则见出现细胞肿胀、变圆、空泡化、皱缩等病变，继之崩解、脱落，使单层细胞变成网眼状。

研究证明，TGEV只有一个血清型，与猪血凝性脑脊髓炎病毒和猪流行性腹泻病毒无抗原相关性，但与犬冠状病毒和猫传染性腹膜炎病毒之间有抗原交叉关系。犬和猫被认为是TGEV的携带者。

病毒对日光和热敏感，在阳光下暴晒6h可以灭活；加热至56℃ 45min或65℃ 10min即全部杀死。病毒对胰蛋白酶和猪胆汁有抵抗力；对低温也有较强的抵抗力，在内脏和肠内于－20℃条件下可存活8个月之久。病毒对化学药品的抵抗力较弱，常用消毒药容易将其杀死。

〔流行特点〕本病只能感染猪，而其他动物均无易感性。各种年龄的猪均有易感性，10日龄以内的乳猪，其发病率和病死率均很高，断奶猪、育肥猪和成猪的症状较轻，大多数能自然恢复。病猪和带毒猪是主要传染源。病毒从粪便、乳汁、鼻汁中排出，污染饲料、饮水、空气及用具等，由消化道和呼吸道侵害易感猪。病毒也可通过乳汁传染给仔猪。另外，密闭式的猪舍，湿度大、猪只密集、数量多时也易发生本病。

本病的流行有明显的季节性，多发生于冬季，不易在炎热的夏季流行；产仔旺季的发生率高，我国以每年的12月份至翌年的4月份为高发期。在新疫区呈流行性发生，传播迅速，在1周内可散播到各年龄组的猪群。在老疫区则呈地方流行性或间歇性发生，发病猪不多，一般为母源抗体不足的乳猪和断奶后的仔猪，而隐性感染率很高。母猪多不发病，但乳汁中常有抗体，通过哺乳可使乳猪获得不同程度的被动免疫。仔猪断奶后由于没有了母源抗体的保护作用，重新成为易感猪，而使本病的传播延续下去。

〔临床症状〕 本病的潜伏期随感染猪的年龄而有差别，仔猪一般为12～24h，大猪2～4d。本病传播迅速，数日内可蔓延到整个猪群。其主要症状因感染猪的年龄不同而有较大差异。

1. 哺乳猪 首先突然发生呕吐，接着发生剧烈水样腹泻，通常呕吐多发生于哺乳之后。由于呕吐和腹泻，病猪多精神沉郁，消瘦，被毛粗乱无光泽（图1-7-2）。粪便为乳白色或黄绿色，带有小块未消化的凝固乳块，有恶臭；由于病猪多发生呕吐，故在粪便中常见混有乳白色的胃内容物（图1-7-3）。在发病末期，由于严重脱水和营养缺乏，病猪极度消瘦和贫血，体重迅速减轻，体温下降，恶寒怕冷，常聚集在一起相互挤压而保温（图1-7-4）。病猪常于发病后2～7d死亡。乳猪发病的特点是：日龄越小，病程越短，死亡率越高。通常出生后5d以内仔猪的死亡率为100%（图1-7-5），而日龄较长耐过的小猪则生长发育受阻，增重缓慢，甚至成为僵猪。

2. 育肥猪 发病率接近100%。突然发生腹泻，食欲不振，运动无力，恶寒怕冷，病情轻的猪常相互拥挤在一起，借以取暖，而病情较重的猪则散在，全身肌肉颤抖（图1-7-6）。腹泻明显，粪便呈粥样或水样，颜色多为淡黄绿色、灰绿色或茶褐色，内含有少量未消化的固体物（图1-7-7）。与哺乳仔猪相比，育肥猪的呕吐很少发生。病程约1周，腹泻停止而康复，很少死亡。在发病期间，增重明显减缓。

3. 成猪 感染后常不发病。部分猪表现轻度水样腹泻，或一时性的软便，对体重无明显影响。

4. 母猪 妊娠母猪的症状往往不明显，或仅有轻微症状（图1-7-8）。哺乳中的母猪发病后，多表现高度衰弱，体温升高，泌乳停止，呕吐，食欲不振，严重腹泻（图1-7-9）。此时，母猪常与仔猪一起发病。

〔病理特征〕 本病的特征性病变是轻重不一的卡他性胃肠炎（图1-7-10）。剖检见病猪严重脱水，明显消瘦，可视黏膜苍白或发绀。胃膨满，胃壁菲薄，血管扩张充血，胃内滞留有未消化的凝固乳块和气体（图1-7-11）。在3日龄乳猪中，约50%在胃横膈膜面的憩室部黏膜下有出血斑。小肠扩张，肠腔内有大量泡沫状液体和未消化的淡黄色凝固乳块，肠壁变得菲薄，呈半透明状，血管呈树枝状充血（图1-7-12）。肠系膜淋巴管内见不到乳白色乳糜，表明脂肪的消化吸收或转运发生障碍。肠系膜淋巴结肿胀，肠壁淋巴小结亦肿胀。

病理组织学的特征性病变是：小肠黏膜的绒毛明显短缩，上皮细胞变为扁平状或立方形，发生空泡变性，并伴发坏死、脱落（图1-7-13），黏膜充血、水肿与白细胞浸润等。扫描电镜观察，肠黏膜的绒毛明显短缩，呈扁平状（图1-7-14）。

〔诊断要点〕 依据流行特点、临床症状和病理变化的特点，可做出初步诊断。若要进一步确诊则需分离病毒、新生仔猪的感染试验、测定急性期和恢复期血清的中和抗体效价。病理检查时，通常采取病猪的小肠，制作冰冻或石蜡切片，用荧光抗体法进行检查（图1-7-15）。近年来也常运用RT-PCR技术和非放射性cDNA探针技术进行确诊。

〔类症鉴别〕诊断本病时，应注意与猪流行性腹泻、猪轮状病毒病、仔猪白痢、仔猪黄痢、仔猪红痢、猪副伤寒、猪痢疾等疾病予以鉴别。

1. **猪流行性腹泻** 传播速度较慢，病死率较低，应用荧光抗体或免疫电镜，可检测出猪流行性腹泻病毒的抗原和病毒。疗效不明显。

2. **猪轮状病毒病** 8周龄仔猪和寒冷季节多发，发病率高，病死率低。症状与病理变化均较轻。应用电镜检查或荧光抗体检测，可检出猪轮状病毒。加强护理，能提高疗效。

3. **仔猪白痢** 10～30日龄乳猪常发；呈地方性流行，季节性不明显，发病率中等，病死率不高。无呕吐，排白色糊状稀便，病程为急性或亚急性。剖检的特征为小肠呈卡他性炎症，空肠绒毛无萎缩或有局限性萎缩病变，能分离出大肠杆菌，用抗生素治疗有较好疗效。

4. **仔猪黄痢** 1周龄以内的乳猪和产仔季节多发，发病率和病死率均高，但架子猪和成年猪不发病。病猪少有呕吐，排黄色稀粪，病程为最急性或急性。剖检见小肠呈急性卡他性炎症，十二指肠最严重，空肠、回肠次之，结肠较轻。能分离出大肠杆菌。抗生素治疗有效。

5. **仔猪红痢** 3日龄以内乳猪常发，1周龄以上者很少发病。偶有呕吐，排出红色黏粪。剖检见小肠出血、坏死，肠内容物呈红色，坏死肠段浆膜下有小气泡等病变。从肠内容物中能分离出魏氏梭菌。一般来不及治疗。

6. **猪副伤寒** 多发于断奶后的仔猪，一个月以下的乳猪很少发病。无明显季节性，呈地方流行或散发。急性型，初便秘，后下痢，排出恶臭血便，耳、腹及四肢皮肤呈深红色，后期呈青紫色。慢性者，便秘与下痢反复交替，粪便呈灰白、淡黄或暗绿色。皮肤有湿疹。剖检时在盲肠、结肠见有凹陷不规则的溃疡和伪膜，肝、淋巴结、肺中有坏死灶等病变。能分离出沙门氏菌，综合治疗有一定疗效。

7. **猪痢疾** 2～3月龄仔猪多发，30日龄以内的乳猪少见。本病季节性不明显，缓慢传播，流行期长，发病率和病死率较高。临床上的主要特征是排出混有血液的粪便或水样血便。剖检时，主要病变在大肠，呈现卡他性出血性大肠炎，病程稍长可见到纤维素性坏死肠炎变化。从肠内容物中能分离出猪痢疾蛇形螺旋体，早期治疗有效。

〔治疗方法〕本病无特异性药物进行治疗，但采取对症治疗，可以减轻脱水、电解质平衡紊乱和酸中毒；同时加强饲养管理，保持仔猪舍的温度（最好25℃左右）和干燥，则可减少死亡，促进早日康复。为此，让仔猪自由饮服下列配方溶液（氯化钠3.6g，氯化钾1.5g，碳酸氢钠2.5g，葡萄糖20g，常水1 000mL），调节电解质平衡，具有较好的防治效果。

为防止继发感染，对仔猪，尤其是2周龄以下的乳猪，可适当应用抗生素及其他抗菌药物进行治疗。如应用链霉素加米壳合剂治疗，其疗效极为显著。用法是：链霉素100万单位的2支、米壳25g、白糖50g，先将米壳放入250mL水中煎煮取汁125mL，用纱布过滤去渣，加入链霉素和白糖。大猪一次内服，小猪减半，一般2次可愈。还可口服、肌内注射或静脉注射庆大霉素（8万～12万单位，5%葡萄糖氯化钠注射液50～100mL，一次静脉注射）或恩诺沙星、环丙沙星；痢菌净可按每千克体重10～30mg，一次肌内注射，日注2次；内服时，药量加倍；黄连素1.2～1.5g，一次内服，日服2～3次，连服2～4d；磺胺脒0.5～4g，次硝酸钠1～5g，小苏打1～4g，混合口服；0.1%高锰酸钾溶液，按每千克体重内服4～5mL，每天1次，连服2d。

此外，还可用中医中药方法，如用马齿苋、积雪草、一点红各60g（新鲜全草），水煎服；算盘子树叶50g、黄荆叶25g、乌药叶25g，研细末，加白糖50g，分两次内服（此剂为10头乳猪的一天用量）；铁苋菜、地锦草、老鹳草、酢浆草各100g，加水煎浓，分两次内服（此剂为10头乳猪的一天用量）。在应用中草药的同时，还可选用穴位进行针灸。主穴：三里、交巢、带脉；配穴：蹄叉和百会。

〔预防措施〕预防本病，首先要注意管理。猪舍要经常消毒，保持舍内清净卫生，在寒冷季节应加强饲养管理，防寒保暖；注意不从疫区或病猪场引进猪只，不准无关人员进入猪舍，以免传入本病；若要引进猪只时，要注意检疫、隔离和观察，防止引进隐性感染猪；防止犬、猫等动物进入猪舍而带入本病。

据研究，TGE 是典型的局部感染，可引起良好的局部免疫（黏膜免疫），乳猪从含有中和抗体的初乳和常乳中可获得抗体，而达到良好的免疫效果，此即为乳源免疫。因此，对怀孕母猪于产前 45d 及 15d 左右，以猪传染性胃肠炎弱毒疫苗经肌肉及鼻内各接种 1mL，使其产生足够的免疫力，让哺乳仔猪通过吃母奶而获得抗体，产生被动免疫，能有效地预防本病。另有资料介绍，在母猪分娩前 2～3 周，用病死仔猪的肠内容物稀释液混入饲料内，对母猪进行口服感染，可以使乳猪获得良好的乳源性免疫。但使用该法，母猪常能随粪便长期排毒，造成环境污染，使本病反复发生，故使用时应配合及时消毒等防控措施。另外，在小猪出生后，以无致病性的弱毒疫苗口服免疫，每头仔猪口服 1mL，使其产生主动免疫，也是预防本病的好方法。

当猪群发生本病时，应立即隔离病猪，并用消毒液对猪舍、环境、用具、运输工具等进行彻底消毒。尚未发病的猪应隔离在安全的地方饲养，并紧急注射灭活苗或弱毒苗，降低猪只对本病的易感性。

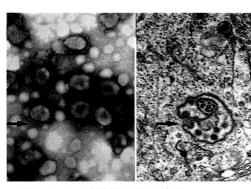

**图 1-7-1　传染性胃肠炎病毒**

病毒粒子外周有花冠样突起（左图↑），位于粗面内质网中（↑）。

**图 1-7-2　病猪消瘦**

3 日龄患病乳猪（左）与正常乳猪相比（右），消瘦，皮毛粗乱无光泽。

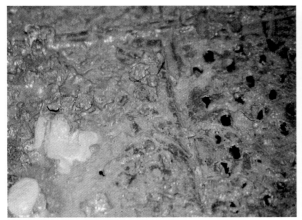

**图 1-7-3　呕吐物与稀便**

病猪排出的灰绿色水样稀便中常混有呕吐的灰白色胃内容物。

**图 1-7-4　病猪群**

患病乳猪精神极度沉郁，聚集在一起而保持体温。

**图1-7-5 大量死猪**

某猪场因患本病而有大批周龄内的乳猪死亡。

**图1-7-6 恶寒怕冷**

育肥猪发育不良,腹泻,恶寒怕冷,拥挤在一起。

**图1-7-7 粥样稀便**

育肥猪腹泻时多排出淡黄绿色或灰绿色粥样稀便。

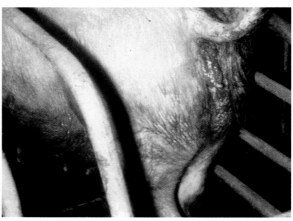

**图1-7-8 母猪腹泻**

妊娠母猪多排出水样稀便,会阴部常被稀便污染。

**图1-7-9 母子发病**

患病母猪剧烈腹泻,后躯被粪便污染,同窝仔猪也被感染。

**图1-7-10 卡他性肠炎**

病猪小肠壁充血,菲薄,内有少量淡黄色的内容物和大量渗出液。

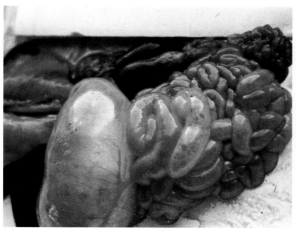

**图1-7-11　胃肠积气**

病猪的胃膨满，胃壁和小肠壁菲薄，含大量气体的乳凝块。

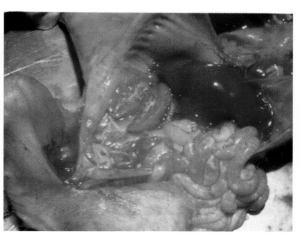

**图1-7-12　卡他性肠炎**

病猪小肠壁充血，菲薄，内有较多淡黄色乳凝块。

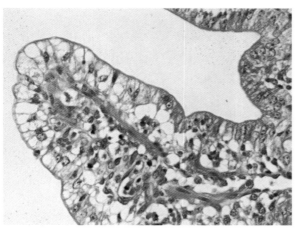

**图1-7-13　肠上皮坏死**

病猪小肠上皮细胞空泡化，细胞核浓缩，呈现坏死状。HE×400

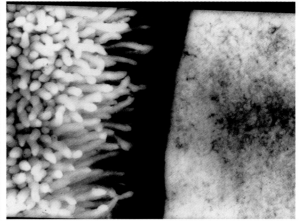

**图1-7-14　肠绒毛萎缩**

感染猪的肠黏膜上皮细胞的绒毛明显萎缩，左为正常对照。

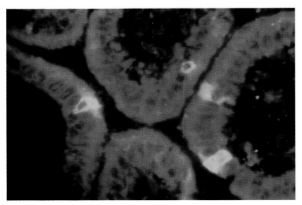

**图1-7-15　免疫荧光阳性**

用抗TGE荧光抗体染色，小肠黏膜上皮呈阳性反应（黄色）。免疫荧光×400

## 八、轮状病毒病 (Rotavirus infection)

猪轮状病毒病是由猪轮状病毒引起的一种急性肠道传染病，主要发生于仔猪，临床上以厌食、呕吐、下痢、脱水为主要症状；中猪和大猪以隐性感染为特点。病原体除猪轮状病毒外，从小孩、犊牛、羔羊、马驹分离的轮状病毒也可感染仔猪，引起不同程度的腹泻症状。我国从1979年以来，在不同地区的婴幼儿、仔猪、羔羊、犊牛及牦牛犊中均证实有轮状病毒性腹泻存在。近几年，又从犬、兔、鸡等动物中分离到轮状病毒。

本病分布甚广，各国均有报道，主要侵害多种幼龄动物和婴幼儿，不仅感染率高，有时发病率也相当高，对人类健康和养猪业的发展均有较大危害，应引起人们高度重视。

〔病原特性〕本病的病原体为呼肠孤病毒科、轮状病毒属的猪轮状病毒（Rotavirus）。人和各种动物的轮状病毒在形态上无法区别。本属病毒略呈圆形，由11个双股RNA片段组成，有双层衣壳，直径65～75nm。其中央为核酸构成的核芯，内衣壳由32个呈放射状排列的圆柱形壳粒组成，外衣壳为连接于壳粒末端的光滑薄膜状结构，使该病毒形成车轮状外观（图1-8-1），故命名为轮状病毒。各种动物和人的轮状病毒内衣壳具有共同的抗原，即群特异性抗原，可用补体结合、免疫荧光、免疫扩散和免疫电镜检查出来。轮状病毒可分为A、B、C、D、E、F共6个群，其中C群和E群主要感染猪，而A群和B群也可感染猪。

轮状病毒很难适应细胞培养，培养时需加胰蛋白酶和胰凝乳酶等处理后才能适应细胞。用于轮状病毒培养的敏感细胞主要有MA-104、CV-1和ST等，猪轮状病毒也可用猪肾原代细胞分离培养。一般在培养到3～5代时出现细胞病变，并能在琼脂覆盖下的MA-104单层细胞上产生清晰的大小不一的圆形蚀斑；在适宜条件下病毒还能凝集人和多种动物的红细胞。

轮状病毒对外界环境和理化因素的抵抗力较强。它在18～20℃的粪便和乳汁中能存活7～9个月；在室温中能保存7个月；加热60℃时，需30min才能灭活；对酸碱度在pH 3～9之间较稳定，能耐受超声波震荡和脂溶剂的作用；但0.01%碘、1%次氯酸钠和70%酒精即可使之丧失感染力。

〔流行特点〕本病可感染各种年龄的猪，感染率最高可达90%～100%，但在流行地区由于大多数成年猪都已感染而获得免疫，因此，发病猪多是2～8周龄的仔猪，病的严重程度及死亡率与猪的发病年龄有关，日龄越小的仔猪，发病率越高，发病率一般为50%～80%，病死率一般为1%～10%。病猪、隐性感染猪和带菌猪是本病的主要传染来源（但人和其他动物也可散播本病）。由于后两者不易被发现，因而在本病的发生过程中起着重要的传播作用。轮状病毒主要存在于病猪及带毒猪的消化道，随粪便排到外界环境后，污染饲料、饮水、垫草及土壤等，经消化道途径使敏感猪被感染。因此，粪—口途径是本病的主要传播途径，目前也证明呼吸道和垂直传播是存在的。排毒时间可持续多天，可严重污染环境，加之病毒对外界环境有顽强的抵抗力，使轮状病毒在成猪、中猪、仔猪之间反复循环感染，长期扎根猪场。

本病多发生于晚秋、冬季和早春，呈地方性流行。据报道，轮状病毒感染是断奶前后仔猪腹泻的重要原因。如果与其他病原如致病性大肠杆菌及冠状病毒混合感染时，病的严重性明显增加。国内有人从不同地市采集的108份仔猪黄痢及白痢的粪样中检出46例为轮状病毒感染，并排除了致病性大肠杆菌的作用。这说明轮状病毒感染是仔猪黄痢或白痢的重要病因之一。仔猪轮状病毒感染可能与腹泻的其他病因，如大肠杆菌、腺病毒、类圆线虫及球虫感染有关。

〔临床症状〕本病的潜伏期一般为12～24h，新生猪暴发性病例多发生在2～6周龄，以

10 ~ 35日龄这一阶段发病数量最多。病初，病猪精神沉郁，食欲不振，不愿走动，有些乳猪吃奶后发生呕吐，继而腹泻，粪便呈水样、半固体状、糊状或乳清样，并含不同程度的絮状物，后变为黄色（图1-8-2）、黄绿色、灰白色或黑色。病情较严重时，稀便中常混有大量乳凝块和肠绒毛脱落的碎屑（图1-8-3），并有腥臭气味。腹泻可持续4 ~ 8d，少数可达10d以上。腹泻期间，病猪发生脱水，2 ~ 5d后可能会出现死亡。症状的轻重决定于发病猪的日龄、免疫状态和环境条件，缺乏母源抗体保护的生后几天的乳猪，症状最重，环境温度下降或继发大肠杆菌病时，常使症状加重，病死率增高。一般常规饲养的乳猪出生头几天，由于缺乏母源抗体的保护，感染发病后，死亡率可高达100%；如果有母源抗体保护，则1周龄的乳猪一般不易感染发病；10 ~ 21日龄乳猪感染后的症状较轻，腹泻数日即可康复，病死率很低；3 ~ 8周龄或断乳2d的仔猪，病死率一般为10% ~ 20%，严重时可达50%。

〔病理特征〕本病的特征性病变主要位于胃肠道，其中以小肠的变化最明显，而胃的变化多是由小肠病变所累。眼观，胃壁弛缓、扩张、膨大，胃内充满凝乳块和乳汁。这是胃内容物后送障碍所引起的。肠道臌气，肠管内蓄积多量气体，使肠壁变的菲薄，呈半透明状（图1-8-4）。剪开肠管，病初，肠黏膜充血肿胀，呈淡红色，被覆大量灰白色黏液，多与肠内容物相混合而呈灰绿色（图1-8-5）或污秽色。中后期，黏液中的水分被吸收而减少，黏液、肠内容物常与胆汁混合，形成黄色、棕黄色或污黄色黏稠的浆糊状物，被覆于肠黏膜（图1-8-6）。有时可见小肠发生弥漫性出血，肠内容物呈淡红色或灰黑色。肠系膜淋巴结充血、肿大，多呈浆液性淋巴结炎的变化。其他器官常发生不同程度的变性变化。

镜检，以空肠及回肠的病变最为明显。其特征为绒毛萎缩而隐窝伸长。健康乳猪的肠绒毛细长，游离端钝圆，上皮完整呈柱状（图1-8-7）。而病猪感染后24 ~ 27h，绒毛明显缩短、变钝，常有融合，黏膜皱襞顶端绒毛萎缩更为严重，上皮由柱状变为立方形或扁平状，胞浆中出现小空泡变性变化（图1-8-8）。随着病情的发展，绒毛吸收上皮变性、坏死，被覆在肠黏膜上成为黏液成分（图1-8-9）；部分脱落的上皮被增殖的立方上皮取代，黏膜固有层中淋巴细胞及网状细胞增多；48h后见隐窝增生而肥厚、伸长；感染96h后，小肠绒毛又开始增生、伸长，168h基本恢复正常。

〔诊断要点〕依据流行特点、临床症状和病理特征，如多发生在寒冷季节，病猪多为幼龄仔猪，主要症状为腹泻，剖检以小肠的急性卡他性炎症为特征等，即可做出初步诊断。但是引起腹泻的原因很多，在自然病例中，既有轮状病毒、冠状病毒等病毒的感染，又有大肠杆菌、沙门氏菌等细菌感染，从而使诊断工作复杂化。因此，必须通过实验室检查才能确诊。实验室检查的方法是：采取仔猪发病后24h内的粪便，装入青霉素瓶，送实验室做电镜检查或免疫电镜检查。由于它可迅速得出结果，所以成为检查轮状病毒最常用的方法。另外，也可采取小肠前、中、后各一段，冷冻，供免疫荧光（图1-8-10）或免疫酶（图1-8-11）检查。

〔类症鉴别〕诊断本病时应与猪传染性胃肠炎、猪流行性腹泻和大肠杆菌病等进行鉴别。

1. 猪传染性胃肠炎 由冠状病毒引起，各种年龄的猪均易感染，并出现程度不同的症状；10日龄以内的乳猪感染后，发病重剧，呕吐、腹泻、脱水严重，死亡率高。剖检见胃肠变化均较重，整个小肠的绒毛均呈不同程度的萎缩；而轮状病毒感染所致小肠损害的分布是可变的，经常发现肠壁的一侧绒毛萎缩而邻近的绒毛仍然是正常的。

2. 猪流行性腹泻 由冠状病毒所致，常发生于1周龄的乳猪，病猪腹泻严重，常排出水样稀便，腹泻3 ~ 4d后，病猪常因脱水而死亡；死亡率高，可达50% ~ 100%；剖检见小肠最明显的变化是肠绒毛萎缩和急性卡他性肠炎变化；组织学检查，上皮细胞脱落出现在发病的初期，据称于发病后的2h就开始；肠绒毛的长度与肠腺隐窝深度的比值由正常的7：1，降到2：1或

3：1。

3. **仔猪白痢** 由大肠杆菌引起，多发于10～30日龄的乳猪，呈地方性流行，无明显的季节性；病猪无呕吐，排出白色糊状稀便，带有腥臭的气味；剖检见小肠呈卡他性炎症变化，肠绒毛有脱落变化，多无萎缩性变化，用革兰氏染色时，常能在肠腺腔或绒毛部检出大量大肠杆菌。本病具有较好的治疗效果。

4. **仔猪黄痢** 由大肠杆菌所致，常发生于1周内的乳猪，发病率和死亡率均高；少有呕吐，排黄色稀便；剖检见急性卡他性胃肠炎变化，其中以十二指肠的病变最为明显，胃内含有多量带酸臭的白色、黄白色甚至混有血液的乳凝块；组织学检查可检出大量大肠杆菌。发病仔猪的病程较短，一般来不及治疗。

5. **仔猪副伤寒** 由沙门氏菌所引起，主要发生于断奶后的仔猪，1个月以内的乳猪很少发病。病猪的体温多升高，呕吐较轻，病初便秘，后期下痢。剖检见急性病例呈败血症变化；慢性病例有纤维素性坏死性肠炎变化，与本病有明显区别。

〔治疗方法〕目前无特效的治疗药物，只能辅以对症治疗。通常的方法是：发现病猪后立即停止喂乳，用葡萄糖甘氨酸溶液（葡萄糖43.2g，氯化钠9.2g，甘氨酸6.6g，柠檬酸0.52g，枸橼酸钾0.13g，无水磷酸钾4.35g，溶于2L水中即成）给病猪自由饮用，借以补充电解质，维持体内的酸碱平衡；也可口服葡萄糖盐水（氯化钠3.5g、碳酸氢钠2.5g、氯化钾1.5g、葡萄糖20g、常水1 000mL）而取得良好的疗效。其方法是：每千克体重口服葡萄糖盐水30～40mL，每天两次。同时，服用收敛止泻剂，防止过度腹泻引起的脱水；使用抗菌药物以防止继发细菌性感染。尽早、尽快使用此法，一般都可获得良好效果。

〔预防措施〕预防本病目前尚无有效的疫苗，主要依靠加强饲养管理，提高母猪和乳猪的抵抗力；在本病流行的地区，母猪多曾被感染而获得了一定的免疫力，因此，要尽快令新生猪早吃初乳，接受母源抗体的保护，以减少发病和减轻病症。据报道，一定量的母源抗体只能防止乳猪腹泻的发生，但不能消除感染及其以后的排毒。因此，保持环境清洁，定期消毒，通风保暖是预防本病的重要措施。

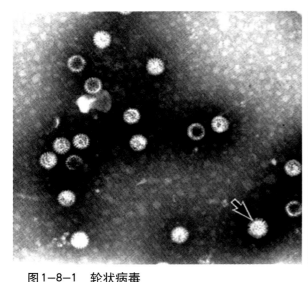

**图1-8-1 轮状病毒**

轮状病毒粒子有双层衣壳，呈车轮状外观。箭头所示为成熟的病毒粒子。

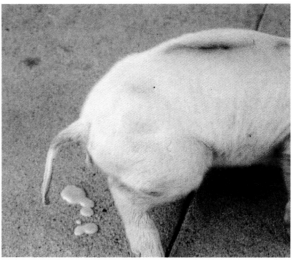

**图1-8-2 腹泻**

病猪腹泻，排出黄色稀便，尾巴和后肢常被污染。

**图1-8-3　含碎屑的稀便**

病猪排出的稀便中含有大量乳凝块、断裂脱落的
肠绒毛等。

**图1-8-4　肠管积气**

肠管积气膨胀，肠壁菲薄透明，肠内含有少量内
容物。

**图1-8-5　肠卡他**

肠黏膜面上覆有大量灰白色的黏液与灰绿色的肠
内容物。

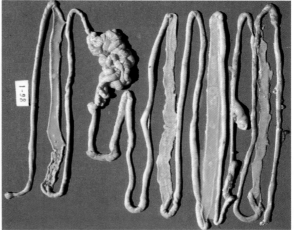

**图1-8-6　卡他性肠炎**

小肠壁变薄，黏膜面上覆有多量淡黄色黏液。

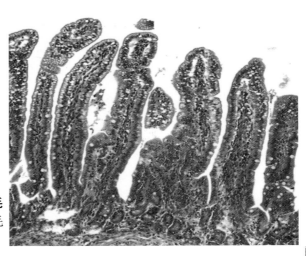

**图1-8-7　正常小肠绒毛**

2周龄健康乳猪的小肠黏膜，肠绒毛
细长，上皮细胞呈柱状。　HE×100

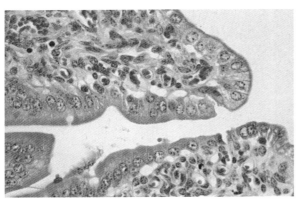

**图1-8-8 小肠绒毛短缩**

小肠绒毛短缩,上皮变成矮柱状或立方形,细胞内有小空泡。HE×400

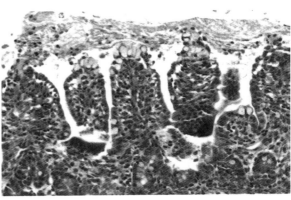

**图1-8-9 卡他性肠炎**

2周龄病猪的小肠绒毛萎缩,顶部被覆大量黏液及坏死脱落的细胞。HE×100

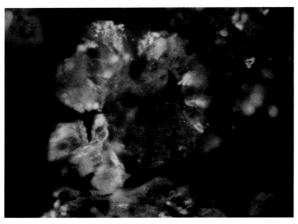

**图1-8-10 免疫荧光阳性**

小肠黏膜上皮呈现抗轮状病毒抗原强阳性反应。免疫荧光×100

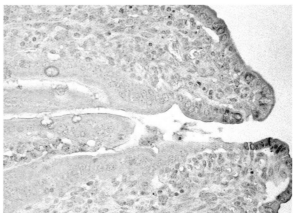

**图1-8-11 免疫酶阳性**

小肠黏膜上皮细胞用免疫ABC法染色呈阳性反应。免疫酶×100

## 九、流行性乙型脑炎 (Epidemic encephalitis B)

流行性乙型脑炎又称日本乙型脑炎,是一种人畜共患的病毒性传染病,马、牛、羊、猪、禽类及人等均能感染。猪被感染后,大多数的临床症状不明显,以怀孕母猪流产、产死胎、公猪睾丸肿大为特点,只有少数病猪出现神经症状。

流行性乙型脑炎最早于1924年夏、秋季发生于日本,当时,冬、春季节还在流行一种昏睡性脑炎,为了将二者相互区别,学者们于1928年将昏睡性脑炎称为流行性甲型脑炎,而把夏、秋季流行的脑炎叫做流行性乙型脑炎 (Epidemic encephalitis B,简称乙脑)。由于本病起源于日本,所以又将之称为日本乙型脑炎 (Japanese encephalitis B)。本病分布广泛,主要存在于亚洲地区,我国也时有发生。

〔病原特性〕本病的病原体是黄病毒科、黄病毒属的流行性乙型脑炎病毒 (Epidemic encephalitis B virus)。本病毒的粒子呈圆形,含单股DNA,大小为30～40nm,系20面体立体对称。核心为RNA包以脂蛋白膜，外层为含糖蛋白的纤突（图1-9-1）。病毒在感染猪的血液中存留时间很短，主要存在于中枢神经系统、脑脊髓液和肿胀的睾丸内。流行地区的吸血昆虫，特别是库蚊属和伊蚊属体内能分离出病毒。小鼠是最常用来分离和繁殖病毒的实验动物，各种年龄的小鼠虽然都有易感性，但以1～3日龄的小鼠最易感。

流行性乙型脑炎病毒最适宜于鸡卵黄囊内增殖，病毒效价在接种后48h达最高峰值；也能在鸡胚成纤维细胞、仓鼠肾细胞、猪肾传代细胞上生长，但通常只在仓鼠肾原代细胞、猪肾细胞上恒定地引起细胞病变；也可在琼脂覆盖下的鸡胚成纤维单层细胞上产生清晰的蚀斑。本病毒的抗原性较强，各毒株间虽然在毒力和血凝特性上具有较明显的差别，但并没有明显的抗原性差别。自然或人工感染动物一般均可产生较高效价的中和抗体、血凝抑制抗体、沉淀抗体和补体结合抗体。

本病毒对外界环境的抵抗力并不强，在－20℃可保存一年，但毒性降低；在50%甘油生理盐水中于4℃可存活6个月；在pH7以下或pH10以上，活性迅速下降。常用的消毒药均具有良好的灭活作用，如2%烧碱和3%来苏儿等均可很快将病毒杀死。

〔流行特点〕本病以蚊虫为媒介而传播，病毒能在蚊体内繁殖，也可能经蚊卵传递。已知，库蚊、伊蚊、按蚊属中的蚊虫均能传播本病。其中以三带喙库蚊为本病的主要传播媒介。病毒在三带喙库蚊体内可迅速增至5万～10万倍，而且三带喙库蚊的感染阈值低（小剂量即可使猪感染），所以其传染性强。另外，病毒能在蚊体内繁殖和越冬，且可经蚊卵传至后代。带毒越冬的蚊虫是次年感染猪和其他动物的重要传染源。因此，蚊虫不仅是传播媒介，而且也是病毒的贮存宿主。

猪的感染率非常普遍，隐性感染者甚多，是病毒的主要增殖宿主和传染源。猪感染后出现病毒血症的时间较长，血中的病毒含量很高，媒介蚊虫又嗜其血，而且猪的饲养数量大，更新快，容易通过猪—蚊—猪的循环，扩大病毒的传播。本病在猪群中的流行特征是感染率高，发病率低，不同品种和性别的猪均易感染，发病年龄多与性成熟期相互吻合，多在生后6个月左右。

本病的发生有严格的季节性，每年天气炎热的7～9月发生最多，随着天气转凉，蚊虫减少，发病也减少。在乙脑流行的地区，人的乙脑大多发生于10岁以下的儿童，尤以3～6岁发病率最高，应引起我们高度关注。

〔临床症状〕人工感染的潜伏期为3～4d。病猪体温升高，可达40～41℃，精神沉郁，喜卧地，食欲减退，口渴，结膜潮红，粪便干燥呈球状，表面常附有灰白色黏液，尿呈深黄色，少部分猪后肢轻度麻痹，行走不稳，有的后肢关节肿胀疼痛而呈现跛行。有的病猪视力障碍，摆头，乱冲乱撞；有的发生转圈运动，在圈内或运动场上无目的不停地转圈（图1-9-2）；有的后肢麻痹，运动严重障碍，最后倒地不起而死亡。

怀孕母猪多发生流产、早产或延时分娩。母猪怀孕不久感染本病后，常易发生流产，排出尚未完全成形的胎猪（图1-9-3）。此时，常因胎猪很小和流产物少，或流产物被母猪吃掉，故不易被人发现。妊娠后期流产的胎儿，有的是死胎，全身水肿，或为木乃伊胎（图1-9-4）。仔猪生后有的于几天内发生痉挛而死亡；而有的仔猪却生长发育良好，同一胎仔猪的大小和病变有显著差别，并常混合存在（图1-9-5）。母猪流产后，不影响下一次配种。

公猪除上述一般症状外，常发生睾丸肿胀，多呈一侧性（图1-9-6），也有发生两侧性的（图1-9-7）；肿胀程度不一，局部发热，有疼痛感。当发炎的阴囊内有大量渗出液时，阴囊常松弛下垂，触摸时有波动感（图1-9-8）。当急性期过后，炎症开始消退，多数病猪的睾丸逐渐萎缩、变硬，丧失配种能力（图1-9-9）。

〔病理特征〕本病最有特征性的病理变化主要位于生殖器官。

流产的子宫内膜显著充血、水肿，黏膜上附有黏稠的分泌物。拭去黏液见黏膜面散布有小出血点，黏膜肌层水肿。

流产的胎儿有死胎、木乃伊胎。死胎的大小不一，小的如拇指头大，呈黑褐色，干瘪而硬固；中等大的一般完全干化，呈茶褐色（图1-9-10），皮下有胶样浸润；发育到正常大小的死胎，常由于脑水肿而头部肿大，体躯后部皮下有弥漫性水肿，浆膜腔积液。胸腔和腹腔积液，淋巴结充血，肝脏和脾脏有坏死灶，部分胎儿可见到大脑或小脑发育不全的变化。

具有神经症状的病猪，剖检常见脑水肿，表现颅腔和脑室内蓄积多量澄清的脑脊液，大脑皮层因脑室积水的压迫而变成含有皱襞的薄膜。中枢神经系统的其他部位也发育不全（图1-9-11）。组织学检查可见到典型的非化脓性脑炎变化，即神经细胞变性坏死，数个星状胶质细胞和小胶质细胞将之包围而形成卫星现象（图1-9-12）；或被小胶质细胞吞噬而形成噬神经现象（图1-9-13）；血管周围有大量淋巴细胞浸润而构成血管套（图1-9-14）；大量星状胶质细胞增生而形成胶质结节（图1-9-15）等病变。

公猪主要表现为一侧或两侧睾丸肿胀，大小可比正常的增大一倍以上，阴囊的皱襞消失而发亮。切开见鞘膜与白膜间蓄有积液，睾丸实质充血、肿大，表面扩张的血管呈细网状（图1-9-16）。横断睾丸，切面充血、瘀血和水肿，有大小不等的黄色坏死灶，后者周边出血（图1-9-17）。慢性病例见睾丸萎缩、硬化，切开后睾丸与阴囊粘连，睾丸实质结缔组织化。镜检，睾丸实质的主要病变是曲细精管的变性和坏死。病初，见有少量的曲细精管的上皮变性坏死或溶解，间质充血、水肿和炎性细胞浸润；继之，变性和坏死加重，曲细精管腔中充满细胞碎屑，大部分曲细精管陷于坏死（图1-9-18）。

〔诊断要点〕流行特点和临床症状只有参考价值，经实验室检查才能确诊。

实验室送检的方法是：对怀疑因本病而流产或早产的胎儿，可采取死产仔猪或存活仔猪吮乳前的血液，分离血清，同时采取死产仔猪的脑组织，低温保存，一并送实验室检查。若血清中检出日本乙型脑炎的特异性抗体，或将病料接种于小鼠脑内，待小鼠发病后取其脑组织，作荧光抗体或固相反相补反试验呈阳性，即可确诊。

另一种方法是采取流产时母猪的血清，用血凝抑制试验检查血清中免疫球蛋白M（IgM）的含量。将血清分为两部分，一部分血清用二巯基乙醇（2-ME）处理，另一部分血清不处理，而后同时进行血凝抑制试验，比较同一血清在2-ME处理前后的血凝抑制效价，若前后血清效价相差4倍以上，即可确诊。

另外，在临床病理检查时，也常采取病猪的睾丸组织做免疫荧光检查，多能在曲细精管的上皮或脱落入管腔的细胞中发现大量阳性反应（图1-9-19）。

〔类症鉴别〕怀孕母猪发生流产、死产、木乃伊胎时，应与布鲁氏菌病、伪狂犬病、猪细小病毒病相区别。

1. **布鲁氏菌病** 本病无季节性，体温正常，无神经症状，无木乃伊胎。如诊断困难时可采血做布鲁氏菌病凝集反应试验。

2. **伪狂犬病** 本病经直接接触和间接接触传染，无季节性，流产胎儿的大小无显著差别，在母猪流产的同时，常有较多的哺乳仔猪患病，呈现兴奋、痉挛、麻痹、意识不清而死亡。公猪无睾丸肿大现象。

3. **猪细小病毒病** 本病无季节性，流产只发生于头胎，母猪除流产外无任何症状，其他猪即使感染猪细小病毒，也无任何症状，木乃伊胎的大小常不一致，存活的胎儿，有的可能是畸形仔猪。

〔治疗方法〕发病后立即隔离治疗，做好护理工作，可减少死亡，促进康复。目前未发现有效的药品和抗生素，为了防止继发感染，可应用抗生素或磺胺类药物，如20%磺胺嘧啶钠液5～10mL，静脉注射。也可试用下列处方：

处方一　生石膏、板蓝根各120g，大青叶60g，生地、连翘、紫草各30g，黄芩18g，水煎后1次灌服，小猪分两次服。

处方二　安溴注射液10～20mL，静脉注射，或巴比妥0.1～0.5g内服，或10%水合氯醛5～10mL，静脉注射。

处方三　5%葡萄糖溶液200～500mL，维生素C 5mL，静脉注射。

此外，还可采用针灸治疗。主穴：天门、脑俞、血印、大椎、太阳；配穴：鼻梁、山根、涌泉、滴水。

〔预防措施〕主要从猪群的免疫接种、消灭传播媒介等方面入手。

1. 免疫接种　猪群预防接种，不但可预防乙型脑炎的流行，还可降低猪群的带毒率，既可控制本病的传染来源，也为控制人群中乙脑的流行发挥作用。预防接种应在蚊虫出现前一个月内完成。现在常用的疫苗为乙型脑炎弱毒疫苗(2—8株、5—3株、14—2株)；免疫的主要猪只为4月龄以上的后备公、母猪（育肥猪也可免疫），肌内注射乙型脑炎弱毒疫苗1mL，接种后1个月，产生坚强的免疫力；免疫注射的方式为：第一年以两周的间隔注射两次，以后每年注射1次，即有效防止母猪妊娠后流产和公猪睾丸炎引起的生精障碍。

2. 消灭蚊虫　这是预防和控制本病流行的根本措施。据研究，三带喙库蚊的成虫能够越冬，而越冬后其活动时间较其他蚊类为晚，主要产卵和孳生地是水田或积聚浅水的地方。此时蚊虫的数量少，孳生范围小，较易控制和消灭。因此，要注意消灭蚊幼虫孳生地，疏通沟渠，填平洼地，排除积水；选用有效的杀虫剂，如马拉硫磷、倍硫磷、双硫磷、敌敌畏等，定期或黄昏时在猪圈内喷洒。

此外，猪的饲养周期短，更新快，一定要管理好没有经过夏秋季节和从非疫区引进的仔猪。积极的管理办法是：在乙脑流行前完成疫苗的接种，并在夏秋季节杜绝蚊虫对仔猪的叮咬。

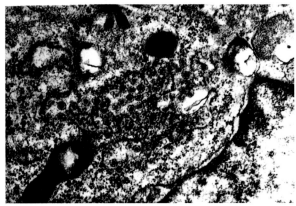

**图1-9-1　乙型脑炎病毒**

超薄切片中的病毒粒子，主要位于粗面内质网中。

**图1-9-2　转圈运动**

病猪出现明显的神经症状，无目的不断地转圈。

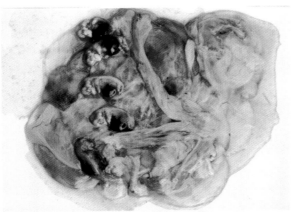

**图1-9-3 早期流产**

病猪早期流产,排出还未完全成型的胎猪。

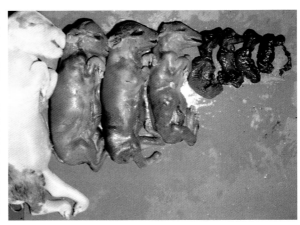

**图1-9-4 死胎和木乃伊胎**

病猪所产的木乃伊胎及不同发育阶段的死胎。

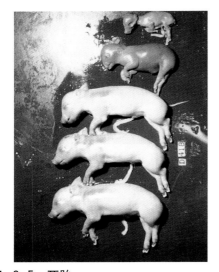

**图1-9-5 死胎**

乙型脑炎引起的流产,可见到病猪排出不同发育阶段的死胎。

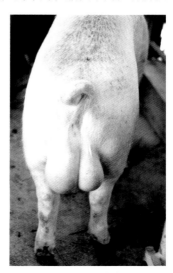

**图1-9-6 一侧睾丸肿大**

病猪的一侧睾丸肿大,触摸时有温热感。

**图1-9-7 两侧睾丸肿大**

病猪的两侧睾丸充血、水肿,发炎,阴囊紧贴附于睾丸。

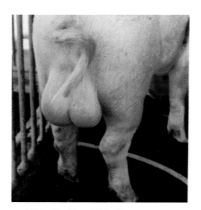

**图1-9-8 睾丸炎**

两侧性睾丸肿大,阴囊松弛,触摸阴囊腔内有波动感。

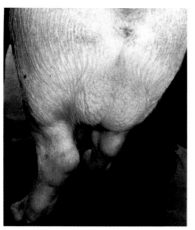

**图1-9-9　睾丸萎缩**

病猪的两侧睾丸均萎缩、质地变硬，尤以左侧明显。

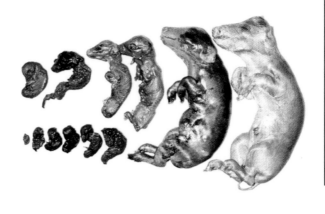

**图1-9-10　木乃伊胎**

病猪排出大小不一的呈茶褐色木乃伊胎及死胎。

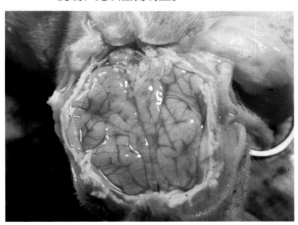

**图1-9-11　脑发育不全**

病猪的脑膜充血，脑脊液增多，脑内水肿和发育不全。

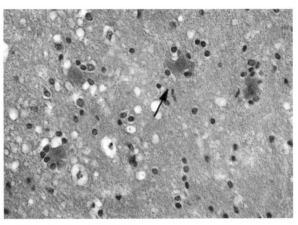

**图1-9-12　卫星现象**

胶质细胞周围变性坏死的神经细胞，形成卫星现象（↑）。HE×132

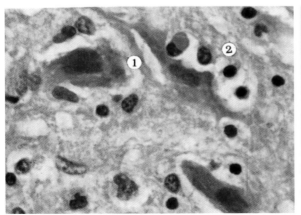

**图1-9-13　非化脓性脑炎**

非化脓性脑炎的特征性病变：卫星现象①和噬神经现象②。HE×400

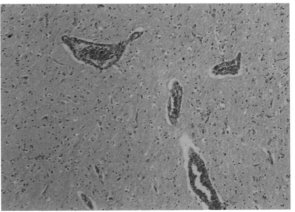

**图1-9-14　血管套**

死亡乳猪脑组织内以淋巴细胞为主的血管套。HE×60

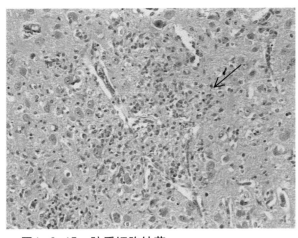

**图1-9-15　胶质细胞结节**
死亡乳猪脑组织内有神经胶质细胞结节形成
(↑)。HE×100

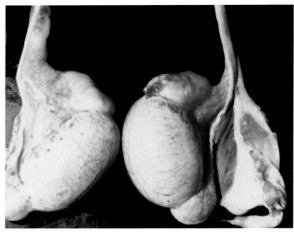

**图1-9-16　睾丸炎**
睾丸肿大，表面充血呈细网状。

**图1-9-17　睾丸坏死**
睾丸切面有瘀血、出血和黄白色的坏死灶。

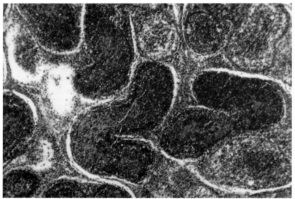

**图1-9-18　坏死性睾丸炎**
曲细精管腔中充满细胞碎屑，处于坏死状态。
HE×60

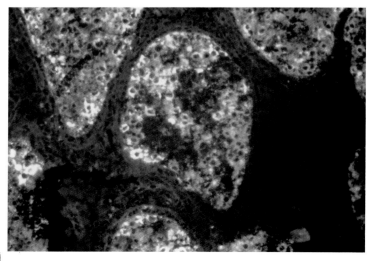

**图1-9-19　免疫荧光阳性**
用荧光抗体染色，曲细精管中有大
量抗原阳性细胞。免疫荧光×400

## 十、猪伪狂犬病 (Porcine pseudorabies)

伪狂犬病又称阿氏病（Aujeszky's disease），是由病毒引起的家畜和野生动物的一种急性传染病。其在临床上以中枢神经系统障碍为主征，常于局部皮肤呈现持续性的剧烈瘙痒，但猪感染本病却无明显的皮肤瘙痒现象。猪是本病的自然宿主和贮存者。感染本病的猪，由于年龄不同，其临床症状也有所差异。哺乳仔猪出现发热、神经症状，病死率甚高，常可高达100%；成猪呈隐性感染；怀孕母猪发生流产。近年来，猪的感染率和发病率有扩大蔓延的趋势，应引起重视。

本病历史悠久，在全世界广泛分布。早在1813年美国就有学者描述了本病，但直到1902年匈牙利微生物学家Aladar Aujeszky才第一次提出本病是一种病毒病，并较为详细地描述了本病，将之与狂犬病区分开来。因此，本病也称为Aujeszky氏病。

〔病原特性〕本病的病原体是疱疹病毒科疱疹病毒亚科的伪狂犬病病毒（Pseudorabies virus, PRV），常存在于脑脊髓组织中。感染猪在发热期，其鼻液、唾液、奶、阴道等分泌物以及血液、实质器官中都含有病毒。该病毒粒子呈圆形，含双股DNA，大小为100～150nm，具有脂蛋白囊膜与纤突（图1-10-1）。据报道，PRV只有一个血清型，但不同毒株在毒力和生物学特征方面存在着差异。本病毒具有泛嗜性特点，能在多种组织细胞培养物中增殖，其中以兔肾和猪肾细胞（包括原代细胞和传代细胞系）最为敏感，并能在一些细胞中产生核内包含体。

本病毒对外界环境的抵抗力很强，在污染的猪圈或干草上能存活一个多月；在肉中能存活5周以上；腐败11d、腌渍20d才能将之杀死。于37℃半衰期为7h，8℃可存活46d，而在25℃干草、树枝、食物上可存活10～30d，但短期保存病毒时，4℃较-15℃和-20℃冻结保存更好。本病毒对化学药品的抵抗力较小，一般的消毒药均有效，如2%氢氧化钠液和3%来苏儿均能很快将之杀灭。

〔流行特点〕对PRV有易感性的动物甚多，有家畜、家禽和野生动物等，其中以哺乳仔猪最易感，且死亡率极高，成猪多隐性感染。据研究，病猪和隐性感染猪可长期保毒排毒，是本病的主要传染源，其他动物感染本病也与接触猪或鼠有关。因此，猪与鼠也是本病毒的主要贮主。

本病的传播途径较多，经消化道、呼吸道、损伤的皮肤以及生殖道均可感染。仔猪常因吃了感染母猪的奶而发病，怀孕母猪感染本病后，病毒可经胎盘而使胎儿感染，以致引起流产和死产。

本病一般呈地方流行性发生，具有一定的季节性，多发生于冬、春两季，但其他季节也有散发。

〔临床症状〕本病的潜伏期一般为3～6d，短者36h，长者可达10d。感染猪的临床症状随着年龄不同有很大的差异，但大多无明显的局部瘙痒现象。一般而言，2周龄以内的哺乳仔猪的病情最重，症状最明显，多以中枢神经系统发生障碍为主征。病猪的主要表现为体温升高，可达41℃以上，精神沉郁，呼吸困难，流涎，食欲不振，呕吐，下痢，肌肉震颤，步态不稳，四肢运动不协调，眼球震颤，间歇性痉挛，后躯麻痹（图1-10-2），有前进或后退或转圈等强迫运动，常伴有癫痫样发作，倒地呈现游泳状姿势（图1-10-3），继之昏睡。还有少数体弱消瘦的乳猪，皮肤感觉异常，出现明显的瘙痒症状（图1-10-4）。神经症状出现后1～2d内死亡，病死率可达100%（图1-10-5）。国内近年的调查研究发现，伪狂犬病引起新生仔猪大量死亡的特点，主要表现为刚出生的仔猪第一天还很好，从第二天起开始发病，3～5d即达死亡高峰，并常整窝死光。

3～4周龄的猪被感染后，其病程略长，神经症状均较轻，死亡率可达40%～60%。病猪除一般的临床症状外，还常见眼结膜潮红，角膜混浊，眼睑水肿，甚至两眼呈闭合状（图1-10-6）；鼻端、口腔和腭部常见大小不一的水疱、溃疡和结痂（图1-10-7）；有的仔猪虽然可以康复，但可能有永久性后遗症，如瞎眼和发育障碍等。

2月龄以上的猪多呈隐性感染，较常见的症状为微热，倦怠，精神沉郁，便秘，食欲不振，数日即恢复正常，甚少见到神经症状。

怀孕母猪（无论是头胎母猪还是经产母猪）于受胎后60d以上感染时，除有咳嗽、发热和精神不振等一般症状外，常出现流产，产出死胎和木乃伊胎等（图1-10-8），其中以产死胎为主。流产、死产的胎儿大小相差不显著，无畸形胎，死产胎儿有不同程度的软化现象，甚至娩出的胎儿全部木乃伊化（图1-10-9）。母猪于妊娠末期感染时，可产出弱仔，但往往因其活力差，于产后不久即出现典型的神经症状（图1-10-10），最终导致死亡。

此外，曾在病猪场发现，犬因偷吃了病尸而出现口吐白沫、眼睛红肿和全身瘙痒等典型的伪狂犬病症状（图1-10-11）；与病猪同场饲养的犊牛，其皮肤红肿，剧烈瘙痒（图1-10-12）。近年的调查研究发现，国内一些猪场可春季暴发伪狂犬病，出现死胎或断奶仔猪患病，紧接着下半年母猪配不上种，返情率高达90%，有反复配种而不妊娠的。公猪感染PRV后，睾丸肿胀、萎缩，丧失种用能力。

〔病理特征〕临床上呈现严重神经症状的病猪，死后常见明显的脑膜充血及脑脊髓液增加（图1-10-13），脑灰质及白质有小点状出血。鼻腔黏膜有卡他性或化脓性、出血性炎症，上呼吸道内含有大量泡沫样水肿液。如病程稍长，可见咽和喉头水肿，在后鼻孔和咽喉黏膜面有纤维素样渗出物。鼻咽部充血，扁桃体、咽喉部淋巴结有坏死灶（图1-10-14）；肝、脾和肺中可能有1～2mm渐进性灰白色小病灶（图1-10-15）；胃肠多瘀血，呈暗红色，浆膜面可见大量出血点和灰白色小病灶（图1-10-16）；肾脏肿大，表面常见大量点状出血和灰白色坏死灶（图1-10-17）。流产胎儿大多新鲜，脑及臀部皮肤有出血点，胸腔、腹腔及心囊腔有多量棕褐色潴留液，肾及心肌出血，肝、脾有灰白色坏死点。

镜检，中枢脑组织有非化脓性脑炎变化，在一些神经细胞、胶质细胞、鼻咽黏膜的上皮细胞、脾及淋巴结的网状细胞内可检出嗜酸性核内包含体（图1-10-18）。另外，在有坏死灶的扁桃体中，于其隐窝上皮细胞核内也常可检出大量嗜酸性核内包含体（图1-10-19）。应该强调指出：伪狂犬病的包含体一般为无定形、均质的凝块，不规则而轻度嗜酸性，以明晕或泡状晕与核膜分离。因此，需仔细观察予以鉴别。

〔诊断要点〕本病一般可根据病猪的流行特点、临床症状、病理变化，特别是广泛性非化脓性脑炎及嗜酸性包含体的检出而初步诊断，必要时进行实验室检查予以确诊。

实验室检查的简单易行又可靠的方法是动物接种试验。其方法为：采取病猪脑组织，磨碎后，加生理盐水，制成10%悬浮液，同时每毫升加青霉素、链霉素各1 000IU，放40℃冰箱过夜，离心沉淀，取上清液于后腿外侧部皮下注射，家兔1～2mL，小鼠0.2～0.5mL。家兔接种后2～3d，小鼠2～10d（大部分在3～5d）死亡。死亡前，注射部位的皮肤发生剧痒。家兔、小鼠抓咬患部以至呈现出血性皮炎，局部脱毛，皮肤破损出血。此外，还可应用血清中和试验、酶联免疫吸附试验、琼脂扩散试验、免疫荧光（图1-10-20）和免疫sABC（图1-10-21）等进行检查。

〔类症鉴别〕本病的临床症状与链球菌性脑膜炎、猪水肿病、食盐中毒和流行性感冒等有相似之处，临床诊断时须注意区别。

1. 链球菌性脑膜炎 除有神经症状外，还有皮肤出血、肺炎及多发性关节炎症状，白细胞数增加，青霉素等抗生素治疗有良好效果。

2. 猪水肿病 多发生于断乳期，眼睑浮肿，体温不高，声音改变，胃壁和肠系膜水肿。

3. 食盐中毒 有吃食盐过多的病史，体温不高，喜欢喝水，有出血性胃肠炎病变，无传染性。

4. 流行性感冒 上呼吸道黏膜的卡他性炎症变化与猪伪狂犬病相似，但哺乳猪及断乳仔猪均无严重的神经症状。

〔治疗方法〕本病目前尚无有效的治疗药物，紧急情况下，在病猪出现神经症状之前，注射高免血清或病愈猪血液，有一定疗效，可降低死亡率，但是耐过本病的猪，则长期携带病毒，应注意隔离饲养。另有报道称可用基因缺失苗，进行紧急预防接种与治疗。

〔预防措施〕现在，猪被公认为是伪狂犬病病毒的重要贮存宿主之一，因此，经常性防范本病是非常必要的。

1. 常规预防 主要包括严格检疫、净化猪群，建无毒猪群、消除隐性感染、定期消毒和免疫接种等内容。

（1）严格检疫 应对猪群进行血清中和试验，检出阳性猪进行隔离，以便淘汰。这种检疫应间隔 3 ~ 4 周反复进行，直到两次试验全部为阴性为止。

（2）建无毒群 培育无毒猪群的常用方法是：仔猪断乳后应尽快将之分离饲养，到16周龄后进行血清学检查（因此时母源抗体通常消失），所有检出的阳性猪全部淘汰，把检测的阴性猪集中饲养，每隔两周后再反复检疫两次，如仍为阴性时，则可视为无毒猪群。

（3）定期消毒 每周对猪舍地面、墙壁、设施及用具等进行定期消毒1次，粪尿堆放发酵或用化学药品消毒，也是预防本病的重要措施。

（4）免疫接种 目前，用于预防本病的疫苗有弱毒苗、灭活苗和基因缺失苗三种。但由于PRV属疱疹病毒科，具有终身潜伏感染、长期带毒和散毒的危险性，而且这种潜伏感染随时均有可能被其他应激因素激发而引起疾病暴发。因此，欧洲一些国家规定种猪只能使用灭活疫苗，而严格禁止使用弱毒疫苗。在我国，考虑到用户的经济承受能力等因素，在育肥用的仔猪可以使用弱毒疫苗，但在种猪群中要尽量只用灭活苗。基因缺失苗的免疫效果也很好，但因其价格较高，所以使用较少。免疫接种时，对已发病猪场的病猪及未发病猪一律注射伪狂犬病弱毒疫苗（K61弱毒株），乳猪第一次注射0.5mL，断奶后再注射1mL，3月龄以上中猪注射1mL，成猪和产前1个月的母猪注射2mL，免疫期1年。

此外，猪场要加强灭鼠工作，因为鼠也是本病毒的重要宿主。

2. 紧急预防 对发生本病的猪场，应做净化猪群、扑杀病猪和预防接种等工作。

（1）净化猪群 根据种猪场的条件可分别采取三种净化措施：第一，全群淘汰更新。适应于高度污染的种猪场，种猪血统并不太昂贵者，猪舍的设备不允许采用其他方法清除本病者。第二，只淘汰阳性反应猪。每隔30d以血清学试验检查1次，连续检查4次以上，直至淘汰完阳性反应猪为止。第三，隔离饲养阳性反应母猪所生的后裔。为保全优良血统，阳性反应母猪的后裔，于 3 ~ 4 周龄后，分别按窝隔离饲养，至16周龄时，以血清学试验测其抗体，借以淘汰阳性反应猪。

（2）扑杀病猪和预防接种 为了减少经济损失，除发病乳猪、仔猪予以扑杀外，其余仔猪和母猪一律注射伪狂犬病弱毒疫苗（K61弱毒株）进行紧急预防接种。其方法是：第一次给乳猪注射疫苗0.5mL，断奶后再注苗1mL；3个月以上的中猪注射1mL；成猪及怀孕母猪（产前1个月）注射2mL。

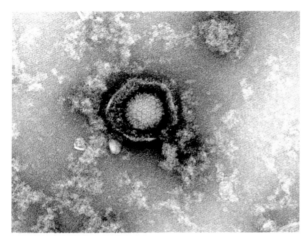

图1-10-1 伪狂犬病病毒

本病毒粒子有囊膜与纤突，呈圆形，含双股DNA。

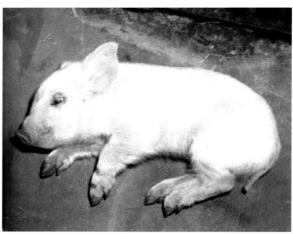

图1-10-2 后躯麻痹

病猪有间歇性肌肉痉挛，后躯麻痹，卧地不起，不能运动。

图1-10-3 癫痫样发作

病猪肌肉痉挛，癫痫样发作，倒地呈现游泳状姿势。

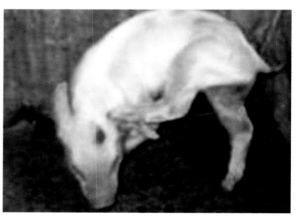

图1-10-4 病猪瘙痒

病猪皮肤感觉异常、瘙痒，用后蹄蹭扒发痒的部位。

图1-10-5 死亡的乳猪

某大型养猪场发生本病后，大批乳猪相继死亡。

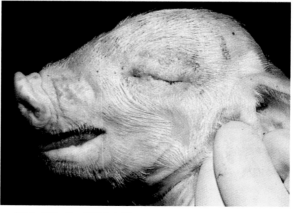

图1-10-6 眼部水肿

患猪眼部明显水肿，头部皮肤常有斑疹和结痂。

**图1-10-7　口鼻溃疡**

病猪的鼻端及硬腭可见有大小不一的水疱、结痂和溃疡。

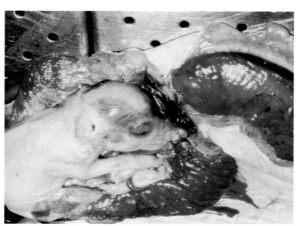

**图1-10-8　死胎和木乃伊胎**

在分娩预定期前产出的死胎（左）和木乃伊胎（右）。

**图1-10-9　木乃伊胎**

母猪超过分娩期后产出胎儿全部为黑褐色的木乃伊胎。

**图1-10-10　肌肉痉挛**

垂直感染的新生乳猪全身震颤，肌肉痉挛，运动障碍。

**图1-10-11　犬伪狂犬病**

偷食病猪尸的犬，出现口吐白沫、眼睛红肿等典型的伪狂犬病症状。

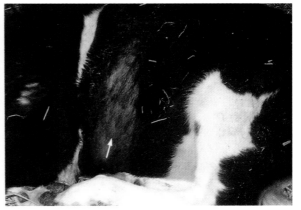

**图1-10-12　牛伪狂犬病**

与病猪同场饲养的犊牛，皮肤红肿（↑），剧烈瘙痒。

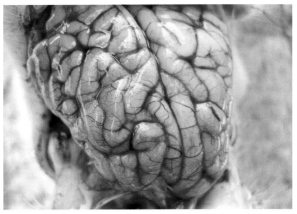

**图1-10-13 脑膜水肿**

病猪的脑膜血管扩张充血、瘀血和水肿,脑脊液增多。

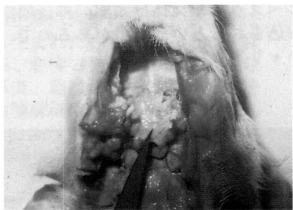

**图1-10-14 扁桃体坏死**

扁桃体内有坏死灶,舌根及咽喉黏膜被覆厚层黄白色假膜(↑)。

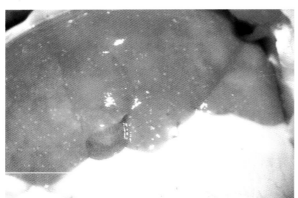

**图1-10-15 肝坏死**

肝脏瘀血、肿大,肝被膜下有大量针尖大灰白色坏死灶。

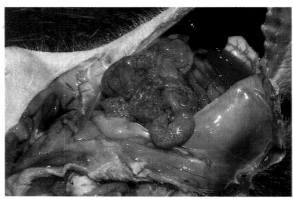

**图1-10-16 小肠出血**

小肠瘀血、出血,呈红褐色,表面散发灰白色坏死灶。

**图1-10-17 肾出血和坏死**

肾瘀血、肿胀,被膜下有大量点状出血和灰白色坏死灶。

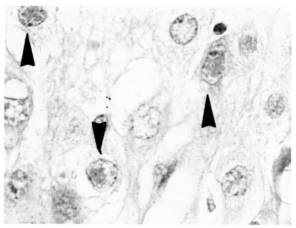

**图1-10-18 大脑的核内包含体**

大脑的神经细胞中有不规则的嗜酸性核内包含体。HE×400

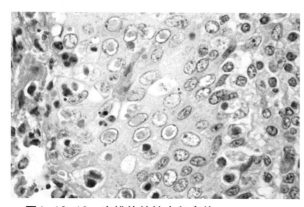

**图1-10-19 扁桃体的核内包含体**
扁桃体隐窝上皮细胞核内有明显的淡红色包含体。
HE×400

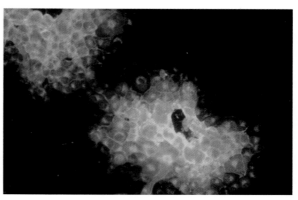

**图1-10-20 免疫荧光阳性**
用荧光抗体染色，扁桃体隐窝上皮呈现强阳性反
应。免疫荧光×100

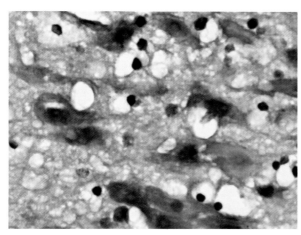

**图1-10-21 免疫sABC阳性**
病毒抗原位于神经细胞，免疫sABC呈
暗棕黄色强阳性反应。免疫sABC×400

## 十一、猪病毒性脑心肌炎 (Porcine viral encephalomyocarditis)

猪病毒性脑心肌炎是由病毒引起猪、某些啮齿类动物和灵长类动物的一种急性传染病；临床上以感染仔猪出现脑炎和急性心脏病为特征，死亡率很高，妊娠母猪感染后发生繁殖障碍。

本病自1958年首次在巴拿马被确诊后，1960—1966年美国佛罗里达州因此病造成大批猪死亡。继之，1970年澳大利亚东部也暴发本病，引起数百头猪死亡。此后，英国、新西兰、古巴、南非、意大利、加拿大和日本等国相继发生本病。我国目前尚未有本病的报道，但应提高警惕，严防流入我国。

〔病原特性〕 本病的病原体为小核糖核酸病毒科、猪肠道病毒属的脑肌炎病毒(Encephalomyocarditis virus，EMCV)。病毒的粒子呈球形，直径为25～31nm，无囊膜，基因组为单股RNA，由7 840个核苷酸组成，编码4种结构多肽，分别为VP1、VP2、VP3和VP4。EMCV可在猪和多种动物细胞中培养，且生长良好，并能迅速产生细胞病变（CPE），使细胞变圆和固缩。EMCV还能在鸡胚内增殖，并能凝集豚鼠、大鼠、马和绵羊的红细胞，但血凝活性随毒株的不同而有所差异。

猪肠道病毒与其他动物的肠道病毒的基本特点相似，根据病毒的中和试验，可将之分为11

个血清型,各血清型之间存在有限的交叉反应。据报道,病毒能长期存在于鼠类的肠道中,也能侵害人类的中枢神经系统。

本病毒有很强的抵抗力,对脂溶剂和热的抵抗力相当高;在pH2～9的条件下相对稳定;对很多消毒液的抵抗力也较强;能在粪便中长时间存活。有报道称可用含碘或汞的消毒剂来杀灭环境中的病毒。

〔流行特点〕本病毒最初是从黑猩猩体内分离到的,它分布广泛,能使包括人类在内的多种动物感染,其中啮齿类被认为是本病的贮存宿主。啮齿类动物自然感染本病时可能不出现临床症状,但人工接种时则很容易产生致死性心肌炎或脑炎。至于本病究竟主要是引起心肌炎还是脑炎,取决于不同动物的易感性和毒株。据报道,在灵长类和猪自然感染本病,曾引起致死性心肌炎,而中枢神经系统并无明显的损伤。

各年龄段和各品种猪对本病均有易感性,其中以仔猪的易感性较高,发病率为2%～50%。5～20周龄仔猪感染后,病死率可高达100%,而成年猪多为隐性感染。据研究,本病毒存在于病猪的心肌、脾脏、脑及血液中,并可随粪尿排毒而传播本病。取病猪心肌或脾脏研磨后,经口人工感染仔猪可以获得成功。由此可见,消化道是本病重要的传播途径。

〔临床症状〕人工感染的潜伏期为2～4d。病猪出现短暂的发热(24h之内),体温可高达41～42℃,并出现急性心脏病的特征。大部分病猪在死前没有明显症状,有时可见病猪有短暂的精神沉郁,不食,震颤,步态蹒跚,麻痹,呕吐,呼吸困难等症状,并于发生角弓反张后很快死亡(图1-11-1)。

繁殖母猪多为亚临床感染,有时表现为发热、食欲下降,随后出现繁殖障碍,如流产、木乃伊胎、死胎或产出弱仔猪等,从而导致哺乳仔猪的淘汰率剧增。

〔病理特征〕剖检见病猪全身瘀血,呈暗红色或红褐色(图1-11-2),腹下部、四肢和股部内侧皮肤常见瘀斑而呈蓝紫色(图1-11-3)。胸腔、腹腔及心包囊积水,含少量纤维素。肺脏体积膨大、瘀血、水肿,间质增宽。心肌柔软,右心扩张,心室心肌特别是右心室心肌,可见很多直径为2～15mm白色病灶散布,有的呈条纹状,或者为更大的界线不清楚的灰黄色区域,偶尔在局部病灶上可见一个白垩样中心(图1-11-4),或在弥漫性病灶上见白色斑块。部分病猪的肠系膜水肿非常明显。病理组织学检查,心肌纤维变性、坏死,有淋巴细胞及单核细胞浸润。病程较久者,心肌的病灶则可发生钙化或机化。在临床上有神经症状的病猪,常出现明显的非化脓性脑炎变化,特别是小脑的浦肯野细胞层,其神经细胞变性、坏死,有大量淋巴细胞和小胶质细胞浸润;在白质的血管周围有大量淋巴细胞浸润形成血管套,大量胶质细胞增生形成胶质结节(图1-11-5)。

〔诊断要点〕根据症状和病理变化,结合流行情况,可以初步诊断。新发生本病的地区应进行实验室检查。实验室检查送检的方法是:从急性死亡的病猪,采取心脏的右心室和脾脏,一部分放入10%福尔马林溶液中,供组织病理学检查,一部分放入50%甘油生理盐水中,供病毒的分离和鉴定,或用其接种小鼠(脑内或腹腔内注射),经2～5d潜伏期,小鼠出现后腿麻痹症状而死亡。剖检可见心肌炎、脑炎和肾萎缩等病变。

〔类症鉴别〕本病的眼观病变与缺维生素E和缺硒所引起的白肌病、败血症性栓塞引发的心脏梗塞,以及猪水肿病时的肠系膜水肿有一些相似,应注意区别。

〔治疗方法〕目前尚无有效疗法,也无可供应用的疫苗,对症治疗、控制继发病、避免应激或抑制兴奋性可降低病猪的死亡率。

〔预防措施〕主要的防疫措施是尽量清除猪场内可能带毒的鼠类,以减少带毒者直接感染猪只,或间接污染饲料及饮水的威胁。污染的猪场应使用漂白粉彻底消毒环境。对耐过猪应尽量避免过度骚扰，以防因心脏病的后遗症招致突然死亡。

猪群发现可疑病猪时，应立即隔离消毒，进行诊断，把疾病搞清楚。对病死的病猪应注意无害化处理，以防人感染本病。

**图1-11-1　角弓反张**
病猪死前呈现角弓反张，前肢强直的姿势。

**图1-11-2　全身性瘀血**
病尸全身性瘀血，体表呈红褐色，四肢及胸腹下有出血斑。

**图1-11-3　皮肤出血**
病尸全身瘀血，腹部、四肢及股内侧部有紫色的瘀斑。

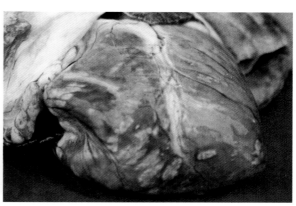

**图1-11-4　心肌坏死**
心肌上见不同程度、形状不一的黄白色坏死灶。

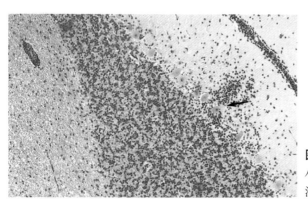

**图1-11-5　非化脓性脑炎**
小脑浦肯野细胞变性坏死，淋巴细胞浸润，胶质结节形成（↑）。　　HE×100

## 十二、猪痘（Swine pox；Variola suilla）

猪痘是一种急性、热性、接触性、病毒性传染病。其临床特征是在皮肤和黏膜上形成痘疹，并在病变皮肤的上皮细胞内形成包含体。据推测，痘病最早发生于中国和印度，直到1896年英国的Jemmer发明了人类的天花疫苗之后，本病才引起世人的重视。

〔病原特性〕猪痘可由两种形态极为相似的病毒引起，一种是具有高度宿主特异性的猪痘病毒（Swine pox virus），属于痘病毒科猪痘病毒属的病毒，仅能使猪发病，只能在猪源组织细胞内增殖，并在细胞核内形成空泡和包含体；另一种是痘苗病毒（Vaccinia virus），属于痘病毒科正痘病毒属的病毒，能使牛、猪等多种动物感染，能在牛、绵羊及人等胚胎细胞内增殖，并在被感染细胞的胞浆中形成包含体。两种病毒无交叉免疫性，仅有少量共同沉淀抗原。

痘病毒尽管种类很多（与动物痘病有关的病毒约有6个属），各病毒侵害的宿主各不相同，但它们在形态、结构、化学组成和抗原性等方面则大同小异。痘病毒是形态较大、结构较复杂的DNA病毒，多为砖形或卵圆形，有数层外膜，是大型病毒组中直径最大的病毒（图1-12-1），在普通光学显微镜下也能够仔细检出。

痘病毒对温度和干燥具有较强的抵抗力，在干燥的痂皮中能存活6～8周，甚至几年。但病毒很容易被氯化剂或对巯基（SH-）有作用的物质所破坏，有的对乙醚敏感。常用消毒药，如0.5%福尔马林等易使其灭活，1%氢氧化钾10min内可使之灭活，但对1%苯酚和0.1%福尔马林可耐受9d。

〔流行特点〕病猪和康复猪是本病的主要传染源。本病可通过病猪的唾液、眼分泌物、皮肤、黏膜的痘疹和痂皮直接或间接接触传播。痘病毒极少发生接触感染，主要由猪血虱传播，其他昆虫如蚊、蝇等也有传播作用。一般情况下，痘病毒主要通过损伤的皮肤传染，在猪虱和其他吸血昆虫甚多、卫生状况不良的猪场和猪舍，最易发生猪痘。本病多发生于4～6周龄仔猪及断奶仔猪，成年猪通常具有抵抗力。由于痘病毒在干痂中能生存很长时间，随着猪场成猪不断被新猪更替，以致猪痘可以无限期地留存在猪群内。

由痘苗病毒引起的猪痘，各种年龄的猪都感染发病，常呈地方性流行。

〔临床症状〕猪痘病毒感染的潜伏期通常为3～6d，最长为3周；而痘苗病毒感染的潜伏期仅为2～3d。病猪体温升高，精神不振，食欲减退；鼻、眼有分泌物。痘疹主要发生于头颈部（图1-12-2）、腰背部、胸腹部（图1-12-3）和四肢内侧等处，严重时遍及全身（图1-12-4）。痘疹最初为深红色的硬结节，体积较小，呈丘疹状（图1-12-5）；继之，体积变大，突出于皮肤表面，略呈半球状或结节状（图1-12-6）；病情严重时，结节内的渗出液增多，或结节相互融合而形成表面平整、体积较大的荨麻疹样斑块（图1-12-7）；病变发展较快时，通常可见到部分痘疹的渗出液中有血液，形成出血性痘疹（图1-12-8）；痘疹通常见不到明显的水疱期，即可因为感染而转为脓疱，并很快结痂形成棕黄色脓性痂块（图1-12-9）。耐过急性期后，如果病猪的抵抗力强，而且痘疹未被继发感染，则痘疹的渗出液被吸收，痘疹平整呈红褐色，逐渐痊愈（图1-12-10）。如果发生感染时，则痘疹破溃，排出脓汁，结痂，经组织修复后结痂脱落，遗留白色斑块或浅表性疤痕（图1-12-11）而痊愈。本病的病程一般为10～15d。

本病多为良性经过，死亡率不高，如饲养管理不当或防治措施不力，常可引起继发感染，而使死亡率增高。

〔病理特征〕猪痘的眼观病变与临床所见基本相同，但死于痘疹的病猪，往往病情很严重并常伴发感染，全身布满痘疹（图1-12-12）或形成毛囊炎样疖疹和痈肿（图1-12-13）。镜检见表皮增生肥厚，呈完全角化或不完全角化状，生发层特别是棘细胞层的细胞呈水泡变性，细胞肿大而呈海绵状，细胞内含有多量液体，有时使细胞变成一个大空泡或形成扩大的液化性多室性空泡。痘疹部细胞间充满浆液、游走细胞和崩解的细胞碎屑。亦有的细胞坏死崩解或液化溶解，细胞核内有空泡形成。在变性、坏死的基底细胞和棘细胞的胞浆内（偶在核内）可见到大小不等的嗜酸性包含体（图1-12-14）。真皮层中有大量的炎性细胞浸润，其中的巨噬细胞的胞浆中同样可见到典型的嗜酸性包含体。

此外，在病猪的口腔、咽、气管及胃黏膜均可发生痘疹，并常伴发胃肠炎、肺炎，往往因败血症而死亡。

〔诊断要点〕依据临床症状和流行情况，一般可以确诊。进一步确诊时可用痘疹制做作涂片，经HE染色后在镜下于变性坏死的上皮或巨噬细胞的胞浆中检出嗜酸性包含体即可确诊。必要时可进行病毒的分离与鉴定。其方法是：取病猪的痘疹或痂皮制成悬液，接种于猪肾或睾丸细胞培养物，进行分离培养，并用痘苗病毒和猪痘病毒特异抗血清进行中和试验鉴定病毒；免疫荧光抗体试验也可用于鉴定病毒。另外，采用家兔接种试验鉴别痘苗病毒和痘病毒是较简单易行的方法，痘苗病毒可在接种部位引起痘疹，而猪痘病毒不能感染家兔。

〔类症鉴别〕猪痘易与口蹄疫、水疱病、猪瘟、猪副伤寒及"痘样疹"相混淆。猪痘不发生于四肢下部，很少见于唇部和口黏膜，而主要发生于腹下部、腿内侧等部的皮肤；病毒在细胞的胞浆中可形成嗜酸性包含体。这些特点使之易与口蹄疫和水疱病等相区别。而猪瘟、猪副伤寒或其他原因引起的皮疹，只有个别或很少数的猪发生，皮疹本身没有传染现象，可与猪瘟区别。猪还可能发生另一种称之为"痘样疹"的病毒性疾病。这种病在症状和病变方面与痘苗病毒引起的猪痘很难区分。其较为简便的鉴别方法是猪痘苗病毒接种家兔后可使之发病，而痘样疹病毒则不能让家兔发病。

〔治疗方法〕本病尚无特效药物，对发病的猪通常采取对症治疗等综合性措施。痘疹的局部可用0.1%高锰酸钾溶液洗涤，擦干后涂抹紫药水或碘甘油等。康复的血清有一定的防治作用。预防量成年猪每头5～10mL，仔猪2.5～5mL，治疗量加倍，皮下注射。如能用免疫血清，则可获得更好的效果。抗生素虽然对痘症无效，但它可防止继发感染，因此，应根据实际情况而选用。中草药对本病有独到疗效，兹介绍几例处方：

处方一　千里光、野菊花、一点红、金银花藤各适量，用水煎后洗涤患部，每天早、晚各一次，连用1～2d。

处方二　生石膏粉末和冷水调成糊状，外敷患处；另用金银花藤250g水煎后拌料内服。每天一次，连用3d。

处方三　黄连5g、金银花25g、甘草25g，一起碾成细末，分两次内服。

处方四　黄连5g、半夏5g、生石膏15g、生地15g、连翘15g、苍术5g、紫苏10g、滑石15g、射干10g、五味子10g、黄芩15g、元参15g、元明粉15g，共研细末，拌入饲料中内服，早、晚各一次，小猪减半。据临床观察，具有较好的疗效。

〔预防措施〕对猪群加强饲养管理，搞好环境卫生，消灭猪虱、蚊和苍蝇等是预防本病的重要措施。新购入的生猪要及时隔离观察1～2周，防止带入传染源。发现病猪要及时隔离治疗。对病猪污染的环境及用具要彻底消毒，垫草焚烧等，借以消灭散播于环境中的病毒。

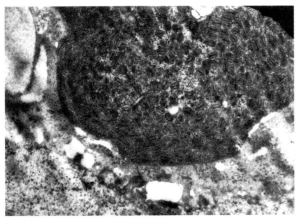

**图1-12-1　猪痘病毒**

超薄切片上的病毒粒子呈椭圆形,个体较大,有外膜。

**图1-12-2　头颈部痘疹**

病猪的前躯干有较多的痘疹,其中以头颈部的发病最重。

**图1-12-3　腰背部痘疹**

病猪的腰背部及胸腹部有结节状痘疹。

**图1-12-4　全身性痘疹**

8周龄的仔猪发病后,全身皮肤出现大量红褐色痘疹。

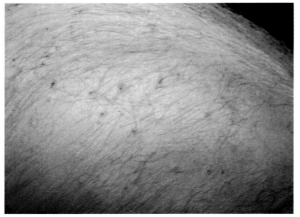

**图1-12-5　丘疹样痘疹**

病猪皮肤上出现高粱米粒大红褐色半隆突的丘疹样病变。

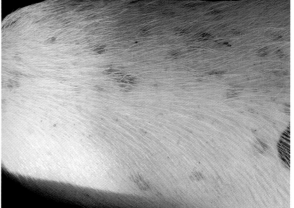

**图1-12-6　结节状痘疹**

病猪皮肤上出现大量红褐色大豆粒至榛子大的结节状痘疹。

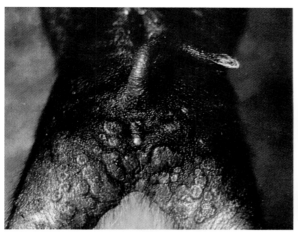

**图1-12-7 荨麻疹样痘疹**

病猪的后肢皮肤上有大量隆突于体表而顶部扁平的荨麻疹样痘疹。

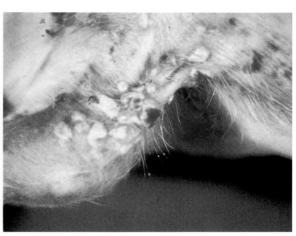

**图1-12-8 出血性痘疹**

病猪股部内侧大量痘疹，其中有较多的痘疹出血，呈鲜红色。

**图1-12-9 化脓性结痂**

病猪的全身均出现痘疹，特别是耳朵、颈部和后肢有脓性结痂形成。

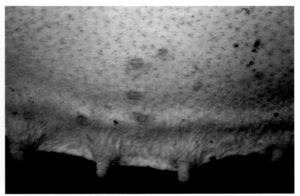

**图1-12-10 痘疹修复**

痘疹内的渗出物吸收，呈扁平状红褐色，周围炎性反应消散。

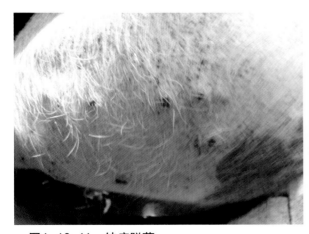

**图1-12-11 结痂脱落**

感染性痘疹康复时，脓疱破裂形成结痂，结痂脱落后形成轻微的疤痕。

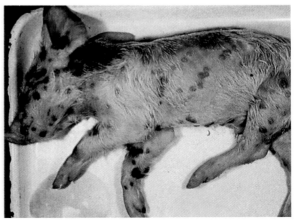

**图1-12-12 全身性痘疹**

6周龄患本病而死的仔猪，全身有大量典型的痘疹。

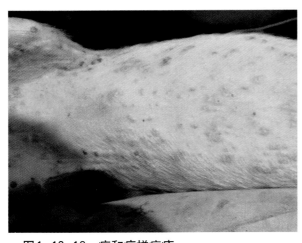

图1-12-13　疖和痈样痘疹

病猪全身有各个发展阶段的痘疹，并形成疖样或痈样痘疹。

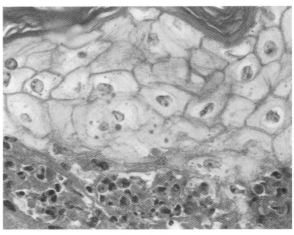

图1-12-14　嗜酸性包含体

皮肤的棘细胞崩解，胞浆中有大量嗜酸性包含体。HE×400

## 十三、猪细小病毒病（Porcine parvovirus disease）

猪细小病毒病是由猪细小病毒所引起易感母猪发生繁殖障碍的一种病毒性传染病。其特征为受感染的母猪，特别是初产母猪产出死胎、畸形胎和木乃伊胎，而母猪本身无明显症状；有时也导致公、母猪不育，所以本病又有猪繁殖障碍病（Reproduction failure disease of swine）之称。目前，本病在世界范围内发生，大多数感染猪场呈地方性流行，猪群中一旦感染后很难净化，从而造成持续感染，引起巨大的经济损失。所以，各养猪大国对本病的预防十分重视。

〔病原特性〕本病的病原体为细小病毒科的猪细小病毒（Porcine parvovirus，PPV）。本病毒的粒子呈圆形或六角形，为20面对称体，无囊膜，直径为18～24nm，基因为单股DNA（图1-13-1）。病毒具有血凝特性，能凝集豚鼠、恒河猴、小鼠、大鼠、猫、鸡和人O型血的红细胞，其中以豚鼠红细胞的血凝性最好。本病毒一般只能在来源于猪的生长分裂旺盛的细胞（如原代猪肾、猪睾丸细胞和传代PK-15细胞等）上增殖，可引起细胞病变（如细胞隆起、变圆、核固缩和溶解），最后许多细胞碎片黏附在一起使受感染的细胞单层外形不整，呈"破布条"状，并在变性的培养细胞的细胞核中形成核内包含体。据报道，PPV毒株有强弱之分，强毒株（例如NADL-8毒株）感染母猪后可导致病毒血症，并通过胎盘垂直感染，引起胎儿死亡；弱毒株（例如NADL-2毒株）感染怀孕母猪后不能经胎盘感染胎儿，而被用作弱毒疫苗株。

本病毒对热、消毒药和酸碱的抵抗力均很强，56℃ 48h、80℃ 5min才失去感染力和血凝性；对乙醚、氯仿不敏感，pH适应范围很广。病毒对外界环境的抵抗力也很强，能在被污染的猪舍内生存数月之久，容易造成长期连续传播。当被污染的圈舍按常规消毒方法处理后，再放入易感猪时，仍有被病毒感染的可能。最近有资料报道，病毒在0.5%漂白粉或0.5%氢氧化钠溶液中5min即可被杀灭。

〔流行特点〕猪是唯一已知的易感动物，不同年龄、性别的家猪和野猪均可感染，感染后终生带毒。据报道，在一些家畜和实验动物（例如牛、绵羊、猫、豚鼠、小鼠和大鼠等）血清中也存有抗本病毒的特异性抗体；来自病猪场的鼠类，其抗体的阳性率也比阴性猪场的鼠类为高。

病猪和带毒猪是主要的传染源。急性感染猪的排泄物和分泌物中含较多病毒；感染母猪所产的死胎、活胎、仔猪及子宫分泌物中均含有大量病毒；子宫内感染的仔猪至少可带毒9周；有些具有免疫耐性的仔猪可能终生带毒；被感染的公猪，其精细胞、精索、附睾和副性腺均含病毒，在其配种时很易传给易感母猪，常引起本病的扩大传播。

本病的主要传播途径是经消化道、交配、人工授精感染和出生前经胎盘感染；呼吸道也可传播。病毒在感染猪体内许多器官，特别是在一些增生迅速的组织中，如淋巴小结的生发中心、结肠固有层、肾间质细胞、鼻甲骨膜细胞中增殖。

本病常见于初生母猪，一般呈地方流行性或散发性。猪场发生本病后，可能连续几年不断地出现母猪繁殖失败。母猪怀孕早期感染时，其胚胎、胎猪死亡率可高达80%～100%。当猪感染细小病毒1～6d后，即可发生病毒血症；1～2周后随粪便排出病毒，污染环境；7～9d后可测出血凝抑制抗体，21d内抗体效价可高达1：15 000，且能持续数年。多数初产母猪受感染后可获得坚强的免疫力，甚至可持续终生。近年的研究发现，本病毒还与新出现的仔猪多系统综合征有关，常与圆环病毒发生混合感染。

〔临床症状〕仔猪和母猪的急性感染，通常没有明显症状，但在其体内很多组织器官（尤其是淋巴组织）中均有病毒存在。性成熟的母猪或不同怀孕期的母猪被感染时，主要临床表现为母源性繁殖障碍，如多次发情而不能受孕，或产出死胎、木乃伊胎，或只产出少数带毒发育不良的仔猪。

母猪在怀孕7～15d感染时，则胚胎死亡而被吸收，使母猪不孕和不规则地反复发情；有时刚怀孕不久的母猪就发生流产，胚胎死亡而被排出，由于其体积很小而不被发现（图1-13-2）。怀孕30～50d感染时，最初可产出雏形猪胎（图1-13-3），后期主要产木乃伊胎（图1-13-4）；怀孕50～60d感染时多产出死胎；怀孕70d感染时，则常出现流产症状；在怀孕中、后期感染时，也可发生轻度的胎盘感染，但此时胎儿常能在子宫内存活，产出木乃伊化程度不同的胎儿和虚弱的活胎儿，在1窝仔猪中有木乃伊胎儿存在时，可使怀孕期或胎儿娩出间隔时间延长，这样就易造成外表正常的同窝仔猪的死产（图1-13-5）；怀孕70d后感染时，则大多数胎儿能存活下来，并且外观正常；但可长期带毒排毒，若将这些猪作为繁殖用种猪，则可使本病在猪群中长期扎根，难以清除。

此外，本病还可引起母猪的产仔瘦小和弱胎；母猪不正常的发情和久配不育等症状。细小病毒感染对公猪的性欲和受精率没有明显影响。

〔病理特征〕怀孕母猪感染后未见病变或仅见轻度的子宫内膜炎，有的胎盘有部分钙化。胚胎的病变是死后液化、组织软化而被吸收；有时早期死亡的胚胎并不排出，而是存在于子宫内，随着水分的吸收而变成黑褐色木乃伊胎。剖解可见子宫体积稍大，内含许多黑褐色肿块（图1-13-6）；切开子宫，见黑褐色的块状物实为木乃化的死胎（图1-13-7）。含有木乃伊胎的子宫黏膜常轻度充血，并发生卡他性炎症变化（图1-13-8）。受感染而死亡的胎儿可见充血、水肿、出血、体腔积液、脱水（木乃伊化）等病变。

具有特征性的病理组织学变化是病猪和死胎的多种组织和器官的广泛性细胞坏死、炎性细胞浸润和核内包含体的形成（图1-13-9）。大脑的灰质、白质和软脑膜有以增生的血管外膜细胞、组织细胞和少数浆细胞形成的管套为特征的脑膜炎（图1-13-10），但胶质细胞的增生和神经细胞的变性变化则较轻。

〔诊断要点〕根据病猪的临床症状，即母猪发生流产、死胎、木乃伊胎，胎儿发育异常等情况，而母猪本身没有什么明显的症状等，结合流行情况和病理剖检变化，即可做出初步诊断。若要确诊则还须进一步作实验室检查。

实验室检查时，对于流产、死产或木乃伊胎儿的检验，可根据胎儿的不同胎龄采用不同的检验方法。对70日龄以下的感染胎儿，则可采取体长小于16cm的木乃伊胎数个或木乃伊胎的肺脏送检。方法是将组织磨碎、离心后，取其上清液与豚鼠的红细胞进行血凝反应，此法简便易行而且有效。大于70日龄的木乃伊胎儿、死产仔猪和初生仔猪，应采取心血或体腔积液，测定其中抗体的血凝抑制滴度。此外，也可用荧光抗体技术检测猪细小病毒抗原。有条件时，还可用感染胎儿的组织直接进行细胞培养，于1～21d内分离病毒。

血凝抑制试验是一种操作简单、检出率较高的诊断方法。感染猪群中，超过12月龄的猪几乎均有自动免疫力，其血凝抑制滴度在1：256以上，并可持续多年。而由母体获得被动免疫力的仔猪，平均在21周龄时抗体滴度即消失。至于怀孕70日龄后子宫内感染的胎儿，其抗体滴度在生后10～12周龄时仍保持在1：256的较高水平。因此，当抽检1岁以上的猪或生后10～12周龄仔猪的抗体滴度时，便可获得可靠的诊断依据。

〔类症鉴别〕本病应注意与猪的伪狂犬病、猪流行性乙型脑炎和猪布鲁氏菌病等相互区别。

1. **猪伪狂犬病**　仔猪感染多出现明显的神经症状；怀孕母猪于受胎后60d以上感染时，常出现流产、死产等现象，但流产、死产的胎儿大小相差不显著，无畸形胎，死产胎儿有不同程度的软化现象。母猪于妊娠末期感染时，可产出弱仔，但往往因其活力差，于产后不久即出现典型的神经症状而死亡。剖检见流产胎儿大多新鲜，脑及臀部皮肤有出血点，胸腔、腹腔及心囊腔有多量红褐色潴留液，肾及心肌出血，肝、脾有灰白色坏死点。

2. **猪流行性乙型脑炎**　病猪常有体温升高，运动异常等神经症状。怀孕母猪发生流产或早产或延时分娩，胎儿是死胎或木乃伊胎。同一胎仔猪的大小和病变有显著差别，并常混合存在。母猪流产后，不影响下一次配种。公猪常发生睾丸肿胀，多呈一侧性，肿胀程度不一，局部发热，有疼感，数日后开始消退，多数缩小变硬，丧失配种能力。

3. **猪布鲁氏菌病**　由细菌引起，虽然其流产与细小病毒性流产相似，可发生于母猪妊娠的各个阶段，但流产母猪的子宫及胎盘的病变明显，多表现为化脓性子宫和胎盘的炎性变化。子宫黏膜的脓肿呈粟粒状，帽针头大，灰黄色，位于黏膜深部，并向表面隆突，称此为子宫粟粒性布鲁氏菌病。胎膜由于水肿而增厚，表面覆有纤维蛋白和脓液。流产的仔猪常发生败血症，皮肤、黏膜和内脏出血明显，而且肝脏常有多发性坏死灶。公猪常伴发睾丸炎、睾丸萎缩、关节炎、滑液囊炎及腱鞘炎等病变。

〔治疗方法〕对本病尚无有效的治疗方法，只能对症治疗。

〔预防措施〕控制本病的基本方法有三种：一是防止带毒母猪进入猪场；二是待初产母猪获得自动免疫后再配种；三是清除病猪，净化猪群。

1. **防病入场**　为了控制带毒的猪进到猪场，应自无病猪场引进种猪。若从本病阳性猪场引进种猪时，应隔离14d，进行两次血凝抑制试验，当血凝抑制滴度在1：256以下或呈阴性时，才可以引进。

2. **主动免疫**　初产母猪在其配种前可通过自然感染或人工免疫接种使之获得主动免疫。促使自然感染的一种常用方法是在一群血凝抑制试验阴性的初产母猪中放进一些血清学阳性的老母猪或来自木乃伊窝的活仔猪，通过它们的排毒，使初产母猪群被人为感染。但这种方法只适用于本病流行地区，因为将猪细小病毒引进一个清净的猪群，将会后患无穷。人工免疫方面，我国已制成猪细小病毒灭活疫苗，对4～6月龄的母猪和公猪两次注射，每次5mL（2mL也有效），免疫期可达7个月。每年免疫注射两次，可以预防本病。

3. **净化猪群**　猪场一旦发生本病，应立即将发病的母猪或仔猪隔离或彻底淘汰；所有与病猪接触的环境、用具应采用本病毒敏感的消毒剂（如0.5%漂白粉或0.5%氢氧化钠）严格消毒；应运用血清学方法对全群猪进行检查，检出的阳性猪要坚决淘汰，以防疫情进一步扩展；与此同时，对猪群进行紧急疫苗注射。

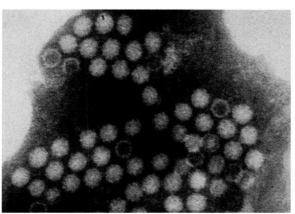

**图1-13-1 猪细小病毒**
病毒粒子呈圆形或六角形，无囊膜，为20面对称体。

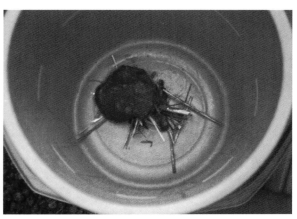

**图1-13-2 流产的胚胎**
病猪妊娠10d左右发生流产，排出的死胚胎，体积很小不易被发现。

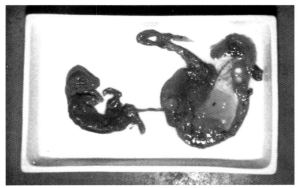

**图1-13-3 流产的胎猪**
病猪妊娠35d左右发生流产，排出已具雏形的胎猪。

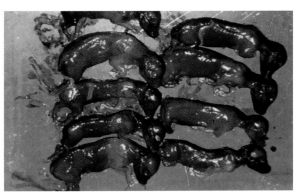

**图1-13-4 木乃伊样胎猪**
妊娠50d左右所产的木乃伊样胎猪，干燥，全身呈黑褐色。

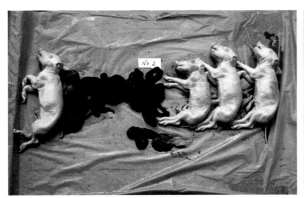

**图1-13-5 死胎与木乃伊胎**
病猪流产，排出不同发育阶段的死胎及木乃伊胎。

**图1-13-6 含死胎的子宫**
剖检见子宫体积膨大，内有大小不一的黑褐色死胎。

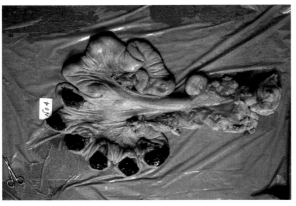

图1-13-7　木乃伊胎

切开子宫，其内有数个黑褐色近干固的木乃伊化的死胎。

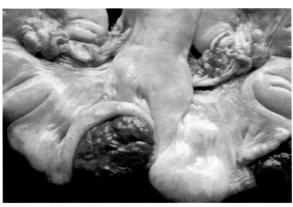

图1-13-8　子宫内膜炎

含木乃伊胎的子宫黏膜轻度充血并发生卡他性子宫内膜炎。

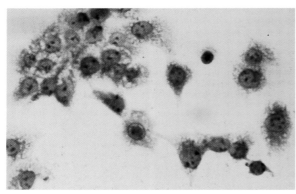

图1-13-9　核内包含体

在感染猪肾脏涂片上可检出嗜酸性核内包含体。HE×400

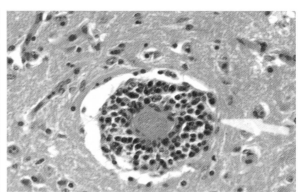

图1-13-10　血管套

脑组织中检出的非化脓性脑炎的特征性病变，即血管套。HE×100

## 十四、猪繁殖与呼吸综合征（Porcine reproductive and respiratory syndrome，PRRS）

猪繁殖与呼吸综合征又称猪蓝耳病、神秘猪病和母猪后期流产等，是由病毒引起的一种繁殖障碍和呼吸道发炎的传染病；在临床上以妊娠母猪流产、产出死胎、弱胎、木乃伊胎以及仔猪的呼吸困难和死亡率较高为特征；病理学上以局灶性间质性肺炎为特点。本病现已成为美国、英国、荷兰、德国和加拿大等欧美国家的一种地方流行性传染病，给许多国家造成巨大的经济损失，对世界养猪业构成严重的威胁。我国已有本病发生，故应引起高度重视。目前，世界动物卫生组织已将本病列为B类传染病，我国也将其列为二类传染病。

〔病原特性〕本病的病原为动脉炎病毒科、动脉炎病毒属的猪繁殖与呼吸综合征病毒（Porcine reproductive and respiratory syndrome virus，PRRSV），又称莱利斯塔病毒（Lelystad virus）。病毒粒子呈卵圆形，直径为50～65nm，有囊膜，20面体对称，为单股RNA病毒（图1-14-1）。PRRSV的囊膜蛋白$GP_5$是病毒的主要结构蛋白和免疫保护性抗原之一，有许多独特的生物学和免疫学功能，在致病和免疫机制中发挥着重要作用。PRRSV有许多不同的毒株，不同毒株间的抗原性和致病性存在明显的差别。现已证明，欧洲和美国分离的毒株虽然在形态和理化性状上相似，但用单克隆抗体进行血清学试验和进行核苷酸和氨基酸序列分析时，发现它们存有明显的不同。因此，将猪繁殖与呼吸综合征病毒分为A、B两个亚群：A亚群为欧洲原型；B亚群为美国原型。PRRSV比较独特之处是，即使抗体试验结果阳性也不表示具有免疫力；具有高滴度抗体的猪仍可大量排毒。

PRRSV对生长环境要求较高，目前只能在少数几种细胞，如猪原代肺泡巨噬细胞（PAM）、$CL_{2621}$细胞和MARC-145细胞上生长。据报道，不同病毒株适合生长在不同的细胞上，有的毒株仅生长在一种细胞上，有的毒株可生长在多种细胞上。PAM适宜于大多数PRRSV的生长，但因制备PAM的技术难度较大，故现在多用MARC-145细胞来分离PRRSV。

本病毒对寒冷具有较强的抵抗力，但对高温和化学药品的抵抗力较弱。例如，病毒在$-70℃$可保存18个月，4℃保存1个月；37℃ 48h、56℃ 45min则完全丧失感染力；对乙醚和氯仿敏感，常用的消毒药也可将之杀灭。

〔流行特点〕本病只能感染猪，不同年龄、品种和性别的猪均有易感性，但母猪和仔猪最易感，仔猪的死亡率可高达80%～100%，育肥猪发病则温和。病猪和带毒猪是本病的主要传染源。感染母猪能大量排毒，如鼻分泌物、粪便、尿液中均含有病毒；耐过猪也可长期带毒而不断向体外排毒。本病多经接触传播，呼吸道是其感染的主要途径。因此，本病传播迅速，当健康猪与病猪接触时，如同圈饲养、频繁调运等均易导致本病的发生与流行。

另外，本病也可通过垂直传播或交配感染。研究证明，公猪感染后3～27d和43d所采集的精液中均能分离出病毒，7～14d可从血液中检出病毒。用含有病毒的精液感染母猪，可引起母猪发病，在21d后可检出抗猪繁殖与呼吸综合征病毒抗体。怀孕中后期的母猪和胎儿对猪繁殖与呼吸综合征病毒的易感性最高。

〔临床症状〕本病自然感染的潜伏期一般平均为14d；而人工感染的则短，一般为4～7d。感染仔猪以2～18日龄的症状明显，死亡率常达80%。临床表现不尽相同，主要表现为妊娠母猪繁殖障碍，仔猪断奶前死亡率增高和育肥猪的呼吸道症状。

1. 仔猪 临床症状与日龄有关，早产仔猪在出生的当时或几天内死亡；大多数出生仔猪表现呼吸困难，打喷嚏，肌肉震颤，后肢麻痹，嗜睡。耳朵发绀是本病重要的特征性症状，仔猪表现得尤为明显。病初可见仔猪的耳尖瘀血、发绀，呈紫红色（图1-14-2）；继之，两耳全部充血、瘀血，同时口鼻端和四肢末端也发绀（图1-14-3）；病情严重时或是由高致病性病毒引起者，则病猪的双耳及口鼻端在瘀血的基础上发生出血，呈黑紫色，同时，全身的皮肤也有不同程度的瘀血和出血（图1-14-4）。除上述主要表现外，吃奶仔猪吮乳困难，断奶前死亡率增加，存活下来的仔猪体质衰弱，腹泻，呆滞，继发感染几率增大。

2. 母猪 经产或初产母猪发病时精神不振，食欲锐减或不食，发热（40～41℃），冷漠，少数母猪的耳朵、乳头、外阴、腹部、尾部和腿部发绀，甚至全身性瘀血（图1-14-5），尤以耳尖最为常见；少数母猪出现肢体麻痹性神经症状（图1-14-6）。出现这些症状后最突出的变化是大量怀孕母猪，特别是妊娠中、后期的母猪发生流产（图1-14-7）、早产，有的流产胎儿已变软分解，或产出死胎（图1-14-8）、弱胎或木乃伊胎。每窝产死胎的差别很大，有的母猪没有死胎产出，有的母猪所产死胎可高达80%～100%。产出的弱小仔猪，有的出生后外表很正常，但不久出现呼吸困难，多于24h内死亡；有的发生腹泻，导致脱水、虚脱和死亡；耐过者则生长迟缓，发育严重障碍或生长停止。

3. 种公猪 发病后主要出现咳嗽、打喷嚏、呼吸困难，精神不振，食欲减退，不愿运动，性欲减弱等症状。交配时，其精液质量下降，射精减少，配种的成功率明显降低。

**4.育肥猪** 体温升高，有时可达41℃，食欲明显下降或废绝，多数病猪的全身皮肤发红，呼吸困难，咳嗽（图1-14-9）；少数病猪流出少量黏稠的鼻液，两耳发蓝或发紫（图1-14-10）；有时出现结膜炎，眼结膜水肿，潮红，畏光；还有的病猪呼吸高度困难，呼气时在髂腹部出现喘沟（图1-14-11），或发生腹泻等症候。无并发症者很少死亡，约1周即可康复。

〔病理特征〕病毒经呼吸道侵入肺脏后，虽然被巨噬细胞吞噬，但并不被杀灭，而是在其中增生、繁殖，导致部分巨噬细胞破坏、吞噬能力降低或丧失；随后病毒可随巨噬细胞侵入血液而侵害其他组织和器官。由于该病毒对巨噬细胞有破坏作用，可降低机体的抵抗力，故常常引起各种不同形式的继发性感染。

剖检死于本病的仔猪，病初可见其耳尖、四肢末端、尾巴、乳头和阴户等部的皮肤呈蓝紫色；病程稍长者，可见整个耳朵、颌下、四肢及胸腹下均呈现紫色（图1-14-12），耳壳等部的表皮有水疱、破溃或结痂，头部水肿，胸腔和腹腔有积水。

本病的特征性病变发生于肺脏，主要以间质性肺炎为特点。眼观，病初见肺脏膨满，充血、瘀血，呈暗红色，肺间质增宽，呈水肿状（图1-14-13）；继之，肺表面有大小不等的点状出血，尖叶和心叶部有灶状肺泡性肺气肿并见瘀斑（图1-14-14）、肋膈面间质增宽、水肿，有红褐色瘀斑和实变区（图1-14-15）。肺切面上见血管断端有凝固不全的血液，支气管断端有少量含泡沫的液体。镜检，肺组织以多中心性间质性肺炎为特点。病初，炎灶中浸润多量巨噬细胞和小淋巴细胞，肺泡上皮和受累的支气管上皮脱落，肺泡隔的增生变化较轻，形成卡他性肺炎的变化（图1-14-16）；很快，肺泡隔中的结缔组织明显增生，淋巴细胞浸润，肺泡隔增厚，肺泡变小或消失，被增生的结缔组织所取代，形成典型的间质性肺炎变化（图1-14-17）。

其他器官的病变，除了一些非特异性变化外，还有两个特点：一是小血管通透性增大或发生纤维素性坏死而引起的水肿；二是与继发性感染的有关病变，如继发霍乱沙门氏菌感染时，可见有纤维素性坏死性肠炎；继发多杀性巴氏杆菌时，则肺脏病变加重，常伴发有纤维素性肺炎病变；继发链球菌或伪狂犬病时，则还出现化脓性脑脊髓膜炎或非化脓性脑炎等变化。

〔诊断要点〕根据病猪典型的临床症状，耳朵发紫，胸腹及四肢末端瘀血，妊娠母猪发生流产，新生仔猪死亡率高等，以及以间质性肺炎为主的病理特点，即可做出初步诊断。但确诊则有赖于实验室诊断。实验室诊断的常用方法除病毒的分离与鉴定外，还可用间接ELISA法、免疫荧光法（图1-14-18）和RT-PCR法。

据报道，在欧洲一些国家，如荷兰，常根据病猪的临床症状制定了三个指标来诊断本病。一是通常以整个猪场有8%母猪流产；二是出生后一周内有25%仔猪死亡；三是有20%以上的胎儿死亡。如达到其中两个指标，就可初步诊断为本病。

〔类症鉴别〕本病的诊断，在临床上须与猪气喘病、猪伪狂犬病、猪流感、猪细小病毒病和猪传染性胸膜肺炎等具有呼吸障碍或引起流产的疾病相互区别。同时还要注意与在本病的流行期间继发感染的猪瘟、猪弓形虫病、猪圆环病毒感染、猪副嗜血杆菌病等相鉴别。

〔治疗方法〕本病无特效疗法，一旦确诊，即采取扑灭措施。

〔预防措施〕预防本病的主要措施是清除传染来源，切断传播途径，对有病或带毒母猪应淘汰；对感染而康复的仔猪，应隔离饲养，育肥出栏后圈舍及用具彻底消毒，间隔1～2个月再使用；对已感染本病的种公猪应坚决淘汰。猪舍应通风良好，经常喷雾消毒，防止本病的空气传播。

据研究，感染本病而康复的猪，可产生良好的免疫效果，能抵抗病毒的再感染。因此，在本病流行的地区，应用疫苗来预防本病。目前国外已研制出弱毒苗和灭活苗两种类型的疫苗。一般认为弱毒苗的免疫效果较好，而灭活疫苗则更为安全。对猪只进行免疫的方法是：仔猪在母源抗体消失之前第一次免疫，母源抗体消失后进行第二次免疫；母猪只能用灭活苗进行免疫，通常在配种前两个月进行第一次免疫，间隔一个月后进行第二次免疫。

在预防高致病性猪蓝耳病的过程中，有学者介绍下述免疫程序，获得了良好的预防效果，即仔猪在23～25日龄时，免疫1次高致病性猪蓝耳病灭活疫苗，每头接种2mL。种母猪除在23～25日龄免疫外，配种前应加强免疫1次，每头接种4mL。种公猪除在23～25日龄免疫外，每隔6个月还应免疫1次，每头接种4mL。发病地区，建议在首次免疫后或紧急免疫后21～28d进行1次加强免疫。

在应用高致病性猪蓝耳病灭活疫苗进行免疫时，要使用农业部批准生产或使用的疫苗，并按照疫苗说明书进行规范操作。另外，免疫时还需注意：本疫苗只用于接种健康猪，对于发病猪群不可使用；疫苗使用前应恢复到室温，并充分振摇均匀；疫苗开封后应于当天用完，剩余疫苗、疫苗瓶及注射器具等应进行无害化处理。

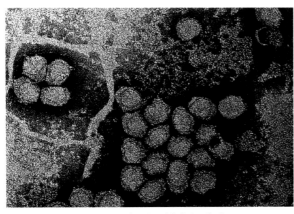

**图1-14-1　猪繁殖与呼吸综合征病毒**

猪繁殖与呼吸综合征病毒粒子多呈卵圆形，有明显的囊膜。

**图1-14-2　耳尖发绀**

仔猪的两耳尖发绀，呈蓝紫色，鼻端充血而发红。

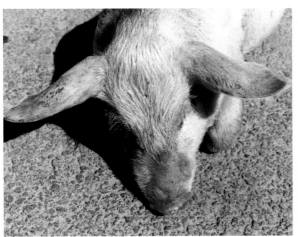

**图1-14-3　双耳发绀**

仔猪的两耳均瘀血、发绀，鼻端及鼻梁部也充血、发红。

**图1-14-4　皮肤出血**

病猪的两耳及鼻端瘀血、出血，呈紫红色，皮肤也有出血斑点。

图1-14-5　全身性瘀血

病猪全身性瘀血，从耳部、颈背部及至全身均呈暗褐色。

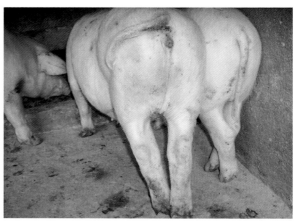

图1-14-6　后肢麻痹

病猪两后肢中度麻痹，站立不稳，姿势异常。

图1-14-7　无被毛流产猪

妊娠早期流产的胎猪，体表多光滑，缺少被毛。

图1-14-8　死产胎猪

妊娠后期感染猪所产的死胎，胎猪的发育基本完成。

图1-14-9　全身性瘀血

病猪呼吸困难，两耳及口鼻端发绀，全身皮肤充血而暗红色。

图1-14-10　耳朵紫红

病猪两耳瘀血、出血，呈紫红色，皮肤发红，后肢皮肤出血。

**图1-14-11　呼吸性喘沟**

病猪高度呼吸困难，呼气时在髂腹部出现明显的喘沟（↑）。

**图1-14-12　皮肤和内脏瘀血**

病猪全身性瘀血，皮肤及内脏器官均呈暗红色。

**图1-14-13　肺脏瘀血、水肿**

肺脏膨大，瘀血、水肿，肺间质增宽，呈暗红色。

**图1-14-14　肺泡性肺气肿**

肺尖叶和心叶的肺实质内有隆突于肺表面呈淡粉色的气肿灶。

**图1-14-15　支气管肺炎**

肺瘀血、水肿，尖叶、心叶部有明显的肺炎病灶。

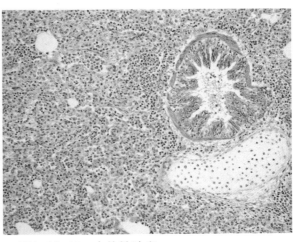

**图1-14-16　卡他性肺炎**

小支气管和肺泡内有大量脱落的上皮和浸润的单核细胞。HE×100

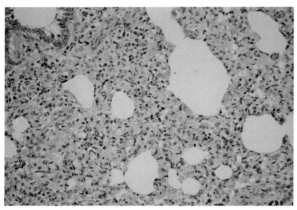

**图1-14-17　间质性肺炎**

肺间质增生，肺泡隔增厚，呈典型的间质性肺炎变化。HE×400

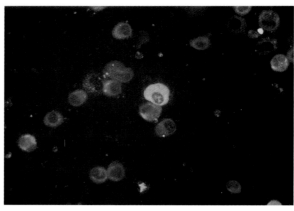

**图1-14-18　免疫荧光阳性**

肺组织的涂抹标本中用荧光抗体法检出的病毒抗原。免疫荧光×400

## 十五、猪流行性感冒（Swine influenza，SI）

猪流行性感冒（简称猪流感）是由病毒引起的一种急性、高度接触性传染病。临床上以突然发病，迅速蔓延全群，表现为上呼吸道炎症为特点；剖检时以上呼吸道黏膜卡他性炎、支气管炎和间质性肺炎为特征。

本病于1918年曾在美国大流行，此后几乎每年都发生，并不断向周边国家蔓延，现已遍及世界各地。我国也有发生本病的报道。在动物的流感中，猪流感被认为具有人兽共患病的性质。20世纪70年代和80年代美国曾因猪流感（$H_1N_1$）而使不少人感染发病，并有死亡的报道；80年代末和90年代初在瑞士和荷兰曾发生猪流感（$H_1N_1$），并有饲养员死于猪流感病毒引起的急性呼吸障碍综合征的报道；1993年在荷兰从幼童身上分离到可能来源于猪的$H_3N_2$亚型病毒；2009年初先在墨西哥和美国流行、继之遍及全球的曾称为猪流感后又叫甲型$H_1N_1$型流感，实际上也有猪流感的影子。上述猪流感不断引起人类发病的例子，证明猪流感病毒具有人兽共患的潜在危险，并且猪可能在把新的大流行性毒株传给人类的过程中起着重要作用。

〔病原特性〕本病的病原体为正黏病毒科A型流感病毒属（Influenza virus A）的猪流行性感冒病毒（Swine influenza virus，SIV）。本病毒的粒子呈多形性，也有的呈丝状，直径为20～120nm，含有单股RNA，核衣壳呈螺旋对称性，外有囊膜。囊膜上有呈辐射状密集排列的两种纤突（图1-15-1），即血凝素（HA）和神经氨酸酶（NA）。前者可使病毒吸附于易感细胞的表面受体上，诱导病毒囊膜与细胞膜相互融合；后者则可水解细胞表面受体特异性糖蛋白末端的N-乙酰基神经氨酶，有利于病毒的出芽生长。

A型流感病毒还有内部抗原和表面抗原。内部抗原为核蛋白（NP）和基质蛋白（M），很稳定，具有种的特异性；表面抗原为HA和NA，容易发生变异，已知HA有15个亚型（1～15），NA有9个亚型（1～9），它们之间的不同组合，使A型流感病毒有许多亚型，如$H_1N_1$、$H_2N_2$、$H_3N_2$、$H_5N_1$、$H_5N_2$等，而且各亚型之间无交互免疫力。猪发病时，分离到的病毒最常见的是$H_1N_1$和$H_3N_2$亚型；$H_1N_2$、$H_1N_7$和$H_3N_1$等亚型也有报道。近年来，有人从猪体内还分离到禽源性$H_9N_2$和$H_5N_1$亚型，说明禽流感很有可能与猪流感重组的可能。值得指出，HA和NA都有免疫原性，用血凝抑制抗体能阻止病毒的凝血作用，并能中和病毒的传染性；NA抗体能干扰细胞内病毒的释放，抵制流感病毒的复制，有抗流感病毒感染的作用。

另外，香港流行性感冒病毒和苏联流行性感冒病毒也可引起猪流行性感冒。猪流行性感冒病毒主要存在于病猪和带毒猪的呼吸道鼻液、气管和支气管的分泌物、肺脏和胸腔淋巴结中，而在血液、肝脏、脾脏、肾脏、肠系膜淋巴结和脑内则不易检出病毒。培养流感病毒最好用鸡胚，但小鼠、仓鼠等许多组织培养细胞也能培养，猴肾、牛肾和人胚胎肾细胞的敏感性也很高。但在鸡胚成纤维细胞和其他一些细胞上培养流感病毒时，需要添加外源性胰酶，裂解HA，借以产生传染性病毒和蚀斑。

本病毒对热和日光的抵抗力不强，但对干燥和冰冻有较强的抵抗力。病毒在 -70℃ 稳定，冻干可保存数年；60℃ 20min 可使之灭活；一般消毒药对病毒有较强的杀灭作用，而病毒对碘蒸气和碘溶液特别敏感。

〔流行特点〕不同年龄、性别和品种的猪对猪流感病毒均有易感性。病猪和带毒猪（病愈后可带毒6周至3个月）是本病的传染源。呼吸道感染是本病的主要传播途径。本病的潜伏期很短，几小时到数天。病毒侵入呼吸道后，先在呼吸道上皮细胞内繁殖，引起上皮细胞变性脱落、黏膜充血、水肿等局部病变，使得发病前后鼻腔分泌物中含病毒最多，传染性最强；接着又向外排出病毒，以至病毒迅速传播，往往在 2 ～ 3d 内全群猪发病，呈现流行性发生。近年的调查研究表明，猪群最早出现猪流感常与从外地引进猪有关，很多暴发是由猪只从感染群移动到易感群而引起的。

猪流感的流行有较明显的季节性，大多发生在天气骤变的晚秋和早春以及寒冷的冬季。当猪发生流感时，常有猪嗜血杆菌继发感染，或有巴氏杆菌、肺炎双球菌等参与，使病情加重。

〔临床症状〕本病的潜伏期一般为 2 ～ 7d，自然发病平均4d，人工感染则为 24 ～ 48h。病猪突然发烧，体温一般为 40.3 ～ 41.5℃，有时可高达42℃。此时见皮肤血管扩张充血，触之有温热感，随着病程的延长，可发展为瘀血，皮肤的色泽加深而呈暗红色（图1-15-2）。病猪精神不振，食欲减退或不食，常拥挤在一起，不愿活动，恶寒怕冷（图1-15-3）；呼吸困难，吸气时鼻孔开张，不愿走动，多站立、低头呼吸（图1-15-4）；湿咳或痛咳，严重时卧地不起而连续咳喘（图1-15-5）；从眼、鼻流出黏液性分泌物，有时鼻分泌物中带有血液；有的病猪伴发肌肉和关节疼痛。本病的病程很短，如无并发症，多数病猪于 4 ～ 7d 可以完全恢复。发病率高（接近100%），死亡率低（常不到1%），如有继发感染，则可使病情加重。如果在发病期管理不当，则可并发支气管肺炎、纤维素性肺胸膜炎、纤维素性出血性肠炎和Ⅱ型猪链球菌等细菌病，或继发猪繁殖与呼吸障碍综合征病毒和呼吸道冠状病毒等感染，从而增加病死率。个别病猪可转为慢性，表现为持续性咳嗽，消化不良，瘦弱，长期不愈，病程可拖延到一个多月，形成发育不良或因机体抵抗力下降而死亡。

本病与普通感冒的区别在于后者的体温稍高，多呈散发性，病程较短，发病较缓，其他症状无多大差别。

〔病理特征〕病变主要见于呼吸器官。剖检多见喉头黏膜充血，呈红色，从喉腔中流出大量白色泡沫样水肿液（图1-15-6）；气管黏膜肿胀，潮红，内含大量泡沫样渗出物（图1-15-7）。肺部病变轻重不一，常于尖叶、心叶、膈叶的前下部，见有大小不一呈岛屿状分布的红褐色病灶（图1-15-8）。病情严重时，肺组织中常见大面积的出血斑块，病变部的肺组织呈暗红色（图1-15-9），坚实、萎陷，界限分明，其周围的肺组织发生代偿性肺气肿，呈苍白色。切开肺脏，肺门淋巴结多出血肿大，切缘外翻，髓质部与皮质部均弥漫性出血，呈暗红色（图1-15-10）。肺间质增宽，水肿，切面疏松，小叶结构明显，切开时从肺组织中流出大量泡沫样液体（图1-15-11）。纵切支气管，见黏膜充血，管腔内有多量泡沫状黏液，有时混有血液而呈淡红色（图1-15-12）。小支气管和细支气管充满渗出物，胸腔蓄积多量混有纤维素的浆液，病势较重的病例在肺胸膜与肋胸膜亦见有纤维素被覆。病理组织学的变化主要是以支气管炎和局限性支气管肺炎为特点。疾病的初、中期，主要表现为支气管上皮脱落，支气管壁中有多量中性粒细胞和中等量的淋巴细胞渗出。它们与分泌的黏液一起被覆在黏膜表面形成卡他性支气管炎变化（图1-15-13）；当炎症累及肺脏时，可见支气管周围的肺泡上皮脱落，肺泡腔中充满大量浆液和渗出的炎性细胞，肺间质水肿、增宽，形成炎性肺水肿（图1-15-14）。支气管的炎症导致其所属肺组织发炎，就形成了支气管肺炎（图1-15-15）。

〔诊断要点〕依据流行情况、临床症状和病理变化的特点，进行综合性全面分析，即可做出初步诊断。确诊应进行实验室诊断。采取发热猪的鼻液或用灭菌棉棒擦拭鼻咽部分泌物，立即接种于孵化9～11d的鸡胚尿囊腔或羊膜腔内，培养5d后，取羊水作血凝试验。阳性则证明有病毒繁殖。再以此材料作补体结合试验（决定型）和血凝抑制试验（决定亚型）。临床病理学诊断时，可采取病变的肺组织，制作冰冻切片，用免疫荧光法染色（图1-15-16）。

〔类征鉴别〕本病应与猪肺疫和急性猪气喘病相互区别。

1. **急性猪肺疫** 其特点是全身症状明显，呼吸困难严重，病猪常有犬坐姿势，咽喉部常水肿，颈部变粗。剖检的主要病变是纤维素性肺炎，肺切面呈大理石样；胸腔与心包积液，并含有纤维蛋白凝块。病料涂片经革兰氏染色，可检出两极浓染的多杀性巴氏杆菌。

2. **普通感冒** 病猪多有受寒病史，发病后无传染性，呈散发出现，发病缓慢，病情轻，病程短。

〔治疗方法〕目前无特殊治疗药物。一般可用解热镇痛剂等对症治疗，借以减轻临床症状；用抗生素或磺胺类药物，借以控制继发性感染。临床实践证明，用下列中、西药进行治疗常可获得较好的疗效。

1. **西药疗法** 为了退热可肌内注射30%安乃近3～5mL，或复方喹宁5～10mL，肌内注射1%～2%氨基比林溶液5～10mL；为了增加病猪的抵抗力，可肌内注射百尔定2～4mL；为了防止或治疗继发性感染，可应用抗生素或磺胺类药物。

2. **三花注射疗法** 用野菊花、金银花和一枝花各500g（均为鲜草），加水1 500mL，蒸馏成1 300mL，分装消毒备用。每头大猪肌内注射10～20mL，可治流感、高热和肠炎等症。

3. **退热定注射液疗法** 用野菊花、忍冬藤、淡竹叶各500g，白英、鸭跖草、一枝黄花各1kg，加水7.5kg，浸泡24h后蒸馏成4 500mL，分装消毒，备用。小猪肌内注射10～20mL；大猪肌内注射20～40mL，每天分2～3次，连用3d，对流感有很好的疗效。

4. **验方疗法** 下列验方对猪流行性感冒也有较好的效果。

处方一 鲜大青叶150g、鲜柳叶白前100g、鲜葛根200g和马兰150g，水煎服。每天早、晚各1次，连用3天。

处方二 苏叶30g、荆芥30g、葛根10g、防风15g、陈皮15g，生姜葱白为引，水煎服，每天一剂，连用5d。

处方三 大蒜50g、葱头50g、陈皮25g，水煎服，每天一剂，连用3d。

〔预防措施〕本病主要依靠综合预防措施来进行控制，同时还需注意严格的生物安全和合适的疫苗免疫。

气候突然变化时，特别是春秋季节要注意猪舍保暖和清洁卫生，猪舍和用具等定期用2%烧碱液消毒；尽量不在寒冷、多雨、气候多变的季节长途运输猪群，降低猪的应激性，减少疾病的发生；发生疫情后，应将病猪隔离，加强护理，给予抗生素和磺胺类药物，防止继发感染。必要时可对疫区进行封锁。

A型流感病毒存在种间传播，因此，应防止猪与其他动物、特别是家禽的接触；怀疑有流感病毒感染的人也不应与猪接触。目前，美国和欧洲均有$H_1N_1$和$H_3N_2$亚型商品疫苗，最好间隔3周接种两次；在有母源抗体的情况下，应在10周龄后免疫，以免产生干扰。使用疫苗时应注意各种流行株的亚型，因为不同的亚型之间没有交叉保护作用。

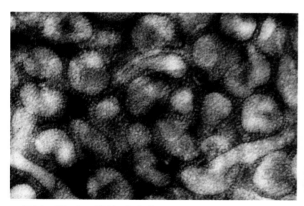

**图1-15-1 猪流感病毒**
病毒粒子呈多形性，囊膜上有辐射状排列的纤突。

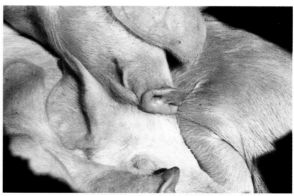

**图1-15-2 病猪发热**
病猪体温升高，耳朵和鼻端充血、瘀血而呈暗红色。

**图1-15-3 恶寒怕冷**
病猪发热，恶寒怕冷，常聚集成堆，借以取暖。

**图1-15-4 呼吸困难**
病猪呼吸困难，不愿走动，多站立、低头呼吸并见鼻孔开张。

**图1-15-5 剧烈咳嗽**
病猪呼吸困难，剧烈咳嗽，跪卧在地，缓解疼痛。

**图1-15-6 喉腔内的水肿液**
剖检时见喉头中有大量白色泡沫样的水肿液流出。

**图1-15-7　气管内的水肿液**

肺水肿导致大量白色泡沫样液体从气管中流出。

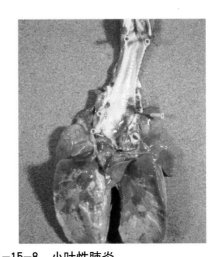

**图1-15-8　小叶性肺炎**

肺脏的尖叶、心叶和膈叶前下部有岛屿状红褐色的炎性病灶。

**图1-15-9　肺出血**

肺充血、水肿,有面积较大的暗红色出血斑块。

**图1-15-10　淋巴结出血**

肺门淋巴结肿大,切缘外翻,弥漫性出血,呈暗红色。

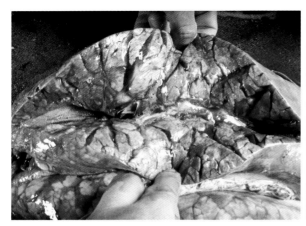

**图1-15-11　炎性肺水肿**

肺间质增宽,水肿,小叶结构明显,切开时有大量水肿液流出。

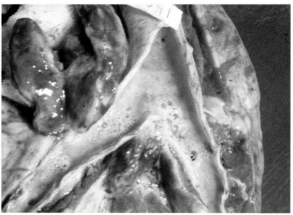

**图1-15-12　支气管肺炎**

肺门淋巴结充血、肿大,支气管腔中充满泡沫样炎性水肿液。

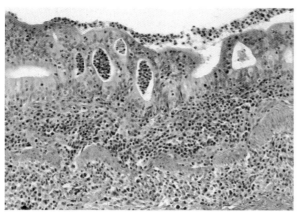

**图1-15-13　支气管炎**

支气管上皮变性、坏死，固有层和黏膜下层有多量炎性细胞浸润。HE×100

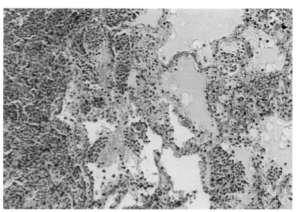

**图1-15-14　炎性肺水肿**

肺泡中有大量的浆液、中性粒细胞和脱落的肺泡上皮。HE×100

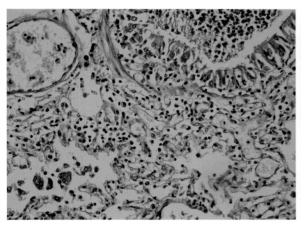

**图1-15-15　卡他性肺炎**

支气管腔和肺泡腔中含有大量黏液、脱落的上皮细胞和炎性细胞。HE×400

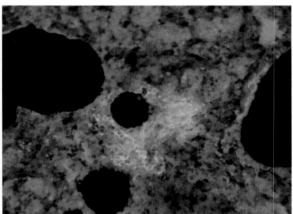

**图1-15-16　免疫荧光阳性**

细支气管上皮和肺泡上皮中呈现抗流感病毒抗原阳性反应。免疫荧光×100

## 十六、猪细胞巨化病毒感染症 （Porcine cytomegalovirus infection）

猪细胞巨化病毒感染症又称猪包含体鼻炎（Porcine inclusion-body rhinitis）或猪巨细胞包含体病（Porcine cytomegalic inclusion disease），是猪的一种病毒性传染病。病毒主要侵害猪的鼻甲黏膜、黏液腺、泪腺、唾液腺及肾小管上皮，可引起仔猪的致死性全身性感染，而成猪则多为隐性感染。病猪在临床上以胎猪和仔猪死亡、仔猪发育缓慢，发生鼻炎、肺炎，并产生巨细胞和带有明显的核内包含体为特征。

本病1955年首先发生于英国，1975又发生于日本，目前已遍及世界各地。

〔病原特性〕 本病的病原体为疱疹病毒科巨细胞病毒属的猪细胞巨化病毒（Porcine cytomegalovirus，PCMV），又称猪疱疹病毒Ⅱ型（Suis herpesvirus 2）。PCMV多呈卵圆形、长方形或哑铃形，直径为120～150nm，核心直径为45～70nm，有囊膜，基因组为双链DNA，呈

20面对称。病毒可在3～5周龄乳猪的肺巨噬细胞中生长。接种3～14d后，出现巨细胞，感染细胞可比正常细胞大6倍左右。细胞内的线粒体、内质网和高尔基体肿胀，在细胞核内可检出大的嗜碱性核内包含体，偶尔在胞浆中可见到小的嗜酸性包含体。病毒主要存在于细胞核及细胞浆的空泡内（图1-16-1）。PCMV只有一个血清型，病毒感染巨噬细胞，可引起免疫抑制，尤其抑制T细胞免疫功能。

PCMV对氯仿和乙醚敏感；对寒冷及温热具有较强的耐力，-80℃可保存一年以上，-70℃和37℃条件下可冻融3次，50℃ 20min不被灭活，但37℃ 24h或50℃ 30min则完全灭活。常规的消毒液在适宜的浓度中也可将之杀灭。

〔流行特点〕本病只发生于猪，而不发生于其他动物。在不同品种和年龄的猪中，最易感染的是两周龄的乳猪，故本病常在2～5周龄以内的乳猪中暴发。4月龄以上的仔猪感染后一般无明显症状而呈隐性感染。猪群转移、气候寒冷、母猪分娩、引进新猪或饲养管理条件改变等应激因素，可刺激病毒复制，诱发本病的暴发。

病毒主要存在于病猪的鼻、眼分泌物，尿液，子宫颈液以及睾丸和附睾中；多通过呼吸道传播，乳猪可从母猪的飞沫受到感染，病毒通常先吸附于鼻黏膜而增殖。一般情况下，新生乳猪感染后生长到3～8周龄时常是鼻腔排毒的高峰期，此时，正好是仔猪断奶后开始并群的时期，因此，很易造成本病的传播流行。另外，病毒还能通过胎盘使胎儿感染，造成胎儿和仔猪的死亡、发育不良等。康复猪和隐性感染猪也可长期排毒。另外，感染公猪的睾丸和附睾中也可分离出病毒，所以，本病也可通过交配传播。

本病无明显的季节性，但在冬夏两季多发。在饲养管理良好的猪群，本病虽可引起地方性流行，但一般发生的范围小，病猪的症状轻，常无明显的经济损失；但当有萎缩性鼻炎等疾病存在，使猪的正常抵抗力降低时，则病毒不仅容易致病，而且可引起较大范围的流行。

〔临床症状〕本病的潜伏期一般为7～10d。病猪的主要临床表现为食欲减退，精神沉郁，不断地打喷嚏，咳嗽，鼻分泌物增多，流泪，甚至形成泪斑（图1-16-2）。继之因鼻腔堵塞而吮乳困难，体重很快减轻。一窝仔猪中发病率可达25%，死亡率一般不超过20%，未发病仔猪的生长发育受阻，大多数病猪在3～4周内可恢复正常。

易感妊娠母猪有病毒血症时，则表现出精神萎靡不振，食欲锐减，但无发热或其他临床症状；母猪分娩时可产出死胎或新生猪产后不久即死亡，存活者体躯矮小，可视黏膜苍白，下颌和四肢关节水肿。

〔病理特征〕胎儿和新生仔猪的病变为鼻黏膜瘀血水肿，呈暗红色，并有广泛的点状出血和大量小灶状坏死（图1-16-3）。病情严重时，鼻黏膜发生弥漫性出血，整个鼻腔黏膜呈黑红色（图1-16-4）。腮淋巴结和颌下淋巴结体积肿大，切面湿润多汁，并伴发点状出血。肺间质水肿，尖叶和心叶部有炎性病灶。此外，在胸腔、喉头和跗关节等处常可见到明显的水肿。

病理组织学病变的特点是：鼻甲骨轻度萎缩，大量结缔组织增生，并有多量炎性细胞浸润（图1-16-5）。鼻黏膜上皮细胞的纤毛变性、脱落，细胞呈扁平状，部分细胞坏死、脱落，固有层中有大量以淋巴细胞为主的炎性细胞浸润（图1-16-6）。病初或病变较轻时，在鼻黏膜腺、泪腺、变性的上皮细胞和肾小管上皮内可检出核内包含体（图1-16-7）；随着病程的进展或病情严重时，可见大量黏膜上皮或腺上皮相互融合，形成巨化细胞，其胞核内有大而明显的核内包含体（图1-16-8）。另外，在其他组织的血管内皮细胞和静脉窦细胞内也可发现核内包含体。

〔诊断要点〕根据临床症状，即2～5周龄或断乳期仔猪的症状，流行病学特点和病理剖检的主要特征，即在鼻黏膜组织切片或涂片中的巨化细胞内看到嗜碱性核内包含体，便可做出初步诊断或确诊。

在新疫区确诊本病时，还应进行实验室检查。其方法是：从病死猪采取鼻腔黏膜和肾组织，放入10%福尔马林溶液中，进行病理组织学检查；或采取感染猪的血清样品，进行ELISA特异性抗体检查，采取新鲜病料制作冰冻切片做间接荧光试验，检查组织中的病毒抗原。

〔类症鉴别〕猪萎缩性鼻炎的临床症状与本病有些相似，但猪萎缩性鼻炎主要侵害鼻甲骨组织，后期表现明显的鼻甲骨萎缩，鼻和面部变形，全身症状轻微，很少有致死者。而猪细胞巨化病毒感染症主要侵害上皮组织，一般无鼻甲骨萎缩现象，对新生不久的仔猪可引起死亡。

〔治疗方法〕目前，对本病还无特效疗法。在疾病暴发时，可用抗菌药物防治继发的细菌感染。

〔预防措施〕通常本病的流行有一定的局限性，当饲养管理条件良好时，一般不会对猪群构成大的威胁，造成大的经济损失。但引入新的种猪时，应注意检疫，防止带来新的传染源。在本病流行的地方，应定期对仔猪进行抗体监测，建立阴性猪群，逐渐净化猪场。

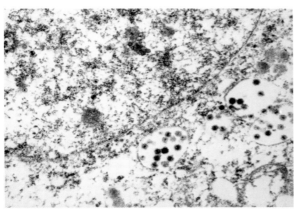

**图1-16-1　猪细胞巨化病毒**
在细胞核内和细胞浆的内质网中见有圆形病毒粒子。

**图1-16-2　泪斑形成**
病猪头部浮肿，鼻孔有分泌物，眼角有泪斑。

**图1-16-3　鼻黏膜坏死**
鼻甲骨黏膜肿胀、瘀血呈暗红色，并见黄白色的局灶性坏死。

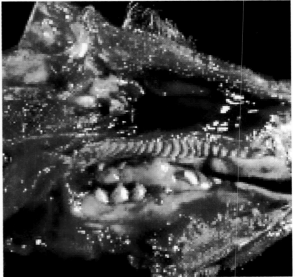

**图1-16-4　鼻黏膜出血**
鼻黏膜弥漫性出血，整个鼻甲骨黏膜呈黑红色。

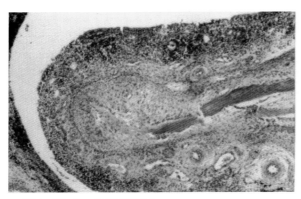

图1-16-5　鼻甲骨萎缩

鼻甲骨轻度萎缩，结缔组织增生，大量的炎性细胞浸润。HE×40

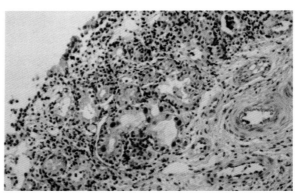

图1-16-6　上皮变性坏死

黏膜上皮变性、坏死脱落，固有层中有大量的炎性细胞浸润。HE×100

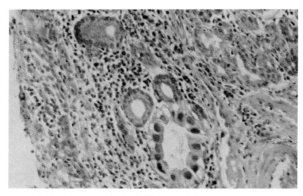

图1-16-7　上皮内的核内包含体

鼻黏膜腺排列整齐，部分上皮内有核内包含体。HE×100

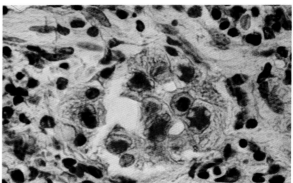

图1-16-8　巨化细胞形成

腺上皮融合成巨化细胞，细胞核内有明显的包含体。HE×400

## 十七、仔猪先天性震颤（Congenital tremors of piglet）

仔猪先天性震颤又叫传染性先天性震颤，俗称"仔猪跳跳病"或"仔猪抖抖病"，是仔猪刚出生不久，便出现全身或局部肌肉阵发性挛缩的一种疾病。

〔病原特性〕本病的病原体为先天性震颤病毒，但该病毒的分类地位尚未确定。关于本病的病原，最初的说法不一，因为本病在临床上与某些遗传性疾病、化学药品中毒、猪瘟、乙型脑炎和伪狂犬病等均有类似的一些症状。深入的研究证明，本病具有传染性，并从患病仔猪的肾脏和其他器官的细胞培养物中分离到先天性震颤病毒。用感染细胞的培养物给妊娠母猪接种，病毒可垂直传染给胎猪。由此证明遗传因素和其他因素不是本病的主要病因。

〔流行特点〕本病仅发生于新生仔猪，受感染母猪怀孕期间不显示任何临床症状。成年猪多为隐性感染。本病主要由感染母猪经胎盘传播给仔猪，而未发现仔猪间相互传播的现象。隐性感染的公猪可能通过交配将病毒传染给母猪。母猪若生过一窝发病仔猪，则以后出生的几窝仔猪都不发病。在同一个感染猪群中，产仔季节早期出生的仔猪，症状最重，随着季节的推移，后来出生的仔猪的震颤症状就较为轻微。不同品种及其杂交猪对本病的易感性没有明显差别。有人认为本病的发生也与母猪孕期营养不良有关，如维生素和无机盐缺乏，磷、钙比例失调等，均可促进本病的发生。

〔临床症状〕感染母猪在产出发病仔猪的前后无明显的临床症状。发病仔猪的症状轻重不等，若全窝仔猪发病，则症状往往严重（图1-17-1）；若一窝中只有部分仔猪发病，则症状较轻。震颤多呈两侧性，主要侵犯骨骼肌，后肢常难以支撑体重（图1-17-2）。震颤以头部、四肢和尾部表现的最为明显（图1-17-3）。病状轻者，仅见于耳、尾部的震颤；重者则可见病仔猪运动障碍，全身抖动（图1-17-4），或表现剧烈的有节奏的阵发性的痉挛（图1-17-5）。由于震颤严重，使仔猪行动困难，无法吃奶（图1-17-6），常饥饿而死（图1-17-7）；若仔猪能存活1周，则可免于一死，通常于3周内震颤逐渐减轻以至消失（图1-17-8）。缓解期或睡眠时震颤减轻或消失，但噪声、寒冷等外界刺激，可引发或加重症状。

实践证明，患本病而症状轻微的病猪可在数日内恢复；症状严重者虽可耐过病期而不死，但却能长期遗留轻微的震颤，而且生长发育也受到影响。

〔病理特征〕病猪无肉眼可见的明显病变。中枢神经的组织学检查可见明显的髓鞘形成不全和髓鞘脱失（图1-17-9），尤其是脊髓，在所有水平面上的横切面都显示出白质与灰质的减少。大脑的病变以小脑和脑干白质的病变最为明显，主要表现为神经组织中有髓神经纤维的发育不全和髓鞘脱失，在脑组织中形成大小不一的空泡（图1-17-10）；脑组织水肿，血管周隙明显增大，其内有大量水肿液，用阿氏（图1-17-11）和镀银（图1-17-12）等特殊染色，血管壁未见有明显的病理性损伤。

〔诊断要点〕根据症状和病史可以做出初步诊断。因为先天性震颤病毒不产生细胞病变，也没有可以检查病毒抗原的免疫化学方法，故分离病毒的诊断意义也不大。但在病理学检查过程中，若发现中枢神经组织发生髓鞘形成不全等病变，即可以确诊。

〔治疗方法〕本病试用过许多种药物疗法，均不能改变病程。因此，无特效的治疗药物，但及时的对症治疗可减少本病的死亡而促进病猪早日康复。

〔预防措施〕对发病仔猪应加强照管，猪舍要保持温暖、干燥、清洁，使仔猪靠近母猪以便能吃上奶，或对病猪进行人工哺乳，以便增强病猪的体质和抗病能力。为避免由公猪通过配种将本病传给母猪，应注意查清公猪的来历。不从有先天性震颤病的猪场引进种猪。

**图1-17-1　整窝发病**
全窝仔猪均出现运动障碍症状，而且病情较重。

**图1-17-2　四肢痉挛**
生后1周龄的乳猪，四肢肌肉痉挛，不能站立。

**图1-17-3 全身肌肉痉挛**

发病的4日龄病猪，全身肌肉痉挛、颤抖，站立和运动困难。

**图1-17-4 姿势异常**

病猪全身肌肉痉挛，站立困难，姿势异常，运动障碍。

**图1-17-5 运动障碍**

病猪全身肌肉有节奏地颤抖，运动困难。

**图1-17-6 吮乳困难**

病猪哺乳时，由于运动障碍，难以吮乳。

**图1-17-7 脱水消瘦**

病猪因不能吃到母乳而饿死，全身脱水消瘦，尾巴发生干性坏死呈黑褐色。

**图1-17-8 姿势异常**

生后3周龄的病猪，虽有异常姿势，但病情减轻。

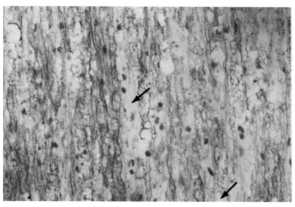

**图1-17-9　神经发育不全**

　　有髓神经纤维的髓鞘脱失和神经发育不全（↑）。髓鞘×100

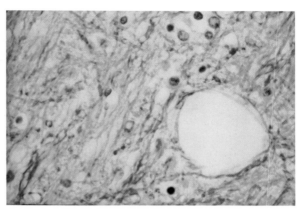

**图1-17-10　髓鞘脱失**

　　脑白质脱髓，形成大小不一的空泡，神经组织发育不全。阿氏×400

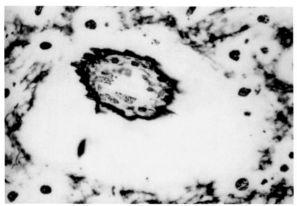

**图1-17-11　脑水肿**

　　大脑、小脑和脑干的组织水肿，小血管间隙扩大。阿氏×400

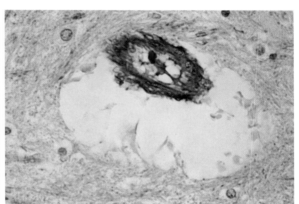

**图1-17-12　血管壁完整**

　　脑组织严重水肿，小血管间隙明显扩大，管壁无明显缺损。镀银×400

## 十八、猪圆环病毒感染（Porcine circovirus infection）

　　猪圆环病毒感染，又称断奶仔猪多系统衰竭综合征（Postweaning multisystemic wasting syndrome，PMWS），是由病毒引起一种新的传染病。本病主要感染8～10周龄仔猪，临床上以仔猪体质下降、消瘦、腹泻和呼吸困难为特点；病理学上以肉芽肿性间质性肺炎、淋巴结病、淋巴细胞性肉芽肿性肝炎和肾炎为特征。

　　本病自1996年被证实与圆环病毒有关后，北美、欧洲及亚洲许多国家都先后报道了本病，目前几乎波及全世界，近年来我国也有发病的报道。据流行病学调查，此病对养猪业的危害相当严重，是影响养猪业发展的一种重要传染病。

　　〔病原特性〕本病的病原体为DNA病毒科圆环病毒属的猪圆环病毒（Porcine circovirus，PCV），为动物病毒中最小的一员。病毒粒子直径为14～25nm，20面体对称，无囊膜（图1-18-1），基因组为单股DNA。

　　一般根据PCV的致病性不同、基因组的差异和血清型的不同，而将之分为两型，即

PCVⅠ和PCVⅡ型。其中PCVⅠ型（1974年报道）来源于PK-15细胞，为非致病性PCV（nonpathogenic PCV，Np PCV），可长期持续污染PK-15细胞，不产生细胞病变效应（cytopathic effect，CPE）；而PCVⅡ（1991年报道）对猪有致病性，不能持续污染PK-15细胞，与断奶仔猪多系统衰竭综合征（PMWS）密切相关，又称PMWS相关PCV（PMWS-PCV）。据报道，Np PCV及PMWS PCV之间核酸序列相似性仅76%，结构蛋白之氨基酸序列的相似性仅为66%，而PCVⅡ型的欧洲分离株和北美分离株的核酸序列之相似性则高于96%。

另据一些研究者报道，PCVⅡ型除能引起PMWS外，还可侵入子宫引起新生仔猪先天性震颤（CT）和母猪繁殖障碍；侵入呼吸道引起猪呼吸道综合征（PRDC）；感染皮肤和肾脏，引起猪皮炎-肾病综合征（PDNS）等。

〔流行特点〕PCV主要感染猪，猪群中的血清阳性率可高达20%～80%。虽然各种年龄段的猪均可感染，但以断奶后2～5周龄的仔猪最易感，且出现典型的临床症状。研究证明，本病虽然主要感染断奶仔猪，哺乳猪很少发病，但如果采取早期断奶的猪场，10～14日龄断奶猪也可发病。本病的主要传染源是病猪和带毒的母猪及育肥猪；传播的主要途径是消化道和呼吸道，是病毒随鼻液、粪便和尿液等排泄物排出后污染饲料和饮水而引起的。另外，少数怀孕母猪感染PCV后，经胎盘垂直感染给仔猪。感染公猪可自精液间歇性排毒，因此精液可看作为一种潜在的病毒来源。

此外，本病常与集约化生产方式有关，饲养管理不善、环境恶劣、饲养密度过大、应激、不同年龄和不同来源的猪混群饲养等，均可诱发本病。本病发展缓慢，猪群一次发病可持续12～18个月。据报道，本病的发病率为39%～50%，死亡率一般为8%～35%，严重时可高达50%。我国学者在上海郊区观察发现，猪皮炎和肾病综合征的发病率可达11%，死亡率达到40%。

〔临床症状〕典型的临床症状出现于发病的断奶仔猪。病猪精神不振，食欲不佳，被毛粗乱，生长发育不良，呈现渐进性消瘦，体重明显减轻；贫血，皮肤上常见圆形或不规则形的红色到紫色的出血斑点，尤以耳郭和躯干最为明显（图1-18-2）。病情严重时，病猪全身均可见出血斑点，表皮坏死和结痂形成（图1-18-3）。眼皮轻度水肿，眼结膜由最初的充血潮红（图1-18-4），可发展到贫血苍白或黄染。肌肉萎缩、软弱无力，不愿运动，常常呆立一隅（图1-18-5）。病猪呼吸困难、节律过快，时常打喷嚏或咳嗽（图1-18-6）。体表淋巴结，特别是腹股沟淋巴结肿大。偶然有下痢、中枢神经系统紊乱等症状。

据认为，本病具有诊断意义的症状是贫血与黄疸，约有20%的病例出现皮肤和可视黏膜苍白、黄染，并可伴发下痢和嗜睡等症状。

另外，在本病的发生过程中若继发细菌感染，还可见有关节炎、肺炎等症状。据报道，本病常与猪细小病毒病、猪伪狂犬病、猪流行性乙型脑炎或蓝耳病等混合感染，从而出现许多附加症状，使临床表现更加复杂化、多样化。

〔病理特征〕尸体严重营养不良，明显消瘦，贫血，全身皮肤苍白或黄染，常散在较多的出血斑点（图1-18-7）。可视黏膜贫血苍白，或黄染。切开皮肤见皮下较干燥，从血管断端流出少量稀薄且凝固不全的血液。

全身淋巴结的变化最显著，特别是腹股沟浅淋巴结（图1-18-8）、肠系膜淋巴结（图1-18-9）、肺门淋巴结及下颌淋巴结多肿大2～5倍，甚者可达10倍。淋巴结的质地坚实，呈灰白色，切面较干燥，有少量淋巴液，切而平滑。镜检见被膜和实质中的血管充血，淋巴窦扩张，其内充满单核细胞和其他炎性细胞，并见大量含铁血红素沉积。淋巴小结发育不良，皮质部淋巴细胞减少，大量网状细胞增生并有大量单核细胞浸润。在单核细胞、网状细胞和淋巴细胞中常可检出嗜碱性核内或胞浆包含体。

肺脏多膨胀不全，质地变实，表面常见因组织增生而形成的灰白色斑块，或因局部代偿性充血而形成的淡红色区域，或因局部出血和炎性反应而形成暗红色斑点，肺间质常因增生和水肿而增宽。因此，肺脏的外观多呈大理石样（图1-18-10）。镜检见支气管和血管周围的结缔组织、肺间质和肺泡隔中的结缔组织均有不同程度的弥漫性增生，并大量单核细胞和淋巴细胞浸润，支气管黏膜上皮和I型肺泡上皮脱落，Ⅱ型肺泡上皮大量增生。在单核细胞、支气管上皮和肺泡上皮中常可发现嗜碱性胞浆和核内包含体。

肾脏肿大，色泽变淡或苍白，表面多散有灰白色大小不一的病灶。切开肾脏，被膜常有不同程度的粘连，肾皮质变薄，髓质增宽，肾盂周围组织水肿（图1-18-11）。镜检见肾小管上皮多发生严重的颗粒变性，部分脱落，肾间质中有大量结缔组织增生，伴有大量单核细胞和淋巴细胞浸润。

肝瘀血、肿大，呈暗红色，胆汁淤滞，胆囊膨满，半数病例的肝脏常因肝脏发生实质变性和瘀血而出现不同程度的槟榔样花纹。也有少数病例可因肝组织内的结缔组织明显增生而体积变小，质地变硬。镜检见肝窦内有较多的血液，肝细胞发生轻度的脂肪变性，小叶间结缔组织增生，并有单核细胞和淋巴细胞浸润，毛细胞胆管增生。

心脏暗红，外膜血管呈树枝状充血，心室扩张，尤以右心室明显，心尖变钝，质地较软（图1-18-12）。镜检见心肌纤维变性，有局灶性坏死，心间质增生，其中有较多的淋巴细胞浸润。

脾脏轻度肿大，可因增生而质地坚实，切面干燥、平滑，可见少量血液流出。镜检，脾窦内有大量单核细胞浸润并有大量含铁血红素沉着，脾白髓萎缩，网状细胞增生。

胃内容物少，并多因胃出血和胆汁逆流而呈淡红黄色或黄色。黏膜肿胀，有点状出血，黏膜面上覆有较多的黏液，呈卡他性炎症变化（图1-18-13），在胃的无腺部与有腺部的交界处可见有小溃疡。病情严重时，胃底部常有弥漫性出血，黏膜呈鲜红色或暗红色（图1-18-14）。肠黏膜有点状出血，肠壁淋巴小结肿大。

另外，部分病例的皮肤还见有皮肤出血和坏死等病变。

〔诊断要点〕一般根据断奶后仔猪发病，具有贫血、黄疸和生长发育障碍等临床症状，淋巴组织、肺、肝、肾的特征性病变和组织学变化，即可做作出初诊。但确诊应依赖于病毒的分离和鉴定；还可应用免疫荧光或原位核酸杂交进行诊断。

〔治疗方法〕除高免血清外，目前尚无有效的治疗药物，只能对症治疗，综合防治。发生本病时要在清除病猪，控制疫情，全面消毒，改善饲养，添加药物，加强营养，减少各种应激因素的基础上，从以下几个方面进行治疗。

1.特异性血清治疗　肌内注射或腹腔注射高免血清0.2～0.5 mL/kg（按体重计），次日重复一次，具有较好的疗效。也可肌内注射自家母猪血清5mL，每天1次，连用3d；同时结合肌内注射丁胺卡那霉素，2mL/25kg（按体重计），每天2次，连用3d为一个疗程。治疗两个疗程后，治愈率可达70%左右。

2.生物制剂治疗　用干扰素（3万IU）1瓶加黄芪多糖注射液10mL混合，哺乳仔猪每头肌内注射3mL，断奶仔猪每头肌内注射6mL，育肥猪每头肌内注射10mL，每天1次，连用3d。也可试用转移因子、增免一号、白细胞介素-2等生物制剂治疗。

3.控制继发感染　可用阿莫西林每千克体重25mg、氨基比林每千克体重2mg、维生素$B_{12}$每千克体重1.25mg，混合溶液肌内注射，每天1次，连用5d。也可在饲料中加入0.6%防蓝灵，或0.15%支原净、0.04%金霉素、0.03%甲氧苄啶和1%普壮素，连喂7d，也有良好的效果。

4.提高猪体抗病力　在饲料中添加黄芪多糖粉（100 g/t），同时在饮水中添加多维葡萄糖粉（2g/L），连用7d。提高饲料营养水平，如在饲料中加入0.2%～0.5%赖氨酸、3%～6%乳清粉、

0.03～0.05%多维素，或0.5%～0.6%防蓝灵、2%～5%全脂奶粉。用湿拌料或粥料饲喂，借以增加病猪的采食量，增强机体的抵抗力。

〔预防措施〕目前尚无有效的疫苗，因此主要加强饲养管理和卫生防疫措施。一旦发现可疑病猪及时隔离，并加强消毒，切断传播途径，阻止疫情扩散。为此，应做好以下几点：

1.加强饲养管理　除了猪舍要清洁卫生，保温、通风良好，饲养密度适中，及时清理粪污，粪便要发酵处理等一般管理外，更重要的是断奶后的仔猪应分群饲养，严禁与早已断奶的育肥猪混群饲养，因为这会大大增加发病的风险。另外，还应做好对猪瘟、蓝耳病、伪狂犬病、细小病毒病、气喘病等疫苗接种，提高猪群整体的免疫水平，借以降低断奶仔猪多系统衰竭综合征的发生。

2.定期严格消毒　PCV是无囊膜的DNA病毒，对理化因素有较强的抵抗能力，应定期使用有效的消毒剂进行消毒，一般用3%火碱水溶液、0.3%过氧乙酸水溶液、0.5%强力消毒灵和抗毒威消毒效果良好。

3.药物拌饲预防　实践证明，定期在不同生长阶段猪的日粮中适当加入抗生素类药物，可达到预防和控制发病及继发感染的目的。如妊娠母猪在产前1周与产后1周，每吨饲料中加入80%支原净125g、15%金霉素2.5kg、阿莫西林150g，拌料，连喂15d；1日龄、7日龄和断奶前的哺乳仔猪，各肌内注射1次速解灵（头孢噻呋，500mg/mL），每头每次0.2mL，或在3、7、21日龄时注射长效土霉素，含量200mg/mL，每次0.5mL；断奶仔猪的每吨饲料中加入80%支原净50g、15%金霉素150g（强力霉素150g）、阿莫西林150g，拌料，连喂15d，也可在每吨饲料中添加支原净50g、强力霉素50g、阿莫西林50g，拌料，连用7d；或1周龄或断奶后一个月，用支原净（50mg/kg）加金霉素（150mg/kg）拌料饲喂，同时用阿莫西林（500mg/L）饮水。

最近，有人用自家组织疫苗和血清预防本病，取得了良好的效果，兹简介如下：

自家疫苗的制备及使用：采取PCV感染病猪含毒较多的淋巴结、肺、脾等组织，捣碎研磨后，添加佐剂和免疫功能增强剂，制成组织灭活苗，给全场猪进行普防，母猪10mL，仔猪1mL，育肥猪5mL，通常在注射后两周后，发病明显减少，疫情逐渐平息。

自家血清的制备及使用：选择本场健康淘汰母猪，用发病仔猪含毒量较多的淋巴结、肺脏、肝脏和脾脏等器官攻毒后，使其体内产生抗PCV抗体，然后动脉无菌采血，分离血清，加青霉素、链霉素分装，给断奶仔猪肌内注射或腹腔注射2～5mL（根据个体大小），有较好的预防效果。

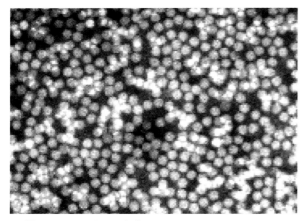

**图1-18-1　圆环病毒**
猪圆环病毒多呈圆形，大小相近，无囊膜。

**图1-18-2　皮肤出血**
病猪全身皮肤上有斑点状出血，尤以两耳和躯干最为严重。

**图1-18-3　全身皮肤出血**

病猪全身性皮肤出血，并见有黑褐色的结痂形成。

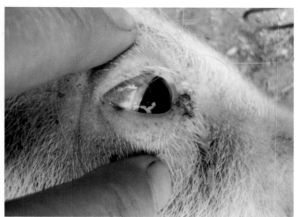

**图1-18-4　结膜潮红**

病猪的眼睑轻度水肿，眼结膜充血潮红，眼角有
分泌物。

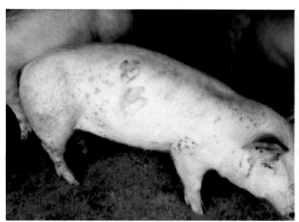

**图1-18-5　不愿运动**

病猪精神不振，不愿运动，皮肤上有出血斑点。

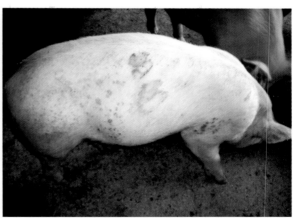

**图1-18-6　呼吸困难**

病猪呼吸困难，低头喘息，时常打喷嚏或咳嗽。

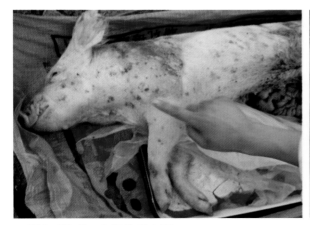

**图1-18-7　全身性出血斑**

病猪消瘦，贫血，皮肤上有大量出血斑点，轻度
黄染。

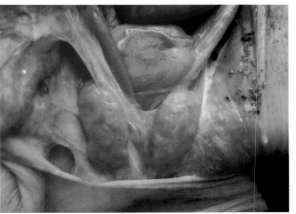

**图1-18-8　卡他性淋巴结炎**

腹股沟淋巴结明显肿大，色泽灰白，质地较软，
切面湿润。

**图1-18-9　浆液性淋巴结炎**

肠系膜淋巴结肿大，呈淡红色，质地柔软，切面湿润多汁。

**图1-18-10　肺大理石样变**

肺脏膨胀不全，有局灶性萎陷和红褐色的炎性病灶。

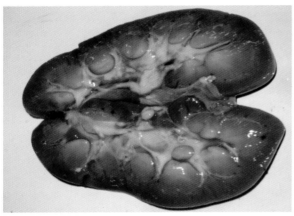

**图1-18-11　间质性肾炎**

肾皮质变薄，散在有灰白色小病灶，肾盂扩张，呈水肿状。

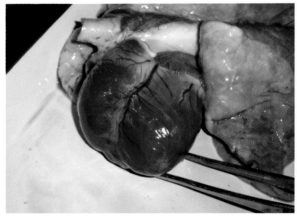

**图1-18-12　心脏扩张**

心脏呈树枝状充血，色泽红褐，右心室明显扩张，心尖变钝。

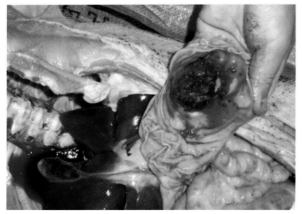

**图1-18-13　卡他性胃炎**

胃内有少量淡黄褐色内容物，黏膜肿胀，有较多的黏液。

**图1-18-14　胃出血**

胃底部弥漫性出血，黏膜面呈鲜红色。

# 第二章

# 猪 的 细 菌 病

## 一、猪丹毒（Swine erysipelas）

猪丹毒是由猪丹毒杆菌引起的一种急性、热性人兽共患传染病。其临床及病理学特征是：急性型呈败血症变化；亚急性型在皮肤上出现紫红色疹块；慢性型表现非化脓性关节炎、皮肤坏死和疣性心内膜炎。本病虽然已有一百余年的历史，但至今尚未完全控制，有时还呈地方流行，是危害养猪业的一种重要传染病。目前，我国已研制出三种疫苗，为预防本病创造了有利的条件。

〔病原特性〕本病的病原体为丹毒杆菌属的红斑丹毒丝菌（*Erysipelothrix rhusiopathiae*），俗称丹毒杆菌（*Bacillus rhusiopathiae suis*）。本菌为革兰氏染色阳性(紫色)细长的小杆菌，不形成芽孢和荚膜，不能运动。在病料内的细菌常单在、成对或成丛状排列（图2-1-1）；在慢性病猪的心内膜疣状物上，多呈长丝状（图2-1-2）。猪丹毒杆菌所形成的菌落依其外形可分为光滑型（S）、粗糙型（R）和中间型（I）三种。其中光滑型是由急性病例所分离的病菌所形成，菌体短小，毒力很强；粗糙型是由慢性或带菌猪分离的病菌形成，菌体大，呈长丝状，毒性低；而中间型则介于以上两者之间。猪丹毒杆菌的血清型很复杂，目前发现的已有29个之多，即1、1a、1b、2、2a、2b、3 ~ 24及N型。猪丹毒杆菌的血清分类，主要与病菌细胞壁上特殊的可溶性肽葡聚糖有关；不同血清型猪丹毒杆菌的抗原结构、免疫原性和致病性均有不同程度的差异。

猪丹毒杆菌对外环境的抵抗力很强，在盐腌或熏制的肉内能存活3 ~ 4个月；在掩埋的尸体内能存活7个多月；在土壤内能存活35d；暴露于日光下可存活10d。但对消毒药的抵抗力较低，2%福尔马林、3%来苏儿、1%火碱、1%漂白粉、1%煤酚皂液、5%生石灰水等都能很快将其杀死。

〔流行特点〕不同年龄猪均有易感性，但以3月龄以上的架子猪发病率最高，3月龄以下和5岁以上的猪很少发病。这可能因小于3月龄猪受母源抗体保护，而成年猪在后天生活中隐性感染低毒力株而产生了主动免疫力之故。人类可因创伤感染发病，称之为类丹毒。本病的主要传染源是病猪，其次是临床康复猪及健康带菌猪。病原体随粪、尿、唾液和鼻液等排出体外；污染土壤、饲料、饮水等，经消化道和损伤的皮肤而感染（这是人感染本病的主要途径）。带菌猪在不良条件下抵抗力降低时，细菌也可侵入血液，引起自体内源性传染而发病。另外，本病还可通过蚊、蝇、虱、蜱等吸血昆虫传播；屠宰场、肉食品加工场的废品、废水的污染，用食堂泔水、动物性蛋白饲料等喂猪也是引起本病发生的一个常见原因。

猪丹毒的流行有明显季节性，但夏季发生较多，5 ~ 8月是流行的高峰期，特别是在气候闷热、暴雨之后易流行；冬、春只有散发。猪丹毒有一定的地区性，经常在特定的地方发生，呈地方性流行或散发。此外，某些非传染性疾病的存在、饲喂了有毒的饲料、气温变化过大、饲料突然改变和猪只过度疲劳等，均可诱发本病。

〔临床症状〕人工感染的潜伏期为3 ~ 5d，短的1d，长的可达7d。根据病程和临床症状不同，一般将本病分为以下三种：

1. **急性败血型** 较多见，常发生于流行初期。一般在个别不表现任何症状的病猪突然死亡后，其他猪相继发病。病猪的体温突然升至42℃以上，寒战，减食，或有呕吐，常躺卧地上，不愿走动，行走时步态僵硬或跛行，似有疼痛。站立时背腰拱起，结膜充血，呈暗红色，眼角很少有分泌物。大便先干硬，覆有黏液，有的后期发生腹泻。发病1～2d后，体表局部皮肤（以耳、颈、背和腿外侧较多见）因充血、瘀血而呈暗红色，出现大小和形状不一、指压退色的红斑，病情严重时，红斑常相互融合成片状（图2-1-3）。本病程2～4d，病死率80%～90%。耐过急性期的病猪，红斑部的皮肤开始形成结痂，并脱落（图2-1-4），疾病逐渐痊愈，或病猪转为亚急性疹块型。

2. **亚急性疹块型** 病情较轻，通常取良性经过，其特征是在皮肤上出现疹块。病初食欲减退，精神不振，不愿走动，体温升高至41℃以上；1～2d后，在胸、腹、背、肩及四肢外侧出现大小不等的疹块（图2-1-5），俗称"打火印"；色泽随发病的不同时期而有变化，先呈淡红，后变为紫红，以至黑紫色；形状为方形、菱形或圆形，坚实，稍凸于皮肤表面（图2-1-6）；数量多少不定，少则几个，多则数十个，以后中央坏死，形成痂皮（图2-1-7）。疹块发生后，病猪的体温开始下降，病势减轻，经1～2周后，部分病猪即可康复。若病情较重，长期不愈，则有部分或大部分皮肤坏死，久者则变成皮革样痂皮。当病情恶化时，也可发展为败血症而死亡。

3. **慢性型** 一般由前两型转来，但也有少数是原发的。慢性型常见的有浆液性纤维素性关节炎、疣性心内膜炎和皮肤坏死3种主要病变。皮肤病变一般单独发生，而浆液性纤维素性关节炎和疣性心内膜炎往往在一头病猪身上同时存在。

（1）**皮肤坏死** 病猪食欲无明显变化，体温正常，全身衰弱，生长发育不良。其特征是背部、肩部、耳朵、蹄部和尾部形成局灶性坏死性病变；主要表现为局部皮肤肿胀，隆起，坏死，结痂或形成黑色干硬的皮革样病灶，坏死的疹块脱落后在皮肤上形成缺乏色素的淡色斑块（图2-1-8）。此种病变随着病情的发展，逐渐与皮下的新生组织分离，犹如被覆在体表的一层甲壳（图2-1-9）。经2～3个月，坏死皮肤脱落，遗留一片淡色无毛的疤痕（图2-1-10）。有的病猪的耳壳、尾尖和蹄匣发生坏死后常脱落。当坏死累及深层时常可继发感染，而发生败血症使病猪死亡。

（2）**关节炎** 多以浆液性纤维素性关节炎为特点，可发生于四肢关节，多见于腕关节和跗关节，且呈多发性（图2-1-11）。有时可见到先天性感染的病猪，其四肢关节肿大，疼痛明显，站立困难，不能行走（图2-1-12）。急性期，受害关节肿胀，疼痛，僵硬，步态强拘，并发生跛行（图2-1-13）；当病猪两后肢关节发炎时，常呈现犬坐姿势（图2-1-14）。急性期过后，则以关节的变形为主，病猪卧地不起，运动困难。

（3）**疣性心内膜炎** 主要表现为心跳加快，呼吸困难，可视黏膜发绀；不愿走动，强迫运动时则运行吃力，行动缓慢，偶见突然倒地死亡；听诊时有心内杂音和心律不齐等变化。后期病猪常因心脏麻痹而突然倒地死亡。

〔病理特征〕依临床症状不同而出现不同的病理变化。

1. **急性败血型** 其特征性的病变是除具有一般败血症的病理变化外，在皮肤上还出现丹毒性红斑。皮肤的病变多位于耳根、颈部、背部、胸前、腹壁和四肢内侧等处，由于生前毛细血管充血而出现不规则的鲜红色充血区，即所谓丹毒性红斑（图2-1-15）；病程稍长者，则在红斑上出现浆液性水疱，水疱破裂干涸后，形成黑褐色痂皮。镜检，真皮乳头层的毛细血管充血，有浆液性渗出物浸润，严重者可见渗出性出血，以至发展为弥漫性血管内凝血，并由于血液瘀滞可出现坏死灶。

全身淋巴结肿大，呈紫红色；切面隆突，湿润多汁，常伴发斑点状出血（图2-1-16）。脾脏瘀血而显著肿大，呈樱桃红色，被膜紧张，边缘钝圆，质地柔软，切面隆突，呈鲜红色；脾白髓和小梁结构模糊，用刀背轻刮有多量血粥样物。在脾切面特别是在脾头部和脾尾部的切面上，可出现白髓周围红晕病变，该特征性病变可作为急性猪丹毒病理解剖诊断的依据之一。镜检见白髓周围红晕的本质是脾窦瘀血、出血，极度扩张，内含大量红细胞，而白髓则萎缩，被数层红细胞紧紧包裹（图2-1-17）。胃、肠普遍呈急性卡他性或出血性炎，尤以胃和十二指肠比较明显。这也是本病经常出现的重要病变之一，在鉴别诊断时具有参考意义。心、肝、肾等实质器官多半发生变性变化。肺脏瘀血、水肿，伴发点状出血。镜检，见淋巴组织内的血管高度充血、出血，淋巴窦扩张，其中充满浆液、白细胞和红细胞，呈急性浆液性淋巴结炎或出血性淋巴结炎。淋巴组织与网状组织有不同程度的坏死。脾脏主要变化为充血和出血，因此红髓几乎由红细胞组成。眼观发现的脾白髓周围红晕，是以脾白髓中央动脉为中心，在其周围的边缘区有多量红细胞聚集，在红细胞间有纤维素网，实际上是纤维素性血栓形成。肾脏常见透明血栓形成和出血性肾小球肾炎变化（图2-1-18）。

2.亚急性疹块型　该型病变特点是在皮肤上出现特征性疹块。疹块通常多见于颈部、背部，其他如头、耳、腹部及四肢亦可出现，但较为少见。疹块的皮肤略隆起，大小不等，多呈方形、菱形或不规则形（图2-1-19）。疹块的色泽最初呈苍白色，以后转变为鲜红色或紫红色，或呈边缘红色而中心苍白。触摸时比正常的皮肤为硬。若病势较重或长期不愈，则将发生干性坏疽，并腐败脱落，遗留的凹陷底部为新生肉芽组织。此外，有时疹块还可以互相融合成片（图2-1-20），导致大块皮肤坏死。镜检，疹块的发生是由于该处的小动脉受病原菌侵害导致局部微循环障碍的结果。病变部皮下小动脉发生动脉炎，管壁呈不同程度的变性和炎性细胞浸润，且往往继发血栓形成；皮下组织发生炎性水肿，胶原纤维肿胀或崩解；表皮细胞因缺血的程度不同而出现不同程度的坏死变化。

3.慢性型　主要由急性或亚急性病例转移而来，主要呈现疣性心内膜炎、关节炎和皮肤坏死等病变。

（1）疣性心内膜炎　主要发生于二尖瓣，其次是主动脉瓣、三尖瓣和肺动脉瓣。眼观，在心瓣膜见有大量灰白色的血栓性增生物，表面高低不平，外观似花椰菜样（图2-1-21），基底部因有肉芽组织增生，使之牢固地附着于瓣膜上而不易脱落。瓣膜上的血栓性增生物常可引起瓣膜孔狭窄或闭锁不全，继而导致心肌肥大和心腔扩张等代偿性变化（图2-1-22）。镜检，见心瓣膜肥厚，大量结缔组织增生，对血栓进行机化（图2-1-23）。在陈旧的血栓中常见大量细胞成分与纤维蛋白融合，形成均质无构造淡红染的坏死物，其中有大量蓝色细菌团块和层层包绕的结缔组织。若血栓一旦软化脱落，则往往使心肌、脾脏（图2-1-24）、肾脏（图2-1-25）的小动脉发生阻塞而形成梗死。

（2）关节炎　经常与心内膜炎同时出现，主要侵害四肢关节。患病关节肿胀，关节囊内蓄有多量浆液性纤维素性渗出物，滑膜充血、水肿，关节软骨面有小糜烂。病程较久的病例，因肉芽组织增生，在滑膜上则见灰红色绒毛样物（图2-1-26）；病程再久，关节囊发生纤维性增厚，甚至使关节完全愈着、变形。

（3）皮肤坏死　慢性猪丹毒病猪因动脉炎和血栓形成，使躯体背部或四肢中的某一末梢部分皮肤发生干性坏疽而全部脱落。此外，有时也见整个耳壳或尾部脱落。

〔诊断要点〕根据临床症状、流行情况和病理变化，结合疗效，一般可以确诊。但在流行初期，往往呈急性经过，无特征性症状，需做实验室检查才能诊断。

实验室检查的具体方法，急性型应采取肾、脾为病料，亚急性型在生前采取疹块部的渗出液，慢性型应采取心内膜组织和患病关节液，制成涂片后，革兰氏染色法染色，镜检，如见有革兰氏阳性(紫色)的细长小杆菌，在排除李氏杆菌的情况下，即可确诊。也可进行免疫荧光和血清凝集试验。

〔类症鉴别〕本病在做出诊断时应与猪瘟、猪链球菌病、最急性猪肺疫、急性猪副伤寒等病相鉴别。

1.猪瘟　多呈流行性发生，发病急，病死率极高，药物治疗无效，皮肤上有较多的出血点，指压不退色。死后剖检脾有出血性梗死灶，回盲口有扣状溃疡，淋巴结出血呈大理石样花纹。

2.链球菌病　败血性链球菌病与急性猪丹毒极相似，往往需要实验室检查才能鉴别。

3.最急性猪肺疫　病猪咽喉部急性肿胀，呼吸困难，口鼻流泡沫样分泌物，但皮肤上无红斑形成。死后剖检见肺充血水肿，脾脏不肿大，取病料做革兰氏染色，见革兰氏阴性(红色)呈长椭圆形两端浓染的小杆菌。

4.急性猪副伤寒　多发生于2～4月龄小猪，在阴雨潮湿的时候较多见，先便秘后下痢，胸腹部皮肤呈蓝紫色。死后剖检见肠系膜淋巴结显著肿大，肝有小点状坏死灶，大肠壁的淋巴小结肿大或有溃疡，脾肿大。

〔治疗方法〕一些抗生素、中成药和民间验方对本病均有很好的疗效。

1.青霉素疗法　猪丹毒杆菌对青霉素高度敏感，若在发病后24～36h内治疗，有显著疗效。因此，治疗猪丹毒时首选药物为青霉素，对急性型最好首先按每千克体重1万IU静脉注射，同时肌内注射常规剂量的青霉素，即20kg以下的猪用20万～40万IU，20～50kg的猪用40万～100万IU，50kg以上的酌情增加，每天肌内注射两次，直至体温和食欲恢复正常后2d，不宜停药过早，以防复发或转为慢性。也可用普鲁卡因青霉素G和苄星青霉素G，各按每千克体重15万IU进行治疗，借以长时间维持疗效。在使用青霉素的同时配合高免血清效果更好。其方法是：首次可用高免血清稀释青霉素，以获得疗效；以后可单独用青霉素或血清维持治疗2～3次。高免血清每天注射1次，直到体温、食欲恢复正常为止。

另外，当青霉素疗效不佳时，也可选用四环素或土霉素，剂量为每天每千克体重7～15mg，肌内注射。使用任何药物均要保证剂量、疗程，停药不能过早。

2.白虎连翘解毒汤疗法　处方：石膏30g、知母15g、甘草15g、金银花25g、连翘15g、葛根15g、柴胡10g，水煎后去渣，分早、晚两次内服，连用3d。本方的药量为10kg体重病猪的，用药时可根据病猪的大小不同而酌情增减。

3.葛根解毒散疗法　处方：葛根10g、蝉蜕10g、炒牛蒡子10g、石膏15g、丹皮10g、连翘10g、赤芍5g、金银花15g、僵蚕15g，共研为细末，拌在饲料中一次性喂服，两天一剂，连用三剂。加减：病猪咳嗽重者加杏仁15g和知母5g；喘甚者加苏子（炒）10g；少食者加厚朴30g；大便干燥者加大黄7.5g；皮内腐坏者加生黄芪25g。

4.民间验方疗法　民间验方使用简便，药源广泛，价格低廉，对本病也有明显的疗效。兹介绍几个处方。

处方一　地龙50g、石膏50g、大黄50g、玄参25g、知母25g、连翘25g，水煎后，大猪连服两剂，每剂分2～3次灌服；小猪酌情减量。

处方二　金银花、野菊花、一枝花各15～40g，用水煎后去渣，凉温后内服，连服两剂。本法有较好的清热解毒作用。

处方三　黄柏、栀子、大黄、黄芩各65g；连翘、知母、花粉、银花、菊花、食盐各50g；赤小豆、干草各15g；四六片0.5g、黄连10g、苦参40g。上药加水2.5kg，浸泡24h，煎成药液，浓缩至原液的2/3，用多层纱布过滤5次，装入瓶内，煮沸消毒，冷却后作皮下或肌内注射。大猪每次10mL，小猪酌情减量，每天1次，连用5d。

处方四　金银花15g、紫花地丁15g、地耳草30g，水煎浓汁3次，混合，每天分3次喂服，连服3～4d。

〔预防措施〕

1.常规预防　平时要加强饲养管理，猪舍用具保持清洁，定期用消毒药消毒。每年按计划进行预防接种，是防制本病的好办法。我国目前用于防制本病的疫苗主要有弱毒苗和灭活苗两大类，兹将其使用方法简介如下：

（1）弱毒活苗　主要有哈尔滨兽医研究所研制的GC42弱毒株和江苏省农业科学院兽医研究所研制的G4T10弱毒株。使用时先用20%铝胶生理盐水，按瓶签上标定的头份量进行稀释，每头猪皮下注射1mL，第7天即可获得免疫力，免疫期为6个月，每半年免疫一次，免疫猪的80%可获得良好的免疫。此外，GC42疫苗还可用于口服免疫，剂量应加倍，即每猪2mL。疫苗用冷水稀释后，拌入少量新鲜凉饲料中，令猪空腹4h后自由采食，第9天即可产生免疫力。

（2）猪丹毒、猪瘟和猪肺疫弱毒三联冻干苗　简称猪三联苗。本疫苗无相互干扰作用，接种后对各个病原的免疫力与各单苗免疫后产生的免疫力基本一致。使用时先用生理盐水稀释，断奶半个月以上的猪，应按照瓶签上注明的头份，每头猪肌内注射1mL；如断奶前半个月仔猪首免，则须在断奶2个月左右再注苗一次。三联苗对猪瘟的免疫期为1年；对猪丹毒和猪肺疫的免疫期为6个月。使用时应注意以下几点：一是疫苗稀释后应在4h之内用完；二是初生仔猪、体弱和有病仔猪不应注射疫苗；三是免疫前7d、免疫后10d内均不应给猪饲喂含有任何抗生素的饲料。此外，本疫苗可能出现一些过敏反应，使用后应注意观察。

（3）氢氧化铝甲醛灭活疫苗　本疫苗已在我国长期使用，安全可靠，既可皮下注射，也可肌内注射。使用时先用20%铝胶生理盐水稀释后，给体重在10kg以上的断奶仔猪肌内注射5mL，免疫期为6个月；如给未断奶猪首免，则应注射3mL，间隔1个月后再注射3mL。二次免疫后，免疫期可达9～12个月。

2.紧急预防　发生猪丹毒后，应立即对全群猪测温，病猪隔离治疗，死猪深埋或烧毁。与病猪同群的未发病猪，用青霉素进行药物预防，待疫情扑灭和停药后，进行一次大消毒，并注射菌苗，巩固防疫效果。对慢性病猪及早淘汰，以减少经济损失，防止带菌传播。

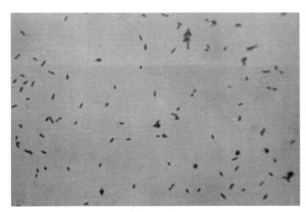

图2-1-1　急性病例的病原

从急性病例体内分离的革兰氏染色呈阴性的猪丹毒杆菌。革兰氏染色 ×1 000

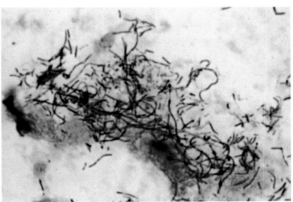

图2-1-2　慢性病例的病原

用疣性心内膜炎的病料涂片所获得的猪丹毒杆菌。姬瑞氏染色 ×1 000

**图2-1-3　败血型猪丹毒**

病猪颈、背部的皮肤弥漫性充血和瘀血，呈暗红色，指压退色。

**图2-1-4　败血型猪丹毒(后期)**

病猪红斑部的皮肤开始结痂和脱落，皮肤瘀血减退。

**图2-1-5　疹块型猪丹毒(前期)**

病猪的全身皮肤呈淡红色，散布多量形态不整指压退色的红斑。

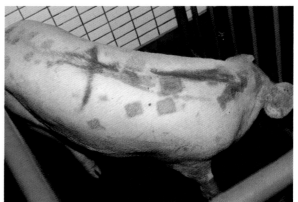

**图2-1-6　疹块型猪丹毒(中期)**

病猪的背部有界限分明的呈菱形隆突于皮肤表面的红斑。

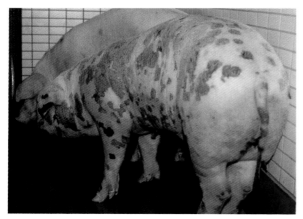

**图2-1-7　疹块型猪丹毒(后期)**

病猪身上布满陈旧的暗褐色斑疹，并有结痂形成。

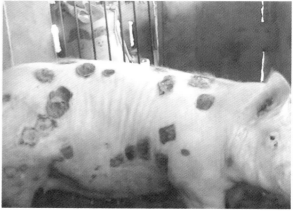

**图2-1-8　皮肤坏死**

病猪红斑部的皮肤坏死、形成黑色干硬结痂，结痂脱落后形成淡色斑块。

图 2-1-9　坏死甲壳

病猪颈背坏死的皮肤与新生组织分离，形成甲壳样构造。

图 2-1-10　坏死皮肤脱落

大片坏死的皮肤脱落，形成大片色淡、毛少或无毛的疤痕。

图 2-1-11　多发性关节炎

病仔猪四肢关节肿大、疼痛，站立时腰背拱起，四肢收于腹下。

图 2-1-12　先天性猪丹毒

病仔猪出生后就患病，四肢关节肿大，运动困难。

图 2-1-13　单侧性跗关节炎

病猪左后肢跗关节发炎、肿大，运动时减负体重，出现跛行。

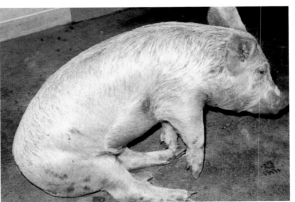

图 2-1-14　双侧性跗关节炎

病猪两后肢关节发炎、肿大，明显疼痛而呈现犬坐姿势。

**图2-1-15 败血型猪丹毒**

死于丹毒性败血症的猪，全身瘀血并见明显的丹毒性红斑。

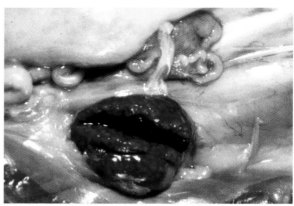

**图2-1-16 出血性淋巴结炎**

淋巴结瘀血、出血、肿大，呈暗红色，切缘外翻。

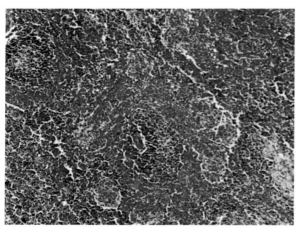

**图2-1-17 出血性脾炎**

脾小体萎缩，被大量出血的红细胞包绕，形成眼观的白髓周围红晕。 HE×100

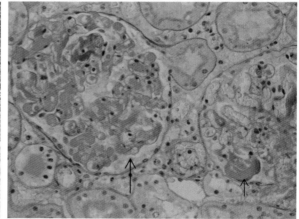

**图2-1-18 出血性肾小球肾炎**

肾小球内有红色的透明血栓形成（↑），肾小管上皮坏死。HE×400

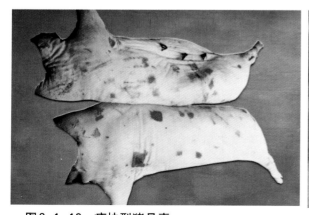

**图2-1-19 疹块型猪丹毒**

脱毛后见病猪皮肤上有多量大小不一的红褐色疹块。

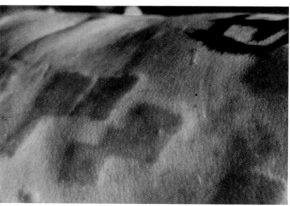

**图2-1-20 融合型疹块**

病猪体表的红褐色菱形斑块或不规则疹块相互融合。

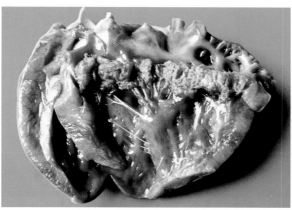

**图2-1-21 疣性心内膜炎**

心瓣膜上有大量大小不等的疣状物，形成花椰菜样外观。

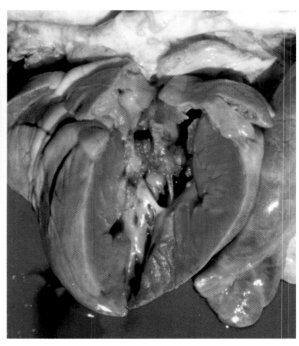

**图2-1-22 心肌肥大**

二尖瓣上有肿瘤状疣生物，导致心室扩张，心肌肥大。

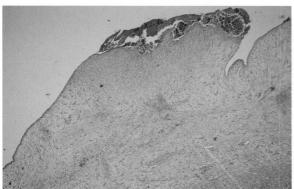

**图2-1-23 血栓机化**

心瓣膜的结缔组织增生，对其表面的血栓进行机化。HE×40

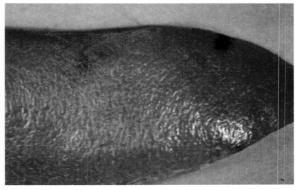

**图2-1-24 脾出血性梗死**

死于疣性心内膜炎的病猪，脾缘常见红褐色隆突于表面的出血性梗死灶。

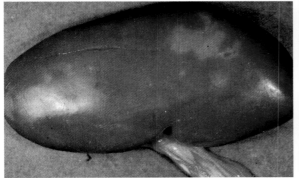

**图2-1-25 肾贫血性梗死**

患疣性心内膜炎的病猪，肾皮质常发生不同程度灰白色贫血性梗死。

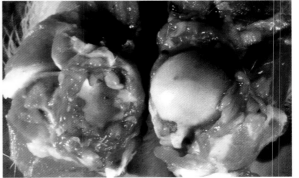

**图2-1-26 增生性关节炎**

髋关节窝内的滑膜大量增生，使关节窝变形。

## 二、猪巴氏杆菌病 (Swine pasteurellosis)

猪巴氏杆菌病又称作猪肺疫、猪出血性败血症，俗称"锁喉风"，是猪的一种急性细菌性传染病，主要特征为最急性型呈败血症，咽喉及其周围组织急性炎性肿胀，高度呼吸困难；急性型呈现纤维素性肺炎变化，表现为肺、胸膜的纤维蛋白渗出和粘连；慢性型症状不明显，逐渐消瘦，有时伴发关节炎。本病分布很广，发病率不高，常继发于猪瘟、猪气喘病等传染病。

引起猪肺疫的多杀性巴氏杆菌的血清型主要有5:A、6:B、8:A、2:D、1:A、3:A、3:D和4:D等；一般呈流行性的急性败血症病例多由B型菌引起；而呈散发性的急性或慢性肺炎病例多由A型或D型菌引起。

〔病原特性〕本病的病原体是巴氏杆菌属的多杀性巴氏杆菌 (Pasteurella multocida)。本菌为两端钝圆、中央微凸的短杆菌，单个散在，无鞭毛、无芽孢、不能运动，产毒株则有明显的荚膜，革兰氏染色阴性 (图2-2-1)，用碱性美蓝液或瑞氏液染色，着染在血片或脏器涂片的病菌具有明显的两极浓染的特性。本菌为需氧及兼性厌氧菌，在加有血清或血液的普通培养基上生长良好，37℃培养18～24h，可形成灰白色、光滑、湿润、隆起、边缘整齐的中等大小菌落；在加有血清和血红蛋白培养基上有荧光性，不溶血。

多杀性巴氏杆菌的分类比较复杂。根据菌落表面有无荧光及荧光的色彩，可将之分为三型，即蓝色荧光型 (Fg)、橘红色荧光型(Fo) 和无荧光型 (Nf)。Fg型多来源于猪和牛等动物，荧光呈蓝绿色而带金光，边缘有狭窄的红黄光带，对猪、牛等动物具有强大的毒力；Fo型多来源于禽类，荧光橘红而带金色，边缘有乳白光带，对禽类有强大的毒力；Nf型对畜禽的毒力都很弱。根据菌株荚膜抗原 (K) 结构的不同，可将之分为A、B、C、D、E和F六个群；根据菌体抗原 (O) 不同，可分为12个型；将K、O两种抗原互相组合，可构成15个血清型。Carter (1984) 提出以阿拉伯数字表示菌体抗原型，大写英文字母表示荚膜抗原型的分型标准。据此，不同血清型菌株的致病性和宿主特异性有一定的差异，我国分离的猪多杀性巴氏杆菌以5:A和6:B为主，其次为8:A和2:D。

本菌的致病力依菌型及动物而异，各种畜禽分别由不同的血清型所引起，而且各型之间多无交叉保护或保护力不强。但在一定的条件下，各种动物之间可发生交叉感染，如猪肺疫病猪可传染水牛；猪吃了患禽霍乱的死鸡，有的也可感染发病。不过交叉感染的一般为散发，常为慢性经过。

多杀性巴氏杆菌的抵抗力不强，在自然界中生长的时间不长，干燥后2～3d内死亡，在血液及粪便中能生存10d，在腐败的尸体中能生存1～3个月，在日光和高温下立即死亡，1%火碱及2%来苏儿等能迅速将其杀死。

〔流行特点〕不同品种及年龄的猪对猪肺疫均有易感性，其中以仔猪的感染率和发病率较高。病猪和隐性感染猪是本病的主要传染源。病原体主要存在于病猪的呼吸道、肺脏病灶、肠道及各器官，随分泌物及排泄物排出体外，污染饲料、饮水、用具及外环境等，由消化道及损伤的皮肤而传染仔猪；或由咳嗽、喷嚏排出病原，通过飞沫经呼吸道而传染健康猪。另外，带菌猪受寒、感冒、过劳、饲养管理不当，使抵抗力降低时，亦可发生自体内源性传染。

猪肺疫常为散发，一年四季均可发生，但以冷热交替、气候剧变、闷热、潮湿、多雨的季节较多发；营养不良、饲料突变、突然断乳、长途运输和寄生虫等诱因常能促进本病的发生。在自然灾害等条件下，本病有时也可呈地方流行性发生。

〔临床症状〕本病的潜伏期 为1～3d，有时可达5～12d；根据其病程的不同在临床上可将之分为最急性、急性和慢性三型。

1.最急性型  常由B型菌株引起，多见于新疫区，以发生败血症为特点；病程1～2d。仔猪常突然发病，并迅速死亡。通常前一天晚上食欲还正常，但第二天早上却死在圈内，呈败血症症状。病程稍长者，体温升高到41℃以上，食欲废绝，呼吸高度困难，烦躁不安，可视黏膜呈蓝紫色，咽喉部肿胀（图2-2-2），俗称"锁喉风"，重者肿胀可延至耳根及颈部，有热痛。口鼻流出泡沫，呈犬坐姿势，伸颈呼吸，发出痛苦的喘鸣声。后期耳根、颈部及下腹部等处皮肤变成蓝紫色，有时见出血斑点，最后窒息死亡，死亡率高达100%。

2.急性型  是主要和常见的病型，以纤维素性胸膜肺炎为主症，败血症症状较轻；病程较缓和，约4～6d。病初体温升高，一般在40～41℃之间，发生干咳，呼吸困难，有鼻汁和脓性眼屎。继之，转变为湿咳，触诊胸部有明显的疼痛反应，听诊可闻及啰音和摩擦音。先便秘后腹泻。随着病情的发展，病猪呼吸极度困难，可呈犬坐姿势，可视黏膜发绀，皮肤有紫斑或小出血点，但颈部的红肿通常表现得不甚明显。耐过的病猪可转为慢性。

3.慢性型  多见于流行后期，以慢性肺炎或慢性胃肠炎为主症；病程较长，一般为两周以上。病猪持续性咳嗽，呼吸困难，体温时高时低，精神不振，食欲减退，逐渐消瘦；有时关节肿胀，皮肤发生湿疹。最后发生腹泻，病猪常因脱水、酸中毒和电解质紊乱而死亡。死亡率一般为60%～70%。

〔病理特征〕本病的主要病变位于呼吸道，特别是肺脏具有证病意义的病变。

1.最急性型  以败血症病变为主征。剖检见皮肤、皮下组织、各浆膜和黏膜有大量出血点。最突出的特点是：全身皮肤常因心衰引起的瘀血而发绀，并有少量出血点。咽喉部及周围组织呈出血性浆液性炎症，明显肿胀（图2-2-3）。切开颈部皮肤，在皮下各组织中可见大量淡红黄色渗出液，组织肿胀，呈现胶样浸润（图2-2-4），有时水肿可蔓延至前肢。全身淋巴结肿大、出血，切面呈现一致的红色，此种变化以咽喉淋巴结最为明显（图2-2-5）。

肺脏以充血、水肿变化为主（图2-2-6），亦可见到红色肝变期（质硬如肝样）的变化。病情严重时，肺表面有大量出血斑点和大片红色肝变样病灶（图2-2-7）。肺切面湿润，间质增宽，从支气管断端流出较多的泡沫样流体（图2-2-8）。其他各实质器官多有变性。

2.急性型  以纤维素性肺炎病变为特点，而败血症变化较轻。本型除全身黏膜、浆膜、实质器官和淋巴结有出血性病变外，最引人注意的病变是典型的纤维素性肺炎。最初，病变主要位于肺脏的尖叶、心叶和膈叶的前缘；继之，波及整个肺脏（图2-2-9）。根据病程的长短不同，肺脏在充血水肿的基础上，发生出血，大量大小不一的出血灶与红色肝变期的变化相互混杂，使肺表面有大量红褐色斑块（图2-2-10）。一般而言，出血灶常隆突于肺表面，而红色肝变区则较平坦，实地较坚实（图2-2-11）。切开红色肝变区，有的呈暗红色，有的呈灰红色，有的呈灰白色，肝变区中央常有干酪样坏死灶；再加之肺小叶间质增宽，充满胶冻样液体，使得肺脏呈现大理石样花纹（图2-2-12）。与此同时，胸膜腔也常出现浆液纤维素性炎症，在胸腔内积有含纤维蛋白凝块的混浊液体。在胸膜上，特别是肺炎区的胸膜上附有黄白色纤维素薄膜，通常因结缔组织增厚，而使两层胸膜发生粘连。镜检，根据病变的特点不同而分为三期：充血水肿期，可见肺泡隔中毛细血管扩张、充血，肺间质增宽，肺泡和间质中有大量淡红色的浆液和浸润的炎性细胞（图2-2-13）；红色肝变期，肺泡内有大量渗出的纤维蛋白和红细胞，肺间质水肿、增宽，其内的淋巴管扩张，常可见淋巴栓形成（图2-2-14）；灰白色肝变期，肺泡中有大量纤维蛋白与中性粒细胞，肺泡隔的充血减弱（图2-2-15）或处于贫血状态。另外，还常见细支气管黏膜上皮变性脱落，与渗出的炎性细胞和纤维蛋白等混杂在一起，形成黏膜块而堵塞管腔（图2-2-16）。

**3. 慢性型** 以增生性炎症为特点，形成肺胸膜粘连和坏死物的包裹。剖检见病猪高度消瘦，黏膜苍白；肺组织大部分发生肝变，并有大块坏死灶或化脓灶（图2-2-17），有的在坏死灶的周围有结缔组织包裹。肺胸膜出血、坏死，并常因结缔组织增生而与发炎的肺组织发生粘连（图2-2-18）。心包膜常受累而发生纤维素性心包炎，心包内蓄积多量混浊的淡红黄色、内含大量纤维蛋白絮状物的心包液，心外膜常因覆有大量纤维蛋白和机化的结缔组织而呈绒毛状，俗称"绒毛心"（图2-2-19）。镜检见小支气管腔和肺泡腔中充满大量中性粒细胞，部分肺组织的结构破坏，中性粒细胞坏死，形成化脓灶（图2-2-20）；有的部位有大量结缔组织增生，形成肺肉样变。肺胸膜上渗出的纤维蛋白被大量增生的结缔组织取代，形成厚层的机化物（图2-2-21）。

〔诊断要点〕一般根据病理特征，结合临床症状和流行情况即可确诊。必要时可进行实验室检查。其方法是：采取病变部的肺、肝、脾及胸腔液，制成涂片，用碱性美蓝液染色后镜检，如从各种病料的涂片中，均见有两端浓染的长椭圆形小杆菌；或用革兰氏染色检出阴性球杆菌（图2-2-22）时，即可确诊。如果只在肺脏内见有极少数的巴氏杆菌，而其他脏器没有见到，并且肺脏又无明显病变时，可能是带菌猪，而不能诊断为猪肺疫。有条件时可做细菌分离培养，进行微生物学检查。

〔类症鉴别〕本病应与急性咽喉型炭疽、猪接触传染性胸膜肺炎和气喘病等鉴别。

**1. 急性咽喉型炭疽** 咽喉型炭疽主要侵害颌下、咽后及颈前淋巴结，而肺脏没有明显的发炎病变。最急性猪肺疫的咽喉部肿胀是咽喉部周围组织及皮下组织的出血性浆液性炎症，肺有急性肺水肿和肝变等病变。涂片用碱性美蓝液染色后镜检，炭疽可见到带红色荚膜的大杆菌，猪肺疫可见到两端浓染的长椭圆形小杆菌。

**2. 猪接触性传染性胸膜肺炎** 接触性传染性胸膜肺炎的病变局限于呼吸系统，肺炎肝变区呈一致紫红色，而猪肺疫的病变较广泛，肺炎区常有红色肝变和灰色肝变混合存在。涂片染色镜检，可见到不同的病原体。

**3. 猪气喘病** 气喘病主要症状是气喘、咳嗽，体温不高，其他全身症状轻微。肺脏病变呈胰脏样或肉样，界限明显，两侧肺叶病变对称，无化脓或坏死趋向。猪肺疫与上述症状和病变有明显区别。

〔治疗方法〕发现病猪及可疑病猪立即隔离治疗。早期治疗，有一定疗效。

效果最好的抗生素是庆大霉素，其次是四环素、氨苄青霉素、青霉素等，但巴氏杆菌可以产生抗药性，如果应用某种抗生素后无明显疗效，应立即改换。用量：庆大霉素每千克体重1～2mg；氨苄青霉素每千克体重4～11mg；四环素每千克体重7～15mg，均为每天两次肌内注射，直到体温下降，食欲恢复为止。

常用的磺胺类药物是磺胺嘧啶，10%磺胺嘧啶钠溶液，小猪20mL，大猪40mL，每天肌内注射1次，或按每千克体重0.07g，每天肌内注射两次。10%磺胺二甲嘧啶钠注射液按每千克体重0.07g，每天肌内注射两次。

另外，磺胺嘧啶1g，麻黄素碱0.4g，复方甘草合剂0.6g，大黄末2g，调匀为一包，10～25kg体重的猪口服1～2包，25～50kg服2～4包，50kg以上服4～6包，每4～6h服1次，也有较好的效果。

在使用抗生素和磺胺类药物的同时，肌内注射抗猪肺疫血清，效果更佳。抗猪巴氏杆菌免疫血清有单价或多价血清，一般使用剂量为每千克体重为0.4mL，皮下（或肌内）和静脉各注射一半；24h后再注射一次效果更好。对于病情严重的病例，也可增加用量，即每千克体重0.6mL进行注射。

另外，新胂凡纳明对本病也有明显疗效，急性病例注射一次即可奏效。据报道，用庆增安注射液做肌内注射也有较好的疗效。

〔预防措施〕预防本病的根本办法是改善饲养管理和生活条件，以消除减弱猪抵抗力的一切外界因素。猪群应按免疫程序注射菌苗。一般每年春、秋各注射一次。猪肺疫氢氧化铝菌苗，断奶后的大小猪一律皮下注射5mL，免疫期9个月；口服冻干猪肺疫弱毒苗按瓶签规定使用，绝不可用于注射，免疫期为10个月。另外，在饲料中适当添加一些抗菌药如土霉素、磺胺类药物，也有较好的预防效果。

发生本病时，应将病猪及可疑病猪隔离治疗；对假定健康猪进行紧急预防接种或药物预防；死猪要深埋或烧毁。慢性病猪及难以治愈的育肥猪，应急宰加工，肉煮熟食用，内脏及血水应深埋。猪舍及环境要进行严格消毒。

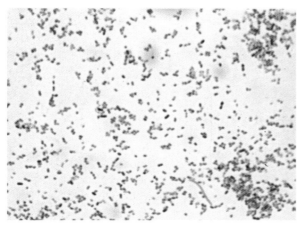

**图2-2-1　多杀性巴氏杆菌**

革兰氏染色呈阴性的多杀性巴氏杆菌。革兰氏×1 000

**图2-2-2　锁喉风**

病猪体温升高，咽喉部明显肿胀，呼吸困难，俗称"锁喉风"。

**图2-2-3　咽喉部急性肿胀**

病猪全身皮肤瘀血，发绀，颌下及咽喉部明显水肿。

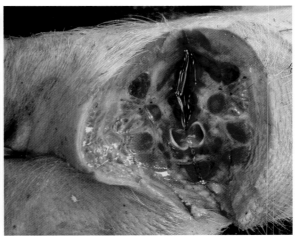

**图2-2-4　咽喉部胶样浸润**

咽喉部皮肤各组织中含有多量淡红黄色水肿液，呈现胶样浸润。

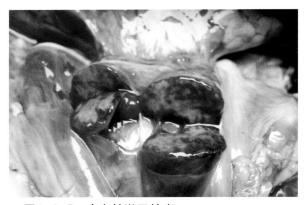

**图2-2-5 出血性淋巴结炎**

肺门淋巴结瘀血、出血,呈暗红色,切面有大理石花纹。

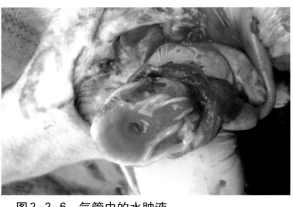

**图2-2-6 气管中的水肿液**

肺脏充血、水肿,大量淡红色的水肿液从气管的断端流出。

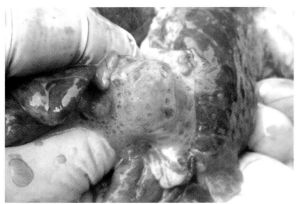

**图2-2-7 肺瘀血、水肿**

肺瘀血呈暗红色,从大支气管断端流出大量粉红色泡沫样液休。

**图2-2-8 肺出血、水肿(切面)**

切面湿润,有红褐色出血斑块,支气管断端有泡沫样液体流出。

**图2-2-9 充血水肿期**

肺脏膨大,充血、水肿,有明显的肺炎病灶和纤维蛋白渗出物。

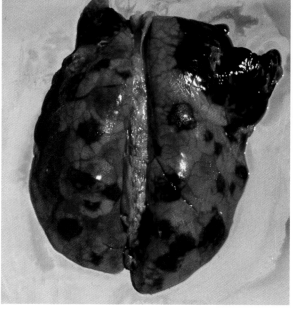

**图2-2-10 红色肝样变(初期)**

肺脏充血、水肿,有大量暗红色出血及红色肝变期病灶。

**图2-2-11 红色肝变期（中后期）**
　　肺脏有大量大小不一的红褐色的肝样变病灶，肺组织质地坚实。

**图2-2-12 红色肝变期的切面**
　　肺切面见充血水肿、红色和灰白色病灶同时存在，呈现大理石样花纹。

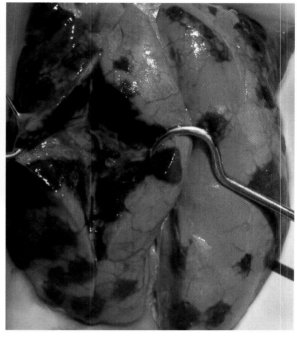

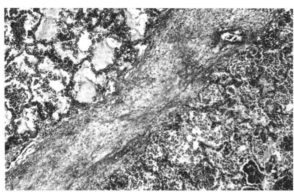

**图2-2-13 充血水肿期**
　　肺间质水肿，肺泡腔中有大量浆液、纤维蛋白、红细胞或白细胞。HE×100

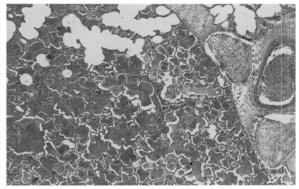

**图2-2-14 红色肝变期**
　　肺泡充满浆液和大量红细胞，小叶间淋巴管扩张，淋巴栓形成。HE×33

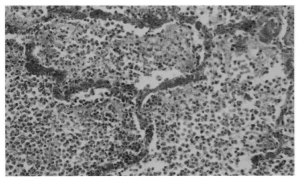

**图2-2-15 灰白色肝变期**
　　肺泡内充满纤维素和中性粒细胞，肺泡隔毛细血管充血减弱。HE×400

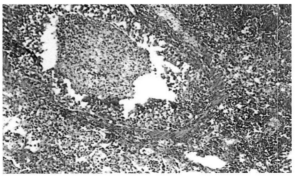

**图2-2-16 支气管栓塞**
　　细支气管被脱落的上皮及渗出物所形成的凝块堵塞。HE×100

**图2-2-17　灰白色肝变期（后期）**

肺组织内有大面积黄白色肝变和化脓性病灶，表面有大量纤维蛋白。

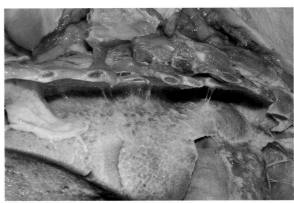

**图2-2-18　纤维素性肺胸膜炎**

胸腔中有大量纤维素性渗出物，使肺胸膜与肋胸膜发生粘连。

**图2-2-19　绒毛心**

心外膜上覆有大量纤维蛋白及其机化物，形成"绒毛心"。

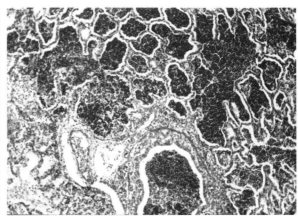

**图2-2-20　肺内化脓灶**

小支气管和肺泡腔中充满中性粒细胞，肺组织结构破坏形成化脓灶。HE×60

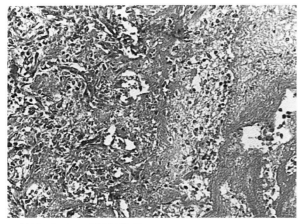

**图2-2-21　肺胸膜炎**

肺胸膜上渗出的纤维蛋白被大量结缔组织所机化。HE×100

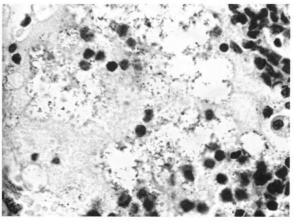

**图2-2-22　病料中的病原**

革兰氏染色的肺组织中有大量阴性球杆菌巴氏杆菌。革兰氏×1 000

### 三、猪副伤寒 (Swine paratyphoid)

猪副伤寒又称作猪沙门氏菌病(Swine salmonellosis)，是由沙门氏菌引起的仔猪细菌性传染病，故又有仔猪副伤寒之称。本病在临床上有急性型和慢性型之分：急性型以败血症变化为特点；而慢性型则在大肠发生弥漫性纤维素性坏死性肠炎变化，表现顽固性腹泻。继发感染时，可发生卡他性或干酪性肺炎。

〔病原特性〕沙门氏菌为两端钝圆、中等大小的直杆菌，革兰氏染色阴性，无荚膜，不形成芽孢，有周身鞭毛，能运动。本菌有菌体抗原（O抗原）、鞭毛抗原（H抗原）、表面抗原（荚膜和菌毛抗原，称为Vi抗原）和K抗原。迄今，沙门氏菌有A～Z和O51～O57共42个O群，58种O抗原；63种H抗原；已有2 500种以上的血清型。本菌虽不产生外毒素，但具有毒力较强的内毒素，可引起发热、白细胞变化及中毒性休克；有的还可产生与大肠杆菌肠毒素性质相同的肠毒素。

引起猪副伤寒的沙门氏菌的血清型较为复杂，各国所分离到的菌株有较大的差异且致病性很不一致。其中猪霍乱沙门氏菌（*Salmonella choleraesuis*）及其孔道夫变种（*S. typhimurium var. kunzendorf*）是主要的病原体（图2-3-1），可引起败血症和肠炎；鼠伤寒沙门氏菌和德尔俾沙门氏菌能引起急性或慢性肠炎；都柏林沙门氏菌可引起散发性败血症和脑膜炎；猪伤寒沙门氏菌则以引起溃疡性小肠结肠炎以及坏死性扁桃体炎和淋巴结炎为特征。

沙门氏菌对外界环境的抵抗力较强，在粪中可存活1～2个月，在垫草上可存活8～20周，在冻土中可以过冬，在10%～19%食盐腌肉中能生存75d以上；但对消毒药的抵抗力不强，3%来苏儿、3%福尔马林等常用消毒液均能将其杀死。

〔流行特点〕本病主要发生于密集饲养的断奶后的1～4月龄仔猪，而成年猪及哺乳仔猪很少发生。病猪和带菌猪是本病的主要传染来源；而消化道是最常见的传播途径。其传染方式主要有两种：一种是由于病猪及带菌猪排出的病原体污染了饲料、饮水及土壤等，健康猪吃了这些污染的食物而感染发病；另一种是病原体平时存在于健康猪体内，但不表现症状，当饲养管理不当，寒冷潮湿，气候突变，断乳过早，有其他传染病或寄生虫病侵袭，使猪的体质减弱，抵抗力降低时，病原体即乘机繁殖，毒力增强而致病。

本病多呈散发性，一年四季均可发生，但在多雨潮湿的季节较常发病。环境不洁、棚舍拥挤、饲料和饮水不良、疲劳和饥饿等，均可促进本病的发生。当有恶劣自然因素等的严重影响，也可呈地方流行性发生。

〔临床症状〕本病的潜伏期多为3～30d。根据不同的临床表现，而有急性型和慢性型之分。

1. 急性型（败血型）　多见于断奶后不久的仔猪。其特点是发病率低，但死亡率高。病猪体温升高(41～42℃)，恶寒怕冷，常聚堆取暖（图2-3-2），食欲不振，精神沉郁，病初便秘，以后下痢，粪便恶臭，有时带血、常有腹部疼痛症状，弓背尖叫。耳（图2-3-3）、腹部及四肢皮肤呈深红色，后期呈青紫色。最后病猪呼吸困难，体温下降，偶尔咳嗽，痉挛，一般经4～10天后死亡。尸体全身瘀血，耳和四肢明显，呈紫红色，皮肤有瘀斑形成（图2-3-4）。

2. 慢性型（结肠炎型）　此型最为常见，临床表现与肠型猪瘟相似。体温稍许升高，精神不振，食欲减退，怕冷喜热，喜钻垫草，常拥挤而卧，堆叠在一起。眼角常有黏液性或脓性分泌物，少数发生角膜混浊，严重时可形成溃疡。便秘和下痢反复交替发生，粪便呈灰白色、淡黄色或暗绿色，形同粥状（图2-3-5），有恶臭，有时带血和坏死组织碎片，以后逐渐脱水，极度消瘦（图2-3-6）。部分病猪在病的中后期皮肤上出现弥漫性湿疹，特别是在腹部皮肤，常见绿豆大、干涸的痂样湿疹；有些病猪发生咳嗽。病程2～3周或更长，最后衰竭死亡。本型的死亡率为25%～50%，未死亡、康复的猪生长发育不良。

另外，据报道，在一些猪群发生所谓的潜伏性"副伤寒"。其主要表现为仔猪发育不良，被毛粗乱无光泽，虽然体温和食欲变化较小，但病猪体质较差，时有便秘或腹泻（图2-3-7）。一部分病猪在遇到应激性刺激或不良环境的影响时，突然病情加重而死亡。

〔病理特征〕本病的病理变化是做出诊断的重要依据。

1.急性型　主要是败血症变化。病猪的营养较好，无明显的消瘦变化，头部、耳朵及腹部等皮肤有紫斑（图2-3-8）。心脏、脾脏和肾脏等实质器官明显瘀血，呈暗红褐色，表面常见点状出血（图2-3-9）。全身的浆膜及黏膜有不同程度的点状出血。胃黏膜常有斑点状或弥漫性出血，尤以胃底部明显（图2-3-10）。全身的淋巴结肿胀、充血或出血，尤以肠系膜淋巴结为甚（图2-3-11）。脾脏瘀血、肿大，呈暗紫色，表面常见出血斑块（图2-3-12），切面见脾小体周围有红晕环绕。肾脏肿大，发生实质变性，被膜下常见较多的点状出血（图2-3-13）。右心室扩张，心内膜、心外膜不仅有出血点（图2-3-14），而且在心包中常见浆液性或纤维素性渗出物。肝肿大、瘀血，并常见有点状出血，在被膜下有针尖大至粟粒大黄灰色或灰白色副伤寒结节（图2-3-15）。镜检，灰黄色结节为肝细胞变性、坏死所形成的坏死性副伤寒结节（图2-3-16）；而灰白色结节则是在坏死性变化的基础上以网状细胞为主的增生和淋巴浸润所构成的增生性副伤寒结节（图2-3-17）。另外，于肝细胞坏死的初期，还在肝小叶内见有出血、纤维素性渗出和炎性细胞一起形成的渗出性结节（图2-3-18）。肺脏多瘀血、水肿，间质明显增宽，小叶结构清晰，表面有点状出血（图2-3-19）。小肠在病初变得菲薄，内含大量气体和淡黄色内容物，肠壁有点状出血，肠系膜淋巴结肿大，并见点状出血（图2-3-20），病情严重时多发生出血性肠炎，整个小肠呈紫红色，腹水增多，呈淡红色（图2-3-21）；盲肠、结肠黏膜充血、肿胀，肠壁淋巴小结肿大，严重者可见淋巴小结处的黏膜上皮坏死脱落而形成小溃疡。

2.慢性型　主要病变在盲肠、大结肠、肝脏和淋巴结。肠壁淋巴小结先肿胀隆起，突出于肠浆膜（图2-3-22）和黏膜表面，以后其中心部发生坏死，逐渐向深部和周围扩散，并与渗出的纤维素性渗出物融合，形成一层灰黄色或淡绿色麸皮样假膜，被覆在肠黏膜表面（图2-3-23）。病性严重时坏死可向深层发展，波及肌层和浆膜，引起纤维素性腹膜炎。病程较长者，常见局灶性坏死周围有分界性炎性反应或脓性溶解变化，使坏死组织脱落而形成溃疡（图2-3-24），或结缔组织增生而有疤痕形成。镜检见肠黏膜固有层的淋巴小结坏死，固有结构破坏，并与渗出的纤维蛋白及坏死的肠黏膜混杂在一起，脱入肠腔（图2-3-25）。肝脏瘀血肿大，突出的病变是在表面或切面上均见有许多针尖大到粟粒大灰红色和灰白色的副伤寒结节。肠系膜淋巴结、咽后淋巴结和肝门淋巴结等明显肿大，切面呈灰白色脑髓样结构，并散布有灰黄色的小病灶，有时可形成大块状的干酪样坏死。肺的尖叶、心叶和膈叶的前下部常有卡他性肺炎病灶，若继发巴氏杆菌感染，则肺脏膨大，充血、水肿，有大面积肺炎病灶，甚至一个大肺叶均呈现出血性炎性变化（图2-3-26）；镜检见肺间质水肿，明显增宽，间质内淋巴管堵塞，肺泡腔中含有大量的炎性细胞、脱落的肺泡上皮、浆液和纤维蛋白（图2-3-27）等。如继发化脓性细菌，则可导致化脓性支气管肺炎的发生。

〔诊断要点〕根据病理变化，结合临床症状和流行情况可做出初步诊断，类症鉴别有困难时，可做实验室检查。实验室检查时可采取病猪的肝脏、脾脏和淋巴结等病料做成涂片，染色后在显微镜下观察病原菌的形态；或从病料中分离培养细菌并进行鉴定。

〔类症鉴别〕在做出本病的诊断时，应与猪瘟、猪痢疾和弯曲菌所引起的坏死性肠炎相区别。其鉴别要点如下：

1. **猪瘟** 急性猪瘟与急性猪副伤寒，慢性猪瘟与慢性猪副伤寒的临床症状有些相似，容易混淆，但猪瘟的皮肤常有小出血点，精神高度沉郁，不食，各种药物治疗无效，病死率极高，不同年龄的猪都发病，传播迅速。剖检时脾脏不肿大，无坏死灶，但常有出血性梗死；回盲口附近有扣状溃疡（或称轮层状溃疡）；淋巴结出血明显，呈现出大理石样花纹。

2. **猪痢疾** 猪痢疾有轻重不等的腹泻，与慢性猪副伤寒相似，但猪痢疾呈地方流行性发生，持续下痢，粪便经常带血和黏液，呈棕色、红色或黑色。剖检时见大肠黏膜主要的病变是弥漫性出血和坏死，肠黏膜及肠内容物多呈暗红色，涂片染色检查，可发现本病特定的病原体——蛇形螺旋体。

3. **弯曲菌病** 由弯曲菌引起的坏死性肠炎，可见急性肠出血或下痢；剖检时见回肠出血坏死，而大肠的病变很轻微，其他脏器无明显变化。

〔治疗方法〕要在改善饲养管理的基础上进行隔离治疗，才能收到较好疗效。同时用药剂量要足，维持时间宜长。

1. **抗生素疗法**

（1）**土霉素疗法** 口服，每天每千克体重50～100mg，分2～3次服；肌内注射，每千克体重40mg，一次注射。

（2）**新霉素疗法** 口服，每天每千克体重5～15mg，分2～3次口服。

2. **磺胺类疗法** 磺胺增效合剂疗效较好。磺胺甲基异噁唑(SMZ)或磺胺嘧啶(SD)每千克体重20～40mg，加甲氧苄氨嘧啶(TMP)每千克体重4～8mg，混合后分两次内服，连用1周；用复方新诺明(SMZ+TMP)，每千克体重70mg，首次加倍，每天内服两次，连用3～7d。

3. **大蒜疗法** 据报道，将大蒜5～25g捣成蒜泥，或制成大蒜酊内服，每天3次，连服3～4d，也能收到很好的疗效。

4. **中药胃肠宁疗法** 处方：大蒜25g、枫叶25g、精制樟脑5g，浸于100mL高粱酒中，小猪内服5mL，大猪内服10mL。此方对小猪的副伤寒有较好疗效。

5. **民间验方疗法** 处方：鲜枫叶、马齿苋各50g，鲜松针50g，取一半药用水煎，另一半加水捣汁，两液混合，每天喂服2～3次，连用4～5d。

〔预防措施〕加强饲养管理，消除发病诱因，是预防本病的重要环节。

1. **常规预防** 初生仔猪应争取早吃初乳。断奶分群时，不要突然改变环境，猪群尽量分小一些。在断奶前后(1个月以上)，应给仔猪口服仔猪副伤寒弱毒冻干菌苗，或在本病流行地区，定期给仔猪接种来预防本病的发生。根据不少地方的经验，应用本场（群）或当地分离的菌株，制成单价灭活苗，常能收到良好的免疫效果。

值得指出：应用本菌苗免疫注射时，有些猪反应较大；口服免疫时，应空腹喂苗，使每头猪均能吃到足够的菌苗。菌苗的稀释和拌料法要按规定执行，以免失败。

2. **紧急预防** 发生本病后，将病猪隔离治疗，被污染的猪舍应彻底消毒。耐过的猪多数带菌，应隔离育肥，予以淘汰。未发病的猪可用药物预防，在每吨饲料中加入金霉素100g，或磺胺二甲基嘧啶100g，既可起一定的预防作用，又可促进仔猪的生长。

值得强调：用药物预防本病时，应防止抗药菌株的出现。为此，应选用几种药物，定期更换使用。

**图 2-3-1　猪霍乱沙门氏菌**

本菌为两端钝圆、中等大小的直杆菌,革兰氏染色阴性。革兰氏 ×1 000

**图 2-3-2　病猪发热**

病猪体温升高,恶寒怕冷,聚堆取暖。

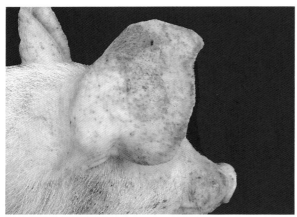

**图 2-3-3　耳朵充血**

病猪双耳充血,呈淡红色,并见少量出血点。

**图 2-3-4　尸斑形成**

病尸瘀血,呈暗红色,肩部和臀部有死斑形成。

**图 2-3-5　病猪腹泻**

病猪腹泻,排出暗绿色粥样稀便。

**图2-3-6　脱水消瘦**
病猪明显脱水、消瘦，全身的骨形标志明显。

**图2-3-7　群发性副伤寒**
　病猪被毛粗乱无光泽，便秘和腹泻交替，机体明显消瘦。

**图2-3-8　败血型病例**
　死于败血症的病猪，全身皮肤瘀血并有紫斑。

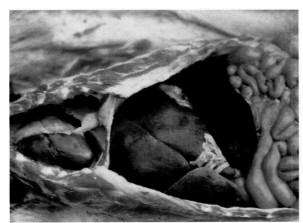

**图2-3-9　败血症性出血**
实质器官瘀血肿大，呈暗红色，表面散在点状出血。

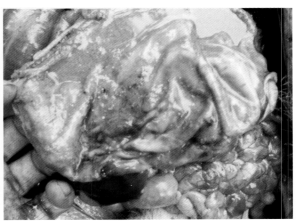

**图2-3-10　胃黏膜出血**
胃黏膜充血、肿胀，胃底黏膜发生弥漫性出血。

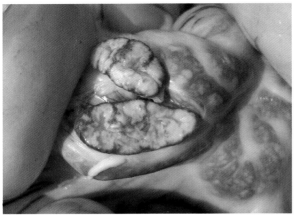

**图 2-3-11　淋巴结出血**

肠系膜淋巴结充血、肿大，表面有点状出血，切面有大理石样花纹。

**图 2-3-12　脾瘀血和出血**

脾脏瘀血肿大，表面有点状出血，并见紫红色的出血斑。

**图 2-3-13　肾出血**

肾脏发生实质变性，被膜下有较多的点状出血。

**图 2-3-14　心外膜出血**

右心扩张，心外膜有多量出血斑点，或呈条纹状出血。

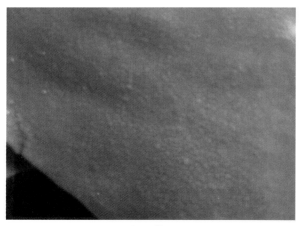

**图 2-3-15　肝副伤寒结节**

肝肿大，其表面散在大小不一的灰白色或乳白色副伤寒结节。

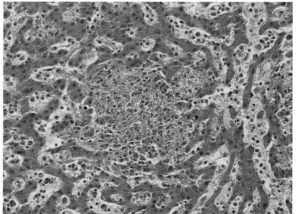

**图 2-3-16　坏死性结节**

肝小叶内的部分细胞坏死崩解，结构破坏，形成坏死性结节。HE×400

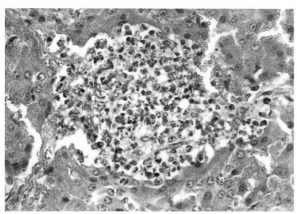

**图2-3-17 增生性结节**

肝小叶内局部网状内皮细胞增生，形成增生性结节。HE×400

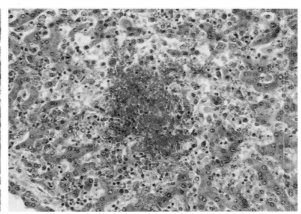

**图2-3-18 渗出性结节**

肝小叶内局部红细胞集聚，其中杂有纤维素和中性粒细胞。HE×100

**图2-3-19 肺瘀血水肿**

肺脏瘀血水肿并伴发点状出血（多见于尖叶、心叶和膈叶前下部）。

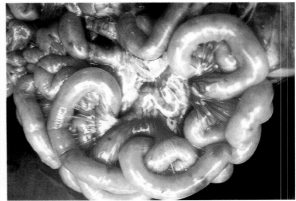

**图2-3-20 小肠积气**

小肠菲薄，内含大量气体和黄色内容物，系膜淋巴结肿大，有点状出血。

**图2-3-21 出血性肠炎**

小肠发生出血性肠炎，外观呈暗红褐色。

**图2-3-22 肠壁淋巴小结肿胀**

大肠壁的淋巴小结肿大，浆膜下可见米粒大灰白色颗粒。

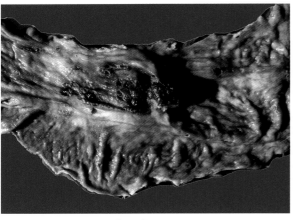

**图2-3-23　肠假膜形成**

局部肠黏膜坏死，与渗出的纤维蛋白一起形成污秽淡绿色假膜。

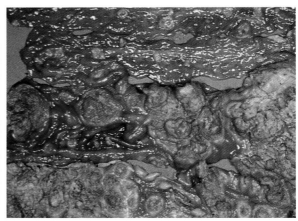

**图2-3-24　肠黏膜坏死和溃疡**

肠黏膜坏死脱落和融合，形成溃疡和大面积的纤维素性坏死。

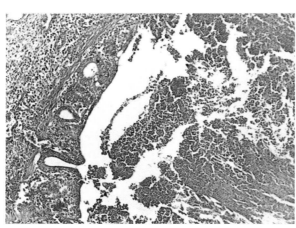

**图2-3-25　肠黏膜脱落**

肠壁的淋巴小结坏死，与坏死的肠黏膜一起脱入肠腔。HE×100

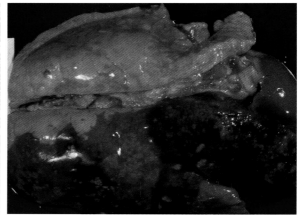

**图2-3-26　大叶性肺炎**

肺瘀血、膨大，右肺出血，呈红褐色，发生红色肝样变。

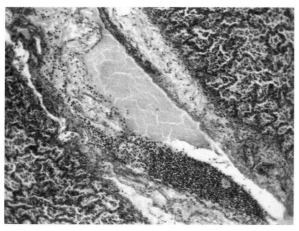

**图2-3-27　纤维素性肺炎**

肺间质水肿增宽，肺泡腔中有大量的炎性细胞和渗出物。HE×100

## 四、仔猪黄痢（Yellow scour of newborn piglets）

仔猪黄痢又称早发性大肠杆菌病，是出生后几小时到一周龄乳猪的一种急性、致死性肠道传染病，以排黄色稀粪为临床特征；发病率和病死率均很高，是养猪场常见的传染病，防治不及时可造成严重的经济损失。

〔病原特性〕本病的病原体主要是产肠毒素性大肠杆菌（Enterotoxigenic *E.coli*，EPEC）。本菌为中等大小的杆菌，有鞭毛，无芽孢，革兰氏阴性（图2-4-1）；易在普通琼脂上生长，形成凸起、光滑、湿润的乳白色菌落。大肠杆菌的抗原构造由菌体抗原（O）、鞭毛抗原（H）和微荚膜抗原（K）组成。目前已知引起仔猪黄痢的病原菌，其致病性血清型至少有菌体抗原$O_8$、$O_9$、$O_{45}$、$O_{60}$、$O_{64}$、$O_{101}$、$O_{115}$、$O_{138}$、$O_{139}$、$O_{140}$、$O_{147}$、$O_{149}$、$O_{157}$等多种。这些菌株一般都具有表面抗原或称荚膜抗原$K_{88}$、$K_{99}$、$K_{987P}$等黏着素抗原。来自猪的$K_{88}$菌株都能产生不耐热肠毒素（LT），有的还能产生耐热肠毒素（ST），但$K_{99}$或$K_{987P}$菌株虽能产生ST，但一般不产生LT。

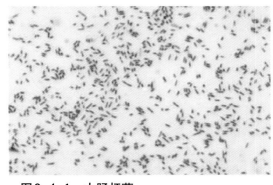

**图2-4-1 大肠杆菌**

大肠杆菌为中等大小的杆菌，有鞭毛，无芽孢，革兰氏染色呈阴性。革兰氏 ×1 000

〔流行特点〕主要发生于3日龄左右的乳猪，7日龄以上的乳猪发病极少。往往一窝一窝地发生，不仅同窝乳猪都发病，而且继续分娩的乳猪也几乎都感染发病。目前认为，隐性感染的母猪是发生本病的重要来源，其次是发病的乳猪。病菌随母猪和有病乳猪的粪便排出，散布于周围环境中，重要的是污染母猪的乳头和皮肤，当乳猪在吃奶或舔舐母猪的皮肤时病菌随之进入肠道。如果母猪初乳中缺乏对该病原菌的特异性抗体时，病原菌即可在乳猪小肠黏膜上皮定植，产生毒素，导致发病。

本病一年四季都可发生，发病率可达90%以上，死亡率很高，有时高达100%。猪场内发生本病后，如不采取有效的防制措施，可经久不断地发生，造成严重的经济损失。

〔临床症状〕本病的潜伏期很短，生后12h以内即可发病，长者也仅有1～3d。最急性发病者，通常看不到明显的临床症状，于出生后十多小时突然死亡。一般情况是一窝乳猪出生时体状正常，经一定时日，突然有1～2头乳猪表现全身衰弱，迅速死亡，以后其他乳猪相继发病。生后2～3d以上发病的乳猪，病程稍长。病猪精神不振，体温较高，常离群呆立，吃奶量减少，腹泻较重，臀部、后肢、会阴部及尾根常被稀便污染（图2-4-2）。病猪排出的稀便呈黄色、糊糊状，内含大量未被消化的乳凝块（图2-4-3）。继之，病猪病情加重，精神明显沉郁，不吃奶，腹泻加重，肛门松弛，很快脱水消瘦，眼球下陷（图2-4-4）。最后病猪衰竭，不能站立，全身常被稀便污染，终因严重脱水、营养不良、自体中毒和心衰而死亡（图2-4-5）。

〔病理特征〕尸体呈严重的脱水状态，干而消瘦，体表常被黄色的稀便污染（图2-4-6）。死于急性败血症的病例，其胸前部皮肤常见瘀血和点状出血变化（图2-4-7）。本病的主要病理变化为急性卡他性胃肠炎，少数为出血性胃肠炎。病变通常以十二指肠最为严重，空肠及回肠次之，结肠比较轻微。眼观，胃显著膨胀（图2-4-8），胃内充满多量带有酸臭味的白色、黄白色以至混有暗红色血液的凝固乳块（图2-4-9），胃壁黏膜水肿，表面附有多量黏液，形成卡他性胃炎。胃底部黏膜呈红色或暗红色。小肠内充满黄色黏稠内容物与大量肠液及黏液混合，形成肠内积液，肠管明显扩张（图2-4-10）。当肠内容物发酵积气时，则肠内有大气泡形成，使肠壁变得菲薄，呈半透明状（图2-4-11）。剪开肠管，肠黏膜肿胀，湿润而富有光泽，常有多少不一的点状出血，黏膜面上覆有较多淡红黄色的黏液（图2-4-12）。病情严重或继发感染时，可见肠壁的出血明显，常常发生出血性肠炎病变。眼观出血的肠管呈鲜红或暗红色，肠内常因发酵和消化不良积有大量气体（图2-4-13）。剪开肠管，肠内容物呈红豆水样或红酱样，肠黏膜肿胀，黏膜面上多覆有大量红色黏液（图2-4-14）。肠系膜淋巴结有弥漫性小点状出血。镜检，胃肠黏膜上皮完全破坏、脱落，肠绒毛裸露，固有层水肿，并有一些炎性细胞浸润。实质器官变性，在肝脏和肾脏常见有小的凝固性坏死灶。

〔诊断要点〕根据流行情况、特有的临床症状，即以5日龄以内的乳猪大批发病，排出黄色稀便，以及特有的病理变化，一般可做出诊断。若从病死猪肠内容物及粪便中分离出致病性大肠杆菌，而且证实大多数菌株具有黏素素K抗原并能产生肠毒素，则可确诊。

〔类症鉴别〕本病应与由病毒所引起的猪传染性胃肠炎和猪流行性腹泻等鉴别。后两者都是传播迅速的急性胃肠道病，表现为剧烈腹泻，各种年龄的猪都可以发生，但以仔猪多发且病情严重。病猪呕吐，排出水样便，仅仔猪易死亡，而大猪常可康复。

〔治疗方法〕早期发现，及时治疗是治疗成败的关键。若发现1头出生不久的乳猪发病，则应坚决地将病猪淘汰，同时全窝乳猪立即进行预防性治疗；若待发病增多时再治疗，往往疗效不佳。治疗本病可使用经药敏试验对分离的大肠杆菌血清型有抑制作用的抗生素和磺胺类药物，如土霉素、磺胺甲基嘧啶、磺胺脒等，并辅以对症治疗。近年来，使用活菌制剂，如促菌生、乳康生和调痢生等治疗仔猪黄痢，也有良好的效果。

另外，据报道，将链霉素溶于水后，经口投入，每次5万～10万IU，每天两次，连续3d以上，可获得较好的疗效。庆增安注射液每次每千克体重0.2mL，每天2次口服；对脱水严重的病猪，可腹腔注射50%葡萄糖盐水20mL，每天1～2次。连用2次，疗效可达95%；促菌生每天每千克体重投服3亿～10亿活菌，连用3～6d，也有很好的疗效。

〔预防措施〕控制本病重在预防，特别是对怀孕母猪应加强产前产后的饲养和护理。注意饲料配合，改善环境卫生，保持产房温度。母猪产房在临产前必须清扫、冲洗、消毒，垫干净垫草。母猪产仔后，把仔猪放在已消毒好的筐里，暂不接触母猪，再次打扫猪舍，用0.1%高锰酸钾把母猪乳头、乳房、胸部和腹部洗净消毒，挤掉头几滴奶，再固定奶头喂奶。在产后头3d要每天清扫猪产房2～3次，吮奶前将乳头擦净消毒等。

我国对本病的预防非常重视，现已相继研制出大肠杆菌$K_{88}ac-LTB$双价基因工程苗，新生猪腹泻大肠杆菌$K_{88}$、$K_{99}$双价基因工程苗，仔猪大肠杆菌腹泻$K_{88}$、$K_{99}$、987P三价灭活苗，给怀孕母猪免疫后，均可使哺乳仔猪获得很高的被动免疫效果。

另外，动物微生态生物制剂也有预防本病的效果。我国分离的非致病性大肠杆菌Ny-10菌株的肉汤培养物，给初生仔猪滴服0.5mL，然后让其哺乳，在一些猪场试用后，具有良好的预防作用；还有促菌生、乳康生、调痢生（8501）在吃奶前投服，均有较好的预防效果。在一些猪场也有的用药物进行预防，即当仔猪产后12h内全窝开始用抗菌药物口服或注射，连用数天，即可预防本病的发生。但注意不能与动物微生态生物制剂同时应用。

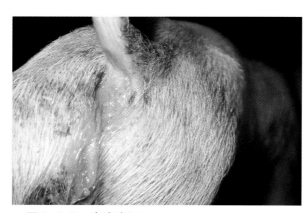

**图2-4-2 病猪腹泻**

病猪排出黄色稀便，臀部、会阴及尾根被稀便污染。

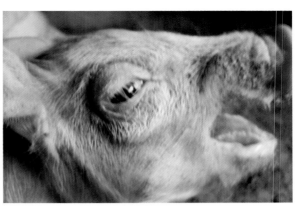

**图2-4-3　黄色稀便**
病猪排出的黄色稀便，呈糊糊状，内含未消化的乳凝块。

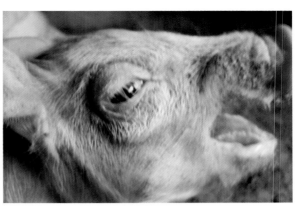

**图2-4-4　病猪脱水**
病猪明显脱水，眼眶下陷，皮肤干燥，弹性减退。

**图2-4-5　濒死的病猪**
病猪明显脱水，全身被黄色稀便污染，处于濒死状态。

**图2-4-6　死亡病例**
死于本病的乳猪，脱水消瘦，体表被黄色稀便污染。

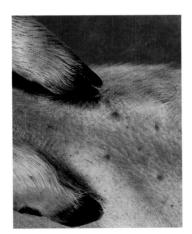

**图2-4-7　败血型病例**
死于败血症的病猪，前胸部常有明显的瘀血和少量点状出血。

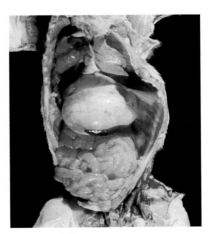

**图2-4-8　胃扩张**
2日龄病死乳猪，其胃过度膨大，充满大量乳凝块，小肠臌胀。

**图2-4-9 胃内容物**

胃膨大,内含有大量未消化的黄白色乳凝块;肝瘀血呈黑褐色。

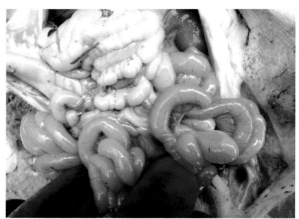

**图2-4-10 小肠积液**

小肠扩张,内含大量食糜、消化液和黏液。

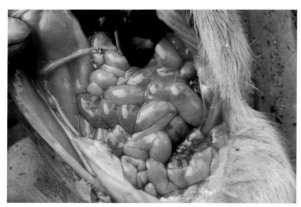

**图2-4-11 小肠积气**

小肠壁菲薄呈半透明状,内含大量气体和少量淡黄色稀薄的内容物。

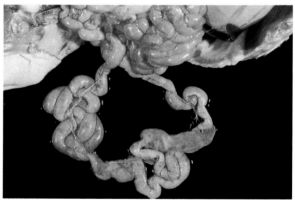

**图2-4-12 卡他性肠炎**

小肠黏膜肿胀,黏膜面上覆有较多淡红黄色黏液。

**图2-4-13 肠出血**

部分肠道瘀血、出血,外观呈红色,肝瘀血呈暗红色。

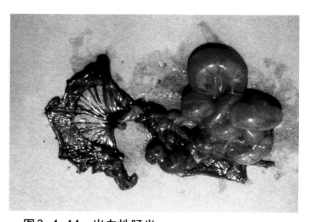

**图2-4-14 出血性肠炎**

小肠内容物呈红酱样,黏膜面上覆有红褐色黏液。

## 五、仔猪白痢 (White scour of piglets)

仔猪白痢是10～30日龄乳猪的一种急性肠道性传染病。临床上以排乳白色或灰白色、糨糊样稀粪，带有腥臭味为特征；发病率较高，而病死率较低。本病普遍存在，几乎所有猪场都有发生，是危害仔猪的重要传染病之一。

〔病原特性〕 本病的病原体主要是致病性大肠杆菌。现已证明，从病猪分离的大肠杆菌许多菌株的血清型与引起仔猪黄痢和仔猪水肿的大肠杆菌的血清型基本一致，在不同菌株中较常见的是$O_8$、$O_{78}$、$O_{101}$和$K_{88}$血清型，有些地区$K_{99}$血清型也较多。但这些菌株在实验室感染时其毒力和致病力也有很大的差异。因此认为，仔猪白痢的原发性病原不一定都是大肠杆菌。

〔流行特点〕 本病以10～20日龄的仔猪发病最多，一个月龄以上的仔猪很少发病，一窝乳猪发病数常可达30%～80%。一般而言，病猪和带菌猪是本病的主要传染来源，而消化道则是本病的主要传播途径。但大肠杆菌在自然界分布很广，也常存在于猪的肠道内，在正常情况下不会引起发病，当仔猪的饲养管理不良，猪舍卫生不好，阴冷潮湿，气候骤变，母猪的奶汁过稀或过浓，造成乳猪抵抗力降低时，常常导致本病的发生。从病猪体内排出来的大肠杆菌，其毒力增强，经常污染母猪的皮肤和乳房以及周围环境，当健康乳猪舔食母猪皮肤，或吮乳时，常能食入大量的致病性大肠杆菌，于是引起发病。因此，一窝小猪中如有一头下痢，若不及时采取措施，就很快传播。

本病一年四季均可发生，多呈散发。

〔临床症状〕 本病的发生与肠道内菌群失调有关，加之10日龄以后，仔猪的母源抗体减少，肠壁的自动免疫机能较低，不足以抵抗致病性大肠杆菌的侵袭及其肠毒素的毒害作用，因而易发生本病。病猪的体温升高，精神不佳，食欲减退，日渐消瘦，被毛粗乱无光泽，拱背，发育迟缓；眼结膜苍白，怕冷，恶寒战栗，躺卧于垫草中，或聚堆、拥挤在一起取暖（图2-5-1）。病猪的主要症状为下痢，粪便呈乳白色或灰白色，常呈浆状或混有黏液而呈糊状，其中含有气泡和未完全消化的凝乳块（图2-5-2），并散发出特殊的腥臭味。病猪的尾、肛门及其附近常沾有粪便，污秽不洁。有的病猪并发肺炎，体温升高，呼吸困难，肺部听诊常有明显的啰音，一般经5～6d死亡，或拖延2～3周以上而逐渐康复。

本病发生后，其病程一般为3～5d，长的可达一周以上，绝大部分病猪均可以康复。病死率的高低取决于饲养管理的好坏。及时改善饲养管理，积极进行治疗，则死亡率大大降低，反之则明显增高。

〔病理特征〕 本病以肠道的消化吸收障碍明显，而炎症性反应轻微为特点。眼观，病猪常因脱水而消瘦，肛门和尾部、股部常有灰白色稀粪污染。胃膨满，浆膜血管多瘀血、怒张，呈树枝状（图2-5-3）；胃内有凝乳块，胃黏膜可因充血而潮红，或因瘀血而暗红（图2-5-4）。小肠多因瘀血而呈暗红色，肠壁变薄，含大量稀薄的内容物，肠系膜血管瘀血而怒张（图2-5-5）。剪开小肠，常从中流出大量黄白色至灰白色带黏性的稀薄内容物，混有气泡，放出恶臭气味。小肠黏膜充血、肿胀，多伴发点状出血，黏膜面上有较多的黏液被覆，呈卡他性或出血性卡他性炎症变化（图2-5-6），肠壁淋巴小结稍肿大。镜检见小肠绒毛上皮细胞变性、坏死和脱落，固有层的血管扩张充血、水肿，有较多的炎性细胞浸润（图2-5-7）。病情严重时，小肠的出血变化明显，肠内容物多呈红酱色，肠黏膜肿胀，其面上覆有多量红褐色黏液（图2-5-8）。肠系膜淋巴结常呈串珠状肿大，发生浆液性淋巴结炎或出血性浆液性淋巴结炎病变（图2-5-9）。实质器官多呈变性变化。

〔诊断要点〕诊断本病时可根据临床上主要发生于 10 ～ 20 日龄的乳猪；病猪以胃肠道变化为主征，普遍排出灰白色稀粪，死亡率低等特点；结合病理剖检以消化吸收障碍明显而炎性反应及其他器官病变轻微的特征，即可做出诊断。只有必要时才做细菌学检查，其方法是：由小肠内容物中分离大肠杆菌，用血清学方法进行鉴定，如为常见的病原性血清型即可确诊。另外，也可通过检查 ST、LT 基因来进行确诊。

〔类症鉴别〕本病应与猪传染性胃肠炎、猪流行性腹泻、猪痢疾、仔猪红痢等疾病相互鉴别。

〔治疗方法〕仔猪白痢的治疗方法很多，都有一定的治疗效果，可因时因地选用。

1. 抗生素和磺胺类疗法　内服脒铋酶合剂（磺胺脒、次硝酸铋、含糖胃蛋白酶等量混合物），出生 7d 的乳猪每次 0.3g；14d 的每次 0.5g；21d 的每次 0.7g；30d 的每次 1g。重病者每天 3 次，轻病每天 2 次。一般服药 1 ～ 2d 后即可收到明显的效果，甚至治愈。内服磺胺脒，每千克体重 0.2g，每天早晚各 1 次。内服土霉素，土霉素 2g 加少许糖，溶于 60mL 水中，每头乳猪每次 3mL，每天 2 次，也有较好的疗效。

2. 促菌生疗法　用于预防，仔猪吃奶前 2 ～ 3h，喂促菌生 3 亿活菌，以后每天 1 次，连服 3 次。用于治疗，每天每千克体重投服 3 亿活菌，重症每千克体重可用 5 亿～ 10 亿活菌，连用 3 ～ 5d，效果颇佳。投喂的方法是将促菌生溶于水中灌服或拌入饲料里喂给；若与药用酵母同时喂服，可提高疗效。为了巩固疗效，最好在疾病临床治愈后，继续服用 1 ～ 2 次。此外，也有报道认为用乳康生疗法，其预防治疗效果比促菌生更理想。

3. 中医疗法　有条件时可使用中药和针灸疗法，也可收到很好的效果。例如，内服白龙散进行治疗。处方为：白头翁 6g，龙胆草 3g，黄连 1g，共为细末，和米汤一起混匀灌服，每天一次，连服 2 ～ 3d，可收到较好的疗效。大蒜疗法：大蒜 600g，甘草 120g，切碎后加入 50 度的白酒 500mL，浸泡 3d，混入适量的百草霜（锅底烟灰），和匀后，分成 40 剂，每猪每天灌服 1 剂，连续 2d 即可收效。

此外，还有交巢穴的水针疗法，激光疗法等，可根据条件，酌情采用。

〔预防措施〕改善饲养管理，提高母猪健康水平。预防接种，应用 $K_{88}ac$ － LTB 双价工程菌苗，于怀孕母猪预产期前 55 ～ 25d 进行免疫；给母猪口服 300 亿活菌或注射 50 亿活菌，所产仔猪通过吮吸初乳可获得免疫力。也可于仔猪出生后立即内服乳康生或促菌生来预防本病。另外，母猪分娩前后，其产房应严格消毒，防止病菌污染；及时让初生乳猪吮吸初乳，可有效地预防本病的发生。

临床和试验证明，没有及时给乳猪吃初乳，母猪奶量过多、过少，或奶脂过高，母猪饲料突然更换、过于浓厚或配合不当，气候反常，受寒冷等都是本病的诱因或原发性病因。另外，在这些非特异性病因影响下，在胃肠道消化障碍基础上发生的肠道内菌群紊乱，这在仔猪白痢的发病中具有重要意义。实验证明，在仔猪白痢病猪肠内容物中正常肠道菌群特别是乳酸杆菌大幅度减少，而致病性大肠杆菌数量则明显增多。若给初生乳猪服用正常菌群制剂则可以减少仔猪白痢的发生。

此外，还可用给仔猪早开食的方法来预防本病，即在仔猪运动场内放置少许炒熟的谷粒，其中加入适量食盐，让仔猪自由采食，借以促进仔猪的消化机能发育；与此同时，在运动场的另一角，可放置深层黄土块，任仔猪啃嚼，或注射抗贫血药，也可给母猪加喂抗贫血药，如硫酸亚铁 250mg、硫酸铜 10mg、亚砷酸 1mg，每天一次，由产前一个月开始，至产后一个月停止，以此来防止仔猪贫血，从而防止本病的发生。还有报道称，给仔猪口服碳酰苯砷酸钠，第 1 周 10mg、第 2 周 20mg、第 3 周 30mg，既可防止本病的作用，又有明显增重的效果。

**图2-5-1　恶寒怕冷**

病猪腹泻，恶寒怕冷，常拥挤在一起取暖。

**图2-5-2　灰白色稀便**

病猪排出黏稠的稀便，呈灰白色，内有消化不良的凝乳块。

**图2-5-3　胃扩张**

胃极度膨大，浆膜瘀血、血管怒张，小肠瘀血呈暗红色，肠壁菲薄。

**图2-5-4　胃内的凝乳块**

胃内含有大量乳凝块，胃黏膜瘀血呈暗红色。

**图2-5-5　小肠瘀血**

小肠瘀血，肠壁呈暗红色，肠系膜血管怒张。

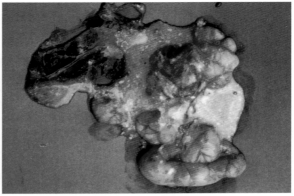

**图2-5-6　卡他性肠炎**

从小肠中流出大量黄白色或灰白色带有恶臭气味的内容物，肠黏膜肿胀。

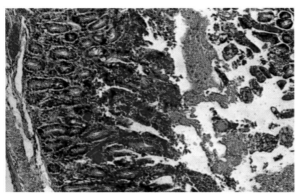

**图2-5-7 卡他性肠炎**

肠黏膜上皮变性、坏死和脱落，固有层血管扩张充血。HE×100

**图2-5-8 出血性肠炎**

小肠瘀血和出血，黏膜面上被覆淡黄色或淡红色的黏液。

**图2-5-9 淋巴结炎**

肠系膜淋巴结呈串珠状肿大，出现浆液性或出血性淋巴结炎的病变。

## 六、猪水肿病 （Edema disease of swine）

猪水肿病是断奶后仔猪的一种过敏性疾病，由某些大肠杆菌产生的内毒素所引起。其临床特征是突然发病，头部水肿，运动失调、惊厥和麻痹，发病率低，死亡率高；剖检见病猪头部皮下水肿，胃壁和肠系膜显著水肿。

〔病原特性〕本病的病原体主要为产志贺毒素大肠杆菌（Shiga toxin-producing E.coli，STEC），也称产志贺样毒素大肠杆菌（Shiga-like toxin-producing E.coli，SLTEC）或产vero毒素大肠杆菌（Verotoxin-producing E.coli，VTEC）。其常见的血清型虽然各地分离到的并不完全相同，常见的有$O_2$、$O_8$、$O_{138}$、$O_{139}$和$O_{141}$等，但主要的血清型是$O_{139}:H_1$，$O_{141}:H_4$和$O_{138}:H_{14}$。它们属于STEC，产生志贺毒素2v（Stx2v），是引起发病的主要原因。另外，还有一些血清型如$O_{106}$、$O_{86}$和$O_{119}$等也可引起本病。据研究，本菌所产生的内毒素是导致本病的制动环节。当病原菌侵入肠黏膜上皮后，即可在此生殖，并产生和释放一种有抗原性的水肿病因子（EDF，又称大肠杆菌神经毒素）。后者被吸收后，即对肠外组织呈现出致病作用，导致水肿的发生。

此外，有一种过敏反应假说认为，存在于肠道中的少量细菌及其所产生的内毒素，经单核巨噬细胞系吞噬处理后，使机体产生一种组织致敏抗体，当某些应激因素使肠蠕动和分泌降低时，细菌进入肠道前段，并在其中迅速繁殖，使猪体突然地吸收大量内毒素而引起迟发型变态反应，于是导致全身性水肿和神经症状的出现。

另外，一些学者认为，大肠杆菌内毒素性休克在本病的发病学中具有重要作用，因为用大肠杆菌的裂解物，可以实验性地引起类似的症状和病变。

〔流行特点〕本病常见于刚断奶不久的生长快而健壮的仔猪，育肥猪或10日龄以下的乳猪很少发生。一般呈散发，有时呈地方流行性发生，发病率为10%～35%。一般认为，突然断乳和饲喂大量精料，可使仔猪肠道内环境发生剧烈变化，引起菌群失调，于是一些溶血性大肠杆菌趁机而入，大量增殖，产生毒素引发本病。此外，在气温骤变，饲料单一的情况下，也容易诱发本病。本病的发病率一般不高，约为10%～35%，而死亡率却很高，可高达90%以上。

〔临床症状〕仔猪突然发病，精神沉郁，食欲减退或口流白沫。体温无明显变化。发病初期病猪常先便秘，继之有轻度腹泻。病猪静卧一隅，肌肉震颤，不时抽搐，四肢有划水样动作，触之敏感，发出呻吟或作嘶哑的鸣叫；站立时背腰拱起，肢体发抖。当病猪的前肢发生麻痹时，常站立不稳，或不能站立而爬卧在地（图2-6-1）；当后躯发生麻痹，病猪运动时后躯摇摆、晃动，甚至不能运动，不能站立或呈现出犬坐姿势（图2-6-2）。有的病猪神经症状明显，主要表观兴奋、转圈、痉挛或运动失调等。

本病的特征性症状为水肿，主要表现为眼睑、结膜和眼周组织（图2-6-3）；头部、颈部甚至前肢水肿（图2-6-4）。严重时水肿可累及全身，指压水肿部位有压痕。但值得指出，有些病猪则没有明显的水肿变化。本病的病程不定，短者仅为数小时，一般为1～2d，也有的可长达7d以上。

〔病理特征〕本病的特征性病变为胃壁、小肠和结肠盘曲部的肠系膜、眼睑和面部以及颌下淋巴结的水肿。胃内常充盈食物，胃壁明显增厚，质地柔软，有胶冻样感，切开时有大量淡黄色的浆液流出（图2-6-5）。切面上胃壁明显增厚，各层组织，尤其是黏膜下层中常蓄积大量淡黄色水肿液，使胃壁明显增厚，有时可厚达3cm，眼观使胃壁呈胶冻样（图2-6-6）。胃黏膜潮红，有时出血。严重时水肿可波及贲门和幽门，使胃内容物的进出口水肿、狭窄（图2-6-7）。值得强调指出，轻度的局部性胃水肿，常需在多处切开胃壁才能发现。镜检见胃黏膜上皮变性、脱落，形成大量黏液被覆于黏膜表面，胃腺萎缩，黏膜变薄（图2-6-8）。固有层和黏膜下层中的血管扩张、充血和瘀血，并伴性少量出血，大量浆液外渗，固有层明显增厚，呈细网状（图2-6-9）。小肠壁多瘀血呈暗红色，肠系膜间有大量水肿液而使系膜呈灰白色胶冻样，肠系膜淋巴结充血肿大（图2-6-10）。病情严重时，小肠多出血，眼观肠管呈紫红色或红色，肠壁发硬，肠系膜淋巴结出血（图2-6-11）。大肠一般见肠壁增厚，肠盘曲部的系膜间有较多的水肿液，肠管的皱襞减少（图2-6-12）。病情严重时，结肠盘曲部的间隙明显增宽，肠系膜高度水肿，呈白色透明胶冻样（图2-6-13），切开时可有大量液体流出。眼睑、颜面和头部皮肤浮肿，切开见皮下及肌间常有大量透明或微带黄色液体流出（图2-6-14）。头部严重水肿时，皮肤明显增厚，弹性减退，指压留痕，切开有大量浆液流出，皮下各组织柔软（图2-6-15）。体表淋巴结和肠系膜淋巴结肿大，切面多汁，有时见出血变化。心脏冠状沟中的脂肪组织消失，发生胶样萎缩（图2-6-16）。心包腔、胸腔和腹腔见多少不一的无色透明液体或呈淡黄色或稍带血的液体。这种渗出液若暴露于空气，则凝固成胶冻样。

最引人注目的病理组织学变化是所谓的血管病（Angiopathy）或全动脉炎（Panangiitis）。病初表现为血管内皮肿胀，变性；继之中膜的平滑肌细胞和组织发生纤维素样坏死（图2-6-17），外膜水肿，伴有单核细胞、嗜酸性粒细胞浸润。伴有神经症状的病猪，多伴发化脓性脑膜炎的变化（图2-6-18），脑干常有水肿变化和局限性软化灶。

〔诊断要点〕根据临床的特殊症状，即断奶的健壮仔猪突然发病、颜面肿胀、常伴发神经症状，发病率低，死亡率高等；结合特征性的病理变化，即胃壁、结肠盘曲部的肠系膜、眼睑和面部以及颌下淋巴结的水肿等，即可做出诊断。如果能分离到属于常见血清型的大量溶血性大肠杆菌，并证实该菌株能产生或肠内容物中含有水肿因子等，则可确诊。在与类似疾病鉴别时，可采取前段小肠内容物分离病原菌，并鉴定其血清型和检测菌株的Stx2v基因。

〔类症鉴别〕本病的诊断须与仔猪断奶后肠炎、桑葚心病、食盐中毒和沙门氏菌性脑膜炎和其他表现为神经症状的传染性脑炎相区别。这些疾病虽然具有一些神经症状，但都缺乏水肿病特有的眼睑水肿、胃、结肠肠系膜的水肿和血管的特殊反应性病变。

〔治疗方法〕本病的治疗比较困难，通常一旦病猪出现症状，常常以死亡而告终。因此当发现第一个病例后，立即对同窝仔猪进行预防性治疗，方可收到较好的效果。

临床实践证明，应用下方可收到较为满意的疗效。处方：50%葡萄糖40～50mL、维生素C1g、樟脑磺酸钠0.1～0.2g、20%磺胺嘧啶钠15～20mL，静脉注射。开始治疗时，每2～3h一次，连续应用3～4次，以后每8～12h一次。如此治疗，病猪一般经治疗两天后就能采食，此时可停治疗，令其逐渐恢复。注意，在治疗过程中，应限制恢复期的病猪饮水，更不能一次多量饮用冷水，否则会使病情恶化。

此外，采用一些综合性疗法也可收到很好的效果。如用20%磺胺嘧啶钠5mL肌内注射，每日2次，维生素B₁ 3mL肌内注射，每天1次；卡那霉素（25万IU/mL）2mL、5%碳酸氢钠30mL、25%葡萄糖40mL混合后一次静，每天2次，同时肌内注射维生素C（0.1g）2mL，每天2次；也可用磺胺二甲嘧啶、链霉素和土霉素等进行治疗。

另外，一些民间验方对本病也有较好的治疗作用，兹介绍几个处方。

处方一　赤小豆500g、商陆15g、大蒜8个、生姜10片，水煎浓汁，捞去药渣，药水拌料或灌服。

处方二　茯苓皮、木通、二丑各15g，大复皮、陈皮、猪苓、泽泻各15g，石斛、苍术各20g，桑白皮30g。水煎浓汁后，除去药渣，用药汁拌料或灌服，连服2～3d。

处方三　茵陈草、地胆草、马鞭草、桂枝、薄荷各50g，钩藤35g。加水浓煎，去渣，分两次拌料饲喂，每天一剂，连用2d。

本病的治疗还可参见仔猪白痢的治疗方法。

〔预防措施〕本病应重防于治，特别应加强对仔猪断奶前后的饲养管理。断奶时要有一定的缓冲时间；提早给断乳仔猪补充精料，防止饲料的单一化，注意补充富有无机盐和维生素的饲料。断奶后不要突然改变饲养条件，使断奶的仔猪有一个平稳的过渡期。发现病猪的猪群应立即变换饲料，喂以麸皮粥，或喂给适量的盐类泻剂，如芒硝、硫酸镁等，帮助仔猪进行胃肠调理。

另外，在有病的猪群内，对断奶的仔猪，在饲料内添加适当的抗菌药物，如土霉素、新霉素，每千克体重用5～20mg，也可用磺胺嘧啶、大蒜等药物。大蒜的用量，每天每头仔猪约10g左右即可。

**图2-6-1 前肢麻痹**
病猪头部水肿，前肢麻痹而不能站立，趴在地上。

**图2-6-2 后躯麻痹**
病猪后躯运动不灵活，起立困难，或呈现犬坐姿势。

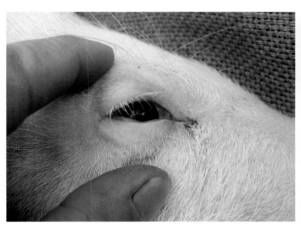

**图2-6-3 眼结膜炎**
病猪眼结膜充血、出血，眼睑及眼周水肿。

**图2-6-4 眼部水肿**
头颈水肿，皮肤肥厚，眼部浮肿有光泽，睁眼困难。

**图2-6-5 胃壁水肿**
胃壁明显增厚，质地柔软，切开胃壁，有多量浆液流出。

**图2-6-6 胃壁胶样浸润**
胃切面明显增厚，黏膜下层中有大量水肿液，呈黄色胶冻样。

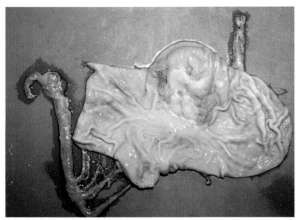

**图 2-6-7　胃贲门水肿**

胃的贲门部水肿，增厚，贲门口肿胀、狭窄。

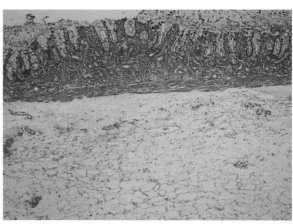

**图 2-6-8　胃腺萎缩**

胃腺萎缩，胃上皮细胞脱落，形成大量黏液，黏膜下层水肿。HE×20

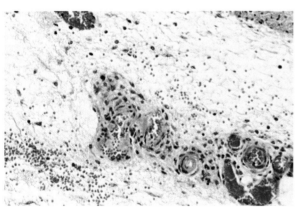

**图 2-6-9　黏膜下层水肿**

黏膜下层血管扩张充血、瘀血，轻度出血，明显水肿，增厚。HE×100

**图 2-6-10　肠系膜水肿**

小肠系膜严重水肿呈胶冻样，系膜淋巴结呈串珠状肿大。

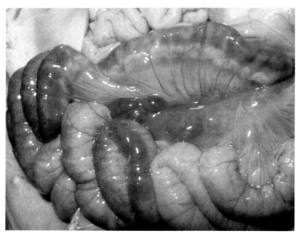

**图 2-6-11　小肠出血**

小肠出血、水肿，肠壁呈暗红色，系膜淋巴结肿大出血，呈红褐色。

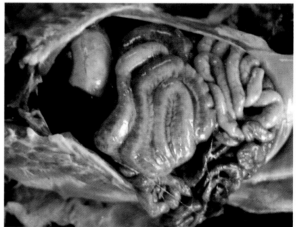

**图 2-6-12　大肠水肿**

大肠部水肿，肠壁增厚，系膜内有较多的浆液，小肠出血呈暗红色。

图2-6-13　肠袢水肿

　　大肠袢明显瘀血、水肿，系膜内有多量浆液而呈胶冻样。

图2-6-14　头部水肿

　　病猪头部浮肿，皮肤水肿肥厚，皮下有大量淡黄色浆液。

图2-6-15　头部皮下水肿

　　切开浮肿的头部皮肤，皮下湿润多汁，有大量淡黄色浆液流出。

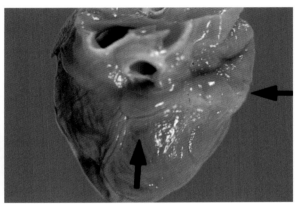

图2-6-16　心脂肪萎缩

　　心冠状沟部的脂肪组织萎缩，被浆液取代，呈现胶样浸润（箭头）。

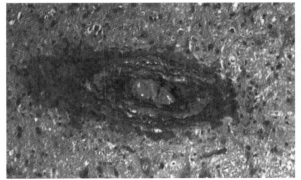

图2-6-17　血管变性

　　特殊染色见动脉壁发生纤维素样坏死。间苯二酚－复红×100

图2-6-18　化脓性脑膜炎

　　小脑膜的血管扩张充血，有大量中性粒细胞等炎性细胞浸润。HE×100

## 七、结核病（Tuberculosis）

结核病是由结核分支杆菌（简称结核杆菌）引起人、畜和禽类共患的一种以慢性经过为主的传染病。在家畜中，以奶牛的感染率最高；猪也较易感。结核病名称的由来是因结核分支杆菌能刺激单核细胞(巨噬细胞)的增殖和聚集，因而在病畜的脏器中形成灰白色的小结节（肉芽肿结节）而得名。猪结核的病理特征是在某些器官形成结核结节，继而结节的中心发生干酪样坏死(如豆腐渣样)或钙化。

据报道，人类结核病自20世纪80年代以来呈上升趋势，据世界卫生组织统计，近年来结核病的年死亡数达300万，属各类传染病死亡人数之首。为了纪念Koch 1882年3月24日发现结核杆菌，世界卫生组织决定从1996年起将每年的3月24日定为世界结核病防治日，借以不断向人们敲响警钟，不能忘记结核病给人类带来的巨大危害。我国的人畜结核病虽已得到控制，但近年的发病率又有增长的趋势。因此，应引起我们特别的重视。由于本病可在人、畜间相互感染，故在公共卫生学上具有特别重要的意义。

〔病原特性〕结核杆菌是分支杆菌属中的一种致病性分支杆菌，兼性细胞内寄生。根据结核杆菌的特性和对人及动物危害的程度不同，而将之分为人型、牛型和禽型三个主型。虽然这三型对猪都有感染性，但以牛型的感染力最强。各型结核杆菌虽然具有一定的差异，但其基本形态是相同的。本菌的菌体细长，呈直的或微弯曲的杆状，两端钝圆，多为棒状，间有分支状，多单个散在或成丛排列。在含氧量较高的组织内生长繁殖最佳，而在低氧条件下生长缓慢。结核杆菌呈革兰氏阳性，不产生芽孢和荚膜，也不能运动，但具有抗酸性染色特性，用抗酸染色法可将之染成红色（图2-7-1），而一般染色方法则不着染。目前在实验室对结核杆菌染色的常用方法是Ziehl-Neelsen氏抗酸染色法。这是因为结核杆菌的菌壁中含较多的分支菌酸（此为显示抗酸性染色呈阳性的物质基础）之故。

结核杆菌对外界因素的抵抗力很强，在干燥和湿冷环境中也能生存。这与其菌壁中含有丰富的类脂和蜡质有关。结核杆菌在水中、土壤、粪便中能生存5个月以上；在干痰中能存活10个月；在病变组织和尘埃中能生存2～7个月或更久；在冷藏奶油中可存活10个月。但本菌对热的抵抗力较低，通常60℃ 30min即可将之杀死，100℃立即死亡，在直射阳光下经数小时即死亡。本菌对紫外线敏感，对消毒药的抵抗力较低，常用的消毒药4h可将其杀死。

〔流行特点〕结核病的易感动物很多，比较易感的是牛、猪、鸡和人。患病畜禽和人，特别是开放型患者是主要的传染来源。其痰液、粪尿、乳汁和生殖道分泌物中都可带菌，污染饲料、食物、饮水、空气和环境而传播结核。猪患结核病的主要传播途径是消化道，其次是呼吸道。猪的结核病多是由于与结核病人、病牛和病鸡直接或间接触有关，特别是结核病在这些动物中流行的时候，比如在猪舍内养鸡，用鸡粪喂猪，以鸡用过的锯木屑（垫料)垫猪舍，利用结核病院残羹喂猪，未经消毒的结核病牛肉和乳品等直接给猪吃，都可以使猪发生结核病。

猪结核病一年四季均可发生，一般呈散发性，发病率和病死率均不高。

〔临床症状〕猪结核病常由消化道传染，其病灶大多数局限于咽部、颈部及肠系膜淋巴结，很少出现症状，但当肠道有病变，且严重时才会导致腹泻、消瘦。呼吸道感染严重时则表现出短咳、痛咳和呼吸困难等呼吸道症状。猪感染牛型结核时则呈进行性消瘦，严重时可引起死亡。

〔病理特征〕猪结核以局灶性病变为常见；以侵害与消化系统相关的淋巴结为特点；病变常

发部位为咽（图2-7-2）、颌下淋巴结（图2-7-3）和肠系膜淋巴结（图2-7-4）。局部淋巴结结核病变有结节性和弥漫性增生两种表现形式。前者表现为形成粟粒大至高粱米粒大，切面呈灰黄色干酪样坏死或钙化的病灶（图2-7-5）；后者见淋巴结呈急性肿胀而坚实，切面呈灰白色而无明显的干酪样坏死变化（图2-7-6）。一般来说，由禽型结核杆菌引起的病灶，主要以大量上皮样细胞和少量郎罕氏细胞增生为主，外周绕以薄层的结缔组织（图2-7-7），病灶中心干酪化和钙化形成均不明显，只有在陈旧病灶才见有轻度的干酪样坏死和钙化。而由牛型结核杆菌引起的淋巴结病变多半形成大小不等的结节，与周围组织界限清楚，结节中心干酪样坏死和钙化比较明显，并有良好的包膜形成。

猪的全身性结核病也偶可见到，主要由牛型结核分支杆菌引起。病菌经消化道侵入后，通过淋巴或血液散播全身。猪的全身性结核除于咽、颈和肠系膜淋巴形成结核病变外，还可在肺脏、肝脏、脾脏、肾脏等器官及其相应淋巴结形成多少不等、大小不一的结节性病变，尤其在脾脏、肝脏和肺脏等较为多见。

脾脏结核的主要病变为脾脏肿大，于脾表面或脾髓内形成大小不一的灰白色结节（图2-7-8）。结节多时，通常体积较小，反之则大。切开结节，见其中心部为灰白色干酪样坏死组织，外周是由结缔组织增生形成的包囊（图2-7-9）。镜检见坏死性结核结节有明显的三层结构，即中心部为坏死组织，中间部为特殊肉芽组织，外周为普通肉芽组织（图2-7-10）。其中，特殊肉芽组织是由上皮样细胞和本病的特征性细胞——郎罕氏细胞所组成（图2-7-11）。另外，在脾组织中也常能检出增生性结核结节，即脾组织中有大量网状细胞增生，包绕着染色较淡而体积较大的上皮样细胞和郎罕细胞形成的细胞团块（图2-7-12）。

肝脏的结核多呈弥漫性发生。肝脏的体积稍肿大，多充血、瘀血而呈暗红色，表面和实质内弥散着多量大小不一黄白色结核结节（图2-7-13），较大的结节常发生钙化，使肝脏的质地变硬。

肺结核的病变主要是于肺实质内散在或密集分布粟粒大、豌豆大至榛子大的结节，有时见许多结节隆突于肺胸膜表面而使胸膜显示粗糙、增厚或与肋胸膜粘连。新形成的结节周边有红晕；陈旧结节周围有厚层包膜和中心呈干酪样坏死或钙化（图2-7-14）。有的病例还形成小叶性干酪性肺炎病灶。肺脏的病变常累及肺门淋巴结，在此淋巴组织内常可检出大小不一的结核结节（图2-7-15）。

〔诊断要点〕结核病猪生前无特异性症状，难以诊断；必须依据死后剖检变化才能确诊。生前诊断，必要时可做结核菌素试验，其方法是：用牛型结核菌素和禽型结核菌素各0.1mL分别同时注射于两侧耳根皮内，经48～72h观察注射部位的反应，任何一侧局部发红肿胀，皮肤明显增厚，均可判为阳性（图2-7-16）。

〔类症鉴别〕猪在宰后检验时，各器官、组织中的结核病变应注意与放线菌病、寄生虫结节和真菌性肉芽肿相区别。

1.放线菌病　结核病灶的切面平滑，内含有干酪样坏死物并常常发生钙化。而淋巴结、肺脏和肝脏等器官的放线菌病肉芽肿结节，虽然类似结核结节，但它主要由柔软的肉芽组织构成，结节的断面显著隆突，肉芽组织中常含有灰黄色脓汁，无干酪样坏死，脓汁内常混杂着黄色硫黄样颗粒或砂粒状放线菌块。

2.寄生虫结节　在剖检或宰后检验过程中，有时在肺脏和肝脏等器官内发现有因棘球蚴死亡而形成的凝块状或钙化的结节，形似结核结节，但此时多不伴发淋巴结变化，而且钙化的结节易从包膜刮下，故易于与结核结节相区别。

3.真菌性肉芽肿　宰后检验有时在猪的肺脏、胸膜、腹膜或胃等组织中发现真菌性肉芽肿结节，颇似相应的结核结节。但这种肉芽肿结节通常不发生干酪样坏死，也很少钙化，镜检可发现真菌性孢子或菌丝，同时其相应的淋巴结也无结核性病变，故与结核结节易于区别。

〔治疗方法〕猪结核一般不予治疗，但对一些具有经济意义的种猪，可试用药物进行治疗。一般而言，结核杆菌对磺胺类药物、青霉素及其他广谱抗生素均不敏感，而对链霉素、异烟肼、对氨基水杨酸和环丝氨酸等敏感。因此，在治疗猪结核时应结合具体情况，试选后几种药物配合进行治疗。

〔预防措施〕预防猪结核一般采用综合性预防措施，加强检疫，隔离病猪，防止疾病传入，净化污染猪群和培养健康猪群等。屠宰时应注意检查咽部、颈部及肠系膜的淋巴结，发现结核病变，应将局部废弃深埋。牛、猪和鸡应分开饲养，不用未经处理的鸡粪喂猪。如果猪群内常发现结核病猪，应查明原因，采取相应措施。加强消毒工作，应定期进行预防性消毒，常用的消毒药为5%来苏儿或克辽林、10%漂白粉、3%福尔马林和3%苛性钠溶液。

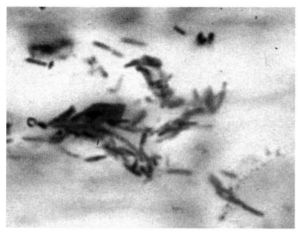

**图 2-7-1　结核杆菌**
肠系膜淋巴结涂片检出的抗酸性结核杆菌。抗酸染色　×1 000

**图 2-7-2　咽淋巴结核**
咽淋巴结肿大，切面有黄白色干酪样坏死结节（↑）。

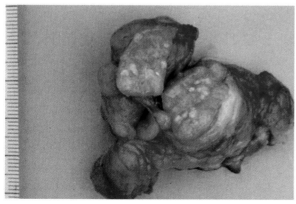

**图 2-7-3　下颌淋巴结核**
颌下淋巴结肿大，质地坚实，切面有黄白色坏死灶。

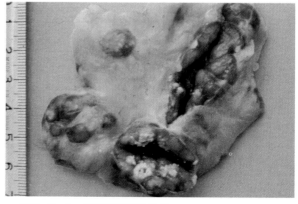

**图 2-7-4　肠系膜淋巴结核**
肠系膜淋巴结的表面和切面均见黄白色干酪样坏死。

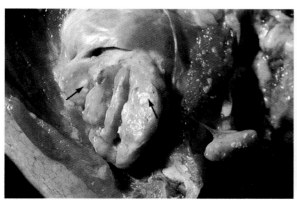

图2-7-5　结节性结核

淋巴结肿大，切面见淡黄白色干酪样坏死结节和灰白色钙盐沉着（↑）。

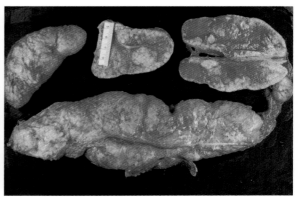

图2-7-6　弥漫增生性结核

纵隔淋巴结肿大，充血呈红褐色，切面见弥漫性增生的灰白色结核病变。

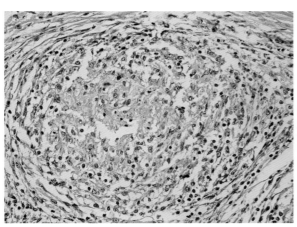

图2-7-7　增生性结核结节

结节中心体积大淡红染的为上皮样细胞，周围由结缔组织包裹。HE×400

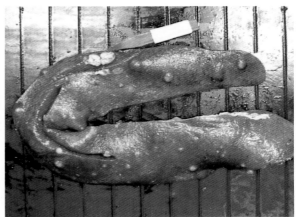

图2-7-8　脾结核

脾脏表面有较多的呈半球状隆突的黄白色结节，切开结节见干酪样坏死物。

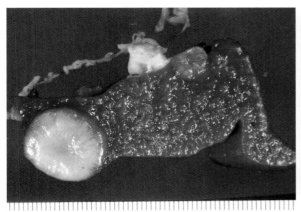

图2-7-9　干酪性结核结节

脾切面有一核桃大黄白色呈干酪样坏死的结节结节。

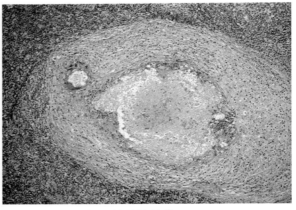

图2-7-10　坏死性结核结节

结节有三层结构，坏死均质红染，特殊肉芽淡染，普通肉芽深染。　HE×40

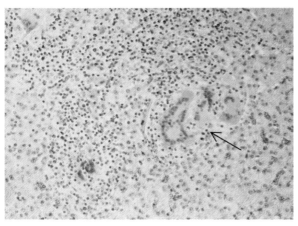

**图2-7-11　郎罕氏细胞**

特殊肉芽组织中有几个多核巨细胞，即为郎罕氏细胞（↑）。 HE×100

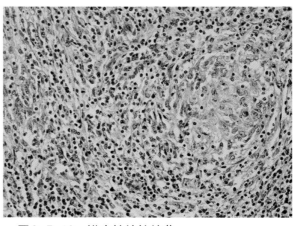

**图2-7-12　增生性结核结节**

脾组织内网状细胞增生，有上皮样细胞和郎罕氏细胞结节形成。HE×400

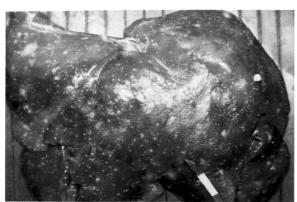

**图2-7-13　肝结核**

肝脏表面密发大小不一的黄白色结核性结节。

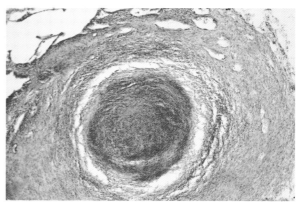

**图2-7-14　钙化的结核结节**

结节中心因有钙盐沉积而蓝染，周围有厚层结缔组织包裹。HE×100

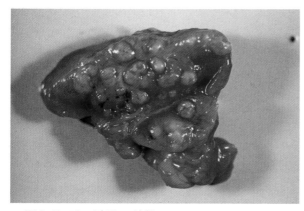

**图2-7-15　肺淋巴结核**

肺门淋巴结肿大，内有大小不一的黄白色结核结节。

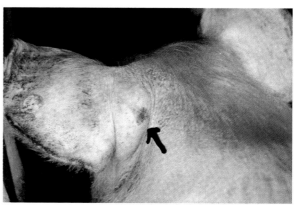

**图2-7-16　结核菌素试验**

在猪耳根部做的结核菌素试验，局部皮肤红肿、肥厚，即为阳性反应。

## 八、猪传染性萎缩性鼻炎（Infectious atrophic rhinitis of swine，AR）

猪传染性萎缩性鼻炎是由细菌引起的一种慢性呼吸道传染病；以鼻甲骨（特别是下卷曲）萎缩，额面部变形，慢性鼻炎为特征。临床上病猪的主要表现为打喷嚏、鼻塞、颜面变形或歪斜。本病随着养猪生产的工业化和集约化程度的提高，发病率有增加趋势，严重影响仔猪的生长发育，饲料报酬降低，造成巨大的经济损失，对养猪业的发展具有潜在性威胁。

本病现已在世界范围内广泛流行，世界动物卫生组织（OIE）于2002年将之列为B类动物疫病。

〔病原特性〕本病的原发性病原体主要是Ⅰ相支气管败血波氏杆菌。用本菌鼻内接种SPF的新生仔猪，可引起鼻黏膜发生严重卡他，并导致鼻甲骨萎缩。现已证明，D型巴氏杆菌也是本病的病原体，因为它能产生与波氏杆菌相似的不耐热的坏死毒素。有证据表明，波氏杆菌在美国和日本是AR的主因；而D型巴氏杆菌和波氏杆菌在欧洲大陆则同是AR的重要病原。诱因在本病的发生中也有重要的作用，如营养成分缺乏（饲料中缺乏蛋白质、无机盐和维生素等）、密集饲养、过热、过冷、通风不良等都可促进本病的发生；而且其他病原菌如绿脓杆菌、放线菌、猪巨化病毒、疱疹病毒也参与致病过程，使病情加重。

据报道，目前已将本病归纳为两种病型：一种是由产毒性支气管败血波氏杆菌引起的非进行性萎缩性鼻炎（NPAR）；另一种是由多杀性巴氏杆菌引起或与其他因子共同感染引起的进行性萎缩性鼻炎（PAR）。单独感染支气管败血波氏杆菌可引起较温和的非进行性鼻甲骨萎缩，但一般无明显鼻甲骨病变。

支气管败血波氏杆菌为球杆菌，两极染色，革兰氏染色阴性，不产生芽孢，有的有荚膜，有周鞭毛，能运动。该菌为严格的需氧菌；多散在或成对排列，偶呈短链。根据毒力、抗原性及生长特性，可将本菌分为三个菌相，其中Ⅰ相菌的病原性最强，感染或疫苗免疫猪产生的保护性抗体主要是K抗体，具有血凝性，极易变异；菌体表面可形成荚膜抗原，对O抗血清呈不凝集状。Ⅲ相菌属低毒或无毒株，典型的Ⅲ相菌表面不形成K抗原，不与K抗体发生凝集，可与O抗体发生凝集反应；Ⅲ相菌免疫猪可产生O抗体。Ⅱ相菌是Ⅰ相菌向Ⅲ相菌变异的过渡菌型。

支气管败血波氏杆菌对外界环境的抵抗力不强，一般消毒药物均可将其杀死。

〔流行特点〕本病在猪群内传播比较缓慢，多为散发或地方流行性，不同年龄的猪都有易感性，但仔猪的易感性最大，只有生后几天至几周的仔猪感染后才能发生鼻甲骨萎缩；有时甚至导致原发性肺炎，致使全窝乳猪死亡；发病率一般随年龄的增长而下降。1月龄以内的仔猪感染后可在几周内发生鼻炎，并逐渐导致鼻甲骨萎缩；断奶后的仔猪，一般只产生轻微的病变，可能只发生卡他性鼻炎和咽炎；成猪感染后看不到症状而成为带菌者。

病猪和带菌猪是本病主要传染源；猫、鼠、兔和狗等也可带菌，并能传播本病。病原体多经鼻腔分泌物排出后，通过空气飞沫经呼吸道传染，特别是母猪有病时，最易将本病传染给仔猪，不同月龄的猪再通过水平传播扩大到全群。饲养管理不良，猪舍潮湿等不良条件，均可促进本病的发生。

研究表明，支气管败血波氏杆菌是猪呼吸道黏膜的常在菌，鼻腔感染几乎存在于整个猪群中。Ⅰ相菌在鼻腔中繁殖，能连续定居5个月以上；多杀性巴氏杆菌多定居在猪的扁桃体和鼻腔，而其中扁桃体占40%，鼻腔仅占8%。一般情况下巴氏杆菌很难在健康猪的鼻黏膜上增殖，只有在以支气管败血波氏杆菌或其他因子的侵袭、鼻黏膜受到损害时才有可能造成在猪场的传播。

〔临床症状〕病猪的临床症状随感染日龄及发展阶段的不同而有较大的变化，病猪越小，症状越严重。患病仔猪首先出现的症状为喷嚏、咳嗽和鼾声，有浆液性或黏液性鼻液，进而发展为鼻塞、呼吸困难，流出黏稠或脓性鼻液，随着病情逐渐加重，持续大约3周以后鼻甲骨开始发生萎缩。病猪打喷嚏之后，常从鼻孔流出少量浆液性或黏脓性分泌物，有时含有血丝；一些病变严重的病例，由于强力的喷嚏而损伤鼻黏膜的血管，导致程度不同的鼻出血。由于鼻黏膜受到刺激，病猪常常兴奋不安，不时拱地，搔扒或摩擦鼻部；吸气时鼻孔开张，发出鼾声，严重时则张口呼吸（图2-8-1）。在发生鼻症状的同时，由于鼻泪管阻塞，眼分泌物从眼角流出，因此在病猪眼角下的皮肤，常形成弯月形潮湿区，被尘土黏着后而形成灰色或黑色斑块，称此为泪斑（图2-8-2）。

本病发生数周后，少数病猪可以自愈，但大多数猪有鼻甲骨萎缩变化，而且感染年龄越小，发生鼻甲骨萎缩的越多，病变也越严重。发病经过2～3个月后，由于构成鼻腔的骨骼生长缓慢，鼻甲骨发生萎缩，而被覆在其上的皮肤、皮下组织和健康骨骼仍按正常的速度长年发育，以致鼻和面部变形。若两侧鼻腔的病理损害大致相等，则鼻腔变得短小，鼻端向上翘起，鼻背部皮肤粗厚，有较深的皱褶，下颌伸长，上下门齿错开，不能正常咬合，俗称"短鼻子"（图2-8-3）；若一侧鼻腔病损严重时，则两侧鼻孔大小不一，鼻端歪向病损严重的一侧，故又有"歪鼻子"（图2-8-4）之称；当额窦受害而不能以正常比例发育时，则两眼间的宽度变窄，使头形倾向于小猪的头形，可称此为"小头症"（图2-8-5）。

此外，病猪常伴发肺炎的发生。其原因可能是由于鼻甲骨损坏，异物和继发性细菌侵入肺部造成，也可能是主要病原菌直接作用的结果。鼻甲骨的萎缩可促进肺炎的发生，而肺炎的发生又反过来加重了鼻甲骨的萎缩病演过程。若鼻炎损及筛板，细菌往往通过受损的筛板而扩展到脑，则可诱发脑炎。

〔病理特征〕病变主要限于鼻腔和邻近组织，最有特征的变化是鼻腔的软骨和骨组织的软化和萎缩，尤以鼻甲骨萎缩，特别是鼻甲骨的下卷曲萎缩最为明显。鼻甲骨的萎缩，有的是两侧对称性萎缩，形成对称性病变（图2-8-6）；有的则为单侧非对称性萎缩，或一侧萎缩较重，另一侧萎缩较轻，此时鼻中隔则发生弯曲（图2-8-7），重病侧的鼻骨病变明显，形成临床上的歪鼻子症状。进行病理剖检时，为了检查鼻甲骨，可在鼻甲发育最丰满的部位锯开，以便充分暴露两侧鼻甲骨。其方法是沿两侧第一、二臼齿间的连线锯成横断面，然后观察鼻甲骨的形状和变化。在这个横断面上，正常的鼻甲骨分成上下两个卷曲。上卷曲呈现两个完全卷曲，而下卷曲的弯转则较少，只有一又四分之一个弯转，颇似钓鱼钩。上下卷曲几乎占据整个鼻腔，上鼻道比下鼻道稍大，鼻中隔正直。

鼻部锯断后，首先应检查鼻腔黏膜的分泌物性状与数量，以及黏膜的变化（水肿、出血和糜烂等）。病变轻时，鼻黏膜仅有少量浆液性渗出物，继之有大量黏液脓性分泌物并混有大量脱落的黏膜上皮。窦黏膜常中度充血，有时窦内充满黏液性分泌物，当病变转移到筛骨时，可在筛窦内见有大量黏液或脓性渗出物。然后检查鼻腔黏膜和鼻腔周围骨的对称性、完整性、形态及变化（变形、骨质软化或疏松，萎缩以至消失），以及两侧鼻腔的容积，测量鼻腔纵径和两侧鼻腔的最大横径（AR时鼻腔的横径往往大于纵径），鼻中隔倾斜及弯曲的程度。当鼻甲骨萎缩时卷曲变小而钝直，甚至鼻甲骨消失，而只留下少量黏膜皱褶，使鼻腔变成一个鼻道，鼻中隔弯曲（图2-8-8）。最后对鼻甲骨进行触诊，以确定卷曲部及基部骨板的质地。正常时骨板坚硬，萎缩时软化以至消失。

组织学的特征性病变是萎缩的骨组织中早期可见到较多的破骨细胞（图2-8-9），而在较陈旧的病灶中破骨细胞稀少或完全缺如。骨基质变性骨质疏松，骨细胞变性、减数，骨陷窝扩大。与此同时还可见到一些不完全性骨生成变化，表现在骨膜内和骨小梁周边出现多量不成熟的成骨细胞，发展为类骨细胞，形成类骨组织（图2-8-10），从而使鼻骨变软。

另外，本病所继发的肺炎是导致仔猪死亡的重要原因。肺炎灶最先见于肺尖叶、心叶和膈叶前下部，成小叶性或融合性病变（图2-8-11）。切开肺脏，肺组织常因充血而呈鲜红色或淡红色，切面上散布有红褐色小叶性炎性病灶，从中常可分离出病原菌（图2-8-12）。病情严重时，病变常可累及整个肺叶，并出现代偿性肺气肿变化（图2-8-13）。

〔诊断要点〕通常根据本病特定的临床症状和病理变化一般均可做出正确诊断，但在疾病的早期，其症状和病变均不典型时，则需实验室检查才能确诊。实验室检查的方法是：先把受检猪保定好，将其鼻盘部洗净擦干，并用70%酒精棉消毒，然后用灭菌的棉棒探进鼻腔的1/2深处，轻轻转动数次（图2-8-14）；取出后立即放入盛有肉汤或生理盐水的试管内，尽快送实验室进行细菌分离培养，最后根据菌落形态、颜色、凝集反应与生化反应进行鉴定。

此外，也可采取感染猪的血清做凝集反应。通常仔猪感染12周龄后即可检出此抗体，判定结果暂定为1:80以上为阳性；1:40为可疑；1:20为阴性。另外，用荧光抗体技术也能确诊本病。

〔类症鉴别〕诊断本病时应注意与下列疾病相鉴别。

1.传染性坏死性鼻炎　传染性坏死性鼻炎是外伤之后感染坏死杆菌所致，主要表现为鼻腔的软组织、骨和软骨发生坏死，形成瘘管，流出腐败恶臭的坏死性分泌物，而无鼻甲骨萎缩或消失的表现。

2.骨软症　猪患骨软症时，颜面骨疏松，鼻部肿大变形，呼吸困难，与萎缩性鼻炎的症状有些相似。但骨软症无喷嚏和泪斑，鼻甲骨不萎缩。

3.猪传染性鼻炎　由绿脓杆菌引起，呈现出血性化脓性鼻炎症状。临床上病猪体温升高，食欲减损或废绝；死后剖检时，见鼻腔、鼻窦的骨膜、嗅神经及视神经鞘，甚至脑膜发生出血。而萎缩性鼻炎无此变化。

4.猪细胞巨化病毒感染症　本病可以单独发生，也可是猪萎缩性鼻炎的继发性感染的病原体，主要侵害2～3周龄的乳猪。乳猪感染猪细胞巨化病毒时，常发生鼻炎，打喷嚏，吸气困难，易与猪萎缩性鼻炎混同。但猪细胞巨化病毒感染症一般呈急性经过，临床上病猪贫血，下颌和肘关节周围水肿，具有中等度发热的一般性鼻炎症状，流出少量浆液性鼻汁，病程延长或继发感染时可见到卡他性化脓性鼻漏，一般不引起鼻甲骨萎缩。本病的发病率高，死亡率低，常并发鼻窦炎、中耳炎和肺炎。病理组织学的特征性变化是：在鼻黏膜固有层的腺体及其导管的所有巨细胞核内均可检出嗜碱性核内包含体。

〔治疗方法〕支气管败血波氏杆菌对抗生素和磺胺类药物敏感。具体使用方法如下：在每吨饲料内添加磺胺二甲嘧啶100～450g，拌匀，连喂4～5周；磺胺嘧啶钠按每升水加入0.06～0.1g；溶解后供猪自由饮用，连饮4～5周；为了防止产生耐药性，可在每吨饲料内加入磺胺二甲嘧啶、金霉素各100g，青霉素50g，混匀后连续饲喂3～4周。

在疫区为了减少本病的发生，可于仔猪出生后的第3、6、12天各注射四环素一次，或注射磺胺类制剂；鼻腔可用25%硫酸卡那霉素、0.1%高锰酸钾液喷雾预防或治疗（图2-8-15）。

验方治疗本病也有较高的疗效，如用大蒜一份，75%酒精五份，浸泡10d后，过滤备用。应用时需配制成7.5%酒精溶液注入鼻腔深部，对患病母猪所生的乳猪每天注射一次，连续一个月，以后每隔5d注入一次，直至断乳。

另外，据日本报道，在北海道两个猪场，应用硫酸卡那霉素溶液，对妊娠母猪在预产期的前3d；分娩当天和分娩后1周、2周和3周，共做5次鼻腔喷雾（每头猪用药960mL），之后再用氯化异氰尿酸钾，对母猪进行彻底消毒。此次受试的6头母猪，所产乳猪30头，断乳时做鼻腔内的猪支气管败血波氏杆菌检查，结果均为阴性。也可用药物对乳猪进行鼻腔喷雾，借以预防或治疗本病(图2-8-15)。

〔预防措施〕本病的发生与管理密切相关,应在加强兽医卫生管理的基础上,搞好饲养管理、免疫接种和药物预防等综合性措施来预防。

1.常规预防 主要做好以下两点:

(1)加强饲养管理 猪场应制定严格的科学管理制度。引进种猪时,要了解种猪场的疫情,并对引进的种猪隔离观察1个月以上;产仔断奶和育肥各阶段应采用全进全出的饲养体制,尽量避免不同年龄的猪只混养;合理降低猪群的饲养密度,改善通风条件,减少病原体的传播机会,提高猪体的抵抗力;严格消毒制度,保持猪舍清洁、干燥,避免潮湿。

(2)积极预防接种 目前,预防猪传染性萎缩性鼻炎的疫苗有两种,即支气管败血波氏杆菌(Ⅰ相菌)灭活油剂苗和支气管败血波氏杆菌-多杀性巴氏杆菌灭活油剂二联苗。通常的使用方法是:为了保证怀孕母猪有较高的母源性抗体,使所生仔猪能获得良好的被动免疫,可于母猪分娩前60d及30d,分别注射菌苗各一次,借以提高母源抗体滴度,以保护生后几周内的仔猪不受感染。仔猪免疫时应根据具体的情况而定。对于有母源性抗体的仔猪,可在4周龄和8周龄各免疫一次;对无母源抗体的仔猪可在1周龄、4周龄和8周龄分别免疫一次。应用二联苗免疫时,妊娠母猪应在产前1个月免疫一次即可。

2.紧急预防 一旦猪场发生本病,可根据本场的情况采取相应措施。若发病猪很少,可及时淘汰,根除传染源;若发病的猪只比较多,且已散播到全猪群,最好采取"全进全出"措施,将患病猪群的猪全部育肥后屠宰,经彻底消毒后,重新引进种猪;如不能做到,只有对全群的猪进行药物治疗和预防,连续喂药5周以上,以促进康复。另外,通过药敏试验选用土霉素、金霉素、卡那霉素、庆大霉素、环丙沙星、恩诺沙星和磺胺类药物进行注射或鼻腔内喷雾也可较好地控制本病。

**图2-8-1 呼吸困难**

病猪呼吸困难,吸气时两鼻孔和嘴开张,鼻孔周围附有黏稠的鼻液。

**图2-8-2 泪斑形成**

病猪的鼻泪管阻塞,两眼角有明显的泪斑形成。

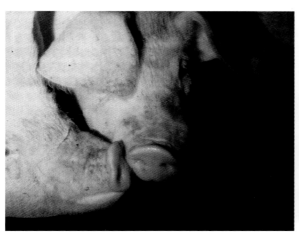

**图 2-8-3 短鼻子**

病猪的鼻甲骨萎缩，导致鼻梁部塌陷（左），形成"短鼻子"。

**图 2-8-4 歪鼻子**

病猪的鼻端向病侧歪斜，形成"歪鼻子"。

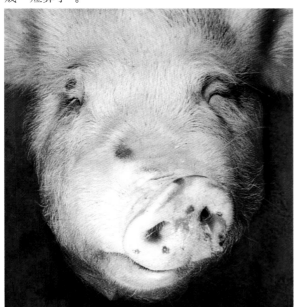

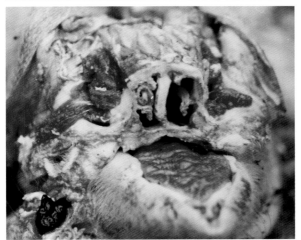

**图 2-8-5 小头症**

病猪两眼间的宽度变狭，形成小猪样的头，即为"小头症"。

**图 2-8-6 对称性萎缩**

横断鼻部，鼻甲骨上、下卷曲对称性萎缩，鼻道增大、畸变。

**图 2-8-7 非对称性萎缩**

鼻甲骨非对称性萎缩，鼻中隔弯曲，重病侧鼻道增大。

**图2-8-8　鼻甲骨变化比较**

横断鼻腔,从左至右为健康鼻甲骨、中等病变和重度病变的鼻甲骨。

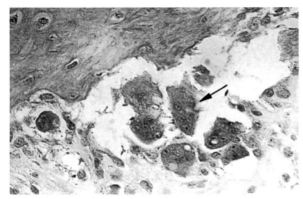

**图2-8-9　破骨细胞**

残存的变性骨小梁正被大量破骨细胞吞噬和清除。HE×400

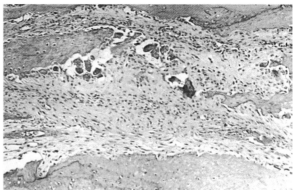

**图2-8-10　类骨组织形成**

大量不成熟的成骨细胞发展为类骨细胞,形成类骨组织。HE×100

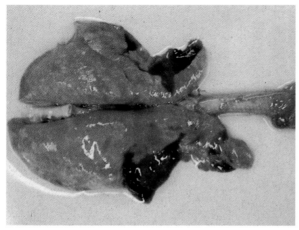

**图2-8-11　支气管肺炎**

肺炎病变见于尖叶、心叶和膈叶的前下部,从中分离出支气管败血波氏杆菌。

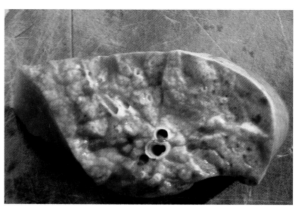

**图2-8-12　肺切面病变**

肺切面充血,散在有红褐或灰白色病灶,从中分离出D型巴氏杆菌。

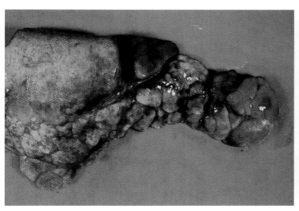

**图2-8-13　大叶性肺炎**

肺大叶受累发生炎症，并出现明显的代偿性肺气肿病变。

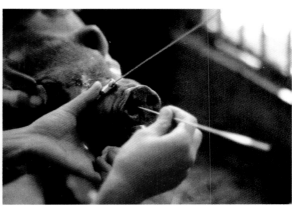

**图2-8-14　采取病料**

用棉棒从病猪鼻腔中采取病料进行病原检查。

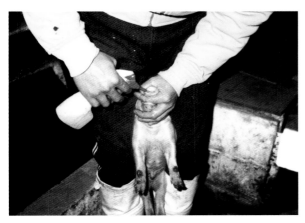

**图2-8-15　药物喷雾**

用喷雾法对仔猪进行本病的预防或治疗。

## 九、猪炭疽（Anthrax of swine）

炭疽虽然是牛、羊、马等动物和人的一种共患的急性、热性、败血性传染病，但猪对其具有较强的抵抗力，即使感染本病，也多半为局灶性炎症，即以形成炭疽痈为特点；有时呈阴性感染，在临床上不显任何症状，只有在屠宰检验过程中才被发现。猪炭疽最常见的是咽喉炭疽；其次是肠炭疽和败血型炭疽。

据记载，本病已有上千年的历史，虽然在世界范围的发病有下降趋势，但至今尚未消灭，对人类的健康和畜牧业发展的危害迄今仍占有一定的地位。因此，世界动物卫生组织（OIE）将之列为B类动物疫病。

〔病原特性〕本病的病原体是炭疽芽孢杆菌（*Bacillus anthracis*）。该菌是一种游离端钝圆呈竹节状长而粗的需氧大杆菌，无鞭毛不能运动，革兰氏染色阳性。病菌在病猪体内常呈单个散在或由2～3个菌体形成短链。在菌体的周围具有肥厚的黏液样荚膜（图2-9-1），后者对组织腐败具有较大的抵抗力，故用已腐败的病料做涂片检查时，常常见到无菌体的荚膜阴影，称此为"菌影"。用扫描电镜检查带有荚膜的菌体，可见其明显变粗（图2-9-2）。本菌在体内不形成芽孢，但排出体外接触空气中的游离氧，并在气温适宜的情况下就会形成芽孢。芽孢一般呈卵圆形，位于菌体的中央，对外界的抵抗力极强，可在水中、粪尿及土壤中长期保持其活力，遇到适宜的条件又可发芽、增殖。所以被炭疽杆菌污染的地方，常可成为本病长期的疫源地。

炭疽杆菌的菌体对外环境的抵抗力不强，在未解剖的尸体中，夏季 1～4d 即腐败死亡，对热和一般的消毒药也很敏感，但芽孢具有很强的抵抗力。后者在土壤中能存活数十年；在皮毛和水中能活存 4～5 年；在干燥的条件下可存活 32～50 年；煮沸需 15～25min 才能杀死芽孢。消毒药物中碘溶液、过氧乙酸、高锰酸钾及漂白粉对芽孢的杀伤力较强，所以临床上常用 20%漂白粉、0.1%碘溶液、0.5%过氧乙酸作为消毒剂；而来苏儿、石炭酸和酒精的杀灭作用较差，在临床上不宜使用。

〔流行特点〕各种家畜及人对炭疽均有不同程度的易感性，但猪的易感性较低。病畜是本病的主要传染来源。当病畜处于菌血症时，常可通过其粪、尿、唾液等方式排菌；如果排泄物或尸体处理不当而污染土壤后，炭疽芽孢可长期存在，成为最危险的传染源。本病的主要传播途径是消化道。当猪吃了被污染的含大量炭疽芽孢的饲料、饲草、饮水等或吃了感染炭疽的动物尸体时，即可感染发病。

本病虽然一年四季均可发生，但有明显的季节性，一般多发生于炎热多雨或炎热干燥的夏季，以 5～10 月多见，6～9 月为发病的高峰期。猪多呈散发，少见地方性流行。

〔临床症状〕本病的潜伏期一般为 2～6d。根据侵害部位的不同，出现的临床症状不同，一般可将猪炭疽分为以下几型：

1. 咽喉炭疽　主要侵害咽喉及胸部淋巴结。开始咽喉部显著肿胀，渐次蔓延到头、颈，甚至胸部与前肢内侧。病猪精神沉郁，体温升高，呼吸困难，可视黏膜发绀，不吃食，咳嗽，呕吐。一般在胸部水肿出现后 24h 内死亡。

2. 肠炭疽　主要侵害肠黏膜及其附近的淋巴结。临床表现为体温升高，精神倦怠，不食，呕吐，有时便秘和血痢交替发生，最后常因病情恶化而死亡。

3. 败血型炭疽　病初，病猪体温升高，兴奋不安，食欲减损；继之，不吃食，喜卧，可视黏膜蓝紫，粪便带血，通常于发病后的 1～2d 内死亡。

〔病理特征〕猪的不同类型的炭疽，常见有不同的特征性病变。

1. 咽喉炭疽　病变主要局限于颌下、咽后、颈前淋巴结和扁桃体。病变淋巴结呈不同程度的肿大，有的可达鸭蛋大。病初，淋巴结有出血性炎症变化；继之，随侵入细菌数量的增多，毒力的增强，淋巴组织出现坏死灶，逐渐变为粉红色至深红色，病健部分界线明显，淋巴结周围有浆液性或浆液出血性浸润（图 2-9-3）。镜检见咽喉部皮下组织及脂肪组织中的血管扩张充血、出血，大量浆液外渗。组织中有大量浆液、纤维蛋白、红细胞和中性粒细胞，血管壁坏死，或见血栓形成（图 2-9-4）。最后，转为慢性时，呈出血性坏死性淋巴结炎变化，病灶切面致密，发硬变脆，呈一致性砖红色（图 2-9-5），并有散在或密集的坏死灶。镜检见淋巴组织中的血管极度扩张、出血，大量红细胞和中性粒细胞侵入淋巴组织，淋巴小结消失，大量淋巴细胞坏死，淋巴细胞数量锐减（图 2-9-6）。扁桃体受侵时，其表面常被覆黑褐色纤维素性坏死性假膜。病灶周围，有时甚至整个咽喉头部的结缔组织发生出血性胶样水肿，严重时可导致病猪窒息而死。

2. 肠炭疽　主要发生于小肠，多半以肿大、出血和坏死的淋巴小结为中心，形成局灶性出血性坏死性肠炎变化。病初，淋巴小结潮红、肿胀，形成半球形或堤坝状隆起；继之，病变逐渐扩大，形成局灶性出血性坏死性肠炎。此时，病变部的肠管瘀血、出血变化十分明显，呈暗红或紫红色，邻近的肠系膜呈淡红色胶冻样水肿，肠系膜淋巴结出血肿大（图 2-9-7）；切开肠管，肿大、坏死的淋巴小结部黏膜呈暗红色，其表面覆有纤维素性坏死性黑色痂膜（图

2-9-8)，邻接的肠黏膜呈出血性胶样浸润；若病变发展时则形成痈型炭疽（图2-9-9）；当坏死物或痂皮脱落后，可形成火山口状溃疡。镜检见肠绒毛大量坏死，固有层和黏膜下层有大量纤维蛋白渗出和炎性细胞浸润。本病除见于小肠外，还可发生于大肠和胃。

另外，肠炭疽痈邻近的肠系膜呈出血性胶样浸润，散布纤维素凝块。肠系膜淋巴结肿大，出血，切面呈暗红色、樱桃红色或砖红色（图2-9-10），质地硬脆，散发紫黑色稍凹陷的小坏死灶，但有时也见切面无坏死灶者。心脏、肝脏、脾脏和肾脏等实质器官多有不同程度的变性和出血性变化。

3.败血型炭疽　死于败血型炭疽的病猪，尸僵多不全，很快发生腐败，可视黏膜呈蓝紫色，天然孔有出血。剖检切开时，从血管的断端流出黑红色的煤焦油样凝固不良的血液，机体不同部位的结缔组织内有大量红黄色透明的浆液浸润而呈胶冻样，并密布大小不一的出血点。胸、腹腔内常积有多量混浊的液体，全身肌肉呈暗红褐色。

特征性的器官病变主要见于脾脏和淋巴结。脾脏极度肿大，被膜紧张，呈紫红色，质地软化，触之有波动感（图2-9-11）。切面呈黑红色，脾髓呈泥状，脾小体和脾小梁不明显。有时，脾脏虽然不明显肿大，但在脾脏组织中可检出红褐色炭疽痈（图2-9-12）。全身淋巴结肿大，呈暗红色，表面常有多少不一的点状出血；切面湿润，呈暗红色或紫红色。镜检见脾窦和淋巴窦内充满大量红细胞，脾脏组织和淋巴组织被挤压并因病菌的作用而大量坏死，在坏死的组织内，特别是在病、健交接部和淋巴窦内可检出大量炭疽杆菌（图2-9-13）。

此外，小肠多见出血性肠炎变化，从浆膜见整个肠管呈紫红色，部分大肠也常常受到累及（图2-9-14）。肝脏瘀血、肿大，被膜紧张，边缘钝圆，呈暗紫红色，表面常散在多量出血点。切面结构不清，质脆易碎。镜检见肝细胞变性、坏死，中央静脉和窦状隙扩张，充满红细胞和中性粒细胞为主的炎性细胞（图2-9-15）。肾脏变性、肿大，表面有多量出血点；切面见皮质部增宽，质地脆弱。镜检见肾小管上皮变性、坏死，肾间质瘀血、出血，并有大量中性粒细胞浸润（图2-9-16）。

值得指出的是，死于炭疽的病猪，一般不做病理剖检，防止尸体内的炭疽杆菌暴露在空气中形成炭疽芽孢，而形成永久性的疫源地。

〔诊断要点〕猪炭疽的临床症状只有一定的参考意义，而通过病理剖检常能做出正确的诊断。为了及时确诊，常常需在实验室进行细菌检查。其方法是：病猪生前可先从耳尖采血涂片染色镜检；死后，在严格控制的条件下，从尸体左侧最后一条肋骨后缘，切开腹壁，采取小块脾脏涂片染色镜检；对咽喉部肿胀的病例，可用消毒的注射器穿刺病变部，抽取病料，涂片染色镜检。染色方法多用姬姆萨染色法或瑞氏染色法，也可用碱性美蓝染色。镜检时应多看一些视野，若发现具有荚膜、单个、成双或数个菌体成短链的粗大的竹节状杆菌（图2-9-17），即可确诊。别外，也可进行环状沉淀反应和免疫荧光试验来进一步确诊。

〔类症鉴别〕本病的诊断应与急性猪肺疫、猪瘟和猪丹毒相互区别。

1.急性猪肺疫　咽喉炭疽与急性猪肺疫相似，但急性猪肺疫有明显的急性肺水肿或纤维素性肺炎病变；临床上，病猪口鼻流泡沫样分泌物，呼吸特别困难。小肠见不到出血性肠炎变化或肠炭疽所产生的特征性病变。从肿胀部位抽取病料涂片，用碱性美蓝染色液染色镜检，可见到两端浓染并且没有荚膜的巴氏杆菌。

2.猪瘟　与肠炭疽不同的是受损害的肠系膜淋巴结不具有炭疽时经常见到的干燥、脆硬与出血性坏死病变。猪瘟时全身淋巴结常常受累，主要表现为出血性淋巴结炎的变化，切面如大理石样外观；而局限性炭疽仅仅损害由病变部汇集淋巴的局部淋巴结，切面不具大理石样景象，而呈出血性坏死性淋巴结炎变化。

3.猪丹毒　与败血型炭疽的区别主要表现为：脾脏虽然肿大，但脾髓一般不发生软化；与咽喉炭疽和肠炭疽的区别特点是：缺乏炭疽时的特征性咽喉部炎性水肿和颌下淋巴结、肠系膜淋巴结的出血性坏死性病变。

〔治疗方法〕临床上确诊后再行治疗时，已经太晚，难以收到预期效果，所以第一个病例都会死亡。从第二个病例起，应尽早隔离治疗。

1.抗菌药疗法 首选抗菌药为青霉素，其治疗方法是：用青霉素40万～100万IU静脉注射，每天3～4次，连续5d，可以收到一定效果。如遇到耐药菌株而疗效不佳时，应选用其他敏感的广谱抗菌药，如环丙沙星、头孢噻呋、四环素、强力霉素（多西环素）、卡那霉素等治疗。磺胺类药物有时也有奇效。应该强调指出：用抗菌药治疗本病时，虽然可杀灭细菌，但却不能中和由细菌所产生的毒素。因此，若与抗血清同时使用，方可收到明显的疗效。

2.血清疗法 病初应用抗炭疽血清治疗可获得较为满意的疗效。其用量是：大猪50～100mL；小猪30～80mL，静脉注射或皮下注射。必要时12h后再次注射一次，方可收到较好的疗效。体表的炭疽，如咽喉炭疽也可在病灶的周围分点注射抗血清，对于限制局部病灶的扩散也有特效。

3.中药疗法 民间也有较好的验方，对本病有一定的治疗作用。

处方一 野菊花20g、金银花25g、大黄200g、甘草50g、烧酒500g、水2 000mL，放入陶器内煎后，去渣，分早、晚两次灌服，连用。

处方二 知母40g、黄白药子各40g、栀子50g、黄芩40g、大黄40g、甘草25g、贝母50g、连翘50g、黄连25g、金银花50g、郁金30g、芒硝50g、天花粉40g，上药共砚为细末，开水冲服，待温，加鸡蛋清4个为引，同调灌服。每天一次，连灌3d。

处方三 蟾酥30g、炙马钱150g、雄黄100g、熊胆25g、黄连100g、大黄100g、巴豆霜（去皮油）50g、冰片25g、牛黄0.25g、麝香0.15g。使用时，先将蟾酥放在白酒内泡一夜，再焙干压碎，与上药共研为细末，用黄米面调匀做成绿豆粒大小的丸剂，每次灌服18～20粒，早、晚各一次，连用3d。

〔预防措施〕目前，虽然炭疽的发病率降低，发生的范围缩小，但绝不可掉以轻心，必须做好各项预防工作。

1.常规预防 炭疽是一种烈性传染病，不仅危害家畜，也威胁人类健康。因此，必须时刻警提，积极预防。

（1）预防接种 在疫区或常发地区，每年最好对猪进行预防接种，常用的疫苗是无毒炭疽芽孢苗，接种14d后即可产生免疫力，通常的免疫期限为一年。

（2）加强检疫 平时应加强对猪炭疽的屠宰检验，加大检验力度；同时，要做好有关本病所致的严重危害和病变特点的宣传工作，使群众能自觉地接受检疫和不食因本病而死亡病猪的肉，或对有怀疑本病的肉送到相关部门进行检疫。

2.紧急预防 发生本病后，应尽快上报疫情，划定疫点，并采取相应的有力措施。

（1）隔离治疗 发生本病的猪群，应立即禁止猪只流动，并对猪群中的猪逐一测温，凡体温升高的可疑猪，要尽快隔离，并用大剂量的青霉素或血清进行治疗；对体温不高的猪，仍需用药物进行预防，并注射疫苗。常用的疫苗为无毒炭疽芽孢苗，每猪皮下注射0.5mL；或第二号炭疽芽孢苗，每猪皮下注射1mL。

（2）严格消毒 病死猪和被污染的垫料等一律烧毁，被污染的水泥地用20%漂白粉或0.1%碘溶液等消毒；若为土地，则应铲除表土15cm，被污染的饲料和饮水均需更换，猪舍、用具和运动场地等，也应彻底消毒。

（3）封锁疫区 禁止疫区内的猪只交易和猪肉的输出，用于饲喂猪的饲料和必要的用具等，一般应遵循的原则是可进不能出。当最后1头病猪死亡或治愈后15d，再未发现新病例时，经彻底消毒后可以解除封锁。

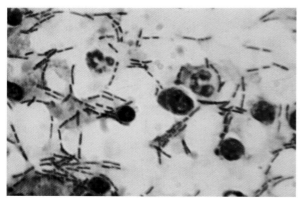

**图2-9-1　血液中的炭疽杆菌**

血液涂片中的革兰氏阳性的炭疽杆菌。革兰氏
×1 000

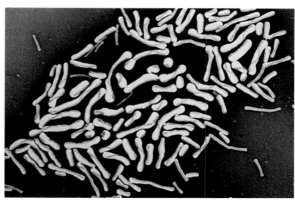

**图2-9-2　病原的电镜图**

用扫描电镜所检出的带有荚膜的炭疽杆菌。
×6 000

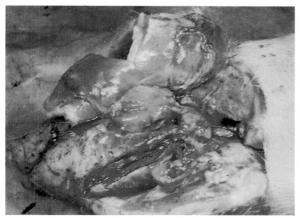

**图2-9-3　急性咽喉炭疽**

咽喉部急性肿胀，切开有大量鲜红色的渗出液流
出；淋巴结肿大，呈粉红色。

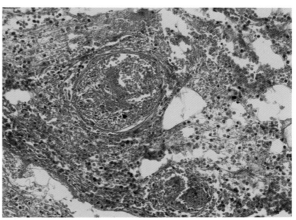

**图2-9-4　出血性皮下组织炎**

咽喉部皮下组织中的血管充血、出血，血管壁坏
死并有血栓形成。HE×400

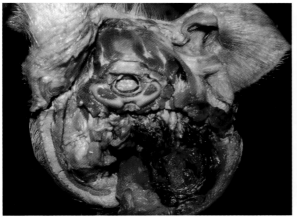

**图2-9-5　慢性咽喉炭疽**

咽喉部肿胀，淋巴结出血坏死，呈砖红色，周围组
织呈出血性浸润。

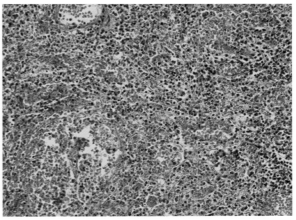

**图2-9-6　出血坏死性淋巴结炎**

颌下淋巴结组织充血、出血和坏死，淋巴细胞明
显减少。　HE×400

**图 2-9-7 肠炭疽**

肠系膜呈出血性胶样浸润，淋巴结出血，心、肝、肾和脾均变性和出血。

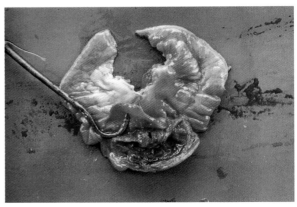

**图 2-9-8 肠炭疽痈**

肠黏膜被覆黄红褐色假膜，肠壁出血和坏死，从中检出炭疽杆菌。

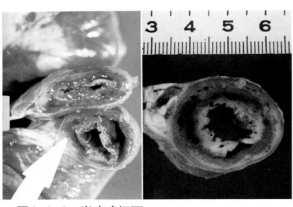

**图 2-9-9 炭疽痈切面**

左侧为新鲜的肠炭疽痈（↑）；右侧为用甲醛固定后的肠炭疽痈。

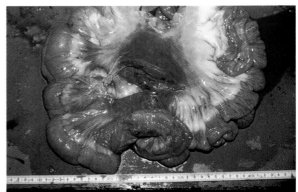

**图 2-9-10 出血性浸润**

炭疽痈部的肠系膜发生出血性胶样浸润；淋巴结出血、坏死，呈砖红色。

**图 2-9-11 败血脾**

脾脏发生急性炎性肿胀，边缘钝圆，质地柔软，呈黑红色。

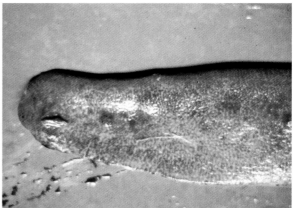

**图 2-9-12 脾炭疽痈**

脾尾部有暗红色结节状隆起，切面呈黑褐色，此是脾炭疽痈。

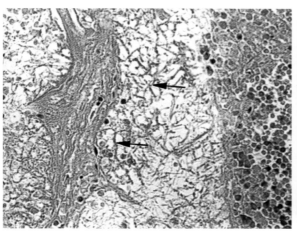

**图2-9-13　淋巴窦中的病原**

淋巴结皮质出血、坏死，淋巴窦中有大量炭疽杆菌（↑）。HE×400

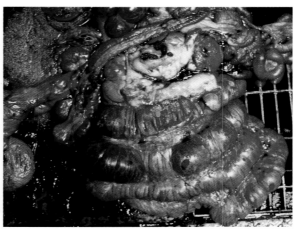

**图2-9-14　肠出血**

败血症性炭疽的小肠及部分大肠瘀血、出血，呈黑红色。

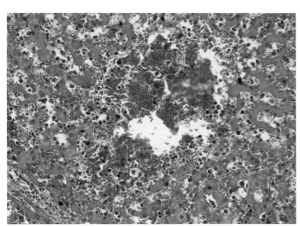

**图2-9-15　肝出血坏死**

肝细胞变性坏死，肝组织有明显的出血和中性粒细胞浸润。HEA×400

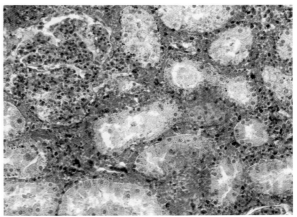

**图2-9-16　肾出血坏死**

肾小管上皮细胞变性坏死，肾间质充血、出血和中性粒细胞浸润。HEA×400

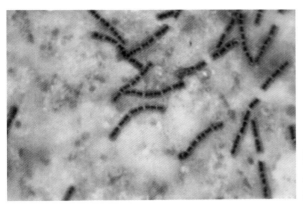

**图2-9-17　炭疽杆菌形态**

用腹腔液涂片检出的带有荚膜的炭疽杆菌。革兰氏×1 000

## 十、布鲁氏菌病 （Brucellosis）

布鲁氏菌病是由细菌所致的一种人畜共患的慢性传染病。本病的特征是生殖系统受侵，母猪发生流产和不孕，公猪引起睾丸炎、腱鞘炎和关节炎等。在家畜中，除猪对本病易感外，牛和羊也易发病。

目前，本病呈世界性流行，各国均有不同程度的发生。人类与病畜或带菌动物及流产物接触，食用未经消毒的病畜肉、乳及乳制品，均可招致感染而发生波浪热。因此，本病具有重要的公共卫生意义。

〔病原特性〕猪布鲁氏菌病的病原体主要是猪布鲁氏菌。它可使猪只发生全身性感染，并引起繁殖障碍；而其他种类的布鲁氏菌一般只侵害猪的局部淋巴结，多无临床表现。已知，猪布鲁氏菌主要有4个生物型，但各型在形态上并无太大差异。它们都是细小的球杆菌或短杆菌，无鞭毛不能运动，不形成荚膜和芽孢，革兰氏染色呈阴性反应（图2-10-1）。由于布鲁氏菌吸收染料的过程较慢，比其他细菌难于着色，所以可用两种不同的染料进行鉴别染色，如沙黄—孔雀绿染色。染色后布鲁氏菌呈红色，而其他细菌则呈绿色。

本菌对营养要求较高，生长液中一般需要大量维生素$B_1$，在含有少量血液、血清、肝浸液、甘油和胰蛋白酶时生长良好。菌落有光滑型（S）和粗糙型（R）两种。一般在适宜的培养基中新生长出的菌落呈光滑型，而长期培养时则多发生从S型到R型的变异，同时引起毒力和抗原性的改变。目前，根据菌体抗原结构而将之分为属内抗原和属外抗原两种。属内抗原包括A、M和R抗原等表面抗原。S型菌含有A和M两种表面抗原，R型菌则含有R抗原，后者为可溶性胞浆抗原。S型菌株发生S-R的变异后，则丧失A和M抗原，而暴露出R抗原。属外抗原可与巴氏杆菌、变形杆菌、弧菌、弯曲菌、钩端螺旋体、沙门氏菌和大肠杆菌等属的细菌有交叉凝集反应。

布鲁氏菌为细胞内寄生菌，对外界环境的抵抗力比较强，在直射阳光作用下0.5～4h、室温干燥5d、50～55℃ 60min、60℃ 30min或70℃ 10min死亡；在粪便中可存活8～25d；在布片上室温中可存活5d；在干燥的土壤中可生存37d；在冷暗处及胎儿体内能保存6个月。但本菌对消毒药的抵抗力较弱，一般消毒药能在数分钟将其杀死，如0.1%升汞在数分钟、1%来苏儿或2%福尔马林或5%生石灰乳等在15min内均可将其杀死。

〔流行特点〕不同年龄的猪对本病都有易感性，其中以生殖期的猪发病较多，吮乳猪和仔猪均无临床症状。因此，有报道认为：动物的易感性是随着年龄接近性成熟而增高。病猪和带菌猪是本病的主要传染来源。病原体不定期地随病猪的乳汁、精液、脓汁，特别是从病母猪的阴道分泌物、流产胎儿、胎衣和羊水中排出体外；而被污染的饲料、饮水、猪舍和用具等则是扩大再传染的主要媒介。病原体主要是经消化道感染；但也可经配种、损伤的皮肤、呼吸道、交媾和吸血昆虫的叮咬而感染。

据报道，母猪在感染后4～6个月，75%可以恢复，不再有活菌存在；公猪的恢复率在50%以下；乳猪感染时，到成猪后仅2.5%带菌。这说明大部分感染猪可以自行恢复，仅少数猪成为永久性的传染源。

应该强调指出：猪型布鲁氏菌对人有感染性。因此，人在缺乏消毒和防护的条件下进行接产、护理病猪，最易造成传染。具有全身感染和处于菌血症期的病猪，其肉和内脏均含大量的病原菌，加工不当食用后可使人感染。

本病呈地方性流行，无明显的季节性。

〔临床症状〕感染本病的猪大部分呈隐性经过，只有少数猪呈现出典型的临床症状，其主要表现为母猪流产、不孕；公猪发生睾丸炎，后肢麻痹（多与椎骨受累有关）及跛行（关节炎或腱鞘炎），短暂发热或无热，但很少发生死亡。

母猪流产可发生于妊娠的任何时期，配种时感染，母猪的流产率最高，受精后17d即可发生流产。有的在妊娠的2～3周即流产；有的则在接近妊娠期满而早产；但流产最多发生在妊娠的4～12周。病猪流产前的主要征兆是精神沉郁，发热，食欲明显减少，阴唇和乳房肿胀，有时从阴道常流出黏性红色分泌物。早期流产时，因母猪多将胎儿连同胎衣吃掉，故常不易被人发现。后期流产的胎衣不下的情况很少，偶见因胎衣不下而引起子宫炎或子宫内膜炎。流产后一般经8～16d方可自愈，但排菌时间较长，需经30d以上才能停止。正常分娩或早产时，可产下弱仔、死胎或木乃伊胎。另外，乳猪和断奶仔猪也可出现后躯麻痹和瘫痪的脊柱炎、关节炎和滑液囊炎。

公猪发生睾丸炎和附睾炎时，病初有发热、倦态表现，病猪常因疼痛而不愿意配种；继之，病猪的一侧（图2-10-2）或两侧（图2-10-3）睾丸肿胀，硬固，有热痛感；病情严重时，有病的睾丸极度肿大，状如肿瘤，而无病侧的睾丸则萎缩，并依附于肿大的睾丸上（图2-10-4）；随着病程延长，病猪的睾丸则发生萎缩，失去配种能力。

〔病理特征〕猪布鲁氏菌病的病理变化除各器官出现或多或少的布鲁氏菌性结节外，母猪主要的病变见于流产后的子宫、胎膜和胎儿；公猪的主要病变发生于睾丸。

1. 流产母猪的病变　子宫的主要病变是在绒毛叶阜间隙有污灰色或黄色无气味的胶样渗出物，有化脓菌感染时，则子宫肿胀充血而呈暗红色或紫红色，表面覆以黄色坏死物和污秽的脓样物。子宫黏膜的脓肿呈粟粒状，帽针头大，呈灰黄色，位于黏膜深部，并向表面隆突，称此为子宫粟粒性布鲁氏菌病。胎膜由于水肿而增厚，表面覆有纤维蛋白和脓液。胎儿通常因感染而死亡，多呈败血症变化，主要病变为：浆膜与黏膜有出血点与出血斑，皮下组织发生炎性水肿；脾脏明显肿大，出血，呈现败血脾的变化（图2-10-5）；淋巴结肿大；肝脏出现小坏死灶；脐带也常呈现炎性水肿变化。

2. 公猪的病变　常见的病变是睾丸受侵，据统计有34%～95%的患病公猪有睾丸病变。病初，睾丸肿大，出现化脓性或坏死性炎。镜检见睾丸间质中的血管扩张、充血，有大量中性粒细胞浸润。曲细精管上皮细胞变性、坏死，脱入管腔。管腔中有大量坏死的上皮细胞和渗出的中性粒细胞（图2-10-6）。后期病灶可发生钙化，睾丸继之萎缩，使生殖能力消失。切开睾丸，肿大的睾丸多呈灰白色，有大量的结缔组织增生，在增生组织中常见出血及坏死灶。萎缩的睾丸多发生出血和坏死，睾丸的实质明显减少（图2-10-7）。除睾丸外，附睾、精囊、前列腺和尿道球腺等均可发生相同性质的炎症。

此外，患布鲁氏菌病的猪，机体各部可以发生脓肿，各内脏、中枢神经系统、四肢或机体某部皮下，都有可能出现。椎体或椎间软骨和管状骨偶见坏死或化脓灶，有时甚至导致病猪截瘫。一些病猪还常出现化脓性关节炎、滑液囊炎及腱鞘炎，从而导致病猪出现运动障碍。

〔诊断要点〕虽然本病的流行病学资料、发生流产的情况、胎儿及胎衣的病理变化、胎衣不易滞留以及不育等均有助于诊断，但又因本病的临床症状和病理变化均无明显特征，同时隐性感染动物较多，故诊断本病时应以实验室检查为依据，结合流行情况、临床症状和病理变化进行综合诊断。

布鲁氏菌病的实验室检查方法很多，而最简单实用的方法是布鲁氏菌病虎红平板凝集反应。采取被检猪血液，待凝固后，分离血清作为被检材料。准备0.2mL吸管和洁净的玻璃板以及虎红平板凝集反应抗原：先用蜡笔在玻板上划成4cm²的方格，每一方格中放置1份0.03mL的被检血清，摇动抗原瓶使抗原均匀悬浮，用0.2mL吸管吸取抗原，在每一方格的血清样品旁加入0.03mL抗原，用牙签搅拌血清和抗原，使其均匀混合，于4min内判定结果，出现凝集现象者判为阳性反应，否则判为阴性。

此外，用于猪群的布鲁氏菌病检疫的方法，常用的还有血清凝集反应、补体结合试验和皮肤变态反应试验等。

〔类症鉴别〕猪布鲁氏菌病的最明显的症状是流产，这须与发生相同症状的一些疾病相互鉴别，如可引起流产的弯曲菌病、胎毛滴虫病、钩端螺旋体病、乙型脑炎和弓形虫病等。鉴别的关键是病原体的检出和特异性抗体的检测。

〔治疗方法〕本病是一种慢性感染，以引起流产和睾丸炎为特点，一旦出现症状就失去治疗价值。又因布鲁氏菌是兼性细胞内寄生菌，化学药物的治疗作用不明显。因此，对病猪一般不进行治疗，而是淘汰和屠宰。

本菌对四环素最敏感，其次是链霉素和土霉素；但对杆菌肽、多黏菌素B及林可霉素有很强的抵抗力。因此，对于一些有必要治疗的猪可试用上述敏感药物进行治疗。

〔预防措施〕对本病应着重于预防，体现预防为主的原则。

1.常规预防　在未感染猪群中，控制本病传入的最好方法是自繁自养；必须引进种猪时，要严格进行检疫，即将引进的猪只隔离饲养两个月，同时进行布鲁氏菌病的检查，两次检查全为阴性者，才能与原有的猪群接触，进行正常条件下的饲养。即使是清净的猪群，每年还应定期检疫（一般情况下是一年一次），一旦发现病猪或疑似猪，应立刻坚决予以淘汰。

另外，每年应用猪布鲁氏菌2号弱毒活苗（简称S2苗）进行免疫接种。在此应该强调指出，弱毒活苗，对人仍有一定的毒力，在使用过程中应做好工作人员的自身防护。

2.紧急预防　当猪群中发现流产时，除及时隔离病猪，深埋胎儿、胎衣和阴道分泌物，对环境进行彻底消毒（常用3%～5%来苏儿消毒）外，还须尽快做出诊断。如确诊为本病，应立即用凝集反应方法对猪群进行检疫，检出的阳性猪一律淘汰；凝集反应阴性猪须用S2苗进行预防接种，饮服两次，间隔30～45d，每次剂量为200亿活菌。若猪群头数不多，而发病率或感染患病很高时，最好全部淘汰，重新建立猪群。这种做法从长远利益来考虑还是比较经济的。

在疫区消灭本病的基本原则是：检疫、隔离、控制传染源、切断传播途径、培养健康猪群和定期进行免疫接种。另外，种公猪在配种前也应进行检疫，以防隐性感染种猪对猪群的持续性传染。

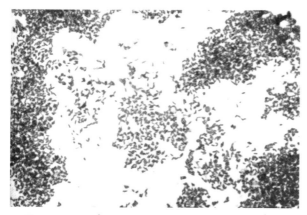

图2-10-1　布鲁氏菌
革兰氏染色呈阴性反应的布鲁氏菌。革兰氏
×1 000

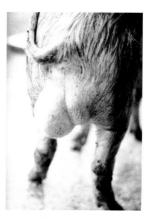

图2-10-2　单睾丸肿
病猪左侧睾丸肿大，右侧睾丸萎缩。

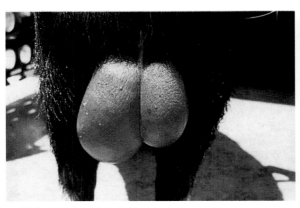

**图2-10-3 双睾丸肿**

病猪的两侧睾丸均肿大，但以左侧更为明显。

**图2-10-4 睾丸肿大与萎缩**

病猪的左侧睾丸肿大呈肿瘤状，右侧睾丸萎缩，依附于左侧睾丸上。

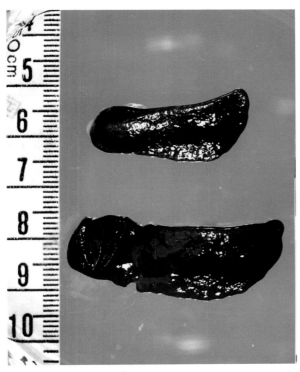

**图2-10-5 败血脾**

脾脏瘀血、出血、肿大，呈现败血脾变化（上为正常对照）。

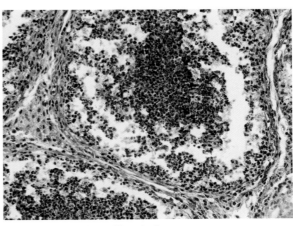

**图2-10-6 坏死性睾丸炎**

曲细精管上皮变性坏死，管腔中有大量中性粒细胞和坏死的细胞。HE×500

**图2-10-7 睾丸萎缩与增生**

右睾丸出血、坏死和萎缩；左睾丸增生，呈灰白色，有出血斑和坏死灶。

## 十一、猪放线菌病 （Actinomycosis in swine）

猪放线菌病是由猪放线菌所引起的一种慢性非接触性传染病。其临床及病变特点是多在乳房部、耳部等软组织内形成化脓性肉芽肿并在其脓汁中出现"硫黄颗粒"样放线菌块。与牛放线菌病不同的是本病偶尔发生于颌骨。

猪的放线菌病是由Grasser发现的，现已遍及世界各地，我国也有发生。本病对养猪业有较大的危害，并能影响人的健康，具有重要的公共卫生意义。

〔病原特性〕本病的病原体主要为放线菌属的猪放线菌 （*Actinomyces suis*）。猪放线菌病的病原长期被认为是牛放线菌，但后来经分离及鉴定证明与其他放线菌不同，并建议将经常可从猪乳房放线菌病分离出来的细菌命名为猪放线菌。另外，猪放线杆菌 （*Actinobacillus suis*）也能引起类似的病变。

猪放线菌为革兰氏染色阳性、不运动、不形成芽孢、非抗酸性的兼性厌氧菌。菌体呈纤细丝样，有真性分支，故与真菌相似。菌丝的粗细多与普通杆菌相似，长短与分支程度在不同菌株很不一致，大多数的菌丝易分裂成大小不等的片断。病原在病灶内常形成菊花形或玫瑰花形的菌块，称此为菌芝（图2-11-1）。后者外观似硫黄颗粒，其大小如别针头，呈灰色、灰黄色或微棕色，质地柔软或坚硬。用革兰氏染色，可见中心部为革兰氏阳性的丝球状菌丝体，菌丝体周围为放射状的棍棒体，形体较粗大，宛如棒球棍，有明显的嗜伊红性，革兰氏染色为阴性，呈红色反应。这种棒状物为菌体蛋白和多糖物质，也有人认为是一种抗原抗体复合物。陈旧的菌块有时钙化或与治疗药物作用时，可分解为散在性断片，从而不易着色。此外，据研究，金色葡萄球菌和某些化脓性细菌常是本病发生的辅佐菌。

本菌对干燥、热力和冷气作用的抵抗力较弱，80℃ 5min即可将之杀死；对一般消毒药的抵抗力也很弱，其常用浓度均可将之杀灭。

〔流行特点〕本病主要发生于成龄母猪和育肥的架子猪；感染的主要途径是损伤的皮肤、黏膜，消化道和呼吸道。猪放线菌除存在于污染的土壤、饲料和饮水之外，而且是猪口腔、咽喉和消化道的正常或兼性寄生菌，在正常的口腔黏膜、扁桃体隐窝、牙斑及龋齿等处均能发现。放线菌的致病力不强，大多数病例均需先有创伤、异物刺伤或其他感染而造成的局部组织损伤后，放线菌才能侵入而发生感染。进而病菌通过损伤血管经血源性播散或由感染灶直接蔓延到相邻器官及组织，因而放线菌病实际上都是放线菌的内源性感染，通常在猪群中少见互相传染。

母猪乳腺放线菌病是一种常见病。这显然与仔猪的吸乳造成乳腺皮肤的损伤，又为其接种了病原菌有关。内脏器官及深部软组织的感染，被认为是细菌经损伤肠黏膜处侵入肠壁、系膜、网膜及肝脏而引起；肺的感染多为口咽部细菌经呼吸道蔓延而来。

本病一年四季均可发生，通常为散发性，一般不呈流行性发生。

〔临床症状〕猪的放线菌病经常发生在母猪乳房，形成脓肿及窦道。猪乳房放线菌病多在一个乳头基部先形成无痛性结节状硬性肿块开始，逐渐蔓延增大，使乳房肿胀，表面凹凸不平（图2-11-2），乳头短缩或继发坏疽。触诊乳房有热、痛感。病情严重时，大量乳腺组织增生，使得乳腺极度肿大，外观呈肿瘤状（图2-11-3）。

猪的放线菌病尚可发生于外耳软骨膜及皮下组织中，引起肉芽肿性炎症，致使耳郭增厚与变硬，形似纤维瘤外观。

如下颌骨发病时，病初肿胀不明显，发生缓慢，但病猪的疼痛反应，呼吸、吞咽和咀嚼均有困难感，并逐渐消瘦；继之，下颌出现明显的肿胀，但病猪的疼痛减轻；最后，当下颌骨穿孔，病原菌可侵入周围软组织，引起化脓性病变，伴发瘘管形成，在口黏膜或皮肤表面可见蘑菇状突起的排脓孔。

据报道，猪放线杆菌可引起1～8周龄仔猪的急性败血病、化脓性支气管肺炎和架子猪的关节炎、肺炎和皮下脓肿等。

〔病理特征〕软组织（皮肤、乳腺等）发生的病变主要是肉芽肿，剖检时的外观病变与临床所见基本相同。切开肉芽肿见放线菌肿由致密结缔组织构成，其中含有大小不等的多数脓性软化灶，灶内有含黄色砂粒状菌块的脓汁（图2-11-4）。放线菌性脓肿内的脓液呈浓稠、黏液样、黄绿色和无臭味。脓液中"硫黄颗粒"为放线菌集落，呈直径1～2mm、淡黄色的干酪样颗粒，在慢性病例可以发生钙化，形成不透明而坚硬的砂粒样颗粒。

镜检：放线菌病的慢性化脓性肉芽肿内，可见菊花瓣状或玫瑰花形菌丛。菌块被多量中性粒细胞包绕，外围为胞浆丰富、泡沫状的巨噬细胞及淋巴细胞，偶尔可见郎罕氏巨细胞，再外周则为增生的结缔组织形成的包膜（图2-11-5）。此种脓性肉芽肿结节可以在周围不断地产生，形成有多个脓肿中心的大球形或分叶状的肉芽肿。

下颌骨的病损，多是由于口腔或齿龈黏膜发生损伤，病原菌常由受损的齿龈黏膜侵入骨膜或在换齿时经由牙齿脱落后的齿槽侵入，破坏骨膜并蔓延至骨髓，患骨呈现特异性的骨膜炎及骨髓炎。病变逐渐发展，破坏骨层板及骨小管，骨组织发生坏死、崩解及化脓。随即骨髓内肉芽组织显著增生，其中嵌有多个小脓肿。与此同时，骨膜过度增生，在骨膜上形成新骨质，致下颌骨表面粗糙，呈不规则形坚硬肿大，病骨表现为多孔性，局部正常结构破坏。局部淋巴结也可受累，出现大量化脓灶或小脓肿（图2-11-6）；当病程较久时，小的化脓灶可以互相融合成较大的脓肿，其外周有厚层脓肿膜包裹（图2-11-7）。

放线杆菌病常可引起乳猪的化脓性支气管肺炎，由此导致败血症的发生。此时，肺表面可检出化脓性坏死灶（图2-11-8），切面见有随支气管分布的大范围的化脓灶（图2-11-9）；肝脏常常受累而出现大量小脓灶（图2-11-10）。

〔诊断要点〕根据放线菌病特征性病变，可将组织切片用革兰氏染色，观察脓性肉芽肿中心菌丛的特殊形态而获得诊断。新鲜标本，可从脓汁中选出"硫黄颗粒"，以灭菌盐水洗涤后置清洁载片上压碎，做革兰氏染色。镜检见菊花状菌块的中心为革兰氏阳性丝体，周围为放射状排列的革兰氏阴性棍棒体。未着色的菌块压片，在显微镜下降低光亮度观察，发现有光泽的放射状棍棒体的玫瑰形菌块是最快的确诊方法。

〔治疗方法〕局部处理与全身用药相结合是治疗本病的基本方法。局部处理主要用外科手术的方法，将位于体表的肉芽肿或瘘管切除，之后，在新创腔内填入碘甘油纱布进行消毒、压迫止血和引流，每天更换一次，待创腔内的异物和分泌物减少时，可涂布红霉素软膏即可；与此同时，在伤口周围环形注射10%碘仿醚或2%鲁戈氏液进行封闭，内服碘化钾1周。在进行局部治疗的同时，为了防止继发性感染的发生，可选用对放线菌较为敏感的青霉素、红霉素、四环素等肌内注射。由于放线菌多位于肉芽肿之内，所以使用抗生素时应加大剂量，只有这样，才能取得较好的疗效。

另外，服用中药煎剂对本病也有较好的疗效，如金银花60g、蒲公英150g、夏枯草100g、昆布20g、猫爪草60g，水煎取汁，候温灌服，每天1剂，连服4剂。

〔预防措施〕研究证明，放线菌多经创伤而侵入组织致病。因此，预防本病的重点是防止皮肤和黏膜的损伤，当发现有损伤时应及时用碘酊等消毒剂处置。特别是哺乳期的母猪，更要注意观察乳房的损伤，如发现损伤，应立即消毒包扎，停止该乳头的授乳。对有过长齿的乳猪，应对其拔牙或挫平，防止其对母猪乳房的伤害。

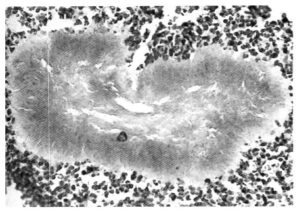

**图2-11-1　放线菌**

放线菌的菊花样菌块，周围呈放射状排列的为菌丝。HE×200

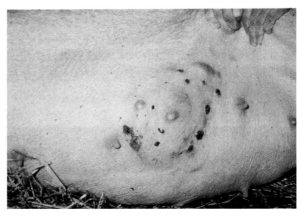

**图2-11-2　放线菌性乳腺炎**

乳腺肿胀、硬固，表面凹凸不平，周围皮肤破溃，形成黑褐色结痂。

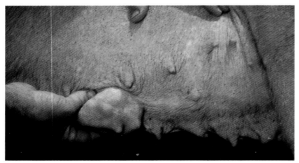

**图2-11-3　乳房放线菌肿**

乳腺极度肿大，貌似肿瘤，从中分离出猪放线菌和葡萄球菌。

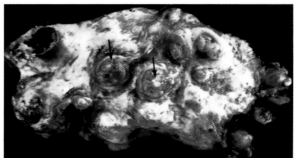

**图2-11-4　化脓性乳腺炎**

乳房中有大小不等的化脓性肉芽肿（↑），从中排出黄白色脓汁。

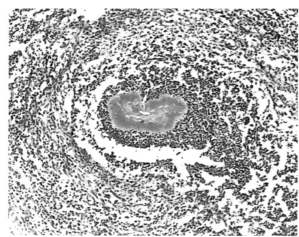

**图2-11-5　放线菌肉芽肿**

在菌块的周围有上皮样细胞增生和大量中性粒细胞浸润。HE×100

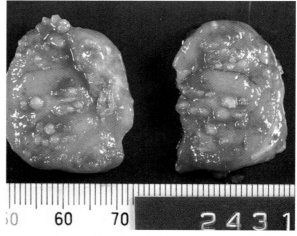

**图2-11-6　咽后淋巴结化脓**

咽后淋巴结肿大，组织中有大小不一的黄白色化脓灶。

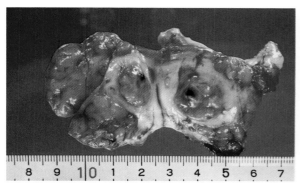

图2-11-7　颌下淋巴结化脓

颌下淋巴结肿大，内有厚层结缔组织包裹的脓肿。

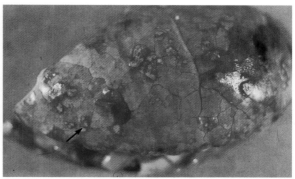

图2-11-8　败血性肺炎

新生猪败血性肺炎，肺表面有多量粟粒状化脓灶（↑）。

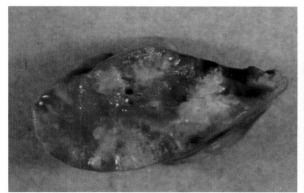

图2-11-9　化脓性支气管肺炎

肺脏切面见有大片形状不规则的灰白色化脓灶。

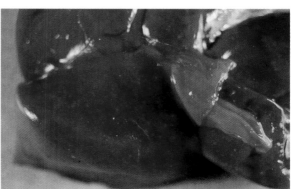

图2-11-10　化脓性肝炎

败血症病例的肝脏表面有较多针尖大黄白色化脓灶。

## 十二、化脓性放线菌病 （Pyogenic actinomycosis）

猪化脓性放线菌病是由化脓性放线菌所引起的一种接触性传染病。本病以某些组织或器官发生化脓性或干酪性病变为特征；发生于世界各地，我国亦有发生的报道。

猪化脓性放线菌病曾被称为猪化脓性棒状杆菌病，这是因为以前曾将本病的病原体归纳入棒状杆菌属之故。后来的研究发现化脓性放线菌不完全具有棒状杆菌属的特性，因而于1986年出版的《伯吉氏细菌学分类手册》第2卷，将原来称作的化脓性棒状杆菌归纳到放线菌属，命名为化脓性放线菌（*Actinomyces pyogenes*）。

〔病原特性〕化脓性放线菌病的菌体外形正直或微弯曲，经常呈一端较粗大的棍棒状，也有呈长丝状或分支状的。用革兰氏染色时本菌呈阳性反应，无鞭毛、荚膜，也不形成芽孢；用Neisser氏法或美蓝染色，呈蓝色（图2-12-1），但常着色不匀；在加有血液或血清的培养基上生长良好，并能产生毒力强大的外毒素。

〔流行情况〕本病可发生于各种年龄的猪，但以断乳后的仔猪和育肥前期的架子猪最易感。病猪虽然是本病的主要的传染来源，但由于本菌是一种常在的病原体，不仅广泛存在于自然界，而且也存在于猪的体表和呼吸道，当猪体的抵抗力降低时可乘虚而入，故这也成为本病重要的传染来源。本病可通过接触传播，通常由创伤感染；有时也可经消化道感染；也可在饲养不良，环境污染，气候突变等诱因使猪体抵抗力下降时而自然发生。

本病虽然一年四季均可发生，但以气候变化较大的春季和秋季多发。

〔临床症状〕本病以形成化脓性病灶和脓肿为特征，由于化脓性炎症发生的部位和组织器官不同，所以临床症状不尽相同。病初，病猪精神沉郁，食欲减退，咳嗽，流出黏液性鼻液；继之，随着病猪的体温升高，则在机体的不同部位形成化脓性炎性病灶或脓肿。

发生于体表浅层的脓肿，则见有大小不一、数量不等的结节，可从榛子大到鸡卵大不等（图2-12-2）；触摸时有温热感，病猪有疼痛反应；脓肿破溃后，流出大量白色黏稠或稀薄的脓汁，有的脓汁中含有大量坏死组织，脓汁呈酸奶状，但无特殊恶臭的气味。

肺部有脓肿时，病猪常呈现出支气管肺炎的症状，呼吸困难，体温升高，可视黏膜性绀，鼻液增多、呈黄白色或黏稠的脓性鼻液。当肺脓肿破溃时，病猪常因败血症而死亡。

发生化脓性关节炎时，则病猪运动困难，不愿走动，强迫运动时出现跛行（图2-12-3）；患病关节肿大，关节液增多，触之有波动感。病情严重时，关节变形，关节部皮下的脓肿可相互融合，形成大的肿瘤样病变（图2-12-4），切开肿瘤样病变，从中流出大量灰绿色脓汁（图2-12-5）。

发生子宫内膜炎或尿道炎时，可见病猪的外阴部有脓性分泌物（图2-12-6），排少量的血尿。重症病猪，病变可波及尿道、膀胱、输尿管、肾盂及肾脏，表现频频排尿，尿中含有脓球和血块、纤维素及黏膜碎片等。乳腺感染时，可发生化脓性乳腺炎。

发生化脓性脊柱炎时，病初，仔猪不愿走动，运动不灵活，背腰僵硬，常相互依托而站立（图2-12-7）；病情严重时，病猪的后躯麻痹，不能站立（图2-12-8）。

此外，本菌还可引起化脓性脑炎，病猪发育不良，肌肉痉挛，或出现不同的神经症状。仔猪的化脓性脐炎和骨髓炎等病变也时有发生。

〔病理特征〕本病以化脓性炎症和脓肿形成为特征，多为急性病理过程，故死于本病的猪营养均佳良。发生于体表的病变，一般与临床所见相同。内脏器官，以肺脏和肝脏最常受侵害。肺脏病变为以局灶性或弥漫性化脓性支气管肺炎为特点。肺炎区内散布软化的干酪样化脓灶，或是大小不等、数量不一的小结节，并常继发胸膜炎，使肺胸膜与肋胸膜部分粘连，胸腔蓄积大量浆液。肝脏常呈多发性化脓性结节，有时化脓性结节可融合成鸡蛋大或拳头大的脓肿（图2-12-9）。切开化脓性结节，常见有完整的脓肿膜，脓肿腔内含有大量黄白色奶油状脓汁或干酪样浓稠的脓汁（图2-12-10）。乳房受侵害多呈弥漫性化脓性炎症；慢性时则形成有包囊的脓肿。关节发病时，外观肿大变形（图2-12-11）；切开时有多量混浊的脓性滑液流出（图2-12-12），关节面粗糙，并常见蚕食状病损。妊娠母猪感染后常能引起胎儿的化脓性溶解，从化脓性坏死组织中多可检出胎儿的残骨（图2-12-13）。剖开子宫，多见化脓性子宫内膜炎的变化。黏膜瘀血、出血，呈暗红褐色，表面被覆大量污秽不洁的脓性黏液，并有恶臭的气味（图2-12-14）。发生化脓性脊柱炎的病例，常可在脊柱管中发现大小不一的脓肿（图2-12-15）。该脓肿中多含有黄白色或淡绿色黏稠的脓汁，并有特殊的臭味，脊髓常受压迫而出血，发炎；有时在肋胸膜处出能检出大小不一的脓肿（图2-12-16）。心包发生化脓性炎时，常导致败血症而死亡，剖开心包见大量黄白色奶油样脓汁流出（图2-12-17）。有神经症状的病猪，剖检时常可检出化脓性脑炎或脑脓肿（图2-12-18）。

镜检可见：最初变化是在感染局部有多量中性粒细胞聚集，随即固有组织和白细胞坏死、崩解，变为均质无结构形象，嗜伊红；在坏死灶的外围则为巨噬细胞或上皮样细胞区带和富有淋巴细胞的结缔组织包囊，经时较久者有钙盐沉积。

〔诊断要点〕根据临床症状和病理变化，结合流行情况的调查，一般可做出初步诊断。确诊时常须做细菌学检查，方法是：取化脓性病灶或脓汁涂片，革兰氏染色后显微镜检查，如发现在多形态杆菌中，有较多的一端较粗大的棍棒状细菌，即可确诊。有条件时可进行细菌分离培养和鉴定。

〔治疗方法〕早期及时应用青霉素或广谱抗生素并结合使用磺胺类药物，常可获得良好的疗效。当脓肿形成后，由于脓肿有较厚的包膜，影响药物对脓肿膜内病原的杀灭作用，故疗效不佳，但用药可防止病原的继续扩散。体表的脓肿成熟之后，可用外科的方法，如切开，清创，引流等进行治疗。对反复发生的脓肿病例，则应交替使用几种抗生素进行治疗，方可获得较好疗效。

〔预防措施〕平时应注意猪舍的卫生，经常清扫和消毒，保持清洁；注意保护猪的被皮，及时清除带刺、带尖或锋利的物品，以免猪与之接触而发生损伤；当发现猪体有外伤时，应及时进行外科处理，轻微的局部浅表损伤，应用碘酊、酒精或龙胆紫等消毒药物处理，对较大或较严重的损伤，则视情况进行相应的创伤或缝合处置，必要时可配合一些全身性疗法。另外，还要注意观察猪的体表，当发现有不明原因引起的肿胀时，要尽快检查、确诊，如果是脓肿或化脓性炎症时，一方面要及时隔离，另一方面尽早应用抗生素进行治疗。只有早发现，早治疗才能取得良好的效果。

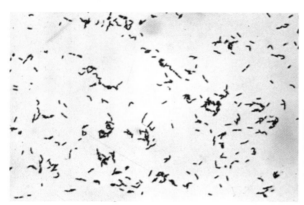

图2-12-1　化脓性放线菌

被染成蓝色的多形态的化脓性放线菌。Neisser 氏染色 ×1 000

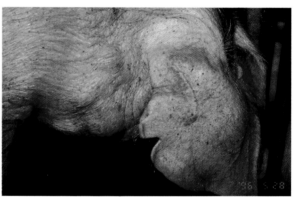

图2-12-2　皮下脓肿

病猪的颈部皮下有数个肿瘤样结节，从中检出化脓性放线菌。

图2-12-3　化脓性肘关节炎

病猪的左肘关节发生化脓性关节炎，站立时减负体重，有疼痛反应。

图2-12-4　肿瘤样关节炎

肘关节和腕关节变形，皮下脓肿相互融合，形成肿瘤样病变。

**图2-12-5　关节脓肿**

切开肿瘤样脓肿，从中流出大量灰绿色脓汁。

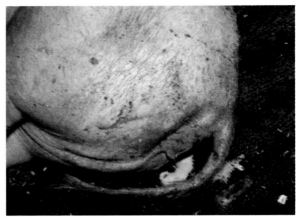

**图2-12-6　化脓性子宫内膜炎**

分娩的母猪发生化脓性子宫内膜炎，从阴腔中流出灰白色脓性分泌物。

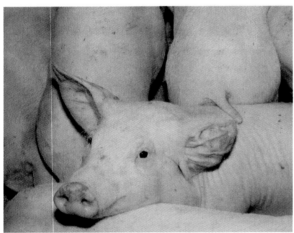

**图2-12-7　化脓性脊柱炎**

断奶仔猪发生的化脓性脊柱炎，站立困难，病猪常互相依托站立。

**图2-12-8　后躯麻痹**

发生化脓性脊柱炎的后期，病猪的后躯麻痹，不能站立。

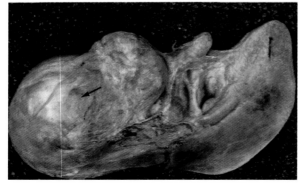

**图2-12-9　多发性肝脓肿**

肝脏内有多个脓肿，其中肝右叶上有一个大脓肿（↑）。

**图2-12-10　切开脓肿**

切开肝脓肿，内含大量黏稠呈灰绿色的脓汁。

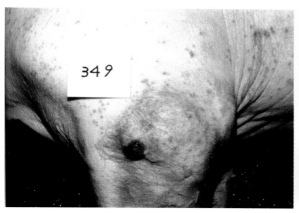

**图 2-12-11　化脓性肘关节炎**

肘关节发生化脓性炎后，关节及其周围组织化脓及增生，使关节肿大变形。

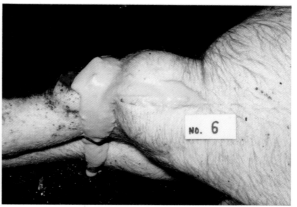

**图 2-12-12　化脓性跗关节炎**

切开化脓的跗关节，从中流出大量灰绿色脓汁。

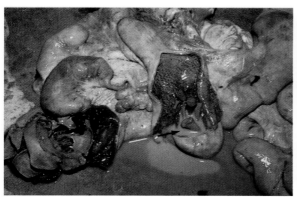

**图 2-12-13　胎儿溶解**

妊娠母猪感染后引起的化脓性胎儿溶解，从脓汁中检出胎儿的骨骼（↑）。

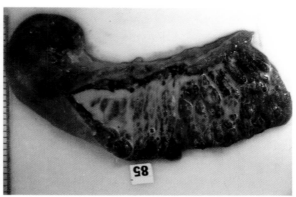

**图 2-12-14　化脓性子宫炎**

子宫黏膜瘀血和出血，呈暗红褐色，被覆多量污秽不洁的脓性黏液。

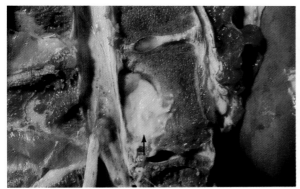

**图 2-12-15　化脓性脊柱炎**

后躯麻痹而死亡的化脓性脊柱炎病猪，椎管内有一大脓肿（↑）。

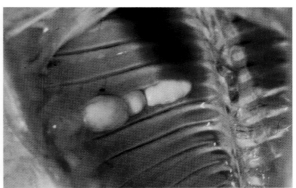

**图 2-12-16　化脓性肋胸膜炎**

发生化脓性脊柱炎的病猪，在肋胸膜部见有多发性脓肿。

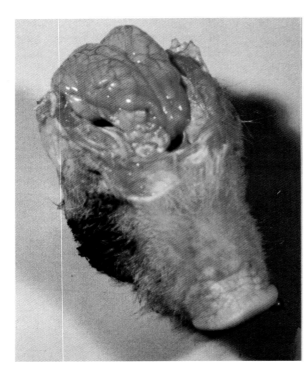

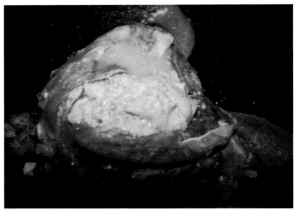

**图2-12-18　化脓性心包炎**
剖开心包见有大量淡黄绿色的奶油样脓汁。

**图2-12-17　化脓性脑炎**
脑组织中有数个小脓肿，脓肿周
围的血管扩张充血，呈鲜红色。

## 十三、猪细菌性肾盂肾炎 (Bacterial pyelonephritis in swine)

猪细菌性肾盂肾炎是由肾棒状杆菌引起的以膀胱、输尿管、肾盂和肾组织的化脓性或纤维素性坏死性炎为特征的一种传染病。病原菌多经尿道、生殖道口感染，所以首先引起尿道炎或子宫内膜炎、膀胱炎，然后导致肾盂肾炎。

本病遍布于世界各国，多为散发性，我国已有发生的报道。

〔病原特性〕本病的病原体为棒状杆菌属的肾棒状杆菌或猪真细菌(eubacterium suis)。菌体呈多形态状，有的短似球状，有的正直或微弯曲，经常呈一端较粗大的棍棒状，也有呈长丝状或分支状的（图2-13-1）。革兰氏染色阳性，无鞭毛、荚膜，也不形成芽孢。用Neisser氏法或美蓝染色，多着色不匀，出现异染性颗粒。

肾棒状杆菌有4个血清型，其中第一型的致病性最强。四型菌都能激发机体产生补体结合抗体，后者还能与副结核分支杆菌起交叉反应。本病除主要由肾棒状杆菌引起外，有时还可混合感染假结核棒状杆菌、大肠杆菌及金黄色葡萄球菌等。

肾棒状杆菌对理化因素的抵抗力不强，常用的消毒药均可将之杀灭。

〔流行情况〕本病主要发生于成龄猪，母猪比公猪的感受性高，乳猪、仔猪和架子猪的患病率极低。病猪和带菌猪是本病的主要传染来源。直接接触是本病的重要传播途径，例如，肾棒状杆菌常存在于健康公猪的包皮及包皮憩室内(约80%带菌)，而这些带菌猪多无任何临床表现，当用其给母猪配种时如果母猪尿道口发生擦伤，则将病原体传染给母猪。病原菌经生殖道感染后，由于该菌在尿液中具有特殊的生长能力，从而首先引起尿道炎，并累及膀胱、输尿管进而上行感染至肾脏，导致肾盂肾炎。因肾组织的损坏与排尿阻塞，终可导致尿毒症而死亡。

本病一年四季均可发生，多呈散发性。

〔临床症状〕病猪发热，食欲减退或不食，口渴，并出现以泌尿系统变化为特征的症状。病初，可见病猪的外阴部轻度肿胀，有脓性分泌物，排少量的血尿；重症时，病变可波及尿道、膀胱、输尿管、肾盂及肾脏，病猪频频排尿，尿量少而混浊带血色，或排尿困难；排尿时有疼痛反应，腰背拱起，不愿走动；尿中含有脓球、血块、纤维素及黏膜碎片等。如治疗不及时，病猪常因尿毒症而死亡。

〔病理特征〕本病的特征性病变发生于肾脏。剖检见一侧或两侧肾脏肿大，常呈暗红色，被膜下见细小的黄白色化脓灶（图2-13-2）；病情严重时，肿大的肾脏可达正常的2倍以上。被膜易剥离，病程较久者则部分粘连于肾表面。病肾由于化脓而形成灰黄色小坏死灶，致肾表面呈斑点状（图2-13-3），颇似局灶性间质性肾炎的病灶。切面可见肾盂由于渗出物和组织碎屑的积聚而扩大，肾乳头坏死（图2-13-4）。肾盂扩张，皮质变薄，或因肾盂的扩张而发生压迫性萎缩。肾盂内积有灰色无臭的黏性脓性渗出物，并混有纤维素凝块、小凝血块（图2-13-5）、坏死组织和钙盐颗粒。肾盂黏膜充血或出血，被覆纤维素或纤维素性脓性渗出物。在髓、皮质中可见到由溃烂缺损的乳头顶端向髓质和皮质伸展的呈灰黄色放射状条纹或楔状病灶，此即为病原体沿肾小管上侵而形成的化脓灶。

膀胱壁增厚，内含恶臭尿液，其中混有纤维素、脱落坏死组织或脓汁，黏膜肿胀、出血（图2-13-6）、坏死或形成溃疡。一侧或两侧输尿管肿大变粗，内含脓汁（图2-13-7），黏膜肿胀或坏死。

镜检的特征性病变是：乳头部顶端的肾组织，有的完全坏死，坏死区向皮质伸展，周围环绕充血带。肾小球和肾小囊周围有多量中性粒细胞浸润，混有多量细菌。病变严重的部位整个肾单位均坏死，在肾实质内形成大小不一的化脓灶。肾小管上皮细胞变性、坏死，伴发化脓性管型形成，内含大量崩解的中性粒细胞。肾小管的间质明显充血、出血、水肿及中性粒细胞浸润和聚集。

〔诊断要点〕本病的临床症状和病理变化都比较特殊，不难做出诊断，但确诊还有赖于微生物学检查。实验室检查的方法是：无菌采取尿液，离心沉淀作涂片，革兰氏染色后显微镜检查，可见到紫色(阳性)的多形态杆状菌，由球状至杆状不等，经常遇一端较粗大的棍棒状菌，即可确诊。有条件时可进行细菌分离培养鉴定。剖检时，可采取肾盂的细胞脱屑或尿道、膀胱黏膜做涂片，或切片经革兰氏染色后进行检查，如为本菌即可确诊。

〔治疗方法〕青霉素、四环素等对本病均有良好疗效，但停药后容易复发，因此常需适当延长用药时间。临床上常用青霉素治疗本病，病初即进行治疗常可取得很好的疗效。其使用方法是：首次用倍量进行肌内注射，以后每隔一天注射一次，连续用药3～4周，多可治愈。

〔预防措施〕母猪患本病主要是由于配种而感染，带菌的种公猪是最危险的传染源。因此，预防本病的主要措施是定期对种公猪进行检查，如发现病猪或带菌猪，应立即隔离，及时治疗，停止用其配种。由于本病治愈后易复发，所以被检出的种公猪不宜再留做种用，而应去势，育肥后屠宰。对于一些从国外引进的珍贵的种公猪，在进行全身性治疗的同时，可用消毒药液局部冲洗，待其治愈一个月后，尿道仍检不出该病原时，可继续作为种猪使用。

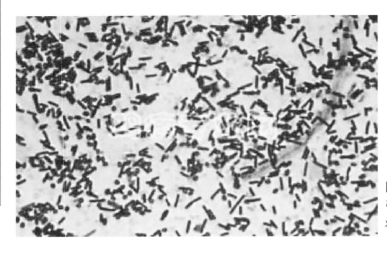

**图2-13-1  肾棒状杆菌**
引起肾盂肾炎的多形态的肾棒
状杆菌。Albert 染色 ×1 000

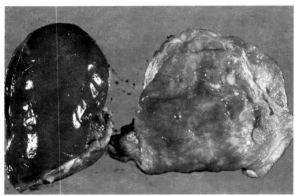

**图2-13-2  化脓性肾炎**
肾脏瘀血肿大呈红褐色，表面有黄白色化脓灶；膀胱充血并出血。

**图2-13-3  上行性化脓性肾炎**
肾表面有大量化脓灶，其周边因充血、出血性反应而呈红褐色。

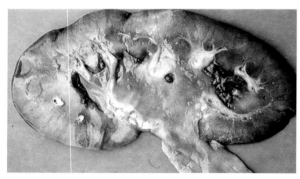

**图2-13-4  肾乳头出血坏死**
肾盂扩张，黏膜充血潮红，肾乳头出血坏死，从中分离出肾棒状杆菌。

**图2-13-5  化脓性肾盂肾炎**
肾盂明显扩张，肾皮质变薄，黏膜面上覆有大量黄白色脓性黏液。

图2-13-6 化脓性膀胱炎

膀胱充血、出血，黏膜面上被覆脓性假膜。

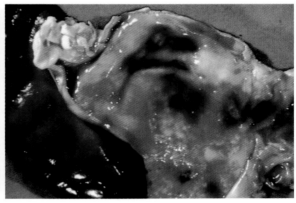

图2-13-7 化脓性输尿管炎

上行性感染，输尿管肿大、变粗，内含黄白色脓汁。

## 十四、猪链球菌病（Streptococcosis in swine）

猪链球菌病是由链球菌所引起的一种急性高热性传染病，临床上以化脓性淋巴结炎、败血症、脑膜脑炎及关节炎为特征。本病的分布很广，发病率较高，败血症型和脑膜脑炎型的病死率较高，对养猪业的发展有较大的威胁。

〔病原特性〕本病的病原菌为猪链球菌。本菌为球形菌，直径0.5～1.0μm，呈单个、成双和短链排列，链的长短不一，短者仅由4～8个菌体组成，长者数十个甚至上百个，在液体培养物中可见长链排列（图2-14-1）。本菌革兰氏染色阳性，有荚膜，但不形成芽孢，多数无鞭毛，不能运动。链球菌为需氧或兼性厌氧菌，在普通琼脂上生长不良，而在加有血清或血液的培养基上生长良好。在含血的培养基上于菌落的周围形成α型（草绿色溶血）或β型（完全溶血）溶血环。前者称为草绿色链球菌，致病力较弱；后者叫做溶血性链球菌，致病力较强，常引起人和动物多种疾病。本菌的致病因子主要有溶血毒素、红斑毒素、肽聚糖多糖复合物内毒素、透明质酸酶、蛋白酶、链激酶、DNA酶（有扩散感染作用）和NAD酶（有白细胞毒性）等。

链球菌的细胞壁中含有一种群特异性抗原"C"物质。应用这种抗原，兰斯菲尔德(Lancefield)根据血清学分类，将其分为A、B、C、D、E、F等20个血清群，其中C群中的兽疫链球菌可引起猪只发生急性、亚急性败血症、脑膜炎、关节炎、心内膜炎、心包炎以及肺炎等；E群可引起猪颈部淋巴结脓肿、化脓性支气管炎、脑膜炎和关节炎等；D群偶尔可引起小猪心内膜炎、脑膜炎、关节炎和肺炎等。

本菌对热和普通消毒药抵抗力不强，多数以60℃加热30min的灭菌法，均可将之杀死，煮沸则立即死亡。常用的消毒药如2%石炭酸、0.1%新洁尔灭、1%来苏儿等均可在3～5min将之杀死。

〔流行特点〕各种年龄的猪对本病都有易感性，但败血症型和脑膜脑炎型多见于仔猪，化脓性淋巴结炎型多见于中猪。病猪和病尸是主要的传染来源，其次是病愈带菌猪和隐性感染猪。病猪与健康猪接触，或由病猪排泄物(尿、粪、唾液等)污染的饲料、饮水及用具均可引起猪只大批发病而造成流行。在自然情况下，本病多半通过呼吸道、消化道、受损的皮肤及黏膜感染，病原菌很快能通过黏膜和组织的屏障而侵入淋巴道与血流，随循环血流播散全身。由于其在血液与组织中迅速地大量繁殖并产生毒素和酶类，如溶血毒素、透明质酸酶、蛋白酶等，引起机体发生菌血症和毒血症，故在感染几小时后即出现精神委顿、食欲减损、高热以及嗜眠、昏迷、痉挛和跛行等症状。最终可因防御屏障机构的瓦解和脑、脊髓、肝、肾、心等的结构破坏与功能紊乱而死亡。

本病潜伏期短，传播迅速，死亡率高。一年四季均可发病，但以夏秋季节发生最多。据报道，本病一般要在多种诱因作用下才能发生，如饲养管理不当，环境卫生不良，气候炎热，干燥，冬季寒冷潮湿等。这些因素常使猪体的抵抗力降低，因而易使链球菌乘虚而入，引起发病。

〔临床症状〕根据病猪的临床症状和病变发生的部位不同，而将本病可分为以下四型，但在这四型中很少有单独一型发病，而常是混合存在或先后发病。

1. 败血症型　为流行初期常见的病型。本型的潜伏期短，一般为 1 ~ 3 d，长的可达 6 d。其特点是往往头晚未见猪有任何症状，还能正常进食，但次日已经死亡；或者突然减食或停食，体温41.5 ~ 42℃上，精神委顿，呼吸促迫，腹下有紫红斑。这种病猪多在24h内因败血症而迅速死亡。

急性病例或病程稍长者，常见精神沉郁，体温41℃左右，呈稽留热，减食或不食，喜饮水；眼结膜潮红，有出血斑点（图2-14-2），流泪或有脓性分泌物；鼻镜干燥，有浆液性、脓性鼻汁流出，呼吸促迫、浅表而快，间有咳嗽，颈部、耳郭、四肢下端、腹下和会阴部的皮肤呈紫红色，并有出血点（图2-14-3）。个别病猪出现血尿、便秘和腹泻；有的还出现多发性关节炎症状（图2-14-4）。急性病例的病程稍长，多数病猪在 2 ~ 4d 内因治疗不及时或不当而发生心力衰竭死亡。

2. 脑膜脑炎型　多发生于哺乳仔猪或断奶后的仔猪。病初体温升高，不食，便秘，有浆液性或黏液性鼻汁。继而出现神经症状，运动失调，转圈，空嚼，磨牙；当有人接近时或触及躯体时发出尖叫或抽搐，或突然倒地，口吐白沫，侧卧于地，四肢作游泳状运动（图2-14-5），甚至昏迷不醒；有的病猪于死前常出现角弓反张等特殊症状（图2-14-6）。另外，部分病猪还伴发多发性关节炎。本型的病程多为 1 ~ 2d，而发生关节炎病猪的病程则稍长，逐渐消瘦衰竭而死亡。

3. 关节炎型　多由前两型转移而来，或从发病起即呈现关节炎症状。表现为一肢或几肢关节肿胀，疼痛，呆立，不愿走动，甚至卧地不起（图2-14-7）；运动时出现高度跛行，甚至患肢瘫痪，不能起立（图2-14-8）。有时，细菌由化脓的关节侵及周围的皮下组织，既可引起多发性化脓灶，使关节明显肿大，又可导致大脓肿形成，加重病猪的运动障碍（图2-14-9）。本型的病程一般为 2 ~ 3 周，病猪多因体质衰竭而死亡。

4. 化脓性淋巴结炎（淋巴结脓肿）型　多发生于颌下淋巴结，其次是咽部和颈部淋巴结。受害淋巴结先出现小脓肿，逐渐增大，肿胀，坚实，有热有痛，可影响采食、咀嚼、吞咽和呼吸。病猪体温升高，食欲减退，中性粒细胞增多，有的咳嗽，流鼻汁。脓肿成熟后，肿胀中央变软，皮肤坏死，自行破溃排脓，流出带绿色、黏稠、无臭味的脓汁。此时全身病情好转，症状明显减轻。脓汁排净后，肉芽组织新生，逐渐康复。本病程约3 ~ 5周，一般不引起死亡。

〔病理特征〕与临床相对应的四型病变分述如下：

1. 败血症型　病尸营养良好或中等，尸僵完全，可视黏膜潮红，颌下、胸、腹下部和四肢内侧的皮肤可见紫红色的瘀血斑及暗红色的出血点（图2-14-10）。血液凝固不良或无明显异常。皮下脂肪染成红色，血管怒张，胸腹腔内有多量淡黄色微混浊液体，内有纤维素絮片，各内脏浆膜常被覆一层纤维素性炎性渗出物。

全身淋巴结均有不同程度的肿大、充血、出血（图2-14-11），甚至化脓和坏死。其中尤以肝、脾、胃、肺等内脏淋巴结的病变最为明显。当淋巴结化脓时，镜下可见淋巴组织中的淋巴细胞和网状细胞严重坏死，周围有大量增生的结缔组织和浸润的中性粒细胞（图2-14-12）。脾脏肿大或显著肿大，常达正常的 1 ~ 3 倍，质地柔软而呈紫红色或黑紫色。被膜多覆有纤维素，且常与相邻器官发生粘连；切面黑红色、隆突，结构模糊。肺脏体积膨大、瘀血、水肿和出血（图2-14-13）。当病原菌随血源性传播时，肺脏可见密集的化脓灶或化脓性结节（图2-14-

14）。当病原随支气管传播时，在肺脏常见化脓性结节和脓肿（图2-14-15）。发生纤维素性胸膜炎的病例，肺胸膜附着有纤维素或与肋胸膜发生粘连。心外膜血管扩张充血，或瘀血而呈暗红色，其表面有大量鲜红色出血斑点（图2-14-16）。当有胸膜肺炎时，则心脏呈扩张状，心肌混浊，心外膜附有纤维素，心包腔内积有混纤维素絮片的液体，有的病例还伴发疣性心内膜炎（图2-14-17）。肝脏肿大，呈暗红色，常在肝叶之间及其下缘有纤维素附着。肾脏稍肿大，被膜下与切面上可见出血小点。膀胱黏膜充血或见小点出血。胃底腺部黏膜显著充血、出血，黏膜附有多量黏液或纤维素性渗出物。小肠黏膜呈急性卡他性炎症变化。

2．脑膜脑炎型　剖检见见大、小脑蛛网膜与软膜混浊而增厚，血管怒张。多数病例可见瘀斑、瘀点，脑沟变浅，脑回平坦，脑脊液增多（图2-14-18）。切面可见脑实质变软，毛细血管充血和出血，脑室液增多，有时可检出细小的化脓灶（图2-14-19）。脊髓病变与大、小脑相同。镜检见脑脊髓的蛛网膜及软膜血管充血、出血与血栓形成。血管内皮细胞肿胀、增生、脱落，管壁疏松或发生纤维素样变，血管周围有以中性粒细胞为主的炎性细胞等浸润（图2-14-20）。脑膜因水肿和炎症细胞浸润而显著增厚。脑膜病变严重的病例，其灰质浅层有中性粒细胞散在，甚至可见白质中的小血管和毛细血管亦发生充血、出血，血管周围淋巴间隙扩张，并可见由中性粒细胞和单核细胞等围绕而呈现的"管套"现象。灰质中神经细胞呈急性肿胀、空泡变性和坏死等变化。胶质细胞呈弥漫性增生或灶性增生而形成胶质结节。间脑、中脑、小脑和延髓的病变与大脑基本一致。脊髓软膜病变与脑膜相同。

3．关节炎型　眼观，关节肿大、变粗，发生浆液性纤维素性关节炎。关节腔中含有大量混浊的关节液，其中含有黄白色奶酪样块状物。关节囊膜充血，关节周围因增生而粗糙（图2-14-21），关节软骨面有糜烂或溃疡，重者关节软骨坏死。关节周围组织有多发性化脓灶，并常因大量结缔组织增生，对化脓灶进行机化，从而导致化脓性关节周围炎，使关节明显肿大变形（图2-14-22）。

4．化脓性淋巴结炎型　本型的病理剖检特征与临床所见基本相同，但受损的淋巴结位于深部或肿胀不大，又不破裂，生前往往不易被察觉，只有在屠宰检验或剖检时才被检出。剖检时常见颌下淋巴结肿大，发性化脓性炎症或见小脓灶（图2-14-23）。

〔诊断要点〕猪链球菌病的病型较复杂，流行情况无特征，有的根据临床症状和病理变化能做出初步诊断，但确诊常需进行实验室检查。

实验室检查的方法是：根据不同的病型采取相应的病料，如脓肿、化脓灶、肝、脾、肾、血液、关节囊液、脑脊髓波及脑组织等，制成涂片，用碱性美蓝染色液和革兰氏染色液染色，显微镜检查，见到单个、成对、短链或呈长链的球菌（图2-14-24），并且革兰氏染色呈紫色（阳性），即可以确诊为本病。此外，还可进行细菌分离培养鉴定和动物接种实验。

〔类症鉴别〕败血症型猪链球菌病易与急性猪丹毒、猪瘟相混淆，脑膜脑炎型易与猪李氏杆菌病相混淆，应注意区别。

1．急性猪丹毒　死于链球菌病的猪，其脾脏显著肿大，并常伴发纤维素性脾被膜炎，多因严重出血而呈黑红色；而猪丹毒的脾脏虽然也肿大，但常因充血而呈樱桃红色，罕有发生纤维素性脾被膜炎和严重的出血者。采取脾、肾、血液涂片，染色镜检，可见到革兰氏阳性（呈紫色）小杆菌（猪丹毒杆菌）或成链状排列的球菌（猪链球菌）。

2．猪瘟　猪瘟的皮肤上有密集的小出血点或出血斑块，有化脓性结膜炎，脾脏不肿大，常于脾脏的边缘见到出血性梗死灶，病猪多无关节炎病，病程较长，各种治疗无效；而猪链球菌病的皮肤呈紫红色并有瘀血斑和少量出血点，脾脏明显肿大，呈紫红色，边缘少见有出血性梗死灶，病猪常伴发不同程度的关节炎（尤以四肢为多见），用抗生素治疗有效。

3．猪李氏杆菌病　两病在临床上都出现明显的神经症状，但李氏杆菌病性脑炎的炎性细胞是以单核细胞为主，病变部位主要在脑干，特别是脑桥、延髓和脊髓变软，有小的化脓灶。镜检见脑软膜、脑干后部，特别是脑桥、延髓和脊髓的血管充血，血管周围有以单核细胞为主的细胞浸润，或发生弥漫性细胞浸润和细微的化脓灶。而链球菌病是以中性粒细胞浸润为主，多形成化脓性脑膜脑炎，病变多位于大脑的浅层。

〔治疗方法〕治疗时可按不同病型进行相应的治疗。

对淋巴结脓肿，待脓肿成熟后，及时切开，排除脓汁，用3%双氧水或0.1%高锰酸钾液冲洗创腔后，涂以抗生素或磺胺类软膏。

对败血症型、脑膜脑炎型及关节炎型，应尽早大剂量使用抗生素或磺胺类药物。青霉素每头每次40万～100万IU，每天肌内注射2～4次；洁霉素每天每千克体重5mg，肌内注射；庆大霉素每千克体重1.2mg，每天肌内注射2次；磺胺嘧啶钠注射液每千克体重用药0.07g，肌内注射；庆增安注射液，每千克体重0.1mL，肌内注射，每天2次，为了巩固疗效，应连续用药5d以上。

据报道，恩诺沙星对猪链球菌病也有很好的治疗作用。每千克体重用2.5～10.0mg，每12h注射一次，连用3d，能迅速改善病况，且疗效常优于青霉素。

另外，民间验方对本病的治疗也有良好的作用。

处方一 野菊花100g、忍冬藤100g、紫花地丁50g、白毛夏枯草100g、七叶一枝花根25g，水煎服或拌于饲料中一次饲喂，每天一剂，连用3d。

处方二 射干、山豆根各15g，水煎后，加冰片0.15g，一次灌服。此方对发病初期的仔猪有明显的疗效。

处方三 一点红、蒲公英、犁头草、田基黄各50g，积雪草100g，加水浓煎，分早、晚二次服用，每天一剂，连用2～3d。

桉叶注射液 用鲜桉叶2 000g加水2 000mL，蒸馏成1 000mL，用药棉或多层纱布过滤除渣，分装消毒后备用。用量，小猪每次肌内注射5～10mL；大猪每次肌内注射10～20mL，每天2～3次，连用3d。

〔预防措施〕

1.常规预防 主要做好免疫接种、定期消毒和加强管理。

(1) 免疫接种 实践证明患链球菌病的猪自愈后可产生较强的免疫力，能够抵抗链球菌的再感染。因此，接种疫苗是预防本病的好方法。目前已有国产的猪链球菌灭活苗和弱毒苗出售，灭活苗每猪均皮下注射3～5mL，保护率可达70%～100%，免疫期在6个月以上。弱毒冻干苗每猪皮下注射2亿或口服3亿个菌，保护率可达80%～100%。在流行季节前进行注射是预防本病暴发的有力措施。

(2) 定期消毒 平时应建立健全消毒制度，定期应用1%来苏儿或0.1%新洁尔灭对圈舍和用具等进行消毒处理，对猪的粪便也应发酵和消毒处理，借以消灭散在的病原体。

(3) 加强管理 保持圈舍清洁、干燥及通风，经常清除粪便、更换垫草，保持环境卫生。引进种猪时应隔离观察，确保健康时才可放入猪群。除去感染的诱因，猪圈和饲槽上的尖锐物体，如钉头、铁片、碎玻璃、尖石头等能引起外伤的物体，一律清除。新生的仔猪，应即行无菌结扎脐带，并用碘酒消毒。

2.紧急预防 当发现本病时应采取紧急预防措施。

(1) 封锁疫区 当确诊为链球菌病后，应立即划定疫点、疫区，隔离病猪，封锁疫区，禁止猪只的流动，关闭市场，并及时将疫情上报主管部门和有关单位。

(2) 清除传染源 病猪隔离治疗，带菌母猪尽可能淘汰，污染的圈舍、用具和环境用3%来苏儿液或1／300的菌毒敌进行彻底消毒；急宰猪或宰后发现可疑病变的猪胴体经高温处理后，方可食用，而其他废弃物也应深埋或彻底消毒。

（3）药物预防　猪场发生本病后，如果暂时买不到菌苗，可用药物预防，以控制本病的发生，如每吨饲料中加入四环素125g，连喂4～6周。如能购到疫苗应及时按上述方法进行免疫接种。

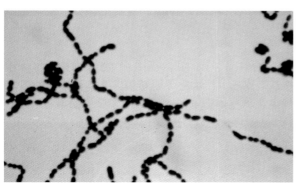

**图2-14-1　链球菌**

培养物涂片中呈串珠状排列的链球菌。革兰氏×1 000

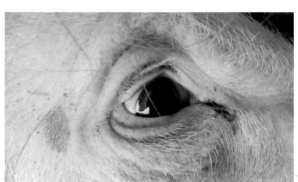

**图2-14-2　眼结膜潮红**

眼结膜充血、潮红，并见少量出血点。

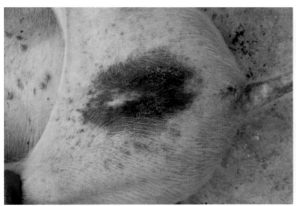

**图2-14-3　皮肤瘀斑**

会阴部大片皮肤瘀血、出血，形成紫红色瘀斑。

**图2-14-4　多发性关节炎**

病猪体温升高，眼角有脓性分泌物，伴多发性关节炎而站立颤抖。

**图2-14-5　游泳状姿势**

病猪倒地，四肢抽搐、摆动，呈游泳状。

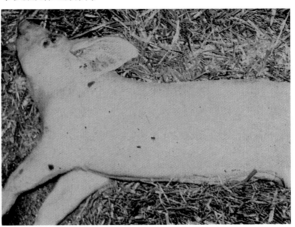

**图2-14-6　角弓反张**

病猪死前出现角弓反张症状，体表多处被擦伤。

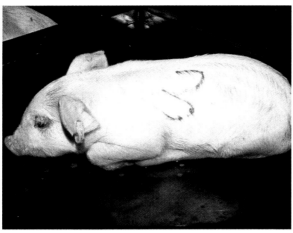

**图2-14-7　重度多发性关节炎**

病猪患多发性关节炎，站立困难，不能运动，经常爬卧。

**图2-14-8　重度腕关节炎**

仔猪患重度的腕关节炎而不能站立，跗关节也发炎肿大。

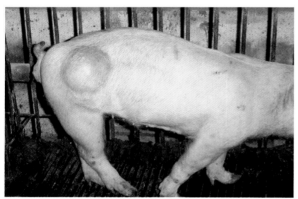

**图2-14-9　化脓性髋关节炎**

髋关节发生化脓性炎症后，导致皮下形成一个大脓肿。

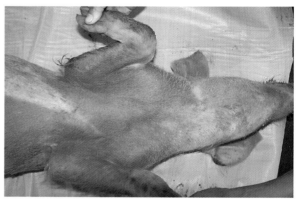

**图2-14-10　皮肤瘀血和出血**

颌下、胸前、腹侧和四肢内侧的皮肤瘀血、出血，呈暗红色。

**图2-14-11　出血性淋巴结炎**

淋巴结明显肿大，瘀血和弥漫性出血，呈鲜红色。

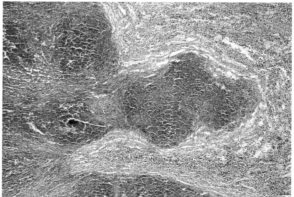

**图2-14-12　化脓性淋巴结炎**

淋巴组织化脓坏死，化脓灶周围有结缔组织增生。HE×100

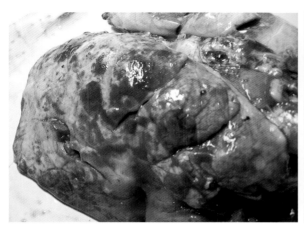

**图2-14-13　肺出血水肿**

　　肺充血水肿，表面和实质有许多大小不一的出血斑。

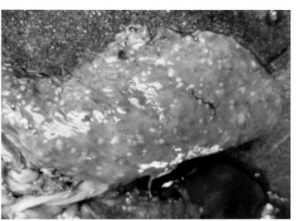

**图2-14-14　化脓性肺炎**

　　肺表面和实质有密集的体积较小的黄白色化脓性结节。

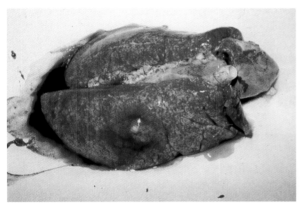

**图2-14-15　肺脓肿**

　　肺脏有瘀血点、出血点，右肺叶有一大脓肿，从中分离出链球菌。

**图2-14-16　心外膜出血**

　　心外膜瘀血，呈暗红色，其表面有大量出血点。

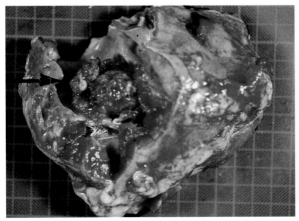

**图2-14-17　纤维素性心外膜炎**

　　心外膜增厚，表面有纤维蛋白性附着物，伴发疣性心内膜炎（↑）。

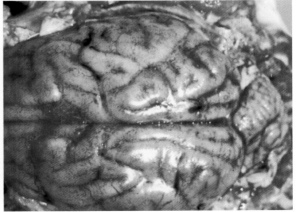

**图2-14-18　脑膜瘀血、水肿**

　　脑软膜充血、有瘀斑、水肿，脑脊液增多，脑回变扁平。

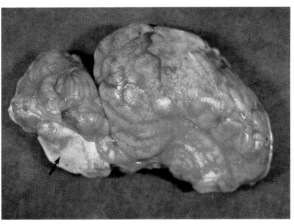

**图2-14-19  化脓性脑炎**

脑血管扩张、瘀血,小脑部(↑)见黄白色的化脓灶。

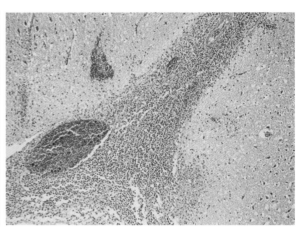

**图2-14-20  化脓性脑膜炎**

脑膜血管明显瘀血,有大量中性粒细胞浸润。HE×60

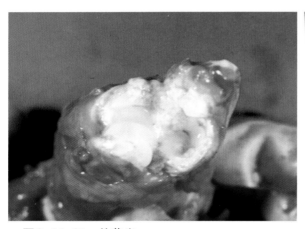

**图2-14-21  关节炎**

关节肿大,关节液增多,关节周围滑膜和结缔组织增生。

**图2-14-22  化脓性关节周围炎**

关节周围的化脓性增生,使关节明显肿大、变形。

**图2-14-23  化脓性淋巴结炎**

颌下淋巴结瘀血、肿大,伴有化脓性炎灶(↑)。

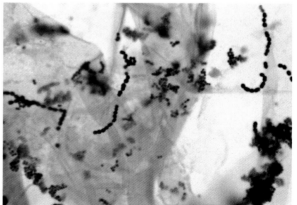

**图2-14-24  病料中的链球菌**

病料涂片中呈串珠状排列的链球菌。革兰氏染色×1 000

## 十五、猪坏死杆菌病 （Necrobacillosis of swine）

猪坏死杆菌病是猪的一种慢性传染性细菌病。其特征表现为皮肤、黏膜的坏死性炎和溃疡形成，有的在内脏形成转移性坏死灶。猪只较常见的病型为坏死性皮炎；其次是坏死性口炎和坏死性鼻炎；多发生于猪的收购地和猪的集散地临时棚圈。

本病广泛发生于世界各地，我国也有猪发病的报道，一般为慢性经过，多呈散发，偶有表现为地方流行性。

〔病原特性〕本病的病原体是严格厌氧的坏死梭杆菌（*Fusobacterium necrophorum*），为多形性的革兰氏阴性菌，在病料中多呈长丝状，但也有呈球杆状或短杆状（图2-15-1）。本菌无鞭毛，不形成荚膜和芽孢。本菌在液体培养物中多形性尤为明显，新鲜培养时着色均匀，超过24h的培养物，用碳酸-复红加温染色，因菌体着色不均而呈串珠状；若用碱性复红-美蓝染色，表现得更为明显。本菌在一般情况下，难于从病猪的体表病灶中分离（因含杂菌），但易从肝脏、脾脏等内脏的病变部位中分离。若在培养基中加入血液、血清、葡萄糖和肝组织块则有助于其生长；加入亮绿或结晶紫可抑制杂菌生长，利于获得纯培养。由于本菌具有严格厌氧的特点，所以若采取皮肤病变做病原检查时，应从病、健交界处采取。本菌在自然界中分布很广，在动物饲养场、被污染的沼泽地、土壤中均可检出；在健康动物的口腔、肠道、外生殖器等处也可分离出。在本病的一些病例中，除坏死杆菌外还可分离出巴氏杆菌、魏氏梭菌、化脓性棒状杆菌和霉菌等。

本菌可产生多种毒素，如杀白细胞素、溶血素等能致组织水肿；内毒素能引起组织坏死和使病猪出现程度不同的中毒症状。该菌有耐热性和不耐热性两种抗原，不同菌株的抗原性有所不同。一般根据株间抗原性不同，而将本菌分为A、B、C三相。A相能溶血，产生凝血素，有较强的致病作用；B相能溶血，不产生血凝素，致病作用较弱；C相不能溶血，也不产生凝血，无致病作用。

本菌对环境的抵抗力较小，60℃加热30min，65℃加热15min或煮沸1min即可被杀灭，日光直射8～10h也可被杀死；对理化因素的抵抗力也很低，常用的消毒药对之均有效，如1%高锰酸钾、5%氢氧化钠、1%福尔马林在15min之内均可将之杀死。但在污染的土壤中和有机物中能存活较长时间，一般可存活10～30d。

〔流行特点〕各种年龄及品种的猪对本病均有易感性。其中病猪和带菌猪是本病的主要传染来源，病菌常随渗出的分泌物和坏死组织而污染周围环境。另外，由于坏死杆菌也广泛存在于自然界的土壤、沼泽地、死水坑和污泥塘内，故这些地方也成为猪只感染的重要传染源。坏死杆菌主要是通过损伤的皮肤或黏膜而感染的，特别是猪只互相咬架、饲养场污泥很深、场地有突出的尖锐物体时，最易发生本病。

本病一年四季均可发生，但多发于炎热、多雨的季节；一般为散发，如果诱发疾病的因素很多，也可成批发生。诱发本病常见的因素有：低洼潮湿，仔猪长牙，草料粗硬，矿物质（特别是钙、磷）缺乏，维生素不足，营养不良和圈舍内有吸血昆虫等。

〔临床症状〕猪坏死杆菌病由于发病部位不同，而有坏死性皮炎、坏死性口炎、坏死性鼻炎和坏死性肠炎之分，其中以坏死性皮炎最常见。一般情况下育肥猪发病最多，母猪偶尔发生，仔猪多发生坏死性口炎。各型均以局部组织坏死为特点，常无明显的前期症状，自然感染的潜伏期不明显。

1.**坏死性皮炎** 多见于仔猪和架子猪；常发生于颈部、背部和臀部皮肤。其特征为体表皮肤及皮下组织有坏死和溃烂。病初患部皮肤微肿，表面有突起的小丘疹，被毛脱落，局部发痒，触之坚实，伴有皮肤破溃或渗出时，病灶表面上常覆有痂皮；继之，组织迅速坏死，病灶逐渐扩大，炎症向深部发展和蔓延，使皮下组织及肌肉发生较大区域的坏死，形成口小而内腔大的创伤，从铜钱大小乃至拳头大的囊状边缘不整的病灶。用探针探察，可知皮下组织中有大小不一的坏死区；切开创伤时，里面有大量坏死的组织和腐败的脓液，呈灰黄色或灰褐色，并有恶臭的气味，但无痛感。也有的病猪发生耳朵及尾巴的干性坏死，最后从机体上脱落。个别病例全身或大块皮肤干性坏死，如盔甲般覆盖体表，最后从其边缘逐渐剥脱分离。

当病猪出现内脏转移或继发感染时，则病猪全身症状明显，发热、少食或停食，常由于败血症而死亡。母猪还可发生乳头和乳房皮肤坏死，甚至乳腺坏死。

2. **坏死性口炎**　又称"白喉"，多发生于仔猪。病猪表现不安，吃食减少，流涎、有鼻汁、气喘。在舌（图2-15-2）、齿龈、上颚、颊及扁桃体黏膜上覆有粗糙而污秽不洁的假膜，剥脱假膜后，其下可见有不规则的溃疡，且易出血。发生在咽喉者，则病猪颌下水肿，呼吸困难，不能吞咽，病变蔓延到肺部或转移到他处或坏死物被吸入肺内，常导致病猪迅速死亡。其过程为5～10d。

3. **坏死性鼻炎**　仔猪和育肥猪多发，主要表现为咳嗽、流脓性鼻液，喘鸣和腹泻。有的病例在鼻黏膜上出现溃疡，并附有伪膜，有的还伴发鼻软骨和鼻骨的坏死，影响吃食和呼吸，还可蔓延到气管和肺，形成坏死性鼻炎和坏死性支气管肺炎变化。

4. **坏死性肠炎**　常继发或并发于猪副伤寒和猪瘟等病。临床的主要表现为病猪不安，有阵发性腹痛表现，严重腹泻，排出污秽不洁带有恶臭稀薄的粪便，或带有脓样和坏死黏膜的粪便。病猪精神萎靡，不愿走动，明显消瘦，最终多因脱水或败血症而死亡。

〔病理特征〕坏死杆菌多以皮肤或黏膜创伤感染的形式由局部组织的炎症开始，死于本病的病猪，通常有脓毒败血症的表现形式，即在体内器官中出现由坏死杆菌所导致的转移病灶。因此，剖检时，一般均能看到由创伤感染所致的局部病变和由脓毒败血症所引起的全身性病变。

坏死杆菌的典型病变表现为受侵组织的凝固性坏死，不论是原发病灶还是转移性病灶都是如此。眼观，坏死组织呈淡黄色或黄褐色，干燥、硬固，与周围的活组织有明显的界线。但由于受侵部位和病变发展的时期不同，其表现形式也不尽相同。最常见的病变部位是黏膜和皮肤。黏膜的坏死灶多呈堤状隆起，高出于周围黏膜，其表面扁平而呈碎屑状，深部为凝固性坏死。皮肤的病变可呈现大小不一的溃疡或在表面形成硬痂，溃疡周围和底部以及硬痂下可见到大的坏死区。该坏死的特点是表面创口虽小，但皮下组织已形成很大的囊状坏死区，有的直径可达10cm以上，其内部组织腐烂，并有大量灰黄色具有恶臭的液体，俗称为"旋疮"。黏膜和皮肤的坏死灶可深达数厘米，侵及深部组织，包括肌肉、骨膜、骨及牙齿等，引起坏死杆菌性肌炎、骨膜炎，骨髓炎，死骨片形成和龋齿等。内脏的坏死杆菌病多见于肝脏和小肠。肝脏发病时多肿大、瘀血，呈暗红色，表面见多发性圆斑状淡黄色坏死，质地坚实，境界清晰（图2-15-3）。小肠多呈出血性坏死性肠炎变化。外观小肠内充满气体，肠壁菲薄，呈红褐色（图2-15-4）；肠黏膜瘀血，呈暗红色，并见有出血、干燥、质地较硬的坏死灶（图2-15-5）。

镜检可见：病变部的组织最初呈凝固性坏死状；继之发生化脓性液化，并有明显的炎性反应。做细菌染色时，在病、健交接的组织中能看到呈放射状排列、稠密交织着的长丝状坏死杆菌。这是本病的重要特点之一。小肠黏膜坏死后，嗜伊红，坏死可达黏膜下层或肌层（图2-15-6）；高倍镜下见黏膜上皮坏死，固有层和黏膜下层中有大量的炎性细胞浸润（图2-15-7）。

〔诊断要点〕诊断本病应根据流行病学情况和临床症状，结合患病部位、坏死组织的特殊病变等进行综合分析，必要时应做细菌学检查，即由坏死组织与健康组织交界处用消毒的锐匙刮取病料作涂片，用石炭酸复红或复红－美蓝染色法染色。如能检查出呈颗粒状或串珠样长丝状的杆菌（图2-15-8），即可确诊。此外，也可按上法采取病料做成混悬液，注射家兔耳静脉内。家兔常在一周内死亡，在肝脏可见到坏死性脓肿，由此采取病料分离培养和涂片镜检，如能检出坏死杆菌即可确诊。

〔治疗方法〕猪群中一旦发现本病，及时隔离治疗，常能迅速治愈。

治疗体表病灶基本原则是：扩创充氧，清除坏死。如发现坏死性皮炎病猪后，首先要将小创口扩大，让创腔得到充足的氧，抑制坏死杆菌的生长；再刮去坏死组织，清除脓汁，用双氧水充分洗涤后，任选下列药物填于创腔。①雄黄30g，陈石灰100g，加桐油调成糊状，填满创腔；②大黄、石灰等量，炒黄，混合填入创腔；③20%碘酒或10%福尔马林注入创内；④也可在创腔内填塞硫酸铜粉或水杨酸粉，或高锰酸钾粉或磺胺粉等。

治疗白喉型病猪时，应先除去伪膜，再用1%高锰酸钾冲洗，然后用碘甘油或酒精溶液涂擦创面，每天2次到痊愈。

一些民间验方在治疗本病方面有独到之处，常能取得满意的疗效。如用滚热的植物油（最好是桐油）适量趁热灌入扩大的创腔内，再在患部撒上一薄层石灰粉，隔12d治疗一次，一般处理2～3次即愈，病轻者一次即可治愈。

值得指出：在进行局部治疗的同时，还要根据病情配合全身治疗。如肌内或静脉注射磺胺类药物、金霉素等，以获控制本病发展和继发感染的双重功效。此外，还应配合强心、解毒、补液等对症疗法，以提高治愈率。

〔预防措施〕本病目前尚无特异性疫苗进行预防，只有采取综合性防制措施，加强管理，搞好环境卫生和消除发病诱因，避免咬伤和其他外伤。猪舍和运动场要保持清洁干燥，使地床平整，没有粪便污水堆积。发生外伤后，及时涂擦碘酊消毒。接近性成熟的公猪应分开饲养，防止相互咬斗。另外，在接近本病多发的季节，可在饲料中添加抗生素类药物进行预防。

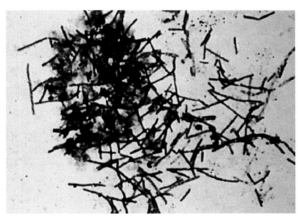

**图2-15-1 坏死杆菌**
美蓝染色的呈杆状或链状的坏死杆菌。美蓝
×1 000

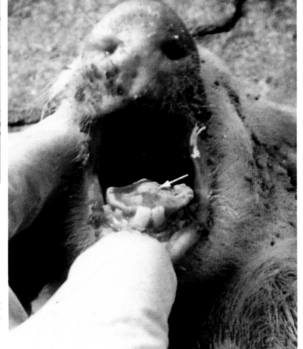

**图2-15-2 坏死性口炎**
病猪食欲明显减损，在舌面
上常见有坏死（↑）和溃疡。

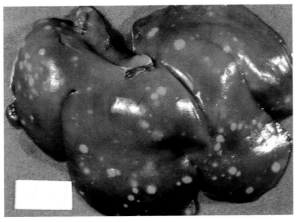

**图2-15-3　坏死性肝炎**

肝脏内有多量淡黄色坏死灶，从中分离出细长的坏死杆菌。

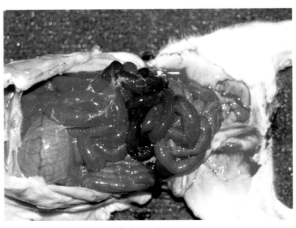

**图2-15-4　出血性小肠炎**

病猪小肠出血，呈暗红褐色，肠内充满气体，肠壁菲薄。

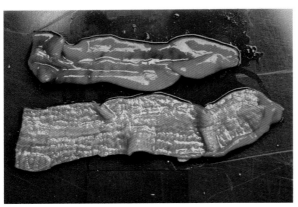

**图2-15-5　出血坏死性肠炎**

小肠黏膜瘀血，间有出血、坏死的黑红色斑块。

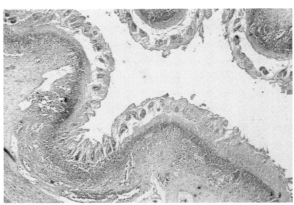

**图2-15-6　出血坏死性肠炎**

小肠黏膜坏死，深染伊红，坏死可达黏膜下层。HE×33

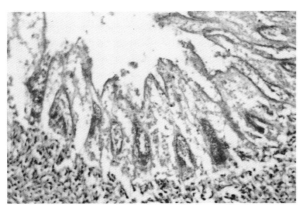

**图2-15-7　坏死性肠炎**

小肠黏膜上皮坏死，固有层中见大量的炎性细胞浸润。

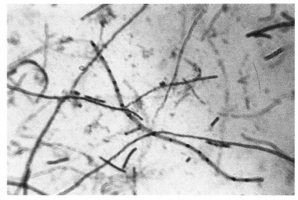

**图2-15-8　病料中的坏死杆菌**

病料涂片中的坏死杆菌，多呈串珠状或长丝状。复红-美蓝×1 000

# 十六、仔猪梭菌性肠炎 (Clostridial enteritis of piglets)

仔猪梭菌性肠炎又称仔猪传染性坏死性肠炎，俗称"仔猪红痢"，是由梭菌所引起的高度致死性肠毒血病。本病主要发生于3日龄以内的新生仔猪，其特征是排出红色粪便，小肠黏膜出血、坏死；病程短，死亡率高。在环境卫生条件不良的猪场发病较多，危害很大。

本病呈世界性分布，各国均有报道，我国也时有发生。

〔病原特性〕本病的病原体为C型产气荚膜梭菌（*Clostridium perfringens* type C），亦称魏氏梭菌（*Cl. welchii* type C）。本菌为革兰氏阳性（图2-16-1）、有荚膜（图2-16-2）、无鞭毛、不能运动的厌氧性大杆菌；在不良的条件下可形成芽孢，后者呈卵圆形，位于菌体中央或近端，芽孢多超过菌体宽度，故使菌体呈梭形而有"梭菌"之称。

一般根据病菌产生的毒素不同而将之分为A、B、C、D和E 5个血清型。其中C型菌株主要产生α和β毒素，特别是β毒素，成为引起仔猪肠毒血症、坏死性肠炎的主要致病因子。

本菌对外环境的抵抗力并不强大，一般的消毒药在适当的浓度时均可将之杀灭；但它形成芽孢后，却有极强的抵抗力，80℃ 15～30min，100℃则几分钟才能被杀死；冻干保存至少10年，其毒力和抗原性不发生变化。

〔流行特点〕本病发生于1周龄左右的仔猪，以1～3日龄的新生仔猪最多见，偶可在2～4周龄及断奶猪中见到。带菌猪是本病的主要传染来源；消化道侵入是本病最常见的传播途径。据报道，一部分母猪是本病的带菌者，病菌随粪便排出体外，直接污染哺乳母猪的乳头和垫料等，当初生仔猪吮吸母猪的奶或吞入污染物后，细菌进入空肠繁殖，侵入绒毛上皮，沿基膜繁殖增生，产生毒素，使受损组织充血、出血和坏死。

另外，魏氏梭菌广泛存在于人畜肠道、下水道及尘埃中，特别是该病流行地区的土壤中，猪圈中的地面、墙壁和用具都可能带有大量病菌，当饲养管理不良时，容易发生本病。在同一猪群内各窝仔猪的发病率相差很大，最低的为9%，最高的达100%。病死率为5%～59%，平均为26%。

本病无明显季节性，多呈散发流行，在同一猪场中，有些繁殖的母猪圈发生，而有的则不发生。这可能与母猪隐性带菌有关，成为危险的传染源。

〔临床症状〕本病的病程长短差别很大，症状不尽相同，一般根据病程和症状不同而将之分为最急性型、急性型、亚急性型和慢性型。

1. 最急性型  多发生于1日龄的仔猪。发病很快，病程很短，通常于出生后1d内发病，症状多不明显或排血便，乳猪后躯或全身沾满血样粪便（图2-16-3）。病猪虚弱，委顿，拒食或尖叫，很快变为濒死状态，病猪常于发病的当天或第二天死亡。少数没有下血痢的病猪，便昏倒而死亡。

2. 急性型  病猪出现较典型的腹泻症状，是最常见的病型。病猪胃肠胀气，腹围膨大，呼吸困难（图2-16-4），在整个发病过程中大多排出含有灰色组织碎片的浅红褐色水样粪便，很快脱水和虚脱。病程多为两天，一般于发病后的第三天死亡。

3. 亚急性型  病初，病猪食欲减弱，精神沉郁，开始排黄色软粪；继之，病猪持续腹泻，粪便呈淘米水样，含有灰色坏死组织碎片；很快，病猪明显脱水，逐渐消瘦（图2-16-5），衰竭，多于5～7d死亡。

4. 慢性型  病程较长，病猪呈间歇性或持续性下痢，排灰黄色黏液便，有时带有血液。病猪虽然仍有一定的食欲，但生长很缓慢，持续性腹泻，最后死亡或被淘汰。

〔病理特征〕C型魏氏梭菌引起仔猪的出血性肠炎主要发生于小肠，以空肠的病变最重。大肠一般无变化。

病变特点为：最急性病例，虽然临床上无明显的症状而突然死亡，但死后有的病猪从口角流出血水样的分泌物（图2-16-6）；大部分病猪的腹部膨满，腹围增大（图2-16-7）。剖检见，病猪消瘦、极度脱水，血液黏稠，皮下组织干燥（图2-16-8）。胃多呈空虚状态，胃黏膜肿胀，多有散在性点状出血。而断奶仔猪的胃中常有大量干燥的内容物，胃黏膜覆有大量粘液。除去黏液，可见胃黏膜肿胀，点状、片状或弥漫性出血，呈鲜红色或暗红色（图2-16-9）。病情轻时，小肠瘀血明显，肠浆膜的血管呈树枝状扩张，肠壁色泽暗红。肠系膜淋巴结肿大，质地柔软，多呈浆液性淋巴结炎的变化（图2-16-10）。剪开肠管，肠内容物稀薄如水，污秽不洁或呈灰红色，肠黏膜肿胀，呈暗红色，表面散在大量出血点或呈弥漫性出血（图2-16-11）。病情严重时，部分小肠出血（图2-16-12）或全部小肠出血（图2-16-13），出血部位的小肠呈紫红色，质地变硬，腹腔内有较多的红色腹水。病情严重时，部分小肠出血坏死、呈紫红色（图2-16-14）。剪开肠管见，肠黏膜广泛坏死，肠内容物呈红豆水样或红酱色。肠系膜淋巴结肿胀，呈鲜红色。急性病例的肠黏膜坏死变化最重，而出血较轻，肠黏膜覆有淡红黄色或污灰红色黏液；有的肠腔内有血染的坏死组织碎片并粘连于肠壁，肠绒毛脱落，形成一层坏死性假膜。有些病例的小气充血或轻度瘀血而呈鲜红色，部分肠段发生出血而呈暗红色，肠壁菲薄，肠内充满大量淡红色稀薄的内容物，并含大量气体（图2-16-15）。当肠内的气体随淋巴管或向周围扩散而侵入肠壁时，常在肠系膜附着部发现大量气泡，从而导致肠气泡症的发生。有的肠气泡症可达40cm长（图2-16-16）。此时，肝脏常肿大、黄染，切面上也出现大量气泡，发生肝气泡症，并易从中分离出魏氏梭菌（图2-16-17）。亚急性病例的肠壁变厚，容易破碎，坏死性假膜更为广泛（图2-16-18）。慢性病例，在肠黏膜可见1处或多处的坏死带。

镜检可见：肠黏膜的绒毛及上皮多坏死脱落，固有层和黏膜下层瘀血、出血和水肿（图2-16-19），坏死可深达黏膜肌层以下，坏死组织内含有多量典型的病原菌。

〔诊断要点〕依据临床症状和病理变化，结合流行特点，可做出初步诊断，进一步的确诊需靠实验室检查。实验室检查常用方法是：对最急性病例，可采取小肠内血样液体或红色腹水，加等量生理盐水搅拌均匀后，3 000r/min离心30～60min，取上清液用细菌滤器过滤后，先给第一组小鼠静脉注射，每只0.2～0.5mL；再将滤液与C型产气荚膜梭菌抗毒素血清混合，作用40min后，给第二组小鼠注射。如果第一组小鼠迅速死亡，而第二组小鼠却生活无恙，即可确诊为本病。

对急性和亚急性病例，可采取坏死病变部的肠段，进行细菌分离培养和组织学检查。

〔类症鉴别〕诊断本病时应与猪传染性胃肠炎、猪流行性腹泻、仔猪黄痢、仔猪白痢等鉴别。参见猪传染性胃肠炎的类症鉴别。

〔治疗方法〕由于本病发病急，病程短，而又是毒血症经过，病情严重，常常来不及治疗，病猪已经死亡，因此，本病的治疗效果不佳。对于一些病程较长，抵抗力较强的仔猪，或同窝未出现明显症状的仔猪应立即口服磺胺类药物或抗生素，每天2～3次，有一定的治疗作用；发生脱水者，可腹腔注射5%的葡萄糖溶液或生理盐水，借以补充水分和能量。如有C型魏氏梭菌抗毒素血清时，及时用于病猪可获得较好的疗效。治疗方法是：口服，剂量为5～10mL，每天一次，连用3d；若与青霉素等抗生素共同内服，效果更好。

〔预防措施〕本病的治疗效果不好，主要依靠平时的预防。首先要加强对猪舍和环境的清洁卫生和消毒工作，产房和分娩母猪的乳房应于临产时彻底消毒；有条件时，母猪分娩前一个月和半个月，各肌内注射C型魏氏梭菌氢氧化铝苗或仔猪红痢干粉菌苗1次，剂量为5～10mL，以便使仔猪通过哺乳获得被动免疫；如连续产仔，前1～2胎在分娩前已经两次注射过菌苗的母猪，下次分娩前半个月再注1次，剂量3～5mL。另外，仔猪出生后，如果立即注射抗猪红痢血清（每千克体重肌内注射3mL），可获得更好的保护作用（但注射要早，否则结果不理想）。

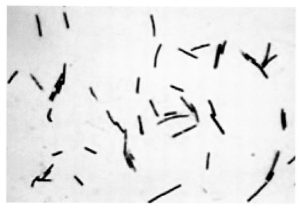

**图2-16-1　产气荚膜梭菌**
产气荚膜梭菌为革兰氏染色阳性大杆菌。
革兰氏×1 000

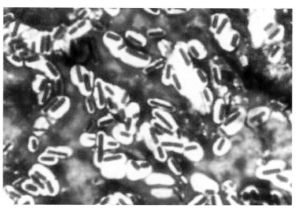

**图2-16-2　产气荚膜梭菌**
荚膜染色时，菌体外有淡紫红色的荚膜。
荚膜染色×1 000

**图2-16-3　最急性型**
病猪排红色血便，全身被血便污染。

**图2-16-4　急性型**
病猪精神委顿，呼吸困难，腹部极度膨大。

**图2-16-5　亚急性型**
粪便污秽，呈淘米水样，肛
门周围及后肢被稀便污染。

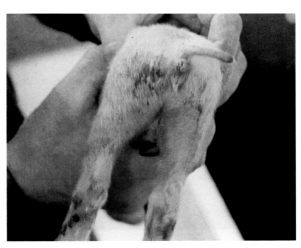

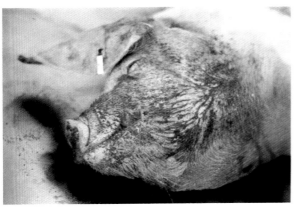

**图2-16-6　带血的分泌物**

从病尸的口角和鼻孔流出带血的分泌物。

**图2-16-7　腹部膨胀**

突然死亡的病猪，其营养状况良好，腹部过度膨大。

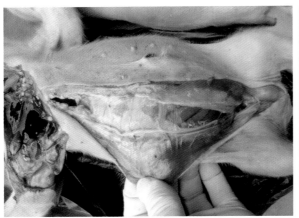

**图2-16-8　全身性脱水**

病猪极度脱水，血液黏稠，皮下组织干燥。

**图2-16-9　出血性胃炎**

胃黏膜上覆有黏液，上皮变性、坏死、脱落，胃壁出血。

**图2-16-10　卡他性肠炎**

小肠瘀血、出血呈黑暗红色，肠系膜淋巴结肿大，被膜下有出血点。

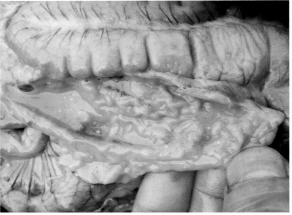

**图2-16-11　卡他性出血性肠炎**

小肠黏膜瘀血、出血，肠内容物稀薄，呈污红色。

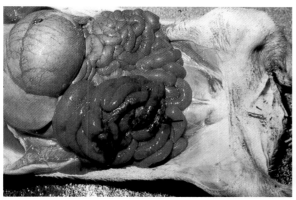

**图2-16-12　部分小肠出血**

小肠瘀血而呈红褐色，部分肠管伴发出血而呈黑红色（↑）。

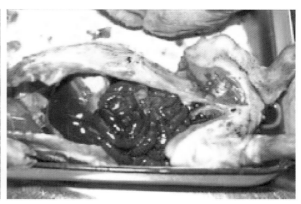

**图2-16-13　全部小肠出血**

全部小肠出血呈鲜红色或暗褐色并见大量暗红色腹水。

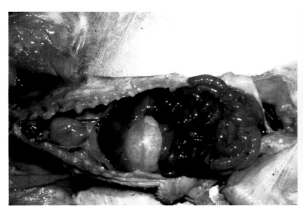

**图2-16-14　全部小肠出血**

小肠出血呈黑褐色，并见大量暗红色腹水。

**图2-16-15　出血性肠炎**

小肠充血、出血，色泽鲜红，肠腔中含有大量气体和混有血液的内容物。

**图2-16-16　肠气泡症**

小肠中充满气体，与肠系膜连接的肠壁上有许多小气泡。

**图2-16-17　肝气泡症**

肝脏肿大、黄染，切面上有许多气泡（↑），从中分离出病原体。

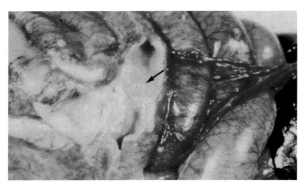

**图2-16-18 坏死性肠炎**

肠壁坏死和肥厚，黏膜面被覆含有血液的坏死物。

**图2-16-19 出血性肠炎**

肠黏膜坏死脱落，固有层和黏膜下层瘀血、出血和水肿。HE×40

## 十七、破伤风（Tetanus）

破伤风又叫强直症，俗称"锁口风"，是由破伤风梭菌所致的一种急性中毒性人、畜共患传染病；临床上以骨骼肌持续性痉挛和神经反射兴奋性增高为特征。

本病广泛分布于世界各国，一般为散在性发生。

〔病原特性〕 本病的病原体为破伤风梭菌（*Clostridium tetani*），又叫强直梭菌。本菌为一种大型、革兰氏阳性、能形成芽孢的厌氧性杆菌，多单个散在。芽孢在菌体的一端，似鼓槌状或球拍状（图2-17-1）；多数菌株有周鞭毛，能运动，但不形成荚膜。破伤风梭菌在动物体内或培养基内均可产生几种破伤风外毒素，其中最主要的是痉挛毒素，为一种作用于神经系统的神经毒，是引起动物特征性强直症状的决定性因素，亦是仅次于肉毒梭菌毒素的第二种毒性最强的细胞毒素。本菌所产生的其他毒素，如溶血毒素和非痉挛毒素，对于破伤风的发生没有太大的意义。

本菌的繁殖型抵抗力并不强，一般的消毒药均可在短时间内将其杀死，但芽孢的抵抗力极强，在土壤中能存活几十年。病菌所产生的外毒素，是一种蛋白质，对热比较敏感，65～68℃经5min即可灭活，通过0.4%甲醛杀菌脱毒21～31d，可将之变为类毒素。

〔流行特点〕 各种年龄的猪对本病均较易感，但以仔猪的易感性最高。破伤风梭菌广泛存在于自然界，如土壤、尘埃、腐臭的淤泥及草食兽的粪便中，当猪发生外伤（如创伤、去势、断脐、扎伤、刺伤和产后感染等）时，病原体侵入创伤腔内的无氧环境而繁殖，产生外毒素而致病。在临床上有些病猪发病后则检查不出伤口，这既可能是创伤已愈合，也可能是经子宫或消化道黏膜损伤感染之故。

本病无明显的季节性，一年四季都可发生，但以夏秋多见；通常为散发，但有时在某些地区可出现较多的病例。

〔临床症状〕 本病的潜伏期最短者为1d，长者可达数月，一般为1～2周。潜伏期长短多与创伤的部位及创伤的状态有关。创伤距头部较近，创口小而深，创口被粪土、痂皮和异物等封闭，形成无氧环境时，发病的潜伏期就短，反之则长。

猪多由去势感染所致。病猪从头部肌肉开始痉挛，咬肌挛缩，张嘴困难，口吐白沫，叫声尖细。鼻翼痉挛，鼻孔开张，鼻孔周围常覆有黄白色黏稠的鼻液（图2-17-2）。眼肌痉挛，瞬膜外露，眼睑充血、水肿，结膜呈淡粉红色（图2-17-3）。严重时，病猪的牙关紧闭，两耳竖立，项颈僵硬，头向前伸，四肢伸直不能弯曲，腰背弓起，全身肌肉痉挛，状如木马（图2-17-4）；触摸肌肉有坚实如木板感。病猪对光、声和其他刺激敏感，这些刺激常可使症状加重。濒死时，病猪倒地，眼睛半闭，四肢强直，肌肉抽搐（图2-17-5），有时发生粪尿失禁。病猪最后多因窒息而死亡，病死率较高。

〔病理特征〕因本病而死亡的病猪，在病理学检查方面常无特异性病变，一般仅见破伤风所特有的强直和僵硬表现（图2-17-6）。

〔诊断要点〕破伤风的症状很有特征，通常依据病猪全身肌肉痉挛和僵硬的临床症状并结合发病原因的调查，即可确诊。有时临床症状不很明显时，病猪死后可于其发生创伤的深部采取组织，涂片染色后可检出带有近端芽孢的梭形杆菌（图2-17-7）；或用荧光抗体染色，见到菌体的芽孢呈现出强阳性反应（图2-17-8）。

〔治疗方法〕对患破伤风病猪的治疗是一种抢救性治疗，应使用特效药物、对症疗法和创伤处理同时进行，方可取得较好的效果。

1. 特效药物　及早确诊和及时、大剂量使用破伤风抗毒素，可取得较好的疗效。根据病猪的大小，可使用破伤风抗毒素20万～80万IU，分三次注射；也可一次全剂量注射。据报道，用40%乌洛托品15～30mL注射，也有良好的效果。

2. 清创处理　尽快查明感染的创伤并进行外科处理，应尽快清除创内的脓汁、异物和坏死组织等；对创底深、创口小的创伤要进行扩创，并用3%过氧化氢液、2%高锰酸钾液或5%碘酒消毒。之后，再在创腔内撒布碘仿硼酸合剂，并用青、链霉素在创伤周围作环形封闭注射。

3. 对症治疗　这是提高治愈率的重要手段。为了使病猪安静，可将其放置在阴暗处，避免光线和声音等的刺激。为了缓和肌肉痉挛，可使用解痉剂，如氯丙嗪25～50mg或25%硫酸镁注射液10～20mL，肌内注射；或用25%水合氯醛20～30mL灌肠，每天2～3次；也可用独角莲注射液3～5mL，肌内注射，每天2次。

4. 中兽医疗法　中兽医治疗本病多在应用中药的同时，并进行针灸，常能取得意想不到的效果。在此介绍两个常用方剂。

（1）乌蛇散　处方：乌蛇25g、全蝎25g、天麻30g、天南星30g、川芎35g、当归40g、羌活35g、独活35g、防风40g、荆芥30g、薄荷30g、蝉蜕30g、僵蚕30g，共研细末，开水调制，候冷灌服。如口紧难灌时，可将方中各药加量10g煎汤候冷，用胃管投服。在用药的同时，可进行针灸，烧烙大风门、伏兔穴；针刺百会穴和下关穴。

（2）追风散　处方：荆芥40g、薄荷35g、僵蚕25g、全蝎18g、钩藤30g、防风40g、细辛15g、皂角40g、藁本40g、苍耳子100g、甘草40g、乌蛇100g、蜈蚣10条。水煎后去渣，灌服。此方为50kg以上的大猪用量，中小猪可酌减药量，每天1次，连用3d。

5. 验方疗法　实践证明，一些民间验方对本病也有很好的疗效，在此介绍3个行之有效的验方。

处方一　全虫15g、天麻15g、明雄黄15g，研成细末，涂于前齿上，每天4～5次，可使其开口；配合放蹄头血，3d后，用6～10cm厚的柳树板在火上烤热后，趁热放在全身各处熏熨，每天5次，7d为一疗程。瞬膜外翻不消失者，用炙马钱子10g、大戟（红的）5g，研成细末，用醋调制后内服。只服一次，一般用药15min后病猪会出现兴奋症状。

处方二　乌梢蛇30g、沙参20g、独活20g，僵蚕、川芎、桑螵蛸、天麻、升麻、阿胶各15g，全蝎、蔓荆子、蝉蜕、旋覆花各10g，细辛5g，用水煎后，兑姜汁和水酒内服。如口紧不能服药者，可用细末吹入鼻孔数次，待稍能开口后再内服。

处方三　斑蝥（去头脚）2个，鸡蛋（去蛋清）1个，将斑蝥放入蛋壳内，封口，在火上焙干后，研成细末，以热酒一次冲服。隔日一剂，连用3～5剂。

〔预防措施〕平时加强饲养管理和注意环境卫生，防止猪只发生外伤，是预防本病的有力措施。例如，当猪只发生扎伤、刺伤等外伤时，应立即用碘酊消毒并进行必要的外科处理，防止发生感染；猪只阉割和处理仔猪脐带时，不仅要注意器械的严格消毒和无菌操作，有条件时，还应注射破伤风抗毒素。

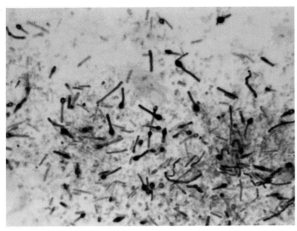

**图 2-17-1 破伤风梭菌**

培养物中革兰氏染色阳性呈球拍状的破伤风梭菌。革兰氏 ×1 000

**图 2-17-2 鼻孔开张**

鼻翼痉挛，鼻孔开张，鼻孔周围覆有多量黏稠的鼻液。

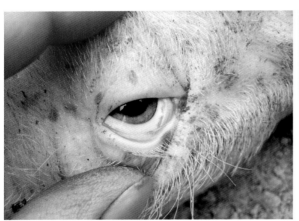

**图 2-17-3 瞬膜外露**

眼肌痉挛，瞬膜外露，眼睑肿胀，结膜粉红。

**图 2-17-4 木马症**

病猪两耳直立，四肢强直，背部肌肉僵硬，呈木马状。

**图 2-17-5 濒死病猪**

四肢强直，肌肉抽搐，耳朵竖立，眼眼半闭状。

**图 2-17-6 死后强直**

全身肌肉挛缩、僵硬，四肢强直，两耳竖立。

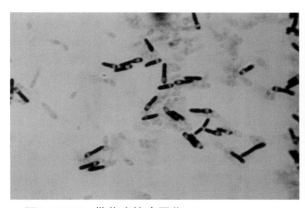

**图2-17-7 带芽孢的病原菌**
病料中带有芽孢的破伤风梭菌。革兰氏染色
×1 000

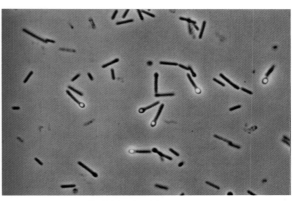

**图2-17-8 荧光检测阳性**
荧光抗体染色呈阳性反应的破伤风梭菌。荧光抗
体染色×1 000

## 十八、猪接触传染性胸膜肺炎 (Porcine contagious pleuropneumonia)

本病又称猪副溶血嗜血杆菌病或猪嗜血杆菌胸膜肺炎，是一种呼吸道传染病；以呈现纤维素性肺炎或纤维素性胸膜肺炎的症状和病变为特征。急性病例的死亡率高，慢性者常能耐过。本病常易继发其他疾病，导致生长发育受阻，饲料报酬明显降低，给养猪业带来巨大的经济损失。

本病自1957年发现以来，自20世纪80年代就已在世界广泛流行，且有逐年增长的趋势；随着集约化养猪业的发展，本病对养猪业的危害越显严重。近年来，本病被国际公认为是危害现代养猪业的重要传染病之一，在美国、丹麦、瑞士等国则将本病列为主要猪病之一。

〔病原特性〕本病的病原体以前称为胸膜肺炎嗜血杆菌 (*Haemophilus pleuropneumonia*)，因其与林氏放线杆菌的DNA具有同源性，故于1983年将之列入放线杆菌属，称为胸膜肺炎放线杆菌 (*Actinobacillus pleuropneumonia*，APP)。APP为兼性厌氧的革兰氏阴性小杆菌，具有典型的球杆形态 (图2-18-1)，能产生荚膜，但不形成芽孢，无运动性。APP的特性是在血液琼脂上具有溶血的能力。

据报道，APP有两个生物型和14个血清型。其中生物Ⅰ型的致病性较强，含有12个血清型，其中第五血清型可分为5A和5B两个亚型；生物Ⅱ型的致病性较弱，含有2个血清型，主要分布于欧洲。研究证明，血清型1、9和11，3、6和8，4和7含有共同的脂多糖 (LPS) 抗原。在不同的地区，其流行的血清型也有不同，如美国分离的11株中，有7株属于血清1型，3株为血清5型；日本主要为血清2和5型；欧洲多为血清2、3和9型；我国台湾地区分离的主要是血清1和5型；我国大陆地区主要为血清1、5和7型。APP的毒力与其所产生的毒素有关，导致猪发病的主要毒素有：荚膜多糖、LPS、外膜蛋白、转铁结合蛋白、蛋白酶、渗透因子和溶血素等。这些毒素能杀灭宿主肺内的巨噬细胞和损伤红细胞，但它们不是唯一的致病因素。APP对肺泡上皮细胞有很强的亲嗜性，从而有利于诱导毒素从APP进入宿主细胞，进而导致靶细胞受损。

本菌的抵抗力不强，一般常用的消毒药均可将之杀灭。

〔流行特点〕不同年龄的猪均有易感性，但以3～5月龄的猪最易感。病猪和带菌猪是本病的传染源，而无症状有病变猪，或无症状无病变隐性带菌猪较为常见。胸膜肺炎放线杆菌对猪具有高度宿主特异性，急性感染时不仅可在肺部病变和血液中检出，而且在鼻漏中也能检出。因此，本病的主要传播途径是呼吸道。病原通过空气飞沫传播，在大群集约饲养的条件下最易接触感染。据报道，当本病急性暴发时，常可见到感染从一个猪舍跳跃到另一个猪舍。这说明较远距离的气溶胶传播或通过猪场工作人员造成污染的接触性传播也能起重要作用。

猪群之间的传播主要是因引入带菌猪或慢性感染的病猪；饲养环境不良，管理不当可促进本病的发生与传播，并使发病率和死亡率升高。据调查，初次发病猪群的发病率和病死率均较高，经过一段时间，逐渐趋向缓和，发病率和病死率显著减少。因此，本病的发病率和死亡率有很大差异，发病率通常在5%～80%，病死率在6%～20%。当卫生环境不好和气候不良时，也可促进本病的发生。

本病一年四季均可发生，但以秋末与初春的寒冷季节较多发。

〔临床症状〕本病的潜伏期依菌株的毒力和感染量而定，通常人工接种感染的潜伏期为1～12h，自然感染的快者为1～2d，慢者为1～7d。死亡率随毒力和环境而有差异，但一般较高。根据病猪的临床经过不同，一般可将之分最急性型、急性型、亚急性型和慢性型4种。

1. 最急性型　一头或几头仔猪突然发病，体温高达41.5℃以上，精神极度沉郁，食欲废绝，并有短期的下痢与呕吐。病初循环障碍表现得较为明显，病猪的耳、鼻、腿和体侧皮肤发绀；继之，出现严重的呼吸障碍。病猪呼吸困难，张口喘息，常站立不安或呈现犬卧姿势（图2-18-2）；临死前从口鼻流出泡沫样带血色的分泌物，一般于发病24～36h内死亡。也有的猪因突发败血症，无任何先兆而急速死亡（图2-18-3）。

2. 急性型　有较多的猪只同时受侵。病猪体温升高，精神不振，食欲减损，有明显的呼吸困难、咳嗽、张口呼吸等较严重的呼吸障碍症状。病猪多卧地不起，常呈现犬卧姿势（图2-18-4）或犬坐姿势（图2-18-5），全身皮肤瘀血呈暗红色；有的病猪还从鼻孔中流出大量的血色样分泌物，污染鼻孔及口部周围的皮肤（图2-18-6）。如及时治疗，则症状较快缓和，能渡过4d以上，则可逐渐康复或转为慢性。此时病猪体温不高，发生间歇性咳嗽，生长迟缓。

3. 亚急性和慢性型　一般发生于急性期之后，但也有很多猪开始即呈亚急性型或慢性经过。病猪的症状轻微，低热或不发热，有程度不等的间歇性咳嗽，食欲不良，生长缓慢；并常因其他微生物（如肺炎支原体、巴氏杆菌等）的继发感染而使呼吸障碍表现的加重。

〔病理特征〕死于本病的病猪，全身多瘀血而呈暗红色（图2-18-7），或有大面积的瘀斑形成（图2-18-8）。本病的特征性病变主要局限于呼吸器官。最急性病例，眼观患猪流有血色样鼻液，气管和支气管腔内充满泡沫样血色黏液性分泌物。肺炎病变多发生于肺的前下部，而不规则的周界清晰的出血性实变区或坏死灶则常见于肺的后上部，特别是靠近肺门的主支气管周围（图2-18-9）。肺泡和肺间质水肿，淋巴管扩张，肺充血、出血（图2-18-10）以及血管内纤维素性血栓形成。

急性死亡的病例，肺炎多为两侧性。常发生于心叶、尖叶及膈叶的一部分。病灶的界限清晰，肺炎区有呈紫红色的红色肝变区和灰白色灰色肝变区（图2-18-11）；切面见大理石样的花纹，间质充满血色胶冻样液体（图2-18-12）。肋膜和肺炎区表面有纤维素物附着（图2-18-13），胸腔内胸水明显增多，常呈混浊的血色样液体，内含较多的蛋白凝块和絮状物

（图2-18-14）。

亚急性型病例，肺脏可能发现大的干酪性病灶或含有坏死碎屑的空洞。由于继发细菌感染，致使肺炎病灶转变为脓肿（图2-18-15）；此时，在病猪的气管内常见大量的黄白色化脓性纤维素性假膜（图2-18-16）。肺表面被覆的纤维素性渗出物被机化后常与肋胸膜发生纤维素性粘连（图2-18-17）。病程较长的慢性病例，常于膈叶可见到大小不等的结节，其周围有较厚的结缔组织包绕，肺的表面多与胸壁粘连（图2-18-18）。心包也发生纤维素性心包炎，心包液增多，纤维蛋白渗出增多，先形成绒毛心，再因大量结缔组织增生，使心包内膜与心外膜发生粘连，心包外膜与肺脏发生粘连（图2-18-19），导致心肺活动受限。

镜检可见：不论是急性型还是亚急性型，肺脏的主要病变均为纤维素性肺炎变化。红色肝变期时可见肺泡隔的毛细血管极度扩张，肺泡腔中充满红细胞、纤维蛋白和浆液（图2-18-20）；灰白色肝变期时肺泡腔内则有大量的中性粒细胞和纤维蛋白（图2-18-21）；此时的肺间质则明显水肿、增宽，其中发生纤维素样坏死和淋巴栓形成（图2-18-22）。

〔诊断要点〕依据临床症状和特殊的病理变化，结合流行病学，可做出初步诊断；确诊需做细菌学检查，从支气管或鼻腔分泌物和肺部病变中很容易分离到病原体，但从陈旧的病灶中很难分离到病原。在新疫区，则需进行实验室检查才能确诊。

实验室检查的常用方法是：从气管或鼻腔采取分泌物，或采取肺炎病变部，涂片，作革兰氏染色，显微镜检查可看到红色(阴性)的小球杆菌（图2-18-23）；或将病料送实验室进行细菌分离培养和鉴定；也可采取血清进行补体结合反应、间接血凝试验、酶联免疫吸附试验、琼脂扩散试验和分子生物学检测等。

〔类症鉴别〕诊断本病时需与猪肺疫、猪气喘病等相区别。

1.猪肺疫 本病与猪肺疫的症状和肺部病变都相似，较难区别，但急性猪肺疫常见咽喉部肿胀，皮肤、皮下组织、浆膜和黏膜以及淋巴结有出血点，而猪接触传染性胸膜肺炎的病变往往局限于肺和胸腔。猪肺疫的病原体为两极着染的巴氏杆菌，而猪接触传染性胸膜肺炎的病原体为球杆状或多形态的胸膜肺炎放线杆菌。

2.猪气喘病 本病与猪气喘病的症状有些相似，但猪气喘病的体温不高，病程长，肺部病变对称，呈胰样或肉样变，病灶周围无结缔组织包裹，而有增生性支气管炎变化。

〔治疗方法〕对本病采取早期治疗是提高疗效的重要条件。

1.抗菌药疗法 常用的有效治疗药物有青霉素、卡那霉素、土霉素、四环素、链霉素及磺胺类药物；用药的基本原则是肌内或皮下大剂量注射，并重复给药。

一般的用药剂量为：青霉素肌内注射，每头每次40万～100万IU，每天2～4次。能正常采食者，可在饲料中添加土霉素等抗生素或磺胺类药物，剂量为每千克饲料中加入土霉素0.6g，连服3d，可以控制本病的发生。

当连续使用某种药物数天而无效时，可能细菌对该种药物产生了耐药性，应立即更换药物，或几种药物联合使用，或注射庆增安，每次每千克体重用药量为0.1mL，每天两次。最好青链霉素合并使用，土霉素1～3g溶于5%氯化镁10mL中，分点肌内注射，每天或隔天1次，也可连续静脉注射10%磺胺嘧啶钠100mL，每天2次。

2.中药疗法 常用的药物为清肺止咳散加减。处方：当归20g、冬花30g、知母30g、贝母25g、大黄40g、木通20g、桑皮30g、陈皮30g、紫菀30g、马齿苋20g、天冬30g、百合30g、黄芩30g、桔梗30g、赤芍30g、苏子15g、瓜蒌50g、生甘草15g，共研细末，开水冲服。在用此方的时候，可根据病猪的不同体质，不同的发病时期，出现的不同的症状而对方剂中的药物进行调整。

病初，可加杏仁、苏叶、防风和荆芥等。

中期，病猪发热时，加栀子、丹皮、杷叶；热盛气喘者，加生地、黄柏，重用桑皮、苏子、赤芍；流脓性鼻涕时，减天冬、百合，加金银花、连翘、栀子，重用桔梗、贝母、瓜蒌等；粪便干燥时，加蜂蜜100g；口内流涎时，加枯矾15g；胸内积水时，重用木通、桑皮，加滑石、车前、旋覆花、猪苓、泽泻等；对老龄体弱的病猪，应酌减寒性药物，重用百合、天冬、贝母，加秦艽和鳖甲等。

后期，肺胃虚弱的病猪，减寒性药物，重用当归、百合、天冬，加苍术、厚朴、枳壳、榔片、法夏等；血气虚弱者，减寒性药物，重用当归、百合、天冬，加白术、党参、山药、五味子、白芍、熟地、秦艽、黄芪和首乌等。

〔预防措施〕APP是条件性致病菌，所以做好防疫工作是预防本病的关键。

1.常规预防　预防本病的有效方法是对无病猪场应防止引进带菌猪，在引进种猪前应用血清学试验进行检疫。本病由于不同血清型菌株之间交互免疫性不强，因此，目前尚无有效的预防疫苗，一般可从当地分离病菌，制备灭活苗，对母猪和2～3月龄仔猪进行免疫接种。此法具有较好的地区性防疫作用。

加强饲养管理，适当的饲养密度和良好的通风条件是控制本病的一项重要措施，可有效地降低猪舍空气中的APP浓度，保证氧气的充足供给。注意猪舍的干燥，重点是及时消毒，清理粪便、污水等污物，降低因污物发酵和腐败而产生的有害气体对猪呼吸系统的伤害。另外，还应根据季节变化，控制好小环境中的温度与湿度。饲料优良，饮水清洁，必要时可在水中放入一些抗生素进行预防。

2.紧急预防　猪群一旦发生本病，可能大多数猪已被感染，在尚无菌苗应用的情况下，只能采取以下两种措施：一是对猪群普遍检疫，淘汰阳性猪；二是以含药添加剂饲喂，同时改善环境卫生，消除应激因素，用2%火碱水每周消毒两次，可以收到较好的效果。

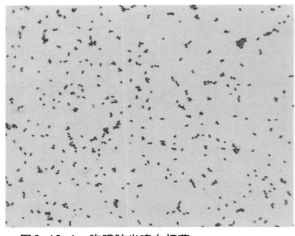

图2-18-1　胸膜肺炎嗜血杆菌
革兰氏染色呈阴性的球杆状胸膜肺炎嗜血杆菌。
革兰氏染色×1 000

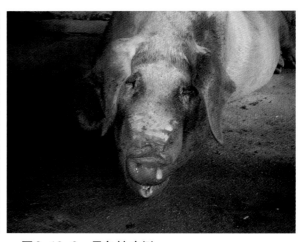

图2-18-2　最急性病例
病猪呼吸困难，全身皮肤发绀，爬窝而张口呼吸。

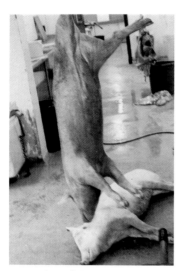

**图2-18-3　突死病例**

两头育肥猪突然死亡，全身瘀血，剖检诊断为最急性接触传染性胸膜肺炎。

**图2-18-4　急性病例**

病猪全身皮肤瘀血，呈犬卧或犬坐姿势卧地不起。

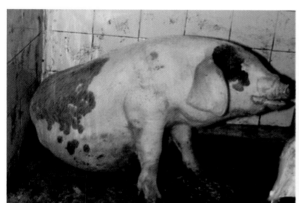

**图2-18-5　犬坐姿势**

病猪呼吸困难，呈犬坐样张口呼吸。

**图2-18-6　出血性鼻炎**

从病猪的鼻孔流出血色样的分泌物。

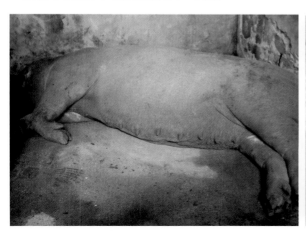

**图2-18-7　全身性瘀血**

急性死亡的病猪，营养状态良好，全身瘀血呈暗红色。

**图2-18-8　皮肤瘀斑**

死于本病的猪，皮肤常有大面积瘀斑。

**图2-18-9　出血性肺炎**

肺表面有大量出血点，有红褐色出血性肺炎病灶。

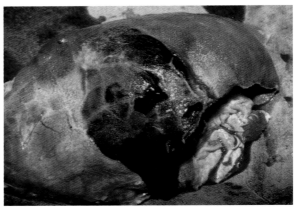

**图2-18-10　肺红色肝变**

肺脏瘀血、水肿，有一界限明显的红褐色肺炎病灶，表面有大量纤维素被覆。

**图2-18-11　纤维素性肺炎肝变期**

肺脏体积膨大，表面被覆大量纤维蛋白，肺组织呈斑驳状。

**图2-18-12　大理石样肺**

肺质地坚实，切面见红褐色、灰白色和淡粉色形成的大理石样花纹。

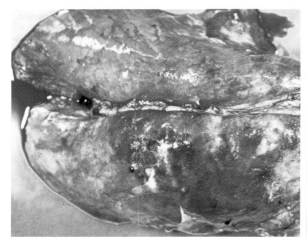

**图2-18-13　纤维素性肺炎**

肺脏瘀血、出血，表面粗糙，被覆一层灰白色的纤维素薄膜。

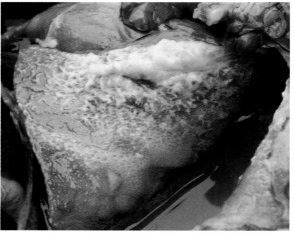

**图2-18-14　胸腔积液**

胸腔内有大量淡红黄色的胸水，肺表面附有大量纤维蛋白。

**图2-18-15　化脓性肺炎**
　　左右两肺组织在肺炎的基础上见大量黄白色的化脓性病灶（↑）。

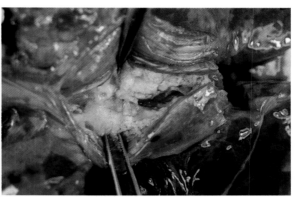

**图2-18-16　化脓性气管炎**
　　病猪的气管黏膜常覆有黄白色化脓性纤维素性假膜。

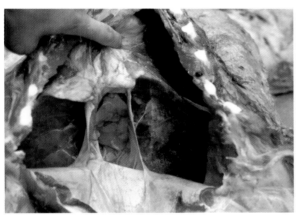

**图2-18-17　胸膜肺炎**
　　肺发生纤维素性肺炎而呈斑驳样，肺胸膜与肋胸膜发生粘连。

**图2-18-18　肺粘连**
　　胸水增多，呈暗红色，肺脏与胸壁发生粘连，肺表面粗糙。

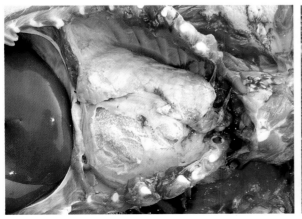

**图2-18-19　纤维素性心包炎**
　　心包膜粗糙，因大量结缔组织增生而与肺炎发生粘连。

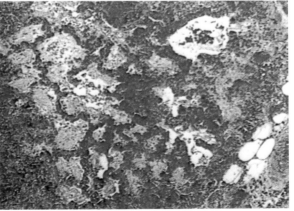

**图2-18-20　肺红色肝变**
　　肺泡隔毛细血管扩张，肺泡内有大量红细胞、纤维蛋白和浆液。HE×33

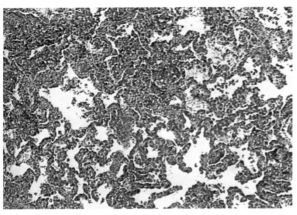

**图2-18-21　肺灰白色肝变**
肺泡中含有大量中性粒细胞和纤维蛋白。HE×33

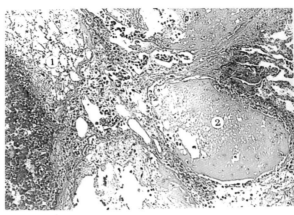

**图2-18-22　肺间质水肿**
肺间质明显水肿增宽，发生纤维素坏死①和淋巴栓形成②。HE×33

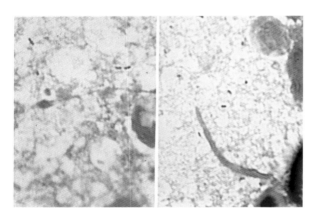

**图2-18-23　肺脏的病原体**
肺组织涂片中革兰氏染色呈阴性反应的病原菌。　革兰氏染色×1 000

## 十九、副猪嗜血杆菌感染症 (Haemophilus parasuis infection)

　　副猪嗜血杆菌感染症是一种泛嗜性细菌性传染病。它是Glässer于1910年首次进行报道的，故又有格拉塞尔氏病(Glässer's disease)之称；还因本病多发生于运输疲劳或应激诱因存在之时，因此也有猪运输病之说。在临床和病理学上，病猪以多发性浆膜炎，即多发性关节炎、胸膜炎、心包炎、腹膜炎、脑膜炎和伴发肺炎为特征。本病自Glässer报道以来，世界许多国家都先后发现有本病存在，且其发生有进一步扩大的趋势。我国也有发生本病的报道，因此，应引起高度重视。

　　〔病原特性〕本病的病原体为嗜血杆菌属的副猪嗜血杆菌(Haemophilus parasuis)。该菌为多形态的病原体，一般呈短小杆状菌，也有呈球形、杆状、短链或丝状等；无鞭毛，不形成芽孢，多无荚膜，但新分离的强毒株则带有荚膜；革兰氏染色呈阴性反应（图2-19-1），美蓝染色呈两极浓染，着色不均匀状。本菌由于酶系统不完备，其生长需要血中的生长因子，尤其是X因子及V因子，因此，在分离培养时，须供给加热的血液，故称之为嗜血菌。另外，猪嗜血杆菌和副流感嗜血杆菌(Haemophilus parainfluenzae)也可能与本病的发生有关。

本病对外环境的抵抗力不强，在干燥情况下易于死亡，易被常用的消毒剂及较低温度的热力所杀灭，一般60℃ 5～20min内即死亡，在4℃下通常只能存活7～10d。本菌对结晶紫、杆菌肽、林肯霉素和壮观霉素等有一定的抵抗力；但对磺胺类药物、阿莫西林、阿米卡星、卡那霉素和青霉素等敏感。

〔流行特点〕本病以30～60kg的仔猪和架子猪的感受性较强，成年猪多呈隐性感染或仅见轻微的临床症状。本病的主要传染源为病猪、临床康复的猪和隐性感染猪；主要的传播途径是呼吸道和消化道，即病菌通过飞沫随呼吸运动而进入健康的仔猪体内，或通过污染饲料和饮水而经消化道侵入体内，在机体抵抗力降低的情况下，繁殖、产毒和致病。另外，本菌还可以通过创伤而侵害皮肤，引起皮肤的炎症和坏死。据研究，本病的发生常与长途运输、疲劳和其他应激因素等诱因有关。

本病虽然四季均可发生，但多在早春和深秋天气变化比较大的时候发生；还可继发于猪的一些呼吸道及胃肠道疾病。

〔临床症状〕急性病猪体温升高，可达41℃左右，精神沉郁，身体颤抖，呼吸困难，全身瘀血，皮肤发绀（图2-19-2），常于发病后的2～3d死亡。多数病例呈亚急性或慢性经过。患猪的精神沉郁、食欲不振、中度发热(39.6～40℃)、呼吸浅表，病猪常呈现犬卧样姿势喘息，四肢末端及耳尖多发蓝紫（图2-19-3）。有的病猪出现严重跛行症状，常以足尖站立并以短步、拖曳步态走路，或因关节疼痛而卧地不起（图2-19-4）。一些关节肿大、疼痛和腱鞘水肿，有时见局部皮肤坏死和结痂形成（图2-19-5）。耐过急性期的可发生慢性关节炎。某些猪由于发生脑膜炎而表现肌肉震颤、麻痹和惊厥（图2-19-6），有些因腹膜粘连而常引起肠梗阻。当病菌经皮肤的创伤侵入或随血液侵及皮肤时，则可引起局部的皮肤发炎或坏死（图2-19-7），累及耳朵时，可导致耳壳坏死（图2-19-8）。当病程迁延，或发生胸膜炎和腹膜炎而难以迅速康复时，则见病猪明显消瘦，呼吸困难，常低头喘吸，全身皮肤发绀（图2-19-9）。

〔病理特征〕死于本病的猪，体表常有大面积的瘀血（图2-19-10），病情严重的病猪，在全身性瘀血的基础上，四肢末端、耳朵、胸部、背部的皮肤呈蓝紫色，形成瘀斑（图2-19-11）。患猪的特征性病变为全身性浆膜炎（图2-19-12），即见有浆液性纤维素性胸膜炎、心包炎、腹膜炎（图2-19-13）、脑膜炎和关节炎，有的病猪肠管在发生浆液性炎症的基础上，浆膜还发生肠气泡症（图2-19-14），但由于个体不同，上述病变不一定全部表现出来，其中以心包炎和胸膜肺炎的发生率最高。此时，胸腔液增多，当发生浆液性胸膜炎时，胸腔有多量淡红黄色的渗出液，发生胸腔积液（图2-19-15）。当发生纤维素性渗出时，则渗出液混浊，内含大量蛋白、脱落的胸膜间皮和渗出的炎性细胞。心包腔中的心包液也明显增多，初期呈淡黄色，较透明；继之混浊带有纤维蛋白凝块，甚至混有红细胞而呈淡红色。当渗出的纤维素在心外膜凝集时，则在心外膜形成一层灰白色的绒毛（图2-19-16）；当渗出的纤维蛋白和绒毛被机化时，则可发生心包粘连（图2-19-17）。胸腔中渗出液中的纤维蛋白常在胸膜表面和心外膜上析出，形成一层纤维素性假膜，继之可机化并发生粘连。肺脏瘀血、水肿，表面常被覆薄层纤维蛋白膜（图2-19-18），并常与胸壁发生粘连（图2-19-19）。关节炎表现为关节周围组织发炎和水肿，关节囊肿大，关节液增多，发生浆液性关节炎时，关节液清亮，关节面上多覆有灰白色弹花样的纤维蛋白或凝块（图2-19-20）；发生纤维素性化脓性关节炎时，关节液混浊，内含黄绿色的纤维素性化脓性渗出物（图2-19-21）。发生纤维素性化脓性脑膜炎时，见蛛网膜腔内蓄积有纤维素性化脓性渗出物而致脑髓液变为混浊。脑软膜充血、瘀血和轻度出血，脑回变得扁平（图2-19-22）；切开脑组织，仔细在切面上观察可检出有大头针帽大小的化脓灶（图2-19-23）。镜检见脑膜血管扩张、充血并有出血性变化，脑膜内有大量中性粒细胞浸润，多呈化脓性炎症变化（图2-19-24）。肝、脾、肾等其他实质器官的眼观病变主要为充血、瘀血和局灶性出血，以及相应淋巴结肿胀等。

〔诊断要点〕本病可根据病史、临床症状和特征性病变做出初步诊断；确诊需进行副猪嗜血杆菌的分离，或用病料涂片进行特殊染色后做细菌学检查。另外，血清学检查方法，如间接血凝、琼脂扩散、对流免疫电泳、荧光抗体、ELISA和补体结合反应等试验，也是确诊本病的常用方法。

〔类症鉴别〕本病在鉴别诊断上应注意与猪的支原体性多发性浆膜炎-关节炎、猪丹毒、猪链球菌病等相区别。

1.支原体性多发性浆膜炎-关节炎　本病是由猪鼻支原体、猪关节支原体等所引起，发病比较温和而不呈高死亡率的急性暴发，一般缺乏脑膜炎病变；而副猪嗜血杆菌病一般有80%的病例伴发脑膜炎。

2.慢性猪丹毒　本病除发生多发性关节炎之外，往往同时出现特征性的疣性心内膜炎和皮肤大块坏死；通常没有胸膜炎、腹膜炎和脑膜炎变化。

3.败血性链球菌病　本病除可见纤维素性胸膜炎、心包炎和化脓性脑膜脑炎外，还可见到脾脏显著增大，并常发伴纤维素性脾被膜炎。用病变组织进行涂片检查或分离培养可发现链球菌。

〔治疗方法〕据研究，本病的病原体对磺胺类药物比较敏感。因此，磺胺嘧啶、磺胺甲氧嘧啶和磺胺甲氧异噁唑等是常被选用的治疗药物。另外，也可选用头孢噻呋、青霉素、氨必西林、头孢菌素、庆大霉素、壮观霉素等抗生素治疗本病。值得注意：大多数菌株对四环素、红霉素和林肯霉素不敏感，所以，治疗时尽量不选用这些药物，以免延误治疗时机。近年来，有人报道用自家血清治疗本病有较好的效果。兹将该法简介如下。

自家血清的制备：用自制疫苗按免疫程序免疫育肥猪，一周后再注射10mL；或用已康复的病猪，屠宰时无菌采集血液，分离血清并灭活细胞，病毒脱毒处理，再做无菌检验和动物试验，合格后置4℃或-20℃保存备用。

使用方法：1月龄的仔猪每头肌内注射自家血清15mL，1周后再注射25mL，必要时进行第三次注射，并在血清中加入长效缓释抗生素，多可取得较好的疗效。其他较大的仔猪，可适当增加血清的用量。

〔预防措施〕本病目前尚无有效的疫苗，因此，对本病的控制和预防，主要是加强饲养管理，尽量消除或减少各种发病诱因，如减少运输等应激因素，避免猪被引进后的环境变化，特别是冬季引入时易发生的呼吸道疾病的预防等。对已感染的猪群，可用血清学方法及时检出，并坚决淘汰抗体阳性的猪，借以净化猪场。过去认为，在饲料中加入一些对病菌敏感的药物，如抗生素和磺胺类药物等，可治疗或预防本病的发生。但近年来，美国、加拿大、澳大利亚和日本等国的抗药性研究表明，长时间用药可产生耐药性，故应引起充分的重视。

据报道，自制疫苗对本病的预防也有较好的效果。自制疫苗的方法是：采集病猪的淋巴结和脾脏，去结缔组织后捣碎，多层纱布过滤，甲醛灭活48h；并以白油佐剂制备油苗，以动物试验和无菌检验合格，4℃保存备用。使用方法及用量：15日龄的乳猪每头1mL；35日龄仔猪每头2mL；母猪配种前15d，每头3mL，均予以颈深部肌内注射。

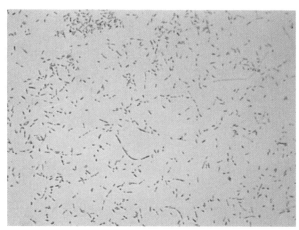

**图2-19-1　副猪嗜血杆菌**

革兰氏染色呈阴性反应的副猪嗜血杆菌。革兰氏
染色 ×1 000

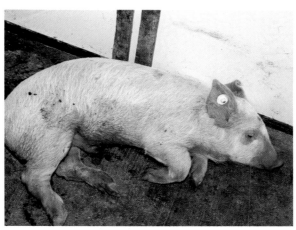

**图2-19-2　败血型病例**

病猪精神沉郁，全身瘀血，皮肤发绀。

**图2-19-3　左跗关节炎**

病猪呼吸困难，卧地不起，左后肢跗关节肿大。

**图2-19-4　肘关节炎**

病猪右肘关节发炎、肿大，疼痛而卧地不起，运
动困难。

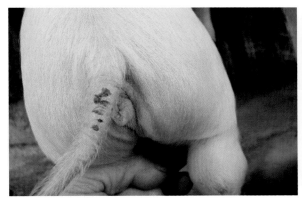

**图2-19-5　右跗关节炎**

病猪右跗关节肿大，尾部皮肤局灶性坏死、结痂。

**图2-19-6　脑膜脑炎**

患脑膜脑炎的病猪，可出现多种神经症状，后期
多惊厥。

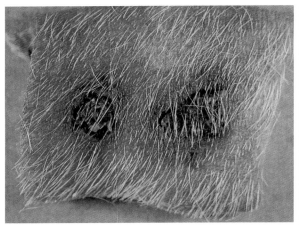

**图2-19-7  皮肤坏死**

病猪的局部皮肤可发生干性坏死，周边有炎性反应，呈暗红色。

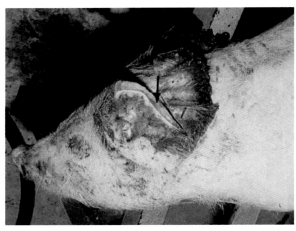

**图2-19-8  耳缘坏死**

病猪的两耳朵边缘呈黑褐色，发生干性坏死，并有部分脱落。

**图2-19-9  病猪咳喘**

病猪明显消瘦，呼吸困难，低头喘吸，不断咳嗽。

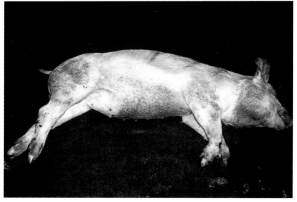

**图2-19-10  全身瘀血**

死于本病的猪，全身瘀血，并出现轻度的瘀斑。

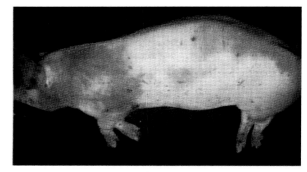

**图2-19-11  瘀斑形成**

四肢末端、耳朵及胸背部皮肤呈紫红色，形成瘀斑。

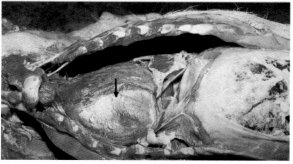

**图2-19-12  全身性浆膜炎**

心包（↑）、肺脏和胸膜、肝脏和腹膜均被覆厚层纤维蛋白膜。

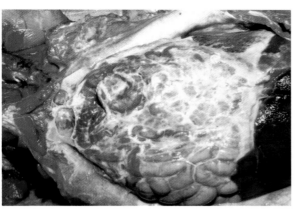

**图2-19-13 腹膜炎**
腹水增多，腹腔脏器表面被覆大量黄白色化脓性纤维蛋白渗出。

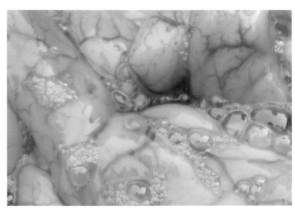

**图2-19-14 肠气泡症**
小肠的浆膜层有大量大小不一的气泡。

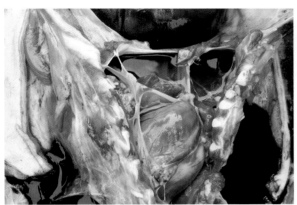

**图2-19-15 胸腔积液**
胸腔发生浆液性炎症，积有大量淡红色渗出液，心包液也增多。

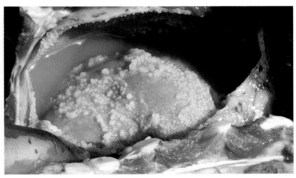

**图2-19-16 心包积水**
心包腔中蓄积多量混浊的液体，心外膜上有大量纤维蛋白附着形成绒毛心。

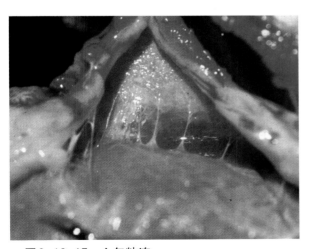

**图2-19-17 心包粘连**
心包腔内有多量淡红黄色心包液，心外膜与心包发生粘连。

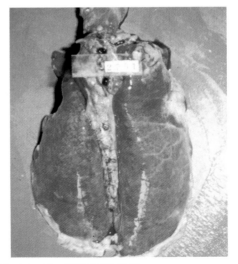

**图2-19-18 纤维素性肺炎**
肺脏瘀血、水肿，有纤维蛋白渗出，边缘发生粘连。

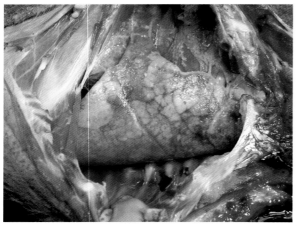

**图2-19-19 肺与胸膜粘连**

肺有大面积的炎性病灶和纤维蛋白渗出，肺与胸膜发生粘连。

**图2-19-20 纤维素性关节炎**

关节面上被覆多量淡黄白色、呈弹花样的纤维蛋白渗出物。

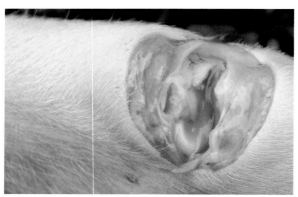

**图2-19-21 化脓性关节炎**

关节囊肿胀，切开后见有大量淡黄绿色混浊的关节液流出。

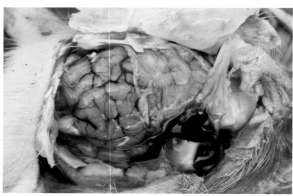

**图2-19-22 脑膜脑炎**

大脑软膜充血、瘀血，脑脊液增多，脑回扁平。

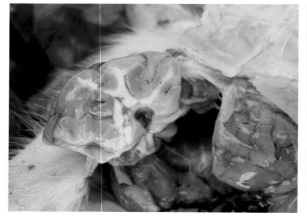

**图2-19-23 脑内化脓灶**

切面上可发现呈大头针帽大小的黄白色化脓灶。

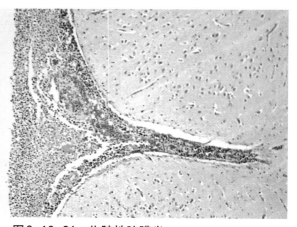

**图2-19-24 化脓性脑膜炎**

大脑膜血管扩张、充血，有大量中性粒细胞浸润。

HE×100

## 二十、猪增生性肠病（Porcine proliferative enteropathies）

猪增生性肠病又称作猪回肠弯曲菌性感染，是由痰弯曲菌黏膜亚种所引起的一组具有不同特征性病理变化的疾病群。本病广泛发生于世界各国，我国台湾省亦有发生此病的报道(1973)。根据本病的病变特征不同，可将之区分为肠腺瘤病、坏死性回肠炎、局部性回肠炎和增生性出血性肠病四种类型；在临床上以进行性消瘦、腹泻、腹部膨大和贫血为特点。

〔病原特性〕本病的病原体为弯曲菌属中的猪肠炎弯曲菌（*Campylobacter hyointestinalis*）。菌体为多形态，主要呈撇形、S形和弧形等；革兰氏染色呈阴性反应（图2-20-1）；为微需氧菌，在含10%二氧化碳的环境中生长良好，于培养基内添加血液、血清，有利于初代培养。在老龄培养物中呈螺旋状长丝或圆球形，运动活泼，对1%牛胆汁有耐受性。这一特点可利用于对本菌的分离培养。病变肠管用透射电镜检查时，在上皮细胞的胞浆中常能检出圆形或椭圆形病原体的片段（图2-20-2）。

本菌对干燥、阳光和一般消毒药特别敏感，例如，当加热至58℃5min即死亡；在垫草、圈舍和土壤中于20～27℃可存活10d。但对寒冷有较强的抵抗力，在6℃条件下可存活20d；在-79℃冷冻的精液内仍可存活较长时间。

〔流行特点〕各种年龄的猪对本病均有较强的易感性，但据临床和病理学观察，肠腺瘤病、坏死性回肠炎和局部性回肠炎多发生于断乳后的仔猪，特别是6～12周龄的猪最常见；增生性出血性肠病多见于育肥猪，尤其是16周龄以上的架子猪多发。病猪和带菌猪是本病的主要传染来源，尤其是无症状的成年带菌猪更是仔猪感染的危险的传染源。病猪主要是通过粪便排菌，也能通过其他分泌物排菌，经污染饲料、饮水和饲养用具等方式，由消化道而感染发病。通常，感染初期，出现临床症状的猪比较少，大多是无症状的带菌者，但当猪体的抵抗力因伤风、感冒、环境突变或环境卫生不良等而降低时，感染猪便会发病。

〔临床症状〕本病的主要临床特征是：病猪体况突然下降，体重减轻，食欲不振，多不发热，轻度腹泻，常排出混有较多黏液的软便，有时粪便中可见到较多的黏液块。由于长时间不间断地腹泻，导致病猪渐进性消瘦，贫血，腹部膨大（图2-20-3），消化不良，生长发育受阻，常因生长率下降而被淘汰。这可能与肠酶活性降低和淋巴管梗阻引起消化障碍有关。当病猪发展为增生性出血性肠病时，临床以突然发生严重腹泻、粪便中含有较多的血丝或小血块为特征。有的病猪排血便，前部肠管出血时，常排出煤焦油样血便（图2-20-4），此时病猪贫血严重，可视黏膜苍白；多在8～24h内死亡。

〔病理特征〕死于本病的猪，剖检时常根据病变的特点不同而将之分为以下4种：

1.**猪肠腺瘤病**(Porcine intestinal adenomatosis, PIA) 又名肠腺瘤增生，以肠黏膜未分化的上皮细胞增生而形成腺瘤为特征。眼观患猪消瘦，病变常局限于回肠、盲肠和结肠前1/3部。回肠肠壁肥厚，浆膜下水肿，肠腔空虚（图2-20-5）。肠黏膜湿润，偶见附有黄色坏死碎屑物的斑点。黏膜皱褶深陷，常横贯于黏膜面。有时尚见孤立的结节，尤以回肠近端多发；结节轮廓分明，隆突于黏膜面，其上部较底部宽。盲肠和结肠黏膜可见多发性息肉状增生，直径可达1～1.5cm。有的区域，结节可被深的裂隙分割；而一些部位的结节则隆起如岛状；有的结节还具有小蒂。肠黏膜湿润，表面亦附有散在的坏死碎屑物斑点。镜检见回肠黏膜因上皮细胞和腺体细胞增生而增厚（图2-20-6）；在腺上皮细胞的顶部胞浆内常可见到呈圆形、弯曲的菌体散在。石蜡包埋切片，用Warthin-Starry镀银染色或改良的抗酸染色法也可在上皮细胞的胞浆发现弯曲菌。

2.**坏死性回肠炎**(necrotic ileitis) 是以回肠黏膜发生明显的凝固性坏死并伴发肠腺上皮细胞的

增生为特征。眼观见回肠肠壁增厚，黏膜面被覆灰色或黄色的坏死组织，呈龟裂状，其表面常黏附食物微粒（图2-20-7）。坏死组织质地坚韧，与黏膜或黏膜下层呈牢固的粘连，伴发少量出血和肌层水肿（图2-20-8）。镜检见回肠黏膜的坏死为凝固性坏死，深达黏膜下层。应用免疫荧光染色发现坏死碎屑物内呈阳性荧光反应；电镜观察在未受损的黏膜上皮细胞和受损的黏膜中见多量痰弯曲菌菌体和大肠杆菌，二者数量几乎相等。

3.局部性回肠炎（regional ileitis） 以回肠末端的肠壁增厚为特征。眼观患猪回肠末端的肠壁增厚，坚硬如胶皮管样（图2-20-9）。横切肠管，肠壁明显增厚，肠腔狭窄，黏膜面呈不规则状（图2-20-10），黏膜下层肉芽组织增生并扩延至肌层，肌层肥厚。纵向剪开肠管，肠皱襞增多，不规则，黏膜面覆有大量黄白色黏液（图2-20-11）。病情严重时，常有纤维素性渗出，在肠黏膜表面形成厚层黄白色假膜（图2-20-12），肠壁集合淋巴小结肿胀。镜检，肠绒毛上皮细胞脱落，黏膜表面被覆一层有多量细菌的坏死碎屑物，肠腺呈岛屿状散在，衬附未分化的上皮细胞而显示明显增生。电镜观察，在肠腺上皮细胞的顶部胞浆内见有弯曲菌。

从以上病理组织学变化看，局部性回肠炎和肠腺瘤病之间可能有密切关系，因为在本病的经过中亦出现明显的原发性腺瘤变化。因此，局部性回肠炎可以看成是肠腺瘤病的中间型。

4.增生性出血性肠病(proliferative hemorrhagic enteropathy) 以回肠末端的黏膜和黏膜下层增厚，肠腔积有血液等为特征。剖检见尸体因肠道出血而致可视黏膜和皮肤苍白，特征性病变多半局限于回肠。病初，仅仅见回肠系膜水肿，腹水增量或为血色样液体，回肠黏膜呈弥漫性红色（图2-20-13）；病程稍长的病例，回肠呈现进行性扩张，肠壁肿胀，浆膜下水肿，回肠浆膜外观呈网状；切面见回肠末端黏膜和黏膜下层增厚，肠腔积有血液或由血液块组成的固体管型（图2-20-14）；重症病例，在回肠黏膜上则见纤维素性假膜，并与黏膜粘连，在假膜与黏膜之间亦可见血凝块（图2-20-15）。腹水混浊呈血红色，空肠黏膜有时散发点状出血，大肠多无变化。肠系膜血管扩张充血，肠系膜淋巴结充血、水肿。镜检见回肠肠壁含有多量血液和混杂多量中性粒细胞及纤维蛋白；肠腺上皮细胞明显增生并伴轻度坏死；黏膜固有层充血、出血，并见数量不等的嗜酸性粒细胞和少量中性粒细胞浸润。切片用Warthin-Starry镀银染色，在肠腺和黏膜上皮细胞的顶部胞浆内以及固有层和黏膜下层的组织间隙中，均可发现弯曲菌。

〔诊断要点〕本病的临床症状不典型，依其做出诊断有困难，因此主要靠病原的分离和病理剖检来确诊。病原分离多采取粪便作为检查材料，但粪便中的杂菌较多，而本菌的生长要求又很苛刻，常使该菌的检查受到影响。近年来，通过在血琼脂中添加能限制其他细菌生长而对本菌无碍的多种抗生素，研制出具有高度选择性的培养基，如Campy-BAP血琼脂和Skirrow等，使本菌的分离检出率大幅提高。分离时，将粪样接种于上述培养基上置42～43℃微需氧环境中培养48h，如有疑似菌落生长时，即可进一步作鉴定。此外，还可用间接血凝试验、补体结合试验、免疫荧光抗体技术和酶联免疫吸附试验等血清学方法进行诊断。病理学诊断时，可根据眼观的病理变化和组织学检查，对疾病做出病理分型，并经Warthin-Starry镀银染色在切片中检出特异性的病原体（图2-20-16）而予以确诊。

〔治疗方法〕本病的主要传播途径是消化道，病原主要生存在回肠和盲肠等部，因此内服用药较注射用药的效果要好。但对体质较差的病猪，可采取综合性治疗措施。

土霉素疗法：本药对革兰氏阴性菌有较好的抑制和杀灭作用。治疗时常选用片剂（常用的片剂有三种，每片的含药量分别为0.05g，0.1g和0.25g），按每千克体重20～50mg内服；首次可加倍量分两次内服（间隔6h），连用3～5d。预防时用土霉素钙粉剂按每吨饲料300～500g的比例，与饲料充分拌匀，连用一周；也可按每升水加0.11～0.28g的剂量，放入水中充分搅匀，令猪只饮用1周。

〔预防措施〕由于本病是经消化道传播的，所以防制本病的主要措施是避免病猪摄食被病菌污染的饲料和饮水；发现病情后，不仅对病猪隔离治疗，而其他的猪只也要进行药物预防；病猪用过的圈舍、垫草或用具等应彻底清扫、消毒，间隔2～3周后方可使用。常用的消毒方法是：先用10%～20%石灰乳混悬液粉刷墙壁和圈栏，喷洒地面、沟渠和粪尿等（也可用1kg生石灰加水350mL化开而成的粉末，撒布在阴湿的地面，粪池周围进行消毒）；再用3%～5%来苏儿对用具、饲槽和垫草等进行消毒。

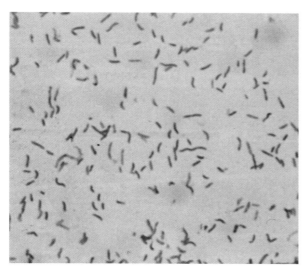

**图2-20-1　猪肠炎弯曲菌**

革兰氏染色呈阴性反应的猪肠炎弯曲菌。革兰氏染色×1 000

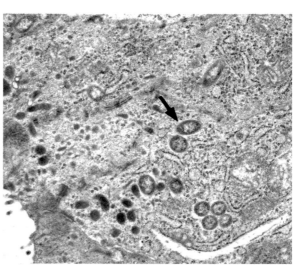

**图2-20-2　病原的超微形态**

透射电镜下，上皮细胞的胞浆中有病原体的断面（↑）。

**图2-20-3　病猪发育不良**

12周龄的患病仔猪，发育不良，腹部明显膨大、下垂。

**图2-20-4　排血便**

病猪前部肠管出血，排出煤焦油样血便。

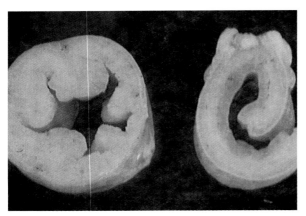

**图 2-20-5　增生性回肠炎**

回肠壁因增生、水肿而明显增厚，呈黄白色，黏膜的皱襞减少。

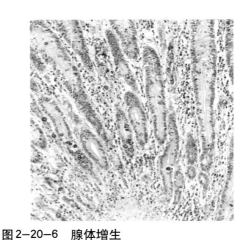

**图 2-20-6　腺体增生**

固有层中肠腺呈肿瘤样增生，并有大量淋巴细胞浸润。HE×100

**图 2-20-7　坏死性肠炎**

肠壁增厚，质地变硬，黏膜表面粗糙，被覆大量坏死性假膜。

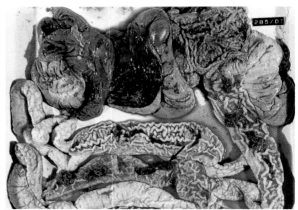

**图 2-20-8　出血性坏死性肠炎**

肠黏膜增生肥厚并有局限性出血和较多的灰褐色坏死灶（↑）。

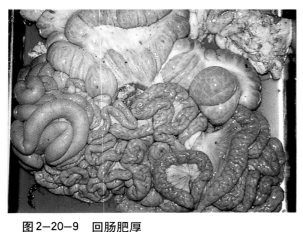

**图 2-20-9　回肠肥厚**

回肠壁增厚，表面凹凸不平，触摸时有坚实的感觉。

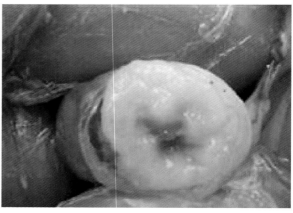

**图 2-20-10　回肠黏膜增厚**

横切回肠，肠腔狭窄，黏膜层明显增厚。

**图2-20-11　肠卡他**

肠黏膜增厚，皱襞增多，表面覆有大量黄白色黏液。

**图2-20-12　增生性回肠炎**

回肠黏膜充血、出血，明显增厚，有黄褐色假膜被覆。

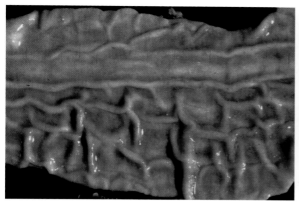

**图2-20-13　出血性增生性肠炎**

肠壁增厚，黏膜瘀血、出血而呈红褐色，表面的皱襞增宽。

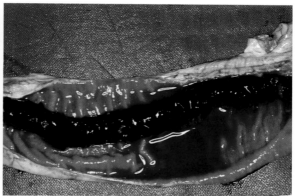

**图2-20-14　回肠出血**

回肠出血，肠腔中有红豆水样内容物和柱状的血凝块。

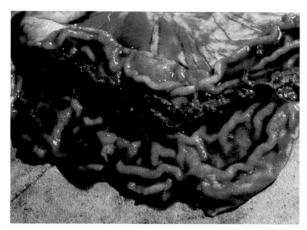

**图2-20-15　出血性肠炎**

回肠黏膜增厚，表面有纤维素性渗出物，大量血凝块和红褐色的内容物。

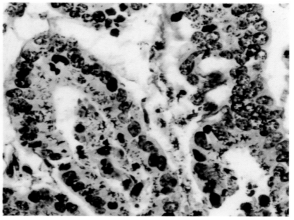

**图2-20-16　组织中的病原**

回肠隐窝上皮细胞胞浆中被染成黑色的病原。镀银染色×400

## 二十一、猪渗出性表皮炎 (Exudative epidermitis of pigs)

猪渗出性表皮炎又称"油性皮脂漏"(seborrhoea oleosa)、"猪接触传染性脓疮病"及"油猪病"(greasy pig disease)等，是由葡萄球菌引起的哺乳仔猪或早期断乳仔猪的一种急性致死性浅表脓皮炎(pyoderma)。本病发生于世界各国，我国亦有发生本病的报道。

〔病原特性〕本病的病原体为表皮（白色）葡萄球菌 (*Staphylococcus epidermidis*)。表皮葡萄球菌为圆形或卵圆形，革兰氏染色阳性菌，但当衰老、死亡或被白细胞吞噬后常为阴性。本菌没有鞭毛，不形成芽孢和荚膜，常呈葡萄串状排列，但在脓汁、乳汁或液体培养基中则呈双球状或短链状（图2-21-1），有时易误认为链球菌。本菌可产生溶血毒素、致死毒素、皮肤坏死毒素、剥脱毒素、杀白细胞素、肠毒素等毒素和血浆凝固酶、透明质酸酶及耐热核酸酶类、卵磷脂酶、磷酸酶、脂酶等多种酶类，使得其有较大的致病性，引起的病变较重。如表皮葡萄球菌产生的凝固酶，可使血液和血浆中的纤维蛋白沉积于菌体表面，阻碍吞噬细胞的吞噬，即使被吞噬亦不被杀死，从而使感染局限化，易于其在皮肤表面形成毛疮、粉刺、疖、痈和肿胀等。

本菌对不良环境有较强的抵抗力，在70℃条件下经1h方能杀死；加热80℃ 30min才能将之杀死；在干燥的脓汁和血液中可生存数月；反复冷冻30次仍能存活。

〔流行特点〕本病可发生于各种年龄的猪，但主要侵害5～10日龄的乳猪，其次为刚断乳的仔猪。大猪虽然也有发生，但数量较少，一般是在各种诱因的作用下才能发生，如患其他疾病而使机体的抵抗力降低，饲养管理条件不良，环境污染严重，和病猪长时间同圈饲养等。病猪虽然是本病重要的传染来源，但表皮葡萄球菌在自然界分布极广泛，空气、尘埃、污水及土壤等都有存在，同时也是猪体表面的常在菌。因此，本病虽可经接触传播，但更多是在皮肤、黏膜有损伤，抵抗力降低的情况下，病原体经汗腺、毛囊和受损的部位而侵入皮肤，从而引起毛囊炎、粉刺、疖、痈、蜂窝织炎、渗出性坏死性皮炎和脓肿等。本病一年四季均可发生，但以潮湿的夏秋季节较为多发。

〔临床症状〕表皮葡萄球菌主要引起皮肤的渗出性化脓性炎症。由于细菌侵入机体的途径、数量、毒力和机体免疫力强弱不一，所以临床上表现的症状也有所不同。根据临床上症状出现的快慢，本病常有急性型与亚急性型之分。

急性型多发生于乳猪和断乳不久的仔猪，发病突然。病初，首先出现于眼周（图2-21-2）、耳（图2-21-3）、鼻吻、唇并扩延到四肢、胸腹下部和肛门周围的无毛或少毛部，出现红斑（图2-21-4），或角化层的灶状糜烂，继而发生3～4μm淡黄色小水泡，并在被毛基部蓄积黄褐色渗出液，靠近毛囊口处发生环绕有充血带的小丘疹，病变通常在24～48h变为全身化。当水泡破裂后，其内的渗出液与皮屑、皮脂及污垢等混合。此时，病猪全身体表被覆特征性、厚层黄褐色油脂样恶臭渗出物（图2-21-5）；当这些物质干燥后，则形成微棕色鳞片状结痂，其下面的皮肤显示鲜明的红斑（图2-21-6）。如仔猪存活4～5d，渗出物即干燥，则形成深裂纹的黑褐色结痂。剥去结痂可露出鲜肉样表面，但被毛尚可遗存。患病仔猪食欲减退，饮欲增加，并迅速消瘦，生长发育明显受阻。急性病例一般经30～40d可康复。但在机体抵抗力降低、病情加重时，病变常常深侵，扩及皮下，则常伴发局部性化脓性淋巴结炎的发生；有些患猪还呈现溃疡性口炎（图2-21-7）；四肢发生严重的渗出性表皮炎时，常可累及蹄部，此时多在蹄底部发现溃疡（图2-21-8）。死亡常由于并发脱水、蛋白质和电解质丧失及恶病质所致。

亚急性型发病较缓慢，病变常局限于鼻吻、耳、四肢及背部。受损皮肤显著增厚，形成灰褐色形状不整的红斑和结痂（图2-21-9）；当病变全身化时，常伴有苔藓化(lichenification)和有明显鳞屑脱落（图2-21-10）。此型死亡率低，但康复缓慢，生长停滞。

另外，本病也发生于架子猪、育成猪或母猪（多见于乳房部），但病变轻微，通常在病猪的耳壳及背部见有污秽不洁的渗出性黑褐色结痂（图2-21-11）；病情较重、病变发展时，则见痂皮扩大和脱落，形成红斑和溃疡（图2-21-12）；当继发感染后，常形成脓皮病而使病情加重（图2-21-13）。

〔病理特征〕本病的眼观病变基本与临床所见相同，但死于急性期的仔猪，剖检肾脏时，常在肾盂及肾乳头部检出大量灰白色或黄白色的尿酸盐沉积（图2-21-14）。镜检，本病的早期病变为浅表毛囊炎，炎症可扩展到毛囊上面的皮肤，形成脓疮性皮炎（图2-21-15）。此时在表皮表面见有厚层覆痂，后者由过度和不全角化物、中性粒细胞、浆液及革兰氏阳性球菌集落所组成。棘细胞层的细胞发生空泡变性和海绵样变。表皮和毛囊外根鞘见有微脓疱形成（图2-21-16），常在毛囊角化物和毛干的表面发现细菌集落，但深部毛囊则罕见。表皮增生，表皮突伸长，基底细胞分裂像增多。真皮水肿，毛细血管强度扩张充血，血管周围有中性粒细胞、偶见嗜酸性粒细胞浸润。病变严重时，表皮可发生糜烂与溃疡，并可侵及真皮，导致弥漫性化脓性皮炎。

亚急性病变，渗出现象轻微而表皮增生则显著，可形成不规则的假癌瘤样增生及过度不全角化，真皮有明显的单核细胞及血管周围炎性细胞浸润。毛囊上皮增生，毛乳头部见有菌块（图2-21-17）。

〔诊断要点〕本病的临床症状和病理变化很有特点，在仔猪群中不易和其他疾病混淆，一般根据症状和病变即可建立初步诊断，但最后确诊还须进行病原学检查。通常是采取化脓的皮肤、组织或脓性渗出物等做涂片，革兰氏染色后，用显微镜观察，并依据细菌的形态、排列和染色特性等进行确诊。另外，还可做细菌分离和血清学检查等。

〔治疗方法〕据报道，葡萄球菌对龙胆紫、青霉素、红霉素和庆大霉素等药物敏感，但易产生耐药性菌株。因此，治疗本病时最好先从病猪体分离到病原，然后做药敏试验，找出针对该菌的敏感药物进行治疗。没有培养条件时，也可先选用一些对本菌敏感的药物，边治疗边观察，及时进行调整。

治疗本病的基本方法是：对病损的局部应先进行外科处理。通常先用消毒过的刀剪清除掉损伤表面的异物、渗出的凝结物、坏死的组织或痂皮等，再用1％高锰酸钾等消毒液彻底冲洗创面，尽量清除创面上存有的脓汁和细小的异物等。外科处理之后，再用对细菌敏感的药物进行治疗，通常是将这些抗生素制成膏剂进行涂布，如青霉素软膏、红霉素软膏等，也可涂布龙胆紫。对于局部的皮肤损伤，一般只做外伤性处理即可，但对范围较大或全身性皮肤损伤，在进行局部处置的同时，还应辅以补液、调节酸碱平衡等全身性疗法。

〔预防措施〕由于葡萄球菌是一种常在菌，广泛存在于自然界和猪体的表面，因此，要彻底根除本病几乎是不可能的，但通过积极的预防则能控制或减少本病的发生。为了控制本病的发生，首先要切断主要的传染来源，对病猪不但要早发现、早隔离和及时治疗，而且对病猪污染的环境和用具等进行彻底消毒，同时对与病猪有接触的猪要进行预防性治疗。其次要加强饲养管理，提高猪体的抵抗力，防止常存在于环境中的病原菌乘虚而入。特别应注意防止皮肤的外伤，要及时清除带有刺、尖或锋刃的物品，以免猪与之接触而发生损伤；当发现皮肤有损伤时，应及时用碘酊或酒精等消毒液进行处置，防止感染的发生。另外，猪的圈舍及运动场地等也应经常清扫，保持清洁；定期消毒，尽量减少环境中残存的致病菌。

据报道，用分离于发病猪场的菌株制成自家苗，进行免疫产前的母猪，可保护母猪所产小猪免受感染。

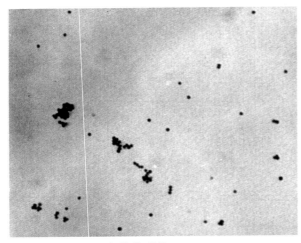

**图2-21-1 表皮葡萄球菌**

病料中的呈葡萄状、短链状和双球状的病原体。革兰氏染色×1 000

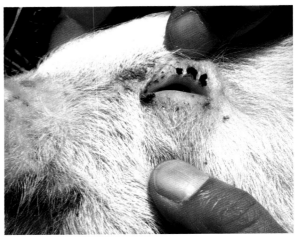

**图2-21-2 眼睛出血**

眼周及眼睑部出血，形成红斑和结痂，眼结膜充血。

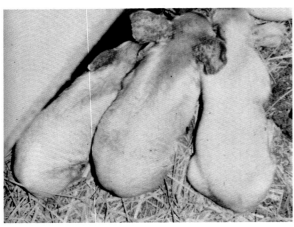

**图2-21-3 轻症病例**

耳背出现红斑和淡红色的渗出物。

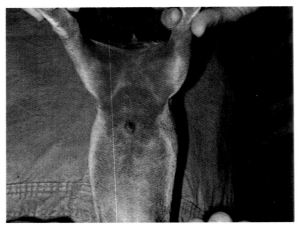

**图2-21-4 腹部病变**

发病初期，在四肢内侧及后腹部有弥漫性红褐色丘疹。

**图2-21-5 全身性病变**

病猪全身被覆污秽的油脂样渗出物。

**图2-21-6 重症病例**

发病7日龄的乳猪，耳壳及前肢痂皮脱落后形成红斑。

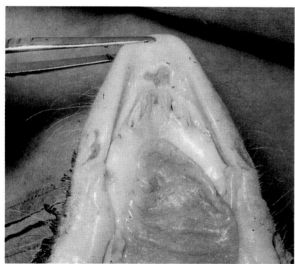

**图2-21-7　口唇部的溃疡**

急性病例，口唇部常见有大小不一的糜烂和溃疡。

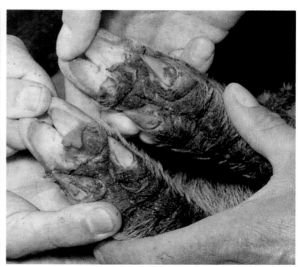

**图2-21-8　蹄底部溃疡**

累及蹄踵和蹄底的渗出性表皮炎，在蹄底部有溃疡形成。

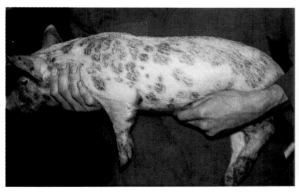

**图2-21-9　皮肤的红斑和结痂**

亚急性渗出性表皮炎的病例，全身皮肤有多量红斑和结痂。

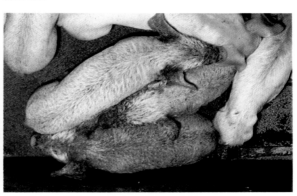

**图2-21-10　皮肤苔藓样变**

病猪周身有苔藓样病变，并见鳞屑样痂皮。

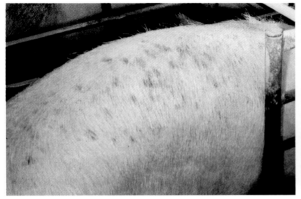

**图2-21-11　化脓性表皮炎**

成年猪患渗出性表皮炎时，体表皮肤常有多量黑褐色结痂。

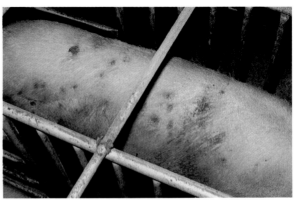

**图2-21-12　皮肤的红斑与溃疡**

病猪体表的结痂脱落后所形成大小不等的红斑和溃疡。

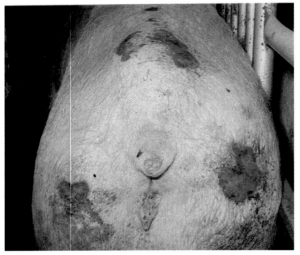

**图2-21-13 继发性脓皮病**

渗出性表皮炎的溃疡形成后，常继发感染而形成脓皮病。

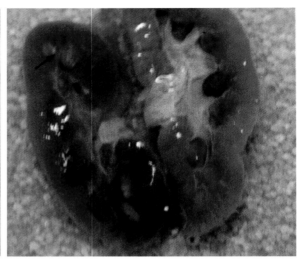

**图2-21-14 肾尿酸盐沉积**

因本病而死亡的仔猪，肾切面上见有灰白色或黄白色的尿酸盐结晶。

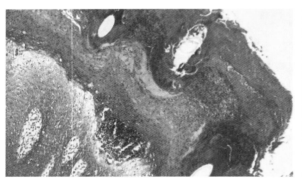

**图2-21-15 化脓性毛囊炎**

毛囊扩张，内有大量的细菌团块。HE×100

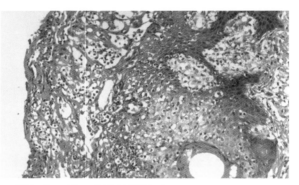

**图2-21-16 皮肤的微脓肿**

表皮和毛囊外根鞘有微脓疱形成。HE×330

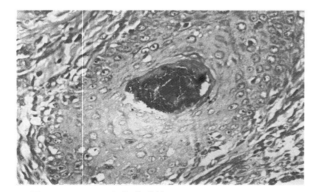

**图2-21-17 毛乳头感染**

毛囊上皮增生，毛乳头部有蓝染的细菌团块。HE×400

# 第三章

# 猪 的 寄 生 虫 病

## 一、猪蛔虫病（Ascariosis of swine）

猪蛔虫病是由猪蛔虫引起的一种肠道线虫病，主要感染仔猪，分布广泛，感染普遍，对养猪业的危害极为严重；特别是在卫生条件不好的猪场或营养不良的猪群中，感染率很高，通常可达50%以上。感染本病的仔猪，生长发育不良，增重往往比健康仔猪降低30%左右；病情严重者，不仅生长发育停滞，而且引起死亡。因此，本病是造成养猪业损失最大的寄生虫病之一。

〔病原特性〕本病的病原体为蛔科的猪蛔虫。该虫为黄白色或淡红色的大型线虫。虫体呈中间较粗，两端较细的圆柱状；体表有横纹，体两侧纵线明显。口位顶端，有3个唇瓣，内缘具细齿，还有感觉乳突和头感受器。雌虫长20～35cm，尾端钝圆，肛门位于末端，双管型生殖器，阴门在虫体腹侧中部之前。雄虫长15～31cm，尾弯向腹侧，肛门前后多乳突，单管型生殖器，有1对交合刺（图3-1-1）。虫卵多为椭圆形，呈棕黄色，卵壳表面凹凸不平；受精卵大小为45～75μm×35～50μm，内含一个圆形卵细胞（图3-1-2）；未受精卵较狭长，大小为88～94μm×39～44μm，内为大小不等的卵黄颗粒和空泡（图3-1-3）。

猪蛔虫卵随粪便排至体外后，在适宜的温度、湿度和充足氧气的环境中发育为含幼虫的感染性虫卵，猪吞食了感染性虫卵而被感染。在小肠内幼虫逸出，钻入肠壁毛细血管，先经门静脉到达肝脏后，再经后腔静脉还流到左心，并通过肺动脉毛细血管进入肺泡。幼虫在肺脏中停留发育，蜕皮生长后，随黏液一起到达咽喉，进入口腔，再次被咽下，从而在小肠内发育为成虫。自吞食感染性虫卵到发育为成虫，大约需2～2.5个月；猪蛔虫在宿主体内的寄生期限为7～10个月。

蛔虫卵对不良的外界环境和化学药品作用的抵抗力非常强大，这可能与其卵膜厚有直接的关系。例如，虫卵在55℃时可存活15min，在60～65℃时还能存活5min；在-20～-70℃，感染性虫卵仍能存活3周；在疏松湿润的耕地或园林中可以生存2～5年。常用的消毒药也不能将蛔虫卵杀死，例如，在2%福尔马林液中，虫卵不仅可以生存，而且还能正常发育；10%漂白粉溶液、3%克辽林溶液、15%硫酸与硝酸溶液和2%苛性钠溶液均不能将虫卵杀死。在5%～10%氢氧化钾溶液和3%来苏儿溶液中经10h到7d，仅有一部分虫卵死亡。一般要杀死蛔虫卵必须用60℃以上的3%～5%热碱水、20%～30%热草木灰水或新鲜石灰才有效。

〔流行特点〕猪蛔虫病的广泛流行，主要与猪蛔虫的生活史简单、产卵量大（每条雌虫一生可产卵3 000万个）和虫卵的抵抗力强有关。

本病虽然可发生于各年龄的猪，但以3～5月龄的仔猪最易感染，可呈流行性发生，病情严重时，能引起死亡。病猪和带虫猪是本病的主要传染来源。据报道，3～5个月龄的仔猪感染后，于6～7个月龄时开始排虫；轻、中度感染猪的带虫现象可持续1.5～2年；成年母猪也可能有1%～10%是带虫者。消化道是本病的主要传播途径。据研究，猪蛔虫病主要是由于猪采食了被感染性虫卵污染的饲料和饮水；放牧猪也可在野外感染；母猪的乳房容易被虫卵沾染，使仔猪在吃奶时受到感染。

此外，本病的发生与饲养管理和环境卫生也有很大的关系。在饲养管理不良、卫生条件恶劣和猪只过于拥挤的猪场；在营养缺乏，特别是饲料中缺少维生素和矿物质的情况下，容易在仔猪中暴发流行。本病一年四季都可发生，但以深秋、冬季和早春更为多见。

〔临床症状〕猪蛔虫的临床表现随着猪只年龄的大小、体质的强弱、感染强度和蛔虫所处的发育阶段的不同而有差异。一般情况下，仔猪发生后的病情重，症状明显；而成年猪能抵抗一定数量虫体的侵害，感染后的症状常不明显。

仔猪轻度感染时，体温升高至40℃，有轻微的湿咳，有并发症时，则易引起肺炎。感染较重时，病猪精神沉郁，被毛粗乱，呼吸和心跳加快，食欲时好时坏，营养不良，有异食、消瘦、贫血等表现，有的还出现全身黄疸等症状。生长发育明显受阻，部分变为僵猪。感染严重时，病猪呼吸困难，急促而不规律，常伴发声音低沉而粗厉的咳嗽；还出现口渴、流涎、呕吐、腹泻等症状（图3-1-4）。病猪喜卧地，不愿走动，逐渐消瘦而死亡。当病猪的肠道有大量蛔虫寄生时，常引起蛔虫性肠梗阻，随梗阻程度的不同，病猪可出现不同的腹痛症状；严重时，病猪的四肢乱蹬或卧地呻吟。蛔虫进入胆管时，可引起胆管梗阻（图3-1-5）。此时，病猪除有剧烈的腹痛症状外，还出现体温升高，食欲废绝，腹泻和黄疸等症状。

成年猪被蛔虫感染后，如寄生的数量不多，病猪的营养良好，常无明显症状；但感染较严重时，常因胃肠机能遭受破坏，病猪出现食欲不振，磨牙，轻度贫血和生长缓慢等症状；严重的感染，也可出现类似仔猪感染的种种症状。

〔病理特征〕蛔虫的幼虫和成虫侵害的组织和器官不同，所引起的病理变化也有很大的差异。幼虫主要侵害肝脏和肺脏；成虫主要损伤胃肠道。

蛔虫的幼虫在肠道孵出后，从小肠出发，主要经肝脏和肺脏而迁移，因而常在肝、肺引起以嗜酸性粒细胞浸润为主的炎症反应和肉芽肿形成。幼虫在肝脏移行时，可造成局灶性实质性损伤和间质性肝炎。病变轻时，见肝脏表面有淡粉色云雾状的增生斑（图3-1-6）；继之，在肝脏表面形成乳白色散在的大小不一的斑块，称之为"乳斑肝"（图3-1-7）；严重感染的陈旧病灶，由于结缔组织大量增生而使"乳斑肝"更加明显，进而形成乳斑肝性硬变（图3-1-8）。镜检可见幼虫在肝内移行而死亡后，周围的肝细胞多在其毒素或代谢产物的作用下而变性、坏死，在幼虫残骸的周围有以嗜酸性粒细胞浸润为主的肉芽肿形成（图3-1-9）。幼虫在肝内移行所引起的肝损伤，常导致肝小叶间质中的结缔组织增生，其中有多量嗜酸粒细胞浸润（图3-1-10）。这种增生即是眼观的"乳斑肝"的病理组织学变化，它可进一步压迫肝小叶，使肝组织萎缩和硬化。当大量幼虫在肺内移行和发育时，可引起急性肺出血或弥漫性点状出血（图3-1-11），进而导致蛔虫性肺炎；康复后的肺内也常可检出蛔虫性肉芽肿。

蛔虫的成虫通常游离在小肠腔中，以小肠内容物为食，夺取宿主的营养。成虫在小肠内游动及其唇齿的作用可使空肠黏膜发生卡他性炎。一般多见肠管有几条蛔虫寄生，肠管并不被完全阻塞（图3-1-12）。但严重的蛔虫感染，常能从肠浆膜面看到肠腔内的大量蛔虫缠绕，形成麻花状（图3-1-13），切开肠管见大量蛔虫从肠管里蠕出（图3-1-14）。虫体数量多，可造成小肠阻塞（图3-1-15），导致仔猪死亡。另外，由于饥饿或其他原因，成虫可移行到胃、胆管或胰管，常可引起蛔虫性胆管阻塞（图3-1-16）而发生黄疸；胰腺出血和炎症。虫体的游动偶见擦伤肠黏膜或穿透肠壁而发生腹膜炎。

此外，由于蛔虫变应原作用可见宿主发生荨麻疹和血管神经性水肿；其分泌物和代谢产物也可引起实质器官和脑组织的中毒性变性。基于以上原因，病猪常呈现营养不良而消瘦，生长迟缓而发育不良，消化机能紊乱而腹泻，剧烈腹痛而起卧不安，间或出现神经症状等。

〔诊断要点〕幼虫移行期诊断较难，可结合流行病学和临床上暴发性哮喘、咳嗽等症状综合分析。成虫期诊断主要是检查虫卵，检出虫卵有两种方法：一为直接涂片检查法，是基于蛔虫产卵量非常大的原理，主要用于较重的感染，在涂片中可检出不同发育阶段的虫卵（图3-1-17）；二是饱和盐水浮集法，多用于轻度感染而寄生于体内的蛔虫不多的病例。一般情况下，当1g粪便中虫卵数达到1 000个时，即可确诊为蛔虫病。

〔治疗方法〕用于治疗蛔虫病的有效药物较多，兹介绍几种常用的药物及治疗方法。

1．精制敌百虫疗法　按每千克体重0.1g，每头猪总量不超过10g，溶解后均匀拌入饲料内，一次喂服。对体弱的病猪，药量可适当减少。

2．哌嗪类化合物疗法　常用的有枸橼酸哌嗪和磷酸哌嗪，每千克体重按0.2～0.25g，用水化开，混入饲料内令猪自由采食。本药无毒副作用，故安全可靠。另外，兽用粗制二硫化碳哌嗪遇胃酸后可分解，释放出哌嗪和二硫化碳，后二者均有驱虫作用。故该药的驱虫效果更好，剂量为每千克体重125～210mg，混入饲料内喂服。

3．噻苯唑疗法　按每千克体重50～150mg内服，或按0.1%～0.4%的比例混入饲料内给与。本药不仅能驱除成虫，而且对移行中的幼虫也有杀灭作用。

4．噻咪唑疗法　按每千克体重15～20mg，混入少量饲料中一次喂给；也可用5%注射液按每千克体重10mg剂量皮下或肌内注射。

5．噻咪啶疗法　常用的制剂为萘羟嘧啶，按每千克体重20～30mg，混在饲料中一次喂服。本药为一种安全有效的驱蛔新药。

6．中药疗法　中草药和一些验方对本病也有很好的疗效，兹介绍几个。

处方一　槟榔20g、石榴皮25g、使君子25g、苦楝树皮25g、乌梅3个，加水浓煎，体重25千克的病猪，在早上空腹时一次性内服。一般于10d后再服一剂，效果更佳。

处方二　使君子、乌梅各两份，苦楝树皮、槟榔、鹤虱各一份，共研成细末状，按每千克体重1g用药，拌入少量饲料中，空腹一次性喂给。

处方三　花椒50g，用文火炒黄捣碎，再加乌梅50g，碾成细末，混合后加温水调稀，早晨空腹一次灌服。此药量为45kg病猪的用量，其他体重的猪可酌情增减药量。

应该指出，驱虫药均有一定的副作用，对患有严重胃肠疾病，或病情严重、明显消瘦贫血的病猪，在使用驱虫药之前，应先对症治疗或增强体质后再进行驱虫治疗。

对于有较严重胃肠疾患或明显消瘦贫血的患猪，应在应用驱虫药之前，先进行对症治疗。

〔预防措施〕本病的预防，必须采取综合性措施。未发病的猪场，重点在"防"，要搞好环境卫生，加强饲养管理，防止仔猪感染；已发病的猪场，重点在"净"，即要净化猪场，消灭病猪和带虫猪，建立无虫猪场。

1．常规预防　搞好环境卫生，保持饲料和饮水的清洁，减少感染机会；给仔猪多补充维生素和矿物质，克服其拱土和饮用污水的习惯；猪舍清洁卫生，通风良好，阳光充足，避免潮湿阴冷，垫草勤换，粪便勤扫，减少虫卵污染；定期给猪舍及环境消毒，粪便进行无害化处理。另外，引进种猪时，应先隔离饲养，并进行粪便检查，无本病或其他疾病时才可放入猪群饲养。

2．紧急预防　对暴发本病的猪场，应立即将病猪和无病猪，成猪和仔猪分离饲养，并用上述治疗药物进行治疗和药物预防。发生蛔虫病的猪场，每年应进行两次全群驱虫，并于春末或秋初深翻猪舍周围的土壤，或铲除一层表土，换上新土，并用生石灰消毒；对2～6个月龄的仔猪，在断乳时驱虫一次，以后间隔1.5～2个月再进行一次预防性驱虫。

另外，还须注意妊娠母猪产前、产后的管理。怀孕母猪在怀孕中期应进行一次驱虫，在临产前用肥皂、热水彻底洗刷母猪，除去身上的蛔虫卵，洗净后立即放入预先彻底消毒过的产房内，

　　分娩后到断奶前的母猪和仔猪一直放在产房内，饲养人员进产房必须换鞋，以防带入蛔虫卵。

　　只有采取严格的防治措施，才能逐渐减少仔猪体内的载虫量和降低外界环境中的虫卵污染，从而逐步控制仔猪蛔虫病的发生和重新建立无蛔虫病的猪场。

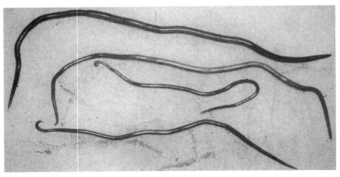

**图 3-1-1　雌雄蛔虫**

上部两条长蛔虫为雌性，下部两条短者为雄性。

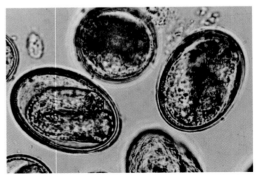

**图 3-1-2　受精虫卵**

受精的蛔虫卵，其卵壳内有一个圆形卵细胞。

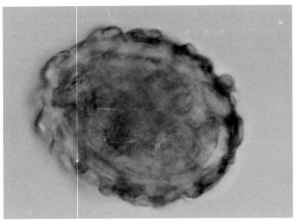

**图 3-1-3　未受精虫卵**

虫卵呈黄褐色，卵壳较厚，其内有大小不等的卵黄颗粒。

**图 3-1-4　病猪腹痛**

蛔虫性肠梗阻所引起的病猪疼痛不安。

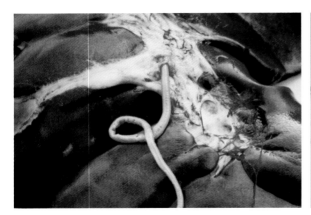

**图 3-1-5　胆道蛔虫**

一条蛔虫的成虫从十二指肠的胆管开口钻入胆管内。

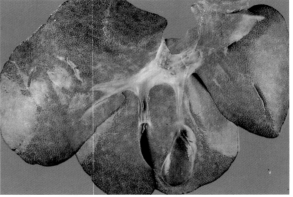

**图 3-1-6　间质性肝炎**

仔猪的实验性蛔虫感染，肝表面见大量灰白色斑点。

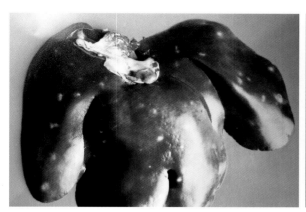

**图 3-1-7　乳斑肝**

肝瘀血，表面散在大量乳白色斑块。

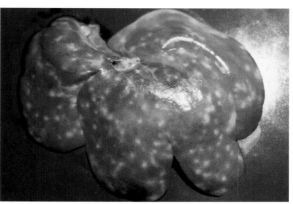

**图 3-1-8　乳斑肝性硬变**

肝组织中有大量乳斑形成，导致肝脏质地变硬。

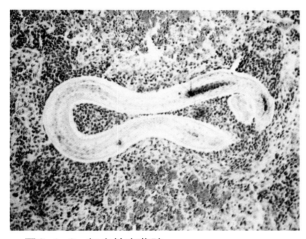

**图 3-1-9　蛔虫性肉芽肿**

在死亡的幼虫周围有以嗜酸性粒细胞浸润为主的肉芽肿形成。HE×100

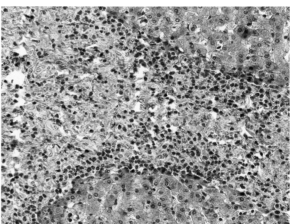

**图 3-1-10　间质性肝炎**

小叶间结缔组织增生，嗜酸性粒细胞大量浸润。HE×400

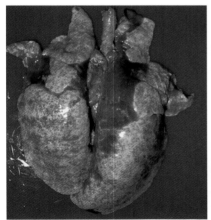

**图 3-1-11　蛔虫性肺炎**

肺脏充血、膨胀不全和密发点状出血。

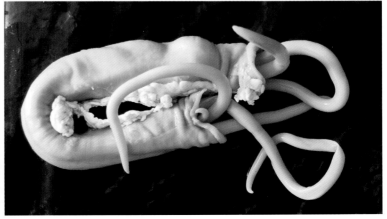

**图 3-1-12　小肠蛔虫症**

小肠管腔内有几条粗大的蛔虫，几乎使肠腔阻塞。

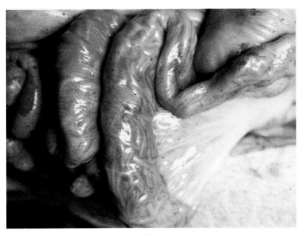

**图3-1-13　小肠麻花样变**

小肠肠壁变薄，从浆膜面可看到呈麻花状的蛔虫。

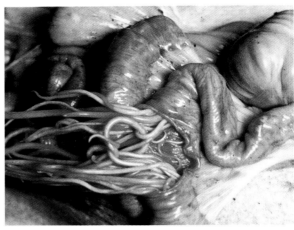

**图3-1-14　肠蛔虫症**

当切开小肠时，可见大量蛔虫从小肠的断面中蠕出。

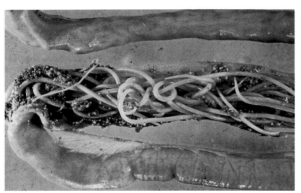

**图3-1-15　蛔虫性肠梗阻**

大量蛔虫寄生于十二指肠引起肠道阻塞。

**图3-1-16　胆道阻塞**

数条蛔虫进入胆管，引起胆道阻塞。

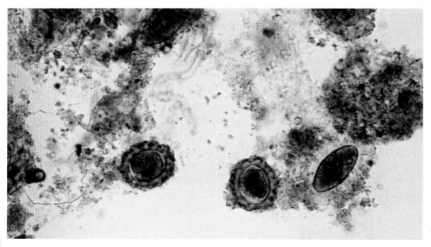

**图3-1-17　粪便中的虫卵**

当感染严重时，直接用病猪粪便涂片，即可检出虫卵。

## 二、猪鞭虫病（Trichuridiosis in swine）

猪鞭虫病又称猪毛首线虫病，是由猪鞭虫所致的一种肠道线虫病。猪鞭虫的虫体前部呈毛发状，故称之为毛首线虫；又因整个虫体外形很像放羊的鞭子，故又有鞭虫之称。猪鞭虫主要寄生在猪的盲肠，以仔猪受害最重，严重时可引起死亡。

〔病原特性〕猪鞭虫属于毛首科、毛首线虫属的肠道寄生性线虫。虫体呈乳白色（雌虫常因子宫含虫卵而呈褐色），鞭状，前部呈细长的丝状，约占全长的2／3，内为由一串单细胞围绕着的食道；后部粗短为体部，约占全长的1/3，内含生殖器官及肠管。雄虫长20～52mm，后端卷曲；雌虫长39～53mm，后端钝直（图3-2-1）。虫卵呈棕黄色，腰鼓形，卵壳厚，两端有塞，长50～80μm（图3-2-2）。虫卵的壳较厚，抵抗力强，故感染性虫卵可在土壤中存活5年。

鞭虫是以感染性虫卵的形式经口感染猪的，虫体在体内不发生移行而直接发育。伴随感染动物粪便排出的虫卵，在外界普通温度下约3周发育至感染期。猪吞食了感染性虫卵后，幼虫在小肠内逸出，钻入肠绒毛间发育，经一定时间后再移入结肠和盲肠内发育为成虫。自吞食感染性虫卵到发育为成虫，需30～40d；成虫寿命为4～5个月。

〔流行特点〕猪鞭虫主要感染仔猪，而成猪很少发生感染。消化道是主要传播途径，而病猪是重要的传染来源。据报道，在本病流行的地区，生后一个半月的仔猪即可检出虫卵；4个月的仔猪，虫卵数和感染率均急剧增高，以后逐渐减少；14个月龄的猪极少感染。

本病多为夏季感染，秋、冬季出现临床症状；而本病的常发地区，一年四季均能感染，但以夏季的感染率最高。据研究，猪的鞭虫病可使人发病，故本病有一定的公共卫生学意义。另外，猪鞭虫感染可以促进有潜在致病力的螺旋体的侵袭。

〔临床症状〕猪鞭虫以头部刺入肠黏膜吸取营养和分泌毒素，使宿主营养不良和中毒。病猪轻度感染时，仅有间歇性腹泻，轻度贫血，生长发育缓慢等不易被人察觉的症状。严重感染（虫体可达数千条）时，则病猪出现食欲不振，消瘦，贫血，腹泻，肛门周围常黏附有红褐色稀便（图3-2-3），粪便中混有黏液和血液，仔猪发育障碍等症状，甚至引起死亡。

〔病理特征〕死于本病的仔猪常因营养不良而消瘦，贫血，可视黏膜发白，被毛粗乱，污秽不洁（图3-2-4）。鞭虫的成虫主要损害盲肠，其次为结肠。虫体头端前部穿入宿主寄生部肠黏膜的表层，少数钻到黏膜下层甚至肌层。鞭虫的锐利口矛的前端，为吸取食物而不停地钻刺与摆动，使黏膜组织受到破坏。因此，猪鞭虫感染可引起盲肠、结肠黏膜卡他性炎症。眼观见肠黏膜充血、肿胀，表面覆有大量灰黄色黏液，大量乳白鞭虫混在黏液中或叮着于肠黏膜（图3-2-5）。严重感染时可引起肠黏膜出血性炎、水肿及坏死（图3-2-6）。感染后期发现有溃疡，并产生类似结节虫病的鞭虫结节（图3-2-7）。鞭虫结节有两种，一种见于虫体前端伸入部，较软，内含脓液；另一种结节为较硬的圆形包囊，位于黏膜下。另外，部分病猪的直肠也发生出血性直肠炎，在红褐色的肠内容物中也检出大量鞭虫（图3-2-8）。

病理组织学检查可见，鞭虫结节中有虫体和虫卵，并有显著的淋巴细胞、浆细胞及嗜酸性粒细胞浸润。切片中虫体前端包埋于黏膜内，含有鞭虫特有的串珠状排列的所谓"列细胞（stichocyte）"的腺细胞（图3-2-9）。毛首属虫体横切面上体肌为体积小、连续细密、整齐排列的全肌型结构，可与其他大多数线虫区别。肠腔雌虫内或偶尔在组织中可发现典型虫卵。

〔诊断要点〕本病的生前诊断主要靠粪便中的虫卵及虫体的检查。据研究，一条雌虫每日可产5 000个虫卵，1g粪便中若有1 000个以上的虫卵，则寄生虫的数目不会少于30条，用浮集法可检出不同发育阶段的虫卵（图3-2-10）。由于虫卵颜色、结构比较特殊，故易识别而确诊。

病猪死后主要根据尸检时发现特殊形态的虫体、寄居部位及引起病理损害而确诊。

〔治疗方法〕用于本病的治疗药物较多，其中羟嘧啶为驱鞭虫的特效药，按猪每千克体重2mg口服或拌料喂服。其他药物及使用方法可参考猪蛔虫病。

〔预防措施〕平时要保持环境卫生，定期给猪舍消毒，更换垫草，减少虫卵污染的机会；粪便要勤清扫并发酵进行无害化处理，借以消灭虫卵。从外地引进猪时，应进行本病虫卵的检查，确定无本病时方可放入猪舍。对本病常发地区，每年春秋应给猪群两次驱虫，并对猪舍周围的表层土进行换新或用生石灰进行彻底消毒。另外，加强饲养管理，提高猪体的抵抗力也是预防本病的重要措施。

**图 3-2-1　鞭虫**
鞭虫的头部细小，腹部粗大。左侧小的为雄虫；右侧大的为雌虫。

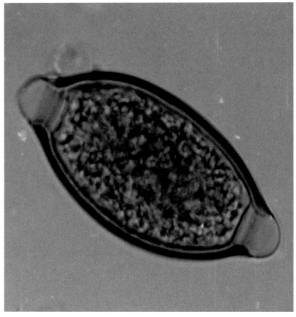

**图 3-2-2　虫卵**
鞭虫的虫卵，形似腰鼓状，壳厚光滑，两端有卵塞。

**图 3-2-3　血便**
病猪常发生腹泻，排出稀薄的暗红色血便。

**图 3-2-4　营养不良**
尸体极度消瘦，臀部、尾部及后肢全被稀便污染。

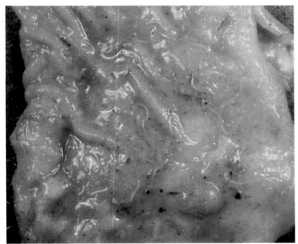

**图 3-2-5 卡他性肠炎**

肠黏膜肿胀，在黄色黏液状的内容中含有大量乳白色鞭虫。

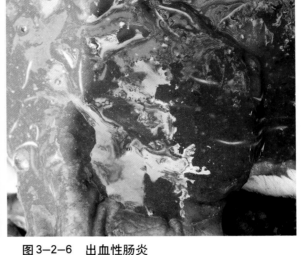

**图 3-2-6 出血性肠炎**

肠黏出血，肠内容物呈红褐色，其中可检出大量鞭虫。

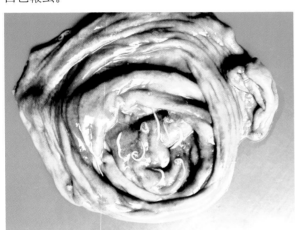

**图 3-2-7 出血性盲肠炎**

盲肠黏膜出血坏死，在残存的黏膜上可检出鞭虫结节。

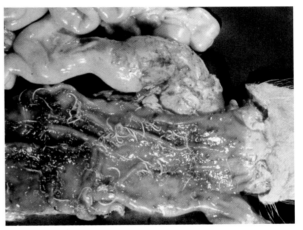

**图 3-2-8 出血性直肠炎**

直肠黏膜充血、出血，有大量乳白色鞭虫寄生。

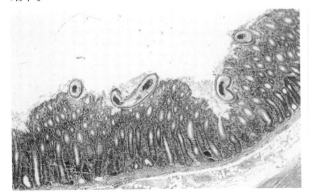

**图 3-2-9 鞭虫断面**

盲肠的病理组织学检查，肠黏膜表面见多量鞭虫的断面。HE×60

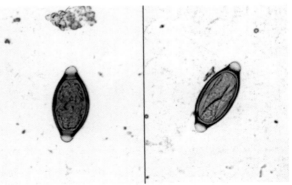

**图 3-2-10 粪便中的虫卵**

粪便中检出的未发育（左）和发育而含有幼虫的虫卵。

## 三、猪肺虫病 （Lungworms disease）

猪肺虫病，又称猪后圆线虫病或寄生性支气管肺炎，主要是由长刺猪肺虫寄生于支气管而引起的；分布于全国各地，多见于华东、华南和东北各地，呈地方性流行；主要危害仔猪和育肥猪，引起支气管炎和支气管肺炎，严重时可引起大批死亡。

〔病原特性〕本病的病原体主要为后圆科后圆属的长刺猪肺虫（长刺后圆线虫，*Metastrongylus elongatus*），其次为短阴后圆线虫（*M.pudendotectus*）和萨氏后圆线虫（*M.salmi*）。长刺猪肺虫的虫体呈细丝状（又称肺丝虫），乳白色或灰白色，口囊很小，口缘有一对三叶侧唇。雄虫长12～26mm。交合刺2根，丝状，长达3～5mm，末端有小钩；雌虫长达20～51mm，阴道长2mm以上，尾端稍弯向腹面，阴门前角皮膨大，呈半球形（图3-3-1）。

猪肺虫需要蚯蚓作为中间宿主。雌虫在支气管内产卵，卵随痰转移至口腔被咽下（咳出的极少），随猪粪排到外界。该虫卵的卵壳厚，表面有细小的乳突状隆起，稍带暗灰色。卵在潮湿的土地中可吸水而膨胀破裂，孵化出第一期幼虫（图3-3-2）；或虫卵被蚯蚓吞食后，在其体内孵化出第一期幼虫（有时虫卵在外界孵出幼虫，而被蚯蚓吞食），在蚯蚓体内，约经10～20d蜕皮两次后发育成感染性幼虫。猪吞食了此种蚯蚓而被感染，也有的蚯蚓损伤或死之后，在其体内的幼虫逸出，进入土壤，猪吞食了这种污染了幼虫的泥土也可被感染（图3-3-3）。感染性幼虫进入猪体后，侵入肠壁，钻到肠系膜淋巴结中发育，又经两次蜕皮后，循淋巴系统进入心脏、肺脏。在肺实质、小支气管及支气管内成熟。自从感染后约经24d发育为成虫，排卵。成虫寄生寿命约为1年。

据报道，虫卵对外界的抵抗力十分强大，在粪便中可生存6～8个月；在潮湿的灌木场地可生存9～13个月，并可冰结越冬（-8～-20℃可生存108d）。

〔流行特点〕本病主要感染仔猪和育肥猪，据报道，6～12月龄的猪最易感。病猪和带虫的猪是本病的主要传染来源，而被猪肺虫卵污染并有蚯蚓的牧场、运动场、饲料种植场以及有感染性幼虫的水源等均可成为猪被感染的重要场所。本病主要是经消化道传播，是猪吞食了含有感染性幼虫的蚯蚓而引起的。

因此，本病的发生与蚯蚓的滋生和猪采食蚯蚓的机会有密切的关系；主要发生在夏季和秋季，而冬季很少发生。这是因为蚯蚓在夏、秋季最为活跃之故。

〔临床症状〕轻度感染猪的症状不明显，但影响生长和发育。瘦弱的幼猪（2～4月龄）感染虫体较多，而又有气喘病、病毒性肺炎等疾病合并感染时，则病情严重，具有较高死亡率。病猪的主要表现为食欲减少，消瘦，贫血，发育不良，被毛干燥无光；阵发性咳嗽，特别是在早晚运动后或遇冷空气刺激时尤为剧烈，鼻孔流出脓性黏稠分泌物，严重病例呈现呼吸困难；有的病猪还发生呕吐和腹泻，在胸下、四肢和眼睑部出现浮肿。

〔病理特征〕病理变化是确诊本病的主要依据。本病的主要病变是寄生虫性支气管肺炎。病初，由于肺虫的幼虫穿过肺泡壁毛细血管，故可见肺呈现斑点状出血（图3-3-4）。随着幼虫成长，迁移到细支气管和支气管内栖息，以黏液和细胞碎屑为食，但可刺激黏膜分泌增多。切开支气管，见管腔黏膜充血、肿胀，含有大量黏液和虫体（图3-3-5）。造成局部管腔阻塞，相关的肺泡萎陷、实变，并伴发有气管、支气管和肺脏的出血和肺气肿变化（图3-3-6）。还由于存留在肺泡内虫卵和发育的胚蚴如同外来的异物刺激，易引起局部肺组织发生细菌的继发感染，所以常可见化脓性肺炎灶。此时，可见支气管扩张，其中充满黏液和卷曲的成虫（图3-3-7）。由于部分支气管呈半阻塞状态（图3-3-8），使气体交换受阻，通常是进气大于出气，故在肺的尖叶和膈叶的后缘可见灰白色隆起的气肿小叶（图3-3-9）。

镜检可见：本病特征性的病理组织学变化是在扩张的支气管和肺泡中可检出大量猪肺虫的断面，后者的周围常见多量淋巴细胞和嗜酸性粒细胞浸润，并见结缔组织增生（图3-3-10）。

〔诊断要点〕根据临床症状，结合流行特点，病理剖检找出虫体而确诊。生前常用沉淀法或饱和硫酸镁溶液浮集法检查粪便中的虫卵。猪肺虫卵呈椭圆形，长40～60μm，宽30～40μm，卵壳厚，表面粗糙不平，卵内含一个卷曲的幼虫（图3-3-11）。另外，还可用变态反应诊断法进行检测。

〔治疗方法〕用于本病的治疗药物，均有程度不同的毒副作用，一般情况下，随着药量的增多而毒副作用增大。因此，在用药时一定要注意用量。兹介绍几种常用的治疗药物及使用方法，仅供参考。

1. 驱虫净（四咪唑）疗法 按每千克体重20～25mg，口服或拌入少量饲料中喂服；或按每千克体重10～15mg肌内注射。本药对各期幼虫和成虫均有很好疗效（几达100%），但有些猪于服药后10～30min出现咳嗽、呕吐、哆嗦和兴奋不安等中毒反应；感染严重时中毒反应一般较大，通常多于1～1.5h后自行消失。

2. 左咪唑疗法 本药对15日龄幼虫和成虫均有100%疗效。用法：按每千克体重8mg置于饮水或饲料中服用；或按每千克体重15mg一次肌内注射。

3. 氯乙酰肼疗法 按每千克体重17.5mg口服或肌内注射，但用药的总剂量每千克体重不得超过1g，过服3d。

4. 中药疗法 处方：石榴皮、使君子各15g，贯众、槟榔各10g，加水浓煎，体重25kg的病猪，早晨空腹一次性内服。

对肺炎严重的猪，在用驱虫药的同时，再使用抗生素或磺胺类药物对症治疗，可加速肺炎的痊愈。

〔预防措施〕主要是防止蚯蚓潜入猪场，尤其是运动场，同时还要做好定期消毒等工作。

1. 常规预防 蚯蚓主要生活在疏松多腐殖质的土壤中。据报道，蚯蚓在这种土壤中每平方米有时可多达300～700条；而土壤坚实，蚯蚓极少，坚实的砂土中几乎没有蚯蚓。因此，在猪场内创造无蚯蚓的条件，是杜绝本病的主要措施。例如，将猪场建在高燥干爽处；猪舍、运动场应铺水泥地面；墙边、墙角疏松泥土要砸紧、打实，防止蚯蚓进入，或换上砂土，构成不适于蚯蚓滋生的环境等。这些措施对于预防本病具有重要作用。

2. 紧急预防 发生本病时，应及时隔离病猪，在治疗病猪的同时，对猪群中的所有猪进行药物预防，并对环境进行彻底消毒。流行区的猪群，春秋可用左旋咪唑（剂量为每千克体重8mg，混入饲料或饮水中给药）各进行一次预防性驱虫；按时清除粪便，进行堆肥发酵；定期用1%烧碱水或30%草木灰水，淋湿猪的运动场地，既能杀灭虫卵，又能促使蚯蚓爬出，以便消灭它们。

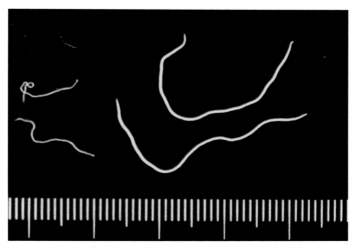

图3-3-1 猪肺虫

猪肺虫的成虫，左侧小的为雄虫，右侧大的为雌虫。

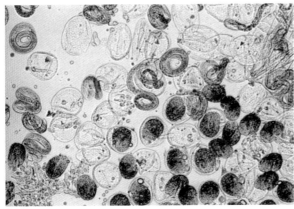

**图3-3-2　虫卵及幼虫**

不同发育阶段的虫卵（右下方）及第一期幼虫。

**图3-3-3　猪拱食而感染**

第一期幼虫进入蚯蚓体内，猪从土壤中吃了蚯蚓后被感染。

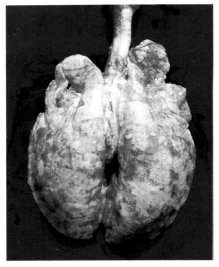

**图3-3-4　肺出血**

肺脏充血，表面有许多出血点和白色的气肿灶。

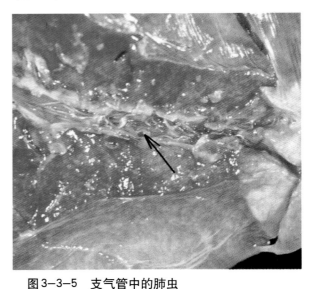

**图3-3-5　支气管中的肺虫**

纵切支气管，可见管腔中有大量猪肺虫（↑）寄生。

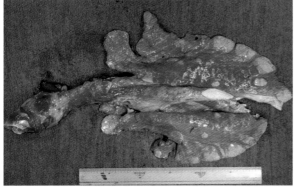

**图3-3-6　寄生性肺炎**

气管、肺组织出血，有暗红色的实变区与粉色的气肿灶。

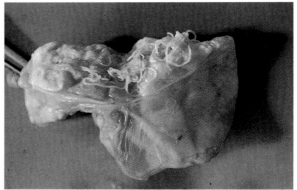

**图3-3-7　寄生性化脓性肺炎**

肺切面有化脓灶，从气管断端有大量虫体蠕出。

**图3-3-8　支气管梗阻**

　　支气管腔中有大量的肺丝虫寄生，使之呈现阻塞状态。

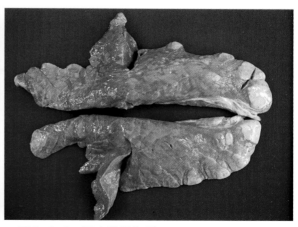

**图3-3-9　阻塞性肺气肿**

　　支气管被阻塞后，呼气困难，在肺边缘出现斑片状气肿灶。

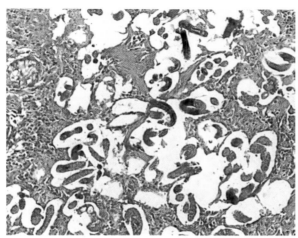

**图3-3-10　虫体断面**

　　细支气管及肺泡腔中有大量猪肺虫的断面。HE×100

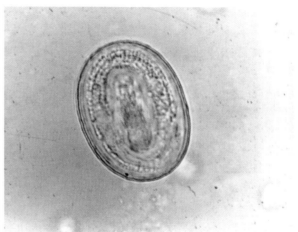

**图3-3-11　粪检的虫卵**

　　虫卵随粪便排出体外，从粪便中检出的含有幼虫的虫卵。

## 四、猪肾虫病 (Kidney worm disease)

　　猪肾虫病又称猪冠尾线虫病 (stephanuriasis)，是由猪肾虫寄生于猪的肾盂、输尿管及其周围组织所引起的一种线虫病；是我国南方各省严重危害养猪业发展的寄生虫病之一，常呈地方性流行。患病的幼猪生长迟缓，公猪"腰瘘"不能配种，母猪不孕或流产，甚至可引起大批死亡。

　　〔病原特性〕本病的病原体为冠尾科、冠尾属的有齿冠尾线虫，又名猪肾虫。该虫的虫体短粗，形似火柴杆，新鲜虫体红褐色或灰褐色，体壁透明，内脏隐约可见（图3-4-1）。口腔杯状，口缘肥厚，周围有6个角质隆起和细小的叶冠，口腔底部有6个小齿。雄虫长2～3cm，交合伞不发达，辐肋短小，交合刺两根等长或不等长。雌虫长3～4.5cm，阴门开口靠近肛门。虫卵椭圆形，较大，呈灰白色，两端钝圆，卵壳薄，长10～12.5mm，内含32～64个圆形卵细胞。

　　虫卵随病猪的尿排到外界，在适宜温、湿度条件下，经3～4d发育成感染性幼虫。此后，感染性幼虫主要经口和皮肤感染，也可通过产前感染。经口感染的幼虫，可从食道侵入胃壁，再通过门脉循环和肠系膜淋巴结而侵入肝脏；在肝内发育3个月以上，然后再穿过肝脏被膜而进入腹腔，最终侵入肾脏和输尿管周围脂肪组织，并钻通输尿管管壁，形成一个与输尿管相通的包囊，并在此发育为成虫，进行交配产卵。从感染性幼虫侵入猪体内到发育为成虫，需要6～12个月。而经皮肤感染的幼虫，则沿腹肌，循淋巴回流到静脉，借血液移行到肺脏；当咳嗽时，可逆回到气管经咽喉而转至胃肠道，最后从肠系膜淋巴结转移到肝脏，再循上述途径而到达肾脏。

此外，有些滞留于肺内的幼虫，有可能进入胸腔或沿后腔静脉而侵入胰脏、脾脏等器官。但此等幼虫多不能发育为成虫而逐渐死亡。

猪肾虫的幼虫和虫卵对干燥和直射阳光的抵抗力很弱。虫卵和幼虫在21℃以下温度中干燥56h，则全部死亡；虫卵在30℃以上干燥6h，即不能孵化；虫卵在32～40℃的干燥或潮湿的环境中，处于阳光照射下，经1～3h均死亡；幼虫在完全干燥的环境中仅能存活35min；在潮湿的土壤中，感染性幼虫于36～40℃温度中如有阳光的照射，仅能生存3～5min。但虫卵和幼虫对化学药物的抵抗力很强，在1%敌百虫、硫酸铜、滴滴涕、来苏儿、氢氧化钾等溶液中均不被杀死；只有1%漂白粉或石炭酸溶液，才具有较高的杀虫力；用海水也可杀灭幼虫和虫卵。

〔流行特点〕不同年龄的猪对本病均有易感性，但以仔猪的易感性最高，而且可以终生带虫。病猪和带虫的猪是本病的主要传染来源。主要的传播途径是消化道和损伤的皮肤。一般情况下，感染性幼虫多分布于猪舍的墙根和猪排尿的地方，其次是运动场中的潮湿处。猪只嗜食或在圈舍周围掘土时，误食感染性幼虫；或猪只躺卧在潮湿的运动场等被污染的土地，感染性幼虫入其皮肤而使猪感染，特别是皮肤有损伤易感性更高。

由于猪肾虫的幼虫及其虫卵受外环境影响较大，所以本病的发生与季节和气候变化等因素有明显的关系。一般而言，气候温暖（27～32℃）的多雨季节适宜于幼虫的发育，这时的感染机会就多；而炎热（30～35℃）且干旱的季节，阳光强烈，不适合幼虫的发育，所以感染的机会就少。因此，在南方，猪肾虫病多在每年的3～5月和9～11月感染；而北方的易感季节多为5～10月。

据认为，感染性幼虫在猪体内生长发育可持续9个月以上，成熟的雌虫在体内3年以上仍可继续产卵。可见，本病对生猪生长有着十分严重的潜在性威胁。

〔临床症状〕病初，常因幼虫从皮肤侵入，故病猪的局部皮肤发炎，患部有丘疹和红色小结节；体表淋巴结肿大，有轻度的疼痛感。继之，病猪食欲不振，精神委顿，逐渐消瘦、贫血，结膜苍白，被毛粗乱（图3-4-2），背腰僵硬，行动迟缓，步态不稳（图3-4-3）。仔猪表现营养不良，发育受阻；母猪不发情或屡配不孕；种公猪腰部软弱，不能交配。当病情严重时，病猪表现为背腰弓起，低头垂立，四肢紧收于腹下，借以缓解腹部的疼痛（图3-4-4）有的后躯无力或后躯强拘，站立不稳（图3-4-5），走路摇晃，喜欢卧地。有的病猪后躯麻痹，站立困难（图3-4-6）。病情严重时，病猪躺卧在地，不能站立（图3-4-7）。眼睑、鼻面部、硬腭、下颌、颈部及雄性生殖器、尿道口周围等部位呈现不同程度浮肿；尿液中常含有白色黏稠的絮状物或脓液。此时，怀孕母猪发生流产；种公猪性欲明显降低或失去交配能力；仔猪可因极度消瘦、衰竭而死亡。

〔病理特征〕当幼虫侵入机体后，如经皮肤感染者，可首先引起皮肤潮红肿胀，结节形成；如继发感染，则导致化脓性皮肤炎，当幼虫在体内移行过程中，尚可引起卡他性肺炎和间质性肝炎；有时，由于冠尾线虫寄生可产生血栓性静脉炎，尤其是随着肝炎发展，可致肝小叶间质纤维化，肝小叶萎缩消失，肝实质变硬，体积缩小，呈灰白色；有时因肝脏受损严重而出现大量腹水。甚者，幼虫还可侵入脊椎管而招致后肢麻痹。此外，由于输尿管周围包囊与管壁穿通，随着包囊破裂即可使虫卵经尿液流入腹腔而继发尿性腹膜炎。

剖检时，本病特征性病变主要表现为肾脏及输尿管周围的肾虫包囊形成和不同程度的间质性肝炎及肝硬变。

眼观，当有虫体寄生时，肾周围的脂肪组织常发生出血，在肾脏的脂肪囊，特别是靠近肾盂或输尿管部，常可发现猪肾虫（图3-4-8）。肾盂部的脂肪组织常可检出肾虫，并常见有黄豆大至核桃大小、圆形呈灰白色的肾虫包囊（图3-4-9）。肾虫包囊的囊壁厚实，内有虫体或其残骸；有的虫体可穿过囊壁而与肾盂相通，肾盂黏膜呈现浆液性出血性炎性反应。输尿管周围脂肪组织中，常散见黄豆至蚕豆等大小、不整圆球形包囊，触摸有硬实感。切开时，可见囊内充满黄白色乳酪样渗出物，其中往往混有虫体。包囊壁常有微细小孔开口于输尿管腔；小孔开口部位的黏膜呈暗红色丘状突起、中央凹陷的污黄色小点；小孔周围黏膜则呈现弥漫性出血性炎症变化。严重时，肾虫包囊可遍布于整个输尿管周围，呈索状或串珠状排列，可促使输尿管组织增生、变厚，管腔严重受压变狭。

肝脏呈淡黄色，被膜下呈现黄褐色弯曲的虫道斑纹；并常见绿豆大小的肾虫性结节；结节囊内可见暗红色凝血块碎屑，往往混有死亡的肾虫幼虫；稍大而较硬实的结节则呈灰白色、囊壁增厚、囊腔细小、囊内有暗红色栓状物，使整个肝脏呈斑驳状外观。

此外，某些散在的猪肾虫，尚可引起其他部位组织局灶性化脓性炎症，如可于腰肌、心肌、臀肌、肺脏、脾脏、胃幽门、十二指肠以及胰脏等浆膜下发现死亡的肾虫幼虫（图3-4-10）。

〔诊断要点〕在临床上，从尿液中检出虫卵是诊断本病主要依据。对可疑病猪，可采尿进行虫卵检查。清晨第一次尿的最后排出部分检出率较高。由于猪肾虫卵较大，黏性也较大，故可采用自然沉淀，肉眼检查的方法。具体的做法是：将采到的尿倒入清洁平皿中，将平皿放在黑色背景上，待2～3min后观察皿底有无灰白色细小的虫卵。一般虫卵均匀附着于皿底，不易随尿液振荡而移动。如尿液混浊，或有异物混杂不易辨认时，可将尿液全部倒掉，将皿底直立观察，虫卵凸出于皿底，容易看清。初学诊断时，可将观察到的虫卵置低倍显微镜下复查。虫卵黏性大，因此，用过的器皿必须彻底洗净，以免误诊。

死后剖检，观察肾脏及输尿管周围脂肪内有无虫体、包囊和脓肿以便确诊。

〔治疗方法〕对本病的治疗，应在查明病情的基础上，尽早有计划地（每月1次）进行驱虫，以便随时杀灭移行中的幼虫。兹介绍几种常用的治疗药物及使用方法。

1. 四咪唑疗法　本药对肝脏中的幼虫有一定的驱虫效果，并可抑制成虫排卵达70～98d；可有4种用药方法供选择。一是一次性给药法：按每千克体重20～30mg，拌入少量饲料中一次喂服。二是两次给药法：每次按每千克体重15mg拌入饲料喂服，间隔7d。三是三次给药法：第一次按每千克体重25mg；第二次按每千克体重15mg；第三次按每千克体重10～15mg拌饲喂服，每次间隔3d。四是一次注射法：按每千克体重10～15mg肌内注射。

2. 丙硫苯咪唑疗法　对猪肾虫有良好的驱虫效果，常有两种用药方法。一是每千克体重20mg拌入少量饲料一次性喂服。二是配成5%玉米油混悬液腹腔注射，剂量为每千克体重5～20mg。玉米油混悬液配制法为5g丙硫苯咪唑、2mL吐温-80，加精制玉米油至100mL，用250型超声处理20min，再经流通的蒸汽灭菌1h，用前充分摇匀。

3. 四氯化碳疗法　本药可杀死移行过程中在肝脏发育的幼虫。使用方法是：将四氯化碳与液体石蜡等量充分混合后，分点进行颈部、臀部肌内注射。每次四氯化碳的量渐次升高，由1mL逐步增至5mL；或每千克体重注射混合液0.25mL，每隔15～20d注射一次，连续6～8次。另外，多点注射还可对2～8月龄的猪进行预防性驱虫。

4．**左咪唑疗法** 按每千克体重5～7mg一次性肌内注射，驱虫效果可达58.3%～87.1%，并能抑制肾虫排卵77～105d。

5．**中药疗法** 杨梅树皮、石榴皮、土牛夕、三哥王皮各25g，甘草100g，水煎服，每天1剂，连用3～5天。

〔预防措施〕

1．**常规预防** 要常进行流行病学方面的调查，掌握猪场疫情流行情况。无本病发生的地方，应加强猪群的饲养管理，注意环境卫生；坚持自繁自养，必需引进猪时，应隔离观察5个月以上，经尿检无病后方能合群饲养。在本病流行区，猪场中的全部猪只连续经过2～3次虫卵检查，未发现肾虫卵的可认为是安全场。

2．**紧急预防** 本病发生后，除及时清除病猪进行治疗外，其他同群饲养的猪也应用药物进行预防。为了从猪群中清除本病，还应做以下几点：

（1）新建猪舍时，选择在高燥、阳光充足的地点修建猪舍。猪舍及运动场经常保持干燥。

（2）管好猪尿，调教猪群在固定点大小便，防止病原污染猪舍及运动场等外界环境是预防工作的首要环节。

（3）定期消灭外界环境中的病原。对不易保持干燥，常受猪尿污染的水泥、石板等不透水材料砌成的猪舍或运动场，可定期用开水冲烫消毒。对不适用热水消毒的场所，可用火焰喷射消毒。漂白粉具有较稳定的杀虫卵效力与实用价值，应采用新鲜、干燥且含有效氯25%～30%（最低在5%以上）的漂白粉，配制成含1%有效氯溶液，应现用现配，每平方米面积运动场约需喷药500mL。夏季每隔3～4d喷1次，春秋季每周1次，冬季每月1次。

（4）气候暖和，雨水充足，是肾虫卵最适宜的发育条件。因此，雨后必须待运动场晒干后，才放猪进去。运动场应经常翻耕，更换新土。

（5）供应全价营养饲料，以增强猪体抵抗力，尤其应补充无机盐饲料，使猪不吃土，以减少感染机会。

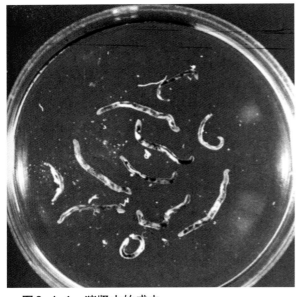

**图3-4-1 猪肾虫的成虫**
成虫的虫体短粗，形似火柴杆，新鲜的虫体呈红褐色。

**图3-4-2 被毛粗乱**
病猪消瘦，被毛粗乱，眼结膜苍白，贫血。

**图 3-4-3 背腰僵硬**
病猪背腰僵硬，行动迟缓，步态不稳。

**图 3-4-4 背腰拱起**
病猪背腰拱起，低头垂立，四肢收于腹下。

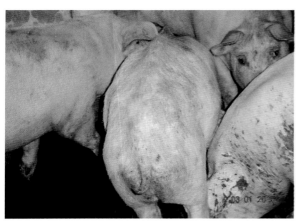

**图 3-4-5 后躯强拘**
病猪消瘦，后躯强拘，腰背僵硬，站立不稳。

**图 3-4-6 后肢麻痹**
病猪后肢麻痹，爬卧在地，不能站立。

**图 3-4-7 卧地不起**
病猪后躯瘫痪，两前肢想支撑站立而不能。

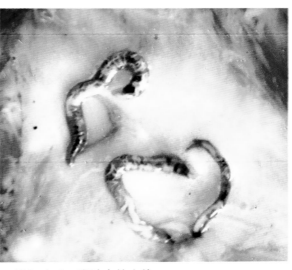

**图 3-4-8 脂肪中的虫体**
肾周脂肪组织中的成虫粗壮，形似火柴杆。

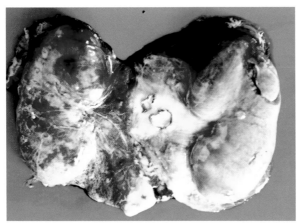

**图3-4-9 肾虫和包囊**

肾周脂肪组织出血、坏死，从肾盂部检出的猪肾虫和包囊。

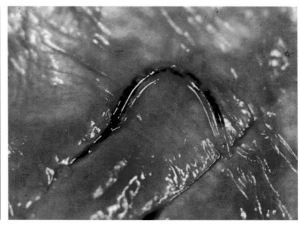

**图3-4-10 猪肾虫的幼虫**

从皮肤侵入体内的幼虫，随血液到达肺胸膜而被检出。

## 五、猪旋毛虫病（Trichinosis）

旋毛虫病是由旋毛虫的幼虫和成虫引起的一种重要的人畜共患的寄生虫病，也是一种自然疫源性疾病。旋毛虫的成虫寄生于肠道，引起肠旋毛虫病；幼虫寄生于肌肉，导致肌旋毛虫病。

已知约有100多种动物在自然条件下可以感染旋毛虫病，包括肉食兽、杂食兽、啮齿类和人，其中哺乳动物至少有65种，家畜中主要见于猪和犬。我国云南、西藏、河南、湖北、黑龙江、吉林、辽宁、福建、贵州、甘肃等地都有本病流行的报道。其中以东北三省犬的旋毛虫感染率最高，河南、湖北猪的旋毛虫感染率最高。农业部于1999年发布的第96号公告，将本病列为二类动物疾病。

〔病原特性〕本病原为毛首目、毛形科（Trichinellidae）的旋毛虫（*Trichinella spiralis*）。旋毛虫的成虫为白色，前细后粗的小线虫，肉眼勉强可以看到。雄虫长1.4～1.6mm，雌虫长3～4mm，阴户开口于食道部的中央（图3-5-1，图3-5-2）。刚产出的幼虫呈圆柱状，大小80～120mm×56mm，它们在到达肌纤维膜内之后，开始发育。刚进入肌纤维的幼虫是直的，随后迅速发育增大，到感染后第30d，幼虫长大到1mm，宽35μm。此后，逐渐卷曲并形成包囊（图3-5-3）。此时，用消化法将旋毛虫的幼虫从肌纤维中的包囊中分离出来，在扫描电镜下检查

**图3-5-1 雌性成虫**

旋毛虫的成虫前尖后粗，雌虫比成虫大。

**图3-5-2 雄性成虫**

雄性旋毛虫泄殖孔外侧具有两个成耳状的交配叶。

时，可见其呈螺旋状，两端较钝圆，表面有许多横纹（图3-5-4）。包囊呈圆形或椭圆形，大小 0.25 ～ 0.30mm×0.40 ～ 0.70mm，眼观呈白色针尖状，包裹壁由紧贴在一起的两层构成，外层薄内层厚；包囊内含有囊液和1 ～ 2条卷曲的幼虫，个别可达6 ～ 7条。一般认为感染后3周开始形成包囊，5 ～ 6周甚至9周才完成。旋毛虫幼虫的寿命很长，在人，有经31年还保持感染力的报道；在猪，则为终生带虫。

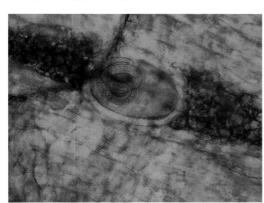

**图3-5-3 肌旋毛虫**

位于肌纤维中新形成包囊内的旋毛虫幼虫。WGS×60

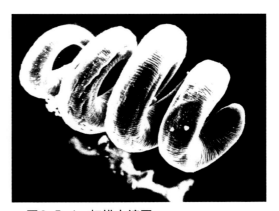

**图3-5-4 扫描电镜图**

扫描电镜下检出的呈螺旋状的旋毛虫幼虫，其表面有许多横纹。

　　旋毛虫生活史的特点是，同一动物既是终宿主，又是中间宿主。当猪吃了含有旋毛虫幼虫包囊的肉和污染的饲料后，在胃液的作用下，旋毛虫幼虫的包囊被溶解，幼虫逸出钻入十二指肠和空肠的黏膜内，经1.5 ～ 3d即发育成成虫。雌雄交配后，雄虫死亡，雌虫钻入肠腺或黏膜下淋巴间隙中分批产仔（卵胎生），生出大量幼虫，每条雌虫可产500 ～ 10 000条幼虫。新生的幼虫大部分经肠系膜淋巴结到达胸导管，从前腔静脉流入心脏，然后随血流散布到全身。横纹肌是旋毛虫幼虫最适宜的寄生部位（其他如心肌、肌肉表面的脂肪，甚至在脑、脊髓中也曾发现过虫体），在此，幼虫侵入肌纤维内，逐渐演变为包囊。

　　旋毛虫对不良因素的抵抗力比较强，肉类的不同加工方法，大都不足以完全杀死肌旋毛虫。据试验，旋毛虫在低温-12℃条件下可存活57d；盐渍和烟熏只能杀死肉品表层包囊里的幼虫，而深层的则可存活长达1年之久；高温70℃左右，才能杀死包囊里的幼虫。腐肉中的肌旋毛虫可存活125d，因此，鼠类或其他动物的腐败尸体，可在相当长时间内保存旋毛虫感染力，成为本病危险的传染源。

　　〔流行特点〕各年龄段的猪对旋毛虫均有较强的易感性，但以仔猪的易感性最强。旋毛虫侵入猪体的主要途径是消化道。一般认为，圈养猪感染旋毛虫的主要来源除采食生活泔水外，就是吞食了老鼠。鼠是猪旋毛虫病的主要感染源，一旦旋毛虫侵入鼠群就会长期地在鼠群中保持平行感染。而放牧猪则是由于吞食了某些动物的尸体、蝇蛆、步行虫，以及某些动物排出的含有未被消化的肌纤维和幼虫包囊的粪便之故。另外，用生的废肉屑和含有肉屑的垃圾喂猪，也可引起旋毛虫病的流行。

　　〔临床症状〕猪对旋毛虫有很大的耐受性，自然感染时，所出现的一过性症状常常不易被发现。人工实验性感染猪时可在感染后的3 ～ 7d，发现猪因成虫侵入肠黏膜而引起食欲减退，呕吐和腹泻。肌旋毛虫的症状通常出现在感染后的第二周末。此时，旋毛虫的幼虫进入肌肉而导致肌炎。病猪在临床上有肌肉疼痛，运动障碍，声音嘶哑，呼吸急促，咀嚼与吞咽发生不同程度的障碍，体温升高，逐渐消瘦等症状；有的猪还可表现出一过性肢体麻痹等表现。猪因患本病而死亡的很少，多于4～6周后康复。

〔病理特征〕旋毛虫的成虫和幼虫均有致病作用。

成虫在肠内寄生时，可引起急性肠炎，表现为小肠黏膜肿胀、充血、出血，黏液分泌显著增多等急性卡他性肠炎变化。当严重感染时，病猪可出现一过性急性肠炎的临床症状，但一般感染时，通常不表现出明显的肠炎症状。

旋毛虫幼虫对肌肉具有亲嗜性，尤以活动较强的肌肉感染最重，如膈肌（特别是膈肌脚）、咬肌、舌肌、肋间肌、肩胛部肌肉、股部肌肉及腓肠肌等。这可能与这些部位血液循环旺盛，能满足虫体的营养或某些特殊代谢的需要有关。但在严重感染时，任何骨骼肌内都可找到幼虫；除肌肉外，有时在脂肪组织，特别是肌肉表面的脂肪中也可发现虫体；在脑、脊髓偶然也可发现虫体。旋毛虫幼虫在肌肉内寄生引起的病变可归纳为肌旋毛虫发育过程中的形态学变化和肌旋毛虫死亡过程中的形态学变化两个方面。

1.肌旋毛虫发育过程中的形态学变化　旋毛虫幼虫到达肌组织后，先贴附在肌细胞膜上，借其分泌的溶组织酶来溶解肌细胞膜，而侵入肌纤维内，引起肌细胞肿胀，呈嗜碱性着染，肌原纤维排列紊乱，肌细胞的横纹消失。虫体所在部位的肌浆溶解，虫体周围出现一"亮带"（图3-5-5）。邻近于虫体的肌细胞核，也迅速发生坏死、崩解（图3-5-6）。但离虫体较远的受害肌细胞，除变性、坏死外，还呈现胞核分裂、增生，并渐向肌细胞中央移位，形成单核型成肌细胞（图3-5-7）。以后虫体逐渐蜷曲，虫体所在部位的肌细胞则呈纺锤状膨胀，形成梭形肌腔（图3-5-8）。继之，随着虫体的不断卷曲和肌核增生、坏死和融合等不断变化，而围绕虫体形成包囊的内壁。与此同时，包囊周围有大量的以淋巴细胞为主，间有单核细胞、中性粒细胞和数量不一的嗜酸性粒细胞等炎性细胞浸润和成纤维细胞增生，最终于包囊外表形成很薄的结缔组织，即包囊的外层。在感染后45～50d，即可形成完整的旋毛虫包囊。

旋毛虫包囊由囊壳与囊角两部分组成。猪的囊壳呈梭形，内含1条或数条幼虫。囊壳的两端各具有一个鼠尾状突起，称为"囊角"。囊角初期大而长，呈锥体形，随着虫龄的增大，逐渐萎缩、退化，由鼠尾状变成小帽状。由于受虫体侵害的细胞已经转化成了包囊，因此成熟的旋毛虫包囊是位于相邻的肌细胞之间，由内外两层膜构成（图3-5-9）。

2.肌旋毛虫死亡过程中的形态学变化　肌旋毛虫死亡后可发生"钙化"和"机化"两个过程。钙化时，有的是自包囊到虫体的钙化过程，即首先在包囊液中出现钙盐颗粒，继而在包囊两端或囊角部分出现钙盐沉积，逐渐扩展到整个鼠尾状包囊壁，如果钙化过程不涉及虫体，则幼虫仍能存活；有的则是自虫体开始到包囊的钙化过程，即先由虫体局部开始，逐渐蔓延到整个虫体，继之，波及包囊。此种钙化，虫体多半死亡（图3-5-10）。

机化是炎性细胞浸润和结缔组织增生形成不同类型的肉芽肿的过程。依据病程发展的不同阶段和肉芽肿的细胞成分不同，常见的肉芽肿有：类上皮样细胞性肉芽肿（图3-5-11）、淋巴细胞性肉芽肿（图3-5-12）、坏死性或钙化性肉芽肿和淋巴细胞结节（图3-5-13）。

肉芽肿的大小相差悬殊。小的呈细带状，大的可比正常旋毛虫的包囊大数倍乃至数十倍。因此，肉检人员称之为"大包囊"或"云雾包"。初期虫体完整，虫体与肉芽组织之间保持一定距离，虫体周围呈现出一圈狭窄的空白带，可能是虫体尚存活的缘故。随着空白带的消失，上述各种细胞成分逐渐向虫体靠拢，从而遗留下没有虫体的圆形或椭圆形肉芽肿。此时，如作压片检查，则呈一个空囊，即所谓"空包囊"。

〔诊断要点〕自然感染的病猪无明显症状，生前诊断较困难，猪旋毛虫大多在宰后肉检中被发现。检查肌旋毛虫的常规方法——我国目前肉品卫生检验所采用的方法是：采屠体两侧膈肌角各一小块肉样（不应少于50～100g），先撕去肌膜，然后将膈肌肉缠在检验者左手食指第二指节上，使肌纤维垂直于手指伸展方向，再将左手握成半握拳式，借助于拇指的第一节和中指的第二节将肉块固定在食指上，随即令左手掌心转向检验者，右手拇指拨动肌纤维，在充足的光线下，仔细视检肉样，细看有无可疑的旋毛虫病灶。肉眼观察到的旋毛虫包囊，只有一个细针尖大小，未钙化的包囊呈露滴状，半透明，较肌肉的色泽淡；随着包囊形成时间的延长，色泽逐渐变深而为乳白色、灰白色或黄白色。检完一面后，再将膈肌翻转，用相同的方法检验另一面。凡发现上述小点可疑为虫体。

为了进一步确诊，则须在肉样上顺肌纤维方向从不同部位随机剪取24块小肉粒（燕麦粒大），均匀地放在玻片上，再用另一玻片覆盖在它上面并加压，使肉粒压成薄片，在低倍显微镜下顺序进行检查，借以发现包囊和尚未形成包囊的幼虫。新鲜屠体中的虫体及包囊均清晰（图3-5-14）；若放置时间较久，则因肌肉发生自溶，肉汁渗入包囊，幼虫较模糊，包囊可能完全看不清。此时，可用美蓝溶液（0.5mL饱和美蓝酒精溶液）染色。染色后肌纤维呈淡蓝色，包囊呈蓝色或淡蓝色，虫体不着色。对钙化包囊的镜检，可加数滴5%～10%盐酸或5%冰醋酸使之溶解，1～2h后肌纤维透明呈淡灰色，包囊膨胀轮廓清晰。

生前诊断可采用酶联免疫吸附试验和间接血凝试验，一般可在感染后17d测得特异性抗体。

〔治疗方法〕治疗猪旋毛虫药物目前主要有丙硫咪唑、噻苯咪唑和氟苯咪唑。

1. 丙硫咪唑疗法　本药为一种新的广谱驱虫药，现已在世界100多个国家使用，是目前应用最多的驱虫药之一。治疗猪旋毛虫的方法是：按0.01%～0.02%的剂量拌料给猪连续饲喂50d以上，可达到满意的驱虫效果，杀虫率几乎可达100%；按上述剂量以饲料添加剂的形式连用3～4个月，可预防猪感染旋毛虫；按每千克体重200mg，一次或分三次肌内注射，可杀死肌旋毛虫；按0.03%拌料，连用10d，或按每千克体重15mg拌料连用15～18d，也可杀灭肌旋毛虫。

2. 噻苯咪唑疗法　据报道，噻苯咪唑也是一种杀灭旋毛虫的好药，它不仅可以驱杀肠黏膜内的成虫，还能杀死肌肉内的幼虫。按每千克体重150～200mg拌料喂猪，可有效地抑制肠旋毛虫；按每千克体重50mg的剂量，拌料连用10d，可有效控制肌旋毛虫的感染。

另外，据报道，氟苯咪唑对各期旋毛虫均有较好的杀灭作用，如用0.0125%的致死量（FD）拌料饲喂，对肠旋毛虫与肌旋毛虫均能杀死。

〔预防措施〕由于旋毛虫的感染宿主非常广泛，人也是非常易感的宿主之一。因此，加强卫生宣传教育，普及预防旋毛虫病知识是非常重要的。同时，还要做好以下几点：

1. 加强检验　加强肉品卫生检验，不仅要检验猪肉，还应检验狗肉及其他兽肉。要设法解决好私宰猪的检验问题。对检出的屠体，应遵章严格处理：①在24块肉片标本内发现包囊或钙化的旋毛虫不超过5个者，横纹肌和心肌高温处理后出场，超过5个以上者，横纹肌和心肌做工业用或销毁。②上述两种情况下的皮下及肌肉间脂肪可炼食用油，体腔内脂肪不受限制出场。③肠可供制肠衣，其他内脏不受限制出场。

2. 严格处理　病猪肉的无害化处理，是防止人畜感染和消除传染来源的重要措施。目前，我国对旋毛虫病猪的处理依据仍是《四部规程》，可用高温、辐射、腌制和冷冻方法进行无害化处理。其中，高温处理仍是当前最可靠常用的方法。但在实际应用中要适当提高温度、延长时间，才能保证肉类的安全性，只有肉中心的温度达到70℃，维持时间为10min以上，才能杀灭深层肌肉中的旋毛虫。冷冻无害化处理在美国和加拿大等国已实施多年，我国也进行过多年的试点试验，实践证明具有良好的应用前景。

3. 防止人患病　在流行区要防止旋毛虫通过各种途径对食品和餐具的污染；切生食和切熟食的刀和砧板要分开；接触生肉屑的抹布、砧板、刀等要洗净，否则不能用以接触食物、餐具；接触生肉屑的手要洗净后才能吃东西，应养成吃东西前洗手的习惯，同时，应大力提倡各种肉类熟食。

4.科学养猪　　饲喂猪时，不要使用生的混有肉屑的泔水；猪要圈养，以免到处乱跑，吃到含旋毛虫幼虫的动物尸体、粪便及昆虫等；猪场应注意灭鼠，加强对饲料的保管，以免鼠类的污染，减少感染来源等。

另外，在饲料中添加丙硫咪唑、噻苯咪唑和氟苯咪唑等药物，也具有良好的防止本病发生的作用。

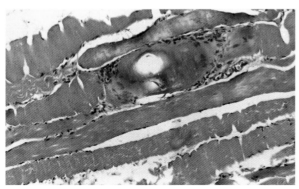

**图3-5-5　亮带形成**

肌浆溶解，在虫体存在的部位形成"亮带"。HE×100

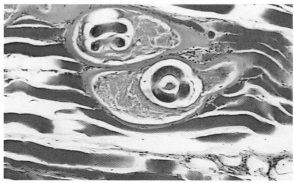

**图3-5-6　早期包囊**

肌纤维肿胀，肌浆溶解，虫体周围有一"亮带"。HE×100

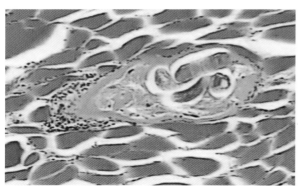

**图3-5-7　肌核增生**

虫体周围有坏死的肌核，也有较大正在分裂、增生的肌核。HE×100

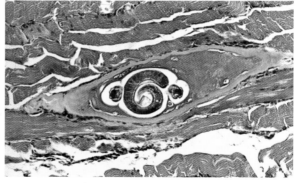

**图3-5-8　梭形包囊形成**

虫体在肌纤维内蜷曲，形成梭形包囊，外周有炎性细胞浸润。HE×100

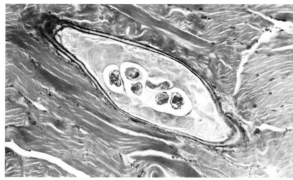
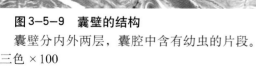

**图3-5-9　囊壁的结构**

囊壁分内外两层，囊腔中含有幼虫的片段。三色×100

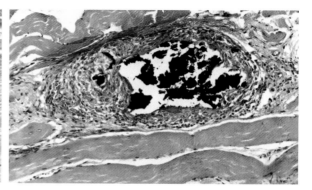

**图3-5-10　包囊钙化**

包囊内的虫体钙化而死亡，周围有结缔组织增生。HE×100

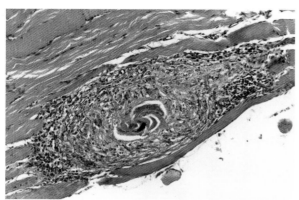

图3-5-11　类上皮细胞肉芽肿

虫体坏死并发生钙化，周边被大量的类上皮细胞包裹。HE×100

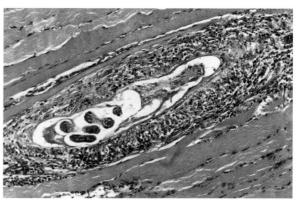

图3-5-12　淋巴细胞肉芽肿

旋毛虫包囊周围有大量的淋巴细胞浸润和包裹。HE×100

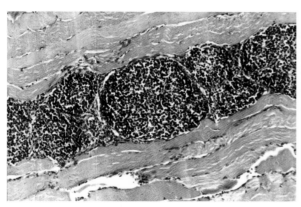

图3-5-13　淋巴细胞结节

包囊机化而引起的淋巴细胞性肉芽肿形成。HE×100

图3-5-14　新鲜标本

用新鲜肌肉压片，位于肌肉内的旋毛虫包囊。压片×60

## 六、猪棘头虫病 （Acanthocephanlan disease of swine）

猪棘头虫病又称钩头虫病，是由蛭状巨吻棘头虫寄生在猪的小肠（主要是空肠）所引起的一种寄生虫病。本病在我国各地呈散发性或地方性流行；在有些地区的危害大于猪蛔虫；人、犬和肉食兽也可感染本病。

〔病原特性〕 本病的病原体为棘头虫纲、少棘科、巨吻属的蛭状巨吻棘头虫（*Macracanthorhynchus hirudinaceus*）。该虫为大型虫体，呈乳白色或粉红色，呈长圆柱形，前端粗，向后逐渐变细，体表有明显的环状皱纹。雌、雄虫体的大小差别很大，雄虫长7～15cm，呈逗点状或弯弓状（图3-6-1），生殖器官占体腔的2/3，两个睾丸由韧带固定着，交合伞似圆屋顶状；雌虫长30～68cm，呈宽的螺旋状（图3-6-2），生殖器官构造很特殊，幼虫时期有卵巢，虫体长成后卵巢崩解为卵块，卵块发育为卵细胞。棘头虫的头端有1个可伸缩的吻突，吻突上有5～6列强大的向后弯曲的小钩（图3-6-3），借以附着于肠壁上，故名棘头虫(或钩头虫)。本虫的特点是无消化系统，通过体表吸收营养；生殖系统很发达。

雌虫繁殖力强，能产生大量具有小钩的卵胚。据报道，每条雌虫每天可排卵达250 000个以上，持续时间约为10个月。虫卵呈椭圆形，长80～100μm，呈深褐色；卵壳上布满不规则的沟纹，并有许多点窝，很像扁形核桃壳（图3-6-4）。虫卵有4层厚而结实的卵膜：外层薄而无色，易破裂；第二层呈褐色，有细皱纹，两端有小塞状构造，一端较圆，另一端较尖；第三层为受精膜；第四层不明显。排到自然界中的虫卵对各种不利因素的抵抗力很强，例如，在45℃温度中，长时间不受影响；在-10～-16℃低温下，仍能存活140d；在干燥与潮湿交替变换的土壤中，温度为37～39℃时，虫卵约360d内不死；在5～9℃中可以生存551d。

棘头虫主要寄生部位是猪的小肠，特别是空肠。雌虫在小肠内产卵，虫卵随猪粪排到体外，当虫卵被中间宿主蛴螬（图3-6-5）等甲壳虫的幼虫吞食后，在其肠内孵出的幼虫，可迅速穿过肠壁而附着于体腔内，并继续发育为棘头体，约经65～90d则变为具有感染性的棘头囊。一般认为，当幼虫化蛹和变为成虫——甲虫时（图3-6-6），棘头囊仍停留于其体内，尚可保持感染力2～3年之久。当猪吞食含有棘头囊的甲虫成虫，蛹或其幼虫时，均可招致感染。棘头囊在猪肠道内脱囊，以其吻突固着于肠壁上，经3～4月发育为成虫。通常，成虫在猪体内的寿命为10～24个月。

〔流行特点〕本病多为地方性流行病，主要传染来源是甲虫；感染的主经途径是消化道；易感染猪群为育肥猪和成年猪，特别是8～10月龄猪感染率较高，在严重流行地区的感染率可高达60%～80%。这是因为金龟子及其他甲虫等中间宿主多存于较深层泥土中，由于仔猪拱土能力较差，故其感染率也低；而育肥猪和成年猪经常拱地，所以其感染率则较高。同样的原因，放牧猪则比圈养猪的感染率高。猪体的感染强度一般约为30条，但也有多达70条或200条的。

本病多发生于春季和夏季，与甲虫出现的时间和分布有直接关系。

〔临床症状〕本病的临床症状与感染的强度有关。感染的虫体少时，症状不明显，或病猪在采食的过程中出现轻度腹痛，有时还排出稀便（图3-6-7）；严重感染时，病猪食欲减退，发生刨地互相对咬或匍匐爬行，不断哼哼等腹痛症状（图3-6-8），下痢，粪便带血。约经1～2个月后，病猪食欲反常，拉稀，黏膜苍白，渐渐消瘦，生长迟缓（图3-6-9）。虫体分泌的毒素和代谢产物被猪体吸收，而致病猪出现癫痫等神经症状。

另外，当虫体固着的部位发生脓肿或肠穿孔时，必然使肠内容物外渗或外流，影响肠蠕动，并发腹膜炎。此时，病猪的症状突然加剧，体温升高达41℃，不食，腹痛，卧地，多以死亡而告终。

〔病理特征〕剖检时，尸体消瘦，可视黏膜苍白。急性病例的小肠（以空肠、回肠为主）浆膜层棘头虫附着部位呈现直径1cm左右局灶性肉芽肿性结节，有时，形成化脓性病灶；其周围常有一个充血性红晕。黏膜面可见虫体的头部侵入肠组织，并引起黏膜面的损伤（图3-6-10）。慢性病例，则可逐渐转为坚实性纤维性结节。肠黏膜呈现出血性纤维素性炎症，肠壁显著增厚，并见溃疡形成。有时，虫体吻突穿过肠壁引起肠穿孔，常致肠粘连、腹膜炎以及腹腔脓肿等；甚至可诱发肠扭转、肠套叠等变位现象，使病情加重；感染严重时，肠道塞满虫体（图3-6-11），有时可引起肠破裂，导致病猪急速死亡。镜检见小肠黏膜上皮脱落、坏死，与黏液一起形成卡他性物质被覆在黏膜表面；虫体以吻突牢牢地吸入肠黏膜内，虫体侵入部的组织常发生出血、坏死（图3-6-12），并有大量嗜酸性粒细胞浸润；若伴发溃疡形成和细胞感染时，则见大量中性粒细胞浸润，组织化脓、坏死。

〔诊断要点〕生前主要靠实验室的虫卵检查。由于猪棘头虫的虫卵密度大，所以可采用直接涂片法或水洗沉淀法检查粪便中的虫卵，粪中发现虫卵即可确诊。

死后剖检是最可靠的诊断方法，在小肠壁可见叮附着的成虫及被虫体破坏的炎性病灶。

〔治疗方法〕治疗本病目前尚无特效的药物，但用以下药物进行治疗可有一定的疗效，若配合科学的饲养管理，则能收到意想不到的效果。

1.硫酸烟碱法　用1%硫酸烟碱按每千克体重0.23mg，四氯化碳每千克体重0.4mL，同时投服，具有很好的治疗作用。

2.土荆芥油疗法　按每千克体重0.1mL，再加上20mL蓖麻油，充分混合后，直接投服或与少量饲料拌匀后，一次性喂服。

3.左旋咪唑疗法　按每千克体重8mg拌入少量饲料中，一次给猪喂服；或按每千克体重4～6mg肌内注射。两种给药途径相比，以喂服给药者效果更好。

4.中药疗法　南瓜籽50g、雷丸15g、木香15g、榧子25g、使君子25g、雄黄0.1g、槟榔20g、滑石10g，水煎后，早晨空腹一次性喂服，每次一剂，连喂3d。此方剂量为体重50kg重的病猪所用，其他体重的病猪可酌情增减量。

〔预防措施〕

1.常规预防　平时对本病的预防在于消灭感染来源，猪群应定期普查，防止病猪或带虫的猪混入；切断传播途径，猪的饲养应圈养，不能放养，减少猪群与中间宿主接触的机会；保护猪群，提高猪体的抵抗力。

2.紧急预防　当猪场发现本病时，除应及时隔离病猪外，对与病猪有接触的猪，也应进行虫卵的检查。对病猪应尽快治疗；与之接触的猪，应用药物进行预防。除此之外，流行地区的猪，一定要圈养，尤其在6～7月份甲虫类活跃季节，以防猪吃中间宿主；定期用上述药物驱虫，每年春秋各1次，以减少传染源；猪粪发酵处理，严格控制病猪的粪便对土壤的污染。

图3-6-1　成龄雄虫
棘头虫的雄虫较小，呈弯弓状，长7～15cm。

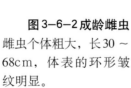

图3-6-2成龄雌虫
雌虫个体粗大，长30～68cm，体表的环形皱纹明显。

图3-6-3　巨吻棘头虫
棘头虫头部有一个吻突，吻突颈部有数排向后弯曲的小钩。

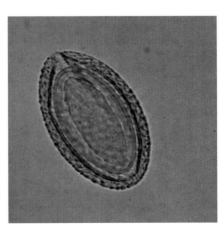

图3-6-4　虫卵
从病猪的粪便中检出的棘头虫虫卵，卵壳上有条纹和点窝。

**图 3-6-5 蛴螬**

蛴螬为金龟子的幼虫,为棘头虫的幼虫性中间宿主。

**图 3-6-6 金龟子**

金龟子为蛴螬的成虫,是棘头虫的成虫性中间宿主。

**图 3-6-7 轻度腹痛**

病猪具有轻度腹痛表现,有时排出稀便。

**图 3-6-8 匍匐爬行**

病猪腹痛剧烈,匍匐爬行,借以缓解腹痛。

**图 3-6-9 发育受阻**

病猪消瘦,贫血,生长发育缓慢。

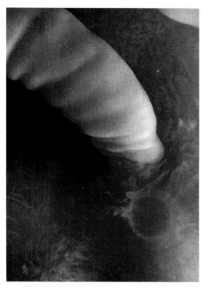

**图3-6-10　肠黏膜受损**

棘头虫的头部伸入肠黏膜，引起黏膜受损和溃疡。

**图3-6-11　大量虫体寄生**

小肠黏膜有大量棘头虫寄生，肠黏膜受损，肠壁变薄。

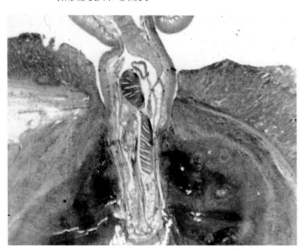

**图3-6-12　棘头虫侵入肠黏膜**

侵入肠黏膜的棘头虫头部，其周围出血和组织坏死。HE×40

## 七、猪囊尾蚴病 （Cysticercosis cellulosae）

猪囊尾蚴病又称作猪囊虫病，是由猪囊尾蚴所致的一种寄生虫病。猪只感染后，囊尾蚴可寄生于皮下、肌肉、脑、心脏、肾脏、眼睛和脂肪等多种组织和器官，引起相应的病理损伤与症状。因虫体呈囊状，故称作猪囊虫。由于人是猪囊尾蚴成虫——人有钩绦虫的终末宿主，猪是人有钩绦虫的中间宿主，人往往因误食病猪肉中的猪囊虫而感染有钩绦虫，所以，本病不仅给养猪业造成重大经济损失，而且严重威胁人体健康，成为肉品卫生检验重要的必检项目之一。

本病呈世界性流行，除一些因宗教教规而禁食猪肉的国家和民族没有或少有感染外，世界各地均有发生。本病在我国各地均有报道，一般北方较南方流行严重，而东北、华北、西北和西南部分省、市、自治区为高发区，个别地区猪囊虫病发病率高达30％，对养猪业威胁甚大，值得重视。

〔病原特性〕 本病的病原体为寄生在人体内的有钩绦虫的幼虫——猪囊尾蚴（*Cysticercus cellulosae*）。猪是人绦虫的中间宿主。猪囊虫为白色半透明、黄豆大的囊泡（图3-7-1），囊壁为薄膜状，内表面上可见1个小米粒大的白色头节，囊内充满透明液体（图3-7-2）。头节的结构与成虫相似，也有吸盘、顶突和小钩。

有钩绦虫又称猪肉绦虫或链状带绦虫。人是有钩绦虫唯一的自然性终宿主。有钩绦虫寄生在人的小肠内，呈白色扁平长带状；由一个头节、一个颈节和700～1 000个体节组成一种长带，长达2～8m。有钩绦虫的头节很小，仅粟粒大，有4个吸盘和1个顶突；顶突上有两圈（22～23个）小钩（图3-7-3）；颈节均质无甚结构，虫体后端的体节（每个节片具有两性生殖器，可自行交配繁殖，故称孕节）由前向后逐渐变大，后端的节片长3cm、宽1cm，里面含有很多虫卵（3万～5万个），叫孕卵节片。成熟的孕卵节片不断脱落，随粪便排出人体，猪吃了带孕卵节片或节片破裂后逸出的虫卵，在小肠内，虫卵里的幼虫（六钩蚴）逸出，钻入肠壁，经血流或淋巴到达身体各部，特别是活动频度较大的肌肉，约经10周发育为囊虫。人如吃了带有钩绦虫卵的食物或本身有绦虫寄生时，当恶心呕吐使孕卵节片由小肠逆行到胃，就如同是吃了孕节片虫卵一样引起囊虫病。因此人既是有钩绦虫的终宿主，又可成为它的中间宿主。

〔流行特点〕 各种年龄的猪对本病均有易感性，但以仔猪最易感染，并随着其感染程度的加重而能出现较明显的临床症状。本病的主要传染来源是患绦虫病的病人；主要的传播途径是消化道。实际上，猪只感染本病主要取决于环境卫生和对猪的饲养管理方式。猪必须是吃了患绦虫病人排出的粪便所污染过的饲料、牧草或饮水，才能感染发病。因此，可以这样认为，猪只患本病完全是一种人为的结果。例如，在我国北方以及云南、贵州、广西等省（自治区）的有些地方，人无厕所，随地大便；猪无圈舍，散放饲养；还有的采用连茅圈等，因而，猪只患本病较为普遍。

据食品检验调查报道，猪囊尾蚴病多发生于华北、西北、东北、山东、河南、安徽和云南等地，而长江以南则较少；在一些地方，如云南的西部与南部则呈地方流行性；东北各省的感染率也较高。这应引起人们的高度重视。

〔临床症状〕 猪只感染囊虫后一般无明显症状。极严重感染的猪可能有营养不良、生长迟缓、贫血和水肿等症状。某些器官严重感染时可能出现相应的症状。如侵害与呼吸有关的肌群、喉头和肺时，出现呼吸困难、声音嘶哑和吞咽困难等症状；寄生于眼内时（图3-7-4），有视力障碍，眼神呆滞，甚至失明症状；寄生于大脑时（图3-7-5），则有癫痫和急性脑炎症状甚至死亡。据称，从猪体外形来看，两肩部明显外张，臀部不正常的肥胖、宽阔而呈哑铃状或狮子样体形的猪多被猪囊虫感染。此时，应结合检舌、检眼以验明是否有囊虫寄生。

〔病理特征〕 猪囊虫主要寄生在肌肉内，以舌肌、咬肌、肩腰部肌、股内侧肌及心肌较为常见，严重时全身肌肉以及脑、肝、肺甚至脂肪内也能发现。肌肉中由于有米粒状囊虫存在，故将有囊虫寄生的猪肉称为"米猪肉""豆猪肉"和"米糁肉"（图3-7-6）。当严重感染时，肌肉内有大量囊虫寄生，使肌纤维受压迫而发生萎缩，肌肉呈暗红褐色（图3-7-7），切面见肌肉呈蜂窝状（图3-7-8）。

猪囊虫的致病作用主要取决于寄生部位，如寄生于脑部，数量虽少，但可使脑组织受损，造成神经机能障碍，严重时可致死；寄生于眼部可引起视力障碍，甚至失明；寄生于心肌（图3-7-9）则招致心脏机能障碍；寄生于肌肉时，其致病作用虽然较小，但猪囊虫代谢产物可产生一定的毒性作用，并由于对组织器官的机械性压迫而影响猪体生长发育，以致营养不良，运动障碍和肌肉水肿（图3-7-10）等。

在剖检时，如遇到发育不良的、异常的和变性坏死的囊虫，可摘下在玻片上压薄后镜检，如检出头节、吸盘或在坏死物中找到残留的齿钩与圆形的角质小片，则可判为囊虫。切片时也可检出猪囊虫的吸盘和齿钩（图3-7-11）。

镜检可见：位于骨骼肌中的囊虫，其周围常有薄层的结缔组织与肌组织相连，周围的炎性反应较轻，囊虫的体积较小，头节中常能发现齿钩的片断，囊腔小，囊液少（图3-7-12）。而位于脑组织内的囊虫则体积较大，具有较大的囊腔，囊液多；周围有明显的炎性反应，在与脑组织接触部常见大量单核细胞、嗜酸性粒细胞和淋巴细胞浸润（图3-7-13）。坏死性囊虫周围的炎性反应明显，常形成肉芽肿性结节，中心部为红染的坏死虫体，中间部为淡染的上皮样细胞和多核巨细胞，外层为增生的结缔组织，其中浸润大量嗜酸性粒细胞和淋巴细胞（图3-7-14）。

〔诊断要点〕本病的生前诊断比较困难，在屠宰场有经验的收购员可通过观察猪体的外形和舌检、眼检等方法进行诊断。但此法的检出率不高，漏检率大，常常是患病非常严重时才能检出。为此，近几年来有许多新方法用于本病的生前诊断。现在多采用猪囊尾蚴的囊液做成抗原或炭抗原，应用间接血凝反应、卡红凝集反应或酶联吸附试验等方法，来生前诊断猪囊尾蚴病，其检出率可达到80%左右。死后诊断或宰后检验，可按食品卫生法检验的要求在最容易发现虫体的部位如咬肌（图3-7-15）、臀肌、腰肌等处剖检，当发现囊虫时，即可确诊。

〔治疗方法〕近年来应用吡喹酮和丙硫苯咪唑治疗猪囊虫病，收到了较好的效果。

1. 吡喹酮疗法 本药难溶于水，因含环己甲酸杂质而有特殊气味。其用法与用量：按每千克体重50mg，每天1次，连用3d，混入少量饲料中喂服；或以液状石蜡配成20%的混悬液肌内注射，每天1次，连用2d。本药不论对躯体囊虫还是对脑囊虫均可收到同样的疗效。但须注意，应用吡喹酮治疗后，囊虫出现膨胀现象，破坏的虫体可引起生物毒性反应，故对重症患猪应减少用药的剂量，或分多次给药，以免引起死亡。

2. 丙硫咪唑疗法 本药也叫阿苯达唑，为白色或类白色、无臭、无异味粉末；是苯并咪唑类药物中杀虫作用最强的广谱抗蠕虫药之一，口服后在胃肠道内吸收良好。其用法与用量是：按每千克体重60～65mg，以橄榄油或豆油配成6%的混悬液，肌内注射，隔天1次，共注2次；或每千克体重20mg剂量口服，每隔48h服1次，共服3次。

〔预防措施〕根据各地对猪囊虫病的防制研究，采取查、驱、管、检、治的综合性防制措施，可取得较好的效果。

1. 查 根据囊虫猪的来源，向卫生防疫部门提供病人可能居住的村庄，展开宣传，在人群中普查绦虫病，查出患病者。

2. 驱 在普查的基础上，对病人实施驱虫，消灭传染源。常用的驱虫药及用法为：

（1）南瓜子槟榔合剂疗法 南瓜子仁60g（炒熟、去皮、碾成末），槟榔80～100g（煎3次，每次加水500mL，最后共煎成半茶杯），硫酸镁20～30g（温水顿服）。早晨空腹时服南瓜子仁粉，两小时后服槟榔煎剂，再经半小时服硫酸镁溶液。然后多喝开水，忍住大便，待不能忍受时再便，如此常可驱出较完整的绦虫。驱虫后应检查虫体头节是否已驱出，以判定疗效，驱出的虫体应深埋，以防虫卵污染环境，引起人、猪感染。

（2）灭绦灵疗法 灭绦灵（氯硝柳胺）3g，早晨空腹，一次嚼碎服下，2h后服硫酸镁20～30g作为泻剂。

3. 管 发动群众管好厕所、猪圈。要求人有厕所，猪有圈；人粪要进行无害化处理后再作肥料，尤其是疫源区要坚决杜绝猪吃人粪。控制人绦虫、猪囊虫的互相感染，切断疫源。

4. 检 认真贯彻食品卫生法，做好城乡肉品卫生检验工作，发现有囊虫寄生的猪肉应严格按"四部"规程规定处理。①猪在规定检验部位上的40cm$^2$面积内，发现囊尾蚴或钙化的虫体4个以下者（含4个），整个屠体经冷冻或盐腌等无害化处理后出场；在4个以上时（含4个），应再切开其他可检部位详细检查，根据各部位寄生数目多寡分7部分处理（头为1部，再分别自第

六、第七肋骨间和荐骨前向下横截，共分为3部，两侧合计为6部。四个蹄子可根据各地加工习惯割去出场或连在胴体上一同处理）：在40cm²面积内有4～5个虫体者，高温处理后出场；6～10个者，做工业用或销毁。②胃、肠、皮张不受限制出场，其他内脏经检查无囊虫者，不受限制出场。③猪的皮下脂肪炼食用油或作为加工的原料。④经检验后体腔内脂肪无虫者，不受限制出场。因此，猪囊虫的检验必须在未割头、去内脏之前完成，或头和内脏均有编号（与胴体同号），以便必要时查找。

无害化处理的方法：①高温。肉块重量不超过2kg，厚度不超过8cm，用高压蒸汽法时，152kPa持续1h；若用蒸煮法时，应在有盖锅内煮沸2h，肉中的温度达80℃，切面呈灰白色，流出的肉汁无色时即可。②冷冻。要求深层肌肉温度降至－12℃以下，再持续4昼夜。③盐腌。盐腌需不少于20d，食盐量不少于肉重的12%，腌过的肉含盐量必须达到5.5%～7.5%。应该指出的是：肥膘、脂肪和脑组织不易吸收盐分，因此，不能用盐腌法处理。

5.治 就是用特效药物如丙硫咪唑和吡喹酮等及时对病猪进行治疗，尽力做到早发现、早治疗。及时治疗病猪不仅从生产环节上消灭了传染来源，而且也大大减少了经济损失。对于一些病情较重，不宜治疗的病猪，应尽快扑杀，对其肉尸彻底进行无害化处理。

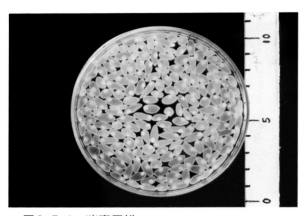

**图3-7-1 猪囊尾蚴**

切开肌肉，从中分离出的囊尾蚴，呈椭圆，内含有头节的透明囊泡。

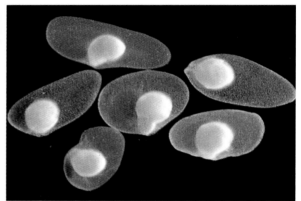

**图3-7-2 囊泡内的头节**

放大的囊尾蚴，与囊膜相连的黄白色豆状物为头节。

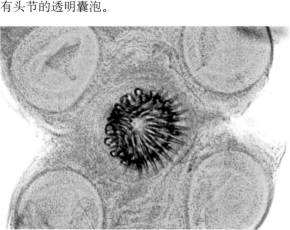

**图3-7-3 吸盘与顶突**

有钩绦虫有4个吸盘，一个顶突，顶突上有两圈小钩。压片×60

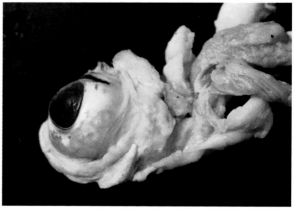

**图3-7-4 眼内寄生**

眼球的周围组织中有数个乳白色半透明的囊尾蚴寄生。

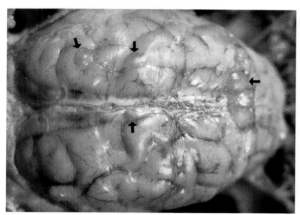

**图 3-7-5　脑内寄生**

在硬脑膜下的脑实质中有半透明含有灰白色头节的囊尾蚴（↑）。

**图 3-7-6　肌肉内寄生**

在肌肉组织中存在大量乳白色圆形包囊，形如小米，俗称"米糁肉"。

**图 3-7-7　肌肉萎缩**

肌肉内囊尾蚴的放大图像，囊泡呈半透明状，肌肉萎缩。

**图 3-7-8　蜂窝状肌肉**

严重感染时，肌肉的切面有许多囊泡破裂，形似蜂窝状。

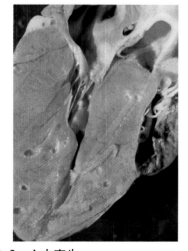

**图 3-7-9　心内寄生**

猪囊尾蚴也可寄生于心肌中，使心肌受损。

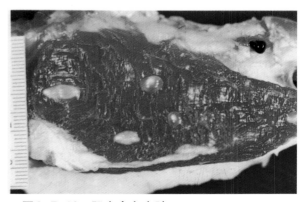

**图 3-7-10　肌肉充血水肿**

寄生于肌肉中的乳白色半透明的猪囊尾蚴，导致肌肉充血水肿。

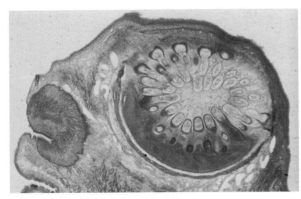

**图3-7-11　顶突的切面**

有钩绦虫头节的切片，左端为吸盘，中间部为顶突。HE×30

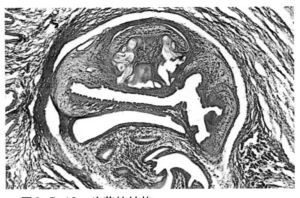

**图3-7-12　头节的结构**

肌肉中的猪囊尾蚴的组织切片。囊腔中的结构为头节。HE×60

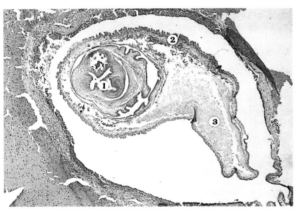

**图3-7-13　囊尾蚴的结构**

脑组织中的猪囊尾蚴，头节①、囊壁②和原生质③。HE×30

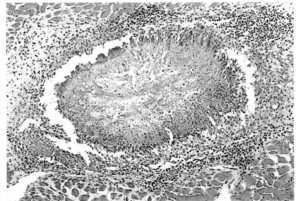

**图3-7-14　肉芽肿形成**

猪囊尾蚴坏死后，周围有大量的结缔组织增生和淋巴细胞浸润。HE×60

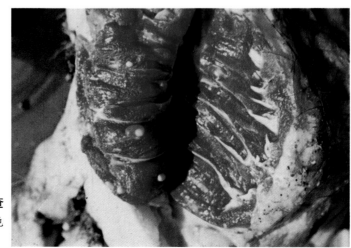

**图3-7-15　肉品检查**

肉检时切开咬肌，肌纤维间有乳白色半透明状内含明显头节的猪囊尾蚴。

## 八、细颈囊尾蚴病 (Tenuicollis cysticercosis)

细颈囊尾蚴病又称细颈囊虫病，是由细颈囊尾蚴所引起的一种绦虫蚴病。猪细颈囊尾蚴主要寄生于猪、牛、羊及骆驼等中间宿主腹腔内。本病流行很广，呈世界性分布，在我国各地普遍流行，其感染率约50%，个别地区可高达70%以上；严重影响猪的生长发育，甚至已成为仔猪死亡的重要原因之一。

〔病原特性〕本病的病原体为犬和其他肉食动物的泡状带绦虫（*Taenia hydatigena*）的蚴虫——细颈囊尾蚴（*Cysticercus tenuicollis*）。细颈囊尾蚴，俗称"水铃铛""水泡虫"，呈囊泡状，大小随寄生时间长短而不同，自豌豆大至小儿头大，囊壁乳白色半透明，内含透明囊液，透过囊壁可见一个向内生长而具有细长颈部的头节，故名细颈囊虫（图3-8-1）。它寄生于猪、牛、羊等多种家畜及野生动物的肝脏、浆膜、网膜、肠系膜及腹腔内、严重感染时可寄生于肺脏。

当终宿主——犬等吞食了含有细颈囊尾蚴的脏器后，在小肠内虫体头节伸出并吸附在肠黏膜上，发育为成虫——泡状带绦虫。泡状带绦虫呈白色或稍带黄色，扁带状，长76～500cm，由250～300个节片组成。头节球状，有顶突（图3-8-2），其上有两列（30～40个）小钩（图3-8-3）；孕节内充满虫卵，虫卵内含六钩蚴。当孕节伴随犬等终末宿主粪便排出，节片破裂，排出虫卵。猪等中间宿主吞食了随病犬粪便排出的虫卵而被感染。虫卵胚膜在胃肠中消化，六钩蚴在肠内逸出，钻入肠壁血管，随血流到肝实质，以后逐渐移行到肝脏表面发育为囊尾蚴或从肝表面落入腹腔而附着于网膜或肠系膜上，经3个月发育成具有感染性的细颈囊尾蚴。

〔流行特点〕本病在我国流行很广，各种年龄的猪只均可感染，但以仔猪的感染率最高，病情最重，临床症状最明显。犬是本病的重要传染来源，而狼、狐狸等肉食动物也可能传播本病；消化道是主要的传播途径。猪只感染细颈囊尾蚴病，多系食用或饮用了从感染泡状带绦虫的犬、狼等肉食动物的粪便中排出的含有虫卵节片所污染的饲料、草地和饮水等。

在我国的一些农村或牧区，有一种不良的习俗，即在杀猪或宰牛羊时，犬总是守在近旁，在屠宰的过程中常将一些不宜食用的废弃内脏和异常物等丢在地上，让犬吞食。这成为犬易于感染泡状带绦虫的重要原因。犬的这种感染方式，反过来又促进了猪的感染，如此反复，形成了一种恶性的感染循环，使本病在一些地区日趋严重。

〔临床症状〕成龄猪只感染本病时一般没有明显的临床症状，而仔猪的感染常可发现较明显的症状。感染较重时，多数仔猪表现为消瘦、贫血、黄疸和腹围增大等；伴发腹膜炎时，则病猪的体温升高，腹部明显增大，肚腹下坠，按压腹部有疼痛感；少数病例可因肝表面的细颈囊尾蚴破坏而引起肝被膜损伤而内出血，出血量大时，病猪常因疼痛而突然大叫，随之倒地死亡。据报道，当细颈囊尾蚴侵入肺后，还可以引起支气管炎、支气管肺炎或肺胸膜炎等。

〔病理特征〕细颈囊尾蚴病主要损伤肝组织，以引起间质性肝炎和局灶性肝硬变为特点。当六钩蚴在肝内穿行时，可引起肝组织的损伤和间质的增生；大部分幼虫从肝实质移向肝表面，并在此形成大小不等、数量不一的囊泡。最初可能仅有一个（图3-8-4），以后逐渐增多，散于肝脏表面（图3-8-5）。部分幼虫从肝表面到达大网膜、肠系膜等其他部分的浆膜发育时，虽然其致病力减小，但有时可引起局限性或弥漫性腹膜炎而使病情加重。

剖检或屠宰所见的急性病例，其肝脏肿大，被膜粗糙，被覆多量纤维素性物质，呈灰白色，散在点状出血，呈现急性出血性肝炎特征。六钩蚴在肝内移行，往往引起类似于肝片吸虫所形成的坏死性和增生性虫道。慢性病例，由于大量细颈囊尾蚴持续压迫肝组织，易使肝脏发生局限性萎缩和硬化。此时，在肝脏表面可见数量不等、大小不一、被厚层包膜所包裹着的虫体，并常可见到融合性的大囊泡（图3-8-6）；有时可继发弥漫性腹膜炎和胃肠粘连。另外，在大网膜（图3-8-7）、肠浆膜（图3-8-8）和系膜等组织中常见有大小不一的囊泡；严重感染时，在腹膜（图3-8-9）、胸腹和肺组织（图3-8-10）等处也可发现囊泡。

〔诊断要点〕本病的生前诊断目前还缺乏有效的方法，主要依靠尸体剖检或宰后检验才能确诊。但也有报道认为：根据病猪有消瘦、腹围增大等症状，再根据流行病学初步可诊断；在急性期病例，从肝组织或腹腔穿刺物中可能找到幼虫而确诊。

〔治疗方法〕本病用吡喹酮进行治疗时，安全有效。其方法是：按猪每千克体重用50mg，将吡喹酮与灭菌的液体石蜡按1∶6的比例混合研磨均匀，分两次深部肌内注射，每次间隔1d；或以每千克体重50mg剂量内服，连用5d。

〔预防措施〕对本病进行预防的主要措施有三：一是严格禁止犬出入猪舍，避免饲料和饮水被犬粪污染；二是严禁屠宰或剖检动物时将细颈囊尾蚴的囊泡丢弃或直接喂犬；三是对猪场的看门犬应定期驱虫，粪便发酵处理或深埋。

**图3-8-1　细颈囊尾蚴**
囊泡状的细颈囊尾蚴，其内含有乳白色的头节。

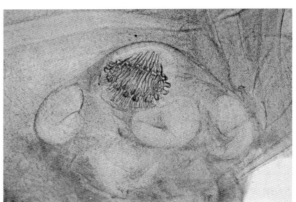

**图3-8-2　吸盘和顶突**
细颈囊尾蚴有一个顶突和4个吸盘，顶突上有小钩。压片 ×60

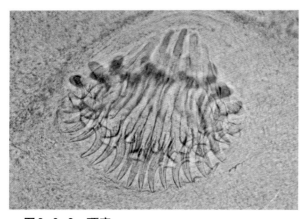

**图3-8-3　顶突**
将细颈囊尾蚴的顶放大，顶突上的两排小钩重叠在一起。压片 ×100

**图3-8-4　幼稚型囊泡**
肝表面幼稚型细颈囊尾蚴，体积较小，囊壁较厚，囊壁上的头节不明显。

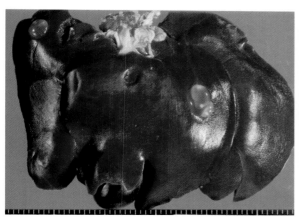

**图3-8-5 多发性囊泡**

肝瘀血，呈红褐色，表面有数个散在幼稚型细颈囊尾蚴囊泡。

**图3-8-6 融合性囊泡**

肝脏的表面有大量呈半透明球状的囊泡，有的融合成大囊。

**图3-8-7 肠系膜上的囊泡**

大网膜上有数个细颈囊尾蚴寄生，大网膜充血、出血呈鲜红色。

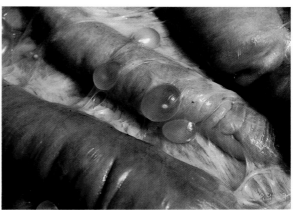

**图3-8-8 肠壁上的囊泡**

肠浆膜上附有小指头到拇指头大、淡黄色、内含灰白色头节的细颈囊尾蚴。

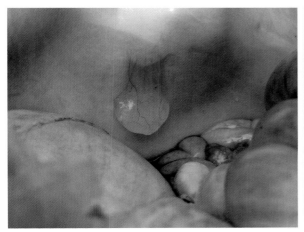

**图3-8-9 腹壁上的囊泡**

腹壁上寄生的细颈囊尾蚴，有一较粗大的蒂与腹膜相连。

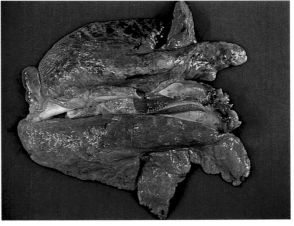

**图3-8-10 肺脏上的囊泡**

在左肺叶后缘的浆膜上有两个透明的细颈囊尾蚴的胞囊寄生。

## 九、棘球蚴病 (Echinococcosis)

棘球蚴病是由棘球蚴寄生于动物内脏所引起的一种绦虫蚴病；棘球蚴呈包囊状，所以，又称包虫病。本病多发生于猪、牛、羊和马，人也可感染。猪只患本病时通常呈慢性经过，一般没有明显的临床症状，多是在屠宰检验或死后剖检的过程中发现。棘球蚴可寄生于病猪的任何部位，但以肝脏、肺脏等器官最为常见，每年因本病而废弃大量内脏，招致很大经济损失，是我国危害严重的人畜共患的寄生虫病之一。

本病呈世界性分布，广泛流行于各畜牧业发达的国家，特别是在发展中国家的流行率较高。据报道，我国有23个省（直辖市、自治区）发生过棘球蚴病，但以新疆、青海、甘肃、西藏、宁夏、内蒙古和四川的流行较为严重，直接影响畜牧业发展和人民的健康，造成巨大的经济损失，应引起高度重视。

〔病原特性〕本病的病原体为犬等肉食动物的细粒棘球绦虫（*Enchinococcus granulosus*）的中绦期蚴虫——棘球蚴（*Enchinococcus*）。棘球蚴为一个近似球形的囊，大小不等，由豌豆大至小儿头大（图3-9-1）；囊内充满淡黄色透明液体，即囊液；棘球蚴的囊壁由外层的角质膜（呈乳白色，较厚）和内层的生发膜（又称胚层，较薄）组成，前者是由后者分泌而成，囊腔的内壁光滑（图3-9-2）。生发膜向囊内长出许多头节样的原头蚴（protoscolex）。原头蚴尚可发展成为空泡状的生发囊（雏囊）。该囊有小柄连接在囊壁上，也可脱落悬浮于棘球液中。生发囊较小，也可长出原头蚴，数目一般为10～30个。棘球蚴的胚层或生发囊有时还可在原始囊（母囊）内转化为子囊，子囊与母囊的结构一样；子囊还可产生孙囊，它们也能产生原头蚴。所以在一个发育良好的棘球蚴内所产生的原头蚴可多达200万个。生发囊和头节往往可自生发膜脱落，浮悬于囊液内，状如砂粒，俗称棘球砂（hydatid sand）。也有的棘球蚴囊内无原头蚴，称为无头棘球蚴（不育囊），可能系缺少胚层所致。

棘球绦虫的一个完整生活过程，需要经过终宿主与中间宿主才能完成。猪棘球蚴的成虫——细粒棘球绦虫寄生在犬、狼等肉食动物的小肠内。犬、狼等吞食了含有成熟棘球蚴的脏器组织而被感染。原头蚴在终宿主小肠内经7～10周发育为成虫。细粒棘球绦虫的虫体很小，全长仅2～6mm，仅由头节、颈节、成节和孕节等4～6个节片组成。头节有吸盘、顶突和小沟，顶突上还有若干顶突腺。成节含雌雄生殖器官各一个，孕节内充满500～800个虫卵。虫卵内含六钩蚴。寄生在终宿主小肠内的棘球绦虫数量是很多的，一般为数百、数千条、乃至数万条，这是因为1个发育良好的棘球蚴内可含有多达200万个原头蚴之故。棘球绦虫的孕节或虫卵随终宿主粪便排到体外，污染食物、饮水、饲料或牧场。孕节或虫卵被中间宿主（猪等哺乳动物或人）吞食后，虫卵内的六钩蚴逸出，钻入肠壁，随血流和淋巴液传布到全身各组织器官，但通常最先侵入肝脏（为棘球蚴最重要的寄生部位），其次是肺脏、肾脏、心脏、脑、骨、眼部及生殖器官等停留下来，缓慢地生长发育为棘球蚴。棘球蚴的发育比较缓慢，经5个月生长直径仅达10mm；经数年后，直径可达数十厘米。

〔流行特点〕各种年龄的猪对本病均有易感性，但以育肥猪和成年猪的感染率较高。病犬和带有细粒棘球绦虫的犬是本病的主要传染来源；而消化道则是本病的主要传播途径。猪被感染本病主要是由于食用了被孕节或虫卵污染的饲料、青草和饮水等。

据报道，病犬排出的孕节具有蠕动的能力，可以爬到植物的茎上；有的则遗留在肛门的皱褶内或肛门的周围，孕节的蠕动使犬瘙痒不安，因而常在异物上摩擦，加上犬的活动范围广，从而可把虫卵散布到许多地方。这些因素就大大增加了虫卵污染饲料、饮水、牧草、用具和猪舍周围环境的机会，自然而然地增加了猪与虫卵接触的机会，容易造成本病的流行。因此，在猪场的看门犬，一定要拴养，并定期驱虫。

〔临床症状〕棘球蚴在猪体内寄生时，由于虫体是逐渐长大的，所以感染的初期或轻度感染时通常无明显的临床症状。当严重感染或虫体生长到一定的阶段时，由于虫体对周围组织呈现剧烈压迫，常引起组织萎缩和机能障碍，故当肺脏和肝脏有多量或较大的棘球蚴寄生时，则能引起肺功能和肝功能发生障碍，病猪在临床上常表现出精神不振，体温升高，呼吸困难，被毛粗糙欠光泽；食欲减损，消化不良，黄疸，并发生程度不同的腹泻；有的病猪腹部膨大，腹水增多。病情恶化时，病猪逐渐消瘦而衰竭，终因恶病质或窒息而死亡。

〔病理特征〕猪棘球蚴的病变常见于肝脏，以压迫性肝萎缩和肝有不同程度的硬变为特点。病轻时，仅于肝脏表面呈现少数几个、黄豆至鸡蛋大小、灰白色、圆形或不整圆形的囊肿，呈半球状隆突于肝脏表面（图3-9-3）或仅见其表面凸凹不平，质地稍坚实，囊内充满淡黄色、无臭、不易凝固的透明液体。大多数囊壁和周围的肝组织结合牢固、无明显分界，有时呈现暗红色出血区。少数较小的棘球囊肿，触摸时易脱落。严重病例，肝脏显著肿大，重量增加2～5倍，其表面上密布大小不等、相互重叠的灰白色囊肿（图3-9-4），切面呈蜂窝状结构（图3-9-5），流出多量淡黄色透明液体。将液体沉淀后，即可用肉眼或在解剖镜下看到许多生发囊与原头蚴；有时肉眼也能见到液体中的子囊，甚至孙囊。

镜检可见：除棘球蚴的基本结构外，虫体的寄生可引起肝内肉芽肿的形成。肉芽肿的中心部多为变性、坏死的棘球蚴，中间为薄层的上皮样细胞与多核巨细胞，外周为浸润的嗜酸性粒细胞、淋巴细胞及增生的成纤维细胞（图3-9-6）。当虫体少量寄生时，仅见肉芽肿周围的肝组织呈现压迫性萎缩，间质中有嗜酸性粒细胞、淋巴细胞浸润；严重时，则见肝细胞肿大、变性，甚或肝小叶变形、中央静脉偏位或消失。汇管区结缔组织显著增生，也可见不同程度的嗜酸性粒细胞和淋巴细胞等炎性细胞浸润。

棘球蚴对机体影响的严重性，可依其寄生部位、棘球蚴体积大小和数量多少而异。猪棘球蚴最多寄生于肝脏，易使肝组织受损，招致肝脏功能障碍；但也可同时侵害其他器官，如寄生于心脏、肺脏、肾脏（图3-9-7）及脑等重要器官，势必引起更为严重的后果。一般说来，棘球蚴的致病作用主要是对器官组织的机械性损伤及其囊液的毒性作用。因而，棘球蚴数量少、体积不大、毒性作用较小时，多无明显症状。然而，随其数量增多，体积不断增大时，则极易招致所在器官组织呈现压迫性萎缩。如压迫膈肌时，可使肺脏受压而使其机能活动受到严重限制，心脏活动也是如此；当肝脏受到严重挤压，可导致胆汁形成减少，引起肠道消化吸收机能障碍。当棘球蚴破裂时，常可因其囊液外流而释放大量抗原，为机体吸收后，可激发剧烈的中毒性反应，甚至导致过敏性休克而危及生命。

〔诊断要点〕病猪的生前诊断较为困难，一般都在死后剖检或宰后检验时发现。免疫诊断法为生前诊断较可靠的方法，较常用的为皮内试验。其方法是：应用棘球蚴囊液作为抗原（最好使用新鲜囊液，通过无菌过滤，诊断用的囊液中绝对不能含有原头蚴），给猪皮内注射0.1～0.2mL，5～10min后观察结果，如出现0.5～2cm的红斑并有肿胀时即为阳性。本法具有70%左右的准确性，约有30%的误差。这可能是和其他绦虫蚴发生交叉反应的缘故。为了防止在需要进行诊断时而找不到新鲜的囊液，可将收集的囊液加0.5%氯仿密封保存，置于-4℃冰箱备用。

〔治疗方法〕目前，对本病尚缺乏有效的治疗药物，重点在于预防。但对患绦虫病的犬，则可用下述药物进行治疗，达到切断传染来源之目的。兹将药物驱虫的方法简介如下：

1.吡喹酮疗法　本药对未成熟或孕卵虫体有100%杀灭效果。使用方法是：按每千克体重

5mg，将药物夹入肉馅内或是犬喜欢吃的少量食物内，一次令犬内服。

2.氢溴酸槟榔碱疗法　本药按每千克体重1mg内服时，对多数感染细粒棘球绦虫的犬有明显的驱虫作用，但对个别犬无效；增大剂量至每千克体重用2mg时，驱虫效果可达99%，但此剂量可使个别犬发生中毒反应，用时应慎重。

在此，应该强调的是：驱虫前应将犬拴住，12h内不饲喂；驱虫后一定继续把犬拴住，以便收集排出的粪便和虫体，彻底销毁。直接参与驱虫的工作人员，应注意个人防护，严防自身感染。

〔预防措施〕管好家犬，扑杀野犬，切断传染来源是预防本病的关键。对必须留养的各种用途的犬，要定期用吡喹酮、丙硫苯咪唑、甲苯咪唑和丙硫咪唑等药物进行驱虫，以消灭病原。妥善处理病畜的脏器，严禁用有病的脏器直接喂犬，只有在蒸煮灭虫后才可当作饲料。保持猪群饲料、饮水和圈舍的卫生，防止被犬的粪便污染。常与犬接触的人员，尤其是儿童，应注意个人卫生习惯，防止从犬的被毛等处沾染虫卵，误入口内而感染。

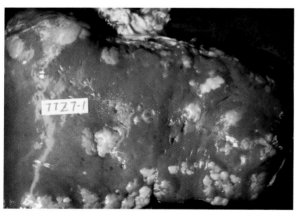

**图3-9-1　肝棘球蚴**
肝脏表面有大量半透明状囊泡，大小不一。

**图3-9-2　棘球蚴切面**
切面见棘球蚴的囊壁光滑，其中有淡黄色囊液贮积。

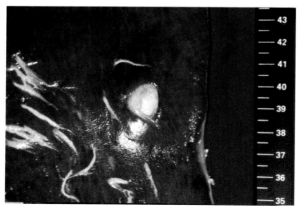

**图3-9-3　机化性结节**
肝脏表面有一灰白色棘球蚴结节，囊壁很厚，外有结缔组织包裹。

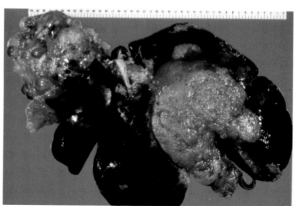

**图3-9-4　融合性棘球蚴**
肝组织内有大量棘球蚴结节，肝左叶几乎被结节取代。

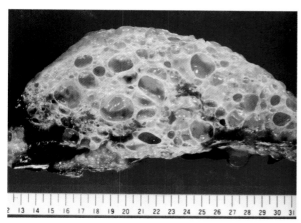

**图3-9-5　肝压迫性萎缩**

　　肝脏切面有大小不一的囊泡，肝组织受压迫而萎缩。

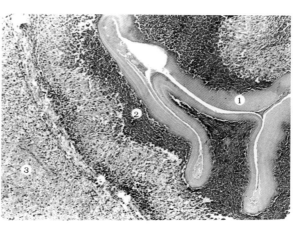

**图3-9-6　肝肉芽肿**

　　①死亡的棘球蚴；②浸润的炎性细胞；③萎缩的肝组织。HE×33

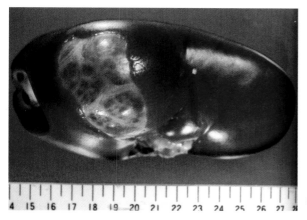

**图3-9-7　肾棘球蚴**

肾组织内有一个大的棘球蚴囊泡，呈灰白色半透明状。

# 十、弓形虫病 （Toxoplasmosis）

　　弓形虫病是一种世界性分布的人畜共患原虫病，在人、畜及野生动物中广泛传播，有时感染率很高。据国内报道，人群的平均感染率可高达25%～50%，有人推算全世界有1/4的人感染弓形虫病。

　　猪弓形虫病最早的报道是在美国俄亥俄州（1952年），继之在日本以及其他许多国家也有相继发生本病的报道。我国于1977年在上海发生的"猪无名高热"，最后确诊为猪弓形虫病。目前我国各省市均有本病的存在。猪暴发弓形虫病时，常可引起整个猪场发病，死亡率可高达80%以上。因此，猪弓形虫病在世界各地已成为一种重要的猪病而备受重视。

　　〔病原特性〕本病的病原体为真球虫目、弓形虫科、弓形虫属的龚地弓形虫（*Toxoplasma gondii*），简称弓形虫。弓形虫为双宿主生活周期的寄生性原虫，猫是弓形虫的终宿主，在猫体内能完成有性和无性的全部生活史；而在猪等中间宿主体内，只能完成无性生殖。

　　弓形虫的全部生活史分为5个期：滋养体（trophozoite）期、包囊（cyst）期，裂殖体（schizont）期、配子体（gamete）期和卵囊（Oocyst）期。前二期为无性生殖期，出现于中间宿主和终宿主体内；后三期为有性生殖期，只出现于终宿主体内。

游离于宿主细胞外的滋养体通常呈弓形或月牙形,寄生于细胞内的滋养体呈梭形。滋养体的一端锐尖,一端钝圆,胞核位于虫体的中央或略偏于钝圆端(图3-10-1)。滋养体主要发现于急性病例,在腹水中,常可见到游离的(细胞外的)单个虫体;在有核细胞内(单核细胞、内皮细胞和淋巴细胞等),还可见到正在繁殖的虫体,其形态不一,有柠檬状、圆形、卵圆形,还有正在出芽的不规则形状等;有时在宿主细胞的胞浆内许多滋养体聚集在一个囊内(图3-10-2),称此为假囊(pseudocyst),囊内含有数个、数十个或数百个速殖体(tachyzoites)。在慢性病例,由于宿主的免疫力增强,大部分滋养体和假囊被消灭,仅在脑、骨骼肌和眼内存有部分虫体。这些虫体分泌一些物质,形成包囊,其中含有圆形或椭圆形的虫体(图3-10-3),称此囊内的虫体为慢殖子(bradyzoites)。包囊的囊壁富有弹性,是虫体在宿主体内的休眠阶段,能在宿主体内长时间寄生,可长达数月或数年以至终生寄生于宿主体内。

猫是弓形虫的终宿主,在猫小肠上皮细胞内进行类似于球虫发育的裂体增殖和配子生殖,最后形成卵囊,随猫粪排出体外,卵囊在外界环境中,经过孢子增殖发育为含有二个孢子囊的感染性卵囊。当卵囊污染水源、饲料、土壤或牧草而被猪食入后,在胃液和肠消化液的作用下囊壁破坏,囊中的子孢子或滋养体被释出。后者主要通过淋巴、血液循环而运送到全身,并在感染的细胞内以出芽的方式进行无性增殖。如果是毒力强的虫株,而且宿主又未能及时产生足够的免疫力,或者还有其他因素的作用,即可导致急性弓形虫病的发作;反之,如果虫株的毒力较弱,而宿主又很快产生了足够的免疫力,则弓形虫的增殖明显受阻,感染进入慢性阶段,在机体内则易形成包囊。

弓形虫在各个阶段的抵抗力是不同的,卵囊在常温下可以保持感染力达1～1.5年;一般常用的消毒药对卵囊没有影响;混在土壤和尘埃中的卵囊能长期存活。包囊在冰冻和干燥条件下不易生存,但在4℃时尚能存活68d。但干燥对卵囊的损害很大,相对湿度为82%时,孢子化卵囊30d即失去感染力;当相对湿度为21%时,孢子化卵囊失去感染力的时间则为3d。包囊还有抵抗胃液的作用,可保护其内的虫体不被胃液杀死。一般而言,弓形虫对消毒药的抵抗力很强,在4℃环境中可在0.01%甲醛、50%乙醇、10%碳酸氢钠等溶液存活15min,但滋养体的抵抗力较差,在生理盐水中几小时后便失去感染力。各种消毒药均能将之致死,1%来苏儿1min内即可杀死滋养体。

〔流行特点〕猪弓形虫病可发生于各种年龄的猪,但常见于仔猪和架子猪,而成年猪较少发生。病猫是本病的主要传染来源,其中6个月龄或更大一点的猫排卵最多。据报道,猫一生只排卵一次,持续3～15d,最多每天可排$10^5$～$10^7$个卵,卵在猫粪中可保持感染力达数月之久。另外,病猪和带虫动物的肉、内脏、血液、渗出物和排泄物中均可能含弓形虫的包囊或滋养体;乳中也曾分离出弓形虫的滋养体;流产胎儿的体内、胎盘和其他流产物中都有大量弓形虫的滋养体,这些病料都可成为猪弓形虫病的感染来源。弓形虫主要通过消化道、呼吸道和损伤的皮肤等途径侵入猪体,而通过胎盘感染胎儿的现象也是普遍存在的。此外,许多昆虫(食粪甲虫、蟑螂等)和蚯蚓,可以机械地传播卵囊;吸血昆虫和蜱等也有可能传播本病。

一般来说,本病的流行没有严格的季节性,一年四季均可发生,但夏秋季节(5～10月)发病较多,特别是在雨后较为多发,可呈暴发性和散发性急性感染,但多数为隐性感染。据调查,猫在7～10月排出的卵囊最多,且温暖潮湿的环境也有利于虫卵的发育,因而有利于本病的暴发。另外,猪只的营养不良、寒冷潮湿、内分泌失调、怀孕和泌乳等均是使猪体抵抗力减低的因素,都能促进本病的发生。

〔临床症状〕据报道,在我国各地所发生的弓形虫病,其症状基本相同;而自然和人工感染病例的症状也基本相同。本病的潜伏期为3～7d,病程多为10～15d。

病猪体温升高达40.5～42℃，呈稽留热型（常发热7～10d），精神沉郁，全身瘀血，皮肤呈暗红色并见有出血斑点（图3-10-4），可视黏膜发绀；食欲减退乃至废绝，多便秘，粪便干涸，有时在粪块表面覆有一层白色黏液，有时下痢（断乳后的幼猪表现腹泻，粪呈水样，无恶臭）；呼吸困难，常呈现出犬坐姿势式的腹式呼吸，呼吸数每分钟可达60～80次，有的出现咳嗽和呕吐，流出少量鼻液；体表淋巴结肿大，尤其是腹股沟淋巴结更为明显，耳部、胸部、腹部及四肢内侧皮肤出现瘀斑或发绀。

怀孕母猪发生感染后，弓形虫可通过胎盘进入到胎儿体内，使母猪流产或产出死胎，或新生仔猪患先天性弓形虫病出生后不久即死亡。

有的病猪耐过急性期后，症状逐渐减轻，遗留咳嗽、呼吸困难及后躯麻痹、运动障碍、斜颈、癫痫样痉挛等神经症状。有的耳郭末端瘀血、出血，或发生干性坏死（图3-10-5），有的呈现视网膜脉络膜炎，甚至失明。

〔病理特征〕死于本病的猪，剖检时常见的外观表现为：可视黏膜及皮肤（耳翼、胸侧、腹下及四肢内侧）发紫（图3-10-6）；鼻腔黏膜覆有浆液黏液性鼻汁；胸腹腔、心包腔、关节腔均积有淡黄色透明浆液。

内脏器官以肺脏及淋巴结的变化最为明显，而胃肠道、肝脏、脾脏和肾脏等器官也具有特征性病变。

肺脏膨满，呈暗红色或粉红色水肿样，胸腔内有较多淡红色胸水（图3-10-7），病情较重时，肺脏明显瘀血、出血，呈红褐色，表面散在或有大量的出血点（图3-10-8），小叶间质水肿、增宽，小叶结构非常明显，表面常有大量出血斑块（图3-10-9）。病情持续发展或严重时，肺表面可检出散在的灰白色粟粒大坏死灶（图3-10-10）。切面湿润，由支气管断端流出多量混有泡沫的淡粉红色液体。镜检见肺脏多以增生性肺泡隔炎和间质性肺炎（图3-10-11）为主征，少有凝固性坏死灶，并常在巨噬细胞的胞浆内见有被吞噬的滋养体型虫体或形成的弓形虫假囊（图3-10-12）；当巨噬细胞崩解时，在肺泡腔内也可见有游离的滋养体型虫体。

全身淋巴结急性肿胀，切面湿润多汁，呈暗红色瘀血和点状出血，或弥漫性出血（图3-10-13）。病情重者，淋巴结的色泽变淡，切面上常见灰白色粟粒大的坏死灶（图3-10-14）。内脏淋巴结以小肠系膜淋巴结的病变最明显，其次是肺、胃、肝、脾等淋巴结。眼观，小肠系膜的每个淋巴结肿大如板栗到核桃大，密集排列成串，坚硬，其被膜和周围结缔组织常有黄色胶样浸润（图3-10-15）。切面充血、水肿和斑点状出血，并散在淡黄褐色干酪样坏死灶，严重时整个淋巴结陷于坏死。镜检见淋巴结初期表现为单纯性淋巴结炎，很快即转变为坏死性淋巴结炎，在坏死灶周边的巨噬细胞内，常可发现弓形虫的滋养体和假囊（图3-10-16）；当耐过急性期之后，出现以淋巴细胞和浆细胞增生为主的增生性淋巴结炎。

其他脏器的主要病变为：肝脏肿大，呈暗红色，肝表面散在有灰白色粟粒大坏死灶，在病灶周围有红晕。镜检见肝小叶内有大小不一的凝固性坏死灶，其中常见大量网状细胞增生和淋巴细胞浸润（图3-10-17）。在坏死的肝细胞之间，于浸润的巨噬细胞中常可检出由弓形虫所形成的假囊（图3-10-18）。脾脏肿大，被膜下有少量小出血点和散在有小坏死灶。肾脏表面呈暗红色，表面或切面均可见有灰白色小坏死灶。胃底部黏膜充血并有斑点状出血，黏膜表面覆有半透明的灰白色黏液，或见高粱米粒大、中心凹陷和表面被覆有淡黄色纤维素假膜的坏死灶。小肠黏膜充血，间或散在有少量出血点。黏膜表面覆有透明或半透明的黏液，孤立淋巴小结和集合淋巴小结肿胀或发生坏死，被覆纤维素性伪膜。大肠内容物常因出血而呈黑红色。肠黏膜潮红、充血、糜烂，并有一定量的出血点或出血斑，孤立淋巴小结肿胀，在回盲瓣处常见有黄豆大中心凹陷的溃疡灶。

此外，慢性型弓形虫病时，在大脑的灰质部可见有包囊型虫体（图3-10-19）。临床上有神经症状的病猪，脑组织检查时常可发现非化脓性脑炎的变化（图3-10-20）。

〔诊断要点〕虽然本病在临床表现、病理变化和流行病学上有一定的特点，但仍不足以作为确诊的根据，而必须在实验室诊断中查出病原体或特异性抗体，才能做出诊断。目前用于实验室诊断的方法主要有以下三种：

1. 涂片检查　采取胸、腹腔渗出液或肺、肝、淋巴结等作涂片检查，其中以淋巴结和肺脏涂片背景较清楚，检出率较高。涂片标本自然干燥后，甲醇固定，姬氏液或瑞氏液染色后，在油镜下检查。弓形虫速殖子呈橘瓣状或新月形，一端较尖而另一端钝圆，长4～7μm，宽2～4μm，胞浆蓝色，中央有一紫红色的核（图3-10-21）；有时在宿主细胞内可见到数个到数十个正在繁殖的虫体，呈柠檬状、圆形、卵圆形等各种形状，被寄生的细胞膨胀，形成直径达l5～40μm的囊，即所谓假囊或称虫体集落。涂片用荧光抗体染色时，更易检出坏死组织中的滋养体（图3-10-22）。

另外，还可以采取集虫法进行染色检查。其方法是：取肺脏或肺门淋巴结研碎后加10倍生理盐水滤过，500r/min离心3min，去上清液再1 500r/min离心10min，取沉渣涂片，染色镜检。

2. 小鼠腹腔接种　取肺、肝、淋巴结等病料，研碎后加10倍生理盐水（每mL加青霉素1 000IU和链霉素100mg），在室温中放置1h，接种前振荡，待出现沉淀后，取上清液接种小鼠腹腔，每只接种0.5～1mL，接种后观察20d，若小鼠出现被毛粗刚、呼吸促迫症状或死亡，取腹腔液及脏器作抹片染色镜检。

值得指出，初代接种的小鼠若不发病时，可于l4～20d后，用被接种的小鼠的肝、淋巴结和脑等组织按上法制成乳剂，盲传3代，如能从小鼠腹腔液中发现虫体，即可判为阳性，如小鼠既不发病，又检查不出虫体，则判为阴性。

3. 血清学诊断　国内外已研究出许多血清学诊断法，如补体结合试验、间接血凝试验、酶联免疫吸附试验、亲和素生物素系统Elisa和放射免疫试验等，以供流行病学调查和生前诊断之用。国内应用较广的为间接血凝试验，猪血清间接血凝凝集价达1:64时判为阳性，1:256表示最近感染，1:1 024表示活动性感染。

据报道，猪感染弓形虫7～15d后，间接血凝抗体滴度明显上升，20～30d后达到高峰，最高可达1:2 048倍，以后逐渐下降，但间接血凝阳性反应可持续半年以上。

〔类症鉴别〕急性猪弓形虫病易与急性猪瘟、猪副伤寒和急性猪丹毒病等相混淆，故应注意鉴别。

1. 急性猪瘟　猪瘟的皮肤常散发斑点状出血；肺脏缺乏严重的肺水肿和增生性肺泡隔炎变化，触片和切片检不出弓形虫的滋养体和假囊；全身淋巴结严重出血，切面呈大理石样外观，但缺乏本病时的坏死性淋巴结炎的变化；脾脏不肿大，常有出血性梗死灶，而本病脾脏多肿大，有点状出血和坏死灶；胃肠道的坏死多局限于大肠，而本病多呈现明显的出血性胃肠炎并伴发灶状坏死。

2. 猪副伤寒　全身淋巴结虽然有充血和出血变化，但主要表现为淋巴组织的增生，故切面呈灰白色脑髓样，而缺乏本病的坏死变化；肺脏缺乏水肿和增生性肺泡隔炎的变化，触片中检不出弓形虫的滋养体或假囊；肝脏的副伤寒结节虽与本病的坏死灶相似，但结节的数量少，也无本病的原虫存在；盲肠和结肠有局灶性或弥漫性纤维素性坏死性肠炎变化，但缺乏本病的胃和小肠的出血性炎症并伴发灶状坏死的变化。

3. 急性猪丹毒　皮肤出现的丹毒性红斑，为微血管充血，指压时退色，且有一定的形态，稍隆突于皮肤表面，而本病的多为瘀血伴发点状出血；全身淋巴结有出血变化，但不发生坏死性淋巴结炎；肺瘀血、水肿，但无增生性肺泡隔炎的变化；脾脏肿大较本病严重，呈樱桃红色，切面在白髓周围有红晕变化，而缺乏本病的坏死性变化；肝脏中不见坏死和增生性结节。

〔治疗方法〕磺胺类药物对本病有较好的效果，如与增效剂联合应用效果更好。但治疗应在发病初期使用，如用药较晚，则虽然可使病猪的临床症状消失，但不能抑制虫体进入组织内形成包囊，从而使病猪成为带虫者。

兹将治疗猪弓形虫病常选用的配方介绍如下：

1. 磺胺嘧啶（SD）加甲氧苄氨嘧啶（TMP）或二甲氧苄氨嘧啶（DVD）疗法　前者每千克体重用70mg；后者每千克体重用14mg，每天两次口服，连用3～4d。

2. 磺胺甲氧吡嗪（SMPZ）疗法　每千克体重用30mg，甲氧苄胺嘧啶，每千克体重用10mg，混合后1次内服，每天1次。实际常用SMPZ每头猪0.25g×3片（首次增加1/3），TMP每头猪0.1g×1片，1次内服。

3. 磺胺甲氧砒嗪注射疗法　用12%复方磺胺甲氧砒嗪注射液，每千克体重用50～60mg（实用每头猪10mL），每天肌内注射1次，连用4次。

4. 磺胺-6-甲氧嘧啶（SMM，又名DS-36）疗法　每千克体重60～100mg，单独口服或配合甲氧苄氨嘧啶每千克体重14mg口服，每天1次，连用4次，首次使用倍量。

据报道，二磷酸氯喹啉和磷酸伯氨喹啉也有很好的治疗效果。近年来研制的一些新药，如双氢青蒿素也有较好的抗弓形虫作用。

此外，目前一些专家认为免疫抑制可诱发隐性弓形虫感染的活化，说明宿主免疫机制控制了弓形虫病的病程及转归，其中细胞介导的免疫起主导作用。因此，近年来各种免疫增强剂及细胞因子逐渐引起人们的关注，如常用的免疫增强剂有：牛型结核杆菌、卡介苗、合成佐剂细胞壁酰二肽和细胞脂多糖等；细胞因子包括白细胞介素和干扰素等。据研究，左旋咪唑是一种广谱驱虫药，也有良好的免疫调节作用，因此，国外已有人将其用来治疗弓形虫病。

〔预防措施〕

1. 常规预防　一般而言，预防弓形虫病的主要手段应是行之有效、使用方便的疫苗，但由于弓形虫的生活史很复杂，感染途经多，而且包囊形成后可逃避宿主免疫，因此，至今尚无理想的疫苗问世，所以预防本病的主要方法是：平时应做到灭鼠、驱猫和加强饲养管理等一般措施。

（1）灭鼠驱猫　猪场内应开展灭鼠活动，并禁止养猫，发现野猫应设法消灭；与此同时，防止家养的和野生的肉食动物对猪舍的接触，减少猪只感染本病的机会。

（2）加强管理　加强对饲草、饲料的保管，严防被猫粪污染；勿用未经煮熟的屠宰废弃物作为猪的饲料；猪舍保持清洁，经常消毒。

2. 紧急预防　当猪场发生本病时，应及时采取以下措施。

（1）确定感染，及时处理　猪场发生本病时，应对猪群进行全面检查，条件允许时，应作血清学检查，对检出的病猪和隐性感染的猪，应进行登记并相互隔离；对良种病猪应采用有效药物进行计划治疗，对治疗耗费超过经济价值，隔离管理又有困难的病猪，可屠宰淘汰处理。

（2）严格消毒　病猪流产的胎儿及其排出物应深埋，流产的现场要严格消毒；对死于患本病的猪尸体亦应严格消毒和深埋，防止环境污染；绝对禁止用上述死胎、死肉等饲喂猫及其他肉食动物。对病猪舍、饲养场进行消毒，常用药物为1%来苏儿液或3%烧碱液，也可用火焰等进行消毒。

（3）药物预防　病猪场和疫点也可采用磺胺-6-甲氧嘧啶或配合甲氧苄胺嘧啶连用7d进行药物预防，这样可以防止弓形虫感染。

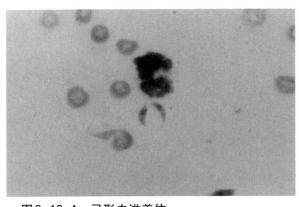

**图 3-10-1　弓形虫滋养体**

组织的中央有两个香蕉状滋养体，其细胞核偏在。姬姆萨染色 ×1 000

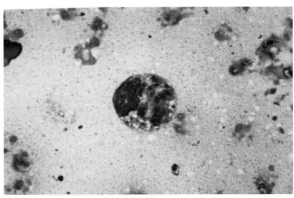

**图 3-10-2　弓形虫的假囊**

在坏死的淋巴结组织中检出的含假囊的巨噬细胞。姬瑞氏染色 ×400

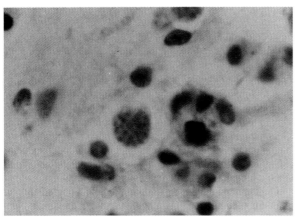

**图 3-10-3　圆形包囊**

组织的中下部有一个类圆形包囊。姬姆萨染色 ×400

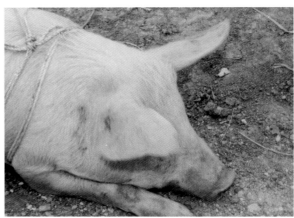

**图 3-10-4　皮肤瘀血出血**

病猪全身瘀血，皮肤呈暗红色，并有出血斑点。

**图 3-10-5　皮肤干性坏死**

病猪耳朵、眼周和鼻端等无毛部明显发紫，呈干性坏死状。

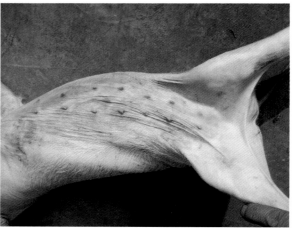

**图 3-10-6　全身性瘀血**

死于本病的猪，耳朵、四肢和腹下部常因瘀血而呈蓝紫色。

**图3-10-7  瘀血水肿**

肺瘀血、水肿，胸腔中有较多淡红色的胸水。

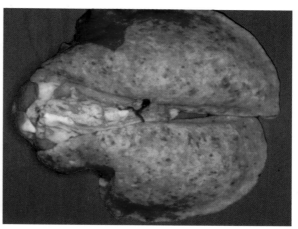

**图3-10-8  肺出血**

肺脏瘀血肿大，表面有大小不一的出血斑点，肺尖叶有炎性病灶。

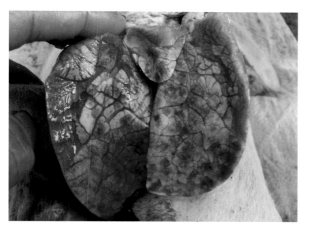

**图3-10-9  肺出血水肿**

肺出血、水肿，表面有出血斑，间质增宽，小叶结构很明显。

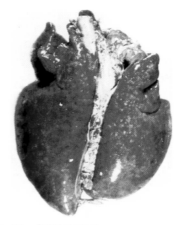

**图3-10-10  坏死性肺炎**

纵隔淋巴结出血、肿大 ；肺脏瘀血出血，表面散在有灰白色坏死灶。

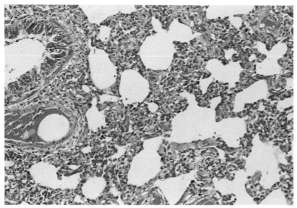

**图3-10-11  间质性肺炎**

肺泡隔明显增宽，其中的结缔组织增生和淋巴细胞浸润。HE×50

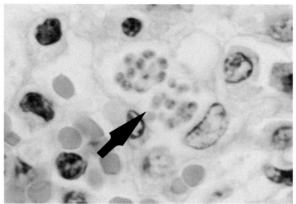

**图3-10-12  弓形虫的假囊**

肺泡隔增宽，在巨噬细胞的胞浆中检出滋养体（↑）。HE×1 000

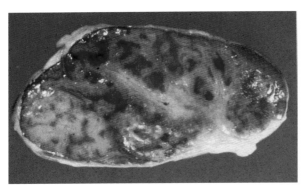

**图3-10-13　出血性淋巴结炎**

淋巴结瘀血、弥漫性出血，呈红褐色，切面见有灰白色坏死灶。

**图3-10-14　坏死性淋巴结炎**

肠系膜淋巴结肿大坏死，切面淡红，散在较多灰白色坏死灶。

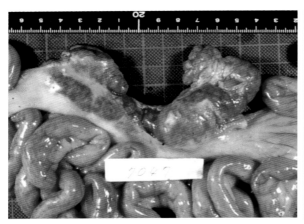

**图3-10-15　淋巴结出血**

肠系膜淋巴结出血、肿大，并有黄白色的坏死灶。

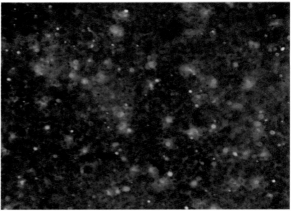

**图3-10-16　免疫荧光阳性**

在坏死性淋巴结炎病灶内，用荧光抗体法检出阳性抗原。免疫荧光×400

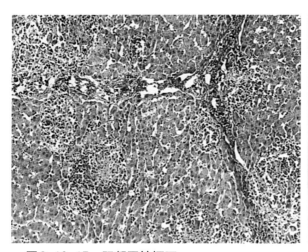

**图3-10-17　肝凝固性坏死**

肝小叶的凝固性坏死灶中有网状细胞增生和淋巴细胞浸润。HE×100

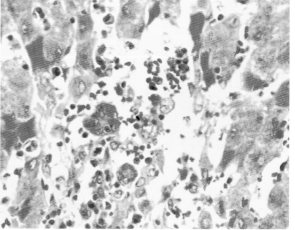

**图3-10-18　肝脏的假囊**

在肝脏的坏死灶中常可检出弓形虫的滋养体和假囊。HE×132

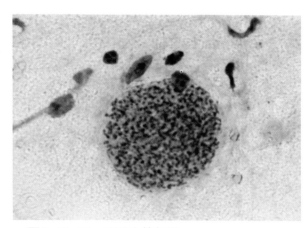

图3-10-19　弓形虫的包囊

　　慢性弓形虫病时，在脑组织中可检出特异性的包囊。姬姆萨染色×400

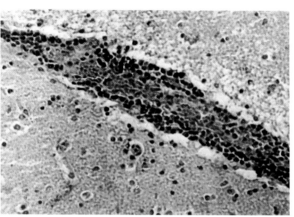

图3-10-20　脑内血管套

　　脑组织的血管周围有大量淋巴细胞浸润，形成血管套。HE×100

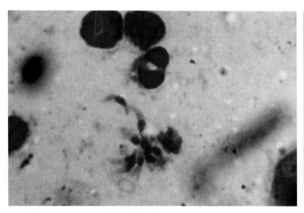

图3-10-21　新月形弓形虫

　　用坏死淋巴结触片，经染色后检出的呈新月形的弓形虫。革兰氏染色×1 000

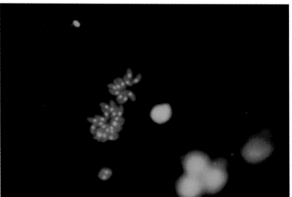

图3-10-22　免疫荧光阳性

　　用免疫荧光染色在坏死的淋巴结涂片中检出了弓形虫。荧光抗体染色×400

## 十一、猪球虫病 （Coccidiosis in swine）

　　猪球虫病是由猪艾美耳球虫等球虫所引起的一种肠道寄生虫病。本病只发生于仔猪，多呈良性经过；成年猪只感染后不出现任何临床症状，成为隐性带虫者。

　　〔病原特性〕本病的病原体为孢子虫纲、真球虫目、艾美耳科、艾美耳属的猪球虫。据文献记载，猪球虫不下10种，比较可靠的有6种，都寄生于小肠，均系细胞内寄生虫，其中以蒂氏艾美耳球虫和粗糙艾美耳球虫的致病力最强。猪艾美耳球虫的特点是卵囊内形成4个孢子囊，每个孢子囊内包含2个子孢子。猪艾美耳球虫的生活史，主要经过裂体生殖、配子生殖和孢子生殖三个阶段：

　　1. 裂体生殖 （schizogony）　含有子孢子的卵囊被猪摄入消化道后，受消化酶的作用，子孢子由卵囊内逸出，并侵入宿主的肠黏膜上皮细胞内变为滋养体 （trophozoite），进而发育为体积较大的裂殖体 （schizont）。通过无性繁殖的裂体生殖，生成许多香蕉状的裂殖子 （merozoite），于是在寄生的肠黏膜上可见到不同发育阶段的球虫（图3-11-1）。裂殖子在形态上及活力上与子孢子类似，它们可以破坏细胞膜而释放到肠腔，并再侵入其他肠黏膜上皮细胞（图3-11-2），形成新的滋养体及裂殖体。由于反复多次裂体生殖，导致肠黏膜出血、坏死等组织损伤。裂体生殖结束，继而即开始有性繁殖的配子生殖阶段。

2.配子生殖 (gametogenesis) 滋养体经反复多次裂体生殖后即不再发育为裂殖体，而可分化为雄性与雌性两种配子体 (gametocyte)。用糖原染色法 (PAS) 染色时，配子体被染成红色（图3-11-3），说明其中含有多量糖原或糖蛋白成分。雄性配子体积小，细胞浆少，称为小配子体 (micro gametocyte)；后者体积大，细胞质丰富，称为大配子体 (macrogametocyte)。小配子体分裂形成有双鞭毛的、能运动的、镰刀状的雄（小）配子 (male gamete)，相当于精子。大配子不分裂，但成熟为雌（大）配子 (female gamete)，相当于哺乳动物的卵细胞。小配子离开宿主细胞寻找大配子，并钻入细胞中的大配子内，使之受精，产生合子 (zygote)。合子团块在肠黏膜构成乳白色粟粒状小点。合子周围形成两层被膜，即发育为卵囊。卵囊离开宿主细胞进入肠腔内，并随粪便排出体外。

猪球虫的卵囊随种类不同而有圆形、椭圆形、卵圆形等不同的形状；色泽由黄褐色、淡黄色到无色（图3-11-4）。囊壁有两层膜，外膜为保护膜，结实，有较大的弹性，化学成分类似角蛋白；内膜是由大配子在发育过程中形成的小颗粒构成的，化学成分属类脂质；原生质呈颗粒状。某些种的卵囊有卵膜孔，有的卵囊内膜突出于卵膜孔外而形成极帽。

3.孢子生殖 (sporogony) 在适宜的外界温度和湿度条件下，卵囊内合子分裂成4个成孢子细胞 (sproblast)。每个成孢子细胞的外周形成有抵抗力的膜壁，即孢子囊。每个孢子囊再分裂成2个子孢子（图3-11-5）。至此孢子生殖完成，新生成的卵囊具有感染性。

上述裂体生殖和配子生殖是在动物体内进行的，称为内生性发育；孢子生殖是在外界进行的，则称为外生性发育。如果不发生再感染，球虫在其发育过程中，最终作为卵囊而自行消灭。

〔流行特点〕本病只发生于仔猪，成年猪多为隐性感染；病猪和带虫的猪是本病最主要的传染来源；消化道是本病主要的传播途径。当虫卵随病猪的粪便排出体外，污染了饲料、饮水、土壤或用具等时，虫卵在适宜的温度和湿度下发育成有感染性的虫卵，仔猪误食后，就可发生感染。

球虫感染决定于猪体的抵抗力及外界条件。当猪感染球虫后，其机体可产生免疫力，但不同种属的球虫间没有交叉免疫反应。由于这种免疫力的作用，在经地方流行性感染过的猪群中，再感染时则仅带有少量球虫，而不显临床症状。但当受某种不利因素影响时，如严寒气候、饲料突然变换或并发其他感染等，机体的免疫力和稳定性就可能被破坏而导致疾病暴发。

此外本病的发生还与仔猪的年龄、病原的数量等有关。仔猪机体的内因不仅影响本身的感染与发病，而且对于球虫在体内进行有性和无性繁殖的持续发展所造成的内源性侵袭也具有一定影响。

本病的发生常与气温和雨量的关系密切，通常多在温暖的月份发生，而寒冷的季节少见。在我国北方从4～9月末为流行季节，其中以7～8月最为严重；而在南方一年四季均可发生。

〔临床症状〕发病仔猪主要表现为食欲不振，渴欲增加，恶寒怕冷、喜欢聚堆，相互取暖（图3-11-6）。磨牙，有间歇性腹痛，腹泻和便秘交替发生；病情重时可呈进行性腹泻，有时见血便，几天后血便消失，出现黏液性粪便。病猪逐渐消瘦、贫血，可视黏膜苍白。病情较轻时，粪便呈棕色或灰色、稀软（图3-11-7），检查粪便可以发现卵囊。

仔猪球虫病一般均取良性经过，可自行耐过而逐渐康复；但感染虫体的数量多，腹泻严重的仔猪，可以死亡而告终。成年猪感染时一般不出现明显的临床症状。

〔病理特征〕猪球虫病的特征性病变位于小肠，以卡他性肠炎或轻度出血性卡他性肠炎为特点。剖检见肠黏膜面上被覆大量黏液，黏膜水肿、充血和白细胞浸润，结果使肠黏膜显著增厚。黏膜常发生点状出血（图3-11-8），尤其是空肠后部及回肠黏膜的皱襞部。肠内含有混杂黏液和少量含血的稀粥样物。但在临床上有些病猪的粪便变化不明显，这可能是由于球虫在肠黏膜上皮细胞内发育，常引起受侵袭的细胞死亡后，肠腺和表面的上皮细胞脱落，绒毛上皮则可发生代偿性增生之故。此外，肠黏膜常见局灶性坏死和黏膜脱落区，当伴有细菌等感染时，坏死就变得更为严重，肠黏膜上常覆有厚层假膜（图3-11-9）。此时，粪便内常常混有纤维素碎片。

肠道的组织学变化特点是肠黏膜上皮细胞坏死脱落，其程度因球虫的数量、繁殖速度而不同。肠腔上皮细胞多含有不同发育期的球虫（图3-11-10），含有球虫的坏死上皮细胞脱落入肠腺腔内，形成很多细胞碎屑。当上皮脱落后，于固有层及肠腺腔内即有白细胞浸润，其中含有多量嗜酸性粒细胞。

〔诊断要点〕猪球虫病的生前诊断，可用饱和盐水浮集法检查粪便中有无卵囊，并根据卵囊的种类、数量以及临床表现和流行病学等资料进行综合分析，在排除其他引起肠炎性疾病的情况下才能确诊。死后剖检，可根据严重的卡他性或卡他性出血性肠炎的特点，并在肠黏膜上皮细胞内发现大量不同发育阶段的球虫，或以肠黏膜涂片镜检，可发现大量不同发育阶段的球虫即可确诊。

〔治疗方法〕猪的球虫多取良性经过，因此，对猪球虫的治疗，目的在于缓解症状，抑制球虫的发育，促使病猪迅速产生免疫力，使病猪尽快康复。球虫是很容易产生抗药性的，故应有计划地交替使用或联合应用数种抗球虫的药物进行治疗或预防，以免抗药性的产生。磺胺类药物等对球虫有杀灭和抑制作用，多是治疗球虫病的首选药物，兹介绍几种常用的治疗方法。

1. 磺胺二甲嘧啶疗法　按每千克体重0.1g剂量（初次剂量为0.2g），混入少量饲料喂服，每日二次，连用3d，停药4d，再喂服1～2个疗程。

2. 磺胺六甲氧嘧啶疗法　按1g/kg混入饲料对防治球虫有良好的效果。

3. 二甲氧苄氨嘧啶与磺胺二甲基嘧啶合剂疗法　两药的比例为1∶5，按900mg/kg混入饲料用作治疗；按200mg/kg混入饲料对带菌猪进行预防。其方法是：4d投药，3d停药，再4d投药，3d停药；再5d投药。

4. 氯苯胍疗法　在多雨的季节，本病暴发时，按300mg/kg混入饲料作紧急治疗，治疗一周后，改为150mg/kg混饲。对以精料为主的断奶仔猪，以150mg/kg混入饲料内给予，连续45d可收到良好的预防效果；对以青饲料为主的架子猪，则按每千克体重6mg剂量给予，具有较好的预防作用。

另外，中草药对球虫病也有较好的治疗效果，现介绍两种常用的方剂：

5. 四黄散疗法　黄连6份，黄柏6份，黄芩15份，大黄5份，甘草8份，共研末，每猪每日服药2次，每次6g，连服1～3d；若3d未愈，则可连服。

6. 球虫九味散疗法　白僵蚕10份，生锦纹5份，桃仁泥5份，地鳖虫5份，生白术3份，川桂枝3份，白茯苓3份，泽泻3份，猪苓3份，共研末，每次9g内服，每日两次，连用5d。病初服用本剂有明显的疗效。

〔预防措施〕本病的主要传染来源是病猪、带虫猪和污染的场地，因此预防本病应采取隔离—治疗—消毒的综合措施。成年猪多系带虫猪，因此，在母猪分娩前两个月，应该给其驱虫，粪便及时清除、发酵、消毒，垫草更换，环境消毒，使母猪在清洁的状态下进行生产。如发现病猪，应及时隔离，积极治疗；对本病流行的地区，应定期驱虫，并对猪只排出的粪便进行无害化处理，防止粪便对饲料、饮水和环境的污染；对环境应定期用3%～5%的热碱水或1%克辽林溶液消毒地面、圈舍、饲槽、饮水槽和用具等。另外，球虫病往往在突然更换饲料时发生，因此，乳猪断奶时或仔猪饲料更换时应注意逐渐过渡，切忌突然更换。

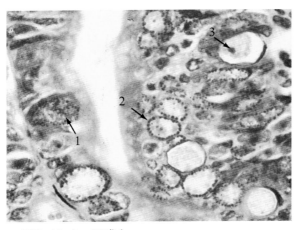

**图3-11-1 肠球虫**

小肠黏膜上皮中不同发育阶段的球虫：裂殖体（箭头1）、裂殖子（箭头2）和滋养体（箭头3）。HE×800

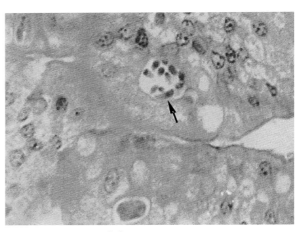

**图3-11-2 肠球虫**

位于肠上皮细胞中已成熟的裂殖子（↑）。HE×400

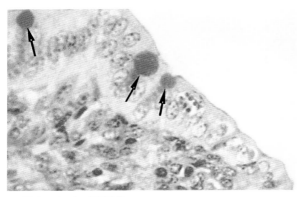

**图3-11-3 配子体**

位于肠上皮的配子体被糖原染色法染成红色（↑）。PAS染色×400

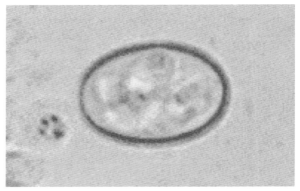

**图3-11-4 蒂氏艾美耳球虫卵**

成熟的蒂氏艾美耳球虫的卵囊呈类圆形，卵膜黄褐。

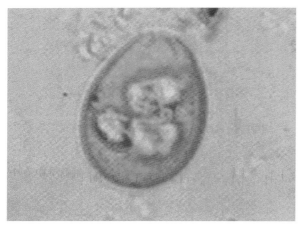

**图3-11-5 粗糙艾美耳球虫卵**

成就的粗糙艾美耳球虫的卵囊内有呈分裂状的子孢子。

**图3-11-6 病猪聚堆**

病仔猪恶寒怕冷，聚积成堆，相互取暖。

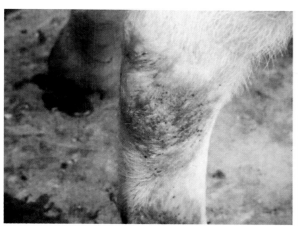

**图3-11-7　仔猪腹泻**
发病的仔猪排出灰白色水样稀便，两后肢被污染。

**图3-11-8　小肠出血**
肠壁肥厚，充血而呈红褐色，肠黏膜面上有大量出血斑点。

**图3-11-9　出血性肠炎**
小肠黏膜出血坏死，呈红褐色，被覆厚层黄红色的假膜。

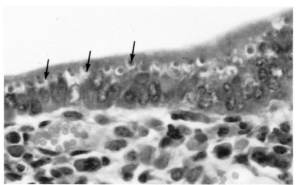

**图3-11-10　肠上皮中的球虫**
小肠黏膜上皮细胞中见有不同发育阶段的球虫（↑）。HE×400

# 十二、小袋虫病 (Balantidiasis)

　　小袋虫病又称小袋纤毛虫病，是猪等动物肠道中常在的寄生虫；主要流行于饲养管理较差的猪场；多发生于仔猪，临床上以下痢、衰弱、消瘦等症状为特点，严重者可导致死亡。本病常与猪瘟、沙门氏菌病等传染病并发，也可感染人。

　　〔病原特性〕本病的病原为纤毛虫纲、小袋虫科、小袋虫属的结肠小袋纤毛虫（简称小袋虫）；为纤毛虫纲中唯一较为重要的致病性原生动物，普遍分布于全世界；主要寄生在猪及非人类灵长类大肠内，偶尔可以感染人，亦发现于犬、鼠及豚鼠。

　　小袋虫的生活史可分为滋养体（活动期的虫体）和包囊体（非活动期的虫体）两个阶段。滋养体呈椭圆形，大小差异较大，30～150μm×25～120μm。虫体表面有许多纤毛，排列成略带斜形的纵行；纤毛作规律性运动，使虫体以较快速度旋转向前运动。虫体内有大、小不同的两个核。大核多位于虫体中央，呈肾形；小核甚小，呈球形，位于大核的凹陷处。虫体中部及后部各有一个调节渗透压的伸缩泡（图3-12-1）。包囊体呈圆形或椭圆形，直径40～60μm，囊壁分为两层，厚而透明，呈淡黄色或浅绿色，在新形成的包囊内，可清晰见到滋养体在囊内活动，但不久即变成一团颗粒状的细胞质（图3-12-2）。

当猪吞食了被包囊体污染的饮水或饲料后，囊壁在肠内被消化，包囊体内的虫体脱囊而出，转变为滋养体，进入大肠，以淀粉、肠壁细胞、红细胞、白细胞、细菌等肠内容物为食料。一般情况下，小袋虫为共生者，仅在宿主消化功能紊乱或肠黏膜有损伤时，虫体才乘机侵入肠组织，引起溃疡。虫体以横二分裂法进行繁殖，部分滋养体变圆，其分泌物形成坚韧的囊壁包围虫体，成为包囊体，随宿主粪便排出体外。包囊抵抗力较强，常温（18～20℃）能存活20d，-6～-28℃能存活100d。包囊体为感染期虫体，在污秽不洁的环境中容易感染新宿主。

〔流行特点〕本病可发生于各种年龄的猪，但以断乳后仔猪的易感性最强，感染率为20%～100%不等。病猪和带虫猪是本病的主要传染源；而其他带虫动物（牛、羊、犬等）也可传播病原。本病主要通过消化道感染；其发生与否多与饲养管理不良、季节变化无常、猪体抵抗力降低等因素有明显的关系。一般而言，小袋虫的致病力并不太强，但当仔猪发生疾病时，特别是由沙门氏菌、猪瘟病毒和传染性胃肠炎病毒等引起肠道发炎时，或由于其他因素的作用而使猪体的抵抗力降低时，即造成有利于小袋虫大量繁殖的环境，导致溃疡性结肠炎的发生，使病情加重。

据报道，在我国的西南、中南和华南各省、区的个别地方，仔猪常发生本病。本病多呈散发性，少见流行性；一年四季均可发生，但以寒冷的冬季和早春多见。

〔临床症状〕本病按病程不同而有急性和慢性之分。急性型多突然发病，可于2～3d内死亡；慢性型者可持续数周甚至数月，但两型的临床症状基本相同。两型的共同表现为：仔猪精神沉郁，体温有时升高，食欲减退或废绝，喜躺卧，有颤抖现象；有不同程度的拉稀，粪便先半稀，后为水泻样，粪便中常带有黏膜碎片和血液，有恶臭。成年病猪除粪便附有血液和黏液外，一般无症状。

值得指出：本病也可感染人，且病情较为严重，患者发生顽固性下痢，大便带黏液及脓血，可以产生类似阿米巴所见的大肠黏膜溃疡。值得注意：人的感染主要来自猪，患者常与猪有密切接触史。本病在人与人之间的传播不是特别重要，而为一种由动物传染给人的人畜共患病（anthropozoonosis）。

〔病理特征〕小袋虫主要寄生在猪的结肠，其次为直肠和盲肠。因此，本病的特征性病理损伤与阿米巴类似，主要引起卡他性、出血性肠炎，肠管积气膨胀，出血部位的肠管中暗红色（图3-12-3）。剪开肠管，肠内容物呈灰白色带血的黏液状物，或呈红褐色黏稠的黏液被覆于肠黏膜（图3-12-4）。病性严重时，肠黏膜除有出血外，还见糜烂、溃疡形成（图3-12-5），偶尔可引起肠穿孔及腹膜炎等严重并发病。病理组织学检查时可发现，结肠小袋虫借助机械运动及分泌的透明质酸酶侵入肠黏膜，引起大肠黏膜发生出血和凝固性坏死，并形成溃疡，在坏死脱落的肠上皮与黏液中或黏膜的表面可检出大量小袋虫（图3-12-6）；病情严重时，小袋虫可侵入黏膜下层和肌层，在肠壁肌层中检出大量小袋虫（图3-12-7）。这是引起肠溃疡发生的主要原因。在受累组织中浸润的炎性细胞主要是淋巴细胞及嗜酸性粒细胞。

本虫与阿米巴不同，小袋虫不侵袭肠以外组织和器官。

〔诊断要点〕检出虫体是诊断本病的主要依据。本病的生前诊断可根据临床症状和粪便检查的结果进行判定，即在粪便中检出滋养体（图3-12-8）或包囊体就可确诊。死后剖检时应着重观察大肠有无溃疡性肠炎变化，并注意滋养体或包囊体的检出。其方法是：将在病、健交界部位刮取的肠黏膜或肠腔内容物，用热生理盐水稀释后，直接制作滴片，镜检时可发现较多的滋养体（图3–12–9）；病理组织检查时，可于被覆于肠黏膜的黏液中检出多量的滋养体。后者的主要特点为虫体大呈卵圆形，原生质中有致密肾形大核，虫体表有整齐排列的纤毛（图3–12–10），镀银染色可使纤毛更为突出。

〔治疗方法〕治疗本病的药物较多，如卡巴胂、碘化钾、甲基咪唑、硝基吗啉咪唑、土霉素、金霉素、四环素和黄连素等，兹介绍两种常用的方法：

1.碘牛乳疗法　即牛乳1 000mL，加入碘和碘化钾溶液（碘片1g、碘化钾1.5g、水1 500mL）100mL，混入饮水中给予，连用一周。

2.重痢金针疗法　本药的主要成分为苦参、黄连和环丙沙星。治疗时可按每千克体重0.2mL，每日1次，连用3天，效果较好。

另外，依据本地区的具体情况，也可选用其他药物进行治疗。

〔预防措施〕本病虽然可以治疗，但又很易复发。因此，做好本病的预防工作是非常重要的。预防本病应着重搞好猪场的环境卫生和消毒工作；搞好猪粪的发酵处理，避免含有滋养体和包囊体的粪便对饲料和饮水的污染。

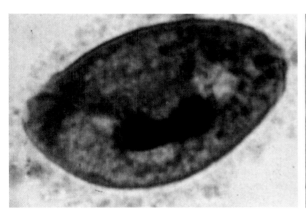

**图3–12–1　滋养体**

小袋虫的滋养体呈椭圆形，外周有纤毛。含铁血黄素染色×200

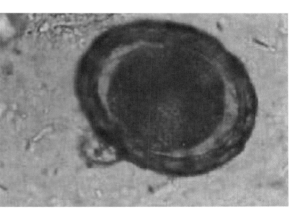

**图3–12–2　包囊体**

小袋虫的包囊体呈圆形或椭圆形，包有厚层包膜。

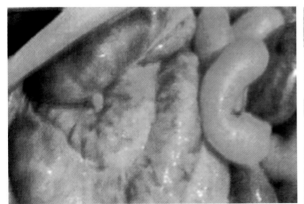

**图3–12–3　肠积气和出血**

肠管积气膨胀，出血的肠管呈暗红褐色。

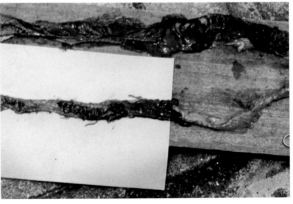

**图3–12–4　卡他性出血性肠炎**

大肠内有较多的软便，肠黏膜充血、出血，有溃疡形成。

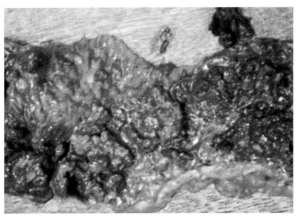

**图 3-12-5　结肠溃疡**

肠黏膜弥漫性出血，呈暗红色，黏膜面上有融合性溃疡灶。

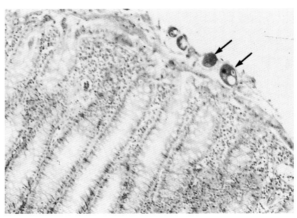

**图 3-12-6　卡他性肠炎**

肠黏膜上皮剥脱，肠黏液中含较多的小袋虫(↑)。HE×100

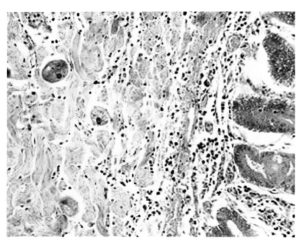

**图 3-12-7　肠肌层的滋养体**

在肠壁肌层中有大量小袋虫，肌纤维间有大量炎性细胞。HE×100

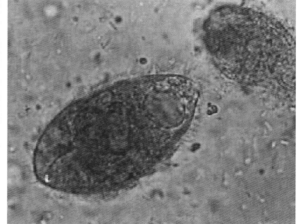

**图 3-12-8　粪便中的滋养体**

猪粪便中检出的滋养体型小袋虫，细胞质呈颗粒状。

**图3-12-9　肠内容物的滋养体**

从肠黏膜内容物中检出的小袋虫滋养体，有明显偏在的核。滴片 ×200

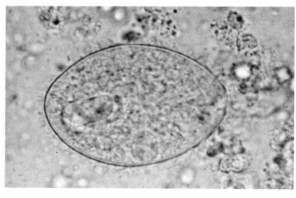

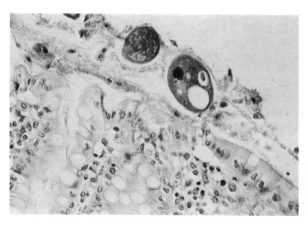

**图3-12-10　肠黏膜中的滋养体**
肠黏膜面被覆大量黏液，其中混
有纤毛虫的滋养体。HE×400

## 十三、疥螨病（Sarcoptidosis）

疥螨病俗称疥癣、癞病，是一种接触传染的慢性寄生虫性皮肤病；临床上以剧痒、湿疹性皮炎、脱毛、形成皮屑干痂、患部逐渐向周围扩展和具有高度传染性为特征。本病可致猪只个体或大群死亡，但更多的则是影响生产性能和皮、肉产品的质量，增加饲养和治疗成本而造成巨大的经济损失。

疥螨的种类很多，除猪疥螨外，还有马疥螨、牛疥螨、山羊疥螨、绵羊疥螨和犬疥螨等，但各种疥螨形态相似。一般而言，不同种动物的疥螨病是由相应的疥螨所引起的，但疥螨的宿主特异性并不强，如经常接触家畜的人，可以感染家畜疥螨病。因此，多数学者认为寄生于不同动物的疥螨是一种疥螨的不同变种。

〔病原特性〕本病的病原体为疥螨属的猪疥螨（*Sarcoptes scabiei* var.*suis*），又称穿孔疥虫。猪疥螨的虫体很小，肉眼不易看见，大小为0.2～0.5mm，呈淡黄色龟状，背面隆起，腹面扁平。躯体可分为两部：前面称为背胸部，有第1和第2对足，这两对足大，超出虫体的边缘，每个足的末端有两个爪和一个吸盘；后面叫做背腹部，有第3和第4对足，这两对足较小，除有爪外，雌虫的末端只有刚毛，而雄虫的第3对足为刚毛，而第4对足则为吸盘（图3-13-1）。体背面有细横纹、锥突、圆锥形鳞片和刚毛。假头呈圆形，后方有一对粗短的垂直刚毛。口器位于虫体的前端，为咀爵型，由一对有齿的螯肢和一对圆锥形的须肢组成。背胸上有一块长方形的胸甲；肛门位于背腹部后端的边缘上。雄性的生殖孔在第4对足之间；雌虫的生殖孔位于第1对足后支条合并的长杆的后面。疥螨的卵为椭圆形，平均为150μm×100μm（图3-13-2）。

疥螨为不完全变态的节肢动物，其全部发育过程都在宿主体内渡过，包括卵、幼虫、若虫、成虫4个阶段。当虫体附着于动物皮肤后，利用其口器切开表皮钻入皮肤，挖凿隧道，其深度可达皮肤的乳头层，长可达5～15mm。虫体以宿主表皮深层的上皮细胞和组织液为营养。成虫在隧道内生长繁殖，雌虫在其中产卵和孵育幼虫。从卵孵育出幼虫后，经蜕皮变为若虫直至发育到性成熟的成虫的整个周期约需2～3周，一个雌虫可繁殖150万个后代。一般正在产卵的雌虫寄生于皮肤深层，而幼虫和雄虫寄生于皮肤表层。离开宿主身体后，一般仅能存活3周左右。

〔流行特点〕本病多发生于仔猪，病情也较成年猪为重。疥螨在仔猪的皮肤内繁殖较在成年猪的快。其传播的主要途径是由病猪与健猪的直接接触，或通过被螨及其虫卵污染的圈舍、垫草和饲养管理用具的间接接触。另外，幼猪有挤压成堆躺卧的习惯，这是造成本病迅速传播的重要因素;工作人员的衣服和手等也可以成为疥螨的搬运工具,起传播螨病的作用。

此外,猪舍阴暗、潮湿、环境不卫生及营养不良等均可促进本病的发生和发展。秋冬季节,特别是阴雨天气也可促使本病蔓延、扩散;而春末夏初,猪体换毛,通气良好,皮肤受光照充足,造成不利于疥螨的发育繁殖的环境,使疥螨大量死亡。这时,病猪的症状常常减轻,有的可完全康复。

〔临床症状〕本病多发生于5个月龄以下的仔猪。病初从眼周、颊部和耳根开始,先呈皮疹形,以后逐渐增大呈结节状,继发感染时则可化脓并形成结痂(图3-13-3),以后蔓延到背部、体侧、股内侧和全身(图3-13-4)。剧痒是本病的一个主要症状,病情越重,痒觉越甚,病猪常瘙痒难忍,在圈栅和栏柱等处摩擦(图3-13-5)或以蹄子摩擦患部,甚至将患部擦破出血;皮肤常因病猪的强烈摩擦而受损,以致患部皮肤肥厚、脱毛、结痂(图3-13-6),或形成石灰色痂皮。随着病情的发展,皮肤的毛囊、汗腺受到侵害,皮肤角质层角化过度,患病脱毛,皮肤肥厚,失去弹性而形成皱褶和龟裂(图3-13-7)。由于皮肤瘙痒,病猪终日啃咬、摩擦和烦躁不安,影响正常采食和休息,所以病猪的食欲不振,营养不良,并使胃肠消化、吸收机能降低。加之在寒冷季节因皮肤裸露,体温大量放散,体内蓄积的脂肪被大量消耗,所以病猪日渐消瘦,抵抗力明显降低,常易继发性感染使病情复杂化,严重时可引起死亡。

〔病理特征〕疥螨主要侵害皮温较高并较固定和表皮菲薄的部位。由于大量虫体在皮肤寄生和挖凿隧道,对宿主皮肤有巨大机械刺激作用,加上虫体不断分泌和排泄有毒的分泌物和排泄物刺激神经末梢,致使动物产生剧痒和造成皮肤发生炎症。其特征是皮肤因充血和渗出而形成小结节(图3-13-8),随后因瘙痒摩擦造成继发感染而形成化脓性结节(图3-13-9)或脓疱(图3-13-10),后者破溃、内容物干涸形成痂皮。在多数情况下,宿主患部皮肤的汗腺、毛囊和毛细血管遭受破坏,并因有化脓性细菌感染而使患部积有脓液,皮肤角质层因受渗出物浸润和虫体穿行而发生剥离,或形成大面积结痂(图3-13-11)。病情严重的病猪,患部脱毛,皮肤增厚而失去弹性,或形成皱褶。镜检见表皮角化增厚,其中常有多量疥螨寄生,真皮增生肥厚,其中有较多的嗜酸性粒细胞浸润(图3-13-12)。

〔诊断要点〕本病有时虽然可根据发病的季节、特殊的临床症状和病理变化做出诊断;但对症状不够明显的病例,确诊则需检出病原体。

检查疥螨的方法是:在患部与健部交界处,用手术刀刮取痂皮,直到稍微出血为止,将刮到的病料装入试管内,加入10%苛性钠(或苛性钾)溶液,煮沸;待毛、痂皮等固体物大部分溶解后,静置20min;由管底吸取沉渣,滴在载玻片上,用低倍显微镜检查,如能发现疥螨的幼虫、若虫和虫卵,即可确诊。

〔类症鉴别〕猪疥螨病易与湿疹、虱和毛虱病及秃毛癣病相混淆,诊断时应注意区别。

1.湿疹  本病虽然有痒觉,但不如螨病明显,而且在温暖的环境中痒觉并不加重;有的湿疹则无痒觉,皮屑中无疥螨及其虫卵。

2.虱和毛虱病  本病的发痒、脱毛和营养障碍与疥螨病相似,但无皮肤增厚、起皱褶和变硬等病变。在患部能检出虱或毛虱,皮肤正常,柔软有弹性,在刮取的病料中检不出疥螨及其虫卵。

3.秃毛癣  本病是一种真菌病,患部多呈圆形、椭圆形,境界明显,覆有疏松干燥的浅灰色痂皮,易剥离,剥离后皮肤光滑;发病久者,则见有融合性大形癣斑。本病常无痒觉,从病料中检不出疥螨及其虫卵,但确能检出癣菌芽孢或菌丝。

〔治疗方法〕 治疗螨病的药物较多，如敌百虫、杀虫脒、螨毒磷、螨净、双甲脒、溴氰菊酯、20%碘硝酚注射液、虫克星注射液、1%伊维菌素注射液、倍硫磷、硫黄和烟草等均有效。兹介绍几种治疗药物和处方供参考。

1.敌百虫疗法　将敌百虫配制成5%敌百虫溶液（取来苏儿5份，溶于100份温水中，再加入敌百虫5份即成），供患部涂擦用。亦可用敌百虫1份加液体石蜡4份，加温溶解后，用于患部涂擦。

2.敌百虫软膏疗法　取强发泡膏100g加温溶解后，加入清油或菜籽油700mL及来苏儿100mL，再加入敌百虫100g，混合均匀后，凉至40℃左右，供患部涂擦使用。

3.喷洒治疗法　将下述药物制成不同浓度的喷洒剂，喷洒于患部，达到治疗的目的。如用0.025%螨净溶液，0.05%双甲脒溶液，或0.05%溴氰菊酯溶液喷洒于患部，每天1次，连用3～5次，具有较好的效果。

4.注射疗法　用针剂注射，疗效确实，简单易行。如2%碘硝酚注射液，10mg/kg体重，一次皮下注射；虫克星注射液和1%的伊维菌素注射液，每千克体重0.02mL，一次皮下注射。

5.烟叶水液疗法　取烟叶或烟梗1份，加水20份，浸泡24h，再煮1h后涂擦患部。

应该指出：治疗疥螨病的药物大多是一些外用的带有一定毒性的药物，治疗时应选用专门的场所，分散治疗。为了使药物能充分接触虫体，用药前最好用肥皂水或来苏儿水彻底洗刷患部，清除痂皮和污物后再涂药。由于大多数治螨药物对虫卵的杀灭作用差，因此，治疗时常需重复用药2～3次，每次间隔5d，以杀死新孵出的幼虫。

〔预防措施〕

1.常规预防　平时要搞好猪舍卫生，经常保持清洁、干燥、通风。进猪时，应隔离观察，防止引进带有螨虫的病猪。经常注意猪群中有无发痒、掉毛、皮肤粗糙或发炎等现象，及时挑出可疑的病猪，隔离饲养，迅速查明原因，并采取相应的措施。

2.紧急预防　发现病猪应立即隔离治疗，以防止蔓延。在治疗病猪同时，应用消毒药彻底消毒猪舍和用具，将治疗后的病猪安置到已消毒过的猪舍内饲养。常用的消毒药物为10%～20%石灰乳、5%热火碱液或20%草木灰水等。从病猪身上清除下来的一切污物，如毛、痂皮和坏死组织等，均应全部收集，消毒处理或深埋。

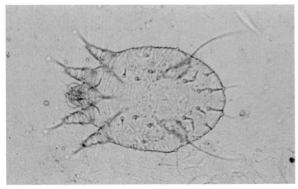

图3-13-1　雄虫

雄虫的第3对足为刚毛，而第4对足则为吸盘。

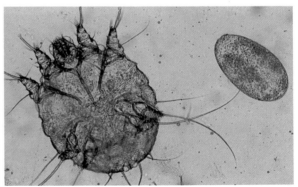

图3-13-2　雌虫及虫卵

雌虫的生殖孔位于第1对足后，虫卵呈椭圆形。

**图 3-13-3　皮疹与结痂**
全身皮肤发疹,以头部最为严重,并有结痂形成。

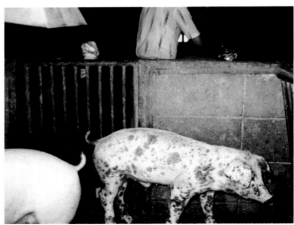

**图 3-13-4　全身性病变**
严重感染时病猪全身皮肤均有病变,并继发感染。

**图 3-13-5　瘙痒**
病猪瘙痒难忍,在门栏和饲槽上摩蹭。

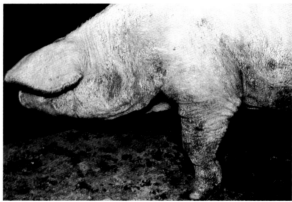

**图 3-13-6　皮肤肥厚**
病猪的头部、前肢及前胸部皮肤肥厚,脱毛和痂皮形成。

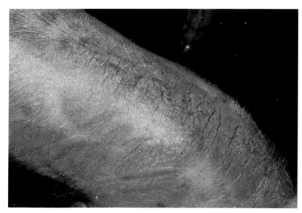

**图 3-13-7　皮肤龟裂**
病猪的背部及胸腹侧有大量淡褐色痂皮,发生龟裂。

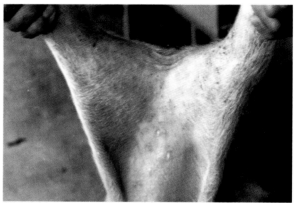

**图 3-13-8　皮肤癣斑**
病猪股部内侧的癣斑,皮肤充血和渗出形成的小结节。

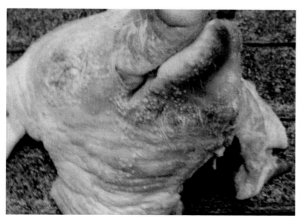

**图3-13-9　化脓性结节**

病猪的唇部及颈部继发感染而红肿肥厚并有许多化脓性结节。

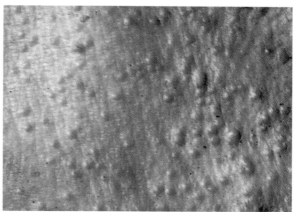

**图3-13-10　脓疱形成**

皮肤疥癣继发感染葡萄球菌后，在皮肤表面形成大小不等的脓疱。

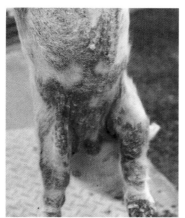

**图3-13-11　化脓性皮炎**

腹部及前肢后部皮疹融合、渗出而形成大片结痂。

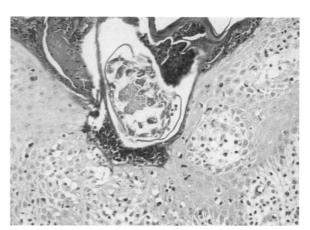

**图3-13-12　增生性皮炎**

表皮角化有疥螨寄生，真皮增生，有多量嗜酸性粒细胞浸润。HE×100

## 十四、猪虱病 (Pedicular disease in swine)

猪虱病是由猪血虱寄生于猪体表所引起的一种寄生性昆虫病。猪血虱多寄生于猪的耳基部周围、颈部、腹下、四肢内侧；其机械性的运动和毒素的刺激作用，常使病猪瘙痒不安，影响病猪的采食和休息，导致病猪渐进性消瘦和发育不良。本病普遍存在于各养猪场，对养猪业有较大的危害。

〔病原特性〕本病的病原体为昆虫纲、虱目、血虱科、血虱属的猪血虱（简称猪虱）。猪虱的个体较大，体长4～5mm，背腹扁平，表皮为革状，呈灰白色或灰黑色。虫体分头、胸、腹三部：头部较胸部窄，呈圆锥形，有一对短触角，一对高度退化的复眼；口器为刺吸式有一个短小的吸柱，尖端为口，四周有15～16个口前齿，吸血时用以固着在猪的皮肤上；胸部三节融合，生有三对粗短的足，足的末端为发达的爪，成为抓毛的有力工具；腹部由九节组成，雄虱末端圆形，雌虱末端分叉（图3-14-1）。

猪虱为不完全变态，终生不离开猪体，整个发育过程包括卵、若虫和成虫三个阶段；其中，若虫和成虫都以吸食血液为生。雌雄交配后，雄虱死亡，雌虱约经2～3d后开始产卵，每昼夜可产1～4个卵，每个虱一生能产50～80个卵。猪虱产卵时，可分泌一种胶状物，使虫卵黏着于猪毛或鬃上（图3-14-2）；产完卵后死亡。卵呈长椭圆形，黄白色，大小为0.8～1.0mm×0.3mm，有卵盖，上有颗粒状的小突起（图3-14-3）。卵经9～20d孵出若虫；若虫分3龄，每隔4～6d蜕化一次，经三次蜕化后变为成虫。自卵发育到成虫需30～40d，每年能繁殖6～15个世代。猪虱离开猪体后，通常在1～10d内死亡。

猪虱对低温的抵抗力较强，在0～6℃可存活10d；而对高温和湿热的抵抗力则较低，在35～38℃时经一昼夜即死亡。

〔流行特点〕各种年龄的猪对猪虱均易感染；病猪则是主要的传染来源；直接接触为本病最主要的传染途径，即病猪与健猪的接触而感染，其次也可通过混用的管理用具和褥草等传播。饲养管理卫生不良的猪群，虱病往往比较严重。

本病主要发生于秋冬季节，而夏季则较少。这是因为猪在秋冬季节时，被毛长而稠密，皮肤表面的湿度增加，有利于猪虱的生存和繁殖；而夏季则反之，被毛稀疏，皮肤干燥，没有良好的猪虱生存的条件之故。

另外，虱对温度反应敏感，当猪接近时，因温度吸引而爬上猪体；相反，当猪死亡后体温降低，虱则会自动离开尸体而寻找新的宿主。

〔临床症状〕猪虱多寄生于被毛稠密、皮肤较薄、湿度较大的内耳壳（图3-14-4）和股部内侧等部位，但感染严重时全身各部如头部、肩背部和臀部（图3-14-5）等部皮肤均有寄生。当猪体表有较多的猪虱寄生时，由于猪虱的运动、吮血（图3-14-6）及其分泌的毒素对神经末梢的刺激，甚至过敏，从而引起瘙痒，影响食欲和休息，故病猪通常消瘦，被毛脱落，皮肤落屑；病性严重时在皮肤出现毛囊炎小结节，小溢血点，或融合性毛囊性结节、甚至小坏死灶（图3-14-7）；或因病猪在栅栏、圈舍的墙壁上摩擦，造成皮肤损伤而继发细菌感染。严重猪虱感染时，则病猪的精神不振，体质衰退，明显消瘦，发育不良，或伴发化脓性皮炎和毛囊炎（图3-14-8）。此外，猪虱还能传播一些疾病，如沙门氏菌病、皮肤丝状菌病等，从而引起伴发病。

〔诊断要点〕本病在临床上容易被确诊。根据病猪到处擦痒，造成皮肤损伤及脱毛；在猪虱最易寄生部位，拨开被毛能发现附于毛上的虱卵和在皮肤上吮血或运动的猪虱（图3-14-9），即可确诊。

〔治疗方法〕敌百虫阿维菌素等对本病均有良好的治疗作用。兹将其用法作一简介。

1.敌百虫疗法　将敌百虫配制成0.5%～1%溶液，喷洒于患部及圈舍，具有良好的灭虱效果。注意，本法多用于夏季，用药的浓度不宜过高，以免引起病猪中毒。

2.其他使用阿维菌素或伊维菌素每千克体重注射0.3mg；双甲脒0.025%～0.05%涂擦或泼洒患部，7～10d后重复一次；溴氰菊酯或敌虫菊酯乳剂喷洒猪体，也有良好的治疗作用。

3.验方疗法　许多民间验方对本病也有很好的治疗作用，兹介绍几个。

处方一　煤油375mL、热水189mL、肥皂14g，先用热水把肥皂溶解，再加煤油，搅成乳剂，使用时加10倍清水冲淡，涂擦患部。

处方二　百部50g、烧酒500mL，将百部放入酒中浸泡一天后，滤去药渣，用滤液涂擦患部。

处方三　扁柏叶250g，研成细末，煮沸候冷，在猪全身涂擦，每天一次，连用2～3d。

最近，有人报道了一种根治猪虱的良方，在此做一简介。具体的配方及使用方法是：兽用精制敌百虫4片、滑石粉1kg、樟脑丸2粒。将之研磨为细末混合，用清洁纱布包好，均匀地拍撒在猪体上，特别是猪的腹部、四肢内侧、耳根及耳廓等猪虱寄生较多的部位。每天拍撒1次，连用3～5d，即可根除猪虱。

〔预防措施〕加强饲养管理和保持环境卫生是预防本病的有力措施。猪舍应通风、干燥，避免潮湿；垫草要勤晒、勤换、勤消毒，护理用具和饲养用具要定期消毒；在本病流行的地区或在本病易发生的季节，猪的圈舍及周围环境最好每月用1%敌百虫喷洒消毒。经常注意猪只体表的变化和检查，发现有虱病时，应及时隔离治疗，并对其他猪进行药物预防。

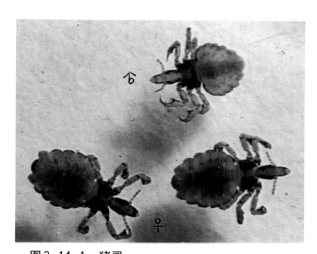

图 3—14—1　猪虱

雄性猪虱（♂）末端呈圆形，雌性（♀）猪虱末端分叉。

图 3—14—2　虱卵

在病猪的被毛上有大量灰白色虱卵附着。

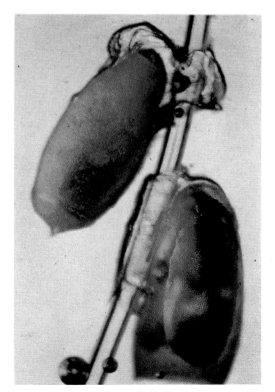

图 3—14—3　附于毛上的卵

虱卵靠分泌一种胶状物而黏附于毛上。

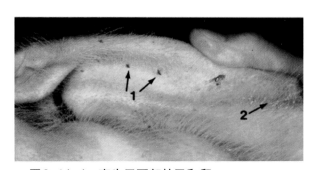

图 3—14—4　寄生于耳郭的虱和卵

内耳壳有猪虱寄生（箭头1），被毛上附有灰白色虱卵（箭头2）。

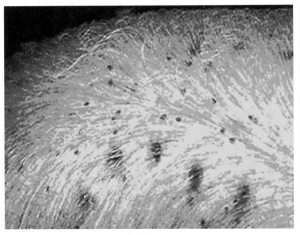

**图 3-14-5　位于臀部的虱**

臀部皮肤虽然较厚，但病性严重时也有大量虱子寄生。

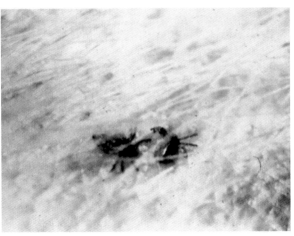

**图 3-14-6　吸血后的虱**

寄生于猪皮肤上的猪虱吮血而呈红褐色。

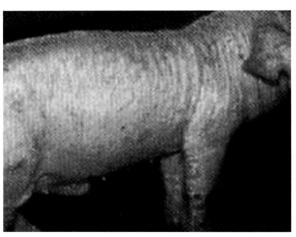

**图 3-14-7　全身性皮炎**

病猪因猪虱的大量寄生而引起全身性皮炎和毛囊炎。

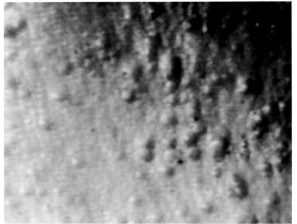

**图 3-14-8　化脓性毛囊炎**

病猪的皮肤红肿，而满大小不一的黄白色化脓性毛囊炎。

**图 3-14-9　寄生于皮肤的虱和卵**

病猪的被毛上有灰白色虫卵附着，皮肤上有暗褐色猪虱寄生。

# 猪 的 螺 旋 体 病

## 一、猪痢疾 （Swine dysentery）

猪痢疾曾被称为猪血痢、黏液出血性下痢或弧菌性痢疾，是一种危害严重的肠道传染病。其特征为大肠黏膜发生卡他性出血性炎，进而发展为纤维素性坏死性炎。主要症状为黏液性或黏液出血性下痢。本病可使仔猪生长发育受阻，饲料利用率降低，严重时导致死亡，给养猪业带来很大的经济损失。

〔病原特性〕本病的原发性病原体为蛇形螺旋体属的猪痢疾蛇形螺旋体 （*Serpulina hyodysenteriae*），而肠道内其他固有的病原微生物也参与本病的形成。本病原有4～6个弯曲，两端尖锐，呈缓慢旋转的螺丝线状；革兰氏染色呈阴性反应，用苯胺染料或姬姆萨氏染色时染色良好，将组织切片用镀银染色后效果更好。新鲜病料在暗视野显微镜下可见到活泼的蛇形运动或以长轴为中心的旋转运动 （图4-1-1）。在透射电子显微镜下，其形成与细菌不同，胞壁与胞膜之间有7～9条轴丝。此轴丝为蛇形螺旋体的运动器官。用扫描电镜观察，病原的两端较细，钝圆，呈蚯蚓状 （图4-1-2）。猪痢疾蛇形螺旋体为严格的厌氧菌，对培养基的要求十分严格，分离培养较为困难。

猪痢疾蛇形螺旋体对外界环境有较强的抵抗力，在25℃粪便内能存活7d，5℃粪便中能存活61d，在4℃土壤能存活18d；对消毒药的抵抗力不强，一般消毒药如过氧乙酸、来苏儿及氢氧化钠溶液均能迅速将其杀死。

〔流行特点〕本病只发生于猪，最常见于断奶后正在生长发育的架子猪，乳猪和成猪较少发病。病猪、临床康复猪和无症状的带菌猪是主要传染源，经粪便排菌，病原体污染环境和饲料、饮水后，经消化道传染。易感猪只与临床康复70d以内的猪同居时，仍可感染发病。在隔离病猪群与健康猪群之间，可因饲养员的衣、鞋等污染而传播。本病的流行经过比较缓慢，持续时间较长，且可反复发病。本病往往先在一个猪舍开始发生，几天后逐渐蔓延起来。在较大的猪群流行时，常常拖延达几个月，直到出售时还可见到新发病的猪。

本病的发生无季节性，传播缓慢，流行期长，可长期危害猪群。各种应激因素，如阴雨潮湿，猪舍积粪，气候多变，拥挤，饥饿，运输及饲料变更等，均可促进本病发生和流行。因此，本病一旦传入猪群，很难肃清。在大面积流行时，断乳猪的发病率一般为75%，高者可达90%，经过合理治疗，病死率较低，一般为5%～30%。

〔临床症状〕潜伏期长短不一，短者仅3d，长者可达2个月以上，但自然感染一般为10～14d。

本病的主要症状是轻重程度不等的腹泻。在污染的猪场，几乎每天都有新病例出现。病程长短不一，通常可分为以下几种：

1.最急性型　此型病例偶尔可见，病程仅数小时，多无腹泻症状而突然死亡；有的先排带黏液的软便，继之迅速下痢，粪便色黄、稀软，其中混有黏液和组织碎块（图4-1-3），病情严重时，可见红褐色水样粪便从肛门中流出（图4-1-4）；重症者在1～2d内死亡，粪便中充满血液和黏液。

2. 急性型　大多数病猪为急性型。初期，病猪精神沉郁，食欲减退，体温升高（40～40.5℃），排出黄色至灰红色的软便（图4-1-5）；继之，发生典型的腹泻，当持续下痢时，可见粪便中混有黏液、血液及纤维素碎片，使粪便呈油脂样或胶冻状，棕色、红色或黑红色（图4-1-6）。此时，病猪常出现明显的腹痛，弓背吊腹；显著脱水，极度消瘦，虚弱；体温由高而下降至常温，死亡前则低于常温。急性型病程一般约为1～2周。

3. 亚急性和慢性型　病猪表现时轻时重的黏液出血性下痢，粪呈黑色（称黑痢），病猪生长发育受阻，进行性消瘦；部分病猪虽然可以自然康复，但这些康复后的猪，经一定时间后还可以复发。本型的病程较长，一般在1个月以上。

〔病理特征〕本病的特征性病变主要在大肠（结肠、盲肠），尤其是回、盲肠结合部，小肠的病变一般不太明显，但当病情严重时，小肠也见有出血性肠炎的病变（图4-1-7），尤其是回肠部的出血更为明显，通常为弥漫性出血，肠黏膜呈暗红色（图4-1-8），偶见直肠也有明显的出血，肠黏膜面上常被覆大量血凝块和黏液（图4-1-9）。

剖检见病尸体明显脱水，显著消瘦，被毛粗刚和被粪便污染。急性期病猪的大肠壁和大肠系膜充血、水肿（图4-1-10），肠系膜淋巴结也因发炎而肿大。回肠和盲肠壁的淋巴小结肿大，从浆膜外就可发现黄白色结节（图4-1-11）。剪开肠管，肠黏膜下肿胀的淋巴小结，隆突于黏膜表面。黏膜明显肿胀，被覆有大量混有血液的污秽色黏液（图4-1-12），出血严重时，肠黏膜红染，表面覆有大小不一的血凝块（图4-1-13）。当病情进一步发展时，大肠壁水肿减轻，而黏膜的炎性渗出、上皮剥脱和坏死逐渐加重，由黏液出血性炎症发展至出血性纤维素性坏死性炎症，在黏膜表层形成一层出血性纤维蛋白伪膜。剥去假膜，肠黏膜表面有广泛的糜烂和浅在性溃疡（图4-1-14）。当病变转为慢性时，黏膜面常被覆一层致密的纤维素性渗出物。本病的病变分布部位不定，病轻时仅侵害部分肠段，反之则可分布于整个大肠部分，而病的后期，病变区扩大，常广泛分布（图4-1-15）。

病理组织学的特征是：病初由于黏膜和黏膜下层的血管扩张、瘀血、出血，浆液和炎性细胞渗出，故黏膜和黏膜下层显著水肿、增厚（图4-1-16）；继之，肠黏膜上皮坏死脱落，毛细血管裸露，破裂或通透性增大，故大量红细胞和纤维蛋白渗出，并与坏死的上皮混在一起被覆在黏膜表面（图4-1-17）。肠腺病初因杯状细胞与上皮细胞增生而伸长；病重时常发生萎缩、变性和坏死。镀银染色时常在黏膜表层和肠腺窝内发现大量猪痢疾蛇形螺旋体，有的密集呈网状（图4-1-18）。

一般而言，本病的病理变化主要局限于黏膜和黏膜下层，而肌层和外膜的病变轻微或无病变。

〔诊断要点〕根据流行特点、临床症状和病理特征可做出初步诊断；但与类症鉴别困难或需进一步确诊时，应进行实验室检查。实验室检查常用镜检法，即取新鲜粪便（最好为带血丝的黏液）少许，或取小块有明显病变的大肠黏膜直接抹片，在空气中自然干燥后经火焰固定，以草酸铵结晶紫液（图4-1-19）、姬姆萨氏染色液或复红染色液（图4-1-20）染色3～5min，涂片水洗阴干后，在显微镜下观察，可看到猪痢疾蛇形螺旋体，或将上述病料1小滴置于载玻片上，再滴1滴生理盐水，混匀，而后盖上盖玻片，以暗视野显微镜检查（400倍），发现有呈蛇形样活泼运动的菌体时，即可确诊。

值得指出：健康猪体内有时也有数量很少的非致病性蛇形螺旋体，所以，病原的检查应多观察一些视野，当多数视野中有3条以上的猪痢疾蛇形螺旋体样微生物时，可判定为该病。虽然在没有分离培养条件时，直接镜检法可以作定性诊断，但直接镜检法对急性后期、慢性、隐性及用药后的病例，检出率很低。因此，检查本病最可靠的方法是采取大肠病变部一段，两端结扎，送实验室进行病原体的分离培养和鉴定；也可采取病猪群的血清，进行微量凝集试验、间接荧光试验、琼脂扩散试验和ELISA检查等。

〔类症鉴别〕本病虽然与许多猪的腹泻性疾病易混淆，如猪传染性胃肠炎、猪流行性腹泻、仔猪红痢、仔猪白痢和仔猪黄痢等，在诊断时须注意鉴别，但更应与猪副伤寒和猪肠腺瘤病相区别。

1. 猪副伤寒　本病多为败血症变化，常在实质器官及淋巴结内有出血点和坏死灶，不仅大肠有严重的纤维素性坏死性炎症变化，而且小肠内常有出血和坏死性病变，黏膜的坏死可累及整个肠壁。病原诊断时可从坏死的组织及肠道中分离出沙门氏菌，而检不出猪痢疾蛇形螺旋体。

2. 猪肠腺瘤病　本病又叫增生性肠炎，或肠出血性综合征，主要侵害小肠，而大肠的病变不明显，大肠内容物中的血液和坏死碎片来自小肠，取粪便分离培养时，可分离到痰弯曲菌和黏液弯曲菌。

〔治疗方法〕用药物治疗本病可获得较好的效果，并很快达到临床治愈，但停药2～3周后，又可复发，较难根治。对本病有效的治疗药物很多，兹将常用的药物和治疗方法分述如下，仅供选用。

1. 痢菌净疗法　治疗量，口服每千克体重6mg，每天2次口服，连用3～5d；预防量，每吨饲料中加入25～50g，可连续使用60d。

2. 痢立清疗法　治疗量为在每吨饲料中拌入50g，连续使用70d；预防量与治疗量相同。

3. 土霉素碱疗法　治疗量每千克体重30～50mg，每天2次内服，5～7d为1疗程，连用3～5个疗程；预防量减半。

4. 链霉素疗法　治疗量每千克体重30～60mg，每天2次内服，5d为1疗程，连用2～3个疗程。

5. 硫酸新霉素疗法　治疗量在每吨饲料中添加150～300g药物，连用3～5d；预防量为在每吨饲料中加入100g药物，连用20d。

6. 杆菌肽疗法　治疗量在每吨饲料中添加500g药物，连用21d；预防量减半。

7. 泰乐菌素疗法　治疗量在每升饮水中加入药物0.057g，饮用3～10d；预防量为在每吨饲料中添加药物100g，连续使用20d。

〔预防措施〕本病目前尚无特异性疫苗，因此主要采用综合性措施来预防。

1. 平时预防　主要包括药物预防和加强管理。

（1）药物预防　在饲料中添加上述药物，虽可控制本病发生，减少死亡，但只能起到短期的预防作用，不能彻底消灭本病。

（2）加强管理　通常禁止从疫区引进种猪，必须引进种猪时，要严格隔离检疫1个月。加强饲养管理，保持舍内干燥，粪便及时无害化处理，使用的饲喂器具应定期消毒。

2. 紧急预防　在无本病的地区或猪场，一旦发现本病，最好全群淘汰，对猪场彻底清扫和消毒，并空圈2～3个月，经严格检疫后再引进新猪，这样重建的猪群可能根除本病。当病猪数量多，流行面广时，可用微量凝集试验或其他方法进行检疫，对感染猪群实行药物治疗，无病猪群实行药物预防，经常彻底消毒，及时清除粪便，改进饲养管理，以控制本病的发展。据报道，对病猪群采用药物治疗，实行全进全出制度，结合加强饲养管理，可以控制甚至净化猪场。

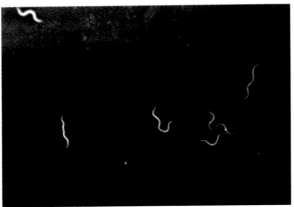

**图4-1-1 蛇形螺旋体**

在暗视野显微镜下可见到蛇样形状的病原体。暗视野×1 000

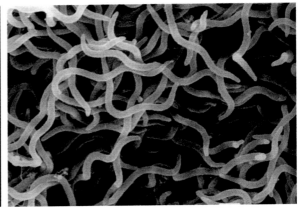

**图4-1-2 病原的超微结构**

扫描电镜下的蛇形螺旋体,两端较细,钝圆,呈蚯蚓状。

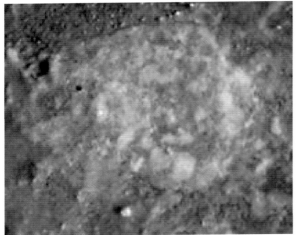

**图4-1-3 黏液样稀便**

病猪排黄白色黏液性稀便,其中混有组织碎块。

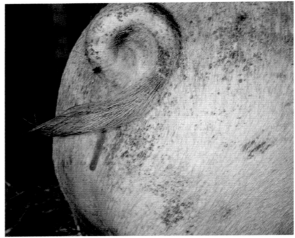

**图4-1-4 水样血便**

病猪的后躯被血便污染,从肛门流出红褐色水样血便。

**图4-1-5 黏液性血便**

病猪排出的带有黏液的血便,涂片染色后检出蛇形螺旋体。

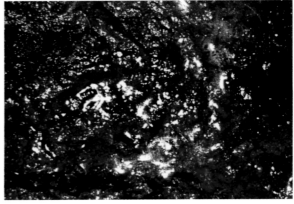

**图4-1-6 胶冻样血便**

血便中含有大量黏液、纤维蛋白和肠上皮等,红褐色呈胶冻样。

**图4-1-7　小肠出血**

切开腹腔见小肠瘀血、出血而呈紫红色。

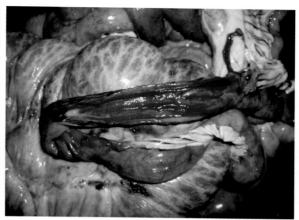

**图4-1-8　回肠出血**

回肠黏膜弥漫性出血，呈深红色，盲肠出血，
肠壁暗红。

**图4-1-9　直肠出血**

膀胱膨满，直肠黏膜弥漫性出血，并见血凝块。

**图4-1-10　大肠出血**

肠系膜高度水肿，肠壁瘀血、出血呈黑褐色。

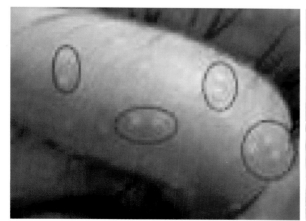

**图4-1-11　淋巴小结肿大**

肠壁淋巴小结肿大，在肠浆膜下可见有黄白色
小结节。

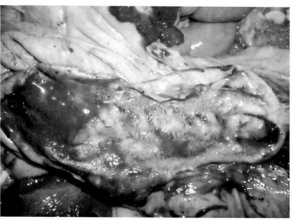

**图4-1-12　卡他性肠炎**

肠黏膜肿胀，覆有大量混有血液的污秽色黏液。

**图4-1-13　出血性肠炎**

肠黏膜弥漫性出血，呈鲜红色，表面覆有黏液血块样附着物。

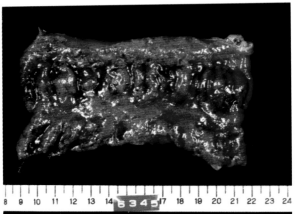

**图4-1-14　出血坏死性肠炎**

大肠黏膜出血、坏死，表面覆有假膜；除去假膜见有糜烂和溃疡。

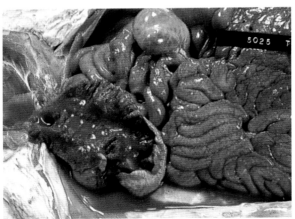

**图4-1-15　肠出血**

小肠瘀血、出血，大肠内含有多量红豆水样稀便，肠黏膜出血、坏死。

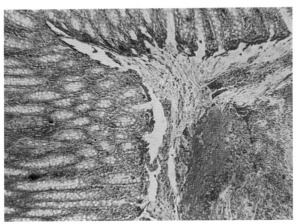

**图4-1-16　急性出血性肠炎**

黏膜下层瘀血，弥漫性出血，大量浆液渗出和炎性细胞浸润。HE×60

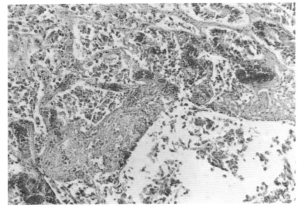

**图4-1-17　急性卡他性肠炎**

黏膜上覆有大量脱落上皮及黏液，固有层内的血管扩张充血。HE×60

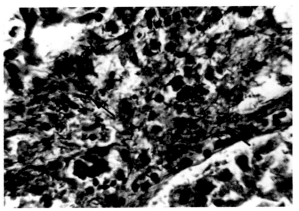

**图4-1-18　黑色病原体**

硝酸银染色，坏死组织中的蛇形螺旋体被染成黑色（↑）。硝酸银×400

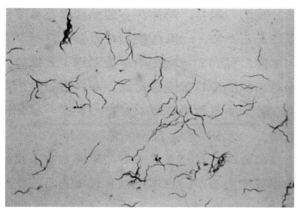

**图4-1-19　蓝紫色病原体**
用草酸铵结晶紫染色涂片所检出的蓝紫色病原体。草酸铵结晶紫染色×1 000

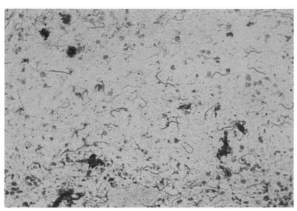

**图4-1-20　红色病原体**
使用复红染色液对病料涂片染色，病原体被染成红色。复红染色×1 000

## 二、钩端螺旋体病 （Leptospirosis）

钩端螺旋体病又称作细螺旋体病，是一种人畜共患的自然疫源性传染病。家畜中除猪易感染之外，牛、犬和马的带菌率和发病率也很高。临床上的症状多种多样，多以黄疸，血红蛋白尿，出血性素质，皮肤和黏膜水肿、坏死，以及流产等为主征。本病流行于世界各地，以热带及亚热带地区多发；我国以长江流域及其以南各省份多发。

〔病原特征〕本病的病原体为钩端螺旋体属中的"似问号钩端螺旋体"（简称钩体）。钩端螺旋体属共有两个种，一是似问号钩端螺旋体，对人、畜有致病性；另一为双弯钩端螺旋体，无病原性。致病性钩体的抗原有表面抗原（P抗原）和内部抗原（S抗原）两种。P抗原为型特异性抗原，存在于钩体的表面，由蛋白多糖复合物构成；S抗原为属特异性抗原，位于钩体内部，其成分为类脂多糖复合物。根据抗原结构成分的不同，目前可将钩体分为18个血清群，160多个血清型，而且新的血清型还在不断地发现。感染猪的钩体主要是波摩那型、出血黄疸型、犬型和猪型，而在我国以波那摩型所致疾病最为常见。

钩体长6 ～ 12μm、宽0.1 ～ 0.2μm，具有细密而规则的螺旋。菌体一端或两端弯曲成钩状，并常呈C、S等字形。在暗视野显微镜下可见钩体像一串发亮的微细珠粒，运动活泼。用镀银染色可将钩体染成棕黑色，但染色后的菌体变粗，细密的螺旋看不清楚，有时只略为弯曲而似杆状。在电镜下，钩体中央有一根轴丝，后者从一端盘绕到另一端，整齐而细密。

钩体对外环境的抵抗力不强，但却能在水田、池塘、沼泽里及淤泥中生存数月或更长，这在本病的传播中具有重要的意义。本菌的最适pH为7.0 ～ 7.6，超出此范围后，其对酸碱甚为敏感，故在水呈酸性或碱性的地区，其危害受到限制。钩体在25 ～ 30℃的池塘和河流中能生存3周以上，对热和日光敏感，在干燥环境中容易死亡。常用消毒药的一般浓度均能迅速将其杀死。

〔流行特点〕各种家畜和野生哺乳动物均可感染，特别是鼠类最易感。病畜和带菌动物是传染源，特别是带菌鼠在本病的传播上起着重要的作用。病原体从尿液排出后，污染周围的水源、饲料和土壤，经过损伤的皮肤、黏膜及消化道而感染；也可通过交配、人工授精和在菌血症期间通过吸血昆虫（蜱、虻、蝇和蚊等）的叮咬而传播。本病多发生于夏秋季节，以气候温暖，潮湿多雨，鼠类繁多的地区发病较多。

〔临床症状〕不同血清型的钩体对猪的致病性有所不同，临床上所见到的症状不完全一致。一般而言，本病的感染率高，发病率低，症状轻的多，症状重的少。本病的潜伏期多为2～5d，依其症状不同而将之可分为以下三种类型。

**1.急性黄疸型** 常发生于大猪和中猪，多呈散发性，偶有暴发性，严重感染时病猪有时无明显症状，在食欲良好的情况下突然死亡。通常，病猪的体温升高，食欲减退或废绝，精神沉郁，眼结膜及巩膜发黄，常有点状出血（图4-2-1），尿呈茶褐色（图4-2-2）或血尿；有时发现大便秘结，粪便干燥，甚至呈羊粪蛋样，颜色红褐（图4-2-3）；有的病猪皮肤干燥、瘙痒，用力在栏栅或墙壁上摩擦，而致皮肤损伤出血。

**2.水肿型** 常发生于中小仔猪，可呈地方流行或暴发；病程约10～30d，死亡率为50%～90%，常造成严重的经济损失。初期，病猪体温升高，结膜潮红，食欲减退，精神不振；几天后，病猪的眼结膜潮红浮肿，有的黄染（图4-2-4），有的头部、颈部水肿，颈项浮肿、变粗（图4-2-5），病情严重时，可发生全身发生水肿（图4-2-6），指压留痕，俗称"大头瘟"。有的病例于水肿的同时，颌下、胸腹部及四肢内侧的皮肤有较多的点状出血（图4-2-7），出血性小结和斑点（图4-2-8），出血严重时，常在胸腹下的薄皮部形成出血性斑块（图4-2-9）。病猪的尿如浓茶，甚至血尿，一进到猪舍就可闻到腥臭的气味；粪便有时干硬，有时稀软，发生腹泻。

**3.流产型** 常发生于怀孕母猪，一般的流产率为20%～70%。在本病流行期间，被感染的怀孕母猪可出现流产，母猪于流产前后有时兼有其他症状，甚至流产后发生死亡，但有的病猪除流产外而无其他症状。流产的胎儿，有的为死胎，体表见有数量不等的出血点（图4-2-10）；有的病例皮肤及内脏器官均明显黄染，肝脏瘀血、出血，并见较多的黄白色坏死灶（图4-2-11）；有的呈木乃伊状；也有衰弱的弱仔，于产后不久便死亡。

此外，有些病猪还常伴发抽搐，肌肉痉挛，行动僵硬，摇摆不定等神经症状。

〔病理特征〕死于钩体病的猪，在病理学上通常依据病猪在剖检时是否存在黄疸而将之分为黄疸型和非黄疸型。其实，黄疸型是一种急性疾病经过，以肝脏的病变表现得最为明显，与临床上的急性黄疸型大致相同；而非黄疸型是一种慢性疾病过程，以肾脏受损表现的最明显，与临床上的水肿型相类似，集中表现出水盐代射障碍。

**1.急性黄疸型** 眼观，病猪的可视黏膜、眼巩膜、和体表均有不同程度的黄染。切开皮肤，皮下组织、皮下脂肪和皮下的肌组织等均呈淡黄色或橙黄色（图4-2-12）；胸腹腔和心包腔内积有少量淡红色透明或稍混浊的液体（图4-2-13）；胸腹腔脏器，如心脏、肺脏、胃和肠管等均呈黄染状（图4-2-14）。膀胱积尿，膨满，膀胱壁黄染，尿色红褐，类似红茶（图4-2-15）。有的病例还可见到轻度出血性素质变化，即在颈部、胸腹部皮下组织及肌间结缔组织内出现轻重程度不一的出血性胶样浸润（图4-2-16）。

肝脏肿大，表面和切面呈土黄色到黄褐色不等，被膜下和切面均可见到大小不一的出血点和灰白色的坏死灶（图4-2-17），有的病例还见有弥漫性粟粒大至绿豆大的胆栓。肝门淋巴结肿大，有充血和出血性变化。肾脏瘀血肿大，黄疸也很明显，其周围脂肪组织呈淡黄色。死于急性期的仔猪，肾脏通常黄染和表面有大量出血点（图4-2-18）。这也是本病的一个重要特点。肾门淋巴结也有充、出血变化。肺脏多瘀血、黄染，表面有多少不一的出血斑点（图4-2-19）。镜检，肝脏呈急性实质性肝炎变化。肝细胞变性、坏死，肝脏的基本组织结构破坏；毛细胆管扩张，充满胆汁；间质中有单核细胞、中性白细胞和少量淋巴细胞浸润。用镀银染色法，常在肝组织内或肾小管上皮细胞间发现典型的钩端螺旋体。

2.水肿型　黄疸病变不明显，病变集中表现在全身水肿和肾脏。眼观，一些病例的头、颈、背部乃至全身发生明显的水肿。切开颈部皮肤，皮肤水肿增厚，皮下织和皮下的肌间有轻度的胶样浸润（图4-2-20）。内脏的水肿变化以胃壁（图4-2-21）表现得最为明显，其次是一些淋巴结。

肾脏主要以间质性肾炎为特点。病初，肾脏的体积不变或稍小，充血黄染，表面和切面散在少量针尖大小灰白色病灶（图4-2-22），若不仔细检查，往往不易发现；继之，灰白色小病灶相互融合或不断增大，检查时很容易看到，有的稍隆突，有的则凹陷，被膜不易剥离（图4-2-23）；随着病情加重，肾脏开始萎缩变硬，肾被膜下有大量较大的灰白色结节，肾表面有程度不同的凹和隆突（图4-2-24）；最后肾固缩，呈颗粒状，切面皮质变狭，与髓质界限不清。肾淋巴结水肿。镜检，肾脏主要呈现出间质性炎症变化。在炎灶内有大量浆细胞、淋巴细胞和单核细胞浸润，结缔组织增生；肾小球与肾小管则萎缩、变性和坏死（图4-2-25）。肾组织在镀银染色后，于高倍镜下几乎每个肾小管都可发现细小、黑褐色线状、单个散在或交织成网的钩端螺旋体。

〔诊断要点〕本病的临床症状和病理变化常常不典型，只能作为诊断时的参考，而确诊则需要实验室检查。实验室检查的方法是：在病猪的发热期采取血液，在无热期采取尿液或脑脊髓液，死后采取肾和肝，送实验室进行暗视野活体检查和染色检查，若发现纤细呈螺旋状，两端弯曲成钩状的病原体即可确诊。为了在组织切片上找出病原体，可采用Levaditi组织块镀银染色法，镜检钩体呈黑色线状；有时找不到典型的钩体而只能看到弯曲排列的颗粒，此为钩体崩解的形象。有条件时，也可采血清进行凝集溶解试验、间接荧光抗体法和补体结合试验，或做DNA探针技术和聚合酶链反应等。

〔类症鉴别〕本病的黄疸型应注意与黄脂猪、阻塞性黄疸及黄曲霉毒素中毒相区别。

1.黄脂猪　又称黄膘猪，其特点是只有脂肪组织黄染，而黄疸猪则除脂肪组织外，其他组织（可视黏膜、巩膜、血管内膜和组织液等）也呈黄染状，特别是关节滑液囊内的液体黄染明显，易于观察，故在诊断上颇有价值。钩体病的肝脏和胆道常有病变；而黄脂猪的肝脏和胆道一般无异常变化。

2.阻塞性黄疸　猪患蛔虫病时，由于胆道被蛔虫阻塞，使胆汁排出受阻，也常出现全身性黄疸变化，但在剖检时可检出胆道被虫体阻塞。

3.黄曲霉毒素中毒　给猪饲喂污染产毒黄曲霉菌株的饲料，易引起中毒而发生"黄肝病"和黄疸。此种中毒常易与黄疸型钩体病相混淆，但镜检时中毒的肝细胞常发生严重的变性和坏死，伴有广泛的结缔组织增生和胆小管增生，胆汁色素沉着；用镀银染色也检不出钩体。

〔治疗方法〕治疗钩体病感染一般有两种情况，一是无症状带菌猪的治疗；另一是急性或亚急性病猪的抢救。

1.抗菌治疗　实践证明，链霉素、青霉素、土霉素、四环素等都有较好的疗效。链霉素每千克体重25～30mg，每12h肌内注射1次，连续3d。应用青霉素治疗时则必须加大剂量才能奏效。对可疑感染的猪群，可在饲料中混入土霉素或四环素。土霉素每千克饲料加入0.75～1.5g，连喂7d。

2.抢救治疗　对患急性或亚急性钩体病的病猪，单纯用大剂量的青霉素、链霉素、四环素和土霉素等抗生素往往收不到理想的疗效，这是由于病猪的肝功能遭到严重破坏之故。实践证明，在进行病因治疗的同时结合对症治疗是非常必要的，其中葡萄糖维生素C静脉注射及强心利尿剂的应用对提高治愈率具有重要的作用。

3.验方疗法　据报道，马齿苋对本病有很好的疗效，用适量鲜草0.25～0.5kg水煎后，待凉后喂服，连喂5d，效果明显。

将板蓝根、丝瓜络、忍冬藤、陈皮、石膏各15g，将前四味药用水煎后，再冲石膏粉。此方剂为体重50千克重左右的病猪使用，其他重量的猪可酌情增减药量。每天一剂，连用3d，能收到较好的疗效。

〔预防措施〕平时采取积极的防疫措施，是预防本病的有力保障。

1.常规预防　主要内容有三项：

一是消灭传染源。首先要消灭猪圈及其周围的鼠类，杜绝传染源，有放养猪群习惯的地区应改为圈养，减少接触鼠类和污染水的机会。

二是定期消毒。对猪舍及周围环境要定期消毒，特别是对病猪粪尿污染的场地及水源等，更要及时消毒。常用的消毒液为漂白粉或2%火碱溶液。

三是提高猪的抵抗力。在本病常发地区，应实行免疫接种并加强饲养管理，借以提高猪体的特异性和非特异性抵抗力。

2.紧急预防　当猪群发现本病时，应及时用钩端螺旋体菌多价苗（人用的多价疫苗亦可使用）进行紧急预防接种。注射钩端螺旋体菌苗的一般方法是：两次肌内注射，间隔1周，用量3～5mL，免疫期约为1年。与此同时，还必须实施一般性的防疫措施，只有这样，一般多在两周内可以控制疫情的蔓延。

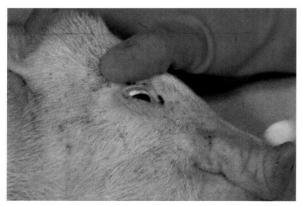

图4-2-1　结膜出血、黄染

病猪的颜面部皮肤有出血斑点，眼结膜黄染并见点状出血。

图4-2-2　血尿

病猪排出的尿液中含有大量血红蛋白，尿液呈茶褐色。

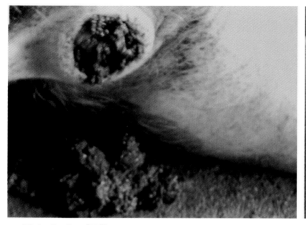

图4-2-3　便秘

病猪排便困难，粪便干燥，含有血液呈酱红色。

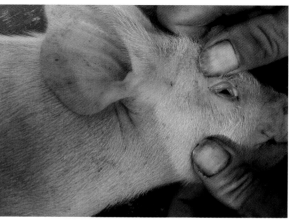

图4-2-4　结膜水肿、黄染

病猪的全身皮肤黄染，眼结膜肿胀、贫血黄染。

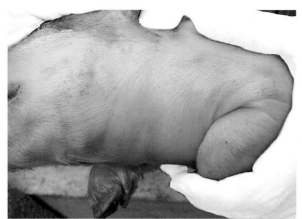

**图4-2-5　颈部水肿**

颈部皮肤浮肿，有光泽感，颈项部变粗。

**图4-2-6　全身水肿**

病猪全身黄染、水肿，尤以头部和颈部的水肿明显。

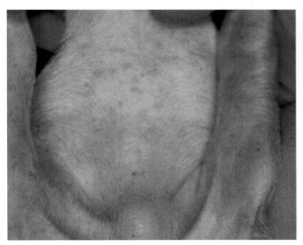

**图4-2-7　点状出血**

病猪颌下、胸腹部和前肢内侧皮肤见多量点状出血。

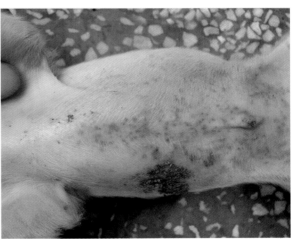

**图4-2-8　出血性结节**

病猪胸、腹部皮肤有大量出血性结节。

**图4-2-9　出血斑块**

病猪的胸腹部皮肤有大量的出血斑块。

**图4-2-10　皮肤出血**

流产的死胎，皮肤上常见斑点状出血。

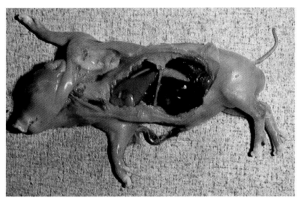

**图4-2-11　皮肤和内脏黄染**

皮肤及内脏均黄染，肝脏瘀血而呈黑褐色，表面有黄白色坏死灶。

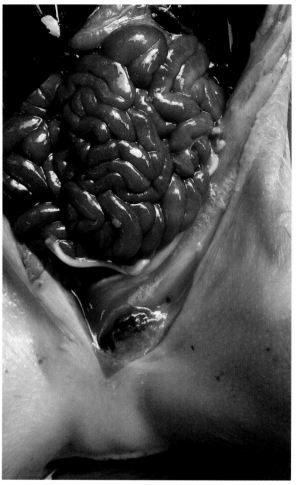

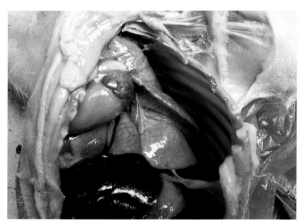

**图4-2-13　胸腹水增多**

全身黄染，瘀血和点状出血，胸、腹水增多，呈黄红色。

**图4-2-12　皮下脂肪黄染**

皮下有多量淡黄色液体，脂肪黄染，腹水增多，呈黄红色。

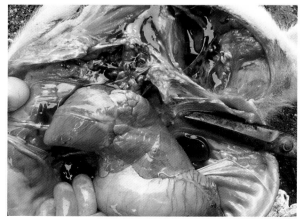

**图4-2-14　内脏黄染**

胸腹腔的全部内脏及组织均呈黄染状。

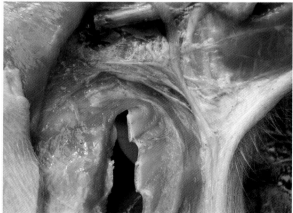

**图4-2-15　胶样浸润**

皮下和肌间均有多量淡红黄色的渗出液，形成胶样浸润。

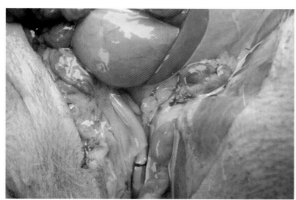

**图4-2-16　膀胱积尿**

膀胱膨满，贮积大量尿液，膀胱壁及周围组织黄染。

**图4-2-17　坏死性肝炎**

肝脏瘀血，表面散布大小不等的黄白色坏死灶，胆囊膨满。

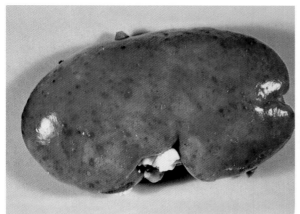

**图4-2-18　肾出血**

肾脏黄染，表面有大量斑点状出血灶。

**图4-2-19　肺出血**

肺脏瘀血、黄染，表面有大小不一的出血斑点。

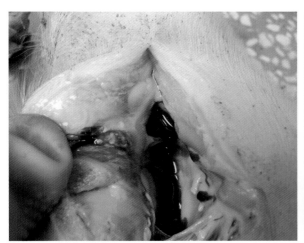

**图4-2-20　皮肤水肿**

皮肤、皮下织和肌肉均水肿、增厚，呈现轻度胶样浸润。

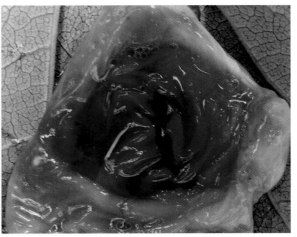

**图4-2-21　胃水肿**

胃壁水肿，明显增厚，胃黏膜出血，呈鲜红色。

**图4-2-22　肾脏实质变性**
肾变性黄染，表面和切面均可检出针尖大小黄白色病灶。

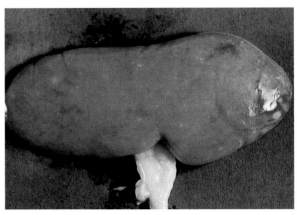

**图4-2-23　间质性肾炎**
肾表面见有大小不一的灰白色斑点，肾被膜不易剥离。

**图4-2-24　肾轻度固缩**
肾表面有大量灰白色病灶和凹陷，肾脏体积变小，质地坚实。

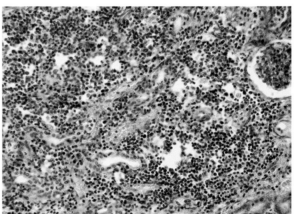

**图4-2-25　间质增生**
肾间质大量增生，淋巴细胞浸润，肾小管萎缩或消失。HEA×400

# 第五章

# 猪 的 真 菌 病

## 一、皮肤真菌病（Dermatomycosis）

皮肤真菌病又称皮肤丝状菌病，是由皮肤癣菌引起的动物和人的一种慢性皮肤传染病，俗称脱毛癣、秃毛癣、钱癣或匐行疹等，在人的临床上简称为癣。本病主要侵害家畜、禽类及人的毛发、羽毛、皮肤、指（趾）甲、爪、蹄等角质化组织，形成癣斑；表现为脱毛、脱屑、渗出、结痂及痒感等症状，但一般不侵犯皮下等深部组织和内脏。本病广泛分布于世界各地，猪对本病有一定的易感性。

〔病原特性〕本病的病原体为一群亲缘关系密切的丝状真菌，均具有一种嗜角质的特性，可侵入皮肤表层及其附属器官，在局部生长繁殖，产生机械刺激作用，在繁殖过程中产生酶和酸性物质，能引起炎症反应和细胞的病变，呈现脱毛、渗出、结痂等症状。对动物和人有致病性的皮肤癣菌主要有三个属：即小孢霉属（Microsporum）、毛癣菌属（Trichophyton）和表皮癣菌属（Epidermophyton）。其中小孢霉属的猪小孢霉对猪的危害最大。猪小孢霉多为毛内菌丝，在毛根长出毛干后，由菌丝产生许多的孢子，不规则地紧密排列在毛干周围形成镶嵌样的菌鞘（图5-1-1），毛内菌丝不形成孢子。感染毛发在紫外线照射下，多数可出现绿色荧光。

皮肤癣菌对外界的抵抗力很强，耐干燥，对一般消毒药也有很强的耐受性。对一般抗生素和磺胺类药均不敏感。

〔流行特点〕本病主要是通过直接接触传播，其次是通过人或污染用具等的间接传播。因此，病猪是本病的主要传染来源，特别是患病种猪，在交配的过程中常可将本病在猪群中传播。各种年龄的猪对本病均有易感性，但以仔猪较易感染。

本病一年四季均可发生，但以秋冬季节的发病率较高。营养缺乏，皮肤和被毛的卫生不良，环境温暖、潮湿、污秽、阴暗，均可促进本病的发生。

〔临床症状〕本病的特点是：由于真菌只存在于角质层，所以病变浅表，症状较轻，但继发感染时可使症状加重。病变常多发生于背部、腹部、胸部和股外侧部（图5-1-2），有时见于头部，严重时发生于全身（图5-1-3），而腕部及跗关节以下未见发病。病初，仅见皮肤有斑块状的中度潮红，嵌有小的水疱；继之，水疱破裂，浆液外渗，在病损的皮肤上形成灰色至黑色的圆斑和皮屑（图5-1-4）；再经4～8周后多可自行痊愈（图5-1-5）。病情较重时，继丘疹、水疱之后，可发生毛囊炎或毛囊周围炎（图5-1-6），引起结痂、痂壳形成和脱屑、脱毛。于是在皮肤上形成圆形癣斑，上有石棉板样的鳞屑，称此为斑状秃毛；或当癣斑中部开始痊愈、生毛，而周缘部分脱毛仍在进行，称此为轮状脱毛（图5-1-7）。当皮肤癣菌感染严重时，常引起皮下结缔组织大量增生，导致淋巴和血液回流受阻，皮肤肥厚而发生象皮病（图5-1-8）。

猪患本病时，通常癣斑不多，癣斑也不形成硬皮，被毛脱落较少；病猪有中度瘙痒。

〔病理特征〕霉菌孢子污染损伤的皮肤后，在表皮角质层内发芽，长出菌丝，蔓延深入毛囊。由于霉菌的溶蛋白酶和溶角质酶的作用，菌丝进入毛根，并随毛向外生长，受害毛发长出毛囊后很易折断，使毛发大量脱落形成无毛斑。由于菌丝在表皮角质中大量增殖，使表皮很快发生角质化和引起炎症，结果皮肤粗糙、脱屑、渗出和结痂。

剖检时的眼观病变与临床症状相同。镜检见表皮增生、肥厚，常伴发真皮下充血和淋巴细胞浸润。在较深部感染时，毛囊常受侵害而被破坏，其内有大量真菌孢子（图5-1-9），结果引起真皮炎症。用真菌染色法，常在切片能发现真菌。

〔诊断要点〕一般根据病史和症状可做出初步诊断。确诊时可进行实验室检查。若要鉴定致病性真菌的属、种，则应进行分离培养，并根据生长状况、菌落性状、色泽、菌丝、孢子及其特殊器官的形态特征来确定。但临床上的常用的诊断是确定病性，其方法是：刮取病健交界处的皮屑和毛根少许，置于载玻片上，加少量10%～20%氢氧化钾溶液浸泡15～20min，或微加热3～5min，待毛发软化、透明时加盖玻片，用显微镜检查，注意观察菌丝、孢子的类型和分布情况。也可用紫外线灯检查，直接观察毛发的荧光反应，被小孢霉菌侵害的毛发，出现绿色荧光。

〔类症鉴别〕本病的诊断应注意与皮肤疥螨（螨病）和湿疹相互区别。

1. 皮肤疥螨　螨病的痒觉剧烈，皮肤上没有特征的圆形癣斑，且多发生于冬季和秋末早春；采取病变部的皮痂，镜检时可检出疥螨。而本病在皮肤上常有明显的癣斑，其上带有残毛，常被以鳞屑结痂或皮肤皲裂和变硬。采取病变部的痂皮屑、被毛及渗出物，镜检时可发现分支的菌丝和各种孢子。

2. 湿疹　无传染性，没有境界明显的癣斑，并且受害的毛不从毛根部附近折断，轻度发痒，尤其是皮脂溢出性湿疹，通常不发生痒觉。由饲料毒物所引起的类似湿疹的皮疹，呈现体温上升和神经症状，随后往往转变为皮肤坏疽。镜检皮肤病料，检不出病原体。

〔治疗方法〕对病猪的治疗，通常采用局部处理。首先，病变局部剪毛，用肥皂水洗净附于毛上的分泌物、鳞屑和痂皮，然后直接涂擦下列药物：①10%水杨酸酒精或油膏，或5%～10%硫酸铜溶液，每天或隔天一次，直至痊愈。②水杨酸6g，苯甲酸12g，石炭酸2g，敌百虫5g，凡士林100g，混匀后涂擦。③石炭酸15g，碘酊25mL，水合氯醛10mL，混匀后外用，每天1次，3d后用水洗掉，再涂以氧化锌软膏。

另外，对优良的种猪在进行外用药物处置的同时，可选用制霉菌素或灰黄霉素等进行肌内注射或拌入饲料喂服，以便快速彻底地治愈本病。

〔防疫措施〕本病是一种慢性感染性疾病，一旦发生，就不易根除。因此应加强平时的预防工作和发病后的及时处理。

1. 平时预防　平时应加强饲养管理，搞好圈舍及畜体皮肤卫生，用具固定使用。同时，要加强饲养管理，注意饲料的营养调制，保证猪体能够获得足量的蛋白质和维生素等营养成分，增强猪体的抵抗力。在本病多发的季节里，多注意猪舍通风、干燥、防潮、勤换垫草，定期消毒，借以消除病原生存的条件。

为了预防本病，可在饲料中加入适当的抑制真菌生长的药物。一般而言，重金属化合物、酚类衍生物、安息香酸衍生物、脂肪酸及其衍生物、季胺碱、水杨酸铵、硫代氨基甲酸盐和苯并异噻唑等均有抗真菌的作用。

2. 紧急预防　当发现病猪时，应立即隔离治疗；并对全群检查，全面触诊皮肤，对与病猪接触的猪群，也要进行预防性治疗，通常采用抗真菌的药物进行全身喷淋预防法。猪舍要进行彻底的消毒。其常用的方法是：用热（50℃）5%硫酸石炭溶液或热（60℃）5%克辽林消毒；也可用20%新鲜熟石灰乳剂刷白猪舍，同时用含2%福尔马林和1%苛性钠溶液（保存于寒冷状态），将猪舍机械清扫后，按每平方米1kg计算喷洒溶液。消毒后关闭猪舍3h，然后开启门窗换气，并用常水洗净饲槽。

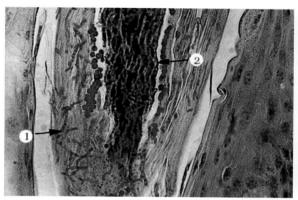

**图5-1-1　菌丝和孢子**

毛根部的组织中有大量菌丝①，毛根周围有大量孢子②。HE×132

**图5-1-2　皮肤癣斑**

病猪的肩部、胸、腹和股侧部均有红褐色癣斑。

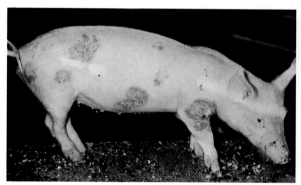

**图5-1-3　全身性癣斑**

病猪的全身体表均见大小不一的癣斑。

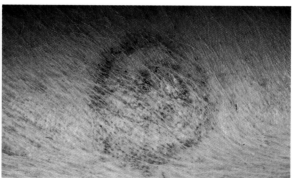

**图5-1-4　水疱和结痂**

癣斑中央有数个水疱，水疱破溃后形成浅表性结痂。

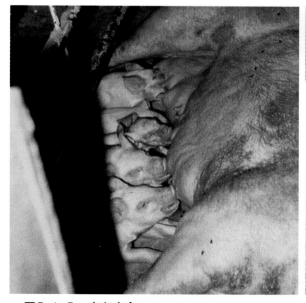

**图5-1-5　癣斑痊愈**

母猪体表有黄褐色呈圆形痊愈后的癣斑。

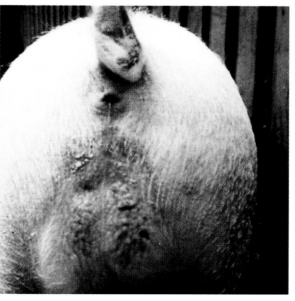

**图5-1-6　毛囊周围炎**

睾丸部皮肤在癣斑的基础上发生毛囊周围炎。

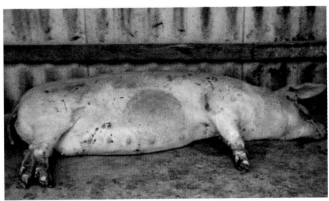

**图5-1-7 脱毛斑**

病猪腹侧有一大面积的轮状脱毛斑。

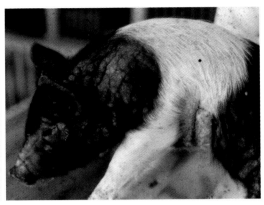

**图5-1-8 象皮病**

皮下织大量增生，淋巴和血液回流障碍，导致皮肤肥厚，形如橡皮。

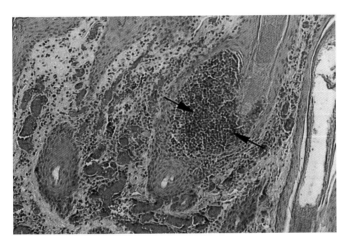

**图5-1-9 毛囊炎**

真皮充血，有大量淋巴细胞浸润，毛囊内有大量真菌孢子。HE×33

## 二、毛霉菌病（Mucormycosis）

猪毛霉菌病是由毛霉科的真菌引起的一种急性或慢性真菌病。属一种人畜共患病，除猪只感染之外，马、牛和犬等动物均可感染。其病理特征是菌体易侵及血管，引起血栓形成及梗死；慢性经过时则形成肉芽肿。

〔病原特性〕本病的病原主要为毛霉科的酒曲菌属（或根霉属，*Rhizopus*）、犁头霉属（*Absidia*）和毛霉菌属（*Mucor*）。毛霉菌在培养基中可自假根对称处的匍匐枝节上生长出孢子囊梗及大的球形孢子囊，其中含有似红细胞大小的内生孢子，进行无性繁殖；也可形成接合子，进行有性繁殖。在病变组织中，本菌的菌丝粗大，直径6～50μm，宽窄不匀，并可形成较多的皱褶，但菌丝内无分隔，分枝小而钝，常呈直角，无孢子（图5-2-1）。由于其菌丝宽阔，不分隔和共浆的细胞性（Coenocytic）等特点，故将之称为毛霉菌。

〔流行特点〕各种年龄的猪对本病均具有易感性，但乳猪感染后多呈急性病理过程，其中有50%的病猪可发生死亡；而架子猪和成龄猪感染后多取慢性经过。本菌是腐生菌，在自然界分布广泛，常在霉烂的蔬菜、干草、水果及肥料中繁殖，因此在土壤、空气中存在的霉菌孢子可通过呼吸道、消化道或皮肤发生感染；也可通过交配由公畜传给母畜，往往造成妊娠母畜的流产。

本病一年四季均可发生，但发病病因除致病菌外，还常常需要诱因的存在，即猪体抵抗力降低，或大量应用抗生素和抗炎性药物等，均可促进本病的发生。

〔临床症状〕毛霉菌中以引起急性坏死炎症为主的疾病，具有高度的侵袭力、穿入组织和动脉壁的能力，主要侵害血管，引起血栓并可经血液转移到全身。一旦发生系统性毛霉菌病，最终多以死亡而告终。仔猪的毛霉菌病主要是胃肠炎和肝脏肉芽肿的变化，出现食欲不良、呕吐、下痢和消化不良等胃肠炎症状。当肺部遭到严重感染时，则可出现呼吸困难，可视黏膜发绀，皮毛粗乱无光等症状。当妊娠母猪发生感染时，可引起真菌性胎盘炎，导致母猪流产。另外，偶尔在临床上可遇到毛霉菌性皮炎和脑膜脑炎的病例。

〔病理特征〕猪毛霉菌病常因病原的侵入途径不同而有不同的表现。眼观，按受侵部位的不同常见的有：胃肠毛霉菌病、肺脏毛霉菌病、真菌性胎盘炎和播散性毛霉菌病。

1. 胃肠毛霉菌病　由消化道感染，急性过程的突出病变是，胃黏膜充血、出血、结节形成（图5-2-2）、坏死和溃疡（图5-2-3）。炎症如波及腹膜、肠浆膜，则可引起腹膜炎和肠浆膜炎。慢性经过时，见肠系膜淋巴结有灰白色粟粒性结节。严重病例的淋巴结可肿到鸡蛋大乃至网球大，切面灰白色或淡黄白色，鱼肉样，其中散播出血灶。

2. 肺毛霉菌病　由呼吸道感染，在肺内有从针尖大到粟粒大的灰白色肉芽肿性病变。在肺尖叶和膈叶内出现红色病灶，细支气管内含灰白色混浊物质，其黏膜呈红色。

3. 真菌性胎盘炎　病原菌经阴道上行感染，也可通过呼吸道感染后经血源播散而感染胎儿。主要病理变化为胎盘水肿，绒毛膜坏死，其边缘显著增厚呈皮革样外观（图5-2-4）。流产胎儿皮肤上有灰白色的圆形至融合的斑块状病变隆起（图5-2-5）。

4. 播散性毛霉菌病　由胃肠和肺等原发病灶中的毛霉菌经血液和淋巴散布到全身所致，常见肝、肾肿胀和形成肉芽肿性病变。其中以肝脏的肉芽肿病变最为常见。肝常肿大，表面和切面均见有灰白色、绿豆大或黄豆大甚至更大的结节。结节的轮廓清楚，质地坚实，切面呈灰白色鱼肉样。

镜检：毛霉菌病变主要为局部组织坏死，伴有不同程度的中性粒细胞浸润。这可能是毛霉菌直接作用和霉菌性栓子阻塞血管共同作用的结果。当取慢性经过时，可形成上皮样细胞性肉芽肿，中心为程度不同的坏死和钙化，周围有大量上皮样细、淋巴细胞、巨噬细胞以及不同数量的多核巨细胞、中性粒细胞和嗜酸性粒细胞（图5-2-6）。病变部的坏死区内，血管壁、血管腔、血栓内以及巨噬细胞和多核巨噬细胞的胞浆内都有大量毛霉菌菌丝。后者在HE染色切片中容易被苏木素染色，因此易于检出（图5-2-7）。

〔诊断要点〕本病的流行病学、病变和临床症状只能作为诊断的参考，而确诊主要靠霉菌学诊断和病理组织学检查。霉菌学检查的方法是：采取病料制作涂片，用氢氧化钾溶液处理后，镜检，若发现粗短而不分隔的菌丝，且分支又成直角者，即可确诊。若要鉴别菌种，则需进行分离培养，然后再根据毛霉菌、根霉菌和犁头霉等各自的特点进行区分。采用病料制作石蜡切片，经HE染色后，很易在镜下检出毛霉菌，若将切片用PAS染色时更易发现呈红色的菌丝。

〔治疗方法〕本病目前尚无有效的治疗方法，只能采用对症治疗。对无治疗价值的病猪，最好尽早淘汰，以消除传染源。

〔预防措施〕毛霉菌在自然界广泛存在，因此，要预防本病的发生，必须在搞好环境卫生、加强防病意识的同时，加强饲养管理，提高猪体的抵抗力。另外，还有一点值得提及，要尽快治疗猪体的原发性慢性疾病。因为长期大量使用抗生素、类固醇激素等制剂，可降低猪体的免疫力，促进本病的发生。

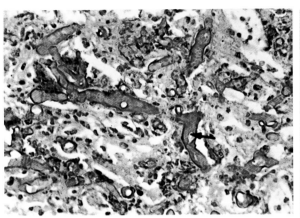

**图5-2-1　毛霉菌**

毛霉菌的菌丝被PAS染成红色（↑），周围有大量的炎性细胞。PAS×132

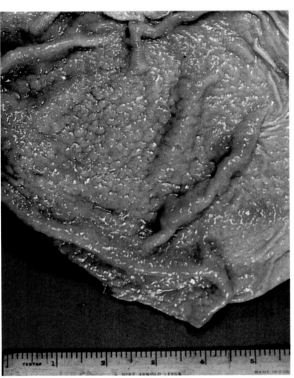

**图5-2-2　增生性胃炎**

胃黏膜充血、出血，有大量半圆形结节，胃壁肥厚。

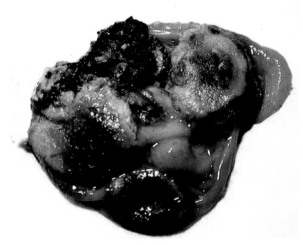

**图5-2-3　坏死性胃炎**

胃黏膜出血、坏死，坏死的胃黏膜脱落后形成溃疡。

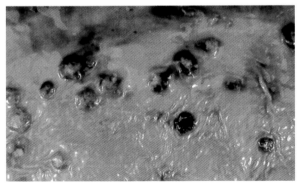

**图5-2-4　坏死性胎盘炎**

胎盘的绒毛坏死，胎盘增厚呈皮革样。

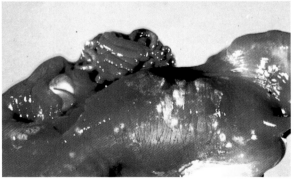

**图5-2-5　皮肤毛霉菌病**

胎儿的皮肤充血，呈红褐色，有大量灰白色毛霉菌斑。

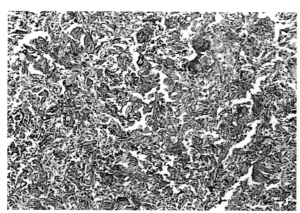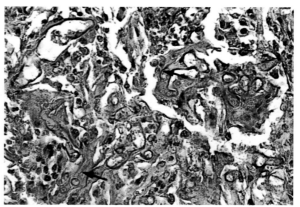

图5-2-6　肝脏肉芽肿

肝脏肉芽肿的组织坏死、毛霉菌散在和炎性细胞浸润。HE×33

图5-2-7　坏死组织中的病原

肝脏肉芽肿的坏死组织中有大量毛霉菌（↑）。HE×132

## 三、曲霉菌病（Aspergillosis）

曲霉菌病是多种禽类、哺乳动物和人的真菌病，主要侵害呼吸器官。猪对本病有一定的易感性，多呈散发。病的特点是在肺脏形成肉芽肿结节；而妊娠的母猪则可发生流产。

〔病原特性〕本病的主要病原为烟曲霉（*Aspergill1us fumigatus*），其次黄曲霉（*A.flavus*）、构巢曲霉（*A.nidulans*）、黑曲霉（*A.niger*）和土曲霉（*A.terreus*），也有不同程度的致病性。曲霉菌的形态特点是分生孢子呈串珠状，在孢子柄顶部囊上呈放射状排列。

烟曲霉广泛存在于自然界，常存在于猪舍的土壤、垫草和发霉的饲料中。它在沙氏葡萄糖琼脂培养基上生长迅速，菌落最初为白色绒毛状，迅速变为灰绿色、黑蓝色以至黑色，随着培养时间的延长，颜色逐渐变暗，以致接近黑色丝绒状。本菌的菌丝为有隔分支状，孢子为圆形或卵圆形，含有数量不一的黑色素（图5-3-1）。有两种繁殖方式：一种为有性繁殖，即由两个独立的菌丝绞缠在一起，原浆互相交流混合，形成子囊，数个子囊外包一层致密的外壳，子囊内的孢子脱出，即变为新的菌体；另一种为无性繁殖，即由菌丝分化而成的分生孢子柄向上逐渐膨大，其顶端形成烧杯状顶囊，再于顶囊的1/3～2/3部位产生担子柄，末端便生出一串链形孢子，即为分生孢子。后者呈圆形或卵圆形，并含有黑色素。

曲霉菌孢子的抵抗力很强，煮沸5min才能杀死。在一般消毒液中须经1～3h才能灭活。产生的毒素在环境中也相对稳定，如黄曲霉毒素对温热有很强的抵抗力，一般的蒸煮不易被破坏，只有加热至268～269℃才能被破坏；

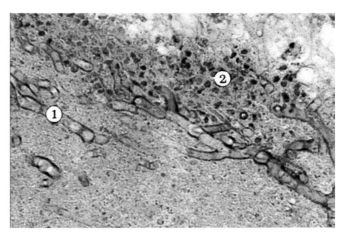

图5-3-1　菌丝和孢子

肺肉芽肿中的有隔分支状菌丝①和含黑色素的孢子②。GMS×132

将发霉的玉米放在自然条件下8年，其中的毒素仍不被破坏。

〔流行特点〕各种年龄的猪对本病都有易感性，但以仔猪、架子猪和妊娠期的母猪发病较多。由于曲霉菌极其广泛地存在于自然界，对生活条件要求较低，可以在各种类型的基质上生长繁殖，如土壤、死草、饲料、谷类、动物尸体等都可以成为它的寄生场所；其孢子很轻，可以借助空气的流动而散播到很远的地方；在不利于生长的地点，可以休眠一个时期，待温度和湿度合适时再萌芽繁殖；所以呼吸道是本病传播的重要途径。由于发霉的饲料中含有大量曲霉菌及其毒素，所以消化道是引起中毒和流产的主要途径。

本病一年四季均可发生，但以多雨潮湿的秋季多发。本病发生的特点是：不发生接触性传染，即不能由动物传染给人和动物，也不能由人传染给动物和人。

〔临床症状〕病猪表现出的临床症状主要与感染的途径有关。经呼吸道感染时主要侵害呼吸道和肺，呈现咳嗽、喷嚏、流鼻汁和呼吸困难等与呼吸道相关的症状。经消化道感染时主要引起中毒性症状。病猪出现营养不良，贫血，精神不振，生长发育停滞；有些仔猪还呈现出中枢神经系统和消化机能紊乱症状，如共济失调，呕吐，腹泻，消瘦等。血检时发现血液中血红蛋白含量降低（6.8g/L），红细胞数下降更明显（330万/μL），白细胞数也明显下降，平均为7 400/μL。另外，在血液中出现大小不均的红细胞、异形红细胞和环状细胞等。妊娠母猪多发生流产，产出不足月的死胎。

〔病变特征〕发生于肺脏的病变主要表现为支气管肺炎的变化。眼观，肺内有豌豆大至榛子大的肉芽肿病灶，呈灰白色或淡黄色，其中心为着色（淡绿、淡黄、褐色和烟色等）的干燥坏死物。病灶周围有时出现红晕，间或融合而侵及肺大叶。有时可见到核桃大的结节，切面见结节的中心有扩张的支气管，管腔积有大量内含着色霉菌颗粒的黏液。镜检，肺组织学变化由局灶性肺炎、多发性坏死和肉芽肿结节组成。用Gridley氏和PAS染色时，在结节中心坏死区和其周围的上皮样细胞中可清楚地检出病原菌，孢子的胞壁和菌丝壁均呈现美丽的紫红色，菌丝有隔呈分支状。

流产的胎儿（图5-3-2）及胎盘（图5-3-3）上均有灰白色的霉菌性斑块，胎盘经镜下检查常可检出大量菌丝及孢子（图5-3-4）。

〔诊断要点〕根据流行病学、临床症状和病理剖检变化可做出初步诊断。最后确诊需进行微生物学检查。从绿色病变区采取病理组织（即结节中心的绿色区）少许或菌丝团，置于载玻片上，加生理盐水1～2滴或20%苛性钾少许，加盖玻片后镜检，见到特征性的菌丝体和孢子，可以确诊。或者接种于沙氏培养基，进行分离培养和鉴定。

〔治疗方法〕猪的曲霉菌病和黄曲霉毒素中毒，目前尚无特效治疗方法，只能采取对症治疗。据报道，鸡的曲霉病用二性霉素B、制霉菌素、克霉唑（三苯甲咪唑）治疗有一定的效果。另外，也可试用硫酸铜和碘制剂治疗，如用1∶2 000的硫酸铜作为饮水，连用3～5d或每千克饮水中加入碘化钾5～10g，给鸡饮用，还可将碘1g、碘化钾1.5g溶于1 500mL蒸馏水中，2～3mL进行咽喉内注入（用时加热至25℃），一次注射即可。有鉴于此，猪病也可用上述药物进行实验。

〔预防措施〕防制曲霉菌病的主要措施是不使用发霉的垫料和饲料。在阴雨季节，要经常翻晒垫料，防止霉菌生长繁殖。已被曲霉菌严重污染的垫料，可用福尔马林熏蒸消毒。猪舍应注意通风干燥，保持清洁卫生，被曲霉菌污染的环境、土壤、尘埃含有大量孢子，猪只放进之前，应彻底清扫、换土和消毒。常用的消毒法是福尔马林熏蒸法，或用0.4%过氧乙酸、5%来苏儿喷雾，二次消毒，可收到较好的效果。

发现病猪时，应迅速查明原因，立即排除，同时对环境和用具等进行彻底消毒。

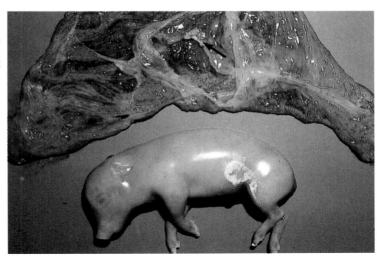

**图5-3-2 皮肤霉菌**
流产胎儿的后腹部皮肤上有一灰白色的霉菌斑。

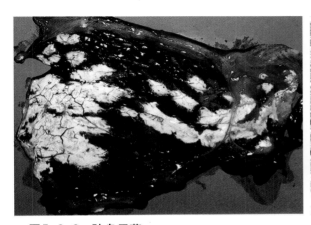

**图5-3-3 胎盘霉菌**
流产母猪的胎盘上有大量灰白色连成片状的霉菌斑块。

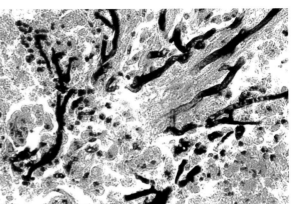

**图5-3-4 胎盘上的菌丝**
流产的胎盘上检出大量有分隔的菌丝。GMS×132

$\mathscr{D}$ 第六章

# 猪 的 支 原 体 病

## 一、猪支原体肺炎 （Mycoplasmal pneumonia of swine）

猪支原体肺炎，又称猪地方流行性肺炎（Swine enzootic pneumonia），俗称猪气喘病，是猪的一种慢性接触性呼吸道传染病。主要临床症状是咳嗽和气喘；病理学特点为融合性支气管肺炎、慢性支气管周围炎、血管周围炎和肺气肿，同时伴有肺所属的淋巴结显著肿大。

本病广泛分布于世界各地，我国许多地区也有发生。病猪长期生长发育不良，饲料转换率低。一般情况下死亡率不高，但继发感染后也常引起严重的死亡。本病所致的经济损失很大，对养猪事业带来严重的危害。

〔病原特性〕本病的病原体是支原体科、支原体属的猪肺炎支原体（*Mycoplasma hyopneumoniae*）。由于支原体无细胞壁，故呈多形态性，常见的形态为球状（图6-1-1）、杆状、丝状及环状。本病原的染色性较差，革兰氏染色呈阴性，可用姬姆萨或瑞特氏染色。

猪肺炎支原体对外界环境的抵抗力不强。圈舍、用具上的支原体，一般在2～3d失活；病料悬浮液中的支原体在15～20℃放置36h即丧失致病性。一般常用的化学消毒剂，如1%苛性钠、2%甲醛等均可在数分钟内将其杀死。本菌对放线菌素D和死裂菌素C最敏感；对四环素、土霉素、泰乐菌素、螺旋菌素、林肯霉素敏感；而对青霉素、链霉素、红霉素和磺胺类不敏感。

〔流行特点〕本病的自然感染仅见于猪。不同年龄、性别、品种的猪均有易感性，但哺乳乳猪及仔猪最易发病；其次是妊娠后期及哺乳母猪；成年猪多呈隐性感染。本病的主要传染源是病猪和隐性感染猪。病原体长期存在于病猪的呼吸道及其分泌物中，随咳嗽和喘气排出体外后，通过接触经呼吸道而使敏感猪感染。因此，猪舍潮湿，通风不良，猪群拥挤，气候突变，猪只感冒，以及其他原因而使猪只的抵抗力降低时，均能促进本病的发生和流行。

本病的发生虽然没有明显的季节性，但以冬春季节较多见。新疫区常呈暴发性流行，病情重，发病率和病死率均较高，多取急性经过。老疫区多取慢性经过，症状不明显，病死率很低，当气候骤变，阴湿寒冷，饲养管理和卫生条件不良时，可使病情加重，病死率增高；如有巴氏杆菌、肺炎双球菌、支气管败血波氏杆菌等继发感染，可造成较大的损失。

本病一旦传入后，如不采取严密的管理措施，很难将之根除。

〔临床症状〕本病的潜伏期为10～16d，以X线检查发现肺炎病灶为标准，最短的潜伏期为3～5d；最长的可达1个月以上。主要临床症状为咳嗽和气喘；根据病程和表现，大致将之分为三型：即急性型、慢性型和隐性型。

1.急性型 多见于新疫区或新感染的猪群，病程一般为1～2周，死亡率较高。病猪精神沉郁，张口喘气，呼吸数剧增（每分钟可达60～100次以上），呈腹式呼吸，并有喘鸣音。一般情况下，呼吸少而低沉，有时也会发出痉挛性阵咳，病猪呈犬坐姿势（图6-1-2）。体温一般正常，但若有继发性感染时则可升到40℃以上。有的病例，症状较轻，病程2～3周，不死的病猪往往转为慢性型。

2.慢性型　常见于老疫区的架子猪、育肥猪和后备母猪；多由急性转移而来，但也有的病猪从一开始便取慢性经过。病程很长，可拖延两三个月，甚至半年以上。本型的症状特点是长期的干咳和湿咳。病初为短声连咳，在早晨出圈后受到冷空气的刺激，或经驱赶后最容易听到，同时流少量清鼻汁，病重时流灰白色黏性或脓性鼻汁。咳嗽时病猪站立不动，背拱起，颈伸直，头下垂，用力咳嗽多次（图6-1-3）；严重时呈连续的痉挛性咳嗽，常出现不同程度的呼吸困难，呼吸次数明显增多和呈腹式呼吸。这些症状时而缓和，时而增重。体温一般正常，食欲无明显变化。到病的后期，则气喘加重，甚至张口喘气，同时精神不振，猪体消瘦，不愿走动。这些症状可随饲养管理和生活条件的好坏而减少或加重，病程可拖延数月，病死率一般不高。

3.隐性型　多由急性型或慢性型转变而来；在老疫区的猪只中占相当大的比例。有的猪只在较好的饲养管理条件下，感染后不表现出症状，但用X线检查时可发现肺炎病灶。如果加强饲养管理，则肺炎病变可逐渐吸收而康复；反之，饲养管理不良，病情恶化而出现急性和慢性症状，甚至引起死亡。

〔病理特征〕本病的主要病理变化位于肺脏、心脏、肺门及纵隔淋巴结。

1.急性型　本型以急性肺气肿和心力衰竭为特点。眼观，两肺被膜紧张，边缘变钝，高度膨大（图6-1-4），打开胸腔，肺脏几乎充满整个胸腔，横膈膜受压而后移（图6-1-5）。表面湿润、富有光泽，常见有肋压迹、呈淡红色，肺间质常因水肿而增宽，气管的断端有泡沫样混有血液的液体流出。在肺脏的尖叶或心叶常有散在的蚕豆大至拇指头大或成片状的淡红色或鲜红色病灶，压之有坚实感（图6-1-6）。病程稍长者则病灶融合，由红色变为紫红色，最终变成灰红色或灰黄色。病变肺组织与正常的肺组织分界清晰，多呈对称性发生（图6-1-7）。切开肺组织，常从切面流出黄白色带泡沫的浓稠液体，小叶间结缔组织增宽，呈灰白色水肿状。心脏呈急性扩张状，尤以右心室最为明显。心壁质度柔软，变性，指压易碎。镜检，除肺泡气肿外，其特征性的病变为小支气管、支气管动脉和支气管静脉周围有淋巴细胞浸润而形成的管套。

2.慢性型　以慢性支气管周围炎和增生性淋巴结炎为特点。剖检时，除见有肺气肿的病变之外，主要在两肺的尖叶、心叶、中间叶和膈叶的前下部，见有较大面积的融合性实变区。病变部的肺组织坚实、湿润，略呈透明样，色泽由灰红色、灰黄色到灰白色不等（图6-1-8）。随着病情的发展，病变部的肺组织从外观上类似胰脏组织，故有"胰样变"之称（图6-1-9）。肺切面较干燥，组织致密，支气管壁增厚，可从小支气管腔中挤出灰白色、混浊而黏稠的渗出物。病情严重时，由于支气管周围、血管周围和肺泡隔中的结缔组织大量增生，导致大片的肺组织被机化，肺脏萎缩，肺表面凹凸不平，质地变硬（图6-1-10）。支气管淋巴结和纵隔淋巴结肿大，质地坚实，多呈灰白色或黄白色，呈增生性淋巴结炎的变化。镜检，肺泡隔明显增宽，肺泡腔中有大量脱落的肺泡上皮和淋巴细胞（图6-1-11）；小支气管和血管周围有大量淋巴细胞浸润，呈现出典型的支气管周围炎（图6-1-12）和血管周围炎病变。机体的反应性增强时，常于小支气管旁见有淋巴小结形成（图6-1-13）。病理免疫组织化学检查，常在支气管和细支气管的上皮中发现抗猪支原体抗原阳性反应（图6-1-14）。

〔诊断要点〕一般根据病理变化的特征和临床症状来确诊，但对慢性和隐性病猪的生前诊断，若进行肺部的X线透视检查就能准确及时地做出诊断。实验室检查常用于区分病猪与健康猪，以培育健康猪群。虽然最简便的检查方法是做X线检查，但此法需要一定设备，比较费力。现在多采用的方法是收集猪血清，送实验室做间接血凝试验或琼脂扩散试验等。

〔类症鉴别〕本病应与猪流行性感冒、猪肺疫、猪接触传染性胸膜肺炎鉴别。其区别要点如下：

1.**猪流行性感冒** 猪流行性感冒多突然暴发，传播迅速。病猪体温升高，病程较短（约1周），流行期短。而猪气喘病与之相反，体温不高，病程较长，传播比较缓慢，流行期很长。

2.**猪肺疫** 急性病例呈败血症和纤维素性胸膜肺炎症状，全身症状较重，病程较短，剖检时见败血症和纤维素性胸膜肺炎变化。慢性病例体温不定，咳嗽重而气喘轻，高度消瘦，剖检时在肝变区可见到大小不一的化脓灶或坏死灶。而气喘病的体温和食欲无大变化，肺有胰脏样变区，无败血症和胸膜炎的变化。

3.**猪接触性传染性胸膜肺炎** 猪接触传染性胸膜肺炎病猪体温升高，全身症状较重，剖检时有胸膜炎病变。猪气喘病则不然，体温不高，全身症状较轻，肺脏有气肿灶、实变区，灰白色，外观呈胰脏样变，而无胸膜炎变化。

〔治疗方法〕目前，用于治疗本病的方法很多，但多数只有临床治愈效果，而不易根除。同时，各种方法的疗效，常与猪的病情轻重、抵抗力强弱、饲养管理条件的好坏、气候变化的频度等因素有密切关系。

据报道，猪肺炎支原体对枝原净（泰妙霉素）、壮观霉素（奇放线菌素）、强力霉素（多西环素）和环丙沙星最敏感，在疾病的初期使用效果最佳。兹介绍几种在临床上常用的治疗方法供参考。

1.**土霉素碱油剂疗法** 土霉素碱粉20～25g，充分磨细，加入灭菌花生油（或清大豆油、山茶油）100mL，混合均匀，即可应用。按猪的大小，每猪每次用1～5mL，于肩背部或颈部等两侧深部肌肉分点轮流注射，每隔3d 1次，连用6次。重者可酌量增加。

2.**盐酸土霉素疗法** 每天每千克体重30～40mg药物，用灭菌蒸馏水或0.25%普鲁卡因或4%硼砂溶液稀释后肌内注射，每天1次，连用5～7d为一疗程。重症者可延长一个疗程。有人用盐酸土霉素每千克体重6～8mg作气管内注射（肌内注射量的1/5），疗效较好。注射时应让病猪站立保定。

3.**硫酸卡那霉素疗法** 药量按每千克体重2万～4万IU，每天肌内注射1次，5d为一疗程。也可作气管内注射。与土霉素碱油剂交替使用，可以提高疗效。

此外，林可霉素每吨饲料加入200g，连喂3周；泰妙灵和磺胺嘧啶按每千克体重20mg掺入饲料饲喂，也有较好的疗效。

4.**验方疗法** 民间有许多对本病行之有效的疗法，兹介绍几个。

（1）鱼腥草制剂疗法 用新鲜鱼腥草制成蒸馏液，使每毫升含新鲜鱼腥草4g，隔日皮下注射，每猪10mL，5次为一疗程。

（2）猪胆汁疗法 取健康猪胆数个，用5～6层纱布过滤后，将过滤出的胆汁装入清洁的瓶内密封，经100℃蒸汽8h消毒后，取出放在10～15℃暗处保存备用。使用的本药的方法有两种：一种是将猪胆汁混入饲料内喂服或灌服，每头猪每天服3次，大猪每次服用25mL，小猪酌减；另一种方法是肌内注射，每天2次，每次10～12mL，连用3～4d。

（3）植物油疗法 用植物油（最好是花生油）与土霉素粉剂配制成浓度为15%～20%的油剂，按猪体重大小的不同，每次在猪的肩颈部肌内注射1～5mL，2～3d一次。据称，该疗法比单用土霉素和卡那霉素的疗效明显得多，而且节约费用。

（4）蟾蜍疗法 蟾蜍（俗称癞蛤蟆）1只，洗净身上的泥土，用手术剪从腹中线由后向前剪开，除去内脏，用新鲜完好鸭蛋或鸡蛋1个塞入腹中，再用明火煨，然后将蟾蜍连蛋壳一齐剥开，把蛋喂给病猪吃，剂量是：50kg以下的猪每天一次，每次一个；50kg以上的猪，每天一次，每次两个。若是母猪则蟾蜍和蛋壳不要剥开，一齐服下，每天一次，每次两个，3～5d为一个疗程。该方法也有明显的疗效。

〔预防措施〕通常采取综合性防疫措施，借以控制本病的发生和流行。

1.非疫区预防　坚持自繁自养，尽量不从外地引进猪。若必须从外地购入种猪时，应作1～2次X线透视检查，或做血清学试验，并经隔离观察2个月，确认健康时，方准并入健康猪群。加强饲养管理，提高猪群的抗病能力，并切断一切可能的传染来源。

2.疫区的预防　发生本病后，应对猪群进行X线透视检查或血清学试验。病猪隔离治疗，就地育肥后，屠宰食用。未发病猪可用药物预防，同时要加强消毒和防疫卫生工作。病猪用过的猪圈，在严格消毒之后，至少应空圈7d，才可放进健康猪。

如果隐性感染猪很多，则需采取培育健康猪群的措施，选择康复的种用母猪单个隔离饲养，进行人工授精，随后在隔离舍产仔，至小猪断奶时用X线透视检查或做血清学试验，未发现病猪时按假定健康小猪继续隔离饲养，如多次检查均为阴性，也未发现病猪，可定为健康猪群。

3.免疫接种　目前，猪气喘病弱毒菌苗有两种：一种是猪气喘病冻干兔化弱毒菌苗，适于疫场（区）使用，疫苗对猪安全，攻毒保护率70%～80%，免疫期8个月。另一种是猪气喘病168株弱毒菌苗，适于疫场（区）使用，疫苗对杂交猪的使用比较安全，攻毒保护率较高，可达80.8%～96%。使用方法均见说明书。

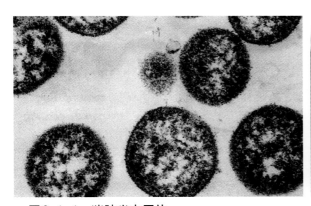

**图6-1-1　猪肺炎支原体**

猪肺炎支原体为多态形性，透射电镜下见其有双层膜，原生质疏松。

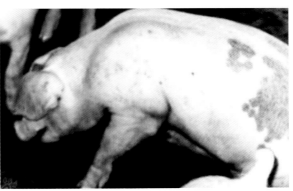

**图6-1-2　痉挛性咳嗽**

病猪呈现犬坐样姿势，发生剧烈的痉挛性咳嗽。

**图6-1-3　病猪阵咳**

病猪腰背拱起，头颈伸直，头低垂，发生阵咳。

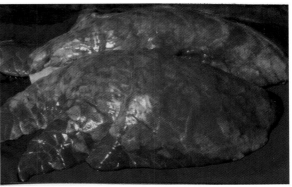

**图6-1-4　急性肺气肿**

肺脏高度膨大，边缘钝圆，尖叶和心叶呈红褐色。

**图6-1-5　肺膨胀**

肺脏极度膨胀，几乎充填整个胸腔，横膈膜受压而后移。

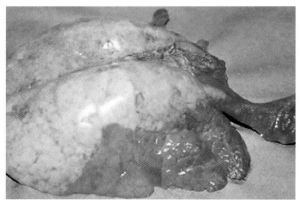

**图6-1-6　融合性病灶形成**

肺尖叶及膈叶的前下部形成片状红褐色的融合性炎性病灶。

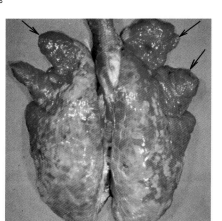

**图6-1-7　肺气肿**

肺脏的尖叶和心叶有肺炎病变（↑），肺大叶有大量淡粉色气肿灶。

**图6-1-8　融合性炎灶**

肺脏的前部有融合性红褐色肺炎区，其余部分质地坚实，呈灰白色。

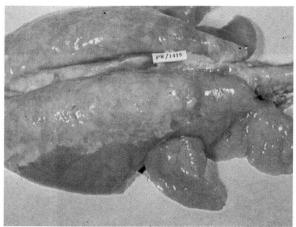

**图6-1-9　肺胰脏样变**

肺组织呈淡红黄色，尖叶、心叶和膈叶的下部呈明显的胰脏样变。

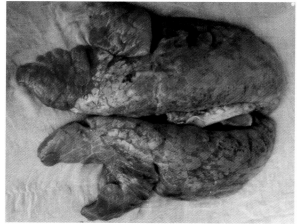

**图6-1-10　肺硬化**

肺间质大量增生，使大片肺组织实变，肺表面凹凸不平，质地变硬。

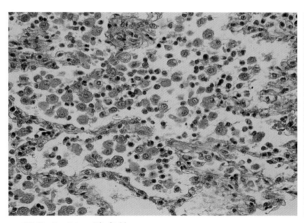

图6-1-11　肺卡他

肺泡腔中有大量脱落的肺泡上皮、淋巴细胞和巨噬细胞。HE×400

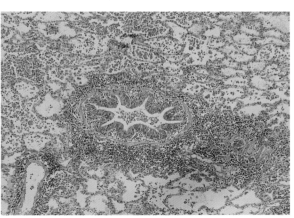

图6-1-12　支气管周围炎

细支气管周围有大量的炎性细胞浸润，形成细支气管周围炎。HE×60

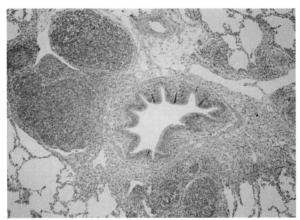

图6-1-13　淋巴小结形成

细支气管周围有较多的淋巴细胞浸润，并见淋巴小结形成。HE×60

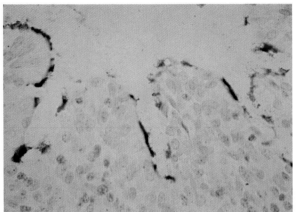

图6-1-14　免疫ABC阳性

免疫ABC染色，细支气管上皮细胞呈强阳性反应。免疫ABC×400

## 二、猪支原体性关节炎（Mycoplasmal arthritis in swine）

猪支原体性关节炎又称为猪支原体性多发性浆膜炎-关节炎（Mycoplasmal polyserositis-arthritis in swine），是由多种支原体引起的多发性浆膜炎和非化脓性关节炎。本病遍及世界各地，主要侵害乳猪和架子猪，成年猪亦可发生，死亡率较低。

〔病原特性〕　本病的病原体主要是猪鼻支原体（*M. hyorhinis*）、猪关节支原体（*M. hyoarthrinosa*）、猪滑膜支原体（*M. hyosynoviae*）和粒状无胆甾原体（*A. granularum*）。其形态大多为球形、球杆状或短的丝状体，偶见分支（图6-2-1）。它们对营养的要求较低，但有些株也很苛求。在自然环境下，它们可引起猪的肺炎、关节炎和多发性浆膜炎（心包炎、胸膜炎和腹膜炎）。这些病原菌常可从急性期患猪的滑液、淋巴结和黏膜分泌物中分离到；也能从康复猪和成年猪的扁桃体、咽，偶尔从鼻腔中分离到。

〔流行特点〕　本病主要感染乳猪、仔猪和架子猪，而成龄猪和繁殖型母猪主要呈隐性感染。呼吸道和消化道是本病传播的主要途径。病猪、特别是隐性感染的母猪是本病的重要传染来源。

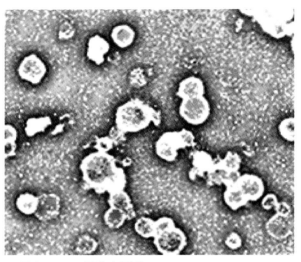

**图6-2-1　滑膜支原体**

支原体为多形态病原，常见的为球形、球杆状或短的丝状体。

病猪呼出的飞沫污染空气，健康猪吸入带病原的飞沫后，在机体抵抗力降低的情况下就易感染发病。当饲料和饮水被严重污染后，病原也可经消化道侵入机体，随血流到达相应的靶器官生长、发育而致病。研究证明，当机体的免疫力降低时，本病的发生率就高；当机体的免疫力增强时，则可抑制本病的发展。

〔临床症状〕本病感染的急性期，病猪的精神沉郁，食欲减退，中等程度的发热，被毛粗乱，无光泽；部分病猪的呼吸困难，多个关节轻度肿大、变形，关节囊内的滑液增多（图6-2-2），病猪不愿走动，运动极度紧张，或运动时有疼痛表现（图6-2-3），有的病猪可因多发性关节炎而运动困难，喜卧地或卧地不起（图6-2-4）。发病两周左右，耐过急性期后，该病的特征性症状——多发性浆液性关节炎就表现出来。

关节炎以膝关节、跗关节、腕关节和肩关节受侵害最为多见，有时亦累及环枕关节。此时，发病的关节囊内因积蓄大量关节液以致整个关节囊膨满，关节明显肿大（图6-2-5）。在关节囊显著膨胀处触压，可感到热、痛及波动。当关节液过多时，关节的外形也发生明显的改变。病猪站立时姿势异常，患病重的关节多呈屈曲状态（图6-2-6）；运动时，可见患肢负重期明显缩短，出现跛行。

〔病理特征〕本病的主要病理变化表现为心包、胸膜与腹膜呈浆液纤维素性炎，胸腔、腹腔与心包腔蓄积多量混有纤维素的液体。经10～14d浆膜的炎症性病变自行消退，浆膜腔的渗出液浓缩，变成稠厚的团块，并开始机化，继而招致胸膜、心包及腹膜发生粘连，患猪的生长往往被阻滞。

急性期表现为关节滑膜充血、水肿，关节滑膜绒毛肥大，关节囊层滑膜增厚（图6-2-7）。关节腔内滑液量明显增多，呈黄褐色，可能含有纤维素絮状物或块状物。病情严重时，关节滑膜出血，关节囊内有多量血样红色或红褐色滑液（图6-2-8）。亚急性经过时，关节滑膜变厚，绒毛肥大和增生，关节软骨面常见糜烂和溃疡形成（图6-2-9）。有时尚见关节面糜烂，而关节囊内的滑膜与关节周围的结缔组织增生而形成翳膜，关节囊内的滑液减少（图6-2-10）。增生严重时，关节囊常与关节面发生粘连（图6-2-11），导致关节变形。

镜检可见：急性期的滑液中有较多的浆细胞和中性粒细胞，纤维蛋白和脱落的滑膜细胞；滑膜层中有较多的中性粒细胞、浆细胞和淋巴细胞浸润，滑膜上皮变性和脱落。亚急性和慢性时，以滑膜上皮增生和滑膜下的结缔组织增生为主，在增生的组织中有大量的淋巴细胞浸润；有时可见到淋巴小结的形成或多层的滑膜上皮。

〔诊断要点〕根据临床的特殊症状和特异的病理变化，可对本病做出初步的诊断，但确诊须从急性病变期的滑液中分离病原，进行病原鉴定。

〔类症鉴别〕诊断本病时须与副猪嗜血杆菌感染相互区别，因为两者不仅均可引起浆液性关节炎，而且还可导致心包炎、胸膜炎和腹膜炎的发生。副猪嗜血杆菌病又称为格塞尔氏病（Glässer's disease），是由副猪嗜血杆菌所引起的，与猪支原体性关节炎最大的区别在于80%的病猪都伴脑膜炎的变化，镜检在脑组织中可发现局灶性化脓现象。另外，副猪嗜血杆菌还可引起病猪局部皮肤坏死，在临床上有时发生耳郭坏死。

〔治疗方法〕迄今为止，对本病还没有特别有效的治疗药物和方法，一般多采取对症治疗和防止继发感染。据报道，磺胺类药物对本病有很高的疗效。有人试验性用泰乐菌素或林可霉素治疗，获得了较好的效果。

对有价值的种用猪，在发病的急性期，可对发病的腕关节和跗关节等易于固定的关节，装着绷带，进行压迫，制止滑液外渗；对亚急性期关节内囊已有较多的滑液时，可在严格的消毒条件下，穿刺放液，然后注入普鲁卡因青霉素溶液。与此同时，用泰乐菌素或林可霉素注射或拌饲进行全身性治疗。

〔预防措施〕预防本病的重点是不从有病的地区引进种猪，因为成年猪的带菌率很高。同时加强猪群的饲养管理和环境卫生，提高猪体的抵抗力。有条件时，可对仔猪定期用林可霉素拌饲；对成龄猪群和母猪群可用泰乐菌素喷雾抑菌，降低成猪鼻腔的带菌率。

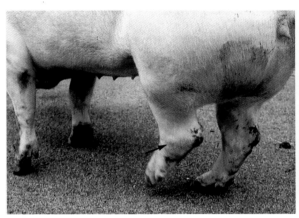

**图6-2-2　关节变形**
左后肢跗关节肿大、变形（↑），运动时出现跛行。

**图6-2-3　运动障碍**
病猪两后肢跗关节肿大，有疼痛表现，运步谨慎。

**图6-2-4　病猪卧地**
病猪患多发性关节炎，运动困难，常卧地不起。

**图6-2-5　关节肿大**
关节囊内滑液增多，致跗关节明显肿大。

**图6-2-6　站姿异常**

病猪的多个关节发炎疼痛，导致站姿异常。

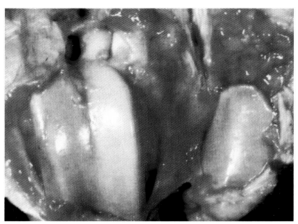

**图6-2-7　浆液性关节炎**

关节滑膜充血呈淡红色，滑膜绒毛肥大，滑膜层增厚。

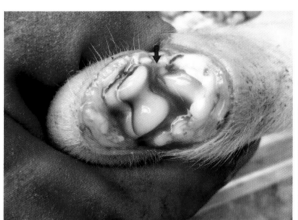

**图6-2-8　出血性关节炎**

关节滑膜出血，关节腔内有多量鲜红色关节液。

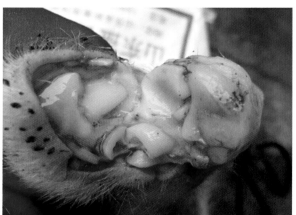

**图6-2-9　关节面溃疡**

关节面有糜烂与溃疡形成，滑膜增生肥厚。

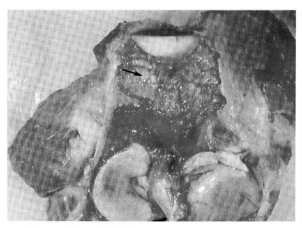

**图6-2-10　关节增生**

关节滑膜及结缔组织增生，在关节腔内形成翳膜（↑），关节滑液减少。

**图6-2-11　关节粘连**

关节囊内的滑膜与周围结缔组织增生，导致关节粘连。

## 三、附红细胞体病（Eperythrozoonosis）

　　附红细胞体病又称为"猪红皮病""黄疸性贫血病""类边虫病"等，是由附红细胞体所致的人畜共患的传染病，临床以发热、黄疸和贫血为特点。自1950年确定猪的黄疸性贫血是由附红细胞体引起以来，现已遍布世界各地，我国亦有发生的报道。本病不仅可引起仔猪发育障碍，猪肉的品质降低，饲养成本增大，影响养猪业的发展，造成很大的经济损失，而且可使人感染发病，具有较重要的公共卫生学意义。

　　〔病原特性〕本病的病原体为支原体目、边虫科、附红细胞体属的猪附红细胞体（*Eperythrozoon suis*）。猪附红细胞体既可寄生于红细胞表面，也可游离在血浆、组织液和脑脊液中。附红细胞体具有很强的宿主特异性，不同动物所感染的附红细胞体也不一样。猪的附红细胞体病是由猪附红细胞体（*E.suis*）和小附红细胞体（*E.parvum*）所引起的。血液涂片用姬瑞氏或姬姆萨氏法染色后，猪附红细胞体呈淡蓝紫色或紫红色，多在红细胞表面单个或成团呈链状或鳞片状寄生，也有在血浆中呈游离状态（图6-3-1）。用雪夫氏（PAS）染色（图6-3-2）和Goodpasture嗜银染色法（图6-3-3）等具有氧化作用的染色剂染色后，附红细胞体被染成灰白色或乳白色，紧紧围绕在红细胞周围或红细胞的表面，血浆中也有大量的附红细胞体。这种特异性染色法克服了用姬姆萨氏等染色法染色时，其染色剂沉渣与病原体不易区分而造成的误诊。附红细胞体的形状为多形性，一般呈环形，也有呈球形、杆状、卵圆形、哑铃形和网球拍形等，直

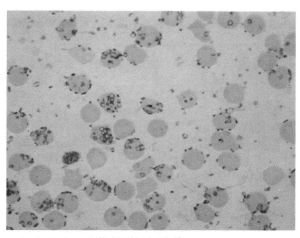

**图6-3-1　蓝紫色附红细胞体**

实验病例的红细胞表面和血浆中有大量的附红细胞体。姬瑞氏×600

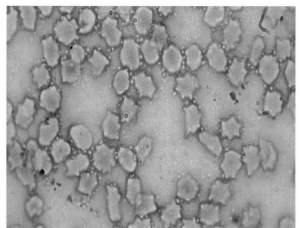

**图6-3-2　灰白色附红细胞体**

红细胞明显变形，表面附有大量染成灰白色的附红细胞体。PAS×600

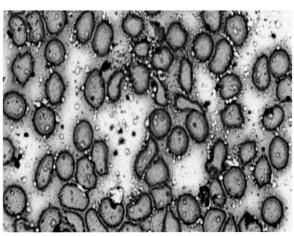

**图6-3-3　乳白色附红细胞体**

用Goodpasture染色，附红细胞体被染成乳白色。Goodpasture×600

径为0.8～2.5μm；小附红细胞体较小，多呈环形，直径平均为0.5μm。附红细胞体在红细胞表面以二分裂或出芽方式进行增殖，但不能用无细胞培养基培养，也不能在血液外组织培养。电镜下，附红细胞体呈卵圆形的圆盘状，分凹凸两面，以凹面附于红细胞表面。

关于猪附红细胞体在体内的增殖过程，目前还不清楚，有人在显微镜下看到单核个体是裂殖子，多核个体是裂殖体，从裂殖子到裂殖体，再到裂殖子的反复过程，即是裂体生殖，也就是无性繁殖的过程。因为这个过程是在猪体内完成的，故认为猪为中间宿主，而终末宿主可能是节肢动物。有的实验表明，附红细胞体是利用血液中的葡萄糖为能源来进行生命活动的。有人发现骨髓中附红细胞体的浓度最高，其次是血液，故认为骨髓是附红细胞体的主要增殖部位。

附红细胞体对干燥和化学药品的抵抗力很低，但耐低温。如0.5%石炭酸于37℃经3h可将其杀死；一般常用的消毒药在几分钟内即可将之杀灭；但在柠檬酸钠抗凝的血液中于4℃条件下可保存15d，在脱纤血中−30℃条件下保存83d仍有感染力，在冻干后可存活5d，在加15%甘油的血液中，于−79℃条件下可保存80d，长期冷冻可存活数年。

〔流行特点〕不同年龄和品种的猪均有易感性，仔猪的发病率和死亡率较高。本病的传播途径目前还不清楚，由于附红细胞体寄生于血液内，又多发生于夏秋或雨水较多的季节，因此，推测本病的传播与吸血昆虫有关，特别是猪虱（因为有人从猪虱的体液中检出了典型的附红细胞体）。另外，注射针头、手术器械、交配等也可能传播本病；也有报道认为哺乳猪还能通过子宫内感染或经口感染。

此外，应激因素如饲养管理不良、气候恶劣、有其他疾病等，可使隐性感染猪发病，甚至大批发生，症状加重。动物一般死于急性期阶段，但大多数病例常呈隐性感染而耐过，成为长期带病原的传染源。

本病的发生有明显的季节性，多发生于高温多雨且吸血昆虫繁殖孳生的季节，尤其是夏秋季多发。但其他季节也有发病，只是发病的程度和范围较小而已。

〔临床症状〕猪附红细胞体病多为隐性感染，只有在应激反应时才急性发作，以及在闷热、多吸血昆虫的季节发生感染时才会出现临床症状。

发病仔猪的表现为发热，精神沉郁，食欲不振，贫血、可视黏膜苍白或充血、出血黄染（图6-3-4）；红细胞破坏多，黄疸严重时，眼结膜呈土黄色（图6-3-5）。还有的出现心悸、呼吸加快，腹泻等症状（图6-3-6）。据认为，发病仔猪的一个重要特点是：病初皮肤充血黄染，腹后部充血肿胀而发红（图6-3-7）；继之，皮肤充血减退，毛孔渗血明显，在毛孔口常见有红色颗粒状渗出物（图6-3-8）。发病后1至数日死亡，或者自然恢复变成僵猪。母猪的症状分为急性和慢性两种。急性感染的症状为持续高热（40～41.7℃），厌食，偶有乳房和阴唇水肿，产仔后奶量少，缺乏母性行为，产后第三天起逐渐自愈。慢性感染母猪呈现衰弱，黏膜苍白及黄疸，不发情，或屡配不孕，如有其他疾病或营养不良，可使症状加重，甚至死亡。

〔病理特征〕本病的主要病变为贫血、黄疸和大量含铁血黄素形成。眼观，病尸消瘦，贫血，可视黏膜苍白，血液稀薄，全身性黄疸，皮肤黄染（图6-3-9），皮下及肌间结缔组织和脂肪组织也黄染，内脏各器官表面均有不同程度的黄染。肝脏先肿大变性，呈淡黄色，胆囊肿大，充满浓稠的胆汁（图6-3-10）；切面见肝瘀血，肝窦中有大量血液，肝细胞发生脂肪变性，肝细胞索呈淡黄色，使肝切面呈现槟榔样外观（图6-3-11）。有的病例，从切面上可检出黄白色局灶性坏死。镜检，肝小叶中央静脉和窦状隙中有大量红细胞，肝细胞变性、萎缩，肝细胞索变细，窦状隙呈扩张状（图6-3-12）。高倍镜下见窦状隙中星状细胞活化，吞噬能力增强，将变性坏死的红细胞吞噬，形成许多吞铁细胞，汇管区有数量不等的淋巴细胞浸润和含铁血黄素沉着（图6-3-13）。另有部分病猪的肝小叶中可检出灶状坏死（图6-3-14）。脾脏病初常因瘀血和出血而肿大、变软，急性时甚至发生败血脾（图6-3-15）；后期则因脾小体萎缩，数量减少，网状细胞和成纤维细胞增生而发生萎缩（图6-3-16）。镜检，脾组织中的网状细胞活化，有较多含铁血黄素沉着（图6-3-17）。肺充血、水肿，呈红色或暗红色，肺间质增宽，表面常有少量点状出血。镜检，肺泡隔毛细胞血管扩张、充血，增厚，肺泡内有少量红细胞。肺泡隔中的尘细胞增生、活化，进入肺泡吞噬变性的红细胞而形成心力衰竭细胞（图6-3-18）。肺间质水肿，充满大量浆液，其中的淋巴管呈扩张状（图6-3-19）。心包膨满，心包腔积液，切开时见大量淡黄红色心包液流出（图6-3-20）。心肌变性，心内、外膜有出血点。镜检，心肌纤维变性，肌间毛细血管扩张，数目增多，间质中有较多的浆液，心肌呈水肿状（图6-3-21）。肾脏肿大，皮质散发点状出血。镜检，肾小管上皮细胞变性、脱落，管腔中有大量细胞碎屑，或脱落的细胞聚集而形成的管型，肾间质中有局灶性出血（图6-3-22），并见有局灶性的结缔组织增生，淋巴细胞浸润，形成间质性肾炎的变化（图6-3-23）。全身的淋巴结呈不同程度肿大，偶见出血。长骨的红色骨髓表现增生。胸腔、腹腔及心包囊积液。血片检查，在血浆及红细胞表面附有大量附红细胞体（图6-3-24）。

〔诊断要点〕依据临床发热、贫血和黄疸的症状，结合病理变化的特点，即可初步确诊。在发烧期采取病猪的血液进行鲜血悬滴镜检或制成血膜片，染色进行病原检查，如发现病原体后即可确诊。

1. 鲜血悬滴镜检法　无菌采取血液，滴一滴血液于载玻片上，再加入等量生理盐水混匀后，在400～600倍镜下观察，如发现变形的红细胞和呈淡绿色荧光的附红细胞体，或在1 000倍的油镜下发现星状、鳞片状、锯齿状及游离于血浆中的球形、逗号状等多形态的病原体，即可诊断为本病。为了观察附红细胞体的活动情况，如加入0.1%的碘液，可使之立刻停止运动；加入1%的盐酸液或5%醋酸液又可刺激其运动。确诊时最好与血液涂片的染色结果相结合。

2. 血液涂片的染色镜检　当病猪具有发热症状时，可采取血液进行血涂片染色检查。染色液可选用多种进行鉴别。一般常用姬姆萨染色法，显微镜检查，在红细胞表面或血浆中若检出圆盘状、球状、环状，呈稍淡紫红色，大小为0.8～2.5μm的猪附红细胞体（图6-3-25）时，即可确诊。另外还可用瑞氏染色液，此时的病原体为蓝紫色或黄色；革兰氏染色呈阴性反应；PAS染色和嗜银染色时病原体均呈乳白或白色。

但须注意，无症状或已痊愈的带病原猪，一般检不出病原体，只能采血清做间接血凝试验。

〔类症鉴别〕本病须与血巴尔通病、梨形虫病、溶血性贫血等病相鉴别。

〔治疗方法〕治疗本病目前常用比较有效的药物有新九一四、苯胺亚砷酸、苯胺亚砷酸钠、土霉素、四环素、金霉素等。但一般认为首选的药物为九一四和四环素。根据猪的大小及病的轻重采用不同剂量。

1. 新九一四疗法　按每千克体重15～45mg肌内注射，通常在2～24h内病原体可从血中消失，在3d内症状也可消除；5d后，再按每千克体重10～35mg肌内注射一次，以便巩固疗效。

2. 土霉素或四环素疗法　按每千克体重每天分两次肌内注射药物15mg，连续应用3d，可获得较好的疗效。若在每吨饲料中拌入600g土霉素，连续饲喂两周，则有较好的预防效果。

3. 苯胺亚砷酸的疗法　对病猪群，每吨饲料混入180g，连用1周以后改为每吨饲料90g，连用1个月。对感染猪群，用量减半。也可用于预防。

另外，对贫血呈阳性反应的仔猪，可给予铁制剂和土霉素。1～2日龄仔猪注射铁剂200mg

和土霉素25mg，至两周龄时再注射同剂量铁剂1次。

4.**中药治疗**　据报道，用中药对本病进行全身性的调节治疗，也有较好的疗效。

处方一　水牛角（切碎）120g、黑栀子90g、桔梗30g、知母30g、赤芍30g、生地30g、玄参90g、黄芩60g、连翘壳60g、甘草30g、鲜竹叶30g、丹皮30g、紫草30g、生石膏240g，加水5000mL。水开后再煎20min后取汁，分成两份，分别于早上和晚上混于饲料喂服。另外，在药渣中加入1000mL水煎开20min后，取汁擦洗猪全身。

方解：水牛角、黄芩、玄参、连翘、生地、紫草等能凉血、解毒透斑；桔梗、竹叶能载药上行；甘草能解毒和胃，调和诸药；赤芍、丹皮、栀子合用可泄心肝之火，重用生石膏清解肺胃实火。

处方二　土茯苓60g、麻黄20g、商陆60g、红花60g，文火炒至微焦黄，趁热倒入1000mL米酒（酒精浓度应在50%以上）中，瓶装密封3d后方可使用。用法：按每千克体重10～20mL取药酒，加热至40℃左右，空腹灌服。服药后2h内禁止进食、饮水、淋水，尽量避免吹风，早晚两次，连用3d。

方解：土茯苓清热祛湿，杀虫、消肿、解毒；麻黄辛散香窜，温而不燥，长于发汗祛邪；商陆苦寒直折，泻火解毒，主治热壅脉络，血热妄行；红花活血化淤，疏通经络。诸药共用，共奏清热解毒、活血止血之功效。

〔预防措施〕本病多为隐性感染，一般情况下若无诱因的作用不会暴发流行，目前还没有预防本病的疫苗。因此，预防本病主要采取综合性措施，尤其要驱除媒介昆虫；做好针头、注射器的消毒；同时应消除一切应激因素，驱除体内外寄生虫，借以提高猪体的抵抗力和疗效，控制本病发生。此外，将四环素族抗生素混于饲料，定期饲喂，可较好地预防本病的发生。

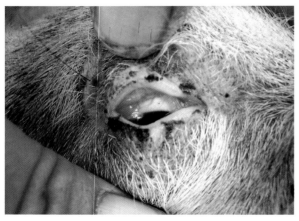

**图6-3-4　眼结膜黄染**
病猪的眼结膜充血、黄染，并见有出血斑点。

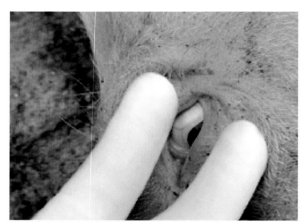

**图6-3-5　眼结膜土黄**
病猪的眼结膜和巩膜严重黄染，呈土黄色。

**图6-3-6　仔猪腹泻**
新生仔猪感染附红细胞体后，全窝仔猪均发生腹泻。

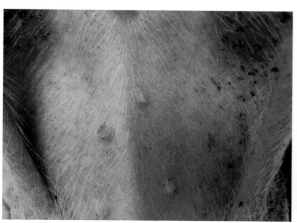

**图6-3-7　皮肤充血黄染**

仔猪皮肤充血，呈黄红色，乳头发红、肿胀。

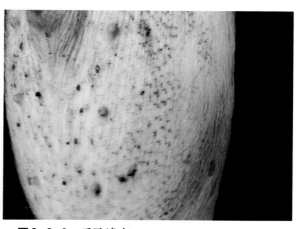

**图6-3-8　毛孔渗血**

病猪腹后部的乳头肿胀，毛孔渗血，有红褐色的颗粒。

**图6-3-9　全身黄染**

病尸明显消瘦，脱水，皮肤干燥，全身黄染。

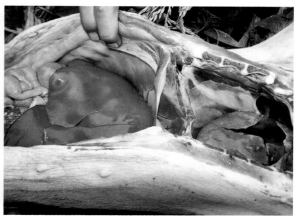

**图6-3-10　肝脏变性**

肝肿大变性，呈黄红色，皮下组织、脂肪和内脏器官表面均黄染。

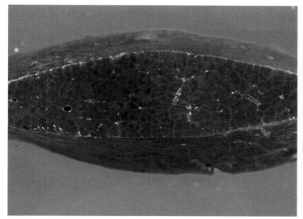

**图6-3-11　槟榔肝**

肝瘀血、肿大，肝细胞脂变，肝切面呈现槟榔样花纹。

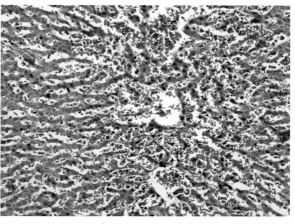

**图6-3-12　肝瘀血**

中央静脉和肝窦扩张充满红细胞，肝细胞萎缩，细胞变细。HE×100

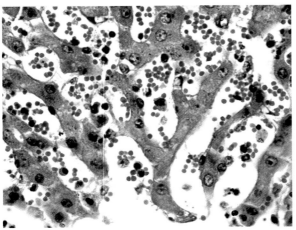

**图6-3-13 吞铁细胞**

肝窦中的星状细胞活化，吞噬红细胞而形成大量的吞铁细胞。HE×400

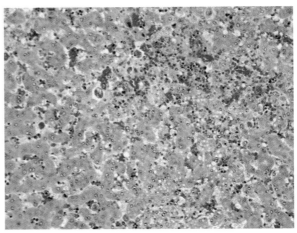

**图6-3-14 局灶性坏死**

肝瘀血，小叶中有局灶性坏死，并伴发炎性细胞浸润。HE×400

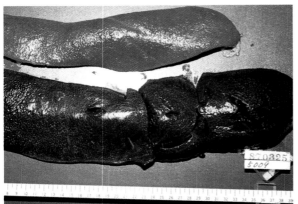

**图6-3-15 败血脾**

脾脏瘀血肿大，呈暗红褐色，切缘外翻（下），上为正常的对照脾。

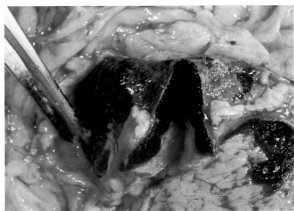

**图6-3-16 脾萎缩**

脾脏萎缩，被膜增厚，切面脾小体消失。

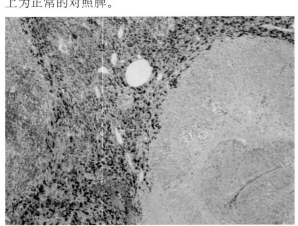

**图6-3-17 含铁血黄素细胞**

脾瘀血，大片组织坏死，脾窦中见有大量含铁血黄素细胞。HE×100

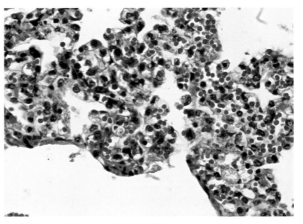

**图6-3-18 心力衰竭细胞**

肺充血，肺泡隔增宽，肺泡腔中有较多吞噬红细胞的尘细胞。HE×400

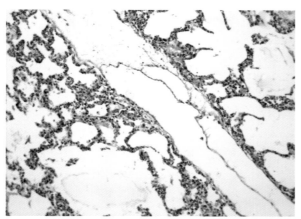

**图6-3-19　肺水肿**

肺间质明显增宽，有大量渗出的浆液，其中的淋巴管扩张。HE×100

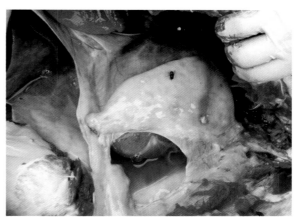

**图6-3-20　心包积液**

切开心包，从中流出大量淡黄红色的心包液。

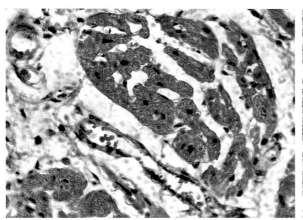

**图6-3-21　心肌水肿**

心肌纤维变性，间质明显增宽，内有大量渗出液。HE×400

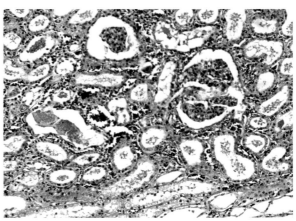

**图6-3-22　肾出血**

肾小管上皮变性脱落，管腔中有管型，肾间质出血。HE×100

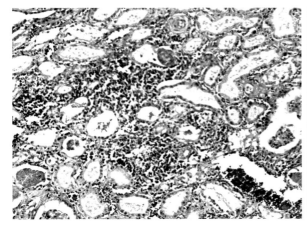

**图6-3-23　间质性肾炎**

肾小管之间有局灶性的结缔组织增生，淋巴细胞浸润。HE×100

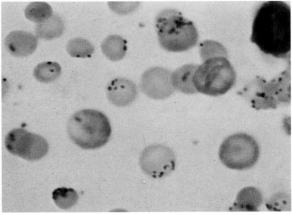

**图6-3-24　涂片检查**

血液涂片检查，红细胞表面和血浆中均有附红细胞体。姬姆萨染色×1 000

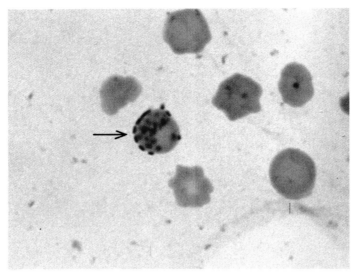

**图6-3-25 外检病例**

　　病猪发热时，采血做涂片，从中检出的附红细胞体。瑞氏染色×1 000

# ✑ 第七章

# 猪 的 中 毒 病

## 一、玉米赤霉烯酮中毒 （Zearalenone poisoning）

玉米赤霉烯酮中毒，又称F-2毒素中毒，是赤霉病谷物镰刀菌毒素玉米赤霉烯酮，即雌激素因子所致的一种中毒病，临床上以阴户肿胀、乳房隆起和慕雄狂等雌激素综合征为特点。本病多发生于猪，世界各地均有报道，尤其在盛产玉米等谷物的美国，早在1928年就由Menutt等予以报道，当时称为外阴阴道炎。

在我国，随着养猪业的发展，人们对黄曲霉毒素中毒比较重视，但对赤霉烯酮中毒认识不够。目前，临床上赤霉菌毒素中毒病例从偶有发生，到不断增加。因此，应引起各养猪场及广大养猪专业户的重视。

〔发病原因〕猪玉米赤霉烯酮中毒是由于猪大量或长期采食了被能产生F-2毒素的镰刀菌所污染的饲料而引起。目前发现，能产生F-2毒素的镰刀菌已有13种，其中主要产毒菌为禾谷镰刀菌。当大气温度在28℃左右，相对湿度达80%～100%的条件下，产毒真菌就可在谷物的茎叶和种子中繁殖，产生大量分生孢子，并形成大量毒素，当猪采食了被产毒真菌污染的玉米、小麦、大麦、高粱、水稻、豆类以及青贮和干草等饲料后，即可发生玉米赤霉烯酮中毒。

〔发病机理〕玉米赤霉烯酮，又称为F-2毒素，系禾谷镰刀菌的一种代谢产物，属雌激素物质 （Estrogenic substance），分子式为$C_{18}H_{22}O_5$，白色结晶，不溶于水，而易溶于碱性水溶液、醋酸乙酯和乙醇等。其衍生物至少有12种以上。研究证明，玉米赤霉烯酮进入动物体内侵害的靶器官为生殖器官 （尤其是雌性），呈雌激素效应。玉米赤霉烯酮是一种子宫毒，可促进子宫DNA、RNA和蛋白质的生物合成，促进氨基酸、尿苷膜的通透性，并能与子宫上清组分中的雌激素受体相结合，进而侵入核内，使染色体发生变化。玉米赤霉烯酮在动物实验中可诱发畸胎。实验表明，动物体内残留的玉米赤霉烯酮可转化为其他活力相等甚至更强的化合物，危害人类健康。

〔临床症状〕本病主要发生于猪，尤其是3～5月龄的未成年母猪，表现出以生殖器官机能障碍为特点的雌激素综合征，但不同年龄段的猪，所表现的症状有一定的差异。

猪中毒后临床上所出现的共同症状是：病猪食欲减退，拒食和呕吐。阴部瘙痒，病猪常在墙壁、饲槽或栅栏等物体上磨蹭，导致尾部和会阴部常有外伤和出血（图7-1-1）。阴道与外阴黏膜瘀血性水肿，分泌混血黏液，外阴肿大3～4倍，阴门外翻（图7-1-2），往往因尿道外口肿胀而排尿困难，甚至有30%～40%的病猪可继发阴道脱（图7-1-3），5%～10%的病猪发生直肠脱和子宫脱（图7-1-4）。

各不同年龄段病猪表现出的特殊症状：

育肥猪：外阴部异常肿胀，乳腺增生。由于阴部水肿，局部发痒，病猪常在圈舍的墙上来回蹭，而引起局部出血。日龄小的猪症状明显，而日龄大的猪症状则较轻。

青年母猪：性成熟前（1～6月龄）表现为乳腺过早成熟而乳房隆起，乳头肿大。外阴红肿，呈鲜红色，出现发情征兆（图7-1-5）。病情严重时，病猪的外阴部极度肿胀，阴门口哆开，有出血性黏液性分泌物流出，乳房肿胀，乳头红肿（图7-1-6）。性成熟后表现为发情周期延长、紊乱而无规律。

成年母猪：生殖能力降低、不孕，多数第一次配种或授精不易受胎，或胎儿被吸收和流产，由于黄体的作用还可能出现假怀孕，或者每窝产仔头数减少，仔猪虚弱、后肢外展（八字腿）、畸形、轻度麻痹等。

妊娠母猪：多在怀孕30d内胚胎完全消失，之后表现假怀孕；或在怀孕后50～70d时，发生早产、流产、胎儿吸收、死胎或胎儿木乃伊化。

泌乳母猪：低浓度的毒素不会对泌乳期母猪产生影响，但会延长断奶到配种的时间间隔；高浓度的毒素可使哺乳母猪泌乳减少，还可导致哺乳仔猪外阴肿大。

公猪：主要呈现雌性化综合征，如性欲减退、睾丸萎缩、乳腺肿大、包皮水肿等，有时还继发膀胱炎、尿毒症和败血症。

〔病理特征〕宏观的病理学变化主要发生在生殖器官，尤以母猪的病变最典型。其外部病变与临床表现基本相同。剖检见阴道、子宫的黏膜肿胀、肥厚，黏膜面上附有较多的黏液性物质，并发出不良气味。切开子宫时有多量液体流出，子宫壁呈明显的水肿。切开肿大的乳腺，各乳腺小叶发育不全，大小悬殊，乳腺间质增宽，呈水肿状。

病理组织学检查，阴道黏膜水肿，上皮细胞变性、坏死和脱落；子宫颈黏膜上皮细胞增生、化生成鳞状细胞，子宫壁增厚，其固有层和黏膜下层的血管扩张充血，大量浆液外渗，并有炎性细胞浸润。卵巢发育不良，卵泡畸变，常出现无黄体卵泡，有的卵泡闭锁，卵母细胞变性。乳腺发育不全，部分腺上皮化生为鳞状上皮，乳导管发育不全，并见有增生，乳腺间质性水肿。

〔诊断要点〕依据病猪有采食霉败饲料的病史，出现以生殖器官变化为主的一系列雌激素综合征的临床症状，即可做出诊断。有条件时可进一步做实验室检测，以便确诊。

〔治疗方法〕目前尚无特效治疗药物，只能根据病症而进行一些非特异性治疗。首先要停止饲喂霉败饲料，增加饲喂青绿多汁的饲料。这样，对病情较轻的病猪无须治疗，经过1～2周后症状即逐渐缓解，以至消失而康复。对于阴部有外伤的要及时涂布碘酊或龙胆紫等外用杀菌药，防止继发感染。有阴道和子宫脱出而难以自复的病猪，要及时进行外科手术处理（图7-1-7），防止长时间脱出而导致组织瘀血、水肿、坏死和败血症的发生。实践证明，给中毒猪群的饲料中添加0.0125%维生素C，连喂5d，有利于帮助病猪恢复。

另外，对个别重度持续性发情的母猪可注射前列腺素或少量雄激素进行调整。

〔预防措施〕预防本病的主要措施是防止饲料霉变和不喂霉变的饲料。

1. **防止饲料霉变**　主要把好两关，一是进料关，二是防霉关。

（1）把好进料关　采购猪饲料或原料时，应加强检查，防止发霉变质的饲料或原料入库。同时应控制原料含水量，一般原料的水分要求在13%以下，对含水量高的饲料或原料，入库前应及时晾晒。

（2）把好防霉关　采取不同的方法，在有限的条件下做好饲料的防霉工作。预防饲料发霉的方法有：一是注意做好饲料贮藏工作。要求贮藏饲料的仓库必须保持干燥、清洁，地势高，底部、侧壁均应做防潮、防水处理，饲料底部有木板架隔，上方及周围要留有空隙，使空气流通。二是缺氧防霉。在多雨季节，可用塑料袋密封贮存饲料，抑制霉菌繁殖。三是醋酸防霉。将2份醋酸和1份醋酸钠混合，再加入1%的山梨醇搅拌均匀，干燥后以1%的比例掺入饲料中，用此法贮存90d以上不会霉变。四是适当添加防霉剂。目前常用的防霉剂有双乙酸钠、丙酸钙、抗氧安、克霉净等。如在每100kg饲料中加入100g的丙酸钙，或50g的丙酸钠，经搅拌均匀后，贮存于木桶、水泥池或塑料袋中，有效期可长达2个月以上；再如每吨混合饲料中加入0.5kg克霉净，两个月不会霉变、结块。

2. 不喂霉变饮料　对大量中度或轻度霉变的饲料，为了防止浪费，造成较大的经济损失，可通过下述方法处理后再饲喂，但严重霉败变质的饲料不得处理利用。

（1）水浸法　对污染较重的饲料，可通过此法来清除毒素。方法是：1份饲料加4份水浸泡12h（其间应搅动数次），浸泡三次后大部分毒素可随水洗掉。另一种方法是用清水淘洗被污染的玉米之类的谷物，再用10%生石灰水上清液浸泡12h以上（换一次石灰水），将谷物捞出用清水漂洗，除去石灰水后即可利用。

（2）稀释法　对污染较轻的饲料，可使用一定量的未被污染的饲料或饲草制成混合饲料来喂。这样，猪采食的单位体积饲料中的毒素量就很低，不至于引起中毒。

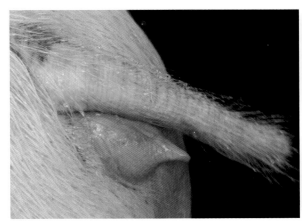

**图7-1-1　阴部外伤**

由于阴部瘙痒，病猪在物体上磨蹭而引起尾巴和阴门有擦伤及出血。

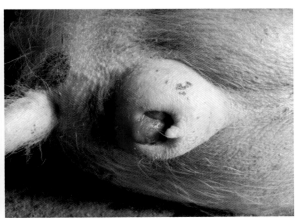

**图7-1-2　阴门外翻**

病猪的外阴部充血水肿，阴门口外翻，阴道黏膜肿胀，并见点状出血。

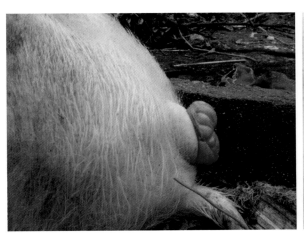

**图7-1-3　阴道脱**

病猪的外阴部瘀血水肿，呈暗红色，部分阴道黏膜脱出。

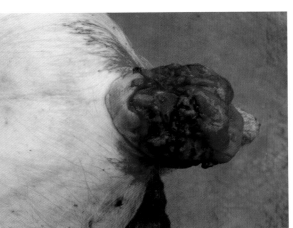

**图7-1-4　子宫脱**

病猪的部分子宫脱出，子宫黏膜瘀血、水肿，坏死，呈紫红色。

**图 7-1-5　猪群发病**

青年母猪群发病后，均出现外阴红肿，分泌物增多，呈发情样表现。

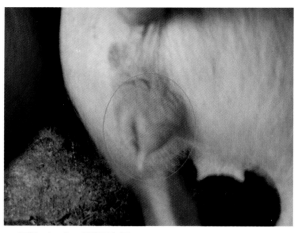

**图 7-1-6　阴门哆开**

青年母猪摄食大量含赤霉烯酮的霉玉米，阴门红肿、哆开，乳房肿胀，乳头红肿。

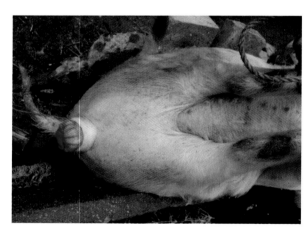

**图 7-1-7　手术整复**

病猪脱出的子宫，经手术整复后加以固定，防止再次脱出。

## 二、黄曲霉毒素中毒（Aflatoxicosis）

黄曲霉毒素（aflatoxin，AFT）主要是由黄曲霉和寄生曲霉等产毒菌株所产代谢产物的总称。黄曲霉毒素的毒性很强，能引起各种动物发生中毒。当猪长期或大量食入含有黄曲霉毒素的饲料时，就会发生中毒，其中仔猪比育肥猪和成龄猪的敏感性更高。临床上病猪主要出现以肝损害为特点的全身性出血、消化障碍和神经症状等；病理学上以中毒性肝营养不良和脑神经的退行性病变为特征。

〔发病原因〕黄曲霉和寄生曲霉广泛存在于自然界，主要污染玉米、花生、豆类、棉籽、麦类、大米、秸秆及其副产品如酒糟、油粕、酱油渣等，即使肉眼看不出霉败的谷物和饲料中，分离培养时也可发现黄曲霉（图7-2-1），用液相色谱等仪器检测时也能检出AFT。研究证实，黄曲霉是温暖地区常见的占优势的霉菌（图7-2-2），其生长温度范围在4～50℃之间，最适宜的生长温度为25～40℃。但在自然界分布的黄曲霉中，仅有10%菌株能产AFT。黄曲霉毒素形成的最低温度为5～12℃，最高为45℃，最适温度为20～30℃（28℃）。毒性AFT是一类化学结构上彼此十分相似的化合物。目前已经确定其化学结构的AFT有 $B_1$、$B_2$、$B_{2a}$、$G_1$、$G_2$、$M_1$、$M_2$、$P_1$、$Q_1$、$R_0$ 等18种。其中AFT $B_1$、$B_2$、$G_1$、$G_2$、$M_1$ 和 $M_2$ 是4种最基本的AFT。目前发现的AFT基本结构都有二呋喃环和香豆素。它们对高温和紫外线都非常稳定，如AFT B$_1$在200℃高温和紫外线直接照射的条件下，均不被破坏，但对酸碱的耐受性较差，如5%次氯酸钠可使之完全破坏；在氯、氨、过氧化氢中也遭破坏。

AFT对人和动物都有很强的毒性。其中AFT B$_1$毒性最大，致癌力最强。据报道，AFT B$_1$毒性为氰化钾的10倍，砒霜的68倍，是目前所有致癌物中最有害的一种，致肝癌强度比二甲基偶氮苯大900倍，比二甲基亚硝胺大75倍。尽管黄曲霉毒素的毒性很强，但猪必须一次性摄入含有大量黄曲霉毒素的霉变饲料才会发生急性中毒疾病。因为即使是

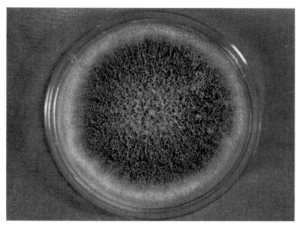

图7-2-1　黄曲霉

从饲料中分离的黄曲霉菌，在培养基中呈灰黄色绒毛状。

霉变相当严重的饲料（图7-2-3），其中的黄曲霉毒素的含量也很低，但黄曲霉毒素有蓄积作用，随着含量在体内的增加，即可导致急性或慢性中毒。

图7-2-2　孢子囊

显微镜下黄曲霉菌的孢子囊，呈放射状花冠，菌丝呈杆状。

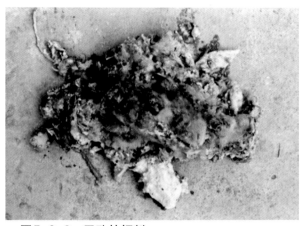

图7-2-3　霉败的饲料

泔水性饲料在水缸内发酵、霉变，有大量黄曲霉和其他霉菌寄生。

〔发病机理〕黄曲霉毒素主要是一种肝脏毒素，随饲料进入胃肠被吸收后主要分布于肝脏。它在血液中含量很少，肌肉中几乎检测不到，故有"肝脏毒"之称。AFT主要通过抑制肝细胞RNA、DNA和蛋白质的合成，破坏肝细胞的亚微结构，导致肝细胞核仁分离，核糖核蛋白体减少和解聚，内质网增生，线粒体退化，溶酶体增加等而使肝细胞损伤。从而引起肝内碱性磷酸酶、转氨酶、异柠檬酸脱氢酶等活性升高，肝糖原下降，肝细胞变性和坏死。

〔临床症状〕一般根据病猪的病程和临床表现不同，而将之分为急性型、亚急性型和慢性型三种类型。

急性型：主要发生于2～4月龄仔猪，因为仔猪对AFT非常敏感。仔猪发病后常常无明显的临床症状即突然死亡。少数病猪可出现眼结膜黄染、贫血或有出血变化，有时排出少量带有不良气味的稀便或血便。

亚急性型：多发生于育成猪，为临床上最多见的一种类型。病猪精神沉郁，食欲减损，可视黏膜苍白或黄染。腹部有程度不同的膨胀，消化不良，先排出带有恶臭的稀便或血便，继之发生便秘，粪便干硬呈球状，表面附有黏液和血液。病情严重时，病猪出现运动障碍，四肢无力，并时常伴发间歇性抽搐，过度兴奋和角弓反张等神经症状。

慢性型：主要见于成年猪，病程较长。病猪精神不振，食欲减退，眼睑肿胀，可视黏膜贫血而黄染。消化障碍明显，时常异嗜，粪便干硬，表面附有黏液和血液。营养不良，明显消瘦，生长发育缓慢，皮肤发白或黄染，有的病猪还出现瘙痒症状。

实验室检测的主要变化为低蛋白血症、红细胞数明显减少、白细胞增多和凝血时间延长。急性病例的谷草转氨酶、瓜氨酸转移酶和凝血酶原活性升高；亚急性和慢性病例的异柠檬酸脱氢酶和碱性磷酸酶活性明显升高。

〔病理特征〕剖检，急性病例以贫血和出血为特点。全身黏膜、浆膜、皮下和肌间均常有程度不同点状或斑状出血，其中以大腿前部和肩胛下区的皮下出血最明显。肝脏肿大，发生实质变性，呈淡灰黄色，被膜常有较多的点状出血（图7-2-4），切面结构不清，质地变脆。胃黏膜肿胀，常有点状或弥漫性出血，有时伴发纤维素渗出，形成纤维素性胃炎；有的胃黏膜出血、坏死，形成坏死性胃炎，坏死的胃黏膜脱落后，就形成了溃疡（图7-2-5）。

肠黏膜肿胀，常有出血斑点或局灶性出血，黏膜面常覆有较多带血的黏液。特别是回肠、结肠和盲肠黏膜，其肠壁的淋巴小结肿胀、坏死，脱落后形成大小不一的溃疡（图7-2-6）。贲门和肠系膜淋巴结瘀血、肿大，呈暗红色，被膜下有多少不一的出血点和黄白色坏死灶，严重时，坏死灶可相互融合形成斑块状坏死（图7-2-7）。另见心内、外膜有明显的出血斑点。

亚急性和慢性病例以肝脏变性、坏死和硬变为特征。肝脏明显肿大，严重脂变，呈土黄色或黄色（图7-2-8），或因严重瘀血而形成槟榔样花纹。有时则因严重的肝细胞脂变、坏死和出血，使肝脏呈斑驳状。切面结构模糊不清，质地脆弱，或因含较多的血液而较软。肝病的后期常因结缔组织增生而质地变硬，体积变小，色泽变淡，呈淡灰黄色或淡黄绿色，表面有大小不一的结节（图7-2-9），切面结构不清，有大量行走方向不定的纤维束。镜检，肝实质细胞大面积脂肪变性、空泡化（图7-2-10）、出血和坏死，肝小叶中心和中间区的肝细胞坏死、崩解，其位置几乎全由红细胞取代，肝小叶中心大面积出血（图7-2-11）。肝间质水肿，有较多的中性粒细胞浸润。慢性病例的结缔组织明显，有大量淋巴细胞浸润，同时见多量毛细胆管增生，有许多假性肝小叶形成（图7-2-12）。病变严重时，大量增生的结缔组织将肝小叶完全破坏，肝细胞索断裂，排列紊乱，大量结缔组织取代了肝组织（图7-2-13）。大脑膜充血、出血，脑实质有水肿变化。镜检，脑膜和脑实质充血、瘀血和水肿（图7-2-14），神经元急性变性、空泡化，以及大小不一的脑软化灶形成。其他变化与急性型的基本相同。

〔诊断要点〕一般根据病猪有采食不良或霉变饲料的病史，出现较典型的临床症状，剖检时有特征性的病理变化，即可初步诊断。但确切诊断常需进行实验室的病原分离鉴定、毒素检测和动物实验等。

〔治疗方法〕目前尚无特效解毒药物，只能采取对症治疗。治疗时首先应立即停止饲喂致病性可疑饲料，改喂新鲜全价日粮，加强饲养管理。治疗的基本原则是排毒、保肝、止血、强心和抗菌消炎。

排毒是指通过投服人工盐、硫酸钠等泻药，或用温肥皂水等碱性溶液灌肠，借以清理胃肠道内的有毒物质；保肝可通过注射葡萄糖制剂和维生素C，增强肝糖原的含量和肝细胞的解毒功能；止血可注射维生素K制剂、葡萄糖酸钙注射液，提高血液的凝固性，防止出血；强心可用安钠咖等强心药，借以改善机体的血液循环；抗菌消炎可用青霉素、链霉素等抗生素，防止继发性感染。

〔预防措施〕预防要点在于防止饲料霉变和不喂霉变的饲料，其方法可参照玉米赤霉稀酮中毒的预防措施实施。另外，根据AFT对酸碱比较敏感，在酸性或碱性环境下易破坏的特点，据称，现正研究应用氨、甲胺、乙胺、臭氧、氯、甲醛、氢氧化钠、氢氧化铵、次氯酸钠、碳酸铵、磷酸三钠等化学药剂来处理霉败饲料的方法，取得了较好的解毒效果。如Breke等利用氢氧化铵溶液处理污染黄曲霉毒素的玉米，使毒素含量由180μg/kg（按饲料）下降到检测不出的程度，而且不降低玉米的营养价值。

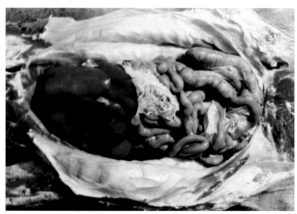

**图7-2-4　肝实质变性**

肝脏肿大变性，瘀血黄染，被膜面有较多的出血点，胆囊膨满。

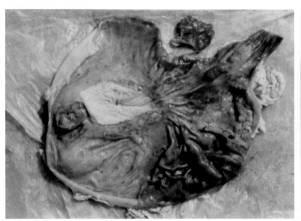

**图7-2-5　坏死性胃炎**

胃底黏膜出血，散在鲜红色出血斑点，胃黏膜坏死并形成大面积溃疡。

**图7-2-6　坏死性肠炎**

肠黏膜瘀血、出血而呈暗红色，肠壁淋巴小结肿胀、坏死，脱落后形成溃疡。

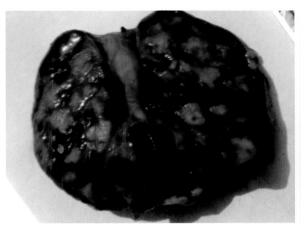

**图7-2-7　坏死性淋巴结炎**

胃门淋巴结瘀血、肿大，呈暗红色，切面散在大量灰黄色坏死斑块。

**图7-2-8　肝脂肪变性**

肝脏脂变、肿大，呈红黄色或橘色，胆囊内含有深褐色浓稠的胆汁。

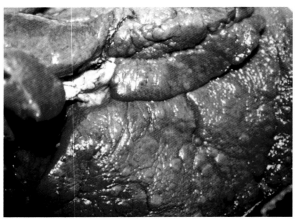

**图7-2-9　肥大性肝硬变**

　　肝脏呈黄褐色,在肝表面见有大小不一的结节,肝脏质地变硬。

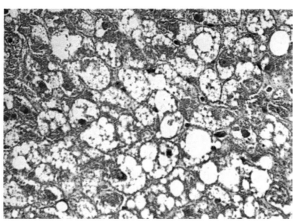

**图7-2-10　肝细胞变性**

　　肝细胞内有大小不一的空泡,当空泡融合时就形成气球样变。HE×400

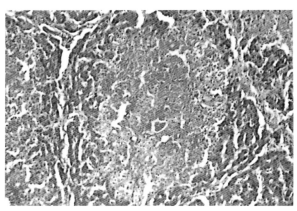

**图7-2-11　肝细胞坏死**

　　肝小叶中央静脉周围的肝细胞变性、坏死,坏死区域被红细胞取代。HE×100

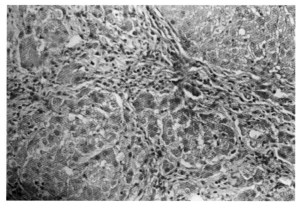

**图7-2-12　假性肝小叶**

　　小叶间结缔组织增生,将肝小叶分割成大小不一的小叶状结构。HE×400

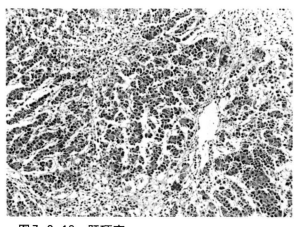

**图7-2-13　肝硬变**

　　肝细胞变性坏死,大量结缔组织弥漫性增生,导致肝脏发生硬变。HE×100

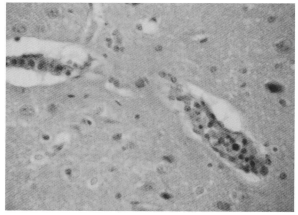

**图7-2-14　脑水肿**

　　脑组织中神经细胞固缩,血管周隙变宽,充满大量脑脊液。HE×400

### 三、克伦特罗中毒（Clenbuterol poisoning）

克伦特罗，商品名称为盐酸克伦特罗、盐酸双氯醇胺、克喘素、氨哮素、氨必妥、氨双氯喘通、氨双氯醇胺，俗名瘦肉精，是人工合成的一种口服强效 β 肾上腺素激动剂（$\beta$-adrenergicagonist），能激动 $\beta$-2 受体，对心脏有兴奋作用，对支气管平滑肌有较强而持久的扩张作用。其化学名称为 $\alpha$-[（叔丁氨基）甲基]-4-氨基-3,5-二氯苯甲醇盐酸盐，分子式为 $C_{12}H_{18}Cl_2N_2O·HCl$，结构式如下：

猪克伦特罗中毒是由于长期采食大量含该类化学物质的饲料而引起的。病猪在临床上以心动过速，皮肤血管极度扩张，肌肉抽搐，运动障碍，四肢痉挛或麻痹为特点；病理学上以肌肉色泽鲜艳，肌间及内脏脂肪锐减，实质器官变化、坏死，脑水肿和神经细胞变性肿大或凝固为特征。

〔发病原因〕 猪克伦特罗中毒是由饲养者在饲料中非法添加了大量盐酸克伦特罗（Clenbuterol Hydrochloride）等商品而引起的。人如误食含大量克伦特罗的肉制品后，就会发生中毒。因此，目前世界各国均明令禁止在食用动物中添加该种化学物质。

克伦特罗为白色或类白色的结晶粉末，无臭、味苦，易溶于水，熔点为161℃。它既不是兽药，也不是饲料添加剂，而是肾上腺素类神经兴奋剂。20世纪80年代初，有人发现克伦特罗可促进动物机体生长并改变机体胴体组成。于是美国一家公司开始将其添加到饲料中，增加瘦肉率。但如果作为饲料添加剂，使用剂量是人用药剂量的10倍以上，才能达到提高瘦肉率的效果。它用量大、使用的时间长、代谢慢，所以在屠宰前到上市的过程中，在猪体内的残留量都很大。这种残留在猪肉中的克伦特罗，当人食入后就会在人体渐渐地积蓄，导致中毒。如果一次摄入量过大，就会产生中毒现象。由于消费者食用含有此药残留物较多的肉品后在欧美等国家已导致多次集体食物中毒事件，因此促使欧美国家明令禁止使用此药作为饲料添加剂饲喂家畜。

我国在20世纪90年代中期在养猪业中也曾经大量使用克伦特罗，但自1998年4月发生的香港克伦特罗导致人中毒事件后，我国内地也发生多起集体食物中毒事件。因此，农业部于1997年3月以农牧发[1997]3号文严令禁止其在动物生产中的应用。

目前，世界各国均禁止盐酸克伦特罗的商业使用。美国仅批准用于非食用的马；欧洲可用于牛的提前分娩和治疗动物的支气管痉挛和呼吸道阻塞，规定用于食品动物必须有28d休药期，且最大残留限量（MRL）为0.5μg/kg。

由此可见，猪饲料中不准许含有克伦特罗及其制品的，如有添加即为违法，应严厉打击。

〔发病机制〕 克伦特罗怎样能提高猪的瘦肉率？研究证明，克伦特罗通过与 β2-肾上腺素能受体专一性结合而使受体活化，激活Gs蛋白，进一步激活腺苷酸环化酶，使细胞内第二信使（cAMP）浓度升高。cAMP激活cAMP依赖性蛋白激酶，使参与蛋白质和脂肪代谢的酶磷酸化，改变了酶的生物学活性，从而通过加速蛋白质合成、抑制蛋白质降解的双重作用促进肌肉生长，抑制脂肪合成，提高了猪的瘦肉率。另外，它还可提高有机物、粗纤维和粗蛋白的消化率。但是克伦特罗提高猪瘦肉率的前提是只有长期、大量地使用，才能在猪体内实现上述生物转化。由此可知，由于本化学药物的代谢慢、蓄积作用强的特点，故长期添加必然在肌肉、特别是内脏中大量残留，人误食这种肉及内脏后就易发生中毒。

克伦特罗在医学上是治疗哮喘病的常用药物。那么含克伦特罗的肉及其内脏为什么会引起人中毒呢？一般而言，人对克伦特罗的耐受量远远低于猪，大量蓄积于猪肉及内脏的克伦特罗量往往是引起人中毒的十几倍到数十倍，再加之克伦特罗有以下三个生物学特点：一是由胃肠吸收快，人或动物服用后15～20min即起作用，2～3h血浆浓度达峰值；二是用量小，药理作用较强，作用维持时间持久，一般情况下用20μg就可出现症状；三是耐高温，加热到172℃时才开始分解，一般食用的烹饪方法均不能将其破坏。因此，肉品中含有克伦特罗对人的危害是显而易见的，我国已发生多起人因食用含克伦特罗的猪肉及内脏而引起的集体中毒事件，造成严重的不良后果。

〔体内分布〕克伦特罗虽然广泛地分布在猪体内各种组织，但不同组织的分布是不均匀的。一般而言，长期不断地使用克伦特罗时，其残留浓度最高的组织和器官为肺脏和肝脏，分别达1 497.7ng/g和1 428.2ng/g，其他组织和器官依次为肾脏>脾脏>心脏>肌肉，肌肉的含量最低，为98.1ng/g，而肺脏和肝脏的浓度约为肌肉的15倍。克伦特罗在猪体内的代谢比较缓慢，通常停药19d后，尿液和各种组织中的克伦特罗残留浓度仍高于1ng/g，其中含量最高的仍是肝脏和肺脏，分别为6.0ng/g和5.1ng/g，除肺组织的消除比肝略快外，其他组织的顺序基本相同，即肾脏>脾脏>肌肉>心脏。克伦特罗在尿液中的消除也比较慢，尿液中克伦特罗的浓度与组织中的浓度呈正相关关系，用检查尿液中的药物浓度的方法可以反映猪的各种组织的瘦肉精残留情况。

〔临床症状〕猪克伦特罗中毒主要发生于育肥猪，中毒初期，病猪食欲减退，四肢无力，不愿意运动，多爬卧或侧卧在地上（图7-3-1）。随着病情的加重，病猪食欲大减，体重下降，心跳加快，呼吸增数，体表血管怒张，全身的肌肉震颤或抽搐，出现一些特殊的姿势。有的病猪前肢肌肉强直，不能自由伸屈而侧卧在地（图7-3-2）；有的病猪前肢屈曲，后肢僵直，运步困难，出现肢体僵硬的强迫性爬卧姿势（图7-3-3）；还有的病猪四肢肌肉痉挛、强直、四肢伸展，不能屈曲，强迫性侧卧在地（图7-3-4）。中毒严重时，病猪长时间不能站立，卧地不起，身体着地部位和四肢关节普遍有褥疮，尤以关节部明显，关节肿大变形（图7-3-5）。病猪最终多因极度消瘦，全身肌肉麻痹、瘫痪，褥疮感染和多病质（图7-3-6），全身性衰竭而死。

人中毒的症状，从大量报道来看，主要是食用了含有大量克伦特罗的肝脏和肺脏等内脏器官或大量食肉而引起的，主要表现为面色潮红，心跳加速、心慌、心悸、头晕、胸闷、恶心、呕吐，四肢肌肉颤抖、全身乏力甚至不能站立。原有心律失常的患者更容易发生反应，心动过速，室性早搏，心电图示S-T段压低与T波倒置。原有交感神经功能亢进的患者，如有高血压、冠心病、甲状腺功能亢进者上述症状更易发生。

〔病理特征〕眼观，猪肉颜色鲜艳，后臀肌肉饱满丰厚，脂肪明显变薄，背膘增厚。腹腔脂肪、胃大网膜和肠系膜脂肪、肾周脂肪、肌间脂肪明显减少（图7-3-7）。病初见心脏扩张，心肌松软。肺脏膨胀，边缘变钝，色泽变淡，呈肺气肿状。病情重时则见心肌萎缩，心脏体积变小，冠状沟和左、右纵沟的脂肪组织明显减少，心尖变长。肺脏膨胀不全，肺边缘变薄，前叶和心叶部有肺气肿变化（图7-3-8）。肝脏轻度瘀血，并有不同程度的实质变性。脾脏发生不同程度的萎缩。肾肿大，色泽变淡。脑膜血管扩张、充血，脑实质呈水肿状。

病理组织学检查，神经系统有明显的病理性损伤，主要表现为脑膜和脑实质中的血管扩张、充血，血管周隙增大，呈明显的水肿状，神经细胞急性肿胀，胞浆中的尼氏小体溶解消失，胞核肿大。病程长者则见明显的神经细胞的凝固性萎缩变化，特别是大锥体细胞（图7-3-9）、小脑的浦肯野细胞（图7-3-10）和脊髓灰质的神经元（图7-3-11）均有广泛变性、坏死，脑和脊髓均见有髓鞘脱失和软化灶。外周的神经元也发生明显的退行性变化，如胃壁神经丛中神经元变性和坏死，均质红染，有的神经元呈溶解状（图7-3-12）。在肌肉组织中肌纤维普遍增粗，肌间的脂肪组织减少，但部分肌纤维肿胀、变性，肌纤维核浓缩，胞浆凝固，呈坏死状。其周围有较多的中性粒细胞浸润。肺泡扩张，肺泡隔变薄呈贫血状，有的肺泡极度扩张，并有部分肺泡隔断裂，形成大的气囊，发生肺气肿（图7-3-13）。肾血管球体积增大，充满球囊，肾血管球内皮细胞和间质细胞明显增生，细胞密度增大，球囊内有少量血浆蛋白渗出。心肌纤维变性，粗细不一，胞浆均质红染，心外膜血管周围的脂肪细胞萎缩，被水肿液取代，导致心肌水肿的发生（图7-3-14）。脾小体缩小，生发中心部位淋巴细胞碎裂、组织坏死，脾白髓数量减少，鞘动脉管腔闭锁，偶见血管内有血栓形成。肝脏瘀血，肝细胞肿胀、变性，胞浆均质红染，胞核浓缩，肝小叶内有局灶性坏死灶（图7-3-15）。

〔诊断要点〕一般根据病猪有饲喂克伦特罗的病史，典型的临床症状和病理变化即可初诊，但确诊须采集病肉或内脏器官样品进行实验室检测。目前，检测克伦特罗残留的方法主要有四种，即高效液相色谱法（HPLC）、气相色谱-质谱法（GC-MS）、毛细管区带电泳法（CE）和免疫分析技术（IA），而农业部将HPLC法和GC-MS法规定为我国实验室检测肉品中克伦特罗含量的标准方法。另外，目前使用的定性的快速检测法还有测定克伦特罗的试纸条。

〔治疗方法〕目前尚无特效的解毒药物，只能采取对症治疗。一般而言，猪中毒后其肉尸及其内脏就失去食用价值，因而对中毒的猪无须进行治疗，应立即扑杀，其肉尸和内脏应化制或做工业用，不得做成肉制品而食用，或做成饲料来饲喂其他动物。

人误食发生中毒后目前常用的治疗方法是：洗胃、输液，促使毒物排出；在心电图监测及电解质测定下，使用保护心脏药物如6-二磷酸果糖（FDP）及$\beta$-2受体阻滞剂倍他乐克等进行对症治疗。

［预防措施］近年来，盐酸克伦特罗在猪饲料中非法使用的情况有所收敛，但仍有少数人在偷偷使用，这将给人的身体健康造成潜在性危害。因此，我们还要加强法规的宣传，控制饲料源头，任何单位与个人要遵循国家的法规，绝不能在猪饲料中添加克伦特罗类化学制剂。只有不给猪饲喂含克伦特罗的饲料，就会杜绝中毒事件的发生。

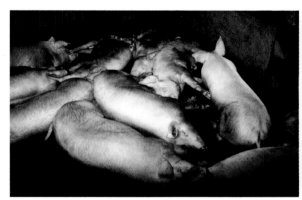

**图7-3-1 中毒猪群**

病猪腿软无力，不能站立，四肢肌肉震颤，四肢僵硬而卧地不起。

**图7-3-2 前肢痉挛**

病猪全身肌肉震颤，前肢痉挛、强直，不能伸屈。

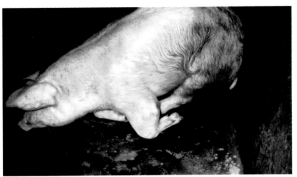

**图 7-3-3　强迫姿势**

病猪全身肌肉震颤，前肢屈曲，后肢僵硬，出现强迫爬卧的特异性姿势。

**图 7-3-4　四肢强直**

病猪四肢痉挛、强直，不能伸屈而侧倒在地。

**图 7-3-5　体表的褥疮**

病猪肢体僵硬，不能站立，长期瘫痪在地，体表有大小不一的褥疮。

**图 7-3-6　消瘦衰竭**

病猪极度消瘦，肌肉麻痹而瘫痪，呈现多病质的衰竭状态。

**图 7-3-7　内脏萎缩**

病猪的实质脏器萎缩，器官被膜、大网膜和肠系膜的脂肪组织锐减。

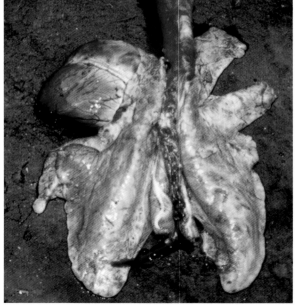

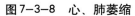

**图 7-3-8　心、肺萎缩**

心脏体积较小，心尖变长，脂肪萎缩；肺脏膨胀不全，并见局灶性气肿灶。

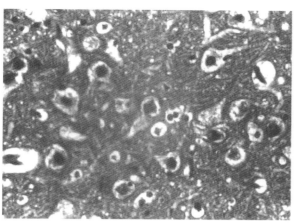

**图7-3-9　大脑神经元固缩**

大锥体细胞固缩、深染，神经元的间隙增大，呈现轻度水肿状。HE×400

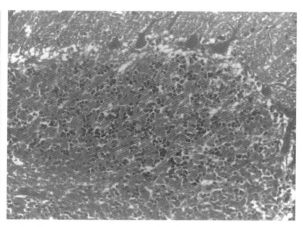

**图7-3-10　浦肯野细胞坏死**

小脑的浦肯野细胞变性，胞核溶解消失，呈坏死状。HE×400

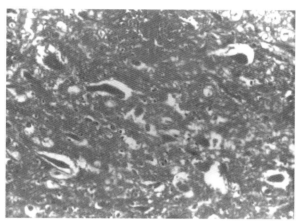

**图7-3-11　神经元皱缩**

脊髓灰质中的神经元皱缩，体积变小，核浆不分，均质红染。HE×200

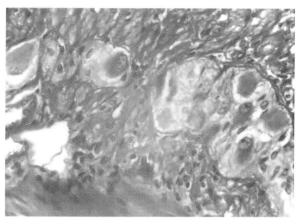

**图7-3-12　神经元溶解**

胃壁神经丛中的神经元肿胀、变性，部分神经元的胞核消失呈溶解状。HE×400

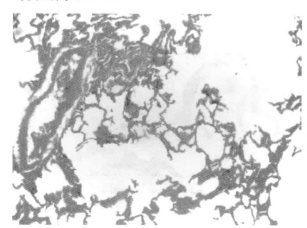

**图7-3-13　肺气肿**

肺泡扩张，部分肺泡隔破坏，相互融合，形成大气囊，发生肺气肿。HE×100

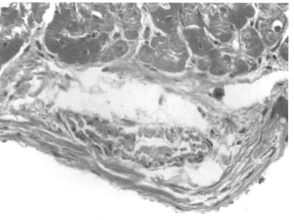

**图7-3-14　心肌水肿**

心肌纤维粗细不一，胞浆均质红染，血管周围脂肪消失被水肿液取代。HE×100

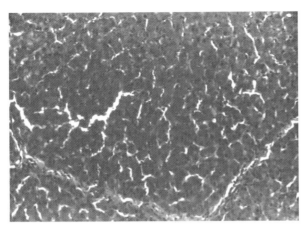

**图7-3-15　肝细胞变性坏死**
肝细胞肿胀、变性，胞浆均质红染，细胞核浓缩变小，并有局灶性坏死。

## 四、食盐中毒（Salt poisoning）

食盐是猪日粮中不可缺少的营养成分，适量增加食盐，可增进食欲，帮助消化，保证机体水盐代谢的平衡。但若摄入量过多（或者虽然食入量不多，但饮水受限制时）则可导致中毒。由于猪食盐中毒时常伴发脑膜和脑实质的嗜酸性粒细胞浸润，故又有嗜酸性粒细胞性脑膜脑炎（eosinophilic meningoencephalitis）之称。

本病以消化道黏膜的炎症、脑水肿，并伴有嗜酸性粒细胞性脑膜脑炎和大脑灰质层状坏死为特征；临床上主要以消化紊乱（烦渴、呕吐、腹痛和腹泻等）和各种神经症状（呆滞、失明、耳聋、无目的地走动、角弓反张、旋转运动或以头抵墙、肌肉震颤、肢体麻痹和昏迷等）为特点。

实验室研究证明，当人工使猪只发生乳酸钠中毒、丙酸钠中毒、碳酸钠中毒以及自然发生和实验复制的硫酸钠中毒，无论在临床表现还是脑嗜酸细胞浸润等病理学改变上，都与食盐中毒相同。显然，体内过量的钠离子存在是这些中毒的共同因素。食盐中毒，实质上是钠中毒。因此，近年来多倾向于将这类中毒统称为钠盐中毒（sodium salt poisoning）。

〔发病原因〕猪对食盐比较敏感，其常见的中毒量每千克体重为1～2.2g，致死量（成年中等个体）为125～250g。引起猪食盐中毒原因很多，常见的原因有以下几种：

1. **喂盐过多**　饲喂猪时若以含盐分过多的泔水、渍菜水、洗咸鱼水、酱渣、食堂残羹或含盐乳清等喂猪时；误饮碱泡水、自流井水、油井附近的污染水时；某些地区不得不用咸水（氯化物咸水含盐量可达1.3%；重碳酸盐咸水含盐量可达0.5%）作为猪的饮用水时；配料过程中加入过量食盐时等均可引起食盐中毒。

2. **饮水不足**　饮水是否充足，对食盐中毒的发生具有决定性影响。大量自然病例和动物实验证明，食盐中毒的关键在于限制饮水。因此有人认为与其说是食盐过量，莫如说是饮水不足。

3. **机体的状态**　机体水盐代谢的具体状态，对食盐耐受量亦有明显的影响。机体的体液减少时，对食盐的耐受力降低，例如仔猪和中猪体内水的相对贮备量只有成年猪的1/5，因而对食盐的敏感性高，最容易发生中毒；夏季炎热多汗，往往因耐受不了本来在冬季能够耐受的食盐量等。

4. **营养成分不足**　据认为，饲料中缺乏各种营养物质，特别是微量元素时常易引起食盐中毒，如维生素E、含硫氨基酸和钙、镁含量不足时，常能增加猪对食盐中毒的易感性。实验证明，仔猪的食盐致死量通常为每千克体重4.5g，若饲料中钙离子与镁离子不足时，中毒量可缩小为0.5～2.0g；而钙离子与镁离子充足时，中毒量可增大到9～13g。

〔发病机理〕食盐中毒的发病机理尚不完全明了，可从以下两个方面来考虑：一是高渗氯化钠对胃肠道的局部刺激作用；另一是钠离子在体内贮留所造成的离子平衡失调和组织细胞损害，主要表现是阴阳离子之间的比例失调和脑组织的损害。

在摄入大量食盐，且饮水不足时，首先呈现的是高浓度食盐对胃肠黏膜的直接刺激作用，引起胃肠黏膜发炎；同时由于胃肠内容物渗透压增高，使大量体液向胃肠内渗漏，进而导致机体脱水。被吸收的钠盐，可因机体脱水、丘脑下部抗利尿激素分泌增加，肾排尿量减少，存在于体内大量的钠离子不能及时排除，而游离于循环血液中，积滞于组织细胞之间，造成高钠血症和机体的钠离子贮留。已知在生理情况下，存在于体内的钠离子和钾离子可使神经应激性增高，而镁离子和钙离子可使神经应激性降低，两者保持一定的比例，协调神经反射活动的正常进行。因此，当机体内的钠离子含量过高时就破坏了这种平衡，导致神经应激性增高，神经反射活动过强。病猪在临床上表现出明显的神经症状。

在食盐摄入量不大，但由于持续限制饮水（数日乃至数周）而发生所谓慢性中毒时，则通常不会造成胃肠黏膜发炎和肠腔积液。此时，由于机体长期处于水的负平衡状态，钠离子逐渐贮留于各组织。血液中钠离子浓度升高，可使大量的钠离子被动扩散到脑脊液造成脑组织钠离子的积聚。脑组织钠离子浓度升高会继发脑水肿，致颅内压升高，造成脑组织缺氧，只得通过葡萄糖无氧酵解以获得能量。但是，脑内贮留的钠离子能加速三磷酸腺苷转变为一磷酸腺苷（AMP），同时还能延缓一磷酸腺苷通过磷酸化过程而被清除的速率，致使一磷酸腺苷发生蓄积，葡萄糖无氧酵解受到抑制。这就是说，贮留于脑的钠离子不仅导致脑水肿和脑组织缺氧，而且还能通过对葡萄糖无氧酵解的抑制作用而使脑组织的能量供应不足，从而导致分化程度高、对缺氧极其敏感的神经细胞发生变性、坏死，从而引起一系列神经症状。至于为何钠离子在猪脑内具有嗜酸性细胞的诱导作用，则尚不清楚。

〔临床症状〕猪食盐中毒时依据发病的快慢和症状不同而分为以下两种：

1.急性食盐中毒 多见于食入大量食盐后突然发生的病猪，主要表现为血液循环障碍、消化障碍和明显的神经症状。病猪呼吸迫促，脉搏快速，眼结膜潮红，全身皮肤呈淡红色或暗红色，胸、腹部和股内侧等薄皮部常见有出血点（图7-4-1）；食欲废绝，饮欲大增，甚至烦渴贪饮，呕吐，腹痛，腹泻，或见粪便混有黏液或血液；病初兴奋性增高，不停地空嚼，口留大量带白沫的唾液，骚动不安，有时转圈，有时用鼻端拱着墙壁，全身肌肉震颤，间歇性痉挛（每次持续2～3min）和角弓反张等。后期精神极度沉郁，视觉障碍，目光呆滞、头下垂、反应迟钝，不全麻痹，乃至昏迷，多经48h后死亡。

2.慢性食盐中毒 主要发生于长期饲喂含盐高的饮料，通常在暴饮之后突然发病。这实质上是慢性钠离子在体内贮留而引起的急性水中毒，临床上以神经症状最明显。病猪发病之前，常有便秘、口渴和皮肤瘙痒等前驱症状。发病后突然呈现视觉和听觉障碍，对刺激的反应淡漠，但兴奋不安，常频频点头，哼哼有声，作无目的徘徊，或向前直冲。遇到障碍物时，不知躲避，将头顶住。有的行圆圈运动或时针运动。严重的，则发展为癫痫样痉挛，每隔一定时间发作一次。发作时，依次出现鼻盘抽缩或扭曲，头颈高抬或偏向一侧，脊柱上弯或侧弯，呈后弓反张或侧弓反张状态，腰背僵硬（图7-4-2），以致整个身躯后退，直到呈现犬坐姿势，甚而仰翻倒地，全身肌肉作间歇性痉挛，夹杂有强直性痉挛，持续数分钟之久。病程长短不一，短的仅数小时，长的可延续3～5d，病猪多因呼吸衰竭而死。

实验室检查，在猪慢性食盐中毒的严重期，血清钠显著增高，可达180～190mmol/L（正常为135～145mmol/L）；血液中嗜酸性粒细胞数显著减少；肝组织中钠离子含量超过150mg/100g，脑组织中钠离子含量超过250mg/100g。

〔病理特征〕急性食盐中毒的病例，其尸僵不全、血凝不良，宏观的主要病变是胃黏膜充血、瘀血，胃底部较重，常见有多量出血点，并出现溃疡。肠黏膜明显瘀血、水肿，呈淡红色或暗红色，并常发生弥漫性出血（图7-4-3），有时伴发纤维素性肠炎；大肠黏膜在瘀血、出血的基础上，在淋巴小结存在的部位多出现局灶性溃疡（图7-4-4）。肺极度瘀血、出血、水肿，呈黑红色，气管腔内和支气管断端有较多的泡沫样液体，表面和切面均见出血斑点或弥漫性出血（图7-4-5）。肝脏瘀血、肿大，呈暗红色，质地变脆，被膜下有出血点。肾脏严重瘀血而呈暗红色，被膜下多有大小不一的出血斑点。切面见肾皮质部增宽，出血呈紫红色，髓质部也弥漫性出血，呈红色（图7-4-6）。大脑仅见软脑膜显著充血，脑回变平，脑实质偶有出血等变化。慢性食盐中毒时胃肠病变多不明显，主要病变位于脑，表现大脑皮质的软化、坏死。

食盐中毒的特征性病理组织学变化见于大脑，主要表现为大脑软膜充血、水肿，并有轻度出血。脑膜中大血管壁及其周围有许多幼稚型嗜酸性粒细胞浸润，尤以脑沟深部最为明显。大脑灰质和白质的毛细血管瘀血及透明血栓形成。血管内皮肿胀、增生，核空泡变性，血管周围间隙因水肿而增宽，有多量嗜酸性粒细胞浸润，甚至多至十几层细胞，形成明显的管套（图7-4-7）。在血管邻近的脑实质内也有少量嗜酸性粒细胞浸润。管套中除嗜酸性粒细胞外，往往还混有淋巴细胞；有的病例尚见淋巴细胞性管套。

大脑灰质的另一突出变化是皮质神经元（特别是中层）呈层状坏死和层状软化，即神经元变性，尼氏小体消失，胞核浓缩，胞质均质红染，坏死的神经元可被小胶质细胞包绕或吞噬，从而形成卫星现象和噬神经现象（图7-4-8）；神经元坏死后，周围的神经纤维断裂、破碎，即形成了层状软化。另有报道，延髓也有同样变化，但白质的变化则甚轻微。病变部的小胶质细胞呈弥漫性或结节性增生。间脑、中脑、小脑及脊髓则无显著变化。

临床恢复的猪，脑内嗜酸性粒细胞可完全消失，液化与空腔化区可因大量星状胶质细胞增生而修复，有时则形成肉芽组织包囊。

〔诊断要点〕可根据病猪有过饲食盐和/或限制饮水的病史；暴饮后癫痫样发作等突出的神经症状；病理学检查有脑水肿、变性、软化坏死、嗜酸性粒细胞血管套等病理形态学改变而做出诊断。必要时可进行实验室检查，作血清钠测定和嗜酸性粒细胞计数等检查。

〔类症鉴别〕嗜酸性粒细胞性脑膜脑炎是诊断本病的重要指标之一，但猪的嗜酸性粒细胞性脑膜脑炎可能见于猪桑葚心病的白质软化，以及其他原因引起的脑炎。因此，在诊断时须注意鉴别。猪食盐中毒时除了脑组织中有大量嗜酸性粒细胞浸润外，还在大脑皮质见有层状软化和神经细胞的坏死，而其他疾病则没有这一特点。

〔治疗方法〕治疗本病目前尚无特效解毒药。治疗要点是促进食盐排除，恢复阴阳离子平衡和对症处置。

首先应立即停止喂饮含盐量较高饲料及咸水，而多次小量地给予清水。切忌猛然大量给水或任其随意暴饮，以免病情恶化。同群未发病的病猪亦不宜突然随意供水，否则会促使其暴发水中毒。

为恢复血液中的离子平衡，抑制神经的兴奋，可分点皮下注射5%氯化钙明胶液（氯化钙10g，溶于1%明胶液200mL内），剂量为0.2g/kg，每点注射量不得超过50mL，以免引起注射部位的组织坏死。

为缓解脑水肿，降低颅内压，可腹腔注射25%山梨醇液或高渗葡萄糖液进行脱水；为促进毒物排除，可用利尿剂和油类泻剂，如灌服50～100mL植物油，即可促使肠道中未吸收的食盐泻下，又可保护肠黏膜；为缓解兴奋和痉挛的发作，可用硫酸镁、溴化物和氯丙嗪等镇静解痉药等，如用5%的盐酸氯丙嗪2～5mL，肌内注射，具有良好的缓解神经症状作用。另外，对伴发心脏衰弱的病猪，常用20%安钠咖2～5mL肌内注射，既可强心，又可利尿，加快钠离子的排泄。

据报道，一些中医验方具有良好的治疗作用，如茶叶30g、菊花35g，煎汁适量、候温，1次内服，每天2次，连服3～5d；绿豆300g，甘草100g，加水适量煎汁，1次内服，连用3～5d；食醋100mL，白糖50g，加水至1 000mL，灌服，每天2次，连用3d；绿豆面90g，食醋150mL，鸡蛋（去壳）6枚，白糖90g，置容器内加凉水适量，再充分搅拌均匀备用，轻症有食欲者，置食具内让其自由采食，重症者可使用胃管灌服，每隔12h1次，一般服用2次即可痊愈。

〔预防措施〕猪，特别是仔猪对钠离子比较敏感，但钠离子又是猪体内不可缺少的物质，因此，必须合理使用食盐，切忌过量。

1.合理添加  在饲料中添加食盐时一定要控制好比例，一般日粮中可按精料的0.3%～0.5%添加食盐，并拌匀饲喂，既可防止"盐饥饿"的发生，又不止于引起食盐中毒。

2.合理饲喂  对用含食盐量较高的咸卤汤、咸肉水、咸菜水、咸泔水等饲喂猪时，应先将这些含盐量高的饲料用水稀释后再与其他饲料混合饲喂，借以降低饲料中的盐分，防止发生中毒。

3.保证饮水  猪圈内应放置清洁饮水，保证猪随时可以饮水，防止暴饮而引起水中毒。

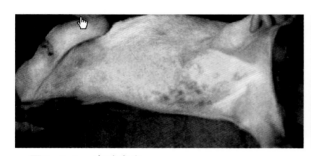

**图7-4-1  皮肤出血**

全身皮肤发红，胸、腹和股内侧部等较薄的皮肤出血明显。

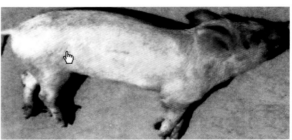

**图7-4-2  后弓反张**

病猪的鼻盘抽搐，头颈后仰，呈后弓反张姿势，腰背僵硬。

**图7-4-3  出血性肠炎**

小肠弥漫性出血，呈血肠子样外观，肠黏膜红肿，肠内容物酱红。

**图7-4-4  大肠溃疡**

盲肠黏膜弥漫性出血，肠壁淋巴小结肿胀，黏膜脱落形成溃疡。

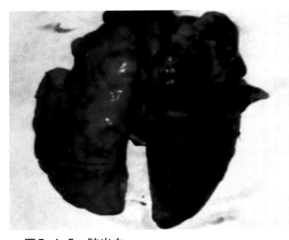

图7-4-5 肺出血

肺脏极度瘀血、弥漫性出血，呈紫红色，肺间质增宽，水肿。

图7-4-6 肾出血

肾瘀血出血呈暗红色，切面见皮质增宽，出血明显，髓质也弥漫性出血。

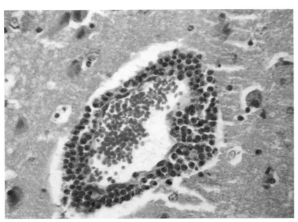

图7-4-7 脑血管套形成

血管扩张充血，周围由大量嗜酸性粒细胞包绕形成血管套。HE×400

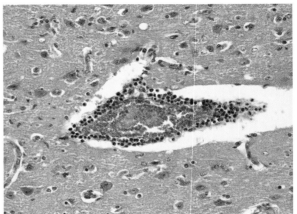

图7-4-8 神经元坏死

大脑灰质充血、水肿，神经元变性、坏死，有噬神经现象。HE×400

## 五、聚合草中毒 (Comfrey poisoning)

聚合草，又称紫草根、"爱国草""友谊草""肥羊草"、饲用紫草和俄罗斯紫草等，是紫草科聚合草属的一种多年生粗糙毛状草本植物。它原产于前苏联高加索地区及欧洲中部，富含蛋白质，作为青饲料饲喂动物已经有200多年的历史，现已遍及世界各地。

据报道，聚合草属有36种，其中作饲料用的主要有药用聚合草（日本聚合草）、粗糙聚合草（澳大利亚聚合草）、外来聚合草（朝鲜聚合草）和高加索聚合草。我国引种聚合草的历史较短，20世纪50年代后曾从澳大利亚、日本等国引入，直至70年代初才大量引入朝鲜聚合草。现已推广到全国各地，栽培面积近2.7万$hm^2$。在东北、西北、华北、华东、西南等地区已成为农户和猪场一种主要的青饲料。有实验证实，大量饲喂新鲜聚合草或腹腔注射与口服从该草中提取的生物碱，能引起猪中毒。

〔发病原因〕聚合草内含有大量的生物碱，主要包括聚合草素、聚合草醇碱、向阳紫草碱、阿茹明、安纳道林、天芥菜平和倒提壶碱等，其中以聚合草素的含量最高（约占总生物碱的1/4），且毒性最强。当猪采食大量生物碱含量高的聚合草时就会中毒发病。由于受地理位置、土壤、气候、季节等环境因素的影响，不同种聚合草的根、茎叶所含的生物碱量也有一定差异。据调查，聚合草根的总生物碱含量为0.1%～0.4%，其中聚合草素含量为0.025%～0.067%；聚合草茎叶的总生物碱含量为0.003%～0.115%，一般老茎叶中含量很少，仅为0.003%，而幼嫩茎叶（图7-5-1）中含量很高，可高多达0.049%，是老茎叶含量的15倍。聚合草的花虽然有各种不同的颜色，如紫色（图7-5-2）、粉红色和白色（图7-5-3）等，但其含聚合草素等生物碱的量变化不大。另外，不同季节聚合草总生物碱含量也有差异，春夏收割的高于秋季收割的。因此，本病多发生于春夏季，与猪采食大量幼嫩茎叶有关。

〔发病机制〕聚合草所含双稠吡咯啶生物碱系慢性累积性毒物，其结构与菊科千里光属植物所含肝毒生物碱的极为相似，所以它也以损害肝脏为主，导致特异性的巨红细胞（巨肝细胞）症发生。实验证明，猪每天饲喂新鲜聚合草4kg，连续饲喂4个月，可损害肝脏，并出现典型的肝毒病变——巨肝细胞症。

另外，聚合草中的生物碱还有明显的致瘤作用。实验证明，给大鼠腹腔注射向阳紫草碱7.8mg/kg（按体重），第一个月每周2次，以后每周1次，结果经60～76周后大鼠发生肝脏和皮肤的恶性肿瘤；用聚合草茎叶粉饲喂大鼠480～600d后，或用干根粉饲喂180d后，可引起肝细胞腺瘤或肝血管内皮肉瘤。

〔临床症状〕临床上常见的病例是猪长期大量采食聚合草所致的慢性中毒，所以没有典型的特征性症状，一般所见均为以消化障碍为主的表现，如病猪食欲不断减退，消化不良，常有程度不同的腹泻，可视黏膜轻度黄染。

临床病理学检查时，血清中7-谷氨酰转肽酶（7-GT）活性随聚合草饲喂累积量平行升高，可达1 333.60～1 500.30nmol/s（正常为83.35～166.7nmol/s），血清谷丙、谷草转氨酶和碱性磷酸酶活性也明显升高。

〔病理特征〕本病的特征性病理变化发生于肝脏。眼观，肝脏肿大，呈灰黄或土黄色，表面有明显隆起的灰白色结节和大小不等的坏死灶。肾脏肿大，呈淡黄色，被膜下常见大小不一的灰白色斑点。有的病猪发生肺水肿，肺间质增宽、透亮，切面流出水样液体。

病理组织学检查见肝细胞排列紊乱，多发生颗粒变性和脂肪变性；有的肝细胞核消失，发生单个性坏死，灶性坏死区常被红细胞和枯否氏细胞取代；有的肝细胞明显增大，形成很特殊的比正常肝细胞大数倍乃至十几倍巨肝细胞。巨肝细胞的胞核明显增大，核仁大，清晰易见，核膜清楚（图7-5-4），核内常出现数个粉红色嗜酸性小球体，这些小球体常位于增大的核中央或者紧靠核膜排列（图7-5-5）。部分肝细胞的胞浆中常见透明滴样变，当肝细胞破坏后，其胞浆中的淡红色透明滴样物可释入肝血窦或中央静脉内（图7-5-6）。肝血窦扩张并有大量的炎性细胞浸润，枯否氏细胞有明显的增生变化。叶下静脉及小叶间静脉周围水肿或纤维化。胆管轻度增生。肾小管中有部分上皮细胞变性、坏死、脱落，管腔内多有嗜伊红絮状蛋白样物质，或见核溶解、碎裂的上皮细胞，肾间质内常有较多的炎性细胞浸润。肺脏的支气管和细支气管周围、血管周围、小叶间和肺泡间隔可见以淋巴细胞为主的炎性细胞浸润，呈现出间质性肺炎的变化。

〔诊断要点〕根据病猪有较长时间饲喂聚合草的病史，临床上又有以消化障碍和轻度黄疸为特点的症状，即可初步诊断，确诊时常须依据实验室检测的结果，如果病猪的血清中7-GT、COT、GPT和ALP活性明显升高；组织学检查，肝组织中有大量典型的巨肝细胞，肝细胞核明显增大，内含嗜酸性小球体时，即可确诊。

〔治疗方法〕目前尚无有效的解毒药物，只能采取对症和支持治疗。治疗时首先要停止饲喂聚合草，然后根据病猪的临床表现来进行对症治疗，其中以保肝助消化为主。

〔预防措施〕聚合草是喂猪常用的青饲料，只要饲料搭配合理，不过量饲喂时，一般不会引起中毒。由于聚合草在不同的地区和不同的季节，其毒性有所不同，饲料中聚合草含量的比例也应有所不同。以聚合草为主要青绿饲料的地区、猪场和农户，一定要控制其饲喂量和占总饲料的比例，避免大剂量或长期、单一饲喂聚合草。有报道认为聚合草的饲喂量应控制在日粮的20%～25%，或与其他青饲料交叉饲喂效果较好。

**图7-5-1  幼嫩聚合草**

幼嫩的聚合草，叶大、肥厚、数量多，含有大量的聚合草素等生物碱。

**图7-5-2  紫花聚合草**

开紫花的聚合草，叶小且数量少，茎秆发达，含毒量较低。

**图7-5-3  白花聚合草**

开白花的聚合草，其含毒量与开紫花聚合草的相差无几。

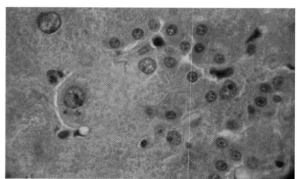

**图7-5-4  巨肝细胞**

肝细胞大小不一，可见有胞核大、核仁明显的巨肝细胞。HE×400

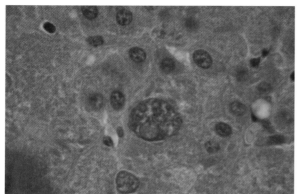

**图7-5-5  核内包含体**

巨肝细胞的细胞核有时见含有嗜酸性淡红色包含体。HE×1 000

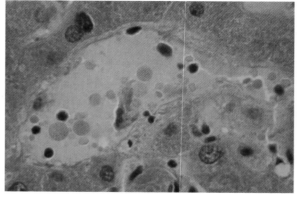

**图7-5-6  透明滴样物**

在肝血窦和中央静脉内见大量淡红色的透明滴样物。HE×1 000

# $\mathscr{D}$ 第八章

# 猪 的 普 通 病

## 一、胃肠炎(Gastroenteritis)

胃肠炎是胃肠黏膜及其下层组织严重炎性疾病的总称。临诊上以严重的胃肠机能障碍和伴发不同程度的自体中毒为特征。病猪的主要表现为精神沉郁，发热，口干舌燥，呕吐，腹痛和腹泻。本病常呈急性经过，是猪的一种常见多发病。

〔发病原因〕引起胃肠炎的原因很多，原发性胃肠炎主要因饲养管理不当，导致猪摄食了品质不良的饲料，如腐败变质、发霉、不清洁或冰冻饲料，或误食有毒植物以及酸、碱、砷和汞等化学药物。另外，无规律的暴饮暴食等不良刺激，也可导致胃肠炎的发生。继发性胃肠炎多伴发于一些病毒菌、细胞菌病和寄生虫病，如猪瘟、猪传染性胃肠炎、猪副伤寒、肠结核、结肠小袋虫、蛔虫和球虫等。

〔临床症状〕临床上以散发为主。病初，病猪主要表现出急性消化不良的症状，精神萎靡，眼结膜暗红黄染，食欲减退，运动减弱，可排出带有黏液的软便。继之，病猪精神沉郁，体温通常升高至40℃以上，脉搏加快，呼吸频数，可视黏膜发绀。特征性的胃肠机能障碍越来越明显。病猪食欲废绝，饮欲亢进，鼻盘干燥，口干臭，气味恶臭，舌面被覆厚层灰白或黄白色舌苔。病猪时常发生呕吐，呕吐物气味不良或恶臭，其中常混有血液或胆汁（图8-1-1）。病猪有腹痛表现，不愿走动，排便时呻吟或有拘谨感，腹部触诊敏感。持续而剧烈的腹泻是胃肠炎的示病症状。病猪频频排粪，每天10余次不等。粪便从开始的软便，粥状，黏糊状，混杂数量不等的黄白色黏液、血液、黏膜坏死组织碎片（图8-1-2），以致演变成污泥样，血便或水样，散发恶臭或腥臭味（图8-1-3）。后期，病猪的肛门松弛，排粪失禁，有的不断努责而无粪便排出，呈里急后重状态。随着腹泻的加重，病猪脱水和自中毒症状就明显地表现出来。病猪全身症状重剧，精神高度沉郁，闭目呆立，极度虚弱，耳尖、鼻端和四肢末梢发凉，对外界反应冷漠。眼球下陷，皮肤弹性减退（图8-1-4），脉搏快而减弱，几乎把不出来，体温升高，尿少色浓，甚至无尿。还可出现兴奋、痉挛或昏睡等神经症状。

〔病理特征〕胃肠炎的初期病变多为急性卡他性胃肠炎。发生急性卡他性胃炎时，胃黏膜肿胀，表面被覆大量蛋清样黏液，当胆汁逆流入胃时，胃内容物被染成黄色（图8-1-5）。卡他性肠炎的主要表现为肠黏肿胀，潮红并见点状出血，黏膜表上覆有黏稠的黏液（图8-1-6）。镜检可见大量胃肠黏膜上皮坏死脱落，杯状细胞增多（图8-1-7）。病情加重，特别是因霉败饲料或误食化学药物和重金属物中毒时，多引起出血性胃肠炎或纤维素性胃肠炎。当以出血变化为主时，胃黏膜常有大小不一的出血斑点或呈弥漫性出血，胃内容物也有程度不同的红染（图8-1-8）。肠管出血时，病情轻时，肠黏膜有出血斑点；病情重时，肠壁红染，整个肠管如同血肠子（图8-1-9）。发生纤维素性肠炎时，肠壁渗出的纤维素与坏死脱落的肠上皮凝固成一层薄膜或附有纤维素性碎片和团块。病情严重时可发生纤维素性坏死性肠炎，即渗出的纤维素与坏死的肠壁组织融合在一起，在胃肠黏膜表面形成糠麸样固膜。镜检见坏死的肠组织与渗出的纤维素融合在一起，肠黏膜的固有结构破坏（图8-1-10）。纤维素性坏死性肠炎多继发于病毒性和细胞性疾病，如猪瘟和猪副伤寒等。

〔诊断要点〕根据病猪腹泻严重，粪便中混有血液、黏液并有恶臭的气味；明显的消化系统障碍的症状，即精神沉郁，体温升高，食欲不佳或废绝，伴发不同程度的腹痛，机体有脱水和自体中毒等表现，结合病史、饲养管理即可作出诊断。通过流行病学调查，血、尿、粪的化验，则可鉴别原发性或继发性胃肠炎。

〔治疗方法〕治疗本病的基本原则是：抗菌消炎，缓泻止泻和调理胃肠，补液解毒和强心。一般的步骤是：及时查出和消除病因，对症治疗，缓解症状，加强护理，增强机体的抗病能力，防止继发性感染。

1. 抗菌消炎　是治疗急性胃肠炎的根本措施，应贯穿于整个病程。一般应依据病情的轻重和药物敏感试验，选用下列药物进行治疗。黄连素每天5～10mg/kg（按体重），分2～3次服用。对于急性胃肠炎，以氨苄青霉素注射液0.5～1g加于5%葡萄糖液250～500mL中，静脉注射，每天1～2次，同时再用1%的高锰酸钾溶液300～500mL内服，效果更好。此外，还可按说明书，肌内注射链霉素和庆大霉素等。

2. 缓泻止泻　是调理胃肠的重要措施，必须切实掌握用药时机。缓泻适用于病猪排粪迟滞，或者排恶臭粥样稀粪，而胃肠仍有大量内容物积滞的病例。初期可用硫酸钠、人工盐、鱼石脂适量混合内服，后期可灌服液体石蜡或植物油。止泻适用于肠内容物已基本排尽，粪便的臭味不大，但仍下痢不止的病例。可用黏膜收敛药，如鞣酸蛋白、次硝酸铋各5～6g，日服两次；或矽碳银片、鞣酸蛋白、碳酸氢钠适量，加水灌服。

3. 补液、解毒和强心　机体脱水、自体中毒和心力衰竭等是急性胃肠炎病猪最常见的死亡原因。因此，进行补液、解毒和强心是抢救危重胃肠炎病猪的关键性措施。补液常用5%葡萄糖生理盐水300～500mL静脉注射。补液的数量和速度，可视脱水的程度和心、肾机能功能而定。一般以开始大量排尿作为液体基本补足的监护指标。静注有困难时，可试用口服补液。为了防止酸中毒，常用5%碳酸氢钠注射液50～100mL静脉注射。为维护心脏机能，在补液的基础上，可选用西地兰、洋地黄毒甙、毒毛旋花子甙K等速效强心剂，按说明书肌内注射。

此外，在进行上述治疗过程中，还应加强饲养管理，注意环境卫生和消毒，防止继发性感染。在治疗的过程中适当给病猪饲喂少量易消化吸收的饲料，借以减轻胃肠负担，随着病猪的不断康复而改为正常饲养。

〔预防措施〕本病主要是由饲养管理不良和饲料质量不佳所引起的。因此，预防措施主要是从改善饲养管理入手，经常关注环境卫生，定期消毒，注重饲料质量，防止用霉败饲料喂猪。管理好农药和重金属等化学试剂，防止引起中毒性胃肠炎。经常观察猪群，一旦发现患有消化不良的病猪，应尽早治疗，以防病情加重，转变为胃肠炎。

**图8-1-1　病猪呕吐**

病猪的呕吐物中带有血液或胆汁。

**图8-1-2　病猪腹泻**

病猪排出黄白色含有大量黏液和坏死组织的稀便。

**图8-1-3　含血稀便**

病猪排出大量污泥样散发恶臭的稀便。

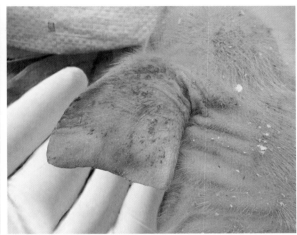

**图8-1-4　病猪脱水**

病猪耳尖发凉，皮肤弹性减退，有皱纹。

**图8-1-5　急性卡他性胃炎**

胃黏表面被覆大量蛋清样黏液，胃内容黄染。

**图8-1-6　卡他性肠炎**

肠黏膜肿胀，被覆大量灰白色黏液。

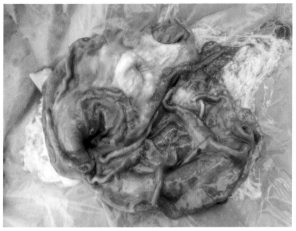

**图8-1-7　出血性胃炎**

胃黏膜肿胀，弥漫性出血，胃壁呈暗红色。

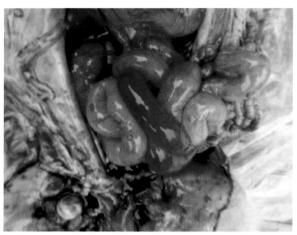

**图8-1-8　出血性肠炎**

发生出血性肠炎的肠壁呈红色，似血肠子。

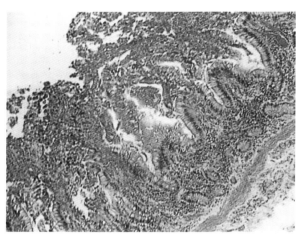

**图8-1-9　卡他性肠炎**

肠绒毛中杯状细胞增多，大量上皮坏死脱落。

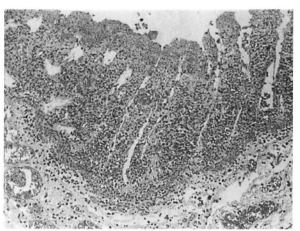

**图8-1-10　纤维素性坏死性肠炎**

坏死的肠黏膜与渗出的纤维素相互融合。

## 二、肠便秘（Intestinal constipation）

　　肠便秘又称肠秘结或肠阻塞，是因肠管运动或分泌机能降低，肠内容物停滞，水分被吸收，而使某段或某几段肠管发生完全或不完全阻塞的一种腹痛性疾病。临床上以食欲减退或废绝，口腔干燥，肠音沉、弱或消失，排粪减少或停止，并伴有不同程度的腹痛为特征。本病可发生于各种年龄的猪，但以小猪较多发，便秘的部位多在结肠。

　　〔发病原因〕

　　原发性便秘：多见于饲养管理不当，饲料品质不良。常见的是饲喂干硬不易消化的饲料和含粗纤维过多的饲料，如甘薯藤、花生藤、豆秸糠麸、酒糟等劣质饲料；或饲料中混有杂物，如多量泥沙、根须、毛发等；同时饮水不足，青饲料不足，又缺乏运动；有时突然更换饲料，或气候骤变，致使肠管机能降低，肠内容物干燥，变硬而秘结。另外，母猪妊娠后期或分娩不久伴有肠弛缓时，也常发生便秘。

继发性便秘：主要发生在热性病（如感冒、猪瘟和猪丹毒等）和某些肠道的寄生虫病（如肠道蠕虫病）的经过中。其他原因，如伴有消化不良时的异嗜癖，去势引起肠道粘连，胃肠弛缓、肛门脓肿、肛瘘、直肠肿瘤、卵巢囊肿、腰荐部扭伤等，也可导致肠便秘。

〔临床症状〕病猪的一般症状为精神沉郁，食欲减退或废绝，有时饮欲增加。示病症状是，经常作排粪姿势，不断努责，但无粪便排出（图8-2-1）。病初仅排出少量干硬附有黏液的干小粪球（图8-2-2），以后则排粪停止或仅排出少量黏液；腹围逐渐增大，呼吸增快（图8-2-3），表现腹痛、起卧不安，或呈现犬坐姿势（图8-2-4），或卧地不起，不时呻吟（图8-2-5）；直肠黏膜水肿，肛门突出。听诊肠音减弱或消失，伴有肠臌胀时可听到金属性肠音；触诊腹部常有疼痛感而表现不安；小型或瘦弱的病猪可摸到肠内干硬的粪球，多呈串状；严重的肠便秘，直肠可充满大量的粪球。当十二指肠积食时，病猪表现呕吐，呕吐物液状、酸臭。若便秘肠管压迫膀胱颈部时，可出现排尿障碍，甚至尿潴留。经时较久的完全性肠便秘，阻塞部肠壁多发生缺血、坏死，肠内容物渗入腹腔而引起急性腹膜炎。

〔诊断要点〕根据临床症状、听诊和触诊检查多可确诊。

〔治疗方法〕本病的治疗原则是疏通导泻，镇痛解痉，强心补液和加强护理。

1. **疏通导泻** 常用的药物及用法为：硫酸钠（或硫酸镁）30～50g或石蜡油（植物油）50～100mL或大黄末50～100g，加入适量的水内服。如在投服泻药后数小时，皮下注射新斯的明2～5mg，或2%毛果芸香碱0.5～1mL可提高疗效。与此同时，若用2%小苏打水或肥皂水反复深部灌肠（2～3h重复一次，连用2～3次），并配合腹部按摩（便秘较久估计肠壁有损伤时，则严禁按摩），以软化结粪，效果明显。灌肠时须注意，灌肠的压力不要过高，否则容易造成肠壁破裂。

2. **镇痛解痉** 病猪腹痛症状明显时，应优先使用镇静剂。常选用的镇痛解痉及使用方法是：肌内注射20%安乃近注射液3～5mL。还可选用安溴注射液等药物。

3. **强心补液** 目的是维护心脏功能，维护水盐平衡，调整酸碱平衡，纠正自体中毒。当心脏衰弱时，可皮下或肌内注射10%安钠咖2～10mL或强尔心注射液5～10mL。病猪有脱水的表现时，应立即静注或腹腔注射复方氯化钠注射液或5%葡萄糖生理盐水注射液；有自体中毒表现时，应静脉注射或腹腔注射10%葡萄糖250～500mL，每天2～3次，或适量注射5%碳酸氢钠注射液。

在保守疗法无效的情况下，对全身状况尚好的病猪可试用手术，切开肠管，取出便秘块或向便秘块中注射水剂，使软化。

4. **加强护理** 病猪腹痛不安时，注射镇痛剂后应防止其激烈滚转而继发肠变位、肠破裂或其他外伤；肠管疏通后，应禁食1～2顿，以后给少量易于消化吸收的多汁饲料，逐渐恢复至常量，以防便秘复发或继发胃肠炎。

〔预防措施〕对于原发性肠便秘，应加强饲养管理，给予营养全面、搭配合理的日粮，粗料细喂，喂给青绿多汁饲料，适量增喂盐，保证充足饮水，保障猪有足够的运动量。仔猪断奶初期、母猪妊娠后期和分娩初期应加强饲养管理，给予易消化的饲料。当猪排粪减少，粪球干小，表面附灰白色黏液，尚有食欲时，立即给予多汁的青绿青饲料或加喂人工盐，防止便秘发生。

对继发性肠便秘，应从积极治愈原发病入手，严格遵守兽医卫生防疫制度，每天都要观察猪群，定期驱虫，防止某些传染病和寄生虫病的发生。

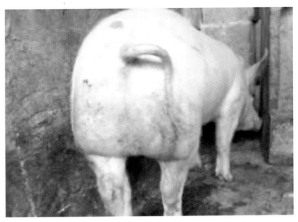

**图8-2-1　排便姿势**

病猪常有排便姿势和动作，但无粪便排出。

**图8-2-2　粪便干硬**

病猪排出干硬的粪球，呈羊粪蛋样。

**图8-2-3　腹部臌胀**

病猪腹部胀气膨大，卧地不起，皮肤瘀血。

**图8-2-4　呼吸困难**

病猪因腹胀而呼吸困难，呈现犬坐姿势。

**图8-2-5　病猪腹痛**

病猪因腹痛而卧地不起，借以减轻疼痛。

## 三、直肠脱垂 （Rectal prolapse）

直肠脱垂是指直肠末端黏膜或直肠后段全层肠壁脱出于肛门外而不能自行复位的疾病，简称直肠脱，俗称脱肛。

〔发病原因〕该病主要由于营养不良、维生素缺乏和运动不足等，使直肠壁与周围组织的结合变松，肛门括约肌松弛，紧张性下降，加之腹部疾病，引起腹内压增高，过度努责而引起。常见的诱因是刺激性药物灌肠后引起强烈努责。多伴发于便秘，腹泻、直肠炎和难产等疾病。

〔临床症状〕猪精神不振，站立频频努责（图8-3-1），或卧地做排粪姿势（图8-3-2）。脱出直肠黏膜呈暗红色，初期或少部分黏膜脱出时呈圆球形，紧接肛门（图8-3-3）；部分直肠和黏膜一起脱出时，则呈圆柱状下垂（图8-3-4），病情越严重，脱出的直肠越多，形成的圆柱越长；当伴有直肠或小结肠套叠时，脱出的肠管较厚而硬，且可能向上弯曲。脱出的直肠黏膜和直肠没有自行复原的能力。脱出的黏膜及直肠表面常有泥土、粪便和草屑等（图8-3-5），极易使黏膜受损和继发感染。随着时间的延长，脱出的肠黏膜则发生血液循环障碍，呈紫红色，高度水肿（图8-3-6）、出血和糜烂，严重时引起组织的坏死（图8-3-7）和肠破裂。

〔诊断要点〕一般根据典型的临床症状，即可作出诊断。

〔类症鉴别〕在对直肠脱垂进行诊断时，应注意鉴别是否并发小结肠套叠。单纯性直肠脱，脱出的圆筒状直肠下弯、手指不能沿脱出的直肠和肛门之间向盆腔的方向插入；而伴有套叠的脱出，圆筒状肿胀向上弯曲，坚硬而厚，手指可沿直肠和肛门之间向骨盆方向插入。

〔治疗方法〕治疗直肠脱垂时，首先要用0.1%温热的高锰酸钾或1%的明矾液消毒和清洗患部，然后再根据脱垂肠管的局部情况，选择不同的治疗方法。常用的易于还纳直肠的保定方法是：小猪采取将两后肢提起的倒立保定法，大猪采取前低后高、减轻腹内压的站立保定或侧卧位保定。常用的治疗方法主要有以下三种：

1. 注射固定法　对于仅直肠黏膜脱出或直肠壁脱出较少，黏膜未发生坏死而易于还纳复位的病例可适用此法。注射的方法是：脱出的黏膜或直肠复位后，在肛门上下左右四点，分别注射95%酒精1～2 mL。注射的深度依猪的大小而定，一般为2～5cm。注射前预先将食指伸入肛门内以肯定针头在直肠外壁周围而后注射。注射后，随着周围组织的发炎、水肿以及疼痛，引起肛门括约肌收缩，直肠脱垂即可治愈。

2. 荷包固定法　适用于病变较轻，较易复位，但注射固定法效果不良的病例。方法是：在距肛孔1～3cm处，沿肛门周围做一荷包式缝合（图8-3-8），收紧缝线，使肛孔保留1～2指大小的排粪口，先打成活结，以便调整肛门的松紧度。一般固定经7～10天，病猪不再努责时，肛门括约肌恢复张力，肛孔不再松弛时，即可拆除缝线。

3. 直肠部分切除术　适用于脱出的直肠多，难以还纳，直肠黏膜和肠壁组织高度瘀血、水肿和坏死的病例。术前应禁食一天，并灌肠排出直肠内的积粪。

选择麻醉方法时，可根据具体情况。大猪可全身麻醉，如用水合氯醛，按0.3g/10kg（按体重）灌服，或用硫妥钡（8～10mg/kg，按体重）静脉注射。小猪可选用1%盐酸普鲁卡因做荐部硬膜外腔麻醉，效果良好，药量：50kg以上大猪用20～30mL，25～5kg猪用15～20mL，25kg以下小猪用5～10mL；方法：在尾根部凹陷中，把套管针头插入皮肤，以45°～65°角度向前刺入，穿透椎弓间韧带时，有如穿透窗糊纸一样的感觉。再接上玻璃注射器抽吸检查，确知针刺入硬膜外腔时即可注射。若刺位正确，稍加压力即可注入；如有阻力，则需矫正针头的位置。注射麻醉液时须缓慢，每分钟注射10mL左右，麻醉后将猪倒立或侧卧保定。手术时，在充分清洗消毒脱出肠管的基础上，取两根灭菌的兽用麻醉针头或长套管针，紧贴肛门外交叉刺穿脱出的肠管将其固定（小猪也可用带胶管的肠钳夹住脱出的肠管进行固定），防止切断的肠管回缩（图8-3-9）。然后用带有胶管的肠钳紧靠前固定处将脱出的直肠钳夹固定，这种双重固定具有良好的止血作用。接着在固定后方2cm处将脱出的直肠环行切除（图8-3-10），充分止血，用细丝线和圆针将断端的浆膜和肌层做结节缝合，再连续缝合黏膜层（图8-3-11）。缝合结束后，用0.25%高锰酸钾溶液充分冲洗、蘸干，涂以碘甘油或抗生素药物。抽除固定针，将缝合后的直肠还纳，成功的手术，肛门多无明显的改变（图8-3-12）。为了防止病猪的努责，引起直肠再次脱出，可在肛周作荷包缝合固定。

术后保持术部清洁，防止感染，排便后用消毒药液清洗，如高锰酸钾，根据病情给予镇痛、消炎药。

〔预防措施〕加强饲养管理，防止猪便秘或下痢，若2～3d内大便不通，必须进行灌肠。如果发生脱肛后必须及时整复，整复后一星期内给予易消化饲料，多喂青料。

**图8-3-1　站立排便**
病猪站立努责，做排粪姿势。

**图8-3-3　球形脱出**
脱出的直肠较短，呈球形紧贴肛门。

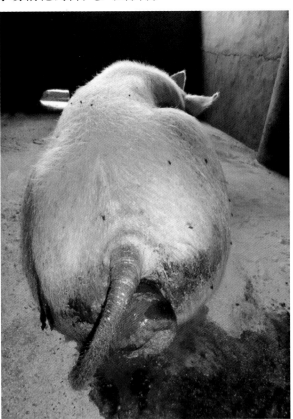

**图8-3-2　趴卧排便**
病猪卧地努责，脱出的直肠有粪便排出。

**图8-3-4　柱状脱出**
脱出的直肠较长，呈圆柱状下垂。

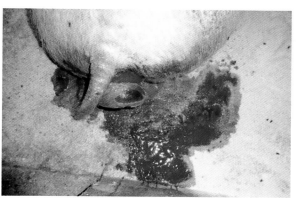

**图8-3-5　直肠污染**
脱出的直肠黏膜附着地面而被泥土等污染。

**图8-3-6　血循障碍**
脱出的直肠黏膜瘀血、出血、水肿呈紫红色。

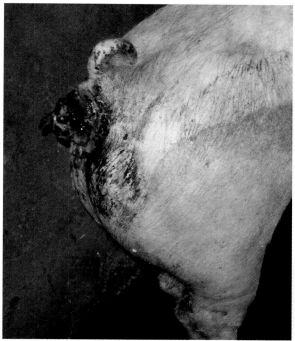

**图8-3-7　黏膜坏死**
脱出的直肠黏膜坏死、溃烂，呈黑紫色。

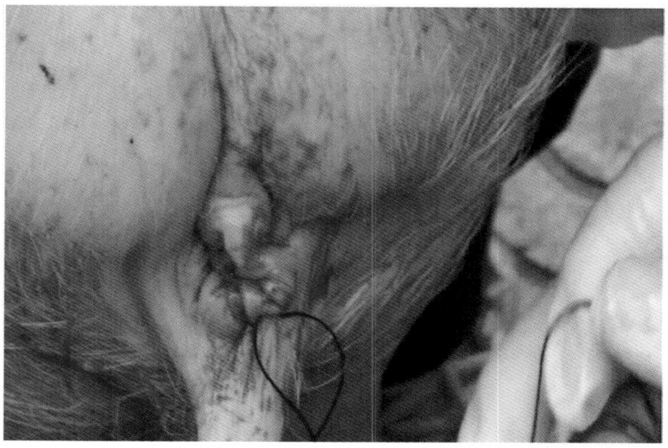

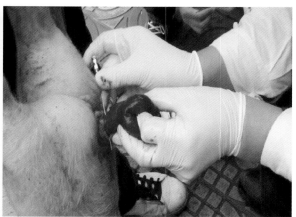

**图8-3-8　荷包式缝合**
距肛孔1～3cm处，沿肛门周围做环形缝合。

**图8-3-9　钢针固定**
用两根不锈钢针十字交叉固定直肠。

**图8-3-10　切除直肠**
在固定针的2cm处环切脱出的直肠。

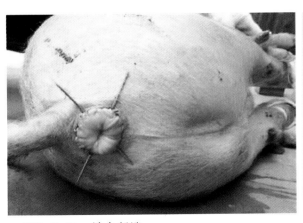

**图8-3-11 缝合断端**

结节缝合浆膜与肌层，连续缝合黏膜。

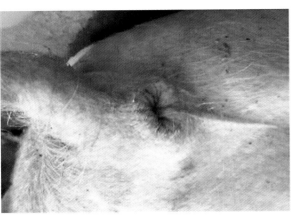

**图8-3-12 术后的肛门**

术后还纳直肠，肛门的外形无明显改变。

## 四、乳房炎（Mastitis）

乳房炎是由各种病因引起乳房实质和间质的炎症。其主要特点是乳汁发生理化性质及细菌学变化；临床上以乳房肿大、发热和疼痛，拒绝仔猪吃奶为特征。猪的急性乳房炎比较常见，多为1个或数个乳腺发生黏液性或化脓性炎症，有时可发生坏疽性炎症。

〔发病原因〕猪乳房炎多由病原微生物引起，常见的病原有产气荚膜杆菌、葡萄球菌、大肠杆菌、克雷伯氏杆菌、绿脓杆菌、假单胞菌、结核杆菌、无乳链球菌、停乳链球菌和乳房链球菌等。乳头被仔猪尖锐的牙齿咬伤是常见的感染途径；母猪腹部松垂，尤其是经产母猪的乳头几乎接近地面，常与地面摩擦受到损伤；发育不良的乳头也容易感染。猪舍环境不良，饲养管理条件差，也可诱发本病。此外，母猪在分娩前后，喂饲大量发酵和多汁饲料，乳汁分泌旺盛，乳房乳汁积滞也常会引起乳房炎。患产后急性子宫内膜炎时，有毒物质被吸收，也可引起本病。

〔临床症状〕猪常见的乳房炎多为急性乳房炎，慢性乳房炎较少。

1.急性乳房炎 主要包括黏液性乳房炎、化脓性乳房炎和坏疽性乳房炎。

黏液性乳房炎：患病乳房急性肿胀，皮肤紧张、潮红（图8-4-1）。触诊时，乳房发热、有硬块、疼痛敏感，因乳汁的瘀滞，静脉和淋巴的回流不畅，乳房局部出现边界不清的硬结。挤乳时，可见乳汁减少、稀薄，呈淡白色或血清样，内含有絮状物或乳凝块。母猪常拒绝仔猪哺乳。

化脓性乳房炎：患急性化脓性乳房炎时，患病乳房皮肤红肿、热痛，有明显的硬结（图8-4-2）。触痛加重，泌乳量锐减，乳汁排出不畅或困难，从乳头流出灰白色或黄白色稀薄的脓样物，内含混浊的乳凝块，有时混有血液呈淡红色。乳房上淋巴结肿大，触之有疼痛反应。当急性乳腺炎局限化时，即形成急性乳房脓肿，在患病的乳房内形成一些小的脓肿或几个大脓肿（图8-4-3）。此时肿块有波动感，表浅的脓肿波动相对明显。脓肿可以向外破溃，也可以向内破溃，穿入乳管，自乳头排出脓液。患化脓性乳房炎时，病猪常有不同程度的全身性反应。精神不振或萎靡，体温升高，食欲减退乃至废绝，运动减少或卧地不起等。

坏疽性乳房炎：病猪常伴有明显的全身病状，体温升高，可达40℃以上，精神沉郁，食欲废绝，常卧地不起。乳房明显肿大，瘀血呈暗红色（白猪可见），皮肤表面有光泽。触摸乳房，初期热痛明显，病猪常有抗拒反应，后期则乳房坚实、疼痛，皮肤冷湿。泌乳停止，由于乳房内的坏死组织发生分解，常从乳头流出带血的污秽不洁的分泌物并有臭味。坏疽性乳房炎常波及几个乳腺，若治疗不及时或病情严重，常导致病猪死亡。

2.慢性乳房炎多由急性乳房炎治疗不当或持续性病原感染所致。慢性乳房炎一般没有明显的临床症状（少数病猪体温略高），病猪的精神食欲也无明显异常，但泌乳下降。触摸乳房，其弹性降低，乳房内多有大小不一的硬结，挤出的乳汁变稠并带黄色，有时内含凝乳块。后期，乳房常因结缔组织增生而萎缩、变硬，致使泌乳能力丧失。种母猪的慢性乳房炎一般无治疗价值，应尽早淘汰。

〔诊断要点〕主要通过对乳房视诊和触诊、乳汁的肉眼观察及必要的全身检查。

〔类症鉴别〕有些病原菌引起的乳房炎常有明显的特点，通过对乳房和乳汁的检查，即可做出诊断，并及时进行治疗。如无乳链球菌性乳房炎，表现为乳汁中有凝片和凝块；大肠杆菌性乳房炎，表现为乳汁呈黄色；绿脓杆菌和酵母菌性乳房炎，表现为乳腺患部肿大并坚实；结核性乳房炎，表现为乳汁稀薄似水，进而呈污秽黄色，放置后有厚层沉淀物。

〔治疗方法〕治疗前最好先采乳样进行微生物鉴定和药敏试验，然后再根据试验结果选用有效的药物。急性乳房炎多采用全身与局部相结合的给药疗法；慢性乳房炎多用局部疗法。

1.全身疗法　主要是抗菌消炎，提高机体的抵抗力，常用的有青霉素、链霉素、新生霉素、头孢菌素、红霉素、土霉素、庆大霉素、恩诺沙星、环丙沙星及磺胺类药物等，一般为肌内注射，连用3～5d。实践证明，青霉素和链霉素，或青霉素与新霉素联合使用，治疗效果为好。

2.局部疗法　包括乳房外涂药（促进血液循环及消炎）、乳管内注药（直接的抗菌消炎）和普鲁卡因封闭（减轻乳房疼痛及消炎）。常选用的外用药有复方醋酸铅散（以常醋调制成泥膏）、鱼石脂软膏、樟脑软膏和5%～10%碘酊，每天涂抹1～2次，连用3～5d。乳管内注药的方法是，先挤出乳房内的黏液性或脓性乳汁，再将抗生素用少量灭菌蒸馏水稀释后，直接注入乳管，每天1次，连用5d。普鲁卡因封闭多用于急性乳房炎的治疗，即将青霉素50万～100万单位，溶于0.25%普鲁卡因溶液200～400mL中，沿乳房的基部做环形封闭，每天1次，连用3～5d。乳房内有脓肿不易吸收时，当脓肿成熟后，将之切开排脓并按创伤处理。

值得指出的是：患乳房炎母猪用药物治疗期间，吃奶的小猪应人工哺乳，减少乳房的损伤，促进乳房的修复，同时避免小猪因食变质的乳汁而发生感染。

〔预防措施〕要加强母猪猪舍的卫生管理，保持猪舍清洁，定期消毒。母猪分娩时，尽可能使其侧卧，助产时间要短。初次哺乳可对环境和乳房皮肤消毒。乳房炎多由哺乳仔猪咬伤乳头而引起，为了防患于未然，应适时检查哺乳仔猪的牙齿，尽早将其尖锐的犬牙剪去。

**图8-4-1　黏液性乳房炎**
乳房肿胀、潮红，乳房内有硬结。

**图8-4-2　化脓性乳房炎**
乳房红肿、热痛，有大小不一的硬结。

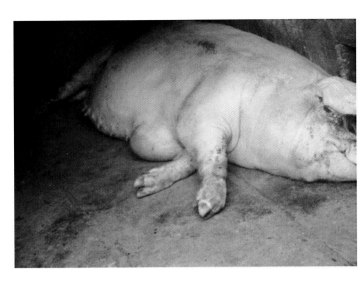

**图8-4-3　乳房脓肿**

乳房发炎、肿大，皮下可见几个大脓肿。

## 五、子宫内膜炎 （Endometritis）

子宫内膜炎通常是指子宫黏膜的浆液性、黏液性或化脓性炎症，常引起母猪不孕。本病一般不引起明显的全身性症状，且多呈慢性炎性过程，所以临诊时易被忽视。

〔发病原因〕子宫内膜炎多由一些非特异性病原菌引起，主要的病原是葡萄球菌、链球菌、大肠杆菌、变形菌、假单胞菌和化脓性棒状杆菌等。病原菌通常是在配种、分娩及难产助产过程中由于消毒不严而进入子宫引起感染，有时也可通过血液循环而导致感染。子宫黏膜的损伤及母畜机体抵抗力降低，是促使本病发生的重要诱因。此外，子宫内膜炎还常继发于分娩异常疾病，如流产、胎衣不下、早产和难产等；子宫疾病，如子宫炎和子宫积脓等；产道疾病，如阴道炎和感染性阴道损伤等。

〔临床症状〕根据病猪的表现和病程可将子宫内膜炎分为急性型和慢性型。

1.急性子宫内膜炎　多发生于产后及流产后，多表现为黏液性及化脓性子宫内膜炎。病猪常出现明显的全身性症状，如体温升高、精神沉郁、食欲减少及产奶量明显降低等。特征症状是：病猪阴门肿胀，常常拱背、努责，呈现排尿姿势，从阴门中排出白色混浊含有絮状物的黏液性或脓性分泌物（图8-5-1），病重者可排出大量污红色或灰白色污秽不洁分泌物，且气味恶臭（图8-5-2）。卧下时排出量较多。阴道检查，子宫颈外口肿胀、充血和稍开张，阴门部黏膜发炎、肿胀，黏附有灰白色或黄白色脓性分泌物（图8-5-3）。

2.慢性子宫内膜炎　病猪的全身性症状不明显，仅见不时从阴门排出炎性分泌物，尾根及阴门常附着不洁的炎性分泌物（图8-5-4）。但在病猪发情时可见到排出的黏液中有絮状脓液，黏液呈云雾状或乳白色。病猪的发情周期及发情期的长短一般均正常，但屡配不孕，或发情配种情况异常而不能配孕。偶尔由于子宫内膜发生病变而释放前列腺素，阻止正常黄体发育，因而可能使发情周期缩短。如果病猪发生早期胚胎死亡，则使发情周期延长。

〔诊断要点〕急性子宫内膜炎根据全身性反应和特异性临床表现就可确诊。慢性子宫内膜炎主要根据发情时分泌物的性状（健康猪发情时分泌物量较多，清亮透明，可拉成丝状；子宫内膜炎病猪的分泌物量多但较稀薄，不能拉成丝状，或者量少且黏稠、混浊，呈灰白色或灰黄色。）、阴道检查（子宫颈口不同程度肿胀和充血，子宫颈口封闭不全，有不同性状的炎性分泌物经子宫颈口排出。）和实验室检查（分泌物涂片检查、理化检查和细菌学检查等）的结果进行诊断。

〔治疗方法〕子宫内膜炎治疗的原则是抗菌消炎，促进炎性产物的排除和子宫机能的恢复。一般采用以下几种方法进行治疗。

1．子宫冲洗法　为了排出子宫内的炎性分泌物，常用温热（35～40℃）的0.1%高锰酸钾、0.02%新洁尔灭和1%的盐水等溶液冲洗子宫。冲洗时，应注射小剂量（100～300mL），反复冲洗，直至冲洗液透明为止。注意：当病猪全身症状明显，发生化脓性炎症时，不应冲洗子宫，以免感染扩散。此时，可向子宫内注入抗生素类药物，并配合全身治疗。

2．子宫内给药法　由于子宫内膜炎的病原非常复杂，且多为混合感染，所以，子宫内给药宜选用抗菌范围广的药物，如庆大霉素、卡那霉素、红霉素、金霉素、呋喃类药物等。当子宫颈口尚未完全关闭时，可直接将抗菌药物1～2g投入子宫，或用少量生理盐水溶解，做成溶液或混悬液用导管注入子宫，每天2次。

3．激素疗法　对慢性子宫内膜炎，可使用氯前列烯醇钠（PGF2α）及其类似物，促进炎症产物的排出和子宫功能的恢复。当子宫内有积液时，可用雌激素、催产素配合使用，加速积液的排出，如：注射雌二醇2～4mg，4～6h后再注射催产素10～20IU，促进炎症产物排出，再辅以子宫内注入抗生素治疗，可收到良好的疗效。

〔预防措施〕引起子宫内膜炎的病原菌多为葡萄球菌、链球菌等一些非特异性细菌，多于配种、分娩及难产助产过程中侵入子宫引起感染。因此，预防本病一定要搞好母猪圈舍的环境卫生，特别是母猪的产前产后要定期消毒。配种、接产和助产时，一定要严格消毒，不可粗心大意。要经常注意观察经产母猪的发情变化，如有异常，应尽快确诊及治疗，防止病情恶化。

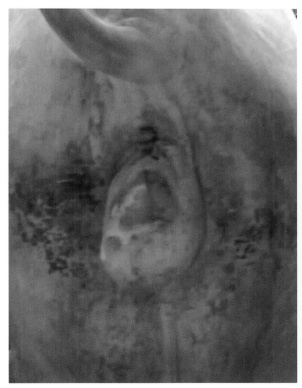

**图8-5-1　黏液性子宫内膜炎**
病猪阴门红肿，流出黏液性脓样分泌物。

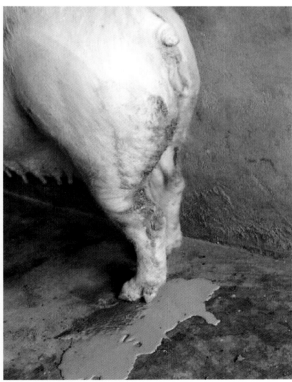

**图8-5-2　化脓性子宫内膜炎**
病猪从子宫排出大量污灰色脓性分泌物。

**图8-5-3　急性子宫内膜炎**
阴门黏膜发炎红肿，覆有黏液脓性分泌物。

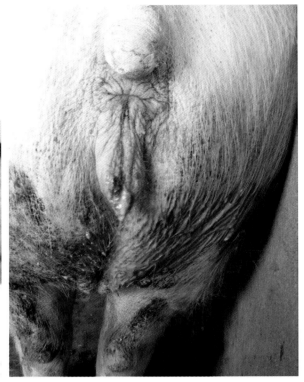

**图8-5-4　慢性子宫内膜炎**
阴蒂上附有少量灰白色脓样分泌物。

## 六、脐疝 (Umbilical hernia)

脐疝是指部分大网膜、肠管及肠系膜通过脐孔而脱出于皮下所引起的腹外疝。本病多见于仔猪，一般是先天性发生，疝内容物多为小肠及大网膜。

〔发病原因〕本病多为一种先天性发育障碍性疾病，是由于胚胎发育过程中脐孔闭锁不全或没有闭锁引起的。脐部位于腹壁正中部，是胚胎发育过程中最晚闭合的部位。同时，脐部缺少脂肪组织，使腹壁最外层的皮肤、筋膜与腹膜直接连在一起，成为腹壁最薄弱的部位。当猪的腹内压增高时，如急速奔跑、捕捉或按压等，腹内的部分游离性肠管、肠系膜和网膜等就会顺着扩大的脐孔脱入皮下，从而引起脐疝。后天性脐疝多是由于新生仔猪的脐孔还没有完全闭锁，或脐部出生所形成的瘢痕组织比较脆弱，在腹内压骤增的情况下，使脐孔发生破裂而腹内容物脱入皮下。偶尔也见钝性外力作用于脐部而引起脐孔损伤，导致脐疝。

〔临床症状〕病猪发生可复性脐疝时通常没有明显的全身性症状，精神无异常，食欲不受影响（图8-6-1）。主要表现是脐部出现一个似核桃大、鸡蛋大、拳头大（图8-6-2）至排球大或篮球大（图8-6-3）的局限性球形包囊，用手触诊时无热无痛，感觉柔软；当内容物为肠管时，听诊可闻及肠音；疝内容物通常容易整复还纳入腹腔，但当手松开和腹压增高时，又突出至脐外，并可触知疝轮的大小。此种脐疝如不及时治疗，仔猪在饱食或挣扎时，肠管会越脱越多，下坠物也会逐渐增大（图8-6-4）。

病猪发生嵌闭性脐疝时，由于肠内容物通过受阻，故出现明显的全身性反应。病猪疼痛不安，体温升高，呼吸、脉搏加快。厌食，呕吐，或食欲废绝，腹部膨胀，排粪减少。疝部皮肤红肿，或因瘀血呈暗红色（图8-6-5），触诊疝部有热感，有疼痛反应，内容物坚实。嵌闭性脐疝如不及时治疗，病猪常会因肠管坏死和自体中毒而死亡。剖检可见，疝部皮肤瘀血呈紫红色，伴发出血和坏死（图8-6-6），嵌闭的肠管发生血液循环障碍，瘀血水肿、出血和坏死（图8-6-7）。

〔诊断要点〕疾病发生于脐部，呈球形包囊状，触之柔软，听诊可闻及肠音，内容物可还纳入腹腔，并能触及疝轮。病猪无明显的全身症状则为可复性脐疝；如全身症状明显，发热，疼痛和腹胀者，多为嵌闭性脐疝。

〔类症鉴别〕在临床上诊断脐疝时，应注意与脐部脓肿和脐部肿瘤加以鉴别。

〔治疗方法〕一般根据脐疝的性质和脐孔的大小，选择进行保守疗法、还是手术疗法。

1. 保守疗法　也叫非手术疗法，多用于疝轮较小的幼龄仔猪。简便的压迫方法是：用手将疝内容物还纳入腹腔后，用有弹性的橡皮带压迫患部，或在疝部装着压迫绷带，大约2周后，随着仔猪的生长，脐孔可逐渐缩小而痊愈。也可用炎性闭合法，即还纳疝内容物后，再摸清疝轮，然后用95%酒精或10%氯化钠溶液等刺激性药物，在疝轮周围分点注射，每点注射3～5mL，借以促使疝轮部组织肿胀、发炎和增生，迫使脐孔重新闭合。

2. 手术疗法　多用于嵌闭性脐疝，或疝轮大，或仔猪大而个体强壮不易压迫固定的病例。手术的基本步骤是：术前减食一天，但可饮水。术式，仰卧保定，患部剪毛、洗净、消毒（图8-6-8）。术部用1%普鲁卡因10～20mL作浸润麻醉。按无菌操作要求，先皱襞切开皮肤，然后分离皮下组织，显露疝轮，分离疝内容物。若为网膜或肠管，要仔细切开疝囊壁，检查疝内容物有无粘连、变性和坏死。若无粘连和坏死，疝内容物直接还纳腹腔。若有肠管坏死，需行部分肠切除术，清洗后再还纳腹腔。接着采用水平褥式缝合将疝环闭合（图8-6-9），然后修剪或切割疝环，创造新鲜创面（图8-6-10），借以促进脐孔增生和闭合。之后，采用结节缝合的方法缝合疝环（图8-6-11），并撒上一些消炎药。最后，修剪皮肤创缘，切除多余的皮肤，结节缝合皮肤（图8-6-12），外涂碘酊消毒。手术后最好装着固定绷带2周，以免创口哆开。

手术结束后，病猪应饲养在干燥清洁的猪圈内，喂给易消化的稀食，并防止饲喂过饱。限制剧烈跑动，防止腹压过高而使手术失败。

〔预防措施〕由于新生仔猪的脐孔一般较大，并处于不断的闭合过程中，所以，应加强饲养管理，不应让仔猪剧烈运动，或追赶、惊吓，引起腹内压增高而发生脐疝。猪圈和运动场不应有棍棒等钝性物，防止仔猪运动时引起脐部的损伤。

**图8-6-1　小型脐疝**
可复性小型脐疝对猪体无明显影响。

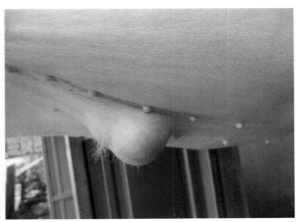

**图8-6-2　中型脐疝**
脐疝较大，约拳头大，仍为可复性疝。

**图8-6-3 大型脐疝**
脐疝大，状如蓝球，为难复性疝。

**图8-6-4 大型脐疝**
脐疝随着运动或腹内压增高而不断增大。

**图8-6-5 嵌闭性脐疝**
腹部疼痛，皮肤瘀血水肿，发炎，呈暗红色。

**图8-6-6 皮肤坏死**
疝部皮肤瘀血、出血和坏死，呈紫红色。

**图8-6-7 肠管坏死**
穿过疝轮的肠管瘀血、水肿和坏死，呈黑褐色。

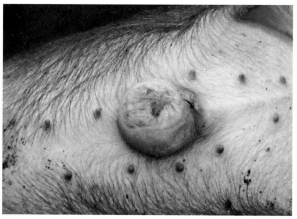

**图8-6-8 术部准备**
仰卧保定，术部按常规进行清洁与消毒。

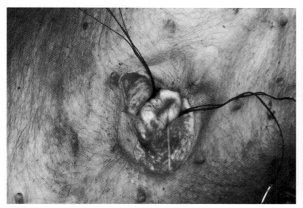

**图8-6-9　水平褥式缝合**
用水平褥式方法缝合疝轮，并系紧缝线。

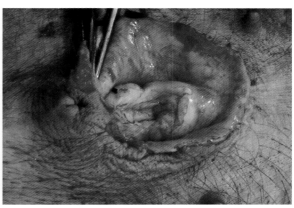

**图8-6-10　人工制创**
修整疝轮缘，人工形成新鲜创面促进脐孔闭合。

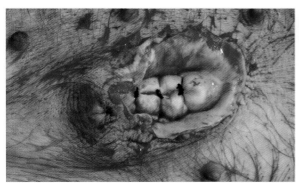

**图8-6-11　结节缝合**
用结节缝合法缝合疝轮，确保脐孔人工闭合。

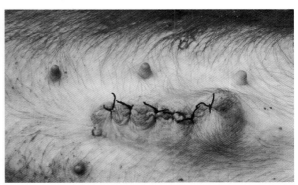

**图8-6-12　皮肤缝合**
缝合皮肤多采用结节缝合法，以防切口哆开。

## 七、阴囊疝 (Scrotal hernia)

　　阴囊疝是指腹腔内部分脏器（主要是肠管及其系膜）通过腹股沟管进入阴囊而引起的疾病。常见的阴囊疝有两种，一种是常见的腹腔脏器经过腹股沟内环进入鞘膜腔而引起的鞘膜内阴囊疝；另一种是少发的肠管等经腹股沟内环稍前方的腹壁破裂孔脱至阴囊皮下（总鞘膜外面）而引起的鞘膜外阴囊疝。

　　〔发病原因〕引起阴囊疝的病因有先天性和后天性之分。先天性病因是由于胎猪的发育障碍或异常，导致腹股沟管内环过大。偶见个别猪出生时就发生了阴囊疝。大多数仔猪出生几个月后，当其较剧烈运动或摄食等引起腹内压升高时，引起阴囊疝。后天性病因为腹内压过高使腹股沟内环扩大而发生，例如后肢过度向外方滑走、爬跨、两前肢凌空、身体重心向后移、向后踢和跳跃等剧烈运动而使腹内压骤增，小肠后移至盆腔，进而从腹股沟内环脱入阴囊。

　　〔临床症状〕公猪的阴囊疝多发生于一侧阴囊，也有两侧阴囊同时发生。鞘膜内阴囊疝多为可复性阴囊疝，随着体位的改变和腹内压的变化，阴囊的大小也随之变化，用手压迫阴囊可使阴囊内的肠管进入腹腔，停止压迫后肠管再度进入阴囊内。外观，患侧阴囊明显增大，皮肤高度紧张（图8-7-1），触之柔软而有弹力，疼通不明显，侧卧和仰卧时阴囊内肠管及系膜有时可自动还纳入腹腔内，因而阴囊大小不定。若发生嵌闭性阴囊疝时，则阴囊皮肤瘀血水肿、表面富有光泽（图8-7-2），发凉，病猪腹痛不安，患侧后肢不敢负重，或卧地不起（图8-7-3）。病猪食欲废绝，有时呕吐，呼吸增数。此时，若不及时实施手术，嵌闭的肠管发生坏死后，可引起内毒素性休克而导致死亡。

患鞘膜外阴囊疝时，患侧阴囊皮肤呈炎性肿胀（图8-7-4），有温热感染。病初，阴囊皮下的肠管一般可还纳入腹腔（多为人工还纳），为可复性的，但经时较长者易常发生粘连，成为不可复性阴囊疝。

〔诊断要点〕病猪阴囊膨大（常为单侧性），质地柔软，内含腹腔内容物，睾丸不肿大或不易触摸到睾丸。

〔类症鉴别〕注意鞘膜内阴囊疝与鞘膜外阴囊疝的鉴别。猪患鞘膜内阴囊疝时，阴囊部皮肤无明显变化，触之发凉；阴囊内容物较光滑，易还纳入腹腔，有时可自行还纳；一般不与阴囊发生粘连。而猪患鞘膜外阴囊疝时，阴囊部皮肤常有不同程度的炎性反应，皮肤肿胀，有温热感；内容物不易还纳，尤其是不能自行还纳；阴囊皮下的内容物易与皮肤发生粘连。此外，本病还需与阴囊囊肿、鞘膜积液、腹壁及阴囊血肿等鉴别，以免造成误诊。

〔治疗方法〕本病主要采用手术治疗。术前应停饲一天，保障饮水。全身麻醉或局部麻醉，如用864合剂0.1～0.2mL/kg（按体重）肌内注射，麻醉1h左右。可采用仰卧保定，但小猪多采用易于还纳疝内容物的倒立保定（图8-7-5），术部及器械等常规消毒。在靠近腹股沟外环处纵行切开3～5cm，显露脱入总鞘膜腔内的肠管（图8-7-6）。剪开总鞘膜，仔细分离内容物，还纳腹腔。若是嵌闭性疝或发现有部分小肠与阴囊壁和其他组织粘连并发生坏死时，则应用止血钳小心分离粘连的肠管部分，将坏死的肠管及组织全部切除，吻合肠管，进行连续及内翻缝合后再纳入腹腔。之后，结扎总鞘膜、精索和输精管，在结扎的远心端1cm处切除睾丸（图8-7-7），然后用丝线或可吸收线扣状缝合，闭合腹股沟外环。最后，倒入适量的抗生素，结节式缝合皮肤（图8-7-8），涂布碘酊消毒。

术后3d内给予少量的流质饲料，3d后即可转入正常饲喂，但应注意饲喂营养丰富易消化的饲料。适当控制运动，防止腹内压增高。手术后不必使用抗生素，但圈舍应干燥，搞好环境卫生，防止创口污染。

**图8-7-1　可复性阴囊疝**
患侧阴囊明显胀大，皮肤紧张。

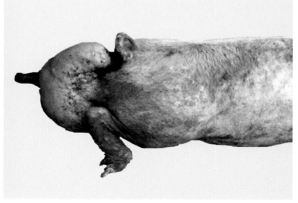

**图8-7-2　嵌闭性阴囊疝**
阴囊皮肤瘀血、水肿，表面富有光泽，呈暗红色。

**图8-7-3　病猪疼痛**

脱入阴囊的肠管嵌闭，病猪腹痛，卧地不起。

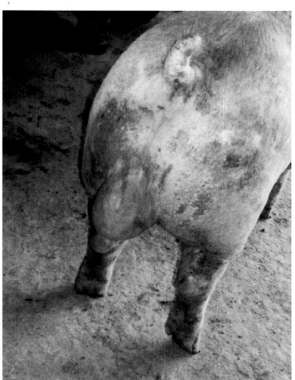

**图8-7-4　鞘膜外阴囊疝**

阴囊腹侧膨大，皮肤红肿，呈炎性反应。

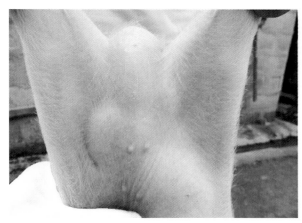

**图8-7-5　倒立保定**

小猪手术时采取倒立保定法，易于还纳疝内容物。

**图8-7-7　除去睾丸**

结扎总鞘膜、精索和输精管，切除睾丸。

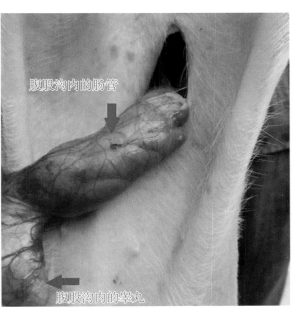

腹股沟内的肠管

腹股沟内的睾丸

**图8-7-6　术部选择**

近腹股沟外环处纵行切开，易找到脱入总鞘膜腔内的肠管。

剪断余下腹股沟管

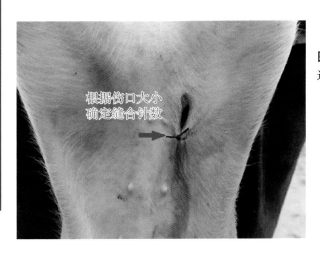

图8-7-8 皮肤缝合

通常采用结节式缝合皮肤,防止创口裂开。

## 八、硒与维生素E缺乏症 (Se-Vitamin E deficiency)

硒与维生素E缺乏症是发生于仔猪的一种营养代谢性疾病,病猪的骨骼肌色泽变淡,苍白无光泽,故又称"白肌病"、营养性肌病、营养性肝坏死等。其病理变化的主要特点是:骨骼肌和心肌变性及凝固性坏死,肌间结缔组织强烈增生,有的还伴发肝脏变性和灶状坏死。临床上以运动障碍和急性心力衰弱为特征。

〔发病原因〕饲料中缺乏硒和维生素E是引起本病的主要原因。饲料中缺乏硒和维生素E,不仅与土壤中这些微量元素的含量有关,而且与土壤的酸碱度、各种元素的比值有关,也与饲料的性状,即是否变质和酸败等有关。一般认为,仔猪发病与母猪有直接的关系,即妊娠母猪饲料内较长时间缺乏硒和维生素E,机体缺乏这些物质,故母猪的乳汁中也就缺乏硒和维生素E。因此,仔猪出生后吸吮这种乳汁,就易发病。

〔临床症状〕本病的特征性症状发生于运动系统。病猪站立困难,不愿运动,喜欢躺卧。强迫运动时步态强拘,后躯摇摆,甚至轻瘫,或呈犬坐样姿势。心率加快,心律不齐,心跳无力,脉搏微弱。急性病例常在剧烈运动、惊恐、兴奋和追逐过程中突然发生心猝死亡。这种现象多见于1~2月龄营养良好的个体。伴发有肝脏病变时,病猪皮肤和黏膜黄染,常出现消化机能紊乱,并伴有顽固性或反复发生的腹泻。

〔病理特征〕病猪常因骨骼肌纤维变性坏死而呈现尸僵不全,全身贫血,皮肤苍白,血凝不良(图8-8-1)。特征性病变是全身肌肉色泽变淡,呈淡红色(图8-8-2)或灰白色鱼肉样(图8-8-3)。病变多于臀部、肩胛部和胸背部肌群。在这些部位常见皮下和肌间结缔组织水肿,病变肌肉肿胀,色泽变淡,透过肌膜,见肌组织上出现黄白色条纹状的坏死灶(图8-8-4),有时整个肌群全部形成黄白色条纹样病变。心脏的冠状沟及左右纵沟的脂肪吸收,呈现胶样浸润,心肌纤维变性坏死,心室呈现不同程度的扩张(图8-8-5)。肝脏发生脂肪变性、肿大,呈黄红色或土黄色,质脆易碎,表面有灶状坏死(图8-8-6)。镜检,肌纤维发生凝固性坏死,大片的肌纤维发生急剧的变性和坏死,变性的肌纤维膨胀,肌浆淡染,有的肌纤维崩解成大小不等、形态不一的肌浆碎块(图8-8-7)。肌纤维间的幼稚结缔组织和毛细血管强烈增生(图8-8-8),在增生的结缔组织内,伴有少量浆液渗出和中性粒细胞、组织细胞和淋巴细胞浸润。心肌纤维同样发生变性、坏死,坏死的肌纤维断裂、崩解和钙化,坏死的肌纤维间有结缔组织增生和毛细血管再生。

〔诊断要点〕依据本病的特征性临床症状和病理变化，参考病史及流行病学特点即可确诊。

〔治疗方法〕动物实验与临床实践证明，用维生素E和硒治疗本病有良好的效果，而且硒比维生素E的效果要好。因此，治疗本病常用0.1%亚硒酸钠溶液肌内注射，剂量为1～2mL，对于缺硒较多而临床表现症状重剧的病例，可间隔1～3d重复注射1~3次。于注射亚硒酸钠的同时，再适量补给维生素E，治疗效果更佳。

〔预防措施〕我国幅员辽阔，物产丰富，但也有大面积的缺硒地带。因此，在低硒地带饲养猪，或饲用由低硒地区运入的饲料、饲草，必须补硒。补硒的常用方法是：直接投服硒制剂，或将适量硒添加于饲料和饮水中饲喂。

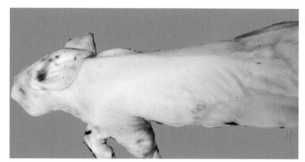

**图 8-8-1　尸僵不全**
病猪尸僵不全，前肢屈曲，皮肤显松弛。

**图 8-8-2　背肌变性**
病猪的背部肌群变性、肿胀，色泽变淡。

**图 8-8-3　鱼肉样变**
肌肉变性、肿胀，色泽苍白，呈鱼肉样。

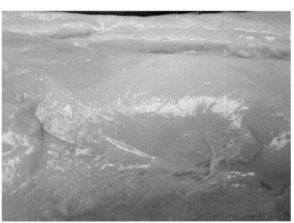

**图 8-8-4　肌肉坏死**
肿胀的背最长肌中有灰白色或黄白色死灶。

**图 8-8-5　心脏实质变性**
纵沟有胶样浸润，心肌变性，心室轻度塌陷。

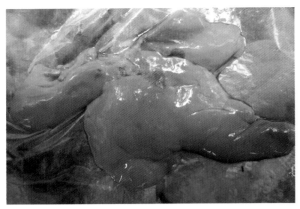

**图8-8-6　肝脂肪变性**

肝脂肪变性，呈黄褐色，表面有黄白色坏死灶。

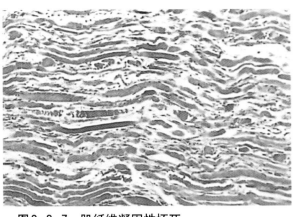

**图8-8-7　肌纤维凝固性坏死**

骨骼肌纤维变性、坏死和崩解。

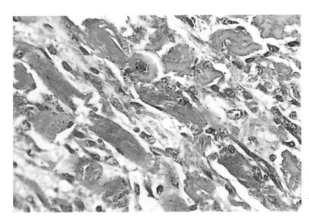

**图8-8-8　结缔组织增生**

坏死的肌纤维间有大量结缔组织增生。

## 九、仔猪缺铁性贫血(Piglet anemia of iron deficiency)

仔猪缺铁性贫血，又称仔猪贫血，是特指2～4周龄哺乳仔猪缺铁所致的一种营养性贫血。本病的特点是皮肤和黏膜苍白，血液稀薄，血红蛋白含量降低，红细胞数量减少，形态异常，生长受阻。本病多发于寒区、冬春季节，特别是猪舍以木板或水泥为地面而又不采取补铁措施的集约化养猪场。

〔发病原因〕主要病因是仔猪体内铁贮存量低，而生长发育快，需要量大，但外源供应量又少，使仔猪体内严重缺铁。仔猪出生时，全身含铁总量大约为50μg，其中约80%分布在血红蛋白中。出生后，仔猪体内贮存铁的来源：一是内源性的，即由红细胞生理性破坏而更新；另一是外源性的，即经肠道吸收运转而来。仔猪体内的贮量是极其微薄的，而哺乳仔猪的发育生长却较迅速，1周龄体重约为出生时的1倍，3～4周龄可增长到4～6倍。全血容量亦随体重而相应增长，1周龄时比出生时增长30%，到3～4周龄时则几乎增长一倍。因此，铁的需求量很大，而乳汁往往不能满足这一需求，如果不实施外源性补给，就会引起缺铁性贫血。

〔临床症状〕病仔猪精神沉郁，反应性降低，呈嗜睡状，眼常呈半闭状态（图8-9-1）。食欲减退，离群伏卧，营养不良，被毛粗乱，体温不高。最突出的症状是可视黏膜呈淡蔷薇色，轻度黄染。重症病例黏膜苍白，如同白瓷，光照耳壳灰白色，几乎见不到明显的血管（图8-9-2）。呼吸增数，脉搏疾速，心区听诊可闻及贫血性杂音，稍微活动（驱赶或抓捕），即心搏亢进，大喘不止（图8-9-3）。有的仔猪消化功能发生障碍，出现周期性腹泻及便秘。有的仔猪外观肥胖（可能与皮下水肿有关），生长发育快，在奔跑中突然死亡。病猪生长缓慢，30日龄的病仔猪，其体重与正常仔猪相差1.5～2kg。据报道，在集约化养猪场仔猪营养性贫血的发病率达30%～50%，有的甚至高达90%，死亡率为15%～20%，造成严重的经济损失。

〔病理特征〕病仔猪的皮肤、黏膜苍白。血液稀薄（图8-9-4），呈水样。全身轻度或中度水肿。肝脏脂变肿大，胆囊膨满，呈淡红黄色（图8-9-5）。肌肉变性，色泽变淡，水肿，呈淡红黄色（图8-9-6），或苍白色。心脏扩张，心肌松弛，质地较软，心尖变圆。肺脏膨满，边缘变钝（图8-9-7）。脾脏肿大，肺脏水肿。试验室检查，血凝缓慢，红细胞减少，血沉变快，血红蛋白浓度明显降低。血涂片可见红细胞异常，大小不均，小红细胞最多，染色变淡、不均，出现未成熟的有核红细胞和网织红细胞。

〔诊断要点〕发病时间为2～4周龄，以贫血表现为主，铁制剂治疗效果明显。

〔治疗方法〕本病的治疗原则是补足外源铁质，增强机体的铁质贮备。补铁通常有两种方法，即口服法和注射法。

1.口服疗法 经济实惠，效果良好，适用于散养用户。口服铁剂有多种制剂，如硫酸亚铁、焦磷酸铁、乳酸铁和还原铁等，其中以硫酸亚铁为首选药物，常用的处方是硫酸亚铁2.5g，硫酸铜1g，常水100mL，按0.25mL/kg（按体重）口服（可用茶匙灌服），每天1次，连用7～14d；或焦磷酸铁，每天灌服30mg，连用1～2周；还原铁每次灌服0.5～1g，每周1次，比较省事。

2.注射疗法 适用于集约化养猪场或口服铁制剂反应剧烈以及铁吸收障碍的腹泻仔猪。供肌内注射的铁制剂常用的有右旋糖酐铁、葡萄糖铁钴注射液、山梨醇铁等。实践证明，葡萄糖铁钴注射液、右旋糖酐铁2mL，肌内深部注射，通常1次即愈，必要时间隔7d再半量注射1次。

应该强调指出：铁盐可与许多化学物质或药物发生反应，故不应与其他药物同时或混合内服给药，如硫酸亚铁与四环素同服可发生螯合作用，使两者吸收均减少。防止过量使用铁制剂，尤其注射给药，量大时可引起急性中毒。应用铁制剂时，防止体内铁过多贮备，因为猪没有铁排泄或降解的有效机制。

〔预防措施〕北方地区应选择合适的时机配种，产仔期最好避开寒冷季节。妊娠母猪分娩前2d至产后28d中，每天补饲硫酸亚铁20g，借以提高乳汁中的铁含量。水泥地面舍饲的仔猪，出生后3～5d即开始补铁，一次肌内注射葡聚糖铁100mg，具有确实的预防效果。另外，经常令仔猪随母猪到运动场自由掘食泥土，也有良好的预防作用。

**图8-9-1 病猪嗜睡**
精神沉郁，呈嗜睡状，反应淡漠（箭头）。

**图8-9-2 病猪贫血**
眼结膜苍白，耳部血管不明显。

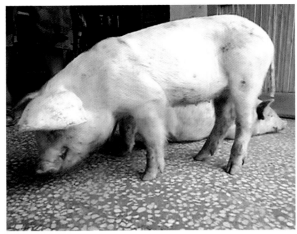

**图8-9-3　呼吸困难**

抓捕后病猪呼吸困难，喘咳不止。

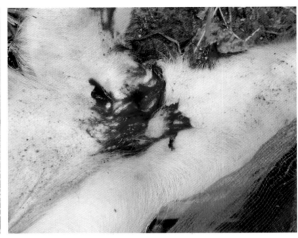

**图8-9-4　血凝不良**

尸体贫血苍白，血液稀薄，凝固不良。

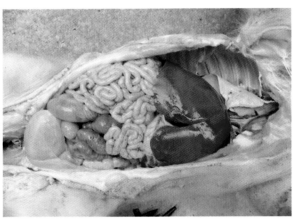

**图8-9-5　肝脂肪变性**

肝脂变肿大呈淡红黄色，胆囊膨满。

**图8-9-6　肌肉变性**

肌肉变性、水肿，呈淡红黄色。

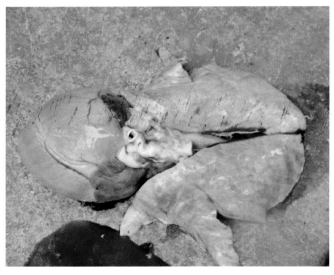

**图8-9-7　心脏扩张**

心肌变性，心脏扩张，心尖变圆，肺脏膨满。

## 十、新生仔猪同种溶血病 （Isoerythrolysis of piglets）

新生仔猪同种溶血病，又叫新生仔猪溶血性贫血，是由母猪血清和初乳中存在抗仔猪红细胞抗原的特异血型抗体所致。本病发生于仔猪吸吮初乳之后，临诊上以贫血、黄疸和血红蛋白尿为特征。一般发生于一窝中的个别仔猪，吮乳多的仔猪病情较重，也可成窝发生，致死率可达100%。

〔发病原因〕主要病因是仔猪与母猪的遗传性血型不相合。其发生机理是：由于父母猪的血型不合，仔猪继承了父猪的红细胞抗原型。仔猪红细胞抗原可突破胎盘屏障进入母体血液循环，刺激母体产生对抗仔猪红细胞的特异性同种型抗体。由于抗体的分子量大，不能通过胎盘，故不影响胎猪的发育，但血清中的抗体可在乳腺内浓集，并分泌到初乳中。当仔猪出生并吸吮含有高浓度抗体的初乳时，抗体经胃肠道吸收，直接与仔猪红细胞表面的抗原特异性结合，并激活补体，引起大量红细胞破坏而发生溶血性贫血。

〔临床症状〕本病有急、慢性之分。急性型病例出生时正常，吸吮初乳后突然发病，主要表现为急性贫血，于12h内，即在黄疸未显、血红蛋白尿未排的情况下，很快陷入休克而死亡。慢性型病例，多在吸吮初乳24h后出现黄疸，48h后全身症状明显，多数在出生后5d内死亡。主要表现为：精神委顿，茫然站立，或闭目呆立，站姿不稳，站立困难（图8-10-1），不关心周围事物，或腹痛，卧地不起，畏寒发抖，被毛逆立（图8-10-2）。全身性黄疸，皮肤和口腔黏膜发黄（图8-10-3），吃奶量减少或停止吃奶。眼结膜水肿，贫血，黄染（图8-10-4），病情严重时，呈现全身性贫血，黄疸。皮肤和眼结膜苍白，结膜与巩均黄染（图8-10-5）。病猪排血红蛋白尿，呈红色或暗红色。脉搏细数，呼吸增数或困难，尿量减少。

〔病理特征〕最特征性的病变是贫血和组织器官的黄染。切开皮肤，从血管内流出稀薄的凝固不全的血液，病重时血液稀薄如水。皮肤及皮下组织显著黄染，肠系膜、大网膜、腹膜和大小肠全带黄呈不同程度的黄染，胸腹水也呈现黄染（图8-10-6）。胃多空虚而胀气，呈气囊状。肝脏脂变肿大，呈淡红黄色或土黄色，质地脆弱易碎，表面散在灰白色灰死灶（图8-10-7）。脾脏肿大，呈淡红色。肾脏发生实质性变性、肿大，呈淡灰黄色，表面散在少量出血点（图8-10-8）。心脏扩张，心尖变圆，心内外膜有出血点或出血斑。膀胱多膨满，内积存暗红尿液。

〔诊断要点〕依据仔猪出生时健康活泼，吸吮初乳后发病，并具有贫血、黄疸和排血尿等特异性症状即可确诊。

〔治疗方法〕本病目前尚无特效的药物疗法。通常采用的方法是，当发现有仔猪吸吮初乳发病后，全窝仔猪应立即停止哺乳，借以终止特异性血型抗体的摄入，而改用人工哺乳，或转由其他哺乳母猪代为哺乳。

〔预防措施〕为了防止新生仔猪同种溶血病的发生，在给母猪配种时，应了解以往种公猪配种后所产的仔猪有无溶血现象，如有，则不能用该公猪配种。集约化养猪场，应做好配种和产仔记录，淘汰由配种而引起新生仔猪同种溶血病的种公猪。对于初次用于配种的种公猪，在母猪妊娠最后2周，每周进行一次母猪血清抗种公猪红细胞凝集试验，预先测出母猪血清中有无对应种猪红细胞抗原的特异性血型抗体。

**图8-10-1 站立困难**

病猪精神沉郁，闭目呆立，站立困难。

**图8-10-2 腹痛**

病猪腹痛，卧地不起，畏寒发抖，被毛逆立。

**图8-10-3 黄疸**

病猪的皮肤及口腔黏膜发黄，呈黄疸状。

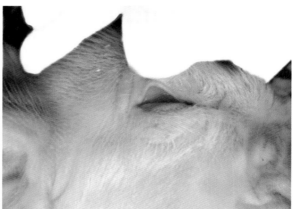

**图8-10-4 眼水肿**

病猪眼结膜水肿、贫血和黄染。

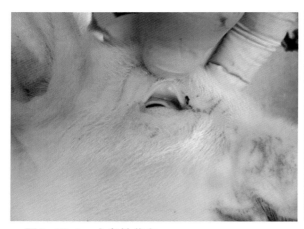

**图8-10-5 全身性贫血**

皮肤和眼结膜贫血苍白，结膜和巩膜黄染。

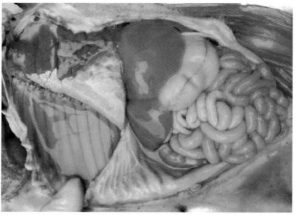

**图8-10-6 内脏黄疸**

胸腹腔脏器及胸腹水均显著黄染。

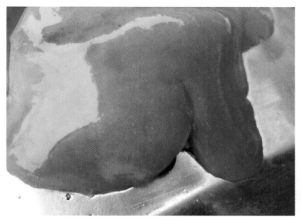

**图8-10-7 肝脏脂变**

肝脏脂变肿大呈黄红色，散在灰白色坏死灶。

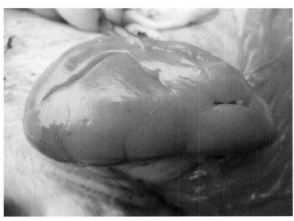

**图8-10-8 肾脏变性**

肾脏变性肿大，黄染，表面散在出血点。

# *D* 附 录

# 附录一 病料的采取、保存和送检

动物发生疫病时，仅凭临床症状、流行病学和尸体剖检有时不能做出诊断，要全面正确地诊断疾病，确定发病死亡原因，需采取病料，进行微生物学、血清学、寄生虫学及病理组织学的实验室检验。而实验室检验能否及时进行并得到正确的检验结果，病料正确选取、固定及包装运送，尤为重要，关系到疾病诊断的准确性，关系到科研和实验结果正确与否。

病料的采集是传染病诊断与防治的前提和基础。不同传染病的病原体在病猪体内的定位、分布不尽相同，同一种传染病在不同的阶段或不同的病型中其病原体的分布也常有差异，因而，在采取病料时要根据怀疑的病种和具体的病情取材，对难以考虑的病种，可根据临床症状及病变取材或全面取材。下面介绍如何采集病料，以供参考。

## 一、病料采集的注意事项

（一）注意禁止剖检动物的病料采取 凡发现患畜急性死亡时，绝不能随便解剖，某些传染病患猪禁止剖检。对于急性死亡怀疑为炭疽的病猪，严禁解剖，采病料时应先采取末梢血或剪取耳尖一块涂片镜检，或在严密防范的条件下局部解剖采取一块脾脏，采完后局部切口须用浸有 0.2%升汞溶液或 5%碘酊棉花或纱布堵塞。也可用灭菌棉拭子浸取皮下渗出液或局部采取咽喉淋巴结。只有确定不是炭疽后方可进行剖检。

（二）采集病料的时间 为了提高检出率，应自发病初期、临床症状明显的、未经抗生素药物治疗的病猪采取。采病料的时间应在病猪死后数小时内进行，内脏病料的采取，须于患病动物死后立即进行，最好不超过 6h，夏季不超过 4h，否则时间过长，由肠内侵入其他细菌，致使尸体腐败，有碍于病原菌的检验。

（三）采集器械的消毒 微生物学检验的材料均需无菌采取，所用的器械、容器等均应经过灭菌。各种脏器应分别装入不同的容器内，避免几种不同的病料混放在一起。用于病理组织学检验的病料可盛在一个容器内并尽早固定。如器械不足，可清洗消毒后再用；刀、剪、镊子等用具可煮沸 30min，最好用酒精擦拭，并在火焰上烧一下；器皿在高压灭菌器内或干烤箱内灭菌，或放于 0.5%～1%的碳酸氢钠水中煮沸；软木塞或橡皮塞置于 0.5%石炭酸溶液中煮沸10min；载玻片应在 1%～2%的碳酸氢钠溶液中煮沸 10～15min，水洗后，再用清洁纱布擦干，将其保存于酒精、乙醚等溶液中；注射器和针头放于清洁水中煮沸 30min 即可。

（四）采集病料时必须是无菌操作 采取一种病料，使用一套器械。并将取下的材料分别置于灭菌的容器中，绝不可将多种病料或多头畜禽的病料混放一个容器内。病变的检查应在病料采集后进行，以防所采的病料被污染，影响检查结果。

（五）取材部位的选择 应按疾病的种类适当选择 当难以估计是哪种传染病时，应采取有病变的脏器、组织。但心血、肺、脾、肝、肾、淋巴结等，不论有无肉眼可见病变，一般均应采取。

## 二、病料采取的方法

（一）微生物学检验材料

1. 脓汁、鼻汁、阴道分泌物、胸水及腹水的采集　用灭菌棉拭蘸取后，放入灭菌试管中。对未破溃脓肿内的脓汁和胸水等，可以直接用灭菌注射器抽取，放入灭菌小瓶内；如脓汁黏稠不易吸取时，可向脓肿内注入 1～2mL 灭菌生理盐水或磷酸盐缓冲液，然后再吸取。操作时，注意勿破坏脓肿壁，以防脓汁扩散。

2. 乳汁的采集　挤乳者的手和猪的乳房及其附近的被毛均须先用消毒药水刷洗干净，弃去最初的 3～4 股乳汁，然后自患病侧乳区接取 5mL 左右的乳汁于灭菌容器中。若仅供显微镜直接染色检查，则可于其中加入 0.5% 的福尔马林溶液。

3. 血液的采集　有全血和血清之分。

（1）采全血　猪可从耳静脉或隐静脉采血。采血时，在注射器内先吸灭菌的 5% 柠檬酸钠 1mL，再采血约 10mL，混合后注入灭菌容器内；或者采取 10mL 全血立即注入盛有 1mL5% 柠檬酸钠的灭菌容器内，混匀后即可。

（2）心血　对死亡动物采取心血时，通常在右心室采血，先用烧红的膏药竿或铁片烫烙心肌表面，再用灭菌注射器在烫烙处插入，吸取血液，置于无菌试管中。

（3）血清　无菌操作采取血液 10～20mL，注入灭菌试管或小瓶中，摆成斜面，静置于室温或温箱 1～2h，待血液凝固后放置冰箱（4℃下）或冷处，析出的血清装入试管或小瓶内。或将采得的血液放离心管中，直立凝固后，经 1 000r/min 离心 5～10mim 以分离血清。在采血和分离血清操作中，应注意盛血用具无水分，防止震荡、过热等，以免溶血。

4. 胆汁的采集　可采取整个胆囊，或用烧红的铁箅子或酒精棉球烫烙胆囊表面，再用灭菌吸管或注射器刺入胆囊内吸取胆汁数毫升，置灭菌小瓶内。也可直接用接种环经消毒的部位插入，提取病料直接接种在培养基上。

5. 实质脏器的采取　采取心、肝、脾、肺、肾和淋巴结等实质脏器时，应在剖开胸腹腔后立即采取。如果剖开后暴露时间太长有污染的可能时，则应在采取部位用酒精棉或烧红的铁箅子烧烙后剪取。采取的脏器分别置于灭菌的容器中或塑料袋中。

若为供病理组织切片的材料，应将典型病变部分及相连的健康组织一并切取，组织块的大小每边 2cm 左右，同时要避免使用金属容器，尤其是当病料供色素检查时，更应注意。此外，若有细菌分离条件，也可首先以烧红的铁片烫烙脏器的表面，用接种环（火焰灭菌后）自烫烙的部位插入组织中缓慢转动接种环，取少量组织或液体，作涂片镜检或接种在培养基上。培养基可根据不同情况而进行选择。一般常用鲜血琼脂平板，普通琼脂平板或营养琼脂平板培养等。

6. 肠管的采取　将欲采肠管的两端用线扎紧后剪断，也可用烧红的铁片或酒精棉球，将欲采肠管表面烧烙后，剪一个小口，用灭菌棉棒蘸取肠管黏膜及其内容物，放灭菌容器中；采取后应急速送检，不得迟于 24h。

7. 皮肤的采取　采取大小约 10cm×10cm 的病变部皮肤一块，保存在 30% 甘油缓冲液中，或 10% 饱和盐水溶液中，或 10% 福尔马林溶液中。如系癣类，应在活动性病灶的边缘．刮取皮肤并拔毛。

8. 脑、脊髓的采取　按病理解剖开颅骨要求打开头盖骨。采取脑、脊髓作病毒检查，应将采得的脑、脊髓浸入 50% 甘油盐水液中或将整个头部割下，用浸过 1% 升汞液的纱布包住，外面最好再用塑料布或油纸包裹，装入木箱或铁桶内送检。

9．长骨的采取　需要完整的长骨标本时，应将附着的肌肉和韧带等全部除去，然后用浸过消毒液的纱布包裹后，装在塑料袋内。

10．死胎的采取　可将整个尸体用塑料布或数层不透水的油纸包紧，装入木箱或冷藏箱内，送往实验室。

11．尿液的采取　用导尿管无菌操作，采取患畜尿液20～30mL，立即送检。

（二）病理组织检验材料　病理取材应注意以下几点：

1．病料要新鲜　必须选取新鲜病料,腐败、溶解的组织不宜作组织学检查。对眼观可见病变、尤其是活体病料，必须注意取到主要病变部位。

2．取材要有代表性　做病理检查的材料，所取病料对疾病或病变来说，应照顾到全面性和代表性。对每一脏器，应在各个不同部位多取几块组织，尤其当脏器有不同色泽等变化时，更应自各部位采取；在肾脏，应把皮质、髓质、肾盂几个部位都取到，以保证对该脏器的病变做出较全面的诊断，也有利于反映病变的不同发展过程。此外，所取病变部分应尽量附带一些周围健康组织。

3．病料要防挤压和死后变化　做病理检查的组织，采取病料时，应严防压挤、手掐或硬往小口瓶中塞挤，以免出现人为损伤。病料在固定前不能用水冲洗。病料大小；一般不要超过3cm×2cm×0.5cm（特殊病变例外），尤其不要太厚，以免固定不透而出现死后变化。

（三）寄生虫学检查材料

1．血液寄生虫（以血孢子虫为主）　需送检血液及全血。

2．线虫（绝大部分在肠道，也有的在肺、肾等处）　主要是挑拣虫体（要注意采集的部位），尽可能多采集一些，并把材料保存在4%福尔马林溶液或70%的酒精中。

（四）毒物学检查材料

1．要求容器清洁，无化学杂质，要洗刷干净，不能随便用药瓶盛装，病料中更不能放入防腐消毒剂，因为化学药品可能发生反应而妨碍检验。

2．送检材料应包括肝、肾、胃肠内容物及怀疑中毒的饲料样品甚至血和膀胱内容物。

3．每一种病料应该在一个容器内，不要混合。

4．专人保管、送检，还须提供剖检材料，提供可疑的毒物。

## 三、病料的保存

（一）细菌检验病料　无菌采取的脏器病料,可放在无菌容器内,低温下保存。有污染可能时，应将标本放在灭菌的液体石蜡或30%甘油缓冲盐水或饱和氯化钠溶液中。液体材料置灭菌试管或小瓶中，加塞密封即可。棉拭样品，由于多数病原体在棉拭上只能生存数小时，因此，可将棉拭放入营养液中。

（二）病毒检验材料　保存病毒的一个重要条件是低温，因此，病料应尽快置低温条件下。如病料反复冻融，会破坏病毒的结构使之灭活，因此，要保持温度的恒定。此外，如无冷冻条件也可将其放于灭菌的50%甘油缓冲盐水中送检。

含病毒标本的棉拭子可根据具体条件和情况选用下述运输培养基。

1．无菌脱脂乳。

2．含有0.5%水解乳蛋白的无菌Hank's液。为控制细菌的污染，可在上述溶液中加入适量的抗生素，使每毫升培养基中含有青霉素500IU，链霉素500μg，多黏菌素B 500IU。

3．活性炭培养基　很多病毒在此培养基内室温下可存活3周。其制备方法如下；

　　A. 氯化钠　　　　　　　　　4.0g

　　　　氯化钾　　　　　　　　0.2g

　　　　磷酸氢二钾　　　　　　1.7g

　　　　蒸馏水　　　　　　　　500mL

待上述成分完全溶解后，加细菌用活性炭 10.0g，混匀。

　　B. 琼脂　　　　　　　　　　4.0g

　　　　蒸馏水　　　　　　　　500mL

煮沸或高压溶化。

　　将 A、B 两种成分混合均匀，按 8mL 量分装于 16mm×125mm 的带橡皮塞（或螺旋塞）的试管中，分装时不断震摇，保持活性炭分布均匀，然后 103kPa 高压灭菌 30min，在琼脂凝固之前，将管倒转混合，使活性炭分布均匀，冷却后即可使用。

　　使用时将沾有病猪鼻、眼、阴道分泌物等病料的棉拭直接投入到此培养基中，塞紧管塞，即可运送。

　　（三）血清学检验材料　　血清可低温保存，但不要反复冻融，也可在每毫升血清中加入 3%～5% 石炭酸 1～2 滴，以防腐。

　　（四）病理组织学检验病料　　机体死亡或组织离体后，组织细胞由于血液供应停止，即可发生缺氧，而致生物氧化过程停止。相反，细胞内的无氧酵解酶类活跃，使细胞内蛋白质、糖、脂肪酵解为各种酸而游离出细胞外，使组织发生自溶。另外，病料也可因污染细菌而发生腐败。因此，为了使新鲜病料的细胞及组织结构保持生活时的形态，必须进行适当的固定。

　　固定液具有凝固或沉淀组织蛋白的作用，因此能抑制酵解酶类的活动和细菌的发育繁殖，呈现对组织的固定作用。由于不同的固定液，对组织细胞内的蛋白质、糖、脂肪有不同的保存作用，因此，经过固定的病料，能保持其生活时的形态。目前，在病理学中最常用的固定液是 10% 福尔马林液。为使病料得到合理的固定，必须注意以下几点：

　　1. 采取的病料应分别装在广口瓶内，用 4～5 倍于病料的固定液进行浸泡。为了防止病料沉贴瓶底，可在瓶底填放适量的棉花或玻璃纤维。有些病料容易漂浮在液面，影响固定，可以压上一薄层纱布或棉花。一般情况下，不宜在一个容器内浸泡大量的或多份病料，以免由于挤压造成人为病变或固定不透。如果在野外，一次必须固定多份病料，而又无法分瓶固定时，应把病料分别用纱布包好，在包内放上用铅笔写的分类纸条，并要防止散包错号，然后放在一个大的搪瓷或玻璃容器内固定，固定液要多一些。回到住地后再用瓶分装，或经常上下翻动纱布包，以使组织块与固定液充分接触和防止互相挤压。

　　2. 病料浸入固定液后，经数小时一般只能渗入 2～3mm 深，所以大的病料应尽可能切开后放入固定液，以免组织表层固定而深层发生自溶。较大的病料可置于冰箱内冷藏固定，虽然固定时间需要长一些，但低温可使组织表层和深层的酶类活动及细菌生长都受到抑制，以保证病料保持生活时的状态。作组织化学实验的病料，更应作冷藏固定。有些柔软组织不易切成小块，可先行大块固定，经过一定时间，待组织稍硬后再切成小块继续固定。

　　3. 组织在固定液中，可因蛋白质凝固引起收缩而变形。因此，固定肠管和膀胱等时，可先将这些组织的浆膜面粘贴于稍厚的有一定吸水性的纸上，使其展平后，再放入固定液。

　　4. 病料固定必须掌握固定时间及固定液的浓度。固定时间过短，则染色不良而使原有结构不清楚；固定时间过长，则组织过硬而影响制片及染色。固定液浓度太低，可造成组织溶解和溶血现象；浓度过高，则易使组织过硬，或使组织表面很快形成一层很薄的凝固层，妨碍药液向组织深部渗透。

## 四、病料的包装、运送和记录

（一）病料的包装　将盛有病料的容器加塞加盖并贴上胶布，用蓝色圆珠笔清楚地注明内容物或代号及采取时间等。将其装入塑料袋内，再置入加有冰块的广口冷藏瓶中，瓶内最好放些氯化铵，中层放冰块，上层放置病料。若无冰块，可在冷藏瓶内加氯化铵 400 ～ 500g，加水 150mL 左右，这样可使瓶内保持 0℃达 24h 左右。

（二）病料的运送　病料运送时要附带病情记录（如发病畜禽品种、性别、日龄，送检病料的数量和种类，检验的目的，死亡时间并附临床病例摘要等）。运送要求安全、迅速送到检验室。装在试管和广口瓶中的病料密封后装在冰筒中送检，防止容器和试管翻倒。且送至检验部门的时间越快越好。在运送途中严防容器破损，避免病料接触高温及日光，以免病料腐败和病原微生物死亡。一般病料可通过航寄或邮寄，最好应派专人运送。

供微生物学检查的病料，如果需要较长的时间才能送到检验单位，为防止微生物死亡，在条件许可的情况下，可将病料接种于小实验动物，再将小实验动物送检。

（三）送检病料的记录　送检记录应包括下述内容：

1. 送检病猪的年龄、性别、发病日期、死亡时间及取材时间。

2. 送检病料的种类，是否加入何种保存剂。

3. 送检病猪是否进行过预防接种，是否采取了治疗？疗效如何？

4. 送检病猪的主要临床症状和剖检病变。

5. 送检地区是否有类似疫病的流行？流行特点，发病动物种类，发病及死亡数目等。

6. 初步临床诊断。

7. 提出送检的目的和要求。

## 五、　猪常见传染病应送检的病料

（一）猪瘟：取血清、脾、肝、肾、淋巴结做病原学、病理组织学和血清学的检查。

（二）猪乙型脑炎、繁殖与呼吸综合征、细小病毒感染等疾病，取血清、脑组织、睾丸及死胎、肺、淋巴结，做血清学、病原学和组织学检查。

（三）伪狂犬病：对于刚死亡或活体送检并处死的动物，无菌采取肝、脾、肺、肾及其脑组织，尤其是三叉神经节、嗅球。

（四）沙门氏菌病、病毒性下痢，切取肝、脾并结扎一段小肠做病原学检查。

（五）结核、放线杆菌、霉菌性肺炎等，取局部病变组织，做细菌学检查和组织学检查。

（六）猪肺疫、猪传染性胸膜肺炎、猪丹毒、链球菌病等，取心血、肝、脾、肺送检，做细菌学检查。慢性病例，应取心瓣膜增生物送检。

# 附录二　兽医常用的消毒药物

| 药品名称 | 剂型和规格 | 作用和用途 | 注意事项 |
|---|---|---|---|
| 碘酊（碘酒） | 酊剂：5%<br>配制：碘化钾2.5g 溶于少量水中，加碘5g，搅拌使其溶解，再加75% 乙醇使成100mL | 碘能氧化细菌原浆蛋白质，并能与蛋白的氨基酸结合而使蛋白变性，外用有较强的杀菌作用，能杀死病原微生物及芽孢、霉菌和病毒<br>5% 浓度：用于注射部位及外科手术部位涂擦消毒 | 置遮光的玻璃瓶内密封30℃下保存<br>本品不可与甲紫溶液、汞溴红（红药水）等溶液混合使用 |
| 新洁尔灭 | 胶状体或溶液剂1%、5%、10%；500mL/瓶、1 000mL/瓶 | 阳离子表面活性消毒剂，对许多非芽孢型的致病菌和霉菌等有强大的杀菌作用<br>0.1% 浓度：手和皮肤的消毒、外科器械用具的消毒（浸泡30min；并加入0.5% 亚硝酸钠液防金属生锈），擦拭器械设备<br>0.001% ~ 0.02% 浓度：用于冲洗黏膜及深部感染伤口 | 1. 使用时不能接触肥皂、合成洗涤剂及盐类<br>2. 不宜用于眼科器械消毒<br>3. 使用1 ~ 2周后须重新配制 |
| 酒精（乙醇） | 溶液剂70% 或75% 的浓度作用最强 | 可使菌体蛋白质变性，可溶解类脂质。浸泡棉球，用以消毒皮肤及涂擦外伤 | 1. 易燃烧、易挥发<br>2. 不能杀死芽孢型细菌 |
| 石炭酸（苯酚） | 结晶体500g/瓶 | 能使细菌蛋白质高度变性，具有消毒防腐作用，其作用不受有机物影响<br>3% ~ 5% 水溶液，用以喷洒，揩拭猪舍、家具、浸泡衣服、外科器械及皮革制品<br>0.5% ~ 1% 水溶液：可制止细菌的繁殖 | 1. 成品为结晶体，将药瓶置温水中溶解后再配<br>2. 不用于消毒粪、脓血、痰等含蛋白质多的东西<br>3. 对芽孢菌和病毒无效<br>4. 有腐蚀性，不宜冲洗皮肤及黏膜<br>5. 本品忌与碘、溴、高锰酸钾、过氧化氢等配伍应用 |
| 消毒净 | 粉状10g/瓶 | 与新洁尔灭相似，但抗菌作用强，对组织刺激性小，不损坏器械<br>0.1% 溶液消毒手和皮肤（浸泡5 ~ 10min）；0.1% 醇溶液作术野消毒；0.05% ~ 0.1% 溶液，浸泡金属器械（至少30min，并加入0.5% 亚硝酸钠以防锈） | 与新洁尔灭相似，忌与肥皂等共同使用 |

（续）

| 药品名称 | 剂型和规格 | 作用和用途 | 注意事项 |
|---|---|---|---|
| 煤酚皂溶液（来苏儿） | 溶液剂，煤酚的肥皂溶液500mL/瓶，含酚47%～53% | 作用同石炭酸，但毒性比石炭酸低<br>1%～2%水溶液：消毒手臂、创面、器械（浸泡半小时）及驱除体表虱、蚤和疥螨<br>5%水溶液：消毒猪舍、手术场地污物、护理用具、马车挽具等 | 1．刺激性小，不损伤物品<br>2．不用于炭疽杆菌的消毒<br>3．用于含大量蛋白质的分泌物或排泄物消毒时，效果不够好 |
| 煤焦油皂溶液（臭药水，克辽林） | 溶液剂500mL/瓶、1000mL/瓶，含酚9%～11% | 作用同石炭酸相似<br>3%～5%水溶液：猪舍、场地和用具的消毒 | 1．可用于消毒多种病原菌，但对芽孢及病毒的作用微弱<br>2．用于含大量蛋白质的分泌物或排泄物消毒时，效果不够好 |
| 氢氧化钠（苛性钠、烧碱、火碱） | 白色块、棒或薄片状，500g/瓶，含94%的氢氧化钠，粗制品叫烧碱 | 能引起蛋白质膨胀和溶解，对病毒和一般细菌的杀灭力强，高浓度还可以杀灭芽孢，对组织有强大的腐蚀作用<br>0.1%～0.5%溶液：用于手和猪体消毒（洗手或喷雾）<br>2%～4%热水溶液：用于口蹄疫、猪瘟等病毒性疾病的猪舍、车船、场地消毒<br>10%～30%溶液：芽孢菌污染物消毒（喷洒、浸泡） | 1．密封保存，防止潮解<br>2．对皮肤、衣服及金属器械腐蚀作用强，切勿沾渍<br>3．使用热溶液，消毒效果好<br>4．消毒猪舍时，应将猪赶出，消毒后隔半天，打开门窗通风，并用水冲洗饲槽后，才可让猪进圈<br>5．大批消毒时，用粗制氢氧化钠（烧碱）较为经济 |
| 草木灰 | 配制：草木灰30份加水100份，在不断搅拌下煮沸1h，沉淀后用上清液 | 是一种碱性溶液，含氢氧化钠、氧化钾、碳酸钾和碳酸钠等，杀菌力较强，10%～30%热溶液，用于猪舍、场地、车船、用具和排泄物等的喷洒、洗刷 | 1．用时加热至50～70℃消毒效果最好。对炭疽、梭菌等芽孢菌无消毒作用<br>2．草木灰应该用新烧制的，溶液也应现配现用 |
| 环氧乙烷（氧化乙烯） | 低温条件下为液体，超过10.8℃时则变为气体。常用1份环氧乙烷和9份二氧化碳的混合物贮于高压钢瓶中备用 | 能杀死各种类型细菌、芽孢、霉菌和病毒，穿透力比甲醛强，不易损坏<br>消毒物品常用密闭条件下蒸汽消毒，皮、毛、医疗器械、实验仪器、橡胶、塑料制品、防护用具等（7.85～17.65Pa） | 1．遇明火易燃，易爆炸<br>2．对人、畜有一定毒性，应避免接触其液体和将气体吸入<br>3．对某些葡萄球菌杀菌较弱，还可使链霉素失效，对某些生物制品一定损害作用 |
| 石灰乳(氢氧化钙溶液) | 配制：生石灰（必须是新烧制的，一般为块状，将1kg生石灰缓慢加入5～10kg水中，搅匀即成10%～20%的石灰乳 | 有改变溶媒的酸碱度，夺取微生物细胞的水分，并与蛋白质形成蛋白化合物<br>10%～20%的石灰乳，用于喷洒猪舍墙壁、天棚、畜栏和地面。对肠道传染病的细菌有较强的消毒作用。如加1%烧碱效果更好 | 生石灰放干燥处保存，现用现配，如加烧碱消毒后要冲洗；放置数天的熟石灰因吸收二氧化碳而失去消毒作用，所以要用新石灰配制 |

（续）

| 药品名称 | 剂型和规格 | 作用和用途 | 注意事项 |
|---|---|---|---|
| 漂白粉（含氯石灰） | 粉末：含有效氯不得低于 25%<br>配制方法：<br>乳状液（配成 10%～20% 浓度）：取漂白粉 100～200g，加少量水搅拌成糊状，再加水至 1000mL。<br>澄清液：将上述乳状液加盖，在阴暗处静置后，取其上清液，加水稀释成所需浓度（如需 0.5% 浓度，则取 10% 的澄清液 500mL 加水至 10L，搅拌均匀即得） | 用水溶解后，放出有效氯和新生氧，呈现杀菌和灭病毒作用，高浓度溶液对芽孢也有作用<br>0.5% 溶液：器具及饲槽等表面消毒<br>10%～20% 溶液：用于细菌、病毒污染的猪舍、场地、车船等消毒（喷散）；用于芽孢消毒时最好消毒 5 次，每次间隔 1h<br>粉末：粪尿、脓汁及液体物质的消毒 | 1．粉末应装于密闭容器中，保存于阴暗、干燥、通风处，不可与易燃或爆炸性物质放在一起<br>2．用时现配，久放失效<br>3．不能用于金属制品及有色棉织品的消毒<br>4．喷洒消毒时，应戴上口罩和防护眼镜 |
| 汞化物（二氯化汞，氯化高汞） | 块状、针状结晶或结晶性粉末，500g/瓶 | 汞离子与微生物的蛋白质结合形成不溶性蛋白汞，因而有杀菌作用<br>0.1%～0.2% 水溶液，杀灭细菌及其芽孢有效。消毒玻璃器皿，非金属器械。常用以消毒发生过炭疽病的猪舍或污染场地。溶液中加少量食盐、氯化铵或枸橼酸能增强其杀菌作用 | 1．对人、畜有剧毒，慎重应用和严密保管<br>2．不能用以消毒金属器械、油漆过的物品，以及含蛋白质的脓、血、粪便等<br>3．溶液见日光能分解，宜避光保存 |
| 双氧水（过氧化氢溶液） | 溶液剂 500mL/瓶，含过氧化氢 2.5%～3.5% | 氧化剂，对各种繁殖型微生物有杀灭作用，但不能杀死芽孢及结核杆菌。<br>3% 溶液：用于清洗化脓性疮口，冲洗深部脓肿 | 用后立即将瓶盖盖紧，以防失效<br>新鲜创口不能使用<br>遇高锰酸钾、碱等则失效 |
| 利凡诺（雷佛奴尔） | 粉末大包装 | 对革兰氏阳性菌及少数阴性菌有抑菌作用<br>0.1%～0.2% 溶液：外用于黏膜炎症、子宫炎、阴道炎、膀胱炎、创伤的洗涤 | 密封保存，溶液宜现配现用。溶液见光会分解形成毒性物质<br>忌与碘制剂配合应用 |
| 高锰酸钾（过锰酸钾，灰锰氧） | 结晶体 瓶装或大包装 | 强氧化剂。就杀菌力说来，5% 高锰酸钾相当于 3% 的双氧水<br>0.05%～0.1% 溶液多用于洗涤口炎、咽炎、阴道炎、子宫炎及深部化脓疮。亦可用于饮水消毒。对毒蛇所咬伤口立即用 1% 溶液冲洗可破坏蛇毒，使中毒得以避免或减轻 | 不能和酒精、甘油、糖、鞣酸等有机物或易被氧化物质合并使用，否则易发生爆炸 |

（续）

| 药品名称 | 剂型和规格 | 作用和用途 | 注意事项 |
|---|---|---|---|
| 龙胆紫溶液（紫药水，甲紫溶液） | 溶液剂 250mL/瓶、500mL/瓶，含1%龙胆紫及少量乙醇的水溶液 | 对革兰氏阳性菌（如葡萄球菌）的杀菌力较强，对表皮癣菌、念珠菌也有抑制作用 1%溶液：常用于溃烂性创伤、溃疡、口膜炎、褥疮和化脓性皮炎等创面消毒 | 密封，避光保存 |
| 氯胺(氯亚明) | 粉末 含有效氯11%以上 | 同漂白粉 4%～5%溶液可杀死微生物芽孢型，增加氯化铵和硫酸铵可促进消毒作用。多用于污染的器具和猪舍的消毒（喷洒） | 不腐蚀物质，也不使带色的棉织品褪色。刺激较小，受有机物影响小，杀菌力较小，但作用时间较长 |
| 氨溶液(氨水) | 溶液剂 500mL/瓶、450mL/瓶，含氨9.5%～10.5% | 溶液呈碱性反应，能皂化脂肪和杀灭细菌 0.5%溶液：外科手术前洗手消毒（浸泡3～5min） 5%溶液消毒污物、猪舍和场地等（喷洒） | 药瓶密封，在30℃下保存 有消毒作用，但刺激性较大 |
| 福尔马林 (甲醛溶液) | 溶液剂 500mL/瓶，普通含40%（不低于36%） | 杀菌力强大，对芽孢、霉菌和病毒都有杀灭作用 5%～10%溶液喷洒消毒猪舍、用具、排泄物、金属、橡胶物品等。常用蒸汽消毒猪舍、实验室等（每立方米用甲醛25mL，高锰酸钾25g，水12.5mL，密闭消毒12～24h后彻底通风或用浓氨水2～5mL/m³解除甲醛刺激性） | 1. 密封、贮藏于室温较稳定的地方，不低于9℃下保存 2. 对皮肤、眼、鼻黏膜刺激性极大，操作人员须戴好口罩、手套等防护用品 3. 盛药容器要大、耐热、耐腐蚀，一般用陶瓷或玻璃容器 4. 先将温水倒入容器内，后加入高锰酸钾，搅拌均匀；再加入甲醛，加入甲醛后人立即离开，密闭房间 |
| 石碱（碳酸钠、苏打） | 粉状大包装 | 4%热溶液用于猪舍、饲槽、车船、用具等喷洒、涮洗；浸泡衣服；外科器械消毒时在水中加1%本品可促进黏附在器械表面的污染物溶解，使灭菌更完全，且防止器械生锈 | 对皮肤有腐蚀作用，猪舍消毒后数小时用清水冲洗，才能放入猪 |
| 过氧乙酸（过醋酸） | 溶液剂：20%、40% 配制：4份冰醋酸缓慢加入1份过氧化氢（30%），再按总体积滴加1%硫酸，以玻璃棒搅匀，在室温中放置48～72h，可生成30%～40%的过氧乙酸 | 强氧化剂，抗菌谱广，作用强，能杀死细菌、真菌、芽孢及病毒，在低温下仍有杀菌作用 0.2%溶液：消毒严重污染的地区和物品（指耐腐蚀的玻璃、塑料、陶瓷等制品和纺织品） 0.5%溶液喷洒消毒猪舍、食槽、车船等 5%溶液：消毒密封的实验室、无菌室、仓库、加工车间等，按2.5mL/m³喷雾 | 1. 高浓度加热（70℃以上）能引起爆炸。性质不稳定，须密闭避光，贮放在低温（3～4℃）处，有效期半年 2. 本品稀释后不能久贮，1%溶液只能保存几天，应现用现配 3. 能腐蚀多种金属，对有色棉织品有漂白作用 4. 蒸汽有刺激性，消毒房舍时，人、猪不应留在室内；消毒人员应戴防护眼镜、手套和口罩 |

| 药品名称 | 剂型和规格 | 作用和用途 | 注意事项 |
|---|---|---|---|
| 液态氯 | 液态，贮存于钢瓶内。按一定速度加入水中使氯达到所需的有效浓度 | 配成需要的含氯水溶液，主要用于污水消毒、饮水消毒、猪舍消毒和土壤等的消毒 | 贮于钢瓶内的液态氯，0～15℃时易溶于水 |
| 洗必泰 | 粉剂，50g/瓶；5mg×1 000片 | 作用比新洁尔灭强，并不受血清、血液等有机物影响，其酊剂效力与碘酊相等<br>0.1%溶液：用于外科器械、外科敷料及胶手套的消毒（浸泡5～10min） | |
| 乳酸 | 液体，市售品含85%～90%乳酸 | 杀菌性能是由于不电离的分子或阴离子部分的作用。对伤寒杆菌、大肠杆菌、葡萄球菌和链球菌均具有杀灭作用。其蒸汽与喷雾溶液有高度的杀菌杀病毒作用<br>12mL/100m³：用于污染的猪舍、仓库消毒（闭门窗30min） | |
| 环氧乙烷（氧化乙烯） | 常压下为无色气体，当温度低于沸点时成为透明液体。铝瓶装消毒剂用液态 $CO_2$ 和氟氯烷等作稳定剂，不具有爆炸性 | 本品具有极强的穿透力，高效广谱杀菌作用，能杀灭细菌、芽孢、霉菌、病毒、昆虫及其虫卵<br>300～700g/m³：消毒被细菌污染的物品（在密闭室、密闭箱、聚氯乙烯帐篷和消毒袋中进行，温度不能低于18℃，6～12h）<br>600～1 700g/m³：消毒污染炭疽芽孢的物品（用法同上，消毒后取出通风1小时才能使用） | 其气体在空气中达3%时，遇火即引起燃烧和爆炸<br>多用于忌湿、忌热物品的消毒，如仪器、生物药品、饲料和衣物等<br>本品不腐蚀金属，不损坏物品，但易燃烧，消毒时间长 |
| 复合酚 | 主要成分是苯酚、醋酸、十二烷基苯磺酸等<br>本品为深红褐色黏稠，特臭溶液。溶液剂100mL/瓶，450mL/瓶 | 能杀灭多种细菌和病毒，用于畜舍及器具等的消毒<br>0.1%～1%溶液有抑菌作用；1%～2%溶液有杀灭细菌和真菌作用，5%溶液可在48h内杀死炭疽芽孢<br>该品一般配成2%～5%溶液用于用具、器械和环境等的消毒 | 1.本品对皮肤、黏膜有刺激性和腐蚀性<br>2.不可与碘制剂合用<br>3.碱性环境、脂类、皂类等能减弱其杀菌作用<br>4.遮光、密闭，在凉暗处保存 |
| 戊二醛 | 略带刺激性气味的无色或微黄色的透明油状液体溶液剂500mL/瓶 | 醛类消毒剂主要作用于菌体蛋白的疏基、羟基、羧基和氨基，可使之烷基化，引起蛋白质凝固造成细菌死亡<br>可有效杀灭繁殖期细菌和芽孢、真菌、病毒等各种微生物<br>用于医疗器械、塑料、橡胶制品、生物制品的浸泡消毒与灭菌。也可用于动物厩舍及器具消毒 | 1.戊二醛对皮肤黏膜有刺激性，接触溶液时应戴手套，防止溅入眼内或吸入体内<br>2.用戊二醛消毒或灭菌后的器械一定要用灭菌蒸馏水充分冲洗后再使用 |

（续）

| 药品名称 | 剂型和规格 | 作用和用途 | 注意事项 |
|---|---|---|---|
| 百毒杀(葵甲溴铵溶液) | 无色无味液体，能与水互溶，性质稳定<br>溶液剂<br>500mL/瓶 | 对各种细菌、病毒、霉菌、某些虫卵均有一定的杀灭作用。主要用于厩舍、场地、孵化室、用具、饮水槽和饮水的消毒 | 1.忌与碘、碘化钾、过氧化物、普通肥皂等配伍应用<br>2.原液对皮肤和眼睛有轻微刺激，内服有毒性，如误服立即用大量清水或牛奶洗胃 |
| 二氯异氰尿酸钠（优氯净） | 白色或微黄色结晶粉末，有浓厚的氯臭，是新型高效消毒药，含有效氯60%～64.5%剂，100克/袋 | 抗菌谱广，杀菌力强，可强力杀灭细菌芽孢、细菌繁殖体、真菌等各种致病性微生物，有机物对其杀菌作用影响较小<br>本品主要用于厩舍、场地、用具、排泄物、水等的消毒<br>0.5%～1%水溶液用于杀灭细菌和病毒，5%～10%水溶液用于杀灭芽孢；厩舍环境、用具消毒，每平方米常温下10～20mg；饮水消毒，每升水4～6mg | 具有腐蚀和漂白作用，水溶液稳定性较差，应现用现配 |
| 聚维酮碘 | 为黄棕色至红棕色无定形粉末；易溶于水或醇，不溶于乙醚和氯仿 | 本品为消毒防腐剂，对多种细菌、芽孢、病毒、真菌等有杀灭作用。其作用机制是本品接触创面或患处后，能解聚释放出所含碘发挥杀菌作用<br>常用于手术部位、皮肤和黏膜消毒。皮肤消毒配成5%溶液，黏膜及创面冲洗用0.1%溶液 | |

# 附录三　猪场常用疫苗

| 名　称 | 性　质 | 用法及用量 | 免疫期限 | 注意事项 |
|---|---|---|---|---|
| 无毒炭疽芽孢苗 | 弱毒菌的芽孢 | 1 岁以下猪皮下注射 0.5mL | 注射后 14d 产生免疫力，免疫期 1 年 | 用时摇匀在 2 ~ 15℃冷暗处可保存 2 年 |
| 第二号炭疽芽孢苗 | 弱毒菌的芽孢 | 皮下注射 1.0mL；猪耳根或股内侧皮内注射 0.2mL | 注射后 14d 产生免疫力，免疫期 1 年 | 用时摇匀2 ~ 15℃暗处可保存 2 年 |
| 炭疽芽孢氢氧化铝佐剂苗 | 弱毒菌的的芽孢（浓芽孢苗） | 以 1 份浓缩苗加 9 份 20%氢氧化铝胶稀释剂，充分混匀后按各自芽孢苗的用法、用量使用 | 1 年 | |
| 明矾沉淀破伤风类毒素 | 脱毒毒素 | 猪皮下注射 0.5mL，6 个月后需再注射 1 次 | 注射后 1 个月产生免疫力，免疫期为 1 年（第二年再注射一次，免疫力可持续 4 年） | |
| 仔猪红痢菌苗 | 死细菌（C 型魏氏梭菌） | 对第一和第二胎的怀孕母猪，各肌内注射两次，分别在分娩前一个月和半个月左右，剂量均为 5 ~ 10mL。前两胎已注过本苗的母猪，第三胎可在分娩前半个月左右注射一次，剂量为 3 ~ 5mL | 仔猪通过哺乳，获得被动免疫 | 2 ~ 15℃暗处保存 1.5 年 |
| 猪丹毒氢氧化铝菌苗 | 死细菌（B 型猪丹毒杆菌） | 断奶半月以上体重在 10kg 以上的猪及成年猪，一律耳根皮下或肌内注射 5mL。10kg 以下或尚未断奶的猪，皮下或肌内注射 3mL，间隔 45d，再注射 3mL | 注射后 14 ~ 21d 产生免疫力，免疫期 6 个月 | 开瓶后当日用完；用生理盐水稀释后振荡均匀再用 |
| 猪丹毒弱毒冻干菌苗 | 猪丹毒 GC42 或 G4T（10）弱毒菌 | 用于注射时一律皮下 1mL，G4T（10）每剂含活菌 5 亿；GC42 每剂至少含菌 7 亿，用于口服剂量加倍。GC42 苗口服法，是将稀释好的菌苗按同槽猪数的总剂量拌在饲料中，让猪自由采食 | 接种后 7 ~ 10d 产生免疫力，免疫期约 6 个月 | |
| 猪肺疫氢氧化铝菌苗 | 死细菌（多杀性巴氏杆菌荚膜型 B 型菌） | 凡健康猪不论大小，一律皮下或肌内注射 5mL | 注射后 14 ~ 21d 产生免疫力，免疫期约 9 个月 | |

（续）

| 名　称 | 性　质 | 用法及用量 | 免疫期限 | 注意事项 |
|---|---|---|---|---|
| 干燥猪肺疫弱毒菌苗 | 致弱细菌（E0-630弱毒菌） | 按瓶签注明的头份数，加入20%氢氧化铝胶生理盐水每头份1mL，充分溶解摇匀后，不论猪大小一律肌内或皮下注射1mL，含活菌约3亿个 | 注射后14d产生免疫力，免疫期约6个月 | |
| 口服猪肺疫弱毒冻干菌苗 | 致弱细菌 | 本菌苗只能用于口服，绝不能注射。使用时将菌苗按标签注明的头份，加入适量生理盐水、冷开水或新鲜井水溶解稀释，猪不论大小，一律以3个亿活菌为口服剂量，混入稍加水拌湿的精饲料中让猪采食 | 口服后7d产生免疫力，免疫期至少6个月 | 稀释后的菌苗一次用完 |
| 猪瘟兔化弱毒疫苗 | 致弱病毒 | 不论猪大小按照规定的稀释倍数一律肌内注射1mL。用于哺乳猪，在生后20d后第一次注射为宜，55～60d作第二次免疫，免疫期8个月左右 | 断奶仔猪免疫期一年半 | 稀释后气温在15℃以下6h用完，15～27℃则应在2h内用完 |
| 猪瘟兔化弱毒细胞培养冻干疫苗 | 致弱病毒 | 不论猪大小按照规定的稀释倍数一律肌内注射1mL。用于哺乳猪，在生后20d后第一次注射为宜，55～60d作第二次免疫，免疫期8个月左右 | 注射后4d产生免疫力，免疫期为一年半 | 同上 |
| 猪瘟—猪丹毒—猪肺疫三联冻干苗 | 致弱病毒，致弱细菌 | 按瓶签标明头份，用20%氢氧化铝胶生理盐水稀释，不论猪的体重和月龄，一律肌内注射1mL。对未断奶或刚断奶仔猪，须在断奶后两个月左右再注射一次 | 注射后14～21d产生免疫力，免疫期对猪瘟为一年，对猪丹毒和猪肺疫为半年 | 稀释后置冷暗处，限4h用完，注苗前一周及注苗后10d，不用抗生素药物 |
| 猪瘟—猪丹毒或猪肺疫二联冻干菌 | 致弱病毒，致弱细菌苗 | 按瓶签标明头份，用20%氢氧化铝胶生理盐水稀释后，不论猪的体重和月龄，一律肌内注射1mL。对未断奶或刚断奶仔猪，须在断奶后两个月左右再注射一次 | 注射后14～21d产生免疫力，免疫期对猪瘟为一年，对猪丹毒和猪肺疫为半年 | |
| 仔猪副伤寒弱毒冻干菌苗 | 致弱细菌 | 生后1个月以上的仔猪均可使用。注射法：按瓶签标明，用20%氢氧化铝胶悬液稀释为每头剂1mL，于猪耳后浅层肌内注射；口服法：按瓶签标明的头份，用冷开水或新鲜井水稀释成每头份5～10mL，均匀拌入少量精料中，让猪自行采食 | | 稀释后的菌苗限4h内用完，用时要随时振摇　注射法有时会出现反应，一般于1～2d自行恢复 |
| 猪链球菌氢氧化铝菌苗 | 死细菌（C群猪链球菌） | 不论大小，一律肌内或皮下注射5mL，浓缩菌苗则注射3mL | 注射后21d产生免疫力，免疫期约6个月 | 2～15℃暗处保存约1年 |

（续）

| 名　称 | 性　质 | 用法及用量 | 免疫期限 | 注意事项 |
|---|---|---|---|---|
| 猪链球菌弱毒菌苗 | 弱毒苗 | 按瓶签说明每头份加入 20%氢氧化铝生理盐水或生理盐水 1mL，肌内或皮下注射 1mL；也可稀释后拌入凉饲料中口服（每头猪 2 亿活菌） | 7d 产生免疫力，免疫期为 6 个月 | 随用随稀释，稀释后限 4h 内用完。接种前 10d 内，不能用抗生素 |
| 猪水疱病猪肾传代细胞弱毒疫苗 | 鼠化致弱病毒 | 不论猪只大小，一律深部肌内注射 2mL | 注射后 3 ~ 5d 产生免疫力，免疫期暂定 6 个月 | 4 ~ 10℃ 保存 1 年 |
| 猪丹毒—猪肺疫氢氧化铝二联菌苗 | 死细菌 | 体重在 10kg 以上的断奶仔猪及成年猪，一律皮下或肌内注射 5mL。10kg 以下或尚未断奶的仔猪，均皮下或肌内注射 3mL，间隔 45d，再注射 3mL | 注射后 14 ~ 21d 产生免疫力，免疫期约 6 个月 | |
| 狂犬病疫苗 | 弱毒或死毒苗 | 腿部或颈部肌内注射 1 ~ 2mL | 免疫期为 1 年 | 2 ~ 10℃ 条件下自脱毒后起可保存 6 个月 |
| 布鲁氏菌猪型二号冻干菌苗 | 致弱细菌 | 饮服或喂服法：猪饮服或喂服两次，每次剂量为 200 亿活菌，间隔 30 ~ 45d注射法：猪皮下注射两次，每次 2mL，含活菌 200 亿，间隔 30 ~ 45d | 猪口服或注射的免疫期暂定为 1 年 | 饮服用冷水，稀释后立即饮用。口服不受怀孕限制；但孕猪不能注射 |
| PRRS 疫苗 | 弱毒冻干苗，蜂胶灭活苗 | 按说明进行注射。一般于配种前，公、母猪每头肌内注射本疫苗 2 头份；18 周龄以内的猪每头肌内注射 1 头份。怀孕母猪只能用蜂胶灭活苗，肌内注射 4mL，隔 3 周，再肌内注射 4mL | | 本疫苗也可用于紧急接种。注意：弱毒苗中的弱毒可通过胎盘感染胎儿 |

# 附录四　猪场常用的免疫程序

　　防重于治，猪场必须加强综合卫生安全措施，给猪只创造舒适的生产生活环境，只有在好的环境下，免疫接种才有实际意义，才有对疫病的抵抗力。推荐常规免疫程序，以供参考。

## 一、种公猪免疫程序

| 免疫时间 | 疫苗种类 | 剂　量 | 方　法 | 备　注 |
| --- | --- | --- | --- | --- |
| 3月，9月 | 丹毒肺疫二联 | 2头份 | 肌内注射 | 间隔1周免疫一种 |
| | 链球菌活疫苗或灭活苗 | 2头份 | 肌内注射 | |
| | 细小病毒灭活苗 | 3mL | 肌内注射 | |
| 3次/年 | 伪狂犬基因缺失活疫苗或灭活苗 | 1～1.5头份 | 肌内注射 | 蓝耳病严重的地区可用活苗 |
| | 猪瘟细胞或组织苗 | 5或2头份 | 肌内注射 | |
| | 蓝耳病灭活苗 | 2头份 | 肌内注射 | |
| 3次/年，4月、7月、10月 | 口蹄疫灭活苗 | 3mL | 肌内注射 | 后海穴 |
| 4月上旬 | 乙脑活疫苗 | 1～1.5头份 | 肌内注射 | |
| 2次/年 | 传染性胸膜肺炎灭活疫苗 | 1～3mL | 肌内注射 | 视猪场情况决定是否免疫 |
| | 副猪嗜血杆菌苗 | 2～3mL | 肌内注射 | |

## 二、后备母猪免疫程序

| 免疫时间 | 疫苗种类 | 剂　量 | 方　法 | 备　注 |
|---|---|---|---|---|
| 配种前 2 个月 | 细小病毒灭活苗 | 2 ～ 3mL | 肌内注射 | 3 周后加强一次 |
| | 乙型脑炎活苗 | 1 ～ 1.5 头份 | 肌内注射 | |
| 配种前 45d | 伪狂犬基因缺失活疫苗或灭活苗 | 1 ～ 2 头份 | 肌内注射 | 3 周后加强一次 |
| 配种前 35d | 蓝耳病活疫苗或灭活苗 | 1 头份 | 肌内注射 | 3 周后加强一次 |
| 配种前 30d | 高效口蹄疫灭活苗 | 3mL | 肌内注射 | 后海穴 |
| 配种前 20d | 猪瘟细胞或组织苗 | 5 或 2 头份 | 肌内注射 | |

## 三、仔猪、母猪免疫程序

| 免疫时间 | 疫苗种类 | 剂　量 | 方　法 | 备　注 |
|---|---|---|---|---|
| 3 日龄 | 伪狂犬病基因缺失活苗 | 滴鼻 0.5 头份 | 肌内注射 | |
| 14 日龄 | 链球菌蜂胶苗 | 1.5 ～ 2mL | 肌内注射 | |
| 20 日龄 | 副嗜血杆菌灭活苗 | 1 头份（或 2mL） | 肌内注射 | |
| 25 日龄 | 猪瘟细胞苗 | 2 ～ 4 头份 | 肌内注射 | （母源抗体小于 1 ∶ 16 的注射 2 头份即可，如果母源抗体大于 1 ∶ 32 要注射 4 头份，用来中和母源抗体） |
| 30 日龄 | 伪狂犬病弱毒苗或灭活苗 | 1 头份（或 1 ～ 2mL） | 肌内注射 | |
| 35 日龄 | 蓝耳病弱毒苗 | 1 头份 | 肌内注射 | |
| 40 日龄 | 副嗜血杆菌灭活苗 猪传染性胸膜肺炎灭活苗 | 1 头份（或 2mL）+ 猪传染性胸膜肺炎灭活苗 0.5 ～ 1mL | 肌内注射 | （进口勃林格，或国产上海海利或哈兽研生产） |
| 45 日龄 | 口蹄疫疫苗 | 1 ～ 2mL | 肌内注射 | |

（续）

| 免疫时间 | 疫苗种类 | 剂 量 | 方 法 | 备 注 |
|---|---|---|---|---|
| 50 日龄 | 丹毒、巴氏杆菌二联活疫苗 | 1mL | 肌内注射 | |
| 55 日龄 | 猪瘟活疫苗 | 2 ～ 4 头份 | 肌内注射 | |
| 60 日龄 | 蓝耳病弱毒苗 1 头份或高致病性蓝耳病疫苗 2mL | 蓝耳病弱毒苗 1 头份或高致病性蓝耳病疫苗 2mL | 肌内注射 | |
| 65 日龄 | 链球菌蜂胶苗或冻干苗（1 头份或口服 4mL/ 头份） | 链球菌蜂胶苗或冻干苗（1 头份或口服 4mL/ 头份） | 肌内注射或口服 | |
| 70 日龄 | 口蹄疫 | 2 ～ 3mL | 肌内注射 | |
| 75 ～ 80 日龄 | 丹毒—巴氏杆菌二联活疫苗 | 1mL | 肌内注射 | |

1. 每年 3 月底 4 月初对乙型脑炎进行防疫，最好 20 ～ 30d 后加强一次。
2. 仔猪于 55 ～ 60 日龄进行一次驱虫，110 ～ 120 日龄再驱虫一次，可根据具体情况选择合适的驱虫药。

## 四、生产母猪免疫程序

| 免疫时间 | 疫苗种类 | 剂　量 | 方　法 | 备　注 |
| --- | --- | --- | --- | --- |
| 4月上旬 | 乙型脑炎活疫苗 | 1 ~ 1.5头份 | 肌内注射 | 五月上旬加强一次 |
| 产前45d | 口蹄疫灭活苗 | 3mL | 肌内注射 | 可后海穴注射 |
| 产前40d | 蓝耳病灭活苗 | 1头份 | 肌内注射 | 建议用山东沈氏蜂胶苗 |
| | 大肠杆菌四价或三价 | 1头份 | | |
| 产前35d | 链球菌活苗或灭活苗 | 按说明用 | 肌内注射 | |
| 产前30d | 伪狂犬基因缺失活疫苗或灭活苗 | 1 ~ 2头份 | 肌内注射 | 建议用进口苗或伪狂净 |
| | 传染性胃肠炎—流行性腹泻二联灭活苗或传染性胃肠炎—流行性腹泻—轮状病毒病三联苗 | 按说明量 | 肌内注射 | |
| 产前25d | 萎缩性鼻炎灭活苗 | 按说明量 | 肌内注射 | |
| 产前20d | 副猪嗜血杆菌苗 | 按说明量 | 肌内注射 | |
| 产前15d | 大肠杆菌四价或三价苗 | 1头份 | 肌内注射 | |
| 产后10d | 细小病毒灭活苗 | 2mL | 肌内注射 | 二胎后可不预防 |
| 产后20 ~ 25d | 猪瘟细胞或组织苗 | | 肌内注射 | 可跟窝防 |
| | 丹毒肺疫二联活苗 | | 肌内注射 | |

　　注意：本程序几乎涵盖了所有疫苗的免疫，实际应用中必须根据本厂的实际情况决定接种哪种疫苗，副猪嗜血杆菌病、传染性胸膜肺炎、萎缩性鼻炎、喘气病、副伤寒等根据污染情况定，商品猪根据情况可不防；建议猪瘟、伪狂犬病、蓝耳病、口蹄疫等根据抗体监测结果决定具体免疫时间；蓝耳病污染严重场全部用活苗免疫，仔猪可超前免疫；蓝耳病相对较平静的场种猪用灭活苗，商品猪用活苗；完全阴性场全部用灭活苗；乙型脑炎疫苗可据季节4月上旬普防，5月上旬加强；抗体免疫力的产生受各种因素的影响，所以要及时监测抗体，对本厂的猪群免疫力情况心中有数。

# 附录五　治疗猪病常用的药物

## 一、抗微生物类药物

| 药　名 | 性状及成分 | 作　用 | 用　途 | 用法及用量 | 备　注 |
|---|---|---|---|---|---|
| 青霉素G钾（钠） | 白色结晶性粉末，易溶于水，性不稳定，遇酸、碱、氧化剂等即迅速失效 | 对革兰氏阳性菌有抗菌作用（低浓度抑菌，高浓度杀菌）。其中对球菌作用更强，对放线菌和螺旋体也有效。本品吸收和排泄较快 | 用于革兰氏阳性菌感染的疾病，如肺炎、猪丹毒、猪链球菌病、炭疽、恶性水肿、坏死杆菌病、乳腺炎、子宫炎和创伤感染等 | 肌内注射：10 000~15 000 I U/kg（体重），每天2~3次，8~12h一次 | 性不稳定，稀释后要及时用完；长期应用易产生抗药性，应选他种抗生素或与磺胺类药物交替应用 |
| 普鲁卡因青霉素钾（钠） | 白色结晶性粉末，每100万I U内含普鲁卡因0.4g，难溶于水 | 作用同上。特点是溶解度小，在体内吸收和排泄较慢，效力缓慢而持久，故在血中能长时间维持较高浓度 | 用于革兰氏阳性菌感染的疾病，如肺炎、猪丹毒、猪链球菌病、炭疽、恶性水肿、坏死杆菌病、乳腺炎、子宫炎和创伤感染等 | 肌内注射：1万~2万I U/kg（体重），每天1~2次 | 本品不可作静脉或体腔内注射 |
| 苄星青霉素G（长效西林） | 白色结晶性粉末，难溶于水，性较稳定 | 作用与青霉素G相同。其特点是吸收、排泄较慢，血中浓度低，但在体内的持续时间长 | 适用对青霉素G适应证的预防与慢性病的治疗 | 肌内注射：10 000~20 000 I U/kg（体重），隔日1次 | 以灭菌蒸馏水配制成悬浮液应用，不能静脉注射 |
| 氨苄青霉素钠（安西比林） | 白色结晶性粉末，可溶于水，性稳定。粉针剂，每瓶0.5g | 为耐酸广谱青霉素，对革兰氏阳性菌与青霉素G的作用相似，对革兰氏阴性菌也有强大的抗菌效能 | 主要用于细菌引起的肺部、肠道、胆道和尿路感染，如仔猪白痢、猪胸膜肺炎和猪副伤寒等症 | 肌内注射：4~15mg/kg（体重）内服：8~20mg/kg（体重） | 本品若与其他种抗生素（如链霉素、庆大霉素）等联合应用疗效更好 |

（续）

| 药　名 | 性状及成分 | 作　用 | 用　途 | 用法及用量 | 备　注 |
|---|---|---|---|---|---|
| 苯唑青（苯甲异噁唑）霉素钠 | 白色结晶性粉末，易溶于水，本品耐酸，故可口服 | 抗菌范围与青霉素G基本相同。其特点是耐青霉素酶，对耐药金黄色葡萄球菌也有效，但药效较弱 | 主要用于耐药金黄色葡萄球菌引起的严重感染 | 肌内注射：10～15mg/kg（体重）内服：15～20mg/kg（体重），均每天2～4次 | |
| 邻氯（邻氯苯甲异噁唑）青霉素钠 | 白色微细结晶性粉末，极易溶于水。本品耐酸，胶囊剂可口服 | 抗菌范围与青霉素G基本相同。其特点是对耐药金黄色葡萄球菌有效 | 主要用于耐药金黄色葡萄球菌引起的严重感染 | 肌内注射：4～10mg/kg（体重）；内服与肌内注射剂量相同 | 同青霉素G |
| 阿莫西林（羟氨苄青霉素） | 白色或类白色结晶性粉末，味微苦，较难溶于水，在乙醇中几乎不溶 | 抗菌谱广，杀菌力强，对主要的革兰氏阳性菌和革兰氏阴性菌有强大杀菌作用。其体外抗菌谱等与氨苄青霉素基本相似，但体内效果则增强2～3倍 | 可用于防治家禽呼吸道感染，对大肠杆菌病、禽霍乱、禽伤寒及其他敏感菌所致的感染也有显著疗效 | 肌内注射：4～7mg/kg（体重），每天2次，内服：10～15mg/kg（体重），每天2次 | 本品不耐青霉素酶，对产生青霉素酶的细菌，特别是对耐药的金黄色葡萄球菌无效 |
| 克拉维酸（棒酸） | 无色针状结晶，易溶于水，水溶液不稳定 | 有微弱的抗菌活性，属于不可逆性竞争型$\beta$-内酰胺酶抑制剂，与酶结合后使酶失活，因而作用强，不仅作用于金黄色葡萄球菌的$\beta$-内酰胺酶，对革兰氏阴性杆菌的$\beta$-内酰胺酶也有作用 | 单独使用无效，常与青霉素类、头孢菌素类药物联合应用以克服微生物产$\beta$-内酰胺酶而引起的耐药性，提高疗效 | 肌内注射：10～15mg/kg（体重），每天2次内服：6～12mg/kg（体重） | 对青霉素等过敏者禁用 |
| 先锋霉素Ⅰ（头孢菌素Ⅰ、头孢噻吩钠） | 白色结晶性粉末，易溶于水 | 为广谱强杀菌剂，对革兰氏阳性菌、阴性菌及螺旋体都有效 | 用于耐青霉素G的金黄色葡萄球菌和一些革兰氏阴性菌引起的感染，如肺部及尿路感染和败血症等 | 肌内注射：10～20mg/kg（体重），每天1～2次 | 本品局部刺激性较强，肌内注射时疼痛明显；超过瓶签上注明的有效期时禁用 |

（续）

| 药　名 | 性状及成分 | 作　用 | 用　途 | 用法及用量 | 备　注 |
|---|---|---|---|---|---|
| 先锋霉素Ⅱ（头孢菌素Ⅱ、头孢利素） | 白色结晶性粉末，能溶于水 | 对革兰氏阳性菌的作用比先锋霉素Ⅰ强，但对耐药性金黄色葡萄球菌的作用不如先锋霉素Ⅰ | 同先锋霉素Ⅰ | 肌内注射：10～20mg/kg（体重），每天1～2次 | 粉针剂，有效期为15年，超过瓶签上注明的有效期时禁用 |
| 头孢噻呋 | 类白色至淡黄色粉末，不溶于水，其钠盐易溶于水，常制成粉针、混悬型注射液 | 抗菌谱广，抗菌活性强，对革兰氏阳性菌、革兰氏阴性菌及一些厌氧菌都有很强的抗菌活性。对多杀性和溶血性巴氏杆菌、大肠杆菌、沙门氏菌、链球菌、葡萄球菌等敏感 | 主要用于耐药金黄色葡萄球菌及某些革兰氏阴性杆菌如大肠杆菌、沙门氏菌、伤寒杆菌、痢疾杆菌等引起的消化道、呼吸道、泌尿生殖道感染等 | 肌内注射：3～5mg/kg（体重），每天1次 | 与氨基糖苷类药物联合使用有增强肾毒性作用 |
| 硫酸链霉素 | 白色无定形粉末，易溶于水，性较稳定，但遇热、酸、醇等时易失效 | 主要对革兰氏阴性菌有强大的杀菌作用，尤其对结核杆菌；对革兰氏阳性菌也有效，对某些放线菌和螺旋体也有效 | 用于各种细菌感染性疾病（特别是对结核病、副伤寒、乳腺炎）及钩端螺旋体病和球虫病等有较好的疗效 | 肌内注射：10mg/kg（体重），每天2次内服：仔猪8～12mg/kg（体重） | 长期大量使用可损害前庭神经和听神经，出现异常姿势、步行不稳和耳聋等症状 |
| 硫酸卡那霉素 | 白色结晶性粉末，有吸湿性，易溶于水，性较稳定 | 为广谱抗生素，对多种革兰氏阳性菌、阴性菌以及结核杆菌有抑制作用 | 主要用于治疗耐青霉素的金黄色葡萄球菌和革兰氏阴性菌引起的严重感染，如呼吸道、肠道和泌尿道感染等 | 肌内注射：10～15mg/kg（体重），每天2次内服：6～12mg/kg（体重） | 本品对肾脏和听神经有毒性作用，用时不能超量，如按常规用药时，毒副作用很少出现 |
| 硫酸庆大霉素（正泰霉素） | 白色粉末，溶于水，水溶液对温度、酸、碱都稳定 | 为广谱抗生素，对多种革兰氏阳性菌（葡萄球菌、链球菌等）有高效，对多数革兰氏阴性菌，尤其是绿脓杆菌和变形杆菌有良好效果 | 主要用于绿脓杆菌、大肠杆菌、葡萄球菌、耐药菌等致的各种感染，如败血症、呼吸道感染、泌尿道感染、化脓性腹炎、关节炎等的治疗 | 肌内注射：1～2mg/kg（体重），每天2次内服：仔猪10～15mg/kg（体重） | 本品有刺激性，注射时宜用0.5%普鲁卡因液稀释；对听神经和肾脏有损害作用，不能超量和长期使用 |

（续）

| 药　名 | 性状及成分 | 作　用 | 用　途 | 用法及用量 | 备　注 |
|---|---|---|---|---|---|
| 硫酸新霉素（弗氏霉素） | 白色或类白色结晶性粉末，易溶于水，性状稳定 | 为广谱抗生素，抗菌作用与卡那霉素相近；内服后很少吸收，在肠道内呈现抗菌作用 | 主要用于治疗仔猪大肠杆菌病等肠炎；外用0.5%软膏或水溶液，可治疗皮肤、创伤、眼和耳等的感染 | 内服：仔猪50～75mg/kg（体重）每天一次<br>软膏：外用 | 本品吸收后对肾脏和耳的毒性较大，并可抑制呼吸，故不宜用于注射 |
| 大观霉素（壮观霉素） | 为白色或类白色结晶性粉末，易溶于水，常制成可溶性粉、预混剂 | 对大肠杆菌、沙门氏菌、变形杆菌等革兰氏阴性菌有中度抑制作用，对化脓链球菌、肺炎球菌、表皮葡萄球菌敏感，对铜绿假单胞菌不敏感，对支原体亦有一定作用 | 主要用于防治大肠杆菌病，常与林可霉素联合用于防治仔猪腹泻、猪的支原体性肺炎 | 内服：20～40mg/kg（体重），每天2次 | 本品肾毒性和耳毒性较轻，但神经肌肉传导阻滞作用明显，不可静脉注射 |
| 硫酸阿米卡星（丁胺卡那霉素） | 为白色或类白色结晶性粉末，几乎无臭，无味，极易溶解于水，常制成粉针、注射液 | 其作用、抗菌谱与庆大霉素相似，对庆大霉素、卡那霉素耐药的铜绿假单胞菌、大肠杆菌、变形杆菌等仍有效，对金黄色葡萄球菌亦有较好作用 | 主要用于治疗耐药菌引起的菌血症、败血症、呼吸道感染、腹膜炎及敏感菌引起的各种感染等 | 肌内注射：5～7.5mg/kg（体重），每天2次 | 不能直接静脉推注，易引起神经肌肉导阻滞及呼吸抑制 |
| 红霉素 | 白色或黄白色粉末，有吸湿性，微溶于水；注射用红霉素乳糖酸盐则易溶于水 | 作用较青霉素广泛，对革兰氏阳性菌(如葡萄球菌、链球菌、猪丹毒杆菌)有强大的抑制作用，对阴性菌(如巴氏杆菌)、立克次氏体、肺炎支原体等也有效 | 除适用于对青霉素有感受性的所有适应症外，并对耐药性菌株所致的疾病如肺炎、子宫内膜炎和败血症等有良好疗效 | 静脉注射：5～10mg/kg（体重），每天2次<br>内服：25～50mg/kg（体重），仔猪可分为4次服用 | 粉针剂不能用生理盐水等无机盐类的溶液溶解，防止其沉淀；乳糖酸盐刺激性较大，应多点注射 |
| 泰乐霉素（泰乐菌素） | 为白色板状结晶，微溶于水；酒石酸盐为白色或微黄色粉末，易溶水 | 主要对革兰氏阳性菌和一些阴性菌、螺旋体，特别是对支原体有较好效果 | 用于各敏感菌所致的各种感染，如猪痢疾、肠炎、肺炎、乳腺炎、子宫炎、螺旋体病和猪肺炎支原体病等 | 泰乐霉素(泰乐菌素) | 为白色板状结晶，微溶于水；酒石酸盐为白色或微黄色粉末，易溶水 |

（续）

| 药　名 | 性状及成分 | 作　用 | 用　途 | 用法及用量 | 备　注 |
|---|---|---|---|---|---|
| 白霉素（柱晶白霉素、北里霉素） | 白色乃至淡黄白色结晶粉末，有吸湿性，微溶于水，性稳定 | 抗菌谱与红霉素相似，对革兰氏阳性菌和某些阴性菌、支原体、立克次氏体、螺旋体等有效；对耐药性金黄色葡萄球菌比红霉素、氯霉素及四环素更有效 | 主要用于革兰氏阳性菌，特别是金黄色葡萄球菌引起的感染 | 内服：仔猪10～20mg/kg（体重），每天2次；肌内或皮下注射：5～25mg/kg（体重） | 粉针剂，临用前用注射用水溶解后使用 |
| 螺旋霉素 | 为白色至淡黄色粉末，味苦，微溶于水，性稳定 | 主要对革兰氏阳性菌和一些阴性菌、立克次体、衣原体、螺旋体和支原体等有抗菌作用，尤其对肺炎球菌、链球菌效力更佳 | 用于各种敏感菌所致的各种感染，如肺炎、链球菌病等 | 肌内注射：10～50mg/kg（体重），每天1次 | |
| 替米考星 | 白色粉末，不溶于水，其磷酸盐在水中溶解，常制成可溶性粉、注射剂、预混剂 | 畜禽专用抗生素，抗菌谱与泰乐菌素相似，对革兰氏阳性菌、少数革兰氏阴性菌、支原体、螺旋体等均有抑制作用。对胸膜肺炎放线杆菌、巴氏杆菌及畜禽支原体具有比泰乐菌素更强的抗菌活性 | 本品用于防治由胸膜肺炎放线杆菌、巴氏杆菌、支原体等感染引起肺炎 | 皮下注射：10～20mg/kg（体重），每天1次；混饲：每吨饲料，猪200～400g，连用15d | 本品与肾上腺素合用可增加猪死亡 |
| 盐酸土霉素（盐酸氧四环素） | 为黄色结晶性粉末，易溶于水 | 本品广谱抗菌素，对革兰氏阳性菌、阴性菌都有抗菌作用；对衣原体、支原体、立克次体、螺旋体、放线菌和某些原虫也有抑制作用 | 主要用于治疗仔猪副伤寒、出血性败血症、猪气喘病、细菌性肠炎、子宫炎以及青霉素治疗无效的急性呼吸道感染等 | 肌内注射：7～15mg/kg（体重），每天1次；内服：20～50mg/kg（体重） | 本品的刺激性强，肌内注射时须用专用溶媒（由5%氯化镁和1%普鲁卡因组成）制成5%溶液 |
| 盐酸四环素 | 为黄色结晶性粉末，可溶于水 | 抗菌范围与盐酸土霉素相同 | 主要用于治疗某些革兰氏阳性菌和阴性菌引起的感染，如肺炎、出血性败血症、子宫炎和钩端螺旋体病等 | 肌内注射：7～15mg/kg（体重）；内服：20～50mg/kg（体重） | |

（续）

| 药　名 | 性状及成分 | 作　用 | 用　途 | 用法及用量 | 备　注 |
|---|---|---|---|---|---|
| 强力霉素（脱氧土霉素） | 黄色结晶粉末，易溶于水，性不稳定 | 抗菌谱与土霉素基本相同，但作用较强 | 用于细菌性疾病，原虫病、螺旋体病的治疗，特别是对布鲁氏菌病疗效更高，对呼吸系统和泌尿系统感染性疾病疗效尤高 | 静脉注射：2～4mg/kg（体重），每天2次，内服：仔猪3～10mg/kg（体重） | 临用时现配，注射速度要缓慢 |
| 盐酸金霉素（盐酸氯四环素） | 为金黄色结晶性粉末，略溶于水 | 抗菌范围与盐酸土霉素相同 | 临床上多用其胶囊剂治疗仔猪副伤寒、仔猪白痢和猪肠炎等，也常塞入子宫内预防或治疗产后感染 | 内服：20～50mg/kg（体重）子宫内塞入量：0.5g | |
| 甲砜霉素（硫霉素） | 白色结晶粉末，可溶于水，性不稳定 | 对革兰氏阴性球菌、杆菌有强大的抑制作用，对原虫、立克次体和病毒有一定抑制作用，对沙门氏菌最有效 | 常用于肠道、泌尿道系统感染性疾病，如仔猪副伤寒、巴氏杆菌病、仔猪白痢和仔猪肺炎等 | 内服：30～40mg/kg（体重），每天2次 | 如使用其他抗生素疗效不高时，再选用此药 |
| 氟苯尼考（氟甲砜霉素） | 白色或类白色结晶性粉末，无臭，水中极微溶解，常制成粉剂、溶液、预混剂、注射液 | 动物专用广谱抗生素，抗菌作用与甲砜霉素相似，抗菌活性优于甲砜霉素。对革兰氏阳性菌、阴性菌均有效 | 主要用于敏感细菌所致的牛、猪的细菌性疾病，如猪传染性胸膜肺炎、黄痢、白痢等 | 肌内注射：20mg/kg（体重），每天2次内服：20～30mg/kg（体重），每天2次 | 不引起骨髓抑制或再生障碍性贫血，但有胚胎毒性，妊娠动物禁用 |
| 盐酸洁霉素（盐酸林可霉素） | 白色结晶粉末，无臭或微臭，易溶于水，性稳定 | 抗菌范围与红霉素相近，对革兰氏阳性菌作用强，对支原体也有效，但不及红霉素 | 本品特别是适用于耐青霉素、红霉素株的感染或者对青霉素过敏的病猪、对猪痢疾和弓形虫也有高效 | 静脉注射：10～20mg/kg（体重）肌内注射：20mg/kg（体重）内服：30mg/kg（体重） | 肌内注射时疼痛，对有肾功能障碍的病猪应减少剂量 |
| 克林霉素（氯林可霉素） | 白色结晶粉末，昧苦，易溶于水 | 抗菌谱与洁霉素相似，但抗菌作用强，对青霉素、洁霉素，有耐药性的细菌也有效，对革兰氏阴性菌的作用较洁霉素强 | 用于革兰氏阳性菌引起的感染，特别是适用于耐青霉素、红霉素菌株的感染，及对青霉素过敏的病猪；对猪痢疾有高效 | 肌内注射：10～15mg/kg（体重），每天1次内服：10mg/kg（体重） | |

（续）

| 药　名 | 性状及成分 | 作　用 | 用　途 | 用法及用量 | 备　注 |
|---|---|---|---|---|---|
| 硫酸多黏菌素（硫酸抗敌素） | 白色结晶性粉末，易溶于水 | 对多种革兰氏阴性菌（如绿脓杆菌，大肠杆菌、志贺氏菌等）有抗菌作用 | 主要用于绿脓杆菌、大肠杆菌等所起的各种感染如败血症、呼吸道感染等 | 内服：仔猪20～40mg/kg（体重），每天2次 | 因有刺激性，注射前可用1％普鲁卡因注射液溶解后，立即使用 |
| 杆菌肽 | 为白色或淡黄色粉末，味苦，有特异的臭味，有吸湿性，易溶于水，内服几乎不被吸收 | 抗菌范围与青霉素相似，但耐酶、耐酸，对各种革兰氏阳性菌有杀菌作用，对少数革兰氏阴性菌、螺旋体、放线菌也有效，对耐药性的金黄色葡萄球菌也有很强的抗菌作用 | 临床上常与链霉素和新霉素等合用治疗各种敏感菌所致的各种疾患，如猪的细菌性下痢、败血症、肺炎等。外用可治疗皮肤病、黏膜和伤口的感染 | 内服：每天5万～10万单位，分2次服用<br>软膏、眼膏：适应外用 | 水溶液宜低温保存，3日内用完；肌内注射对肾脏有一定的损伤作用 |
| 泰妙菌素 | 白色或类白色结晶粉末，在甲醇或乙醇中易溶，溶于水 | 主要抗革兰氏阳性菌，对金黄色葡萄球菌、链球菌、支原体、猪胸膜肺炎放线杆菌、猪密螺旋体痢疾等有较强的抑制作用，对支原体的作用强于大环内酯类（例如泰乐菌素）。对革兰氏阴性菌尤其是肠道菌作用较弱 | 主要用于防治猪支原体肺炎（气喘病）、放线菌性胸膜肺炎和密螺旋体性痢疾等 | 混饲：每吨饲料，猪40～100g，连用15d | 禁止本品与聚醚类抗生素合用 |
| 黄连素（小檗碱） | 为黄色结晶性粉末，微溶于水，可溶于热水 | 抗菌范围广，对多数革兰氏阳性菌、阴性菌都有抑制作用，对某些皮肤真菌、钩端螺旋体及阿米巴原虫也有抑制作用 | 主要用于治疗细菌性肠炎、猪痢疾、仔猪白痢和副伤寒等 | 肌内注射：0.05～0.1g每天1次<br>内服：0.5～1g | |
| 萘啶酸 | 近白色或黄色结晶粉末，不溶于水 | 本品为抗革兰氏阴性菌的药物，尤其对大肠杆菌最有效，对大部分变形杆菌及沙门氏菌等也有效；易引起耐药性，不宜作为首选药物 | 本药主要通过尿排泄，故多用于治疗大肠杆菌和变形杆菌等引起的尿路感染 | 内服：12～25mg/kg（体重），每天2～4次 | 本药血中浓度较低，不宜作全身治疗；肝肾功能差及孕猪慎用 |

附录五　治疗猪病常用的药物

| 药　名 | 性状及成分 | 作　用 | 用　途 | 用法及用量 | 备　注 |
|---|---|---|---|---|---|
| 乌洛托品（优洛托品、六亚甲基四胺） | 为白色结晶性粉末，易溶于水，水溶液呈碱性反应 | 本品由肾脏排泄，在酸性尿中分解出甲醛而呈现尿道防腐作用；能打开血脑屏障，使抗菌素进入到脑脊液 | 用于磺胺、抗生素疗效不良的尿路感染，如膀胱炎、肾盂炎和尿道炎；与抗菌素配合治疗破伤风、脑炎等 | 静脉注射：2～5g，每天1～2次　内服：2～5g，每天3～4次 | 本药亦可与水扬酸类药物一起治疗猪风湿症 |
| 痢菌净（MAQO） | 为鲜黄色结晶或黄色粉末，可溶于水 | 对肠道的各种革兰氏阳性菌和阴性菌均有较好的作用 | 多用于治疗猪痢疾、仔猪白痢和猪的各种肠炎、腹泻 | 肌内注射或内服：2.5～5mg/kg（体重），每天2次，连用3d | 配成0.5%水溶液内服或灭菌后肌内注射 |
| 喹乙醇 | 为黄色结晶粉粉，可溶于热水，微溶于冷水 | 抗菌作用较强，对巴氏杆菌病效果好，费用低，效果好 | 用于猪的流行腹泻效果好，如庆大霉素不能治好时，用本药可解决问题 | 内服：拌入饲料应用，每50kg用本药100g，要彻底拌匀才能喂猪 | 可结合用0.5%盐水，每天2次，喂猪饮用，提高本药治病效果，连用3～5d |
| 两性霉素B | 白色结晶粉末，难溶于水，性稳定 | 对多种真菌如白色念珠菌、烟曲霉、链球菌等有强大的抑制或杀灭作用 | 用于防治由长期服用广谱抗生素（四环素类）所引起的真菌感染 | 内服：0.1mg/kg（体重）每天1次　静脉注射：0.125～0.5mg/kg（体重），隔天1次 | 将该药溶于5%葡萄糖液中作静脉滴注，滴速要缓慢，并注意病猪的反应 |
| 灰黄霉素 | 白色微细粉末，微溶于水 | 对猪体表真菌（如猪的毛癣菌）有抑杀作用 | 主要用于治疗和预防皮肤、角质层的真菌感染，如钱癣等 | 内服：10～20mg/kg（体重），每天1次 | 本药局部用无效，主要供内服 |
| 克霉唑 | 白色结晶，难溶于水 | 为广谱抗真菌的抗生素，对念珠菌、霉曲菌、皮肤癣菌等均有良好作用 | 主要用于治疗各种深部真菌病如肺、胃肠炎、泌尿道感染及败血症等 | 内服：20～60mg/kg（体重） | |

（续）

| 药 名 | 性状及成分 | 作 用 | 用 途 | 用法及用量 | 备 注 |
|---|---|---|---|---|---|
| 制霉菌素 | 微黄色或棕黄色粉末，微溶于水，性不稳定 | 对多种真菌如白色念珠菌、烟曲霉、隐球菌等有强大的抑制或杀灭作用 | 用于防治由长期服用广谱抗生素所引起的真菌感染 | 内服：1.5～2.5万单位/kg（体重），每天2次 | |
| 磺胺（氨苯磺胺、外用消炎粉、SN） | 白色或黄白色结晶性粉末，易溶于碱性溶液中 | 干扰二氢叶酸合成酶，抑制核酸合成，从而对多种革兰氏阳性菌（链球菌、葡萄球菌等）及阴性菌有强大的抑制作用 | 主要治疗创伤感染，用于多种细菌感染症 | 外用：清洗创伤后直接撒布，或配成10%软膏涂布 | 毒性较大，不能内服 |
| 磺胺嘧啶（磺胺哒嗪、SD） | 白色或黄白色结晶性粉末，易溶于碱性溶液中，性较稳定 | 抑菌作用与磺胺相似，毒性小，易吸收，蛋白结合率低，排泄慢，维持的时间长，是常用的磺胺药 | 主要应用于全身性感染，特别是本药能进入脑脊液，故是脑部细菌感染和脑炎的首选药物，也常用于治疗弓形虫病 | 肌内注射：70mg/kg（体重），每天2次；内服：100mg/kg（体重），每天2次 | 首次用量加倍，内服时最好同服等量碳酸氢钠，以防止肾脏的损伤 |
| 磺胺二甲嘧啶（SM₂） | 无色或白色透明溶液，常用10%溶液，性较稳定 | 抑菌作用强，毒性小，吸收快，排泄慢，为磺胺类药物中疗效较高的药物，多用于仔猪的感染性疾病 | 多用于全身性感染 | 肌内注射：70mg/kg（体重）内服：0.2g/kg（体重），均每天2次 | 首次用量加倍，重剧感染或为提高疗效时还可静脉注射 |
| 磺胺二甲异噁唑（菌得清、净尿磺、SIZ） | 白色乃至黄白色结晶性粉末，可溶于水，性较稳定 | 抗菌作用比磺胺嘧啶强，毒性小，吸收快，蛋白结合率低，乙酰化亦低，在碱性中仍保持较高的溶解度，不易析出结晶 | 适用于磺胺类药物的所有适应证，尤其对泌尿系统的疾病的疗效更好 | 肌内注射：0.1g/kg（体重）内服：70mg/kg（体重）以上，均每天2次 | 首次用量宜加倍，如与增效剂TMP并用则疗效更高 |
| 磺胺甲基异噁唑（新诺明、新明磺、SMZ） | 白色或黄白色结晶性粉末，可溶于水，易溶于碱性溶液中，性稳定 | 与磺胺异噁唑相似，但其排泄较慢，结晶尿、血尿等毒性反应比磺胺二甲异噁唑多见 | 主要用于呼吸系统和泌尿系统的各种感染性疾病 | 内服：70～100mg/kg（体重），每天2次 | 首次用量宜加倍，如与甲氧苄氨嘧啶（TMP）并用，则疗效会更高 |

（续）

| 药　名 | 性状及成分 | 作　用 | 用　途 | 用法及用量 | 备　注 |
|---|---|---|---|---|---|
| 磺胺甲基唑（SMZ） | 白色结晶性粉末，微溶于水 | 抗菌作用较磺胺甲基异噁唑弱，体内乙酰化率低，吸收快，排泄慢 | 适应于所有磺胺适应证的治疗 | 内服：0.1g/kg（体重），每天1次 | 首次用量加倍 |
| 磺胺对甲氧嘧啶（长效磺胺、消炎磺、SMD） | 白色乃至黄白色结晶性粉末，可溶于水，易溶于碱性溶液中，性稳定 | 与磺胺嘧啶相似，但血浆蛋白结合率高，乙酰化率很低，因而是在体液中有效浓度持续时间最好的一种长效制剂 | 可用于全身或局部感染的所有磺胺适应证，特别对泌尿系统、呼吸系统感染，对弓形虫病、球虫病疗效更好 | 内服：15～20mg/kg（体重），每天1次 | 首次用量宜加倍，如与增效剂TMP并用则疗效会更高 |
| 酞磺胺噻唑（羧苯甲酰磺胺噻唑、PST） | 白色或黄白色结晶性粉末，不溶于水，易溶于氢氧化钠液 | 内服后，比磺胺脒更不易吸收并在肠道内逐渐释放磺胺噻唑而呈现抑菌作用 | 用于肠道感染的预防和治疗，还可用于肠道手术前后的预防感染 | 内服：0.1～0.2g/kg（体重），分2次内服 | |
| 磺胺嘧啶银（烧伤宁、SD-Ag） | 白色或淡黄色针状结晶，难溶于水，多制成2%软膏 | 对多种革兰氏阴性菌和阳性菌都有良好的抑制作用，对绿脓杆菌也有强大的抗菌作用，在血中很快失去作用 | 用于烧、烫伤而引起的外伤感染 | 外用：2%乳膏患部涂擦 | |
| 磺胺脒（磺胺胍、SM、SG） | 白色或黄色结晶性粉末，微溶于水 | 内服后，难于吸收，在胃肠道停留时间长，可持续产生作用 | 用于肠道感染如急慢性菌痢和肠炎、仔猪白痢等 | 内服：0.1～0.2g/kg（体重），每天2～3次 | 内服如与增效剂（TMP）并用可增强疗效 |
| 琥珀酰磺胺噻唑（琥磺噻唑SST） | 白色结晶性粉末，几乎不溶于水 | 与SG相似，在肠内吸收少，可长时间地保持有效浓度 | 用于肠道感染如各种细菌性下痢，副伤寒、仔猪白痢等 | 内服：0.1～0.3g/kg（体重），每天2次 | 如与增效剂（DVD）并用，可增强疗效 |
| 磺胺二甲氧嘧啶（周效磺胺、SDM | 白色乃至黄白色结晶性粉末，可溶于水，性稳定 | 作用与甲氧苄嘧啶相似，仅与血浆蛋白结合率高，乙酰化率及葡萄糖醛酸结合率都很低，为此，在体内能保持较长时间 | 用于慢性疾病或病情不太严重的所有磺胺适应证的治疗 | 内服：25mg/kg（体重），每天或隔天1次 | 内服如与增效剂（TMP）并用，可增强疗效 |

（续）

| 药 名 | 性状及成分 | 作 用 | 用 途 | 用法及用量 | 备 注 |
|---|---|---|---|---|---|
| 制菌磺（磺胺间甲氧嘧啶、SMM） | 为水针剂（钠盐），每支10mL、20mL | 抗菌作用与磺胺甲基异噁唑相同，副作用小，但维持时间较短 | 本品对弓形虫病、猪水肿病和球虫病有较好的疗效，也可用于其他感染性疾病 | 肌内注射或静脉注射：0.1g/kg（体重）内服：初次0.2g，维持量为0.1g | |
| 消炎磺（磺胺对甲氧嘧啶、SMD） | 片剂，每片为0.5g | 疗效较磺胺间二甲氧嘧啶稍差，但其副作用小，若与氧苄胺嘧啶合用，抗菌作用显著增加 | 本品对泌尿道感染的疗效较好，也可用于治疗呼吸道、皮肤和软组织的感染 | 内服：0.1g/kg（体重），初量用0.2g，维持量用0.1g | |
| 甲氧苄氨嘧啶（三甲氧苄氨嘧啶、TMP） | 白色或微黄色粉末，微溶于水，性较稳定 | 干扰菌体叶酸代谢，抑制细菌生长繁殖，对多种革兰氏阳性和阴性菌具有强大的抑制作用 | 适用于各种磺胺适应证，如与磺胺药联合应用，作用可增强数倍至数十倍，并呈现强大的杀菌作用 | 静脉注射：每天2次，25mg/kg（体重）内服：0.025mg/kg（体重），以上均每天2次 | 还常与其他抗菌药合并应用，以增强疗效（按1∶5配合应用） |
| 二甲氧苄氨嘧啶（敌菌净、DVD） | 白色乃至黄白色结晶性粉末，微溶于水 | 干扰菌体叶酸代谢，抑制细菌的生长繁殖，对多种革兰氏阴性菌具有强大的抑制作用 | 本品内服吸收少，肠道浓度高，作为胃肠道抗菌增效剂比甲氧苄氨嘧啶好，常用于治疗猪白痢等肠道疾病 | 内服：25mg/kg（体重），每天2次 | |
| 环丙沙星 | 白色或微黄色结晶性粉末，均易溶于水，常制成可溶性粉、注射液、预混剂 | 广谱杀菌药，抗菌活性是喹诺酮类中最强一种作用于革兰氏阴性菌的抗菌药物，对革兰氏阳性菌、支原体、厌氧菌的作用也较强 | 主要用于畜禽细菌性疾病及支原体感染，如大肠杆菌病、葡萄球菌病、仔猪黄痢、仔猪白痢等 | 肌内注射：2.5mg/kg（体重），每天2次静脉注射：2mg/kg（体重），每天1～2次内服：5～15mg/kg（体重） | 与氨基糖苷类抗生素、磺胺类药物合用有协同作用，但增加肾毒性作用，仅限于重症及耐药时应用 |

（续）

| 药　名 | 性状及成分 | 作　用 | 用　途 | 用法及用量 | 备　注 |
|---|---|---|---|---|---|
| 恩诺沙星 | 黄色或淡橙黄色结晶性粉末，无臭，味微苦，微溶于水 | 本品为动物专用广谱杀菌药，对支原体有效特，耐泰乐菌素或泰妙菌素的支原体本品也有效，对由厌氧菌、寄生虫、霉菌等引起的感染无效 | 主要用于敏感菌及支原体引起的消化、呼吸、泌尿生殖系统及皮肤软组织的感染，如仔猪黄痢、仔猪白痢、猪水肿病、仔猪副伤寒、猪萎缩性鼻炎、猪气喘病、子宫炎、猪的链球菌病等疾病 | 肌内注射：2.5mg/kg（体重），每天2次<br>内服：2.5～5mg/kg（体重），每天1～2次 | 本品临床应用可影响幼龄动物关节软骨发育 |
| 二氟沙星 | 类白色或淡黄色结晶性粉末，无臭，味微苦，微溶于水，常制成粉剂、溶液、片剂、注射液 | 抗菌谱与恩诺沙星相似，抗菌活性略低，对猪呼吸道致病菌有良好的活性，尤其对葡萄球菌的活性较强，对多数厌氧菌也有抑制作用 | 主要用于敏感菌所致的消化系统、呼吸系统、泌尿系统感染及支原体感染，尤其对仔猪红痢、黄痢、白痢有特效 | 肌内注射：5mg/kg（体重），每天2次<br>内服：5～10mg/kg（体重），每天1～2次 | 本品较高剂量使用时偶尔出现结晶尿 |
| 沙拉沙星 | 类白色或淡黄色结晶性粉末，无臭，味微苦，不溶于水，常制成可溶性粉、溶液、注射液、片剂 | 抗菌谱与恩诺沙星相似，在猪体内对链球菌、大肠杆菌有较长抗菌药后效应 | 主要用于防治猪的大肠杆菌、沙门氏菌、支原体、链球菌、葡萄球菌等敏感菌所致的感染性疾病 | 肌内注射：2.5～5mg/kg（体重），每天2次<br>内服：5～10mg/kg（体重），每天1～2次 | 本品内服、肌内注射吸收较好，组织中药物浓度常超过血药浓度，无残留 |
| 马波沙星（马保沙星） | 淡黄色结晶性粉末，动物专用抗菌药，常制成注射液、片剂 | 抗菌谱与恩诺沙星和环丙沙星相当，对大肠杆菌、多杀性巴氏杆菌、铜绿假单胞菌、金黄色葡萄球菌等革兰氏阴性菌、革兰氏阳性菌及支原体均有较好的抗菌作用 | 主要用于治疗敏感菌所致的猪呼吸道、消化道、泌尿道及皮肤等感染 | 肌内注射：2mg/kg（体重），每天1次<br>内服：2mg/kg（体重），每天1次 | 本品内服、肌内注射吸收较好，组织中药物浓度常超过血药浓度，无残留 |

## 二、抗寄生虫类药物

| 药　名 | 性状及成分 | 作　用 | 用　途 | 用法及用量 | 备　注 |
|---|---|---|---|---|---|
| 盐酸左旋咪唑(盐酸左咪唑) | 白色针状结晶或结晶性粉末，易溶于水，较稳定 | 为广谱驱线虫药，作用较噻苯咪唑大2倍，对病猪消化道和呼吸道大多数线虫都有效 | 用于驱除猪体内的各种线虫、肺丝虫、类圆线虫、肠结节虫，拌饲料或饮水用 | 肌内注射：5～6mg/kg(体重)　内服：8～10mg/kg(体重) | |
| 噻吩嘧啶(抗虫灵) | 本品的酒石酸盐和双羟萘酸盐均呈淡黄色粉末，前者易溶水而后者则不溶于水 | 为广谱驱虫药，能增强胆碱酯酶活性，阻断虫体神经肌肉传导，进而使虫体麻痹死亡，对多种消化道线虫效 | 适用于驱除各种线虫，特别是消化道线虫；但对呼吸道的线虫无效。双羟萘酸盐在肠道内吸收少，在肠道内作用时间长 | 内服：12.5～40mg/kg(体重) | 本品因对光线敏感，光照易变质，故应避免日光久晒，使用时一定要现配现用 |
| 噻苯咪唑(噻苯哒唑、噻苯唑) | 白色乃至淡黄色结晶性粉末，微溶于水，性较稳定 | 为广谱驱线虫药，对蛔虫，肺丝虫、猪肾虫有良效，对旋毛虫也有一定的杀虫作用 | 用于驱除猪体内的各种线虫 | 内服：50mg/kg(体重) | |
| 丙硫咪唑(丙硫苯咪唑、抗蠕灵) | 白色结晶性粉末，不溶于水 | 为广谱驱虫药，对肠道内的线虫、绦虫均有驱除作用，并有抑制虫体产卵的作用 | 用于驱除猪的蛔虫、食道口线虫，以及绦虫、类圆线虫等，对猪囊虫也有一定疗效 | 内服：10～20mg/kg(体重) | 治疗囊虫病时可加大剂量，50mg/kg(体重) |
| 驱蛔灵(哌嗪、哌哔嗪) | 本品的枸橼酸盐和磷酸盐均为白色结晶性粉末，但前者溶于水，而后者略溶水 | 本药对蛔虫有强大的驱虫作用，但对其他线虫的效果差，甚至没有明显的作用 | 常用于猪蛔虫病的治疗或预防猪蛔虫的感染；亦可用于猪的肠结节虫病 | 内服：枸橼酸哌嗪0.3g/kg(体重)；磷酸哌嗪0.25g/kg(体重) | |
| 吩噻嗪(硫化二苯胺) | 淡黄或绿色有光泽的粉末，难溶于有机溶剂 | 本品作用于虫体内的巯基酶，抑制其酶系统，使虫体麻痹而死亡，其作用缓而持久 | 用于驱除猪肠道内的线虫，结节虫等 | 内服：20～50mg/kg(体重)，每天1次 | 多配制成5%溶液与少量的盐酸(0.1%)混服疗效更好 |

（续）

| 药　名 | 性状及成分 | 作　用 | 用　途 | 用法及用量 | 备　注 |
|---|---|---|---|---|---|
| 吡喹酮（环吡异喹酮） | 无色结晶，有苦味，略溶于水 | 为高效驱绦虫药，能使虫体失活或收缩，麻痹，最后使虫体脱离寄生部位，从肠道排出 | 常用于驱除各种血吸虫、肺吸虫和绦虫，也常用于猪囊虫病的治疗 | 内服：50mg/kg（体重）肌内注射：50mg/kg（体重） | 肌内注射时将药用5倍量的液体石蜡配成悬液，每天1次，连用2d |
| 硫双二氯酚（别丁） | 黄白色粉末，难溶于水，易溶于乙醇 | 本品能抑制虫体代谢，使其先兴奋继而麻痹死亡 | 用于肝片吸虫、双吸虫及各种绦虫、肺吸虫病等的治疗 | 内服：75～100mg/kg（体重） | 应用剂量大时可出现排稀便等症状 |
| 新肿凡纳明（九一四） | 黄色粉末或颗粒，易溶于水，性不稳定，有强烈的刺激性 | 本药可作用于虫体的巯基酶，影响代谢，致使虫体麻痹 | 用于锥虫、猪肺疫及螺旋体病的治疗 | 静脉注射：10mg/kg（体重），每天1次 | 本品的毒性大，用量不宜过大，静脉滴注，勿漏出血管外，以免引起组织坏死 |
| 贝尼尔（血虫净） | 黄色或金黄色结晶或粉末，味微苦，易溶于水 | 本品能抑制锥虫DNA的合成，从而阻断锥虫的体内代谢，而抑制其生长繁殖 | 用于猪梨形虫、锥虫和边缘边虫的治疗 | 肌内注射：5～7mg/kg（体重），用5%葡萄糖盐水稀释后注射 | 注射局部出现肿胀，一般经10d左右消失 |
| 锥黄素（黄色素） | 橙红色或红棕色粉末，易溶于水，性不太稳定，有刺激性 | 本品能影响梨形虫虫体代谢，麻痹虫体，作用时间较长，对革兰氏阳性菌也有抗菌作用 | 用于猪的梨形虫病和一些细菌性疾病的辅助药 | 静脉注射：5mg/kg（体重），如需重复注射则应间隔1～2d | 用生理盐水配成1%溶液静脉注射，勿漏血管外，速度要慢 |
| 敌百虫 | 白色或黄色粉末，易溶于水和酒精，性不稳定，在水中可分解失效 | 本品为广谱杀虫与驱虫药，能抑制虫体胆碱酯酶的活性，使虫体兴奋，继而麻痹死亡 | 用于驱除体内各种寄生虫如蛔虫、线虫等，杀灭体外寄生虫，如疥螨、虱子、蜱类及蚊、蝇等 | 内服：每天1次，每次猪80～100mg/kg（体重）外用：2%溶液涂擦患部 | 用量过大时易引起病猪中毒，出现腹痛、腹泻、流涎和兴奋不安等症状 |
| 哈乐松 | 白色或黄白色粉末，难溶于水，可溶于有机溶媒和油中 | 本品可抑制胆碱酯酶活性，使虫体由兴奋而麻痹死亡，毒性较小 | 用于驱除体内各种寄生虫 | 内服：40～50mg/kg（体重），每天1次 | 本品为一种毒性较小的有机磷制剂广谱驱虫药 |

（续）

| 药 名 | 性状及成分 | 作 用 | 用 途 | 用法及用量 | 备 注 |
|---|---|---|---|---|---|
| 新球虫灵钾（钠） | 白色粉末，含长效磺胺（SMD）3份和增效剂1份的复方制剂，几乎不溶于水 | 本品能双重阻断细菌的叶酸合成机能，从而大大提高其抗菌作用，是一种广谱的抗球虫和抗菌新药剂 | 适用于各种球虫病、弓浆虫病、仔猪黄痢、仔猪白痢、肠炎、霍乱、伤寒等 | 内服：30～50mg/kg（体重），每天1～2次 | 药物应在使用前混入饲料，并应避光保存，防止药物氧化分解 |

## 三、作用于循环系统的药物

| 药 名 | 性状及成分 | 作 用 | 用 途 | 用法及用量 | 备 注 |
|---|---|---|---|---|---|
| 安钠咖（苯加酸钠咖啡因） | 白色粉末，易溶于水，为咖啡因与苯甲酸钠等量混合物 | 直接兴奋大脑皮层及延髓的呼吸及血管运动中枢，增强心肌收缩，改善血液循环，提高肾功能而显现强心、利尿和中枢兴奋作用 | 作为强心剂治疗各种疾病引起的急性心力衰竭；用于感染、中毒等引起的呼吸衰竭；镇静药、麻醉药和镇痛药等引起的呼吸抑制 | 皮下或肌内注射：猪0.5～2g 静脉注射：0.4～0.7g 内服：1～2g | |
| 樟脑磺酸钠 | 白色结晶或结晶性粉末，易溶于水 | 兴奋延脑中枢，改善心肌代谢，有良好的强心作用，时间短，奏效快 | 用于各种原因引起的急性心脏衰竭和呼吸功能减弱性疾病的治疗 | 肌内注射或静脉注射10%的注射液5～10mL | |
| 强尔心注射液 | 为合成氧化樟脑的灭菌等渗葡萄糖溶液，无色透明 | 作用同上，但比樟脑磺酸钠的效果更好，尤其是当机体急性缺氧时，使用更为适宜 | 常用于急性心脏衰竭和呼吸功能减弱性疾病的治疗 | 皮下、肌内注射或静脉注射：5%的注射液5～10mL | |
| 盐酸肾上腺素（盐酸副肾素） | 白色结晶性粉末或无色结晶，易溶于水 | 能产生交感神经兴奋的效应，直接兴奋心肌、收缩血管，提高血压且能缓解平滑肌的紧张性，作用强，但不持久 | 用于急性血液循环障碍及失血性休克，小血管出血，各种过敏性疾病等的急救，用于强心止血、抗过敏等 | 静脉注射：0.2～0.6mg，用生理盐水或葡萄糖液10倍稀释后合用 肌内注射：0.2～1mg | 水溶液遇空气或日光分解变为红色，禁与洋地黄和氯化钙合用 |
| 盐酸麻黄素注射 | 无色透明液体，内含3%的盐酸麻黄素灭菌水溶液 | 作用与肾上腺素相似，但较为缓和持久并对平滑肌的缓解效果较好 | 除与肾上腺素合用急救各种过敏性休克及麻疹外，喘息、气管炎也常用 | 皮下、肌内注射：2～3mL | |

| 药　名 | 性状及成分 | 作　用 | 用　途 | 用法及用量 | 备　注 |
|---|---|---|---|---|---|
| 安络血<br>（安特诺新） | 棕红色结晶或结晶性粉末，极微溶于水 | 可增加毛细血管的抵抗力，降低毛细血管的通透性，减少血液渗出，还能促进毛细血管断端回缩 | 主要用于毛细血管性出血，如鼻衄血、肺出血、胃肠出血、尿血和子宫出血等。本品不影响血压和心跳 | 肌内注射：10～20mg<br>内服：10～20mg，每天2次 | |
| 凝血质<br>（组织凝血致活酶） | 黄色或淡黄色软蜡状块或粉末，能与水形成胶状混悬液 | 本品能促进凝血酶原转变为凝血酶，加速纤维蛋白原转变为纤维蛋白，从而加速了血液凝固的过程 | 外用可治疗创伤和手术引起的出血（以灭菌纱布或脱脂棉浸润凝血质注射液敷于出血部），内用可治疗各种组织的渗出性出血 | 皮下或肌内注射：5～10mL，注射前须摇匀，如有沉淀，可放入热水中使其溶解，并摇匀后方可使用 | 禁止静脉注射，否则易引起血管栓塞；25℃以下保存，超过有效期时不能使用 |
| 葡萄糖 | 无色结晶或白色结晶性或颗粒性粉末，易溶于水 | 本品为机体重要的营养物质，是补充营养和能量的来源，增强机体的抵抗力，具有强心、利尿、保肝、解毒的作用 | 用于长期慢性病猪和衰竭病猪及中毒病猪的解毒，也用于各种炎症等；高渗葡萄糖（25%、50%）主要用于脑水肿和肺水肿等 | 静脉注射：5%的等渗液，50～150mL；10%、20%、25%、50%的高渗液，25～50mL | 高渗溶液静脉注射时，要缓慢，不能漏出血管外，气温过低时须加热至25℃左右 |
| 右旋糖酐70（中分子右旋糖酐） | 为高分子葡萄糖聚合物，白色粉末，易溶于水，相对分子质量为70 000 | 本品为血浆的代用品，由静脉输入后能提高血浆胶体渗透压，扩充血容量，维持血压；作用可持续12h | 多用于出血及外伤性休克时的急救 | 静脉注射：5%葡萄糖溶液250～500mL | 用前必须摇匀，有沉淀时不能用，心功不全、有出血倾向者禁用 |
| 氯化钠 | 本品由食盐精制而成，为无色结晶性粉末，易溶于水 | 氯化钠是保持细胞外液渗透压和容量的重要成分，其0.9%溶液与动物体液的渗透压相等 | 主要用于各种缺盐性脱水，如腹泻、呕吐、大面积烧伤、大出汗和出血等，也可冲洗伤口等 | 静脉注射：常配成0.85%的生理盐水使用，200～500mL | 有全身性水肿、肾炎或颅内疾病时禁用，寒冷时需加温 |

（续）

| 药 名 | 性状及成分 | 作 用 | 用 途 | 用法及用量 | 备 注 |
|---|---|---|---|---|---|
| 糖盐水（葡萄糖氯化钠注射液） | 无色透明灭菌水溶液，内含0.85%氯化钠、5%葡萄糖等渗溶液 | 补充体液，调节血液循环，具有强心、利尿、解毒等作用 | 用于由各种原因所引起的缺盐性体液缺乏性疾病，如大失血、出血性休克和各种中毒等 | 静脉注射：200～500mL | |
| 氯化钾 | 无色结晶或白色结晶性粉末，易溶于水 | 钾离子是细胞内主要的阳离子，是维持细胞新陈代谢、细胞内渗透压和酸碱平衡、神经和肌肉功能的必需离子 | 主要用于严重呕吐、腹泻，长期使用排钾利尿药或皮质激素引起的低钾血症，也用于治疗心动过速等 | 静脉注射：0.5～1g，用生理盐水等稀释后缓缓静脉滴注 内服：1～2g | 静脉注射一定要稀释到0.5%以下，否则注射局部剧痛可引起心跳停止 |
| 碳酸氢钠（小苏打、重曹） | 白色结晶性粉末，易溶于水，溶液呈碱性 | 本品为碱性，常用5%溶液静脉注射借以增加血中的碱储；内服可中和胃酸；外用有除黏液和消炎作用 | 常用于治疗代谢性酸中毒，如重剧传染病、化脓性疾病、肠炎等；治疗胃酸过多、消化不良，冲洗口腔和创伤等 | 静脉注射：2～6g，用生理盐水稀释成1.4%等渗溶液后应用 内服：2～5g | 过量或长期使用可引起碱血症；禁与酸性药物配伍 |
| 乳酸钠 | 为无色的澄明液体，水针的浓度为11.2% | 在体内经肝脏转化为碳酸氢钠而发挥作用，可以提高血中的碱储，调节血液的酸碱平衡 | 主要用于纠正机体的代谢性酸中毒，如急性胃肠炎、化脓性创伤和子宫内膜炎等引起的酸中毒 | 静脉注射：40～60mL，用5倍量的5%葡萄糖液稀释成1.87%的等渗液后再静脉注射 | 肝病或乳酸性酸中毒不宜用；过量易引起代谢性碱中毒 |

## 四、作用于呼吸系统和泌尿系统的药物

| 药 名 | 性状及成分 | 作 用 | 用 途 | 用法及用量 | 备 注 |
|---|---|---|---|---|---|
| 氯化铵 | 无色结晶或白色结晶性粉末，易溶于水 | 内服后刺激胃黏膜，反射地引起支气管腺分泌增加，使痰液稀释而咳出 | 用于干咳、痰黏稠而不易咳出性呼吸道病 | 内服：1～2g | 本品可酸化尿液，禁与磺胺类制剂合用 |
| 碘化钾 | 无色透明或白色半透明结晶性粉末，易溶于水 | 内服后刺激胃黏膜，反射性地使支气管腺分泌增加，同时部分碘从支气管排出，稀释痰液 | 本品的刺激性强，只用于慢性支气管炎，不用于急性支气管炎；也是治疗放线菌病有效药物 | 内服：1～3g 静脉注射：10mg/kg（体重），制成5%～10%溶液治疗放线菌病 | 有肝、肾疾病的病猪禁用；静脉注射时须缓慢注射 |

（续）

| 药　名 | 性状及成分 | 作　用 | 用　途 | 用法及用量 | 备　注 |
|---|---|---|---|---|---|
| 愈创木酚甘油醚（去咳露） | 白色结晶性粉末，易溶于水；去咳露为糖浆剂，含量为20mg/mL | 内服后刺激胃黏膜，反射地引起支气管腺分泌增加，具有祛痰止咳作用 | 用于慢性支气管炎的咳、喘症状；本品还有防腐作用，亦可外用 | 内服：0.4g或内服去咳露10～20mL | |
| 咳必清 | 为白色结晶性粉末，易溶于水 | 本品具有中枢性镇咳作用，可经呼吸道排出，对呼吸道黏膜有局部麻醉作用，副作用较少 | 主要用于急性呼吸道炎症所致的咳嗽；大剂量时还可使痉挛的支气管松弛，从而止咳 | 内服：0.05～0.1g | |
| 尼可刹米（可拉明） | 无色或淡黄色澄明液状，冷后结晶，易与水任意混合 | 能兴奋延髓的呼吸中枢，对血管运动中枢也有微弱的兴奋作用 | 主要用于麻醉药和疾病引起的中枢性呼吸抑制；也可解救一氧化碳中毒和新生仔猪的窒息 | 皮下、肌内注射或静脉注射：0.25～1g | |
| 双氢克尿噻（氢氯噻嗪） | 白色结晶性粉末，不溶于水 | 主要抑制肾小管对钠和氯的重吸收，促进排氯而带走水分，产生利尿作用 | 主要用于体内存在的各种类型的水肿，如心、肝、肾性水肿或皮下水肿 | 内服0.05～0.2g | 本品易引起低血钾，禁与洋地黄配合使用 |
| 安体舒通 | 白色结晶性粉末，不溶于水 | 本品的化学结构与醛固酮相似，二者在肾小管起竞争作用，使尿中钠、氯排出量增多而利尿 | 本品的利尿作用较弱，但缓慢而持久，常与双氢克尿噻合用，治疗顽固性水肿 | 内服：0.1～0.15g，每天1～3次 | 本品为留钾利尿药，长期使用时可引起高血钾症 |
| 速尿（利尿磺胺） | 白色结晶性粉末，不溶于水 | 主要抑制肾小管对钠和氯的重吸收而呈现强大的利尿作用，作用强而快 | 主要用于对其他利尿剂无效的水肿 | 肌内注射或静脉注射：1～2mg/kg（体重） | |
| 甘露醇 | 白色结晶性粉末，易溶于水 | 以其20%溶液注入体内后可迅速提高血浆渗透压，使组织间液向血液转移 | 用于治疗脑炎、脑外伤、食盐中毒等所致的脑水肿 | 静脉注射：100～200mL，必要时每6～12h注射1次 | 缓慢注射，不可漏到血管外，心功不全者禁用 |

## 五、作用于消化系统的药物

| 药 名 | 性状及成分 | 作 用 | 用 途 | 用法及用量 | 备 注 |
|---|---|---|---|---|---|
| 人工盐 | 白色粉末，易溶于水；由硫酸钠、碳酸氢钠、氯化钠和硫酸钾组成 | 内服小剂量能增加消化腺分泌，溶解黏液，改善肠道吸收机能，促进肠蠕动，增加胆汁分泌 | 小剂量多用于健胃，治疗消化不良，胆管炎，胃肠弛缓，改善胃肠机能；大剂量时可引起缓泻，用于早期大肠便秘 | 健胃：10～30g  缓泻：50～100g | |
| 稀醋酸 | 无色澄明液体，含纯醋酸6% | 内服有防腐、止酵、调节胃肠蠕动作用；外用有局部刺激和防腐作用 | 可用于消化不良、食欲不佳、急性胃扩张等；用2%～3%溶液冲洗口腔治疗口蹄疫 | 内服：10～25mL，临用时用水稀释成1%以下浓度服用 | 食醋含醋酸5%，可作为稀醋酸的代用品 |
| 胃蛋白酶 | 白色或淡黄色粉末，易溶于水，水溶液呈酸性 | 本品能促进蛋白质分解，在含0.2%～0.4%盐酸的酸性条件下，作用最强 | 多用于仔猪因胃蛋白酶缺乏而引起的消化不良、腹泻 | 内服：1～2g，临用时先将稀盐酸用水稀释50倍放入本品内服 | 为了提高疗效，本品多与盐酸合并使用 |
| 乳酶生（表飞鸣） | 白色或淡黄色粉末，难溶于水 | 本品为人工培养的乳酸杆菌的干燥制剂，每克含活乳酸杆菌10 000万个以上 | 用于消化不良、胃肠膨胀、仔猪腹泻。本品可在肠内制止异常发酵，减少产气 | 内服：2～10g，新鲜为佳，超过有效期一般不用 | 不宜与抗菌药物、吸附剂、酊剂和鞣酸等配伍 |
| 硫酸盐（硫酸钠、硫酸镁） | 无色透明结晶或粉末，易溶于水，性稳定 | 本品内服后不易吸收，增加肠内渗透压，阻止水分吸收，增大容积，刺激肠壁，增强蠕动，软化粪块促进排出；硫酸镁尚有镇静和松弛骨骼肌作用 | 用于大肠便秘和促进肠道内容物排出，小量可治疗消化不良；过量，可引起肠炎脱水。硫酸镁静脉注射还能缓解痉挛。本品10%～20%溶液可冲洗化脓创，有引流排毒作用 | 内服：猪30～50g  静脉注射：25%硫酸镁溶液25～50mL | 内服加入7～10倍水溶解后投服，浓度不宜超过8%，否则易引起肠炎 |
| 液体石蜡（液状石蜡） | 无色透明油状液体，不溶于水 | 本品为一种矿物油，内服后不吸收，能滑润肠道，阻止水分吸收从而软化粪便，促进粪便排出 | 适用于各种便秘，尤其适宜小肠便秘。本品作用缓和，安全，孕猪患有肠炎的病猪和小猪亦可使用 | 内服：猪50～100mL | 植物油炸开候温，可作为液体石蜡的代用品，内服量稍增 |
| 次硝酸铋 | 白色不溶性微细粉末 | 能沉淀蛋白，有吸附力，能减少肠腺分泌和抑制肠蠕动，对黏膜有保护作用 | 内服可止泻、消炎，外用于湿疹、烧伤、瘘管等 | 内服：2～5g，每天2次 | |

（续）

| 药　名 | 性状及成分 | 作　用 | 用　途 | 用法及用量 | 备　注 |
|---|---|---|---|---|---|
| 矽炭银 | 深灰色不溶性颗粒 | 吸附水分，减少分泌，抑制肠蠕动，延缓肠内容物下移，作用时间短，内服尚有解毒作用 | 用于止泻、消炎等 | 内服：3～5g，每天2次 | |

## 六、作用于生殖系统的药物

| 药　名 | 性状及成分 | 作　用 | 用　途 | 用法及用量 | 备　注 |
|---|---|---|---|---|---|
| 垂体后叶素（脑垂体后叶素） | 白色粉末，能溶于水；从牛和猪脑垂体后叶提取的粗制品，其中含有催产素（缩宫素）和加压素（抗利尿素）两种成分 | 小剂量能选择地作用于子宫平滑肌，引起节律性收缩，使子宫肌的张力增强，促进胎儿娩出，大剂量能引起子宫强直性收缩，起到止血的作用 | 主要用于胎位正常，宫缩乏力时的催产，治疗胎衣不下和产后子宫出血等病；另外，还可用于尿崩症和肺出血 | 肌内或皮下注射：10～30IU，治疗出血时可用生理盐水或5%葡萄糖稀释后静脉注射 | 子宫颈尚未开放、胎位不正、骨盆过狭或产道阻碍者禁用 |
| 催产素（缩宫素） | 白色粉末，能溶于水，多由人工合成 | 本品能作用子宫平滑肌，引起节律性收缩，并使子宫肌力增强从而促进胎儿娩出，且作用较强见效快 | 用于胎位正常，宫缩乏力时的催产，产后子宫出血和胎衣停滞等病 | 肌内注射或皮下注射：10～30IU | 子宫颈尚未开放、胎位不正、骨盆过狭或产道阻碍者禁用 |
| 丙酸睾丸素（丙酸睾酮） | 白色乃至黄白色结晶性粉末，难溶于水，易溶于油，临床多用其1%或1.25%油剂注射液 | 能促进雄性生殖器官发育，维持第二性征，并能使次级精母细胞发育成精子，同时兴奋中枢、提高性欲；可刺激红细胞再生 | 治疗公猪因睾丸机能减退引起的性降低；还可用于骨折愈合过慢和再生障碍性贫血等 | 肌内注射：每次0.1g，每2～3d1次 | |
| 己烯雌酚（雌激素） | 为无色结晶或白色结晶性粉末，几乎不溶于水，可溶于脂肪油中 | 能促进雌性生殖器官官生长、发育和维持第二特征，还可促进子宫肌肉和子宫内膜增生和使子宫肌收缩力增强 | 多用于卵巢机能减退引起的不发情或发情过弱；还可治疗胎衣不下、死胎、子宫炎和子宫蓄脓等 | 肌内注射：3～10mg 口服：片剂3～10mg | |
| 促卵泡素（卵泡刺激素、FSH） | 白色冻干块状物或微细粉末，微溶于水，性稳定，临床上多用其注射性粉末 | 有促进卵泡的生长、发育和雌激素的分泌，促进发情卵泡成熟及排卵，引起母猪发情 | 促进母猪发情，提高发情效果，治疗卵泡发育停止、多卵泡症和持久黄体 | 肌内注射：2～4mg，隔日1次，3次为一疗程，用前用生理盐水稀释 | 注意控制用量，过量易引起卵巢囊肿的发生 |

（续）

| 药　名 | 性状及成分 | 作　用 | 用　途 | 用法及用量 | 备　注 |
|---|---|---|---|---|---|
| 黄体生成素（垂体促黄体素、LH） | 白色冻干块状物或粉末，可溶于水，性不稳定，临床上多用其注射性粉末 | 本品能促进卵巢中成熟的卵泡排卵，形成黄体，能促进黄体维持而有保胎作用；促进睾丸间质细胞发育 | 用于成熟卵泡排卵障碍，以提高受胎率；治疗卵巢囊肿、早期习惯性流产等 | 肌内注射：30～50ＩＵ，每天1次，临用时用生理盐水稀释 | |
| 黄体酮（助孕素、孕素） | 白色结晶性粉末，不溶于水，可溶于植物油 | 本品能促进子宫内膜腺体生长，分泌增多，并能抑制子宫活动和降低对催产素的敏感性，抑制排卵及发情 | 主要用于习惯性流产和先兆性流产，以及卵巢囊肿，在特殊情况下可用于抑制发情 | 肌内注射：每次１０～25mg，每天1次 | |

## 七、作用于中枢神经系统的药物

| 药　名 | 性状及成分 | 作　用 | 用　途 | 用法及用量 | 备　注 |
|---|---|---|---|---|---|
| 溴化钙 | 为白色颗粒，极易溶于水 | 具有溴离子和钙离子二者的作用，即具有镇静作用和抗过敏作用 | 用于治疗中枢神经兴奋性疾病和皮肤、黏膜的过敏反应等 | 静脉注射：0.5～15g | 静脉注射时应防止药液漏出血管 |
| 盐酸氯丙嗪 | 白色结晶性粉末，易溶于水 | 本品为常用的镇静剂，能使暴躁的病猪安静，并能加强麻醉药和镇痛药的作用 | 可配合治疗破伤风、脑炎、中枢兴奋药中毒，消除兴奋与惊厥症状 | 内服和肌内注射：3mg/kg（体重） | 遇光渐变红，毒性也增强，色过深禁用 |
| 硫酸镁注射液 | 本品为硫酸镁的灭菌水溶液，无色澄清 | 镁离子有镇静抗惊厥作用（中枢抑制），还有松弛横纹肌的作用 | 主要用于缓解破伤风等疾病的肌肉强直性痉挛症状 | 肌内注射或静脉注射：2.5～7.5g | 静脉注射须缓慢，防止血压下降和呼吸麻痹 |
| 氨基比林（匹拉米洞） | 白色或白色结晶性粉末，味微苦，可溶于水和酒精 | 解热镇痛作用较强，并有一定的抗风湿作用 | 各种发热性疾病，如感冒，肌肉、关节疼痛等 | 内服：2～5g，每天1次 | |
| 安乃近（诺瓦尔精） | 白色或黄白色结晶性粉末，易溶于水 | 有较强的解热、镇痛作用，也有抗风湿、抗炎作用，作用强且快 | 用于发热性疾病、关节炎、肌肉疼痛、风湿病，还用于肠痉挛、肠臌胀等 | 肌内注射或静脉注射：1～3g；内服：2～5g | |
| 阿司匹林（乙酰水杨酸） | 白色结晶性粉末，微溶于水 | 具有较强的解热、镇痛、消炎、抗风湿作用，促进尿酸排除 | 用于发热、风湿病、神经和肌肉疼痛；还可治疗痛风 | 内服：1～3g | |

（续）

| 药　名 | 性状及成分 | 作　用 | 用　途 | 用法及用量 | 备　注 |
|---|---|---|---|---|---|
| 消炎痛（吲哚美辛） | 白色结晶性粉末，不溶于水 | 抗炎作用比氢化可的松强，解热作用比阿司匹林强 | 主要用于治疗风湿性关节炎、神经痛、腱鞘炎和肌肉损伤 | 内服：2mg/kg（体重） | 大剂量可引起腹痛和下痢等 |
| 保泰松 | 白色或微黄色结晶性粉末，难溶于水 | 具有较强的抗炎作用，效力与可的松相似，也能解热、镇痛 | 主要治疗风湿病、关节炎、腱鞘炎、黏液囊炎和睾丸炎 | 内服：33mg/kg（体重） | 治疗风湿病时应连续用药 |
| 水杨酸钠（柳酸钠曹） | 白色或微红色的细鳞片或粉末，易溶于水 | 本品有抗风湿、消炎和解热镇痛作用 | 主要用于治疗急性风湿性关节炎和肌肉风湿病等 | 内服：3～7g　静脉注射：2～5g | 大剂量对肾、耳有损伤作用 |
| 戊巴比妥钠 | 白色结晶颗粒或白色粉末，易溶于水，性不稳定 | 对中枢神经有强大的抑制作用，因而有麻醉、镇静、镇痛等作用 | 用于对小猪的全身麻醉、成猪及其他家畜的基础麻醉 | 静脉注射：20～25mg/kg（体重） | 临用前配成3%溶液供静脉注射 |
| 溴化钠（或溴化铵） | 无色或白色结晶、或颗粒状粉末，易溶于水，有吸湿性 | 溴离子能增强大脑皮层的抑制过程，产生镇静作用；对钠离子有一定的颉颃性 | 主要用于治疗中枢神经系统兴奋性疾病，如脑炎，对猪的食盐中毒也有良效 | 内服：5～10g，须配制成3%以下溶液服用 | |

## 八、影响生长代谢的药物

| 药　名 | 性状及成分 | 作　用 | 用　途 | 用法及用量 | 备　注 |
|---|---|---|---|---|---|
| 醋酸可的松（可的松、皮质素） | 白色结晶性粉末，不溶于水，微溶于乙醇 | 能降低机体对各种刺激的反应，有抗炎、抗过敏、抗毒素、抗休克等作用，促进血糖升高，增强蛋白分解 | 主要用于治疗肌肉关节风湿；各种急性炎症（关节炎等）；各种过敏性疾病（过敏性皮炎等）；各种严重感染性疾病（败血症等）；各种休克 | 肌内注射：每天0.1～0.2g，1～2周为一疗程　治疗关节炎、腱鞘炎等也可向腔内注射，剂量为：0.05～0.25g | 治疗感染时，必须与抗生素配合使用，长期应用时可引起机体的抵抗力下降 |
| 氢化可的松（皮质醇） | 白色结晶性粉末，不溶于水，略溶于乙醇 | 本品的作用与醋酸可的松相似，但略强，其制剂可静脉注射，所以显效迅速，疗效较好 | 更适应于各种危急病例，如严重的细菌性感染、病毒性感染、免疫反应性疾病和休克等 | 静脉注射或滴注：20～80mg，用生理盐水或5%葡萄糖液稀释混匀后使用 | 水针剂为醇溶液，有刺激性，不能用于肌内注射 |
| 强的松（醋酸泼尼松） | 白色结晶性粉末，不溶于水，微溶于乙醇 | 本品的抗炎作用比氢化可的松强4～5倍，而水、钠潴留的副作用不明显 | 治疗适应证与氢化可的松相同；眼膏用于角膜炎、虹膜炎、结膜炎等 | 内服：首次量为0.02～0.04g，维持量为0.005～0.01g | 眼膏禁用于角膜溃疡，眼部有感染时与抗生素同时使用 |

猪病诊治彩色图谱（第三版）

| 药　名 | 性状及成分 | 作　用 | 用　途 | 用法及用量 | 备　注 |
|---|---|---|---|---|---|
| 强的松龙（氢化泼尼松） | 白色或类白色结晶性粉末，微溶于水 | 本品的作用与强的松相似，但疗效较好，特点是有供静脉注射的针剂 | 用于各种传染病、炎症、风湿等 | 肌内注射或静脉注射：0.01～0.02g，每天1次 | 必要时可加入生理盐水或等渗糖中作静脉滴注 |
| 地塞米松（氟甲强的松龙） | 白色结晶性粉末，几乎不溶于水 | 本品的抗炎、抗过敏作用比泼尼松更强，而水钠潴留的副作用很弱 | 主要用于治疗肌肉关节风湿；各种急性炎症；各种过敏性疾病；各种严重感染性疾病等 | 静脉注射或肌内注射：2～5mg，每天1次 | 须与抗生素同时应用，长时间使用可降低机体的抵抗力 |
| 肤轻松（仙乃乐） | 白色结性晶粉末，难溶于水 | 具有抗炎消炎作用，尤其是对皮肤的炎症作用更好 | 可用于各种皮炎和外耳炎如湿疹、过敏性皮炎等 | 外用：患部涂擦0.02％软膏、洗剂等 | |
| 维生素 $B_1$（盐酸硫胺） | 白色结晶或结晶性粉末，易溶于水 | 能促进正常的糖代谢，维持心脏、神经与消化系统正常功能，缺乏时可引起多发性神经炎 | 适用于各种原因所引起维生素 $B_1$ 缺乏症、神经炎、心肌炎、高热病、营养不良、眼病、皮肤病以及胃肠疾病 | 肌内注射或静脉注射：25～50mg　内服：预防维生素 $B_1$ 缺乏，每吨饲料混入1～3g | 禁与碱性药物合用 |
| 维生素 $B_2$（核黄素） | 橙黄色结晶性粉末，几乎不溶于水 | 为黄辅酶的成分，参于生物氧化过程并能协调维生素 $B_1$ 参与糖和脂肪代谢 | 适用维生素 $B_2$ 缺乏所致的代谢障碍，生长缓慢，食欲不振，营养不良等疾病 | 肌内注射：0.1～0.2mg/kg（体重）；或每吨饲料拌入1～3g | |
| 维生素 $D_2$（骨化醇） | 无色结晶或白色结晶性粉末，不溶于水，略溶于植物油 | 维生素D能调节机体钙磷代谢，促进肠内钙磷吸收、骨内钙盐沉积等 | 适用于仔猪的佝偻病、成猪的骨软症或伴有骨骼损伤性疾病 | 肌内注射：常用维生素 $D_2$ 胶性钙注射液，5 000～20 000 I U | 注射前必须将药摇晃均匀 |
| 烟酰胺（维生素PP） | 白色结晶性粉末，易溶于水 | 参与体内的生物氧化，猪只缺乏维生素PP可出现口炎、腹泻和坏死性肠炎等症状 | 常用于由于烟酰胺缺乏而致的消化系统疾病 | 肌内注射：0.2～0.6 mg/kg（体重）　内服：3～5mg/kg（体重） | |
| 烟酸（尼古丁） | 白色结晶或结晶性粉末，略溶于水 | 本品与烟酰胺统称为维生素PP，在体内变为烟酰胺而参与生物氧化过程 | 同上。此外，本品还有扩张外周血管和降低血脂的作用，常用其治疗末梢血管痉挛 | 肌内注射：0.2～0.6 mg/kg（体重）　内服：3～5mg/kg（体重） | |

（续）

| 药　名 | 性状及成分 | 作　用 | 用　途 | 用法及用量 | 备　注 |
|---|---|---|---|---|---|
| 维生素 $B_5$（泛酸钙） | 白色粉末，易溶于水 | 参与脂肪、蛋白代谢，缺乏时引起生长停滞、皮炎、脱毛、后肢麻痹、肠坏疽 | 用于泛酸钙缺乏所致的皮炎、脱毛、后肢麻痹、肠坏疽及发育不良 | 内服：0.37mg/kg（体重）或每吨饲料拌入10～13g饲喂两周 | 若采用肌内注射时，其用量可参照内服的剂量 |
| 维生素C（抗坏血酸） | 白色结晶性粉末，易溶于水 | 参与体内氧化还原反应，促进细胞间质合成，增加毛细血管壁的致密性，增进造血与解毒机能，增强机体的抗病能力 | 用于防治维生素C缺乏症，急、慢性传染病，贫血，过敏性皮炎，出血性紫癜和促进顽固性创伤的愈合 | 肌内注射或静脉注射：0.2～0.5g　内服的剂量与肌内注射的剂量相同 | |
| 维生素A | 淡黄色油溶液或结晶和油的混合物 | 能促进仔猪的生长发育，维持上皮细胞的健全与完整，维持正常的生殖机能，并参与视网膜的感光 | 用于维生素A缺乏症，仔猪生长停滞、皮肤角化、干眼病、母猪流产、公猪的精子生成障碍等 | 内服：2.5～5 IU/kg（体重），连用5～7d | |
| 维生素 $B_6$（盐酸吡哆醇） | 白色结晶或结晶性粉末 | 为体内转氨酶与脱胺酶的辅酶，参与氨基酸和脂肪代谢，缺乏时可出现皮炎、贫血、衰弱和痉挛症状 | 主要治疗氰乙酰肼（驱线虫药）中毒等引起的食欲不振和痉挛，与维生素B合用治疗皮肤病和神经系统疾病 | 皮下或静脉注射：0.5～1g　内服：1～15g，连用10d | |
| 维生素 $B_{12}$ 注射液 | 暗红色透明液体，有每毫升内含500mg、100mg、50mg不同浓度的灭菌注射液 | 参与机体的蛋白质、脂肪、糖类代谢，促进叶酸循环和核酸合成，为动物生长发育、造血、上皮细胞生长等所必需 | 可用于恶性贫血及巨红细胞性贫血等治疗，以及其他神经营养障碍性疾病的治疗 | 肌内注射：0.3～0.4mL，每天1次，连用一周 | |
| 生育酚（维生素E） | 微黄色或黄色透明黏稠液体，不溶于水 | 为一种强抗氧化剂，能调节机体的氧化过程，维持生殖器官、神经系统和横纹肌的正常功能 | 用于防治白肌病，肌萎缩及生长不良，肝坏死等维生素E缺乏所致的疾病 | 肌内注射或皮下注射：0.1～0.5g　内服：仔猪每千克饲料加入20mg连喂6个月 | 常与亚硒酸钠配合应用 |
| 氯化钙 | 白色坚硬的碎块或颗粒，极易潮解，易溶于水 | 本品有促进骨骼和牙齿的钙化形成，维持神经、肌肉机能的正常兴奋性，降低毛细血管的通透性，还能与镁离子发生竞争性颉颃 | 多用于佝偻病、骨软症、麻疹等过敏、炎症、出血性疾病、渗出性水肿及镁中毒的解毒等 | 静脉注射：猪1～5g，连用3～5d | 静脉注射时应缓慢，不可漏出血管外；不能与强心药并用，防止增加对心脏的毒性作用 |

（续）

| 药　名 | 性状及成分 | 作　用 | 用　途 | 用法及用量 | 备　注 |
|---|---|---|---|---|---|
| 葡萄糖酸钙 | 白色结晶或颗粒性粉末，在水中缓缓溶解 | 作用同上，但对组织的刺激性小，含钙量也比较少，注射时比较安全 | 同上 | 静脉注射：猪5～15g | 忌与强心药及肾上腺素等并用 |
| 碳酸钙（南京石粉） | 白色极细的结晶性粉末，几乎不溶于水 | 作用与氯化钙相同，内服作为钙的补充剂 | 用于防治佝偻病和骨软症等缺钙性疾病，还可作为制酸药中和胃酸 | 内服：3～10g，连用2～3周 | |
| 乳酸钙 | 白色颗粒或粉末，溶于水，易溶于热水 | 本品的作用与氯化钙基本相同，但因其溶解度小，一般仅供内服，无刺激性 | 常用于治疗缺钙性疾病及过敏性疾病 | 内服：0.5～2g，连用10～15d | |
| 亚硒酸钠 | 白色结晶，可溶于水 | 具有抗氧化作用，是谷胱甘肽过氧化物酶的重要成分，防止组织细胞过度氧化 | 主要防治硒缺乏病，如仔猪的白肌病、猪桑椹心病、坏死性肝病等 | 肌内注射：治疗量为1～2mg；供预防用时，应适当减量 | 肌内注射对局部有刺激作用，过量易引起急性中毒 |
| 硫酸铜 | 深蓝色结晶或蓝色结晶性颗粒及粉末，易溶于水 | 铜能促进骨髓生成红细胞，并能促进黑色素的生成和磷脂的生成（形成神经的髓鞘）。本品还有驱绦虫作用 | 主要用于仔猪贫血、骨生成不良、生长迟缓、被毛脱色和胃肠功能紊乱等 | 内服：仔猪可作为促生长剂使用，每吨饲料中添加800g | |
| 硫酸锌 | 无色透明结晶或颗粒状结晶性粉末，极易溶于水 | 锌能促进蛋白质的生物合成，是维持皮肤、黏膜正常功能的必要元素，猪只缺乏时主要引起皮肤过度角化、变厚 | 常用于锌缺乏所致的厚皮病、仔猪的生长迟缓、伤口愈合速度减慢等 | 内服：0.2～0.5g，连用3～4周 | |

## 九、常用的解毒剂

| 药　名 | 性状及成分 | 作　用 | 用　途 | 用法及用量 | 备　注 |
|---|---|---|---|---|---|
| 解磷定（解磷毒、碘磷定、碘解磷定） | 为黄白颗粒状结晶或结晶性粉末，可溶于水 | 本品能使被有机磷中毒抑制的胆碱酯酶恢复活力，从而达到解毒的目的。与阿托品合用可增强疗效，对重症中毒可选用 | 用于解有机磷中毒，其中对内吸磷（1059）、对硫磷（1605）和乙硫磷的效果好，而对敌敌畏和敌百虫中毒的效果差 | 静脉注射：15～30mg/kg（体重），每2h 1次，直至症状缓解 | 本品在碱性溶液中易水解为氰化物，有剧毒作用，所以忌与碱性药物配伍 |

| 药　名 | 性状及成分 | 作　用 | 用　途 | 用法及用量 | 备　注 |
|---|---|---|---|---|---|
| 双复磷（DMO₄） | 黄白结晶性粉末，易溶于水 | 作用与上相似，但副作用较小，药效强而持久，对中枢神经系统的中毒症状消除作用较好 | 同上 | 静脉注射或肌内注射：15～30mg/kg（体重），以后每2h1次，剂量减半 | 静脉注射时宜缓慢 |
| 解氟灵（乙酰胺） | 为白色透明结晶，易溶于水 | 本品为有机氟农药中毒的解毒剂，可延长中毒的潜伏期，减轻发病症状 | 常用于氟乙酰胺（敌蚜胺）和氟乙酸钠中毒的解毒 | 静脉或肌内注射：50mg/kg（体重），每天2次 | 对重病例还应配合氯丙嗪等镇静、解痉药 |
| 二巯基丙醇（巴尔） | 为无色易流动的澄明液体，易溶于水，但在水中不稳定 | 本品可与进入体内的重金属和类金属结合，并夺取已与组织中酶系统结合的金属，使酶恢复正常功能 | 常用于砷、汞制剂引起的中毒，亦可解救铋、锑、镍、铬和钴等制剂的中毒；但对铝、银和铁等制剂中毒的效果差 | 肌内注射：2.5～5mg/kg（体重），第1、2天每隔4h1次；第3天每隔6h1次，至痊愈 | 应注意剂量和间隔时间，防止中毒的发生 |
| 二巯基丙磺酸钠（二巯丙磺钠） | 为白色结晶性粉末，易溶于水 | 主要作用同上，但对汞中毒的效果较好，二巯基丙醇的副作用较小 | 多用于汞中毒的解救，也可作为其他重金属中毒的解救剂 | 肌内注射：7～10mg/kg（体重），第1、2天每4h1次，以后每天2次 | |
| 二巯基丁二酸钠（二巯基琥珀酸钠） | 为白色至微黄色粉末，易溶于水，水溶液不稳定 | 本品为我国研制的金属解毒剂，作用与二巯基丙醇大致相同，但其毒性较低，对锑的解毒作用最强，对铅和汞中毒也有明显效果 | 主要用于锑、铅和汞的解毒；也可用于砷、钡、银、镉、铜、钴、镍、铂和锌等金属中毒 | 静脉注射：20mg/kg（体重），每天1次，用生理盐水溶解后缓慢静脉注射，不宜静脉滴注 | 配制后的溶液不可久放，正常水溶液为无色或微红色，呈土黄色或混浊则禁用 |
| 依地酸钙钠（依地酸二钠钙、解铅乐） | 为白色结晶性或颗粒性粉末，可溶于水 | 本品能与重金属结合成稳定而又可溶的络合物，然后从尿中排出 | 常用于各种重金属盐的中毒，对无机铅中毒的效果最好，对钴、铜、铬、镉、锰及放射性元素镭、铀和钚等也能解毒 | 静脉注射或皮下注射：成猪每次1～2g，每天2次，小猪用量酌减 | 静脉滴注时须用生理盐水稀释成0.25%～0.5%溶液 |
| 青霉胺（D-盐酸青霉胺） | 为白色结晶性粉末，极易溶于水 | 本品对铜、汞、铅等重金属离子有较强的络合作用；口服后能迅速吸收，在体内不易被破坏，通常经口给药 | 主要用于解铜中毒，对铅中毒也有作用，但效果不如依地酸钙钠；也用于汞中毒，但效果不及二巯基丙磺酸钠 | 内服：每次成猪0.3g，每天3～4次，5～7d为一个疗程，两疗程间应间隔2～3d | |

猪病诊治彩色图谱(第三版)

| 药　名 | 性状及成分 | 作　用 | 用　途 | 用法及用量 | 备　注 |
|---|---|---|---|---|---|
| 亚甲蓝（美蓝、次甲蓝、甲稀蓝） | 为深绿色有铜光泽的结晶或结晶性粉末，易溶于水 | 本品小剂量时在体内被还原成美白，可使失去携氧能力的高铁血红蛋白还原为具有携氧能力的血红蛋白；大剂量时的作用则相反 | 本品的用量不同，可解救不同的中毒：小剂量（1～2mg/kg（体重））解救亚硝酸盐中毒；大剂量（10mg/kg（体重））解救氰化物中毒 | 静脉注射：解亚硝酸盐中毒，1～2mg/kg（体重）；解氰化物中毒，10mg/kg（体重） | 使用本品时须注意用药的剂量；如与维生素C、葡萄糖配合应用，可提高疗效 |
| 亚硝酸钠 | 为白色至微黄色结晶，易溶于水 | 本品可使血红蛋白变为高铁血红蛋白，避免了氰化物与细胞色素氧化酶的结合，恢复组织利用氧的能力，解除组织缺氧的症状 | 主要用于氰化物中毒的解毒 | 静脉注射：每次0.1～0.2g，生理盐水稀释后缓慢静脉注射 | 须注意剂量，过量易引起高铁血红蛋白症，此时需用小剂量亚甲蓝解毒 |
| 硫代硫酸钠（次亚硫酸钠、大苏打、海波） | 为无色透明结晶或结晶性细粒，极易溶于水，水溶液呈碱性，易潮解，在空气中有风化性 | 本品在体内转硫酶的作用下能释放出硫，并与氰化物形成稳定无毒的硫氰酸盐由尿中排出；本品在体内还能与多种金属、类金属形成无毒硫化物排出 | 多用于氰化物中毒的解毒，但其作用缓慢，一般须使用亚甲蓝数分钟后再使用本品，效果更好；还用于砷、汞、铅、铋、碘等中毒，但效果不及二巯基丙醇 | 静脉或肌内注射：成猪每次1～3g，临用时用注射用水稀释成5%～20%溶液后立即使用 | 本品禁与酸性制剂混合使用；保存时应在干燥、密封的容器中贮藏 |